Dieter Opielka

Optische Nachrichtentechnik

Aus dem Programm Nachrichtentechnik

Schaltungen der Nachrichtentechnik
von D. Stoll

Verstärkertechnik
von D. Ehrhardt

Berechnungs- und Entwurfsverfahren der Hochfrequenztechnik
von R. Geißler, W. Kammerloh und H. W. Schneider

Entwurf analoger und digitaler Filter
von O. Mildenberger

Mobilfunknetze
von R. Eberhardt und W. Franz

Optoelektronik
von D. Jansen

Optische Nachrichtentechnik
von D. Opielka

Signalanalyse
von W. Bachmann

Digitale Signalverarbeitung
von Ad. v. d. Enden und N. Verhoeckx

Analyse digitaler Signale
von W. Lechner und N. Lohl

Weitverkehrstechnik
von K. Kief

Fernsehtechnik
von L. Krisch

Dieter Opielka

Optische Nachrichtentechnik

Grundlagen und Anwendungen

Mit 280 Abbildungen, 27 Tabellen und
23 Übungen mit Lösungen

Herausgegeben von Wolfgang Schneider

Die Deutsche Bibliothek – CIP-Einheitsaufnahme

Opielka, Dieter:
Optische Nachrichtentechnik: Grundlagen und Anwendungen; mit 27 Tabellen und 23 Übungen mit Lösungen / Dieter Opielka. Hrsg. von Wolfgang Schneider. – Braunschweig; Wiesbaden: Vieweg, 1995

Der Verlag Vieweg ist ein Unternehmen der Bertelsmann Fachinformation GmbH.

Umschlaggestaltung: Klaus Birk, Wiesbaden

ISBN-13: 978-3-528-04946-1 e-ISBN-13: 978-3-322-86600-4
DOI: 10.1007/978-3-322-86600-4

Vorwort

Nach einer Entwicklungszeit von mehr als 25 Jahren hat die Optische Kommunikationstechnik heute in vielen Einsatzfeldern volle Anwendungsreife erreicht. Durch spektakuläre Anwendungen in Weitverkehrssystemen ist vor allem der Glasfaser-Lichtwellenleiter mit seinen herausragenden Übertragungseigenschaften bekannt geworden. Große Anstrengungen in der Grundlagenforschung und die Bereitstellung neuer Technologien führten zur Fertigung leistungsfähiger optoelektronischer Komponenten sowie zu steigender optisch/elektrischer Integration (OEIC).

In dem vorliegenden Buch wird versucht, neben der Einführung in die Grundlagen der Optischen Kommunikationstechnik einen Überblick über Anwendungen in unterschiedlichen Bereichen zu geben. Es gliedert sich deshalb in den grundlagenbezogenen Teil mit den Kapiteln 1 bis 3 und den mehr anwendungsbezogenen Teil, Kapitel 4 bis 7.

In allen Kapiteln wurde eine möglichst exakte Darstellung der Inhalte angestrebt. Wo stellenweise auf Wissenschaftlichkeit verzichtet wurde, geschah dies im Hinblick auf mehr Verständlichkeit und Plausibilität.

So ist das Buch einem breiten Leserkreis zugänglich. Es wendet sich an Studenten der Fachhochschulen und wissenschaftlichen Hochschulen in den Studienrichtungen Kommunikationstechnik und Informationsverarbeitung, ebenso an Ingenieure in der Industrie, den Energieversorgungs-Unternehmen und den Fernmeldeverwaltungen. Viele erläuternde Abbildungen tragen zur Anschaulichkeit der Darstellung bei. In Verbindung mit Übungsaufgaben, die am Schluß jedes Kapitels eingearbeitet sind, wird es so zum Lehrbuch für Studium und berufliche Weiterbildung.

Die Entstehung des Buches geht zurück auf meine langjährigen Erfahrungen mit der Lehrveranstaltung und dem Arbeitsgebiet „Optische Nachrichtentechnik" an der Abteilung Meschede der Universität-GH Paderborn, auf ein Weiterbildungsseminar „Optische Informationsübertragung" das über lange Zeit in Meschede abgehalten wurde, sowie auf ein in letzter Zeit angebotenes Weiterbildungsseminar „Netze der neuen Generation" über die Neugestaltung der Telekommunikationsumgebung.

Mein Dank gilt allen, die mich bei der Entstehung des Buches unterstützt haben. Besonders bedanke ich mich bei meiner Familie, die meine Arbeit mit viel Verständnis und Geduld begleitete, bei Herrn Andreas Clemens, der mir bei der grafischen Gestaltung des Textes und der Abbildungen eine große Hilfe war, sowie beim Vieweg-Verlag für die gute, stets entgegenkommende Zusammenarbeit.

Meschede, im März 1995 *Dieter Opielka*

Inhaltsverzeichnis

1 Lichtwellenleiter

1.1 Physikalische Grundlagen

1.1.1 Darstellung einer Welle

Mit dem Begriff „Welle“verbinden wir einen Ausbreitungsvorgang allgemeiner Art, der den Energietransport in räumlicher und zeitlicher Abhängigkeit beschrcibt. Die mathematische Formulierung mit einem raum-zeitlichen Term unter Zuhilfenahme der Vektorschreibweise macht diesen Zusammenhang deutlich. So erhält man z.B. für den (raum-zeitlichen) Verlauf des elektrischen Feldstärkevektors $\vec{E}$:

$$\vec{E} = \vec{E}_0 \cdot e^{-\jmath\vec{k}\cdot\vec{r}} \cdot e^{\jmath\omega t} \tag{1.1}$$

Hierin bedeuten $\vec{E}_0$ den vektoriellen *Anfangswert* der elektrischen Feldstärke, $\vec{k}$ die vektorielle Ausbreitungskonstante, $\vec{r}$ den Ortsvektor, ω die Kreisfrequenz und t die Zeit. Der Einfachheit halber ist in Gl. (1.1) harmonische Zeitabhängigkeit angenommen. Das Argument $(\omega t - \vec{k}\cdot\vec{r})$ im Exponentialterm beschreibt die Gesamtphase der Welle, mit ωt als zeitabhängigem Anteil und dem Skalarprodukt $\vec{k}\cdot\vec{r}$ als ortsabhängigem Anteil. Dem Beobachter in einem ortsfesten Punkt $P_1(x_1, y_1, z_1)$ erscheint der Ausbreitungsvorgang als Schwingung:

$$\begin{aligned} \vec{E}(\vec{r}_1) &= \vec{E}_1 \cdot e^{\jmath\omega t} \\ \textit{wobei} \ \vec{r}_1 &= \vec{e}_x \cdot x_1 + \vec{e}_y \cdot y_1 + \vec{e}_z \cdot z_1 \end{aligned}$$

mit $\vec{e}_x, \vec{e}_y, \vec{e}_z$ als Einheitsvektoren in die entsprechenden Richtungen.

Die Momentaufnahme zu einem festen Zeitpunkt t_1 hingegen liefert die Ortsabhängigkeit:

$$\vec{E}(t_1) = \vec{E}'_1 \cdot e^{-\jmath\vec{k}\cdot\vec{r}}$$

Ist der Betrag des Ausbreitungsvektors konstant, $|\vec{k}| = k =$ konst. , so ist die Ortsabhängigkeit harmonisch. Ein Punkt konstanter Phase wandert mit zunehmender Zeit in positive $\vec{r}$ - Richtung, denn es gilt

$$\begin{aligned} \Delta\varphi = \Delta(\omega t - \vec{k}\cdot\vec{r}) &= 0 \\ \omega\Delta t - \vec{k}\cdot\Delta\vec{r} &= 0 \\ \Delta\vec{r} &= \frac{\omega}{\vec{k}}\cdot\Delta t > 0, \ \textit{wegen}\ \Delta t > 0 \quad . \end{aligned}$$

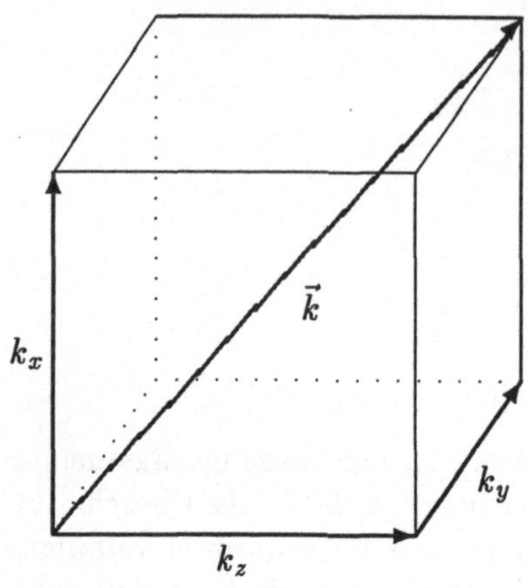

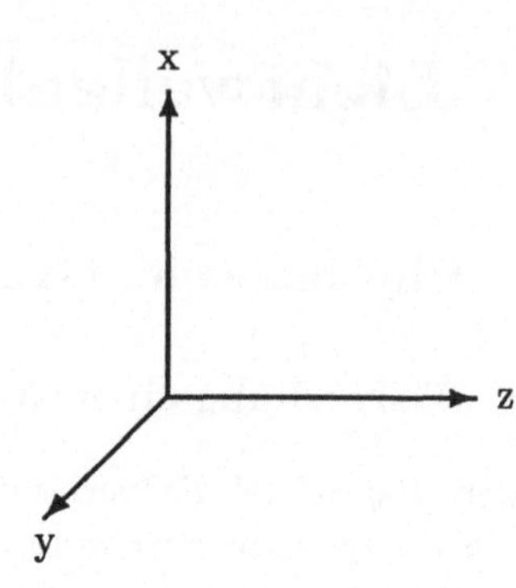

Bild 1.1 Koordinatensystem

Zur Vereinfachung sei angenommen, daß im Koordinatensystem nach Bild 1.1 der $\vec{k}$-Vektor nur eine z-Komponente k_z aufweist, d.h. die Welle breitet sich entlang der z-Achse aus. Somit folgt für die ortsabhängige Phase $\vec{k} \cdot \vec{r} = k_z \cdot z$.

Eine Änderung um 2π in der ortsabhängigen Phase entspricht einem Abschnitt Δz auf der z-Achse gleich einer Wellenlänge λ :

$$\begin{aligned} \Delta(k_z \cdot z) &= 2\pi \\ k_z \cdot \Delta z &= 2\pi \\ k_z &= \frac{2\pi}{\lambda} \quad , \quad \mathit{für}\ \Delta z = \lambda \quad . \end{aligned}$$

An die Stelle von k_Z tritt bei allgemeiner Lage des Wellenvektors ($\vec{k} = \vec{e}_X \cdot k_X + \vec{e}_Y \cdot k_Y + \vec{e}_Z \cdot k_Z$) und bei Wahl des Ortsvektors $\vec{r}$ in Richtung von $\vec{k}$ der Betrag

$$|\vec{k}| = k = \frac{2\pi}{\lambda} \quad .$$

Die Wellenlänge λ wird dann zwischen zwei Punkten mit der Phasendifferenz 2π auf dem Ortsvektor $\vec{r}$ abgemessen.

Der Ansatz nach Gl. (1.1) beschreibt den elektrischen Feldstärkevektor einer homogenen ebenen Welle. Kennzeichnend dafür sind u.a. die in einer Ebene senkrecht zur Ausbreitungsrichtung konstante Verteilung des Vektors $\vec{E}_0$ sowie die konstante Phase in diesen Ebenen, gemäß $\left(t - \frac{\vec{k} \cdot \vec{r}}{\omega}\right) = konst.$. Wir sprechen in diesem Zusammenhang von ebenen Phasenflächen.

Die zu $\vec{E}$ nach Gl. (1.1) gehörige magnetische Feldstärke $\vec{H}$ unterliegt demselben

Fortpflanzungsgesetz, steht jedoch senkrecht auf $\vec{E}$. Die vektoriellen Feldamplituden $\vec{E}_0$ und $\vec{H}_0$ unterscheiden sich in ihren Beträgen um einen konstanten Faktor, den Feldwellenwiderstand Z_0 :

$$Z_0 = \frac{|\vec{E}_0|}{|\vec{H}_0|} = \frac{E_0}{H_0} \tag{1.2}$$

Der Energietransport einer Welle ist durch den Pointing-Vektor $\vec{S}$ bestimmt. Es gilt

$$\vec{S} = \vec{E}_0 \times \vec{H}_0 \quad . \qquad \begin{pmatrix} E_0, H_0 & \text{Effektivwerte der Feldstärke} \\ \times & \text{Vektorprodukt} \end{pmatrix}$$

$\vec{S}$ ist von seiner Dimension her eine Energie pro Flächeneinheit, also eine Energiedichte.
Aus der elektrischen Feldstärke, gegeben durch Gl. (1.1) und mit der magnetischen Feldamplitude entsprechend Gl. (1.2) erhält man für den Betrag des Pointing-Vektors

$$|S| = \frac{{E_0}^2}{Z_0} \quad . \tag{1.3}$$

Orientieren wir das Koordinatensystem in der Weise, daß die elektrische Feldstärke in Richtung der x-Achse und die magnetische Feldstärke in Richtung der y-Achse liegt, $\vec{E} = E_X \cdot \vec{e}_x$, $\vec{H} = H_Y \cdot \vec{e}_y$, so folgt für die Richtung von $\vec{S}$:

$$\vec{S} = \vec{e}_z \cdot E_x \cdot H_y = \vec{e}_z \cdot \frac{{E_0}^2}{Z_0} \cdot e^{-j2k_z \cdot z} \quad . \tag{1.4}$$

Die Energieströmung besitzt nur eine Komponente (z-Komponente) und breitet sich gemäß $e^{-j2k_z \cdot z}$ in z-Richtung aus. Da der $\vec{k}$-Vektor nur eine Komponente, nämlich die z-Komponente, hat, ist die Richtung von $\vec{S}$ gleichzeitig auch die Richtung von $\vec{k}$. Diese Beziehung gilt allgemein für ebene Wellen. Denn $\vec{E}$ und $\vec{H}$ stehen senkrecht aufeinander und so läßt sich durch entsprechende Drehung des Koordinatensystems immer der soeben gedachte Spezialfall ($\vec{E} = E_x \cdot \vec{e}_x$, $\vec{H} = H_y \cdot \vec{e}_y$) erreichen.

Zusammenfassend können wir sagen:
Bei einer ebenen Welle bilden die Vektoren $\vec{E}, \vec{H}, \vec{k}$ in der aufgeführten Reihenfolge ein Rechtssystem, wobei der Energietransport in Richtung von $\vec{k}$ (also senkrecht zu den Phasenflächen, Bild 1.2) erfolgt. Bild 1.3 veranschaulicht diesen Zusammenhang, für beliebige Orientierung des $\vec{E}$-Vektors.

1.1.2 Ebene Welle im freien Raum und in einem Medium mit der Brechzahl n

Wir beschränken uns im weiteren auf Medien mit der relativen Permeabilitätszahl $\mu_r = 1$. Der für die Wellenausbreitung entscheidende Parameter ist dann die relative Dieelektrizitätszahl ε_r bzw. deren positive Quadratwurzel n ($n = \sqrt{\varepsilon_r}$) , die

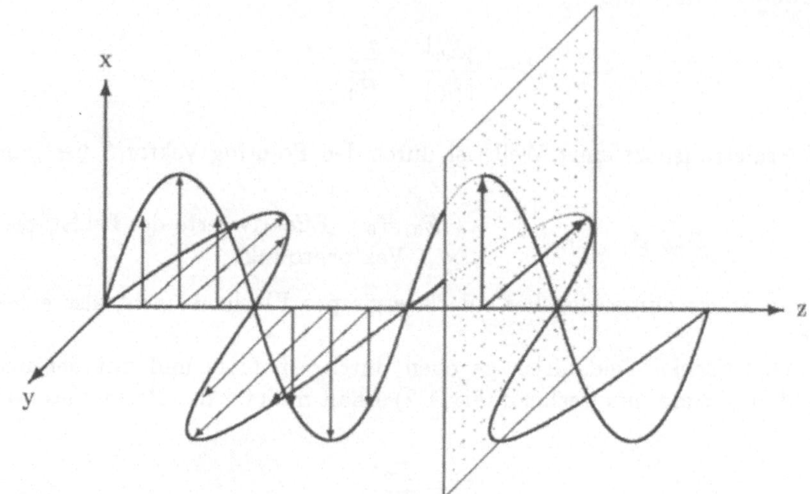

Bild 1.2 Phasenfläche einer homogenen ebenen Welle

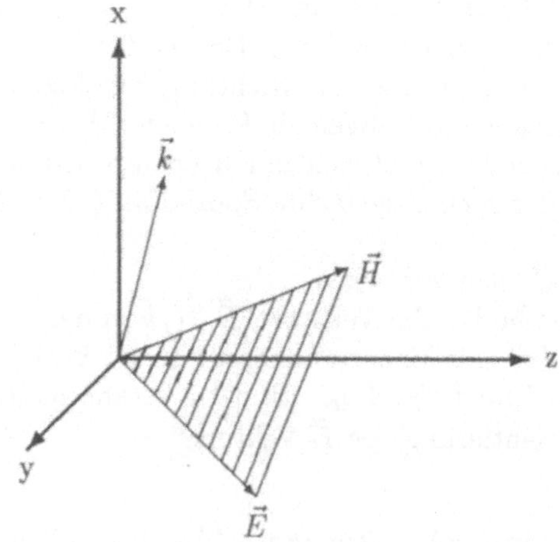

Bild 1.3 Zur Lage der Vektoren $\vec{E}, \vec{H}, \vec{k}$ bei einer ebenen Welle

Größe	freier Raum	Medium mit $\varepsilon_r \neq 1$
Brechzahl n	$n_0 = \sqrt{\varepsilon_{r_0}} = 1$	$n = \sqrt{\varepsilon_r} > 1$
Wellenlänge λ	$\lambda_0 = \frac{c_0}{f}$	$\lambda_n = \frac{c_0}{n \cdot f} = \frac{\lambda_0}{n}$
Ausbreitungs-geschwindigkeit v_p	$v_p = c_0$ Lichtgeschwindigkeit	$v_n = \frac{c_0}{\sqrt{\varepsilon_r}} = \frac{c_0}{n}$
Wellenzahl $\lvert\vec{k}\rvert = k$	$k_0 = \frac{2\pi}{\lambda_0}$	$k_n = \frac{2\pi}{\lambda_n} = \frac{2\pi}{\lambda_0} \cdot n = nk_0$
Wellenwiderstand	$Z_0 = \frac{\lvert\vec{E}_0\rvert}{\lvert\vec{H}_0\rvert} = \sqrt{\frac{\mu_0}{\varepsilon_0}}$	$Z_n = \left\lvert\frac{\vec{E}_n}{\vec{H}_n}\right\rvert = \sqrt{\frac{\mu_0}{\varepsilon_0\varepsilon_r}} = \frac{Z_0}{n}$

Tabelle 1.1 Gegenüberstellung der Freiraum-Parameter mit denen in einem Medium der Brechzahl n

Brechzahl des Mediums. Diese beeinflußt die Parameter einer ebenen Welle wie Wellenlänge, Ausbreitungsgeschwindigkeit, Wellenzahl und Wellenwiderstand. Tabelle 1.1 zeigt für homogenen Brechzahlverlauf die Gegenüberstellung der Freiraum-Parameter mit den entsprechenden Parametern in einem Medium der Brechzahl n.

1.1.3 Übergang zur geometrischen Optik; Licht als Welle und Strahl

Für die Grenzbedingung sehr kleiner Wellenlängen ($\lambda \to 0$) kann die homogene ebene Welle durch einen Strahl ersetzt werden. Diese Vorraussetzung ist gegeben, wenn die Wellenlänge gegen die diagonale Abmessung des ausgeleuchteten Querschnitts einen Faktor 10 (oder mehr) kleiner ist. Für uns bedeutet dies im weiteren, daß die Breite eines leuchtenden Spaltes oder der Durchmesser einer leuchtenden Kreisfläche mindestens das 10-fache der Lichtwellenlänge betragen muß. Das führt auf Abmessungen von 10 ... 15 μm , die in bestimmten lichtführenden Strukturen (vgl. Multimode - LWL) sogar überschritten werden. In diesen Strukturen ist somit die Anwendung geometrischer Optik erlaubt.

Der Wellenvektor $\vec{k}$, der in Richtung des Energietransports der homogenen ebenen Welle zeigt, gibt entsprechend die Richtung des korrespondierenden Strahls an. Die ortsabhängige Phasenänderung entlang des Strahls in dessen Pfeilrichtung ergibt sich zu $\Delta\varphi = -k\Delta s$, wenn Δs das betrachtete Wegstück auf dem Strahl ist. Die Polarisation des Lichtstrahls ist verabredungsgemäß durch die räumliche Lage des $\vec{E}$-Vektors bestimmt. Die Polarisation kann zirkular, elliptisch oder im einfachsten

Fall linear sein. Dies ist überall dort der Fall, wo Lichtwellenleiter zu Übertragungszwecken eingesetzt werden. In Meßtechnik und Sensorik wird z.T. auch mit zirkularer Polarisation gearbeitet.
Wie schon erwähnt, bilden die Vektoren $\vec{E}$, $\vec{H}$ und $\vec{k}$ eines Strahls ein Rechtssystem (vgl. Bild 1.3).
Die Bahnkurve eines Strahls $\vec{r} = \vec{r}(s)$ im Medium mit der Brechzahl n ist durch die Beziehung [1]

$$\frac{d}{ds}\left(n\frac{d\vec{r}}{ds}\right) = grad\ n \tag{1.5}$$

gegeben. Der Strahl verläuft nur dann gradlinig ($\vec{r}(s)$ linear), wenn grad n=0 gilt, der Brechzahlverlauf also homogen ist. Die Bahnkurve lautet dann allgemein:

$$\vec{r}(s) = \vec{a} \cdot s + \vec{b} \quad . \tag{1.6}$$

Allgemein kann für $|gradn| \ll k_0 n$ ein Strahl lokal einer homogenen ebenen Welle zugeordnet werden. Die Ausbreitung erfolgt dann nach Gl. (1.5) nicht mehr geradlinig sondern gekrümmt.

1.1.4 Verhalten an Grenzschichten

Wir betrachten den schrägen Einfall eines Strahles auf eine ebene Grenzfläche, die zwei Medien (1,2) mit verschiedenen Brechzahlen voneinander trennt (Bild 1.4). Die Lage der Grenzebene sei definiert durch $x = 0$ im Koordinatensystem nach Bild 1.1. Die Strahlvektoren seien wie folgt bezeichnet:

$\vec{k}_i$, einfallender Strahl (incident)
$\vec{k}_r$, reflektierter Strahl (reflect)
$\vec{k}_t$, transmittierter Strahl (transmitted).

Den Strahlen seien entsprechend die Feldstärken $\vec{H}_i, \vec{E}_i$; $\vec{H}_r, \vec{E}_r$ und $\vec{H}_t, \vec{E}_t$ zugeordnet.
Für die korrespondierenden ebenen Wellen gilt in der Grenzebene die Stetigkeitsbedingung der Tangentialkomponeten:

$$\begin{aligned} \vec{H}_{1_{tan}} &= \vec{H}_{2_{tan}} \\ \vec{E}_{1_{tan}} &= \vec{E}_{2_{tan}} \\ \vec{k}_{1_{tan}} &= \vec{k}_{2_{tan}}. \end{aligned} \tag{1.7}$$

$\vec{H}_1, \vec{H}_2, \vec{E}_1, \vec{E}_2$ sind die Gesamtfeldstärken im Medium 1 bzw. 2. Die Bestimmung der Tangentialkomponeten setzt nun die Kenntnis der Feldstärkevektoren bezüglich ihrer Lage voraus. Nehmen wir die einfallende magnetische Feldstärke in y-Richtung an, $\vec{H}_i = \vec{e}_y \cdot H_{y_1}$; $(H_{y_1} = H_0)$, so folgt mit der Lage von $\vec{k}_i$ nach Bild 1.4 für $\vec{E}_i$: $\vec{E}_i = \vec{e}_x \cdot E_{x_1} + \vec{e}_z \cdot E_{z_1}$.

Die gesamte H-Feldstärke in Medium 1 bzw. 2 ergibt sich somit zu:

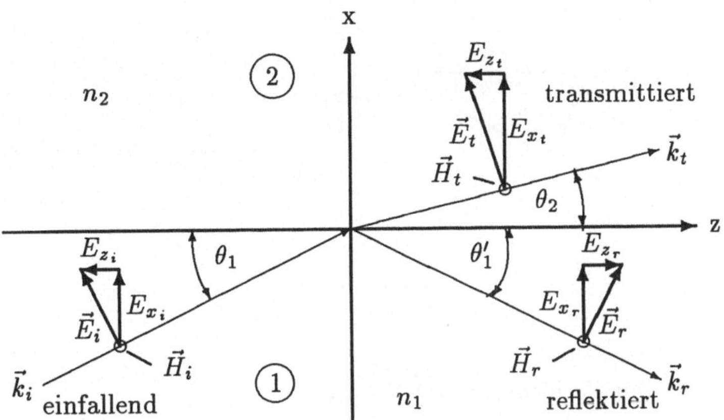

Bild 1.4 Strahlvektoren und Feldstärken an einer homogenen Grenzebene zwischen den Medien 1, 2

$$\vec{H}_{1_{tan}} = \vec{H}_i + \vec{H}_r$$
$$\vec{H}_{2_{tan}} = \vec{H}_t$$

$$\begin{aligned} \vec{H}_i &= \vec{e}_y \cdot \vec{H}_0 \cdot e^{-jk_{x_1} \cdot x} \cdot e^{-jk_{z_1} \cdot z} \\ \vec{H}_r &= \vec{e}_y \cdot \underline{r}\vec{H}_0 \cdot e^{jk'_{x_1} \cdot x} \cdot e^{-jk'_{z_1} \cdot z} \\ \vec{H}_t &= \vec{e}_y \cdot \underline{t}\vec{H}_0 \cdot e^{-jk_{x_2} \cdot x} \cdot e^{-jk_{z_2} \cdot z} \end{aligned} \tag{1.8}$$

Hierin ist $\underline{r}$ der komplexe Reflexionsfaktor, $\underline{t}$ der komplexe Transmissionsfaktor, $k_{x_{1,2}}$, $k_{z_{1,2}}$ die entsprechenden Komponenten des Wellenvektors der Medien 1 bzw. 2, H_0 die vorgegebene Feldamplitude der magnetischen Feldstärke. Die beiden umfangreichen Gleichungen, die durch Einsetzen von (1.8) in (1.7) entstehen, werden in Übung 1 detailliert behandelt.

Die dritte Zeile von Gl. (1.7) führt zusätzlich auf die Bedingungen

$$k_{z_1} = k'_{z_1} \quad und \tag{1.8.1}$$
$$k_{z_1} = k_{z_2} \tag{1.8.2}$$

Die Zerlegung der Wellenvektoren $\vec{k}_1$, $\vec{k}_2$ erfolgt entsprechend Bild 1.5. Gemäß (1.8.1) ergibt sich somit

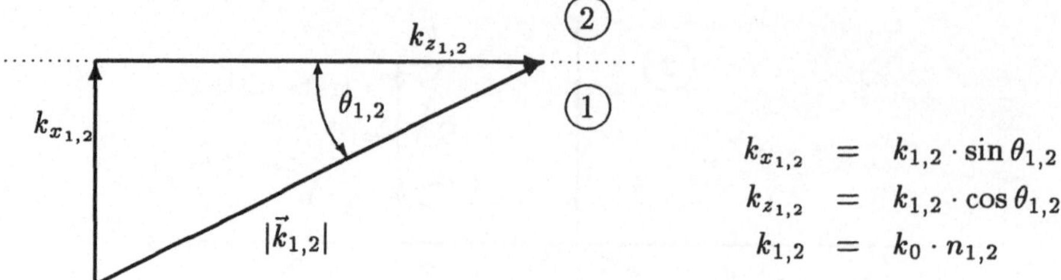

Bild 1.5 Zur Zerlegung des $\vec{k}$-Vektors

$$\begin{aligned} k_0 n_1 \cdot \cos\theta_1 &= k_0 n_1 \cdot \cos\theta_1' \\ \rightarrow \qquad \theta_1 &= \theta_1' \end{aligned} \tag{1.9.1}$$

(1.9.1) ist das bekannte Reflexionsgesetz mit der Aussage „Einfallwinkel“gleich „Ausfallwinkel“.

Gleichung (1.8.2) führt mit Bild 1.5 auf

$$\begin{aligned} k_0 n_1 \cdot \cos\theta_1 &= k_0 n_1 \cdot \cos\theta_2 \\ \frac{\cos\theta_1}{\cos\theta_2} &= \frac{n_2}{n_1} \quad . \end{aligned} \tag{1.9.2}$$

(1.9.2 ist das Snellius'sche Brechungsgesetz. Es besagt, daß beim Übergang eines Strahles vom optisch „dichteren“in ein optisch „dünneres“Medium ($n_1 > n_2$) der Austrittswinkel θ_2 kleiner als der Eintrittswinkel θ_1 ist.

Bei Gültigkeit der Ungleichung $n_2 < n_1$ istder Grenzfall $\theta_2 = 0$ möglich, der Strahl erleidet Totalreflexion, die Strahlenenergie bleibt im Medium n_1. Aus (1.9.2) ergibt sich mit $\theta_2 = 0$ der Grenzwinkel θ_{1c} für Totalreflexion gemäß:

$$\cos\theta_{1c} = \frac{n_2}{n_1} \quad . \tag{1.10}$$

Strahlen, die unter einem Winkel $\theta_1 < \theta_{1c}$ verlaufen, unterliegen ebenfalls der Totalreflexion. Sie korrespondieren mit den ausbreitungsfähigen Wellen in lichtführenden Strukturen, den Moden in Lichtwellenleitern.

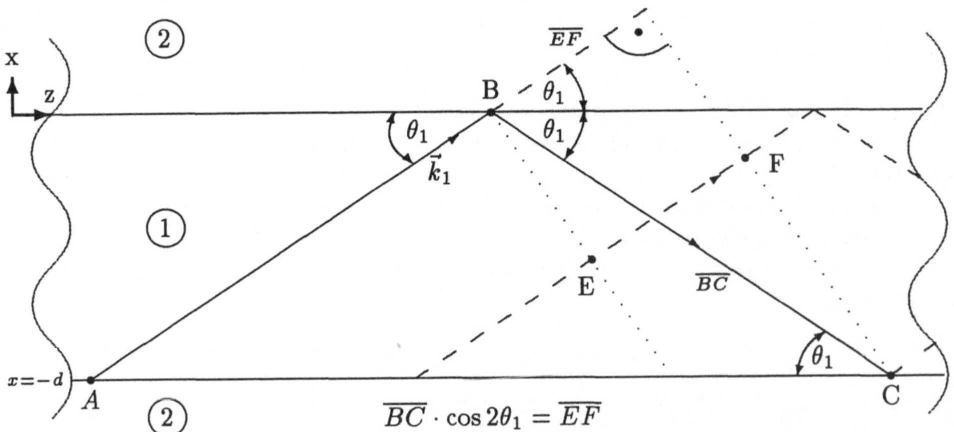

Bild 1.6 Zur konstruktiven Interferenz beim Schicht-LWL

1.2 Lichtausbreitung in optischen Wellenleitern

1.2.1 Symmetrische Schichtleitung (Filmwellenleiter)

Eine Strahlfortpflanzung mit Energietransport in eine bestimmte Vorzugsrichtung (z.B. z-Richtung in Bild 1.3 ist dann möglich, wenn im einfachsten Fall zwischen zwei parallelen, unendlich ausgedehnten Grenzflächen wechselweise fortgesetzte Totalreflexion stattfindet. Dies führt zu einer Struktur entsprechend Bild 1.6 mit einer senkrecht zur Zeichenebene unendlich ausgedehnten Schicht der Dicke d, mit der Brechzahl n_1, die zwischen zwei Schichten der Brechzahl n_2 eingebettet ist. Für $n_2 < n_1$ sind Strahlen, die unter Winkeln $\theta_1 < \theta_{1c}$ auf eine der beiden Grenzebenen auftreffen, ausbreitungsfähig. Man spricht von einem symmetrischen Schicht-(oder Film-)wellenleiter.

Konstruktive Interferenz

Jedoch nicht jeder beliebige Wert aus diesem kontinuierlichen Winkelbereich führt tatsächlich zu einer Ausbreitung, sondern nur bestimmte diskrete Werte, für die eine feste Phasenbeziehung erfüllt ist. So ist bei dem Ausbreitungsvorgang nach Bild 1.6 für die Phasenänderung φ_{BC} des Strahles zwischen Punkt B und C inclusive zweimaliger Totalreflexion der – bis auf $2\pi m$ – gleiche Wert zu fordern wie für die Phasenänderung des ohne Reflexion verlaufenden Strahls zwischen E und F (φ_{EF}). Dies bedeutet konstruktive Interferenz beider Strahlen zwischen gleichen Linien konstanter Phase. Wenn man die Phasendrehung bei Totalreflexion mit φ_R berücksichtigt, ergibt sich daraus, die Phasenbilanz für konstruktive Interferenz:

$$\varphi_R - k_{1x} \cdot d = \pi \cdot m \quad . \tag{1.11}$$

Gl. (1.11) läßt folgende Interpretation zu:

Wir verfolgen die Änderung der ortsabhängigen Phase der x-Komponente (= Transversalkomponente) eines Strahls zwischen zwei Punkten, die sich geometrisch entsprechen, hier zwischen den Punkten A und C. Die Phasenänderung in x-Richtung zwischen vergleichbaren Phasenlagen des Strahls (z.B. unmittelbar nach der Reflexion in A und unmittelbar nach der Reflexion in C) muß ein Vielfaches von 2π betragen:

$$\underbrace{e^{-jk_{x1}d}}_{\substack{\text{Ausbreitung}\\ \overline{AB}}} \cdot \underbrace{|\underline{r}| \cdot e^{j\varphi_R}}_{\substack{\text{Reflexion in}\\ \text{B}}} \cdot \underbrace{e^{-jk_{x1}d}}_{\substack{\text{Ausbreitung}\\ \overline{BC}}} \cdot \underbrace{|\underline{r}| \cdot e^{j\varphi_R}}_{\substack{\text{Reflexion in}\\ \text{C}}} = e^{j2\pi m} \quad .$$

Unter Berücksichtigung von $|\underline{r}| = 1$ für Totalreflexion erhält man durch Logarithmieren der obigen Gleichung sofort die Phasenbilanz Gl. (1.11).

Moden der symmetrischen Schichtleitung

Gleichung (1.11) stellt die charakteristische Gleichung dieses Ausbreitungsvorganges dar. φ_R ist die durch Totalreflexion an der Schichtgrenze auftretende, von der Polarisation des Lichtes abhängige Phasendrehung; m ist eine ganze Zahl und deutet laut Gl. (1.11) an, daß es eine Vielzahl von Strahlen mit $\theta_1 < \theta_{1c}$ geben wird, die die charakteristische Gleichung erfüllen. Die mit dieser Strahlenvielfalt verbundenen Ausbreitungsformen des Lichtes werden „Moden"genannt.

Jede Mode ist durch ihre Ausbreitungskonstante in z-Richtung ($k_{1_z} = k_{2_z} = \beta$) sowie durch den für sie charakteristische Feldverlauf senkrecht zur Ausbreitungsrichtung (=transversal) bestimmt.

Feldverlauf und Intensitätsverteilung

Wir betrachten zweckmäßig das magnetische Gesamtfeld im Medium 1 bzw. 2. Es gilt unter den gemachten Annahmen für $\vec{H}_{1_{ges}}$

im Medium 1:

$$\begin{aligned} \vec{H}_{1_{ges}} &= \vec{H}_{1_{tan}} = \vec{H}_i + \vec{H}_r \\ &= \vec{e}_y H_0 \cdot \left(e^{-jk_{x1}\cdot x} + \underline{r} \cdot e^{jk_{x1}\cdot x}\right) e^{-jk_z \cdot z} \end{aligned}$$

und unter Berücksichtigung von $\underline{r} = r \cdot e^{j\varphi_R}$ mit $|\underline{r}| = r = 1$

$$\begin{aligned}\vec{H}_{1_{ges}} &= \vec{e}_y H_0 \cdot e^{j\frac{\varphi_R}{2}} \cdot e^{-jk_z \cdot z}\left(e^{-j\left(k_{x_1}\cdot x+\frac{\varphi_R}{2}\right)} + e^{j\left(k_{x_1}\cdot x+\frac{\varphi_R}{2}\right)}\right)\\ &= \vec{e}_y \cdot H_0 \cdot e^{j\frac{\varphi_R}{2}} \cdot 2\cos\left(k_{x_1}\cdot x + \frac{\varphi_R}{2}\right)\cdot e^{-jk_z\cdot z} \quad .\end{aligned}$$

Die Phasenbilanz nach Gl. (1.11) liefert für $\frac{\varphi_R}{2}$:

$$\frac{\varphi_R}{2} = U + m\frac{\pi}{2}, \text{mit } U = k_{x_1}\cdot\frac{d}{2}\,. \tag{1.12}$$

Somit erhalten wir für $\vec{H}_{1_{ges}}$

$$\vec{H}_{1_{ges}} = \vec{e}_y \cdot 2H_0 \cdot e^{jU} \cdot e^{jm\frac{\pi}{2}} \cdot \cos\left(U\left(1+\frac{x}{d/2}\right) + m\frac{\pi}{2}\right)\cdot e^{-jk_z\cdot z} \tag{1.13}$$

Dieser Ausdruck ist in dieser Form allgemeingültig bezüglich der ganzzahligen Konstanten m und stellt den ortsabhängigen Verlauf des magnetischen Feldstärkevektors im Medium 1 dar. Die Ausbreitung der damit verbundenen elektomagnetischen Welle erfolgt in positiver z-Richtung, gegeben durch den Term $e^{-jk_z\cdot z}$. Die Phasenkonstante dieser Welle ist k_z, allgemein auch β genannt: $k_z = \beta$. Die Feldverteilung in der x-y-Ebene, senkrecht zur Ausbreitungsrichtung (= transversal), deutet mit dem cos-Term auf eine stehende Welle in x-Richtung hin; in y-Richtung ist der Feldverteilung konstant. Der genauere Verlauf dieser stehenden Welle ist abhängig von der Konstanten m und soll im folgenden näher untersucht werden.

(1) m geradzahlig:
Wir setzen $m = 2m'$. Somit ist$m \cdot \frac{\pi}{2} = m'\pi$, für $m' = 0,\ 1,\ 2, \ldots$
Für den cos-Term in Gl. (1.13) gilt

$$\cos\left(U\left(1+\frac{x}{d/2}\right) + m'\pi\right) = (-1)^{m'}\cdot\cos\left(U\left(1+\frac{x}{d/2}\right)\right) \quad .$$

Entsprechend folgt für

$$e^{jm\frac{\pi}{2}} = e^{jm'\pi} = (-1)^{m'} \,.$$

Der Betrag der magnetischen Feldstärke wird somit:

$$\begin{aligned}H_{1_{ges}} &= 2H_0\cdot(-1)^{2m'}\cdot\cos\left(U\left(1+\frac{x}{d/2}\right)\right) \quad .\\ &= 2H_0\cdot\cos\left(U\left(1+\frac{x}{d/2}\right)\right) \quad .\end{aligned} \tag{1.14}$$

Die Mehrdeutigkeit der cos-Funktion bezüglich der (geradzahligen) Konstanten m scheint in der obigen Gleichung eliminiert zu sein, ist aber im Wertebereich des Parameters U erhalten geblieben, $U = U(m)$.

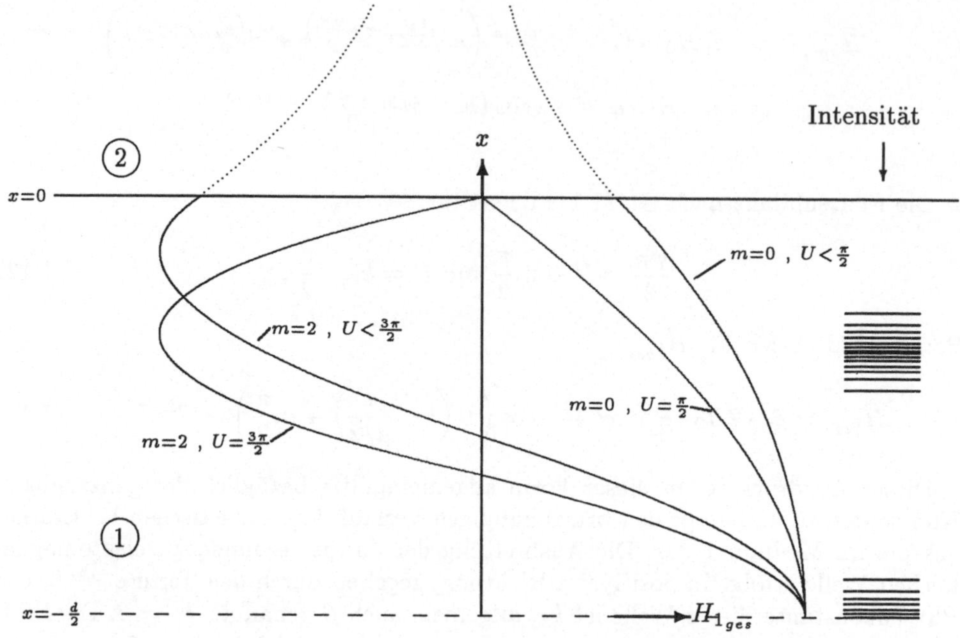

Bild 1.7 Betrag des magnetischen Feldstärkevektors im Medium 1 für die niedrigsten geraden Moden. Verlauf im Medium 2 gepunktet gezeichnet.

Abhängig von m gilt für U:

$$\begin{aligned} m = 0 \quad &\rightarrow \quad 0 \leq U \leq \frac{\pi}{2} \quad , \\ m = 2 \quad &\rightarrow \quad \pi \leq U \leq \frac{3\pi}{2} \quad , \\ \text{allgemein} \quad &\rightarrow \quad m\frac{\pi}{2} \leq U_m \leq (m+1)\frac{\pi}{2} \quad , \text{ für geradzahlige } m. \end{aligned}$$

Für $m = 0$ und $m = 2$ ist der Verlauf nach Gl. (1.14) in Bild 1.7 dargestellt.

Wir betrachten weiterhin den Verlauf der magnetischen Feldstärke, zunächst im Medium 1, jetzt aber für

(2) ungeradzahliges m:
Wir setzen $m = 2m' + 1$. Es gilt dann

$$m\frac{\pi}{2} = (2m'+1)\frac{\pi}{2} = m'\pi + \frac{\pi}{2}$$

und für den cos-Term in Gl. (1.13)

$$\cos\left(U\left(1+\frac{x}{d/2}\right)+m\frac{\pi}{2}\right) = -(-1)^{m'} \cdot \sin\left(U\left(1+\frac{x}{d/2}\right)\right)$$

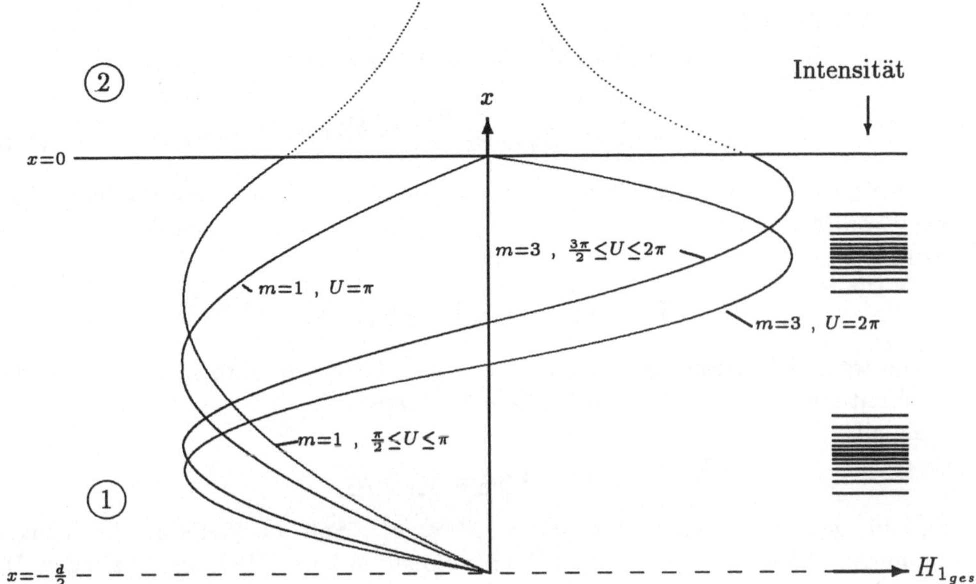

Bild 1.8 Betrag des magnetischen Feldstärkevektors im Medium 1 für die niedrigsten ungeraden Moden. Verlauf im Medium 2 gepunktet gezeichnet.

sowie

$$e^{\jmath m \frac{\pi}{2}} = (-1)^{m'} \cdot e^{\jmath \frac{\pi}{2}} = \jmath(-1)^{m'} \quad .$$

Die magnetischen Feldstärke ergibt sich nun zu

$$\vec{H}_{1_{ges}} = -\vec{e}_y \cdot \jmath 2H_0 \cdot e^{\jmath U} \cdot \sin\left(U\left(1 + \frac{x}{d/2}\right)\right) \quad . \tag{1.15}$$

Neben dem unsymmetrischen Feldverlauf ist eine Phasenverschiebung aufgrund der sin-Funktion um $\frac{-\pi}{2}$ gegenüber den Fällen geradzahliger m festzustellen. Der Betrag des Feldstärkevektors aus Gl. (1.15) ist

$$H_{1_{ges}} = -\sin\left(U\left(1 + \frac{x}{d/2}\right)\right) \cdot 2H_0$$

und ist in Bild 1.8 für $m = 1$ und $m = 3$ dargestellt.

Ähnlich wie unter Punkt (1) gilt für U — jetzt bei *ungeradzahligem m*

$$m = 1 \quad \rightarrow \quad \frac{\pi}{2} \leq U \leq \pi \quad ,$$

$$m = 3 \quad \rightarrow \quad \frac{3\pi}{2} \leq U \leq 2\pi \quad ,$$

$$\text{allgemein} \quad \rightarrow \quad m\frac{\pi}{2} \leq U_m \leq (m+1)\frac{\pi}{2} \quad \text{für ungeradzahlige } m.$$

Im Medium 2

gilt für $\vec{H}_{2_{ges}}$ unter den gültigen Voraussetzungen

$$\vec{H}_{2_{ges}} = \vec{e}_y \cdot \underline{t} \cdot \underline{K}_{12} \cdot H_0 \cdot e^{-\jmath k_{2x} \frac{d}{2} \left| 1 + \frac{x}{d/2} \right|} \cdot e^{-\jmath \beta z} \tag{1.16}$$

Hierin ist K_{12} eine komplexe Konstante, die für eine Feldanpassung beim Übergang von Medium 1 nach Medium 2 sorgt. Sie ist bestimmt durch den Zusammenhang

$$e^{\jmath\, m \frac{\pi}{2}} \cdot 2H_0 \cdot \cos\left(U + m\frac{\pi}{2}\right) = \underline{t}\, \underline{K}_{12} \cdot H_0 \cdot e^{-\jmath k_{2x} \cdot \frac{d}{2}} \quad .$$

Die weitere Untersuchung des Feldverlaufs setzt die Kenntnis der transversalen Ausbreitungskonstante k_{2_x}, im Medium 2, voraus.

Es gilt:

$$k_2^2 = k_0^2 n_2^2 = k_{2_z}^2 + k_{2_x}^2$$

und für geführte Moden $k_1^2 \leq k_{2_z}^2 = \beta^2 \leq k_2^2$. Soll die Welle an die Struktur gebunden bleiben, so müssen die Felder im Medium 2 in x-Richtung abklingen. Das führt in Übereinstimmung mit obiger Größenbeziehung auf die Beziehung

$$k_{2_x}^2 = k_2^2 - \beta^2 = k_0^2 n_2^2 - \overbrace{\underbrace{\begin{Bmatrix} k_0^2 n_1^2 \\ k_0^2 n_2^2 \end{Bmatrix}}_{\beta^2_{min}}}^{\beta^2_{max}} \leq 0 \ .$$

Daraus folgt

$$k_{2_x} = \pm \jmath \left| k_{2_x} \right|$$

Für abklingenden Feldverlauf in x-Richtung ist unter Berücksichtigung von (1.16) das negative Vorzeichen zu wählen:

$$k_{2_x} = -\jmath \left| k_{2_x} \right| \tag{1.17}$$

Für $H_{2_{ges}}$ erhalten wir demnach

$$H_{2_{ges}} = 2H_0 \cdot \cos\left(U + m\frac{\pi}{2}\right) \cdot e^W \cdot e^{\jmath \frac{m\pi}{2}} \cdot e^{-W \left| 1 + \frac{x}{d/2} \right|} \tag{1.18}$$

In Gl. (1.17) sind die Zusammenhänge

$$W = \left| k_{2_x} \right| \cdot \frac{d}{2} \tag{1.19}$$

und $\underline{t} \cdot \underline{K}_{12} = 2\cos\left(U + m\frac{\pi}{2}\right) e^{\jmath m\pi/2} \cdot e^W$ berücksichtigt.

Für geradzahlige bzw. ungeradzahlige Werte von m ist entsprechend das Verfahren nach (1) bzw. (2) anzuwenden.

Wir erhalten für

(1) geradzahliges m

mit $\cos\left(U+m\frac{\pi}{2}\right)=(-1)^{\frac{m}{2}}\cdot\cos U$

und $e^{jm\frac{\pi}{2}}=(-1)^{\frac{m}{2}}$

$$H_{2_{ges}}=2H_0\cdot\cos U\cdot e^W\cdot e^{-W\left|1+\frac{x}{d/2}\right|} \qquad (1.20)$$

(2) ungeradzahliges m

für $\cos\left(U+m\frac{\pi}{2}\right)=-(-1)^{\frac{m}{2}}\cdot\sin U$ sowie $e^{jm\frac{\pi}{2}}=j(-1)^{\frac{m}{2}}$.
Somit folgt in diesem Fall für den Betrag des magnetischen Feldstärkevektors

$$H_{2_{ges}}=-2H_0\cdot\sin U\cdot e^W\cdot e^{-W\left|1+\frac{x}{d/2}\right|}$$

Die Komponenten für $H_{2_{ges}}$ nach vorstehenden Gleichungen sind in Bild 1.7 und Bild 1.8 gestrichelt eingezeichnet.

Die mit der Vieldeutigkeit aufgrund der Zahl m verbundenen Ausbreitungsformen des Lichtes nennen wir wegen der transversalen Lage der magnetischen Feldstärke-TM_m-Moden (TM = transversal magnetisch).

Anregungsbedingung

Die niedrigste in der Struktur nach Bild 1.6 ausbreitungsfähige Mode ist die mit $m=0$. Sie ist bereits angeregt für $U=0$ und heißt deshalb Grundmode. Mit stetig wachsendem U kommt bei Zunahme um jeweils $\frac{\pi}{2}$ eine neue Mode hinzu. Mit dem Index m ist der Bereich einer TM_m-Mode durch die Werte von U_m nach Abschnitt 1.2.1 bestimmt. Gleichermaßen gilt für geradzahlige und ungeradzahlige m

$$m\frac{\pi}{2}\leq U_m\leq(m+1)\frac{\pi}{2} \quad .$$

Mit $U=k_{1_x}\cdot\frac{d}{2}=\frac{d}{2}k_0n_1\cdot\sin\theta_1$, entsprechend Bild 1.5 erhalten wir daraus für den Wertebereich des Winkels θ_{1_m}

$$\frac{m\,\pi}{k_0\,d\,n_1}\leq\sin\theta_{1_m}\leq\frac{(m+1)\pi}{k_0\,d\,n_1} \qquad (1.21)$$

θ_1 ist nach Bild 1.6 der Einfallswinkel gegen die Grenzebene zu Medium 2, gemessen im Medium 1. Die Einkopplung von Licht in einen Schichtwellenleiter erfolgt üblich stirnseitig mittels einer divergenten Strahlquelle, wie in Bild 1.9 dargestellt. Infolge Brechung an der Stirnfläche ist dem Winkel θ_1 im Medium 1 der Winkel ϑ_1 in Luft zugeordnet, gemäß

$$\sin\vartheta_1=n_1\cdot\sin\theta_1 \quad . \qquad (1.22)$$

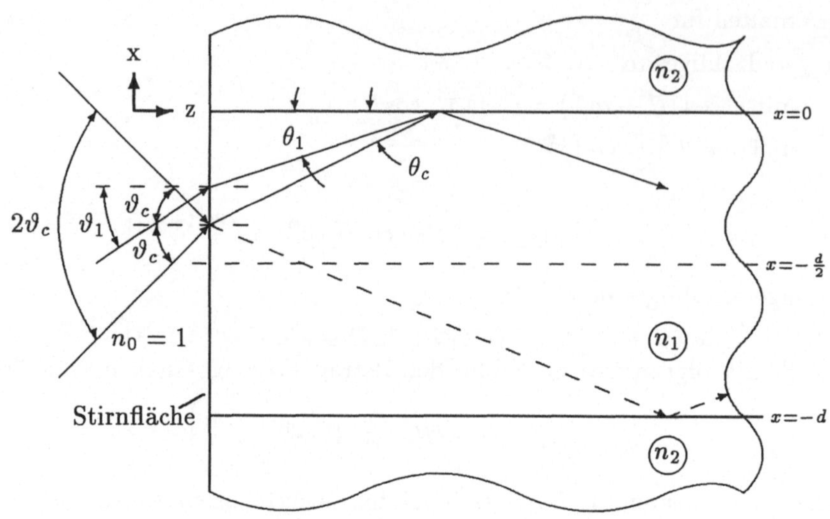

Bild 1.9 Zur Lichteinkopplung in einen Schichtwellenleiter

Für den *Grenzwinkel* ϑ_c in Luft gilt entsprechend

$$\begin{aligned} \sin\vartheta_c &= n_1 \cdot \sin\theta_c \\ &= n_1 \cdot \sqrt{1-\cos^2\theta_c} = n_1\sqrt{1-\frac{n_2^2}{k_1^2}} \\ \text{und somit } \sin\vartheta_c &= \sqrt{n_1^2 - n_2^2} \quad . \end{aligned} \tag{1.23}$$

Der Sinus des Grenzwinkels in Luft wird Numerische Apertur, NA, genannt. Die NA ist nach Gl. (1.23) nur von den Brechzahlen der Medien 1 und 2 abhängig.

1.2.2 Zylindrischer Stufenindex-Lichtwellenleiter(SI-LWL)

LWL-Struktur und bestimmende Parameter

Der Filmwellenleiter aus dem vorherigen Kapitel ist in y- und z- Richtung unendlich ausgedehnt. Kennzeichnend für die lichtführende Struktur ist aber der inhomogene Aufbau in x-Richtung mit der Brechzahlfolge $n_2 - n_1 - n_2$.

Durch eine gedachte geometrische Abbildung dieser Struktur in eine Zylindrische gelangen wir zum zylindrischen Lichtwellenleiter, auch Glasfaser-LWL genannt. Wir denken uns dabei die Ebene $x = 0$ wie in Bild 1.10 gleichmäßig um die Achse ($x = -\frac{d}{2}$, $y = 0$), die parallel zur z-Achse liegt, gekrümmt, so daß die y-Achse in einen Kreis mit dem Durchmesser d übergeht. Der Bereich $x \leq -\frac{d}{2}$ schrumpft dabei auf den Mittelpunkt dieses Kreises zusammen. Beachten wir die oben angegebene Schichtenfolge bezüglich der Brechzahlen, so erhalten wir einen zylindrischen

Stufenindex-LWL, vgl. Bild 1.11. Mit der gedachten Abbildung ergeben sich folgende Entsprechungen:

halbe Schichtdicke $\frac{d}{2}$	$\rightarrow$	Kernhalbmesser a_k
alle ausbreitungsfähigen Strahlen	$\rightarrow$	Meridionalstrahlen
Akzeptanzkeil vom Öffnungswinkel $2\vartheta_c$	$\rightarrow$	Akzeptanzkegel mit dem Öffnungswinkel $2\vartheta_c$
y-Richtung	$\rightarrow$	Umfangsrichtung des zylindrischen LWL's (azimutal)
x-Richtung	$\rightarrow$	radiale Richtung des zylindrischen LWL's

Der reale zylindrische LWL nach Bild 1.11 ist bezüglich der radialen Ausdehnung des Mediums 2 begrenzt auf den Wert a_M (Mantelhalbmesser), da man davon ausgehen kann, daß an der Stelle des Mantelhalbmessers die Felder auf unmeßbar kleine Werte abgeklungen sind, der LWL also „dicht“ist.

Struktur und Funktion des zylindrischen LWL's werden durch 3 Parameter beschrieben, die z.T. im vorherigen Abschnitt schon (ähnlich) definiert wurden.

(1) Numerische Apertur (NA) des LWL's

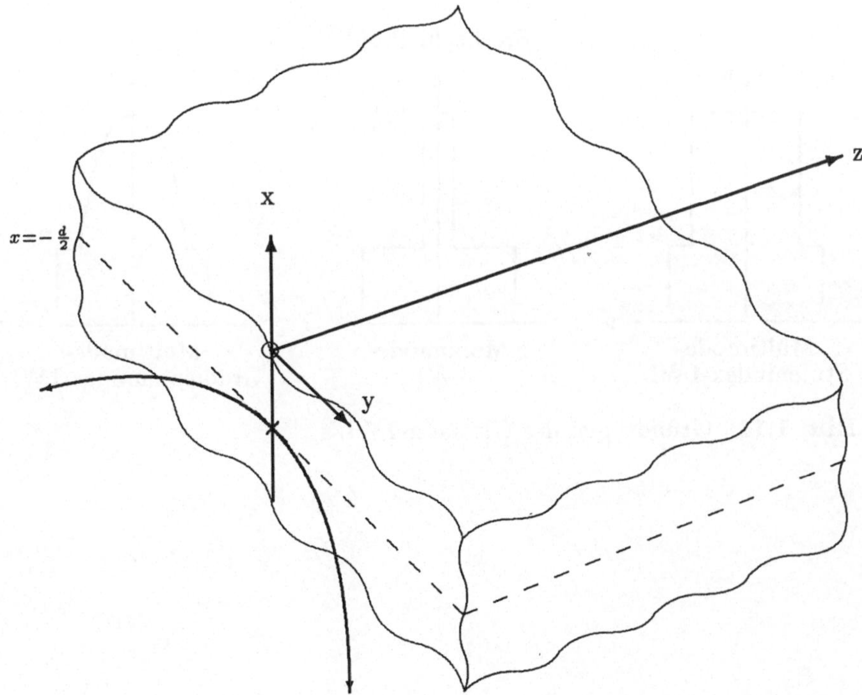

Bild 1.10 Krümmung des Schicht LWL's zur zylindrischen Struktur

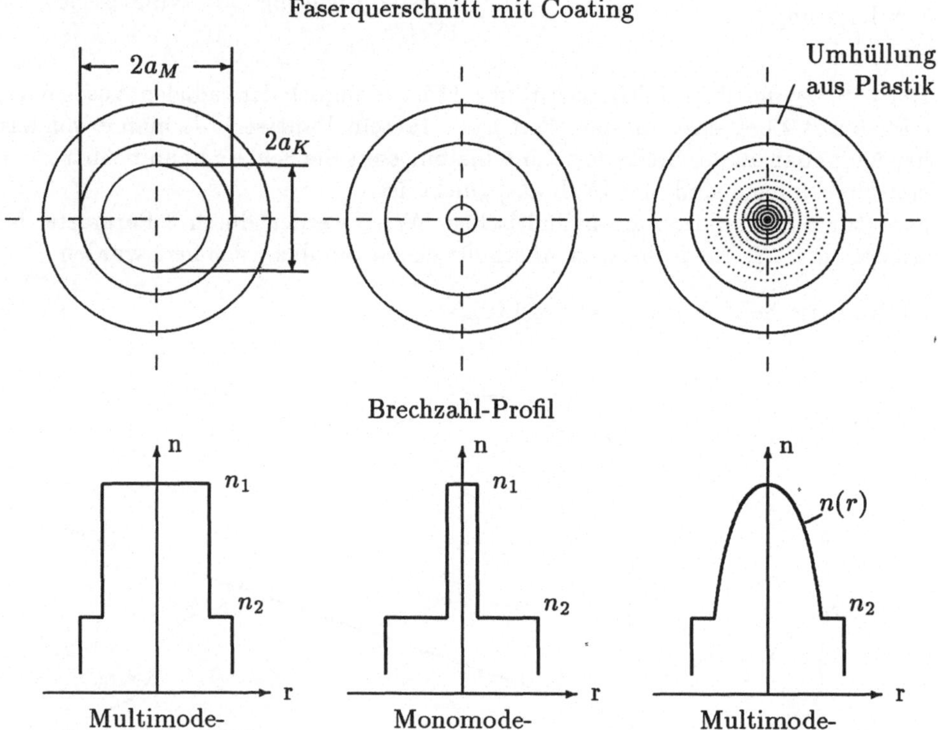

Bild 1.11 Grundtypen des Glasfaser-LWL's

$$NA = \sin\vartheta_c = n_1 \cdot \sin\theta_c \quad .$$

Mit dem Grenzwinkel für Totalreflexion θ_c aus $\cos\theta_c = \frac{n_2}{n_1}$ ergibt sich

$$\begin{aligned}
\sin\vartheta_c &= n_1 \cdot \sin(\arccos\theta_c) \\
\sin\vartheta_c &= n_1 \cdot \sin\left(\arcsin\sqrt{1-\left(\frac{n_2}{n_1}\right)^2}\right) \\
\sin\vartheta_c &= \sqrt{n_1^2 - n_2^2}
\end{aligned}$$

wie beim Filmwellenleiter. In Analogie zum Filmwellenleiter werden Strahlen, die innerhalb eines Kegels vom Öffnungswinkel $2\vartheta_c$ auf die Stirnfläche des LWL's auftreffen, akzeptiert und von der Struktur geführt.

(2) Strukturkonstante V Zwischen den transversalen Ausbreitungskonstanten im Kern k_{tr_1} und im Mantel, k_{tr_2}, besteht in Analogie zum Schichtwellenleiter folgender Zusammenhang:

$$\begin{aligned}
k_1^2 = k_0^2 n_1^2 &= \beta^2 + k_{tr_1}^2 \\
k_2^2 = k_0^2 n_2^2 &= \beta^2 + k_{tr_2}^2 = \beta^2 - |k_{tr_2}|^2 \; .
\end{aligned} \tag{1.24}$$

Die Differenz der Gleichungen (1.24) liefert zunächst

$$k_0^2(n_1^2 - n_2^2) = k_{tr_1}^2 + |k_{tr_2}|^2 \; .$$

Durch Multiplizieren mit a_k^2 führen wir die normierte Größen U und W ein (vgl. 1.2.1) und erhalten für die Struktur konstante V

$$k_0^2 a_k^2 (n_1^2 - n_2^2) = V^2 = U^2 + W^2 \; . \tag{1.25}$$

U bedeutet die normiert transversale Wellenzahl im Faserkern.

$$U = k_{tr_1} \cdot a_K \tag{1.26.1}$$

und W entsprechend den Betrag der normierten transversalen Wellenzahl im Fasermantel

$$W = |k_{tr_2}| \cdot a_K \quad . \tag{1.26.2}$$

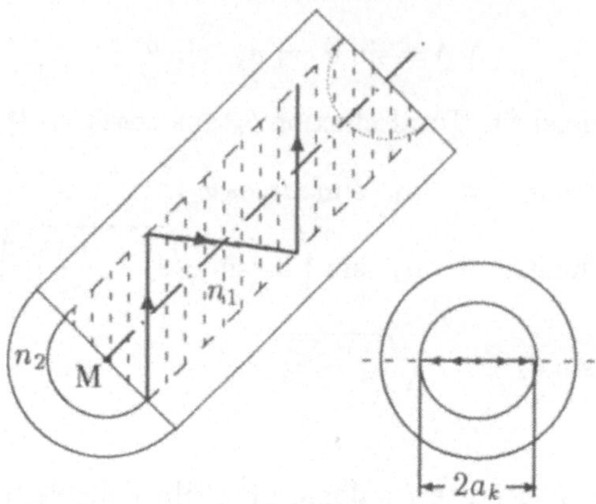

Bild 1.12 Bahnverlauf eines Meridionalstrahles

(3) Normierte dielektische Differenz Δ

Gleichung (1.27) definiert die dielektische Differenz

$$\Delta = \frac{1}{2} \cdot \frac{n_1^2 - n_2^2}{n_1^2} \quad . \tag{1.27}$$

Da die Brechzahlen n_1 und n_2 sich in der Realität nur sehr wenig unterscheiden, ist Δ sehr klein gegen 1 ($\Delta \ll 1$), in der Regel etwa 1% oder kleiner. Mit der $NA = \sin\vartheta_c = n_1 \cdot \theta_c = n_1\sqrt{1 - \left(\frac{n_2}{n_1}\right)^2}$ und nach Gl. (1.27) erhalten wir

$$NA = n_1\sqrt{2\Delta},$$

bzw. für den Sinus des Grenzwinkels θ_c, gemessen im Medium 1,

$$\sin\theta_c = \sqrt{2\Delta} \quad . \tag{1.28}$$

Für $\Delta =$ 1% ergibt sich somit ein Winkel $\theta_c \approx$ 8°, mit $n_1 \approx$ 1,5 beträgt die NA:

$$NA = \sin\vartheta_c \approx 0,21 \text{ bzw. } \vartheta_c \approx 12° \quad .$$

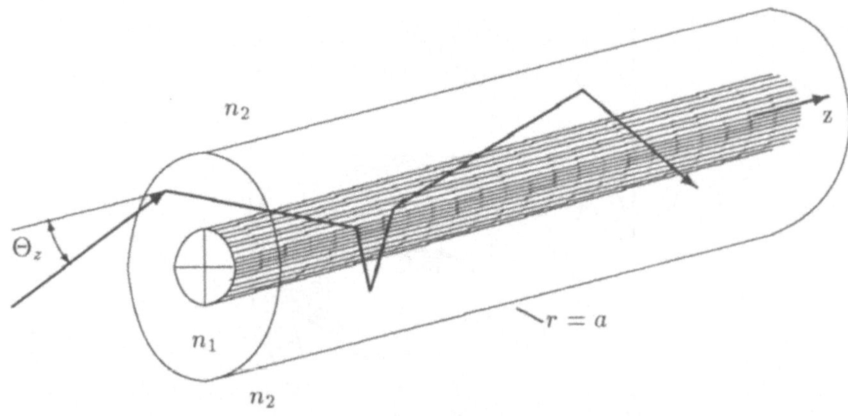

Bild 1.13 Bahnverlauf eines schiefen Strahls (skew ray)

Strahlverlauf im zylindrischen Stufenindex-LWL

Merionalstrahlen

Mit der gedachten Abbildung des Schicht-LWL's in einen zylindrischen LWL gehen die dort ausbreitungsfähigen Strahlen in Meridionalstrahlen des zylindrischen Stufenindex-LWL's über. Wie in Bild 1.12 dargestellt, kreuzen sie nach jeder Reflexion die Achse und haben daher nur Komponenten in axialer Richtung (z-Koordinate) und radialer Richtung (r-Koordinate). Ihre Bahn verläuft zick-zack-förmig infolge fortgesetzter Totalreflexion an der Kern-Mantel Grenze, bleibt aber immer in der gleichen Meridionalebene. Die Krümmung der Kern-Mantel Grenzebene hat auf sie keinen Einfluß.

Die selektive Anregung von Meridionalstrahlen erfolgt mittels einer punktförmigen Lichtquelle, die im Mittelpunkt des LWL-Kerns plaziert wird. Aus dem Winkelspektrum der Strahlen dieser Quelle führen — nach dem zuvor Gesagten — aber nur diejenigen *innerhalb* des Akzeptanzkegels zu Ausbreitungsvorgängen, den meridionalen Moden.

Schiefe Strahlen

Meridionalstrahlen können als Spezialfall einer allgemeinen Gruppe von Strahlen, den sognannten „schiefen Strahlen“(skew rays) aufgefaßt werden. Diese kreuzen die LWL-Achse im Verlaufe ihrer Strahlbahn nicht und breiten sich daher auch nicht in einer Meridianebene aus. Ihre Bahn beschreibt eine vielfach geknickte Schraubenlinie entsprechend Bild 1.13 mit konstanter Steigung in z-Richtung. Die Projektion des Strahlverlaufs auf die LWL-Stirnfläche (=Transversalebene) zeigt in Bild 1.14

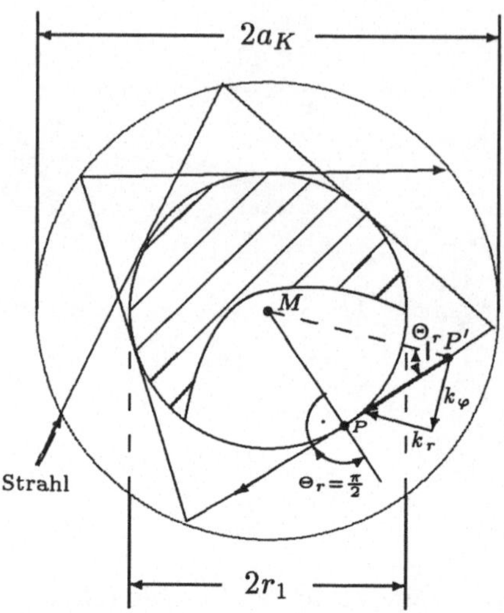

Bild 1.14 Stirnflächenprojektion eines schiefen Strahls

ein regelmäßiges Muster in Umfangsrichtung, das deutlich die Reflexionen an der Kern-Mantel-Grenze erkennen läßt. Der Strahl hält einen inneren kreisförmigen Bereich mit dem Radius r_1 frei. Dieser erscheint bei Draufsicht auf die Stirnfläche als dunkler Kreis, der von einem ringförmig leuchtenden konzentrischen Bereich umgeben ist (vgl. auch Bild 1.13). Ferner wird deutlich, daß — infolge der Krümmung der Kern-Mantel-Grenze — der Strahlvektor $\vec{k}$ eine Komponete in Umfangsrichtung des LWL's bekommt (azimutale Komponente, Bild 1.14).

Zur detaillierten Analyse des Strahlverlaufs verwenden wir zweckmäßig Zylinderkoordinaten nach Bild 1.15. Sie bilden in der Reihenfolge φ, r, z ein Rechtssystem.

Bild 1.15 zeigt die Verhältnisse beim Auftreffen eines schiefen Strahls an der Kern-Mantel-Grenze eines zylindrischen Stufenindex-Lichtwellenleiters. Der Strahl ist durch seinen Ausbreitungsvektor $\vec{k}$ gekennzeichnet. Im Auftreffpunkt P kann $\vec{k}$ in die Komponente $k_z(=\beta)$ in Richtung der Faserachse und den verbleibenden Vektor $\vec{k}_{tr}$ senkrecht zur Faserachse zerlegt werden (transversal). In der Transversalebene läßt sich $\vec{k}_{tr}$ in die Komonenten k_r und k_φ mittels des „skew"-Winkels Θ_r aufspalten. Θ_r ist der Winkel zwischen $\vec{k}_{tr}$ und der Verbindungslinie des Auftreffpunktes P mit dem Mittelpunkt M (= Richtung der Komponente k_r). Dieser Winkel kann aber in gleicher Weise auch in jedem Punkt des in die Transversalebene projezierten Strahlverlaufes im LWL angegeben werden. Er ändert — abhängig von der Lage des betrachteten Punktes — seine Größe und nimmt dort, wo der projezierte Strahl den Innenkreis tangiert, den Wert $\frac{\pi}{2}$ an (Bild 1.14). Damit ist dieser sogenannte „Umkehrpunkt"des Strahles durch $\Theta_r = \frac{\pi}{2}$ definiert und für die Zerlegung des

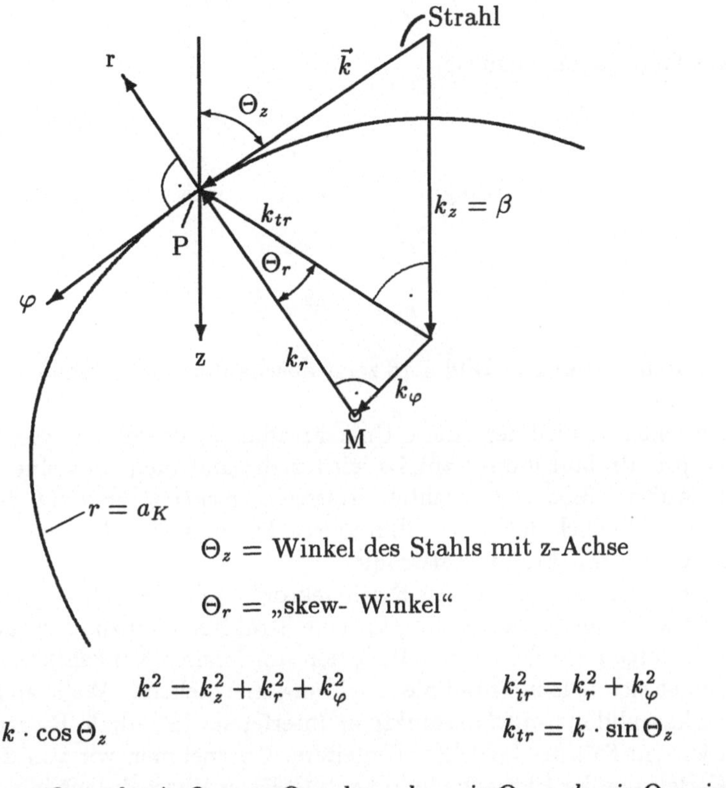

Bild 1.15 Zur Geometrie schiefer Strahlen

Ausbreitungsvektors $\vec{k}$ im Umkehrpunkt folgt:

$$k_r = 0, \qquad k_\varphi = \vec{k}_{tr|_{r=r_1}}$$

Mit $k_r = 0$ ist der innere Umkehrradius r_1 bestimmt. Für des Betragsquadrat von $\vec{k}$ gilt allgemein:

$$k^2(r) = \beta^2 + k_\varphi^2 + k_r^2 \tag{1.29}$$

und mit $k_r = 0$:

$$k^2(r_1) = \beta^2 + k_\varphi^2 = k_0^2 n_1^2 \tag{1.30}$$

Die *azimutale Phasenkonstante* k_φ wird näher definiert anhand der Phasendrehung, die in Umfangsrichtung zustande kommt. Dabei ist dür die Existenz einer Mode zu fordern, daß nach einer Anzahl von ν Umläufen die azimutale Phasendrehung ein ganzzahliges Vielfaches von 2π beträgt (konstruktive Interferenz). Die entsprechende Phasendrehung ergibt sich aus azimutaler Weglänge $(r \cdot 2\pi)$, multipliziert mit der azimutalen Komponente des $\vec{k}$-Vektors, k_φ:

$$k_\varphi \cdot 2\pi r = \nu \cdot 2\pi$$

Daraus folgt allgemeingültig

$$k_\varphi = \frac{\nu}{r}\,, \tag{1.31}$$

Setzt man dies in die Bedingung (1.30) ein, so erhält man eine Gleichung für den Umkehrradius r_1:

$$k_0^2 n_1^2 - \beta^2 = \frac{\nu^2}{r_1^2}\,. \tag{1.32}$$

Die grafische Lösung in Bild 1.16 zeigt anschaulich den Einfluß des ganzzahligen Parameters ν.
Mit wachsenden ν wird der innere Umkehrradius r_1 größer und die Anzahl der Reflexionen pro Umlauf nimmt zu. Es wird mehr und mehr nur eine schmaler Ring mit dem Außenradius a_k erleuchtet. Hingegen erscheint für $\nu = 0$ der gesamte Faserkern, einschließlich der Achse, illuminiert. Die in diesem Falle angeregten Moden korrespondieren mit Meridionalstrahlen.

Die *radiale Komponente* k_r des Strahlvektors ist im Bereich $r_1 \leq r \leq a_k$ reellwertig. Damit wäre die Voraussetzung für eine Strahlfortpflanzung in radiale Richtung gegeben. Infolge der scheinbaren Reflexion am inneren Umkehrkreis (Kaustik) bei $r = r_1$ bildet sich jedoch in radialer Richtung eine stehende Welle aus. Diese ist nun an eine Phasenbilanz mit konstruktiver Interferenz in radiale Richtung gebunden, ähnlich wie im Fall des Schichtwellenleiters. Übernehmen wir von dort die vereinfachte Herleitung der Phasenbedingung mittels der Phasenbilanz in x-Richtung (vgl. S.10, Gl. (1.11)), so finden wir — unterstützt durch Bild 1.17 — für den vorliegenden Fall

$$2\int_{r_1}^{a_k} k_r(r)dr + \varphi_R + \varphi_k = 2\pi \cdot \mu \quad . \tag{1.33}$$

Hierin bedeutet φ_R den Phasenwinkel bei der Reflexion in Punkt B und φ_k entsprechend die Phasendrehung infolge der scheinbaren Reflexion an der Kaustik.

Für nicht zu kleine Werte von ν und μ liefert (1.33)nach der Berechnung des Integrals eine genäherte Beziehung zwischen den Modenindizes:

$$\mu - \frac{1}{2} = \frac{1}{\pi}\left\{\sqrt{U^2 - \nu^2} - \nu \arccos\left(\frac{\nu}{U}\right)\right\}\,. \tag{1.34}$$

Diese Beziehung wird als Dispersionsrelation nach Gloge/Marcatili bezeichnet [2]. Sie legt die möglichen Kombinationen der azimutalen und radialen Modenindizes ν bzw. μ für die diskreten Moden des Stufenindex-LWL's fest.
Unter Berücksichtigung der Zerlegung des Strahlvektors eines schiefen Strahles entsprechend Bild 1.15.

$$\text{mit} \quad k_{tr} = k \cdot \sin\Theta_z = \tfrac{U}{a_k}$$

$$\text{und} \quad k_\varphi = k_{tr} \cdot \sin\Theta_r = \tfrac{\nu}{r}$$

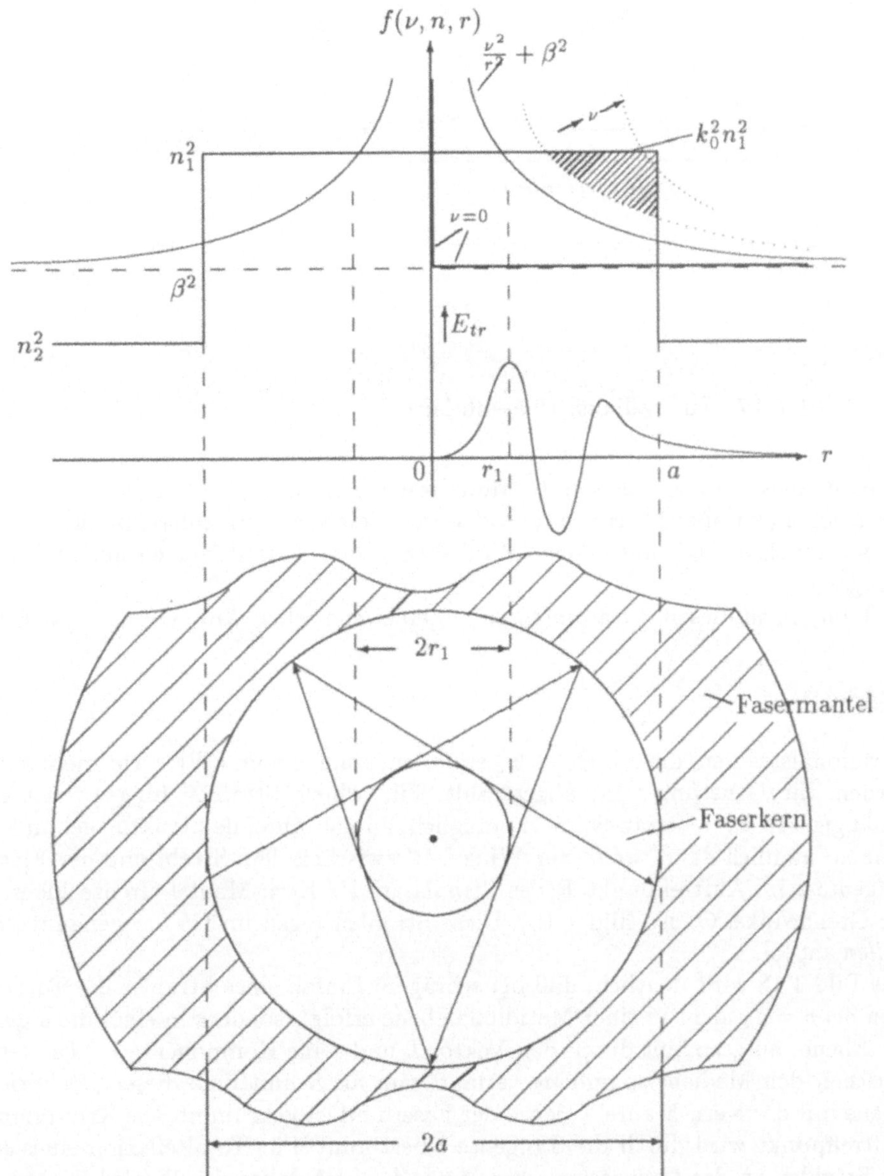

Bild 1.16 Ausbreitungsverhältnisse, radiale Feldstärke und transversaler Strahlverlauf beim SI-LWL

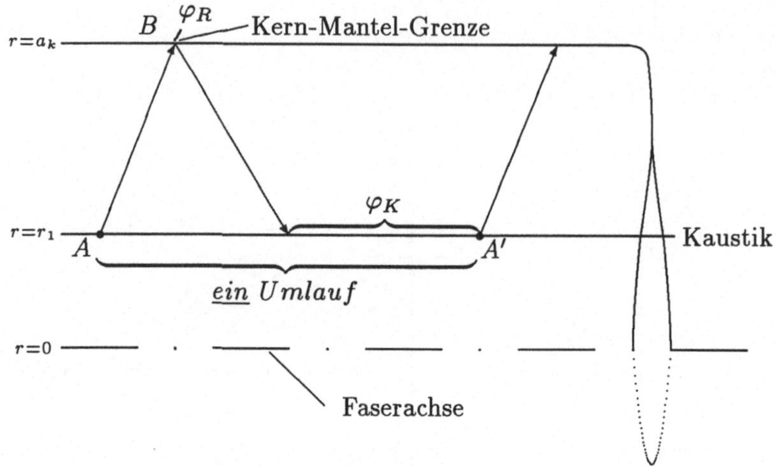

Bild 1.17 Zur radialen Phasenbilanz

bedeutet dies, daß eine definierte Mode mit bestimmten Werten von ν und μ nur durch einen (Parallel-) Strahl angeregt werden kann, dessen Auftreffpunkt (r), Winkel zur z-Achse (Θ_z) und „skew"-Winkel (Θ_r) den Anforderungen nach Gl. (1.34) genügen.

Übung 3 soll diesen Zusammenhang in einer speziellen Anwendung vertiefen.

Leckwellen

Meridionalstrahlen, die mit $\Theta_z > \Theta_c$ einfallen, können vom LWL nicht mehr geführt werden, ihre Leistung wird abgestrahlt. Für schiefe Strahlen hingegen ist es — abhängig von Θ_r — trotz $\Theta_z > \Theta_c$ möglich, an die führende Struktur gebunden zu bleiben, nämlich dann, wenn der Winkel Θ' zwischen dem Strahl und der Flächentangente $\vec{t}$ im Auftreffpunkt P des Strahls an der Kern-Mantel-Grenze kleiner als der Grenzwinkel Θ_c ist(Bild 1.18). Diese Strahlen regen im LWL sogenannte *Leckwellen* an, [3].

Aus Bild 1.18 wird deutlich, daß bei schrägem Einfall eines Strahles die Totalreflexion bei $r = a_k$ nicht in einer Meridionalebene erfolgt, sondern in einer dazu geneigten Ebene, aufgespannt durch den Vektor $\vec{k}$ und seine Komponente k_r. Die Grenze zwischen den Medien n_1 und n_2 verläuft nun als Schnittlinie dieser „Reflexions"-Ebene mit der Kern-Mantel-Grenze der Faser und ist gekrümmt. Die Krümmung im Auftreffpunkt wird durch die Tangente $\vec{t}$ bestimmt. Für Totalreflexion eines schiefen Strahles an der Grenze zwischen n_1 und n_2 ist daher der Winkel Θ' zwischen der Strahlrichtung $\vec{k}$ und der Tangente $\vec{t}$ maßgeblich. Somit können — infolge der Krümmung — auch Strahlen, die mit einem größeren Winkel als Θ_c gegen die Faserachse einfallen, totalreflektiert werden. Dies trifft für Leckwellen zu. Abhängig von Θ_r läßt sich der Leckwellenbereich angeben mit

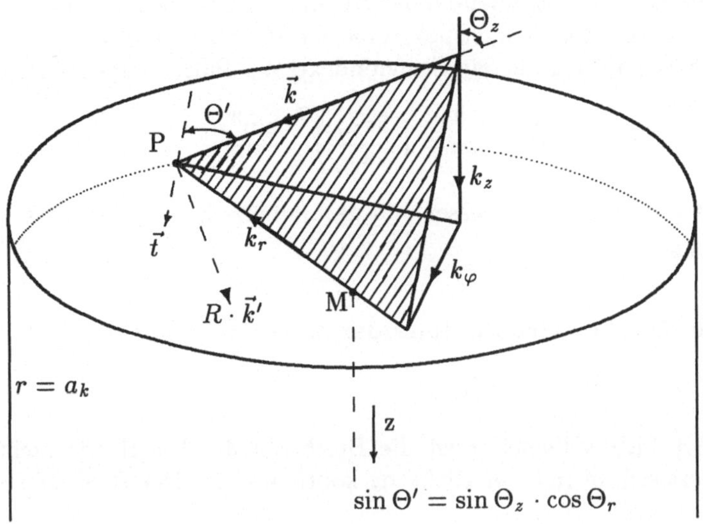

Bild 1.18 Reflexion eines schiefen Strahles an einer gekrümmten Grenzfläche

$$\sin\Theta_c \leq \sin\Theta_{z_L} \leq \frac{\sin\Theta_c}{\cos\Theta_r} \quad . \tag{1.35}$$

Für die Ausbreitungskonstante β_L der mit solchen Strahlen korrespondierenden Wellen bedeutet das, daß sie betragsmäßig unter dem Wert

$$\beta_L < k_2 = k_0 n_2$$

bleibt.

Aus diesem Grund existieren für Leckwellen in *radialer Richtung* — außerhalb des Faserkerns für $r > r_{tp}$ — Ausbreitungsbedingungen, d.h. es wird Leistung abgestrahlt. Zur Verdeutlichung sei hier auf Bild 1.22 verwiesen, das die Verhältnisse für Leckwellen beim Gradientenindex-LWL zeigt, die vom Prinzip her ganz ähnlich sind. Zwischen Kern-Mantel-Grenze und r_{tp} besteht ein radialer Dämpfungsbereich, der für Strahlen, die unter großem Winkel Θ_r einfallen, sehr schmal ist, so daß dieser „durchtunnelt"wird, Bild 1.22. Entsprechend verlieren diese Leckwellen schnell ihre Energie und sind nach kurzen Leitungslängen nicht mehr nachweisbar. Ist hingegen der radiale Dämpfungsbereich breit, so sind wegen des geringen Energieverlustes diese Leckwellen oft noch am Empfangsort (mit verminderter Energie) nachweisbar. Sie beeinflussen Meßtechnik und Übertragung nachteilig und sollten daher nach Möglichkeit gar nicht erst senderseitig angeregt werden. Auf entsprechende Anregungsbedingungen zur Vermeidung von Leckwellen wird unter dem Punkt (1.3.2) näher eingegangen.

Strahlen, für die $\sin\Theta' > \sin\Theta_c$ gilt, werden auch an gekrümmten Grenzflächen nicht mehr totalreflektiert, von dem LWL also nicht mehr akzeptiert. Die Energie dieser Strahlen ist als freie Strahlung für die Informationsübertragung verloren.

Fällt ein divergentes Strahlenbündel auf die Stirnfläche eines LWL, so werden, entsprechend des breiten Winkelspektrums der Strahlen, viele Moden angeregt. Die Anzahl möglicher Moden, die ein Stufenindex-LWL führen kann, berechnet sich zu

$$M = \frac{V^2}{2} = \left(\frac{2\pi a_k}{\lambda_0}\right)^2 \cdot \frac{\sin^2 \vartheta_c}{2} \quad . \tag{1.36}$$

Sie ist damit vom Kerndurchmesser und der numerischen Apertur des Lichtwellenleiter abhängig.

1.2.3 Zylindrischer Gradientenindex Lichtwellenleiter (GI-LWL)

Struktur und Brechzahlverlauf

Bei dieser Art Lichtwellenleiter ist die Brechzahl des Faserkerns nicht konstant, sondern ändert sich in radialer Richtung kontinuierlich. Der Brechzahlverlauf wird durch die Beziehung

$$n^2(r) = n_1^2 \left(1 - 2\Delta g\left(\frac{r}{a_k}\right)\right) \tag{1.37}$$

wiedergegeben. Dabei ist $g\left(\frac{r}{a_k}\right)$ die Profilfunktion mit den Randwerten

$$\begin{aligned} g\left(\frac{r}{a_k}\right) &= 0, \quad \text{für } r = 0 \quad \text{und} \\ g\left(\frac{r}{a_k}\right) &= 1, \quad \text{für } r \geq a_k \quad . \end{aligned}$$

Für die sogenannten Potenz-Profile hat $g\left(\frac{r}{a_k}\right)$ die Form

$$g\left(\frac{r}{a_k}\right) = \left(\frac{r}{a_k}\right)^\alpha \quad . \tag{1.38}$$

Dieser Ansatz schließt mit Gl. (1.37) zwei wichtige Fälle ein: Für $\alpha = \infty$ den Stufenindex-LWL und für $\alpha = 2$ das parabolische Brechzahlprofil.
Aufgrund dieses inhomogenen Brechzahlverlaufes wird die Bahn eines Lichtstrahls, der sich im Faserkern ausbreitet, nicht geradlinig sein. Auf seinem Weg von der Faserachse in Richtung Kern-Mantel-Grenze durchläuft er ständig Grenzschichten vom optisch dichteren ins optisch dünnere Medium und wird somit in ständiger Folge vom Einfallslot weggebrochen. Dieser Vorgang vollzieht sich kontinuierlich, so daß die Bahnkurve stetig flacher wird und der Strahl vor Erreichen der Kern-Mantel-Grenze umkehren kann, Bild 1.19. Die Strahlführung in einem solchen LWL basiert also nicht auf dem Gesetz der Totalreflexion, sondern auf Brechung.

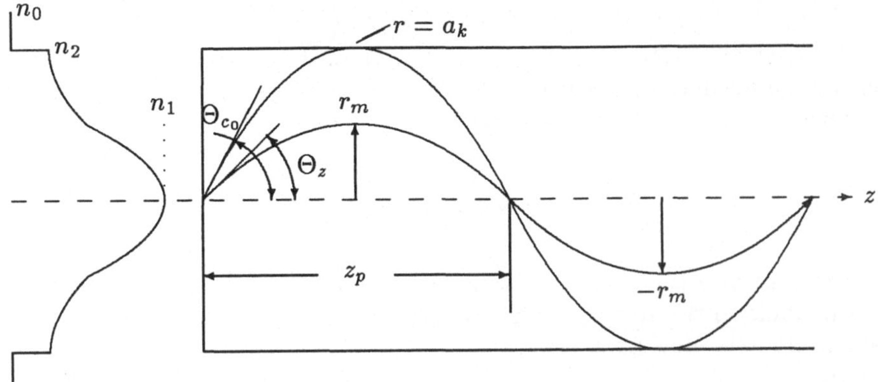

Bild 1.19 Meridionalstrahl im GI-LWL

Strahlverlauf für Meridionalstrahlen

Wie bei dem Stufenindex-LWL unterscheiden wir wieder zwischen Meridionalstrahlen für $\nu = 0$ und schiefen Strahlen für $\nu \neq 0$.
Für *Meridionalstrahlen* erhält man aus der Analogie zum Schichtwellenleiter mit Gradientenprofil ($\alpha = 2$) die Bahnkurve zu

$$r(z) = a_k \frac{\sin \Theta_z}{\sin \Theta_{c_0}} \cdot \sin \left(\frac{z}{a_k} \frac{\sin \Theta_{c_0}}{\cos \Theta_z} \right) \quad . \tag{1.39}$$

Der Strahl breitet sich sinusförmig in z-Richtung aus (Bild 1.19). Θ_z ist der Winkel, den der Strahl mit der Faserachse bildet, Θ_{c_0} bedeutet den Grenzwinkel für Totalreflexion an der Kern-Mantel-Grenze eines vergleichbaren Stufenindex-LWL.

Lokale Numerische Apertur

Der Meridionalstrahl höchster Ordnung, der (für $\frac{r}{a_k} = 0$) die Achse unter dem Winkel $\vartheta_z = \vartheta_{c_0}$ schneidet und (für $\frac{r}{a_k} = 1$) die Kern-Mantel-Grenze gerade tangiert, kann nicht nur im Mittelpunkt der LWL-Stirnfläche angeregt werden, sondern in jedem Punkt seines Strahlverlaufs. Das bedeutet, daß — abhängig von der radialen Koordinate r dieses Punktes — der Einstrahlwinkel entsprechend der radialen Abhängigkeit n(r) der Kernbrechzahl zu wählen ist.

Für die numerische Apertur gilt allgemein

$$\mathrm{NA}(r) = \sin \vartheta_c(r)) \sqrt{n^2(r) - n_2^2} \; .$$

Mit Gl. (1.37) und (1.38) ist $n^2(r)$ unter der Voraussetzung eines Potenzprofils bestimmt. Im meist interessierenden Fall mit $\alpha = 2$ erhalten wir für die numerische Apertur zunächst

$$\mathrm{NA}(r) = \sqrt{n_1^2 - n_2^2 - 2\Delta n_1^2 \left(\frac{r}{a_k}\right)^2} \,.$$

Führen wir die normierte Brechzahldifferenz Δ nach Gl. (1.27) auch in den ersten beiden Termen unter der Wurzel ein, so folgt

$$NA(r) = n_1\sqrt{2\Delta} \cdot \sqrt{1 - \left(\frac{r}{a_k}\right)^2} \,.$$

In dem Produkt $n_1\sqrt{2\Delta}$ erkennen wir analog zu Gl. (1.28) die NA eines vergleichbaren Stufenindex-LWL mit n_1 als Kernbrechzahl und n_2 als Brechzahl des optisch wirksamen Mantels: $n_1\sqrt{2\Delta} = \sin\vartheta_{c_0}$.

Die numerische Apertur an der Stelle r, bekannt unter dem Begriff Lokale Numerische Apertur (LNA), nimmt somit die Form an

$$\mathrm{LNA} = \sin\vartheta_c(r) = \sqrt{1 - \left(\frac{r}{a_k}\right)^2} \cdot \sin\vartheta_{c_0} \quad . \tag{1.40}$$

Alle Meridionalstrahlen weisen in ihrem sinusförmigen Strahlverlauf annähernd die gleiche Periodenlänge z_p auf, kleine Brechzahldifferenz Δ vorausgesetzt ($\sin\Theta_z$ klein, $\cos\Theta_z \approx 1$):

$$z_p \doteq a_k \cdot \frac{\pi}{\sin\Theta_{c_0}} \quad .$$

Schiefe Strahlen

Die Bahnkurve der *schiefen Strahlen* ist eine ezentrische, stetig gekrümmte Schraubenlinie, die — ähnlich wie bei dem Stufenindex-LWL — einen inneren koaxialen Bereich unter Einschluß der Faserachse nicht durchlaufen. Neben einem äußeren Umkehrpunkt bei $r = r_2$ ist noch ein innerer bei $r = r_1$ vorhanden. Den Verlauf zeigt Bild 1.20. Die Umkehrpunkte ergeben sich wieder aus der Forderung $k_r = 0$:

$$k_r = k_1 \cdot \sin\Theta_z \cdot \cos\Theta_r = 0 \tag{1.41}$$

$$\rightarrow \Theta_r = \frac{\pi}{2} \quad .$$

Mit $\Theta_r = \frac{\pi}{2}$ sind entsprechend Bild 1.20 (linker Teil) die Umkehrradien r_1 und r_2 markiert.

Wie im Fall des SI-LWL ergeben sie sich aus den Schnittpunkten der verschobenen Hyperbel $\beta^2 + \frac{v^2}{r^2}$ mit dem modifizierten quadratischen Brechzahlverlauf $k_0^2 n^2(r)$ des LWL (Bild 1.20, oberer Teil).

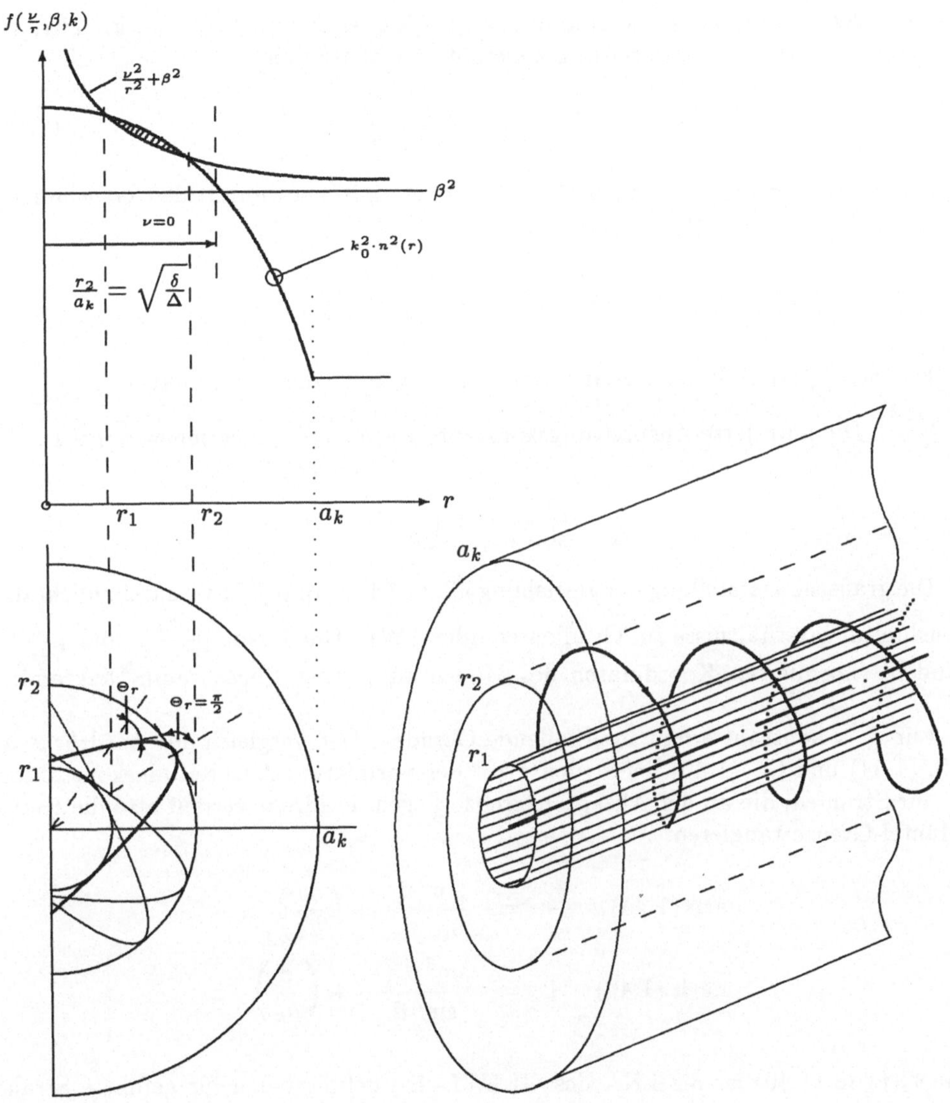

Bild 1.20 Ausbreitungsverhältnisse und Strahlverlauf beim GI-LWL

Das Modenraum-Diagramm

Bei der Behandlung des Gradientenindex-LWL's erweist es sich als zweckmäßig, die sogenannte normierte Ausbreitungskonstante δ einzuführen :

$$\delta = \frac{1}{2}\left(1 - \frac{\beta^2}{n_1^2 k_0^2}\right) \tag{1.42}$$

Mit $\beta = k_z = k_0 n(r) \cdot \cos\Theta_z$ und $n(r)$ aus Gl. (1.37) sowie mit den Gleichungen 1.27, 1.29 und 1.31 erhält man [4]

$$\delta = \Delta \cdot \left(g\left(\frac{r}{a}\right) + \frac{\sin^2\vartheta_z}{\sin^2\vartheta_{c_0}}\right) \quad . \tag{1.43}$$

Für den Spezialfall des Potenzprofils mit $\alpha = 2$ ist die Profilfunktion $g\left(\frac{r}{a_k}\right) = \left(\frac{r}{a_k}\right)^2$. Die normierte Ausbreitungskonstante kann somit geschrieben werden

$$\frac{\delta}{\Delta} = \frac{\sin^2\vartheta_z}{\sin^2\vartheta_{c_0}} + \left(\frac{r}{a_k}\right)^2 \quad . \tag{1.44}$$

Die grafische Darstellung der Beziehung Gl. (1.44) in Bild 1.21 veranschaulicht die Ausbreitungsverhältnisse im Gradientenindex-LWL. Die Terme $\frac{\sin^2\vartheta_z}{\sin^2\vartheta_{c_0}}$ und $\left(\frac{r}{a_k}\right)^2$ sind die normierten Koordinaten des Modenraum- oder Phasenraum-Diagramms [5].

Für $\frac{\delta}{\Delta}$ = konstant erhält man fallende Geraden. Der Vergleich der Ausdrücke in Gl. (1.44) und Gl. (1.40) liefert den Wert der normierten Ausbreitungskonstanten $\frac{\delta}{\Delta}$ für Strahlen, die an der Akzeptanzgrenze liegen, in ihrem Verlauf also die Kern-Mantel-Grenze tangieren:

$$\begin{aligned} \text{nach (1.44)} \quad \frac{\delta}{\Delta} &= \frac{\sin^2\vartheta_z}{\sin^2\vartheta_{c_0}} + \left(\frac{r}{a_k}\right)^2 , \\ \text{nach (1.40)} \quad 1 &= \frac{\sin^2\vartheta_c(r)}{\sin^2\vartheta_{c_0}} + \left(\frac{r}{a_k}\right)^2 . \end{aligned}$$

$\sin\vartheta_c(r)$ in (1.40) ist die LNA des GI-LWL- Sie definiert den für geführte Strahlen zulässigen Maximalwert des Einfallswinkels ϑ_z. Damit gilt für Strahlen an der Akzeptanzgrenze

$$\frac{\delta}{\Delta} = 1 \; .$$

Geführte Strahlen lassen sich demnach im Modenraum-Diagramm durch fallende Geraden nach (1.44) mit $\frac{\delta}{\Delta} \leq 1$ veranschaulichen.

Für einen *schiefen Strahl* grenzt eine zusätzliche Bedingung den Bereich auf dieser Geraden ein. Nach dem Prinzip der lokalen ebenen Wellen folgt aus der Zerlegung des Strahlvektors $\vec{k}$ für die azimutale Komponente k_φ:

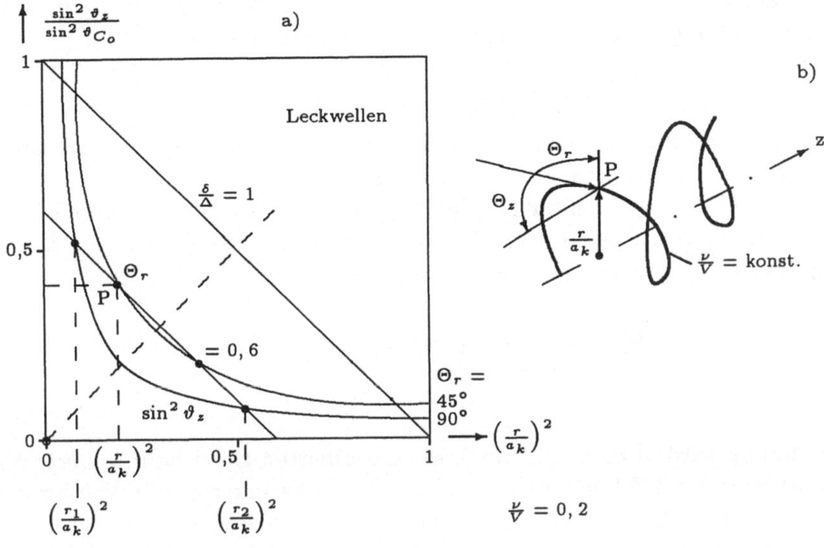

Bild 1.21 a) Strahlkennzeichnung für einen GI-LWL im Modenraum-Diagramm b) Anregungsbedingung für einen GI-LWL

$$k_\varphi = k_0 \cdot \sin \vartheta_z \cdot \sin \Theta_r = \frac{\nu}{r}$$

und nach Division durch die Strukturkonstante V nach (1.25)

$$\frac{\sin \Theta_z}{\sin \Theta_{c_0}} = \frac{\nu}{V \cdot \sin \Theta_r} \cdot \frac{1}{r/a_k} . \tag{1.45}$$

Für $\frac{\nu}{V}$ = konst. und Θ_r = konst. stellt (1.45) Hyperbeln im Modenraum-Diagramm dar (Bild 1.21).

Abhängig von der azimutalen Konstanten $\frac{\nu}{V}$ läßt sich jeder Punkt des geometrischen Strahlverlaufes, gegeben durch den (ortsabhängigen) Winkel Θ_r, auf diese Gerade abbilden. Somit wird jeder Strahl durch einen begrenzten Bereich der Geraden für $\frac{\delta}{\Delta}$ = konstant nach Gl. (1.44) repräsentiert. Die Bereichsgrenzen sind dabei bestimmt durch Hyperbeln für $\Theta_r = \frac{\pi}{2}$, die die Umkehrpunkte r_1 und r_2 des Strahls markieren. Für $\nu = 0$ entarten diese Hyperbeln und sind identisch mit der Abszisse und Ordinate des Diagramms. Meridionalstrahlen füllen demnach die Geraden im Modenraum-Diagramm vollständig aus (vgl. Bild 1.21).

Leckwellen

Die Definition der Leckwellen lehnt sich an die Verhältnisse bei dem Stufenindex-LWL an.[1] Der Einstrahlwinkel ϑ_z ist größer als die $NA(r) = \sin \vartheta_c(r)$, respektiert

[1] Bild 1.17 gilt sinngemäß nach dem Prinzip der lokalen ebenen Wellen auch für GI-LWL

aber die obere Grenze, die durch $\sin\vartheta' \leq \sin\vartheta_c(r)$ gegeben ist. Wie im Fall des Stufenindex-LWL's gilt für den Ausbreitungsparameter der Leckwellen

$$\beta_L < k_2 = k_0 n_2 \quad .$$

Wird dies in der grafischen Lösung gemäß Bild 1.20 berücksichtigt, so erhalten wir die Verhältnisse entsprechend Bild 1.22. Für die radialen Bereiche, in denen k_r reellwertig ist ergeben sich Ausbreitungsbedingungen (=Licht), alle anderen Bereiche des Faserkerns bleiben dunkel (=Schatten). Bestimmen wir k_r aus der Zerlegung des Strahlvektors $\vec{k}_1$ der lokalen ebenen Welle, so folgt für Ausbreitung

$$k_r^2 = \underbrace{k_0^2 n^2(r)}_{k_1^2} - \Big(\underbrace{\beta_L^2}_{k_z^2} + \underbrace{\frac{\nu^2}{r^2}}_{k_\varphi^2} \Big) > 0 \quad .$$

Diese Bedingung wird in Bild 1.22 durch die schraffierten Bereiche markiert. Wie im Falle des Stufenindex-LWL's existiert außerhalb des Faserkerns, nämlich für $r > r_{tp}$ ein Bereich, in dem Ausbreitung durch Leckwellen möglich ist. Dabei ist die Differenz $r_{tp} - r_2$ ein Maß zur Beurteilung dieser Leckwellen. Ist die Differenz sehr klein, so kann dieser Bereich „durchtunnelt"werden und die Welle gibt ihre Energie nach wenigen Metern Leitungslänge in Form von Strahlung ab. Im anderen Extremfall ist die Differenz $r_{tp} - r_2$ so groß, daß die Welle noch nach einigen Kilometern Leitungslänge nachweisbar ist. Die entsprechenden Konsequenzen für Meß- und Übertragerungstechnik sind unter 1.2.2 genannt.

Die Leckwellengrenze mit $\sin\vartheta' = \sin_c\vartheta(r)$ läßt sich in Bild 1.22 anschaulich darstellen. Sie ist dort gegeben, wo die Kurve $\beta_L^2 + \frac{\nu^2}{r^2}$ die Brechzahlfunktion $k_0^2 \cdot n^2(r)$ gerade noch tangiert, nämlich bei $r = a_k$. Der kleinste Wert für β_L ergibt sich somit aus

$$\beta_L^2 = k_0^2 n_2^2 - \frac{\nu^2}{a_k^2} \quad .$$

Anregungsbedingungen

Die Gleichungen (1.44) und (1.45) bestimmen den Strahlverlauf vollständig. Wie Bild 1.21b, zeigt, ist jeder Punkt der Bahnkurve (P) durch den Parametersatz $\frac{\nu}{V}, \frac{r}{a_k}, \Theta_z und \Theta_r$ bestimmt.
V ist bei gegebener Betriebswellenlänge λ_0 für einen gegebenen GI-LWL eine Konstante. Der azimutale Modenindex ν ist — wie beim SI-LWL — nicht unabhängig vom radialen Modenindex μ wählbar. Beide sind durch eine Relation verknüpft. Die Ausbreitungsbedingungen der entsprechenden Moden sind gleich, wenn gilt

$$N = 2\mu + \nu - 1 \quad . \tag{1.46}$$

N wird daher auch als „compound-mode-number"bezeichnet. Die Ausbreitungskonstante β_N läßt sich genähert bestimmen [5]

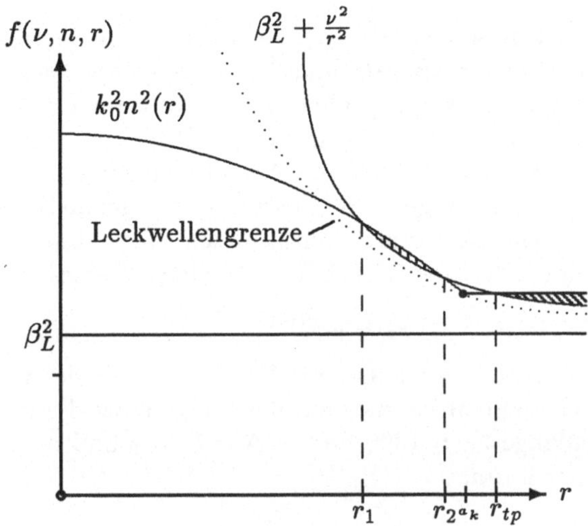

Bild 1.22 Zur Darstellung von Leckwellen

$$\beta_N \approx \frac{2}{V} \cdot N \ .$$

Die obere Grenze für ν ist durch die Beziehung $\frac{\nu}{V} \leq \frac{1}{2} \cdot \frac{\delta}{\Delta}$ gegeben.

Diese Bedingung bleibt auch für Leckwellen erhalten. Der Bereich für Leckwellen ist im Modenraum-Diagramm logischerweise durch die Maximalwerte von Einstrahlungs-Achsabstand ($r = a_K$) und numerischer Apertur ($\sin \vartheta_z = \sin \vartheta_{c_0}$) abgegrenzt. Eine weitere Begrenzungslinie ist durch die Bedingung $\frac{\delta}{\Delta} = 1$ für geführte Strahlen höchster Ordnung gegeben. Folglich verbleibt der rechte obere Bereich der durch die Gerade $\frac{\delta}{\Delta} = 1$ geteilten Fläche in Bild 1.21 zu Darstellung der Leckwellen.

1.2.4 Zylindrischer Einmoden-LWL (Monomode-LWL)

Die Anzahl der Moden, die ein Multimode-LWL führen kann, ist abhängig vom Strukturparameter V:

$$V = \frac{2\pi a}{\lambda_0} \cdot \sin \vartheta_c \quad \text{vgl. 1.25} \quad .$$

Die genäherte Abschätzung liefert für den Stufenindex-LWL die Modenzahl M zu

$$M_S = \frac{V^2}{2}$$

und für den Gradientenindex-LWL

$$M_G = \frac{V^2}{4} \quad .$$

Bedingung für Einmodigkeit

Für große Modenzahl ist diese Abschätzung zuverlässig. Die Verringerung der Modenzahl hat gewichtige übertragungstechnische Vorteile wie geringere Dämpfung und erheblich geringere Dispersion, verglichen mit Multimode-LWL. Dies ist aber bei vorgegebener Betriebswellenlänge λ_0 (in Luft) nur über eine drastische Reduzierung des Kerndurchmessers a_k zu erreichen. Aus den obigen Abschätzungen erhält man für $M = 1$ Werte, die wegen der Unschärfe der geometrischen Optik, die sich hier bemerkbar macht, sehr stark vom genauen Wert abweichen. Die wellentheoretische Behandlung liefert die Grenze für Einwelligkeit eines Stufenindex-LWL:

$$V_g = 2,405 \quad .$$

Bleibt der Strukturparameter unter diesem Wert, so ist nur der Grundmodus, die sogenannte HE_{11}-oder LP_{01}-Mode ausbreitungsfähig. Diese Forderung führt z.B. bei der Betriebswellenlänge $\lambda_0 = 1300\ mm$, $\Delta = 0,3\ \%$ und $n_1 = 1,46$ auf einen Kerndurchmesser $2a_k \approx 9\ \mu m$.

Feldverlauf

Für kleine Brechzahlunterschiede Δ ist das Feld der HE_{11}-Mode im Lichtwellenleiter linear polarisiert. Die Beträge der elektrischen und magnetischen Feldstärke unterscheiden sich durch einen konstanten Faktor, den Wellenwiderstand Z_n, voneinander. Der transversale Feldverlauf ist durch Zylinderfunktionen gegeben:

$$\left|\vec{E}\right| = E_x = E_0 \cdot J_0\left(U\frac{r}{a_k}\right), \quad r \leq a_k \tag{1.47.1}$$

$$= E_0 \cdot F \cdot K_0\left(W\frac{r}{a_k}\right), \quad r \geq a_k \tag{1.47.2}$$

$$\left|\frac{\vec{E}}{\vec{H}}\right| = \frac{E_x}{H_y} = Z_n \tag{1.48}$$

Hierin bedeutet E_0 die elektrische Feldamplitude auf der LWL-Achse, Z_n der Feldwellenwiderstand, F eine Anpassungskonstante, J_0 und K_0 die Bessel- bzw. modifizierte Hankelfunktion der Ordnung Null und U, W die normierten transversalen Wellenzahlen, entsprechend Gl. (1.26). Sie sind über Gl. (1.25) mit dem Strukturparameter verknüpft: $U^2 + W^2 = V^2$.
Dieser durch das Gleichungspaar (1.47) beschriebene Feldverlauf kann mit guter Genauigkeit durch eine Gauß'sche Glockenkurve angenähert werden:

$$\left|\vec{E}\right| = E_x = E_0 \cdot e^{-\left(\frac{r}{w_0}\right)^2} \tag{1.49}$$

Für die Verteilung der Leistungsdichte $\vec{S}$ über den Faserquerschnitt gilt dann

$$\vec{S} = \frac{1}{2}|\vec{E}| \times |\vec{H}| = \frac{E_0^2}{2Z_n} \cdot e^{-2\left(\frac{r}{w_0}\right)^2} \tag{1.50}$$

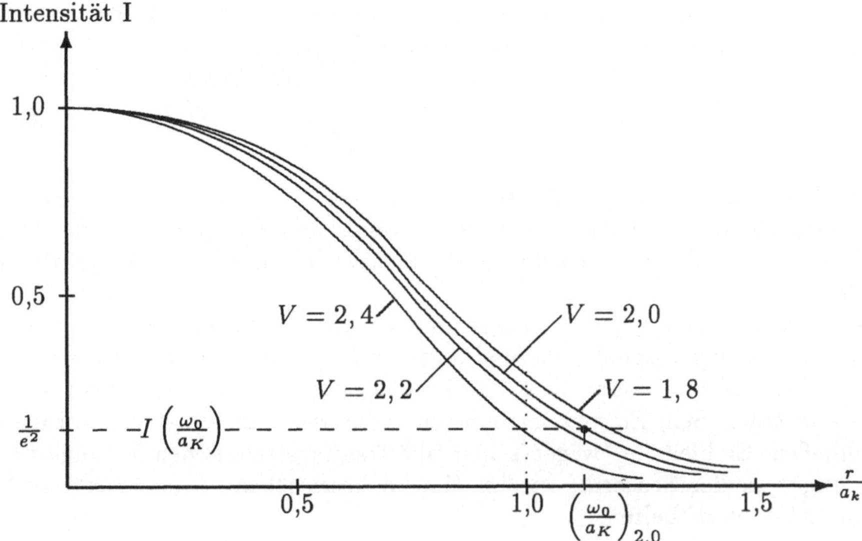

Bild 1.23 Fleckweite ω_0 abhängig vom Strukturparameter V

Dabei ist $2w_0$ der Fleckdurchmesser, w_0 also die radiale Distanz von der Faserachse, bei der die Leistungsdichte auf $\frac{1}{e^2}$ ihres Maximalwertes abgeklungen ist. Für den in der Praxis interessierenden Anwendungsbereich liegt der Strukturparameter V zwischen 1,6 und 2,4. Der Fleckdurchmesser läßt sich dafür näherungsweise aus der Beziehung [6]

$$2w_0 = \frac{2,6\ d_k}{V} = \frac{0,83\lambda_0}{n_1\sqrt{2\Delta}} \tag{1.51}$$

berechnen. Man erhält mit den Daten von Seite 36

$$2w_0 \approx 10\ \mu m \quad .$$

Für kleine Werte von V ($V < 1,6$) erstrecken sich die Felder zu weit in den Mantelbereich hinein. Dadurch wird das Übertragungsverhalten anfällig gegenüber Krümmungen und sonstigen mechanischen Strukturstörungen (vgl. auch Bild 1.23).

Anregungsbedingung

Die Anregung (Einkopplung von Licht) eines Monomode-LWL erfolgt dann effektiv, wenn das Strahlprofil der Quelle dem des Lichtwellenleiters angepaßt ist, also möglichst Gaußform besitzt und die Strahlung konvergent ist. Das ist bei Gas-Lasern der Fall, wenn die Taille des Gaußschen Strahles auf die Stirnfläche des Lichtwellenleiters fokussiert wird. Halbleiterlaser erfüllen diese Bedingung genähert, wenn ihr Quellenformat etwa mit dem Faserkern des Lichtwellenleiters übereinstimmt und ihre Emission in nur einer longitudinalen Mode erfolgt. LED's sind zur Ankopplung an Monomode-LWL ungeeignet. Bei abweichendem Fleckdurchmesser des Lasers ist der Anregungswirkungsgrad nach [7] gegeben durch

$$\eta = \frac{4n_1 n_0}{(n_0 + n_1)^2} \cdot \frac{4w_{0L}^2 \cdot w_{0F}^2}{\left(w_{0L}^2 + w_{0F}^2\right)^2} \quad . \tag{1.52}$$

Hierin bedeutet w_{0L}, w_{0F} die Fleckhalbmesser von Laser bzw. Lichtwellenleiter, n_0 die Brechzahl des emittierenden Lasermaterials und n_1 die Kernbrechzahl des Lichtwellenleiters, wenn zwischen Laser und Lichtwellenleiter kein weiteres Medium angeordnet ist.
Der Fleckdurchmesser $2w_0$ ($\approx 10\ \mu m$) ist die mechanische Bezugsgröße für alle Manipulationen, die bei Koppel-, Verbindungs- und Verlegungsproblemen anstehen. Wegen der kleinen Abmessungen ist die Handhabung des Monomode-LWL problematisch und teuer. Sein Einsatz in robusten Industriesystemen ist von vornherein auszuschließen. Er bleibt — wegen seiner übertragungstechnischen Vorzüge neben Anwendungen in der Sensorik, wie im Kap. 6 beschrieben — der Weitverkehrs-Kommunikation vorbehalten.

Praktische Ausführungen von Monomode-LWL

Fertigungstechnisch ist es schwierig, Monomode-LWL als Stufenindex-Faser herzustellen. Durch Diffusion während des Ziehvorganges der Faser verschmelzen die Materialien an der Kern-Mantel-Grenze und verursachen so eine Verrundung des Brechzahlüberganges zwischen Kern und Mantel. In die Gl. 1.47 bis 1.51 ist dann ein effektiver Kerndurchmesser d_{eff} einzusetzen, der indirekt aus der Messung des Abstrahlverhaltens vom freien Faserende gewonnen wird. Es ist aber auch möglich, den Fleckdurchmesser w_0 direkt zu messen [8].
In den letzten Jahren wurden Einmoden-LWL entwickelt, mit dem Ziel, hohe Bandbreite bei einer oder auch mehreren genau-definierten Wellenlängen zur Verfügung zu stellen [9].
Durch spezielle Gestaltung des Brechzahlprofils wird der Feldverlauf so beeinflußt, daß in der Struktur nach Bild 1.24 a (depressed cladding structure) der Bereich maximaler Bandbreite (für eine Wellenlänge) auf Werte $> 1300 nm$ verschoben wird. Beim Wellenleiter mit der Struktur nach Bild 1.24 b (quadruple cladding structure) erfolgt durch ein W-förmiges Brechzahlprofil die definierte Auswahl zweier Wellenlängen mit jeweils maximaler Bandbreite (Nulldispersion, vgl. auch 3.4 „Wellenleiter-dispersion“). Bild 1.25 zeigt den Verlauf der Gesamtdispersion für LWL mit Brechzahlprofilen nach Bild 1.24.

1.3 Übertragungsverhalten von zylindrischen LWL

Die übliche Beurteilung einer Leitung anhand ihres frequenzabhängigen Transmissions- und Reflexionsverhaltens findet auch beim Lichtwellenleiter Anwendung. Das

Transmissionsverhalten führt auf die (wellenlängenabhängigen) Eigenschaften in Form von Dämpfung und Dispersion.
Setzt man voraus, daß jede angeregte Modengruppe (=Strahl) sich ungestört entlang des LWL's ausbreiten kann (keine Modenmischung), so kann man sich den Multimode-LWL als Bündel unabhängiger Leitungen vorstellen, mit so vielen Übertragungswegen als Modengruppen vorhanden sind. Die in der Praxis immer gegebene Verkopplung der Modengruppen untereinander kann dann als Kopplung zwischen den gedachten Leitungen berücksichtigt werden. Jede dieser Leitungen hat ein — von allen anderen gedachten Leitungen verschiedenes — Dämpfungs- und Phasenmaß (α_K, β_K), entsprechend ihrem (Wellen-) Übertragungsfaktor

$$e^{-\gamma_K \cdot l} = e^{-\left(\alpha_K + j\beta_K\right)l} \quad . \tag{1.53}$$

1.3.1 Bedeutung des Modenspektrums bei Multimode-LWL

Durch die Art der Anregung eines Multimode-LWL's wird bereits eine bestimmte Modenverteilung vorgegeben. Das heißt, es werden Anzahl der Moden und Verteilung der eingekoppelten Signalleistung auf die einzelnen Moden festgelegt. Man spricht in diesem Zusammenhang von einem speziellen „Modenspektrum". Es hat entscheidenden Einfluß auf die Übertragungseigenschaften des Lichtwellenleiters.

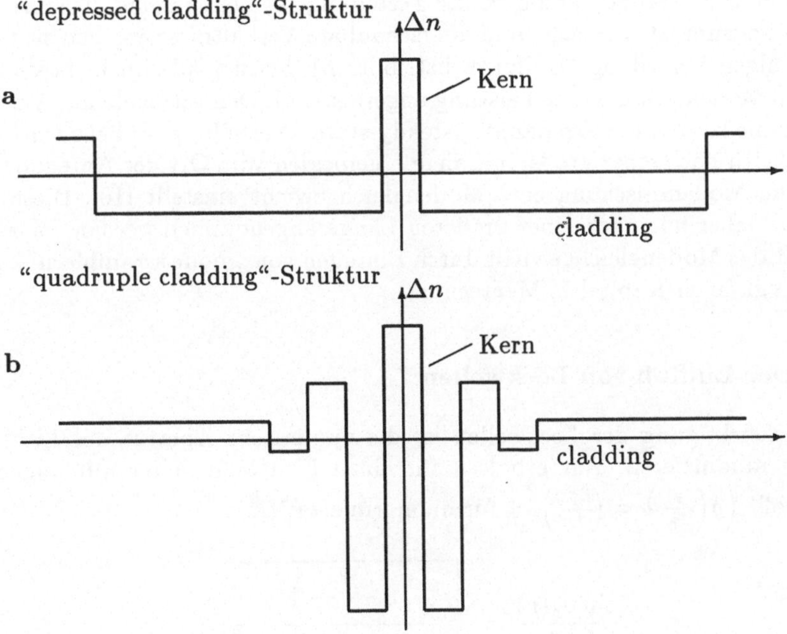

Bild 1.24 Ausführungsformen von Monomode-LWL

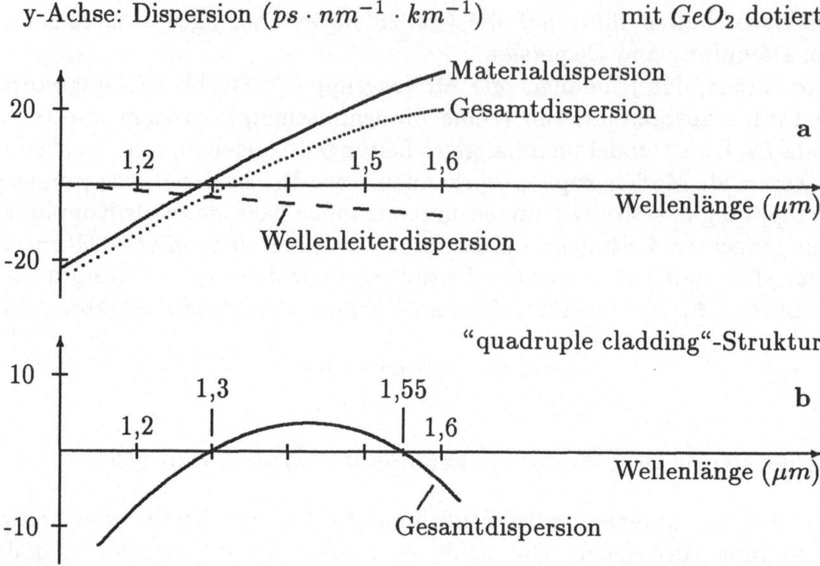

Bild 1.25 Spektraler Verlauf der Dispersion verschiedener Monomode-LWL

Über das tatsächlich vorliegende Modenspektrum müssen in der Praxis immer Annahmen gemacht werden, da die exakte Verteilung der Leistung auf die einzelen Moden nicht bekannt ist. Einfache und überschaubare Verhältnisse ergeben sich mit der gleichförmigen Verteilung (Uniform distribution), bei der alle im Lichtwellenleiter möglichen Moden mit gleicher Leistung angeregt sind. Den tatsächlichen Verhältnissen sehr nahe kommt die sogenannte „steady-state"-Verteilung, wobei berücksichtigt wird, daß sich nach einer größeren Länge l, gemessen vom Ort der Anregung, durch statistische Modenmischung ein „Modengleichgewicht"einstellt [10]. Diese Verteilung kann daher nur nach einer größeren Länge angenommen werden, es sei denn, man stellt das Modengleichgewicht durch Einfügen von „mode scramblern"künstlich her [11] (vgl. auch Kapitel 7, Meßtechnik).

1.3.2 Der Einfluß von Leckwellen

Bei Berücksichtigung der Leckwellen ist die numerische Apertur des Lichtwellenleiters zu modifizieren. Wir erhalten für einen Lichtwellenleiter mit allgemeinem Potenzprofil $\left(g\left(\frac{r}{a_K}\right) = \left(\frac{r}{a_K}\right)^\alpha\right)$ für die normierte NA

$$\frac{\sin \vartheta_c(r)}{\sin \vartheta_{c_0}} = \sqrt{\frac{1 - \left(\frac{r}{a_K}\right)^\alpha}{1 - \left(\frac{r}{a_K} \cdot \sin \Theta_r\right)^2}} \quad . \tag{1.54}$$

Aufgrund des Profilexponenten α ergeben sich grundsächlich verschiedene Werte für Gradientenindex- und Stufenindex-LWL (vgl. auch unter 1.2.3).
Der geometrische Ort, den Gl. (1.54) beschreibt, ist nur für $r = 0$, also auf der Achse, ein Kreis mit dem Radius $\sin\vartheta_{c_0}$, wenn man die Abhängigkeit von $\sin\Theta_r$ berücksichtigt. Anschaulich ist dies der Öffnungskreis des Akzeptanzkegels. Er bleibt beim Stufenindex-LWL für $\Theta_r = 0$ (Meridionalstrahlen) in seiner Größe gleich, nimmt jedoch beim Gradientenindex-LWL entsprechend der lokalen numerischen Apertur für Meridionalstrahlen (Gl. (1.40)) mit wachsendem r ab.
Für $\Theta_r \neq 0$ verformt sich der Öffnungskreis zu einer Ellipse, die zudem beim Gradientenindex-LWL an der Kern-Mantel-Grenze ($r = a_K$) zu einem Strich entartet.

Besonders ungünstig sind daher die Verhältnisse beim Gradientenindex-LWL an der Kern-Mantel-Grenze, wo ausschließlich Leckwellen angeregt werden. Wie schon zuvor angedeutet, können Leckwellen Meßwerte stark verfälschen und erhöhte Dämpfung auf Übertragungsstrecken vortäuschen.

Damit kommt man zu der Frage, wie durch spezielle Anregungsbedingungen Leckwellen vermieden werden können. Die Antwort darauf erhält man aus dem Modenraum-Diagramm. Die Leckwellengrenze ist gegeben durch die Gerade:

$$\frac{\sin^2\vartheta_z}{\sin^2\vartheta_{c_0}} + \left(\frac{r}{a_K}\right)^2 = 1 \quad .$$

Wird diese Bedingung nicht überschritten, erfolgt keine Anregung von Leckwellen. Der erste Summand auf der linken Seite bedeutet das Quadrat des normierten Einstrahlwinkels gegen die z-Achse. Der zweite Summand stellt den normierten Fleckradius dar. Gibt man beiden Summanden das gleiche Gewicht, so folgt für

$$\begin{aligned} &\tfrac{\sin\vartheta_z}{\sin\vartheta_{c_0}} = \tfrac{1}{\sqrt{2}} = 0,707 \qquad \text{und für} \\ &\left(\tfrac{r}{a_K}\right) = \tfrac{1}{\sqrt{2}} = 0,707 \quad . \end{aligned} \tag{1.55}$$

Diese Bedingungen grenzen in Bild 1.26 eine Figur maximaler Fläche ab (=Quadrat). Das ist gleichbedeutend mit der Anregung der maximalen Modenzahl ohne Leckwellen. Leckwellenfreie Anregung ist also sichergestellt, wenn der normierte Einstrahlwinkel und der normierte Fleckradius je 70 % nicht überschreiten (70/70-Bedingung).

1.3.3 Leistungsverlust durch Dämpfung

Unter realistischen Annahmen für die Modenverteilung lassen sich über die Dämpfung einer Multimode-Faser repräsentative Aussagen machen. Und zwar zeigt sich, daß alle Moden annähernd gleich stark gedämpft werden, so daß die Faserdämpfung, einmal durch das Verhalten der verwendeten Grundmaterialen festgelegt, nur noch von der Wellenlänge des eingestrahlten Lichtes abhängt. Neben Streuungen an Inhomogenitäten im Faserquerschnitt und Krümmungen, was auf Fabrikation bzw. Handhabung der Faser zurückzuführen ist, ist die Dämpfung im wesentlichen durch drei Mechanismen bedingt:

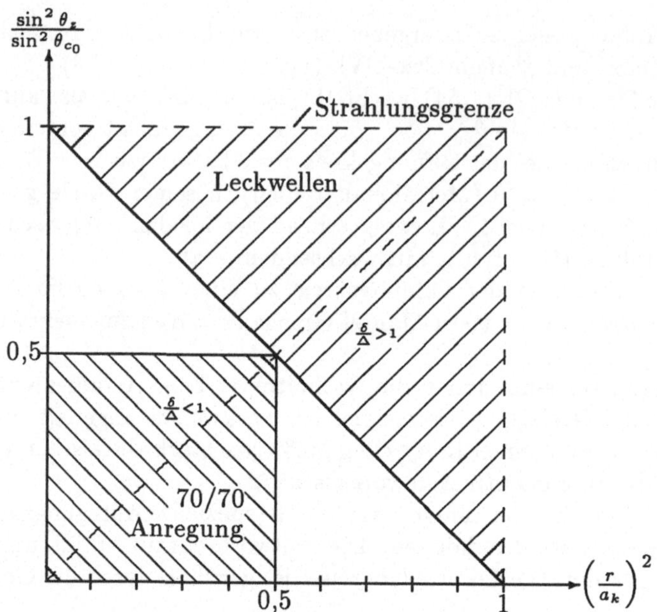

Bild 1.26 Zur 70/70- Anregungsbedingung

- Grundabsorption infolge Filterwirkung im UV-Bereich
- Rayleighstreuung
- Resonanzabsorption durch Verunreinigungen.

Bild 1.27 zeigt die Auswirkungen der physikalischen Dämpfungsursachen in Quarzglas.
Im UV-Bereich ist die Resonanzabsorption durch den Kristallaufbau für den Dämpfungsanstieg verantwortlich. Quarzglas wird zu kleineren Wellenlängen hin zunehmend undurchlässiger da — ähnlich einem Resonator - die Energie der geführten Strahlen zur Aufrechterhaltung der Resonanzen umgesetzt wird. Dieser Prozeß verliert jedoch im sichtbaren und nahen IR-Bereich (bis 2 μm) an Einfluß, da zum einen die Wechselwirkung zwischen den Molekülen im Kristallaufbau und den geführten Strahlen verschwindet, zum anderen ab $\lambda_0 = 500\ nm$ ein anderer Effekt überwiegt, die Rayleigh-Streuung. Es handelt sich hierbei um einen linearen, also leistungsunabhängigen, Streueffekt, der durch mikroskopisch kleine Dichteschwankungen im Glas des Lichtwellenleiters verursacht wird. Infolge dieser Dichteschwankungen kommt es zu örtlichen Schwankungen der Brechzahl, an denen die Lichtwelle etwa kugelförmig in alle Richtungen gestreut wird. Der damit verbundene Energieverlust bedeutet eine Dämpfung im Lichtwellenleiter, die zu größerer Wellenlänge mit $\frac{1}{\lambda_0^4}$ abnimmt. Die Rayleigh-Streuung kann selbst durch größte Perfektion bei der LWL-Fertigung nicht vermieden werden und gibt somit die erreichbare Minimaldämpfung im Bereich zwischen 500 und 1600 nm für Lichtwellenleiter aus Quarzglas vor (bei

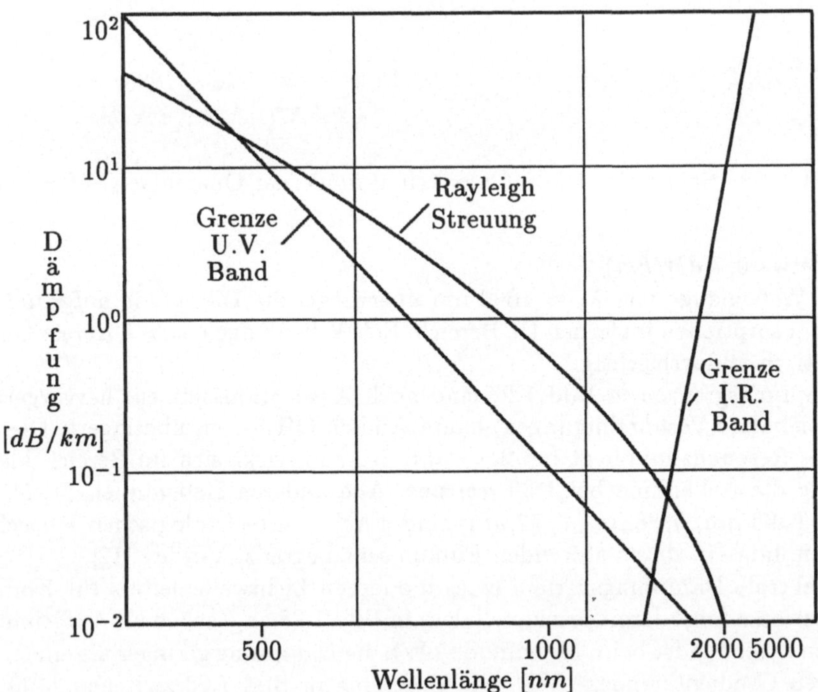

Bild 1.27 Dämpfungsmechanismen in Quarzglas

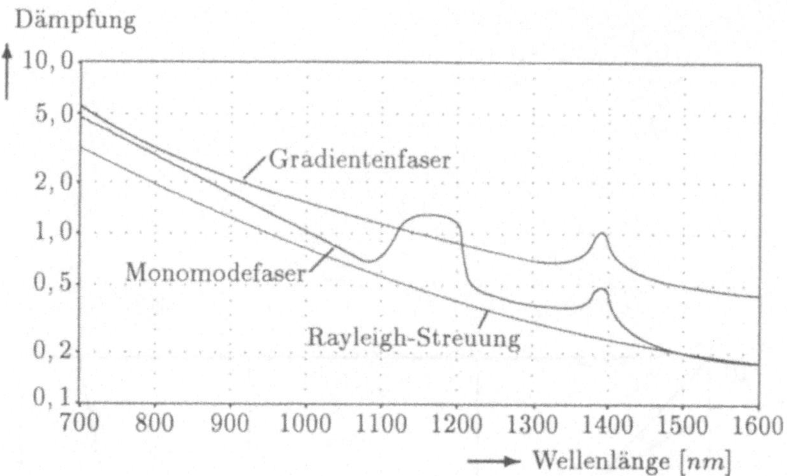

Bild 1.28 Spektraler Dämpfungsverlauf moderner Quarzglas-LWL's

1000 nm etwa $0,7\ dB/km$).
Ab einer Wellenlänge von $\lambda_0 \approx 1600$ nm überwiegt, die Dämpfung aufgrund von Resonanzabsorptionen im fernen IR-Bereich. Bei Wellenlängen $\lambda_0 > 5\ \mu m$ ist Quarzglas praktisch undurchsichtig.
Den Dämpfungsgrenzen in Bild 1.27 sind noch Absorptionsspitzen, hervorgerufen durch molekulare Verunreinigungen, hauptsächlich OH-Ionen, überlagert. Die fundamentale Resonanzlinie liegt bei $2,73\ \mu m$. Störend wirkt sich im Bereich kleiner Dämpfung die Nebenlinie bei 1,39 μm aus. Alle anderen Nebenlinien ($1,24\ \mu m$, $1,13\ \mu m$, $0,95\ \mu m$, $0,88\ \mu m$, $0,72\ \mu m$) sind durch den technologischen Fortschritt der letzten Jahre in ihrem störenden Einfluß sehr begrenzt worden [12].

Der spektrale Dämpfungsverlauf eines modernen Lichtwellenleiters für Kommunikationszwecke folgt damit prinzipiell dem in Bild 1.28 angegebenen. Aufgrund der geringeren Streuung ist beim Monomode-LWL die Dämpfung geringer als einem vergleichbaren Gradientenindex-LWL. Die Erhöhung in Bild 1.28 zwischen 1100 und 1200 nm kommt durch Leckverluste in die nächst höhere Mode (LP_{11}-Mode) zustande. Auf bevorzugte Übertragungsbereiche wird anwendungsbezogen in Kapitel 4/5 näher eingegangen.

Auf die Darstellung technologischer Verfahren zur LWL-Herstellung, ebenso wie zur Verkabelung von Lichtwellenleitern wird hier nicht eingegangen. Dem interessierten Leser sei die Spezialliteratur empfohlen [13, 14, 15, 16].

1.3.4 Impulsverbreiterung durch Dispersion

Speisen wir mit einem sehr schmalen Impuls optische Leistung in einen Lichtwellenleiter ein (δ-Impuls), so wird aufgrund der LWL-Dispersion dieser Impuls nach

Durchlaufen einer endlichen Länge verbreitert erscheinen. Unter Dispersion verstehen wir also die Verbreiterung zeitlich eng begrenzter Vorgänge (= Impulse) infolge der Laufzeiteffekte, die beim Durchgang durch ein Netzwerk oder eine Leitung auftreten. Im Lichtwellenleiter kommen mehrere Ursachen dafür in Frage.

Modendispersion

Die Impulsverbreiterung aufgrund der Modendispersion kommt dadurch zustande, daß die Laufzeiten der Moden über die Länge des Lichtwellenleiters unterschiedlich sind. Geht man wieder von der Vorstellung aus, daß jeder Modengruppe ein Strahl unter definiertem Winkel zugeordnet werden kann, so sind die Laufzeitunterschiede aus der Weglängendifferenz zwischen den niedrigen Moden (Strahlen parallel zur Faserachse) und den hohen Moden (Strahlen unter den Winkel Θ_c zu Faserachse) zu erklären. Der Leistungsanteil der niedrigsten Mode trifft vor dem Anteil der höchsten Modengruppe am Empfangsort ein. Die entsprechende Zeitdifferenz Δt läßt sich mit Bild 1.29 für einen Stufenindex-LWL quantitativ abschätzen und stellt die Laufzeitstreuung im „worst-case"dar.

Für die Laufzeit pro Längeneinheit der niedrigsten Mode können wir schreiben

$$t_0 = \frac{l}{c_0} \cdot n_1 \,, \qquad c_0 \text{ Lichtgeschwindigkeit.}$$

Mit Hilfe von Bild 1.29 erhält man die Laufzeit pro Längeneinheit der höchsten Mode zu

$$t_c = \frac{l}{\cos\Theta_c} \cdot \frac{n_1}{c_0} = \frac{l n_1^2}{c_0 n_2} = t_0 \cdot \frac{n_1}{n_2} \quad .$$

Schließlich ergibt sich die Laufzeitdifferenz pro Länge $\Delta t = t_c - t_0$

$$\Delta t = t_0 \left(\frac{n_1}{n_2} - 1 \right) \approx t_0 \cdot \Delta \tag{1.56}$$

oder
$$\frac{\Delta t}{t_0} \approx \Delta \; .$$

Die relative Laufzeitstreuung ist also gleich der relativen Brechzahldifferenz Δ. Für einen 1 km langen SI-Lichtwellenleiter mit $n_1 = 1,5$ und $\Delta = 0,01$ erhält man somit $\Delta t = 50\ ns$. Dieses Ergebnis gilt bei uniformer Anregung der Faser. Weicht die Modenverteilung vom uniformen Modenspektrum ab, so erhält man andere, meist kleinere Werte. So ist z. B. für die „steady-state"-Verteilung charakteristisch, daß die Laufzeitstreuung Δt nicht mit l, sondern etwa mit $\sqrt{l}$ zunimmt.

Völlig anders sind die Verhältnisse beim Gradientenindex-LWL mit $\alpha = 2$. Schon die fokussierende Eigenschaft dieses Lichtwellenleiters läßt sehr kleine Laufzeitunterschiede erwarten: die höheren Moden kommen im optisch dünneren Medium bei größerer Weglänge annähernd gleich schnell vorwärts wie die niedrigen Moden im optisch dichteren Medium bei kleinerer Weglänge. So ergibt sich für die Laufzeitstreuung pro Längeneinheit

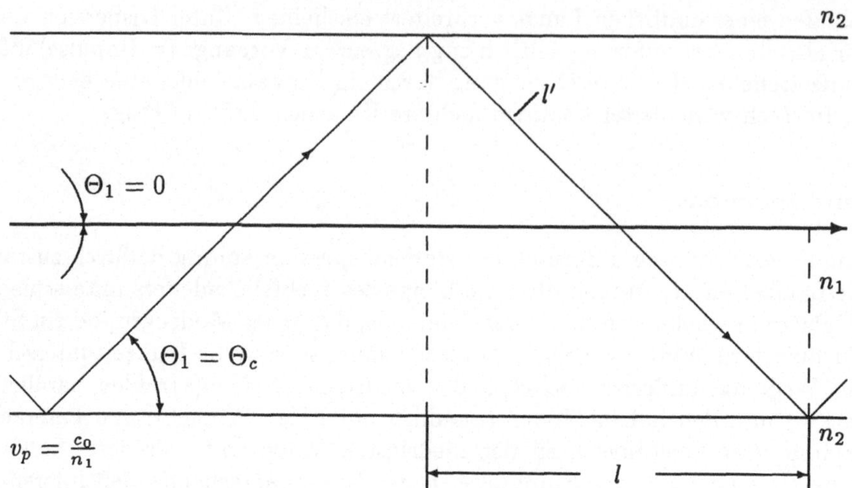

Bild 1.29 Zur Laufzeitstreuung beim SI-LWL

$$\frac{\Delta t}{t_0} = \frac{\Delta^2}{2} \quad . \tag{1.57}$$

Für eine 1 km lange Strecke würde man mit $n_1 = 1,5$ und $\Delta = 0,01$ eine Impulsverbreiterung von nur $\Delta t = 250$ *psec* erhalten. Für die Modenverteilung und den Einfluß der Länge bei „steady-state"-Verteilung gilt das zur Stufenindex-Faser Gesagte in gleicher Weise.
Im Monomode-LWL tritt wegen nur einer ausbreitungsfähigen Mode keine Modendispersion auf.

Materialdispersion

Die Materialdispersion ist beim Monomode-LWL der ausschlaggebende dispersive Effekt.
Bei nur einer ausbreitungsfähigen Mode im Lichtwellenleiter kommt eine Impulsverbreiterung dadurch zustande, daß verschiedene Frequenzkomponeten eines Signals (Impulses) mit unterschiedlichen Geschwindigkeiten übertragen werden. Das hat seinen Grund in der Abhängigkeit der Brechzahl von der Wellenlänge: $n = n(\lambda)$. Bedingen die Frequenzunterschiede nur eine kleine Änderung der Wellenlänge, so ist der sich daraus ergebende längenbezogene Laufzeitunterschied Δt_M proportional zu $\Delta\lambda$, der Linienbreite der Quelle. Mit dem Dispersionskoeffizienten $D(\lambda)$

$$D(\lambda) = \frac{\lambda}{c_0} \left(\frac{-d^2 n(\lambda)}{d\lambda^2} \right) \tag{1.58}$$

kann man für Δt_M schreiben:

$$\Delta t_M = \Delta\lambda \cdot D(\lambda) \tag{1.59}$$

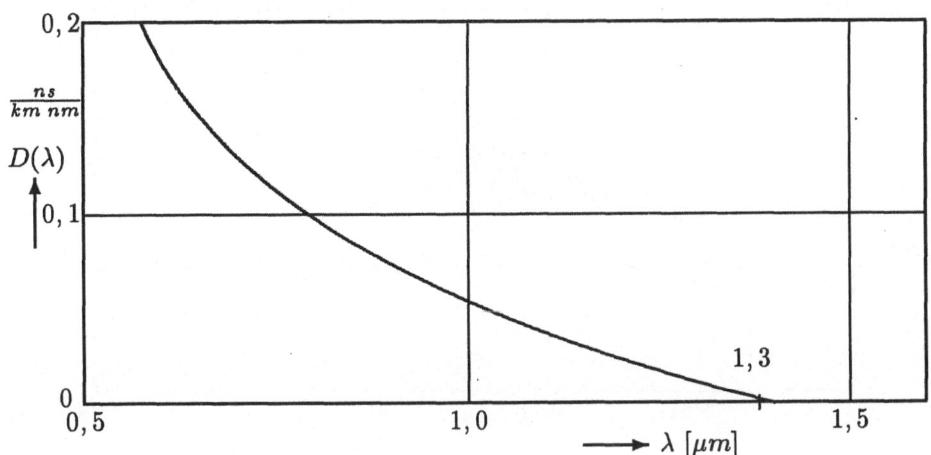

Bild 1.30 Materialdispersion in Quarzglas

Den Verlauf von $D(\lambda)$ zeigt Bild 1.30. In der Umgebung von 1300 nm wird die Materialdispersion zu Null. Für diese Wellenlänge ergibt sich das maximale Bandbreite-Längen-Produkt für einen (SI-) Monomode-LWL zu [6]

$$B \cdot L \lesssim \frac{6,4}{\Delta\lambda^2} \cdot 10^4 \; GBit/_s \cdot km \quad . \tag{1.60}$$

Für eine Linienbreite $\Delta\lambda \approx 1nm$ (Laser) würde dieses Produkt einen Wert von

$$B \cdot L \approx 1000 \; GBit/_s \cdot km$$

erreichen. Polarisationsänderungen im Lichtwellenleiter begrenzen jedoch das Produkt auf $\approx 100 \; GHz \cdot km$ (Bild 1.31).

Profildispersion

Gradientenindex-LWL reagieren besonders empfindlich auf Änderungen des Brechzahlverlaufes. Eine solche Änderung kann durch Abhängigkeit der Profilfunktion von der Wellenlänge zustande kommen und wird *Profildispersion* genannt. So läßt sich das Bandbreite-Längen-Produkt nur für einen schmalen Wellenlängen-Bereich optimieren. Der Gradientenindex-LWL hat dann vorzugsweise für 850 nm oder 1300 nm seine maximale Bandbreite. Maximalwerte liegen für Gradientenindex-LWL bei 2 GBit · km. Das setzt jedoch einen optimalen Profilexponenten α voraus. Die detaillierte Rechnung liefert hierfür $\alpha = 2 + 2\Delta$.

Bei Multimode-LWL wirken Material- und Modendispersion gleichzeitig. Die so entstehende Impulsverbreiterung Δt_g ergibt sich aus der quadratischen Addition der Einflüsse aus Moden- und Materialdispersion:

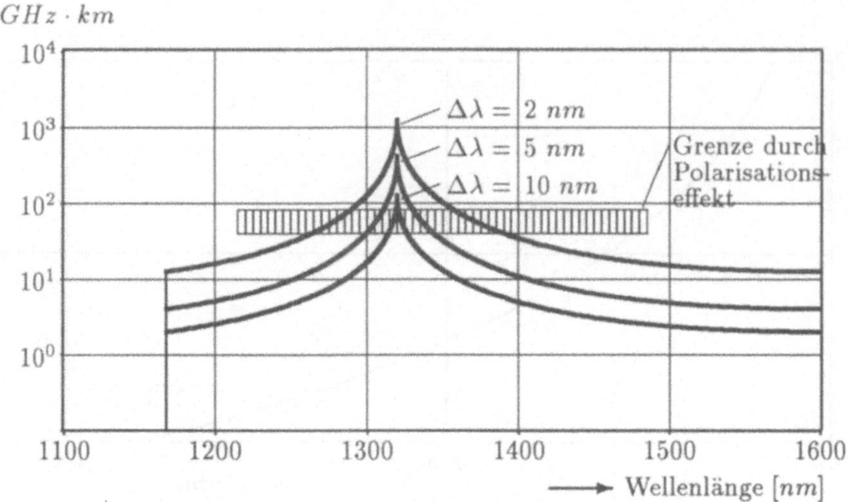

Bild 1.31 Bandbreite-Längenprodukt für Monomode-LWL's

$$\Delta t_g = \sqrt{\Delta t^2 + \Delta t_M^2} \quad . \tag{1.61}$$

Bandbreite-Längen-Produkt

Die Bandbreite eines Multimode-LWL's hängt nach einem komplizierten Gesetz von der Länge ab. Es gilt genähert ein Potenzgesetz

$$\frac{B}{B_0} = \left(\frac{L_0}{L}\right)^E \tag{1.62}$$

wenn man die „steady-state"Modenverteilung voraussetzt. B ist die aktuelle Bandbreite bei der Länge L, B_0 und L_0 sind Bezugswerte, E ist der sogenannte Längenexponent. Nach Herstellerangaben liegt E zwischen 0,65 und 0,85. Für Längen unterhalb eines Wertes L_K (Koppellänge, $L_K \approx 1\ km$) spielt die Modenmischung noch keine Rolle. Hier kann eine lineare Bandbreiten-Längenabhängigkeit angenommen werden [5].

Wellenleiterdispersion

Ein Effekt, der beim Multimode-LWL in vernachlässigbarer Größenordnung bleibt, fällt beim Monomode-LWL wegen der fehlenden Modendispersion ins Gewicht: Die Wellenleiterdispersion. Die Leistung der Grundmode im Monomode-LWL wird teils im Kern (n_1), teils aber auch im Mantel (n_2) transportiert. Der Anteil des Kerns verschiebt sich zugunsten des Anteils im Mantel mit zunehmender Wellenlänge.

Faktisch bedeutet dies eine wellenlängenabhängige Ausbreitungskonstante β_M der Grundmode. Der damit verbundene Dispersionskoeffizient ist negativ und nimmt betragsmäßig mit der Wellenlänge zu. Die Gesamtdispersion eines Monomode-LWL ergibt sich aus der Addition von Material- und Wellenleiterdispersion. Bei den beiden unter 1.2.4 erwähnten Wellenleiterstrukturen nach Bild 1.24 wird die Gesamtdispersion aufgrund beider Anteile definiert beeinflußt. Die „depressed cladding"-Struktur führt zu einem „dispersion-shiftet"-LWL, bei dem die Nullstelle der Gesamtdispersion definiert nach höheren Wellenlängen (> 1300 nm) verschoben ist (Bild 1.25 a). Bei der „quadruple cladding"-Struktur wird in der Gesamtdispersion eine zweite Nullstelle bei 1550 nm ereicht. Zwischen erster (1300 nm) und zweiter Nullstelle ist der Verlauf der Gesamtdispersion sehr flach („dispersion flattened"), Bild 1.25b.

Die Wellenlängenwerte für Nulldispersion fallen mit dem minimalen Dämpfungsverlauf zusammen (Bild 1.28). Dieser Wellenleiter hält somit für die Übertragung zwei Fenster gleichzeitig offen. Man spricht von einem „Zweifenster-LWL".

1.4 Einkopplung von optischer Strahlung in LWL

Wie zuvor bereits ausgeführt, sind Leistungstransport und Leistungsverteilung im Multimode-LWL stark von der Modenverteilung abhängig. Eine bestimmte Modenverteilung anderseits kann durch die Art der Anregung, d.h. über eine geeignete Lichtquelle mit eventuell anschließendem Modenfilter, vorgegeben werden (vgl. Kap. 7).

Für Einmoden-LWL ist die Betrachtung nach 1.1.3 nicht gültig; es gelten hierzu die Aussagen unter 1.2.4.

1.4.1 Strahlungsgeometrische und -physikalische Grundlagen

Raumwinkel

Um den Problemkreis, der mit der Lichteinkopplung in Multimode-Fasern zusammenhängt, quantitativ geometrisch-optisch behandeln zu können, ist die Kenntnis der einfachsten physikalischen und geometrischen Gesetze der optischen Strahlung notwendig. Fundamental ist der Begriff des Raumwinkels Ω. Man versteht darunter den von einem Kegel des Öffnungswinkel δ eingegrenzten Bereich einer Kugeloberfläche, bezogen auf das Quadrat des Kugelhalbmessers R (vgl. Bild 1.32). Bezeichnen wir das Oberflächenelement auf der Kugel mit dF_0, so ist das Raumwinkelelement nach Definition

$$d\Omega = \frac{dF_0}{R^2}$$

Das Oberflächenelement dF_0 erscheint wegen der Kegelsymmetrie als schmaler Ring mit dem Umfang $2\pi \cdot r$ und der (infinitesimal schmalen) Breite $R \cdot d\delta$:

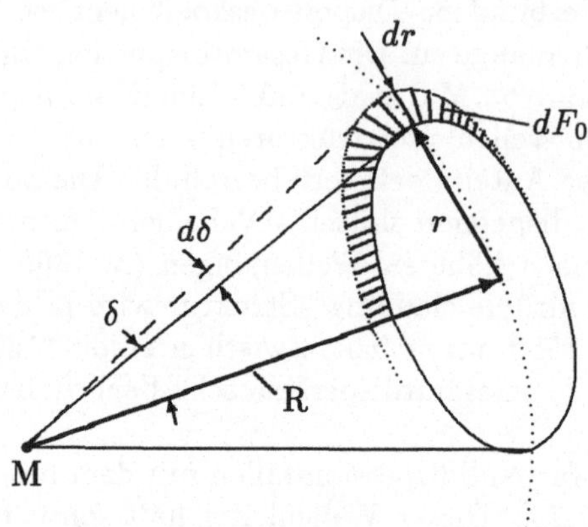

Bild 1.32 Zur Berechnung des Raumwinkels Ω

$$dF_0 = 2\pi r \cdot R\, d\delta \quad .$$

Ebenfalls aus Bild 1.32 entnehmen wir den Zusammenhang zwischen radialer Koordinate r und Kugelradius R

$$r = R \cdot \sin\delta \quad .$$

Mit

$$d\Omega = \frac{dF_0}{R^2} = \frac{2\pi R^2 \sin\delta\, d\delta}{R^2} = 2\pi \sin\delta\, d\delta$$

erhalten wir

$$\Omega = 2\pi \int_{\delta=0}^{\vartheta} \sin\delta\, d\delta = 2\pi(1-\cos\vartheta) \quad \text{in (Sr).}$$

Die Maßeinheit des Raumwinkels ist Steradian (Sr). Ein Sr ist gleichbedeutend mit einem Öffnungshalbwinkel des Kegels nach Bild 1.32 von $\delta_1 = 32,77°$. Der Raumwinkel einer Vollkugel beträgt entsprechend 4π (Sr).

Strahlstärke

Zur Charakterisierung punktförmiger Strahlungsquellen dient die Strahlstärke oder Lichtstärke I (in der Photometrie). Sie ist die in das Raumwinkelelement $d\Omega$ abgestrahlte Leistung $d\phi$ und gibt somit die spezifische Leistung eines Lichtstrahls an. Es gilt

$$I = \frac{d\phi}{d\Omega} \quad , \tag{1.63}$$

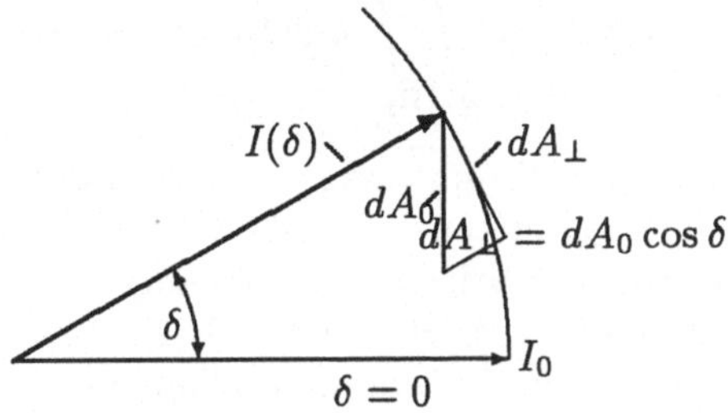

Bild 1.33 Zur Leuchtdichte des Lambert'schen Strahles

mit ϕ als Symbol für die ausgestrahlte Leistung. Wichtig ist die Kenntnis der Abhängigkeit der Strahl- bzw. Lichtstärke I vom Öffnungswinkel (2δ). Für den Lambert'schen Strahler gilt

$$I(\delta) = I_0 \cdot \cos\delta \quad . \tag{1.64}$$

Diese Bedingung wird von diffus-strahlenden Flächenstrahlern — wie sie LED's darstellen — erfüllt.

Strahldichte

Die Strahlung von Flächenstrahlern wird zweckmäßig durch eine andere Größe, die Strahl- oder Leuchtdichte L beschrieben, die zusätzlich zum Raumwinkel die Ausdehnung der strahlenden Fläche A berücksichtigt:

$$L = \frac{dI}{dA_\perp} = \frac{d^2\phi}{dA_\perp d\Omega} \quad . \tag{1.65}$$

$dA_\perp$ = Flächenelement senkrecht zum Lichtstrom ϕ.
Die Leuchtdichte eines Lambert'schen Strahlers ist, gemessen auf einer Kugelfläche mit dem strahlenden Flächenelement im Mittelpunkt, eine Konstante. Bild 1.33 verdeutlicht diesen Zusammnehang: Mit Gl. (1.65) erhalten wir

$$L = \frac{dI}{dA_\perp} = \frac{dI_0 \cdot \cos\delta}{dA_0 \cdot \cos\delta} = L_0 \quad .$$

Die konstante Leuchtdichte L_0 ist gleichbedeutend mit der gleichmäßigen Anregung aller Moden bei voll ausgeleuchtetem Lichtwellenleiter, der sogenannten uniformen Verteilung (uniform distribution). In der Praxis kann diese bei LED-Betrieb immer angenommen werden.

Leistung im Lichtwellenleiter

Wird mittels einer flächenhaften Strahlungsquelle Leistung in einen Lichtwellenleiter eingekoppelt, so berechnet sich diese zu

$$\phi = P_F = \int_{A_F}\int_{\Omega_F} L \, d\Omega_F \, dA_F \cos\delta \quad . \tag{1.66}$$

Der Index F deutet dabei auf Raumwinkel- und Flächenelement des Lichtwellenleiters hin. Mit Auswerten des inneren Integrals wird zunächst die Leistungsdichte in einem Flächenelement dA_F der Stirnfläche berechnet. Dabei ist zu berücksichtigen, daß nur Strahlung innerhalb eines Raumwinkels Ω_c, entsprechend dem Öffnungswinkel $2\vartheta_c$, akzeptiert wird. Das äußere Integral entspricht der Aufsummierung der Teilleistungen aller Flächenelemente zur Gesamtleistung. Die Anwendung von Gl. (1.66) liefert für die Leistungsdichte eines Multimode-LWL's mit verallgemeinertem Gradientenprofil bei uniformer Modenverteilung

$$p(r) = p(0)\frac{n^2(r) - n_2^2}{n^2(0) - n_2^2} = p(0) \cdot \frac{NA^2(r)}{NA^2(0)} \quad , \tag{1.67}$$

wenn $p(0)$ die Leistungsdichte am Ort der Brechzahl $n(0)$, also auf der Faserachse, ist. In der obigen Gleichung ist allein $NA^2(r)$ von der radialen Koordinate r abhängig. Die Leistungsdichte auf der Stirnfläche eines Multimode-LWL's ist erwartungsgemäß radialsymmetrisch und folgt in radialer Richtung dem Quadrat der (lokalen) numerischen Apertur. Bild 1.34 zeigt p(r) für einen Stufenindex- und einen Gradientenindex-LWL.

1.4.2 Anregungswirkungsgrad

Abschließend soll am Beispiel der Lichteinkopplung von einer LED in einen Gradientenindex-LWL der Einkoppelwirkungsgrad berechnet werden. Er ist definiert mit

$$\eta = \frac{P_F}{P_{LED}} \quad , \tag{1.68}$$

also das Verhältnis der vom Lichtwellenleiter aufgenommenen Leistung zur gesamten, von der LED abgestrahlten Leistung. Der Lichtwellenleiter wird direkt vor der LED positioniert (siehe Bild 1.35). Die Leistung im Lichtwellenleiter P_F ist gegeben durch Gl. (1.66).

Das Raumwinkelelement $d\Omega$ ist gegeben mit $d\Omega = 2\pi \sin\delta \; d\delta$, wobei δ der halbe Öffnungswinkel des Kegels ist, der den Raumwinkel umschließt. Es folgt somit unter der Voraussetzung eines Lambert'schen Strahlers:

$$\begin{aligned} P_F &= 2\pi L_0 \cdot \int_{A_F}\int_{\delta=0}^{\vartheta_c} \sin\delta \; \cos\delta \; d\delta \; dA_F \\ &= \pi L_0 \int_{A_F} \sin^2\vartheta_c \; dA_F \quad . \end{aligned} \tag{1.69}$$

Die Grenzen des inneren Integrals von 0 bis ϑ_c entsprechen dem Akzeptanzwinkelbereich des Lichtwellenleiters. Für die weitere Rechnung ist zu berücksichtigen, daß die numerische Apertur ($NA^2 = \sin^2\vartheta_c$) eine Funktion der radialen Koordinate r ist: $NA^2(r) = \sin^2\vartheta_c(r)$.
Es folgt mit dem Brechzahlverlauf für Gradientenindex-LWL nach Gl. (1.37) sowie mit dem Flächenelement $dA_F = 2\pi r\,dr$:

$$\begin{aligned} P_F &= 2\pi^2 L_0 \cdot \sin^2\vartheta_{c_0} \int\limits_{r=0}^{a_K} \left[1 - \left(\frac{r}{a_K}\right)^{\alpha}\right] r\,dr \\ &= a_K^2 \pi^2 \cdot \frac{\alpha}{2+\alpha} \cdot L_0 \cdot \sin^2\vartheta_{c_0} \quad . \end{aligned} \tag{1.70}$$

Die konstante Leuchtdichte L_0 wird aus der Sendeleistung P_{LED} ermittelt:

$$\begin{aligned} P_{LED} &= L_0 \cdot 2\pi \cdot \int\limits_{A_D} \int\limits_{=0}^{\pi/2} \sin\delta\ \cos\delta\ d\delta\ dA_D \\ &= \pi \cdot L_0 \cdot \int\limits_{A_D} dA_D = \pi^2 \cdot a_D^2 \cdot L_0 \quad . \end{aligned}$$

Somit folgt für den Anregungswirkungsgrad nach Gl. (1.68)

$$\eta = \left(\frac{a_K}{a_D}\right)^2 \cdot \frac{\alpha}{\alpha+2} \cdot \sin^2\vartheta_{c_0} \quad . \tag{1.71}$$

$$\text{Der Faktor } \frac{\alpha}{\alpha+2} \text{ beträgt } \left\{ \begin{array}{l} \frac{1}{2} \text{ für GI-LWL mit } \alpha = 2 \\ 1 \text{ für SI-LWL }, \alpha \to \infty \end{array} \right\} .$$

Stimmt die LWL-Stirnfläche mit derjenigen der LED überein und beträgt die numerische Apertur auf der Achse 0,14 ($\vartheta_c \approx 8°$), so ist der Anregungswirkungsgrad im Falle eines Gradientenindex-LWL's mit $\alpha = 2$ nur 1 %. Deutlich größere Werte sind mit Laserdioden erreichbar.

Grenzen der Einkopplung

Unter der Voraussetzung einer verlustfreien optischen Abbildung wird die spezifische Leistung eines Raumwinkelelementes $d\Omega_s$, bezogen auf das Flächenelement dF_s, einer Lichtquelle, vollständig auf das entsprechende flächenbezogene Raumwinkelelement $d\Omega_e$ eines Lichtempfängers übertragen. Die Leistung der Strahlen die eine Fläche senkrecht zur Strahlrichtung durchsetzen bleibt somit erhalten.
Zwischen Lichtsender und -empfänger sei entsprechend Bild 1.36 eine dünne Schicht der Brechzahl $n_0 = 1$ eingeführt. Die auf die Ebene A_0 abgebildeten Raumwinkel- und Flächenelemente seien $d\Omega'_s$, dA'_s (senderseitig) und $d\Omega'_e$, dA'_e (empfängerseitig). In A_0 sind Flächen- und Raumwinkelelemente von Sender- und Empfängerseite und somit auch das Produkt $dA' \cdot d\Omega'$, gleich:

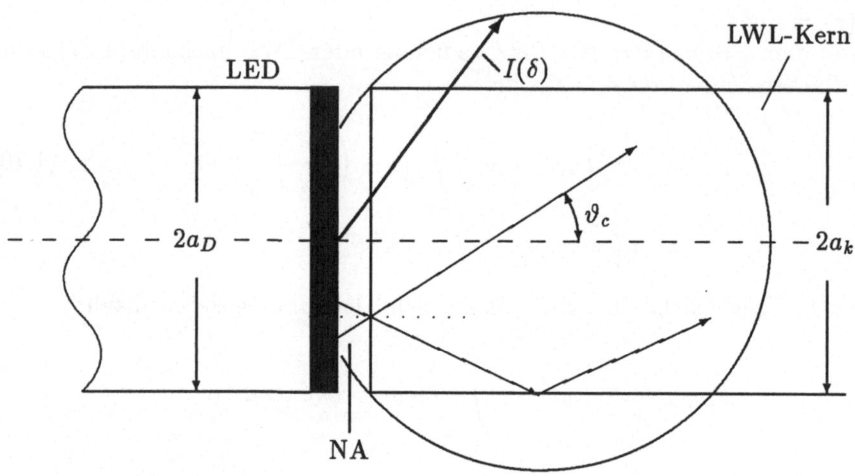

Bild 1.34 Lichteinkopplung

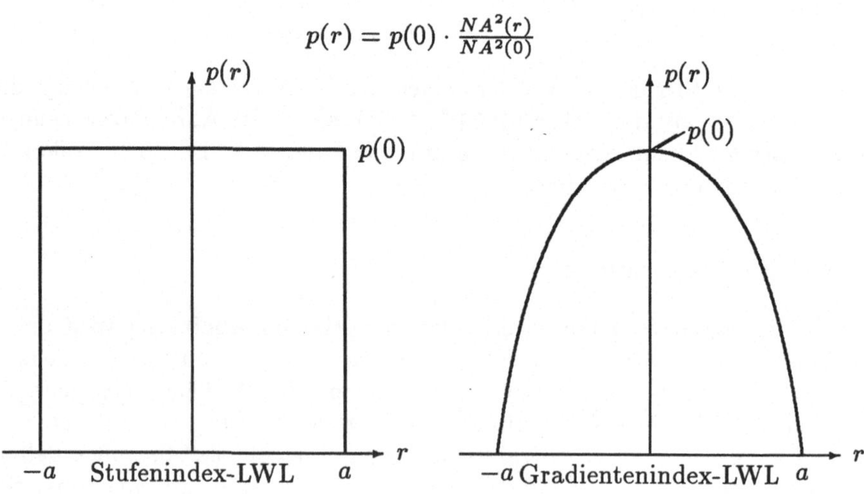

Bild 1.35 Leistungsdichte im Multimode-LWL

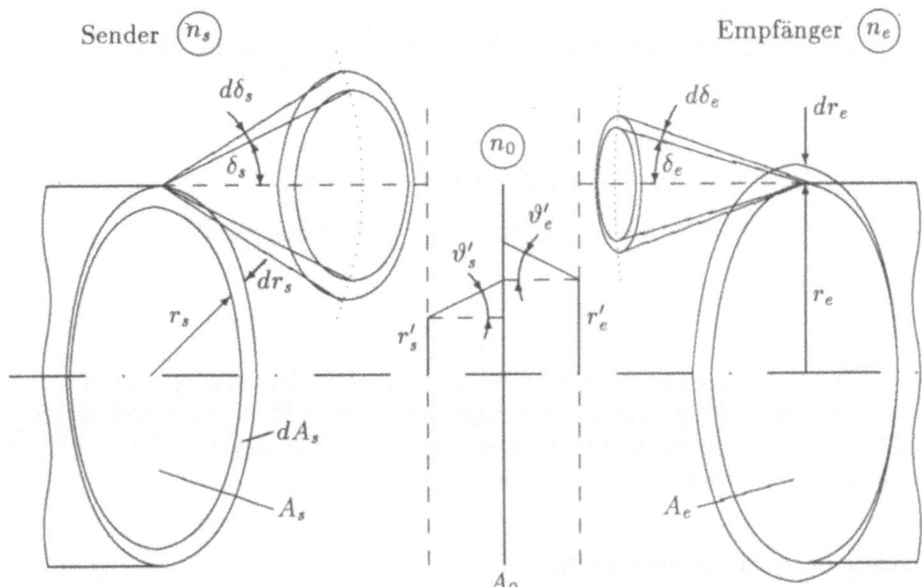

Bild 1.36 Zur Abbildung von Raumwinkelelement und Flächenelement eines Lichtsenders und Lichtempfängers auf die gemeinsame Ebene A_0

$$dA'_s \cdot d\Omega'_s = dA'_e \cdot d\Omega'_e \quad . \tag{1.72}$$

Mit dem halben Öffnungswinkel ϑ' des Kegels, der den Raumwinkelbereich Ω' aus der zugeordneten Kugeloberfläche herausschneidet und der radialen Koordinate r' der auf A_0 abgebildeten (Sender- bzw. Empfänger-) Stirnfläche (Bild 1.36) erhalten wir

$$d\Omega'_s \cdot dA'_s = 4\pi^2 \cdot \sin\vartheta'_s \cdot d\vartheta'_s \cdot r'_s\, dr'_s = d\Omega'_e \cdot dA'_e = 4\pi^2 \cdot \sin\vartheta'_e\, d\vartheta'_e \cdot r'_e\, dr'_e$$

und, bezogen auf die Ebene A_s bzw. A_e :

$$n_s^2 \cdot \underbrace{2\pi \cdot \sin\vartheta_s \cdot d\vartheta_s}_{d\Omega_s} \cdot \underbrace{2\pi r_s\, dr_s}_{dA_s} = n_e^2 \cdot \underbrace{2\pi \sin\vartheta_e\, d\vartheta_e}_{d\Omega_e} \cdot dA_e \ ,$$

$$n_s^2\, d\Omega_s \cdot dA_s = n_e^2\, d\Omega_e \cdot dA_e \quad . \tag{1.73}$$

Hierin ist berücksichtigt, daß aufgrund der verschiedenen Brechzahlen n_s, n_0, n_e der Öffnungswinkel $(2\vartheta')$ wie auch das entsprechende infinitesimale Winkelelement $d\vartheta'$ mit dem Brechungsgesetz (Gl. (1.9)) von Ebene A_0 in die Ebene A_s bzw. A_e zu konvertieren ist.

Gl. (1.73) beschreibt die sogenannte „Optische Invariante", die in jedem Querschnitt eines optischen Systems unverändert den gleichen Wert hat:

$$G = n^2 \cdot d\Omega \cdot dA = konst.$$

Die Leistung im Raumwinkelelement $d\Omega$ und im Flächenelement dA beträgt nach Gl. (1.65)

$$d^2P = L \cdot d\Omega \cdot dA \quad . \tag{1.74}$$

Für verlustfreie Medien (n_s, n_0, n_e) gilt somit

$$\begin{aligned} L_s \cdot d\Omega_s \, dA_s &= L_e \, d\Omega_e \cdot dA_e \quad \text{, und mit (1.73)} \\ \frac{L_s}{n_s^2} &= \frac{L_e}{n_e^2} = \frac{L}{n^2} = konst. \end{aligned} \tag{1.75}$$

Das ist der Satz von der Erhaltung der Leuchtdichte, der fundamental auch aus dem 2. Hauptsatz der Thermodynamik folgt. Er besagt, daß — betrachtet zwischen zwei Medien mit gleichen Brechzahlen ($n_e = n_s$) — die Leuchtdichte durch ein verlustfreies, passives optisches System nicht geändert wird.

Die Abbe'sche Sinusbedingung

Die Leuchtdichte ist durch die Lichtquelle vorgegeben (L_s) und kann ohne Einsatz eines Lichtverstärkers nicht vergrößert werden. Die Konsequenzen für den Einkoppelwirkungsgrad — insbesondere bei Verwendung einer optischen Abbildung — werden mit der Aussage von Gl. (1.72) deutlich. Sie beinhaltet nämlich die Bedingungen

$$\begin{aligned} r'_s \cdot \sin\vartheta'_s &= r'_e \cdot \sin\vartheta'_e = r' \sin\vartheta' \\ \text{und} \quad dr'_s \, d\vartheta'_s &= dr'_e \cdot d\vartheta'_e = dr' \cdot d\vartheta' \; , \end{aligned} \tag{1.76}$$

die aus der ersten Bedingung für kleine Änderungen folgt. Gleichung (1.76) ist die „Abbe'sche Sinusbedingung", die immer für eine *fehlerfreie Abbildung* zu fordern ist. [17]

Konsequenzen für den Einkoppelwirkungsgrad

Ohne Anwendung einer optischen Abbildung gilt für den Anregungswirkungsgrad Gl. (1.71), wobei zu beachten ist, daß mit dem Faktor $\left(\frac{a_K}{a_D}\right)^2$ der Effekt der Kopplung infolge Flächendeckung berücksichtigt wird und dieser deshalb auf den Wert 1 begrenzt ist $\left(\frac{a_K}{a_D} \leq 1\right)$. Der Abbe'sche Sinussatz zeigt die Grenzen einer optischen Abbildung: Die Verkleinerung von r' bedeutet Zunahme von ϑ' (größere Divergenz der Strahlen) und umgekehrt. Insofern haben für die Lichtübertragung LED → LWL die beiden möglichen optischen Maßnahmen – Abbildung des LED-Durchmessers auf den des Lichtwellenleiters oder Abbildung der NA des Lichtwellenleiters in den Winkelbereich der LED — das gleiche Ergebnis und sind gegeneinander austauschbar.

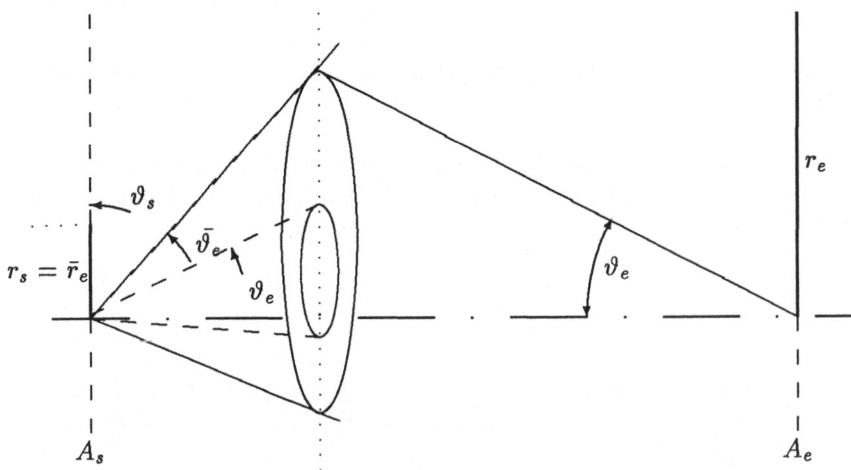

Bild 1.37 Vergrößerung des Akzeptanzwinkels ($\bar{\vartheta}_e$) durch Abbildung nach dem Sinussatz

Wählt man für den Lichtweg LED → LWL die Abbildung der Flächen (bis zur korrekten Deckung), so erscheint die NA des Lichtwellenleiters[2] wegen der Sinusbedingung im Winkelbereich der LED verändert (siehe Bild 1.37):

$$\overline{NA} = \overline{\sin\vartheta_{c_e}} = \frac{a_K}{a_D} \cdot \sin\vartheta_{c_e} \quad . \tag{1.77}$$

Aufgrund der vorausgesetzten Flächendeckung durch Abbildung ist der Einkoppelwirkungsgrad nur noch von der transformierten NA ($\overline{\text{NA}}$) des Lichtwellenleiters abhängig :

$$\bar{\eta} = \frac{\alpha}{\alpha+2} \cdot \overline{NA}^2 = \frac{\alpha}{\alpha+2}\left(\frac{a_K}{a_D}\right)^2 \cdot \sin^2\vartheta_{c_e} \; .$$

Das Ergebnis stimmt nominell mit dem in Gl. (1.71) überein. Wegen der Flächenabbildung ist aber hier der Faktor $\frac{a_K}{a_D}$ *nicht auf 1 begrenzt !*

Im vorliegenden Fall erzielen wir durch den Einsatz einer (verlustfreien) Optik einen Gewinn, wenn $\frac{a_K}{a_D} > 1$ gilt und zwar um den Faktor $\left(\frac{a_K}{a_D}\right)^2$. Andernfalls wäre eine Optik nicht von Vorteil, da sie real durch ihre Verluste den Einkoppelwirkungsgrad verschlechtern würde. Dann ist besser die direkte Positionierung des Lichtwellenleiters vor der LED zu empfehlen.

[2] NA=$\sin\vartheta_{c_e}$

1.5 Neue Entwicklungen bei polymeren Lichtwellenleitern

1.5.1 Strukturen und Dämpfungsmechanismen geeigneter polymerer Kunststoffe

Polymerisation ist eine chemische Reaktion, bei der ungesättigte Monomere mittels Katalysatoren unter Aufbrechen der Mehrfachbindung in Polymerisate (kurz Polymere) übergehen:

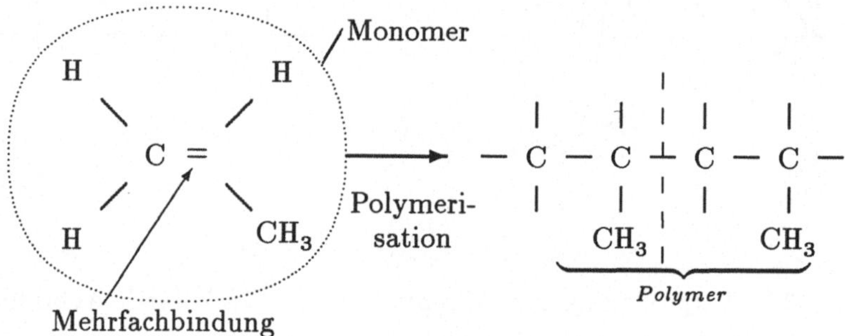

Die Monomeren lagern sich dabei zu Makromolekülen unterschiedlichen Polymerisationsgrades aneinander. Dieser bestimmt die Eigenschaften des entstehenden Kunststoffes, die durch entsprechende Verfahren in engen Grenzen gehalten werden. Zur Herstellung von PMMA[3] wird die sogenannte radikalische Polymerisation angewendet, wodurch Methacrylsäuremethylester (MMA) [$CH_2 = C(CH_3) - COOCH_3$] als Monomer in das genannte Polymerisat überführt wird. [18]

PMMA ist ein glasklarer, durchsichtiger Kunststoff, unter dem Handelsnamen Plexiglas seit längerem bekannt. Seine Temperaturbeständigkeit reicht bis 90° C, in Spezialausführungen bis 120° C. Zur Herstellung optischer Fasern und faseroptischer Komponenten reicht die Durchsichtigkeit des üblich gehandelten Plexiglases jedoch nicht aus; eine Verbesserung um den Faktor 10^3 ist vonnöten.

Der erste Schritt zu niedrigerer Dämpfung ist die Reinigung des monomeren Ausgangsstoffes von Fremdatomen bis zu einem Reinheitsgrad von einigen ppm (parts per million $= 10^{-6}$). Mit diesem Reinheitsgrad gefertigte Lichtwellenleiter haben bei 650 nm einen Dämpfungsbelag von ca. 105 dB/km, wovon etwa 10 dB/km auf die Rayleigh-Streuung entfallen. Die weiteren Dämpfungsmechanismen, die mit der Molekülstruktur von MMA, insbesondere mit den Valenzschwingungen der CH-Gruppen, zusammenhängen, können zwar nicht eliminiert, aber in ihrer Wirkung auf einen nicht nutzbaren, höheren Wellenlängenbereich verschoben werden. Diesem Zweck dient die Substitution der H-Atome im Monomer durch schwerere Atome. Das Strukturbild von MMA zeigt hierfür mehrfache Möglichkeiten auf (Bild 1.38).

Durch *Substitution der H-Atome mit Deuterium* werden statt der CH-Valenzschwingungen nun die Absorptionslinien der CD-Valenzschwingungen wirksam, die

[3](Polymethylmethacrylat)

$$\begin{array}{ccccccccccccc}
 & & & & & & & & \textcircled{F} & & & & \\
 & & & & & & & & | & & & & \\
H & & & & O & & & & [H] & & & & \\
| & & & & \| & & & & | & & & & \\
C & = & C & - & C & - & O & - & C & - & H & \Rightarrow & CH_2 = C(CH_3) - COOCH_3 \\
| & & | & & & & & & | & & & & \\
H & & | & & & & & & [H] & & & & \\
 & H - & C & - H & & & & & | & & & & \\
 & & | & & & & & & \textcircled{F} & & & & \\
 & & H & & & & & & & & & &
\end{array}$$

Bild 1.38 Struktur des Monomers MMA

weiter im IR-Bereich erscheinen. Der entsprechende POF-Lichtwellenleiter (POF = polymere optical fibre) mit der Bezeichnung „d8"(entsprechend der Substitution aller 8 H-Atome durch Deuterium) zeigt demzufolge auch ein Dämpfungsminimum von ca. 30 dB/km bei 700 nm Wellenlänge (Bild 1.39).
Noch günstigere Eigenschaften werden bei Substitution der H-Atome durch Fluor bzw. durch CF_3 erhalten. In *teilweise fluorierten* MMA-Verbindungen sind zwei H-Atome — wie in Bild 1.38 angedeutet — durch CF_3-Reste ersetzt. Die optische Durchlässigkeit erhöht sich deutlich gegenüber der unfluorierten Verbindung (Bild 1.40). Die *perfluorierte Verbindung* enthält weitere Fluor-Atome anstelle der noch verbliebenen H-Atome (Strukturdiagramm in Bild 1.38).
Die Durchlässigkeit perfluorierter PMMA-Kuststoffe liegt bis zu einer Wellenlänge von 1300 nm über 99,5 % (Bild 1.40). Lichtwellenleitern aus diesem Material wird ein Dämpfungsbelag von $\approx$ 10 dB/km im Wellenlängenbereich bis 1300 nm vorausgesagt (Bild 1.39) [19, 20]

1.5.2 Polymere LWL's neben Vollglas-LWL's

Lichtwellenleiter aus PMMA werden ausschließlich mit Stufenindex-Profil gefertigt. Als solche haben sie die Vor- und Nachteile von Stufenindex-LWL's: Hohe einkoppelbare Lichtleistung, günstig im Betrieb mit LED's, geringe Leckwellenempfindlichkeit, aber auch geringe Bandbreite und höhere Empfindlichkeit gegen Krümmungen und Stress. Spezielle Eigenschaften des PMMA-Grundmaterials lassen den POF-LWL in direkter Konkurrenz zur Vollglas-Version als nicht konkurrenzfähig erscheinen. So werden Dämpfungsbelag und Temperaturbeständigkeit nie die hervorragenden Werte des Vollglas-LWL's erreichen. Andere, meist System-Gesichtspunkte, machen den POF-LWL in einem breiten Anwendungsfeld aber zu einer sehr interessanten Komponente. Die niedrigsten Systemkosten von Polymer-LWL im Vergleich

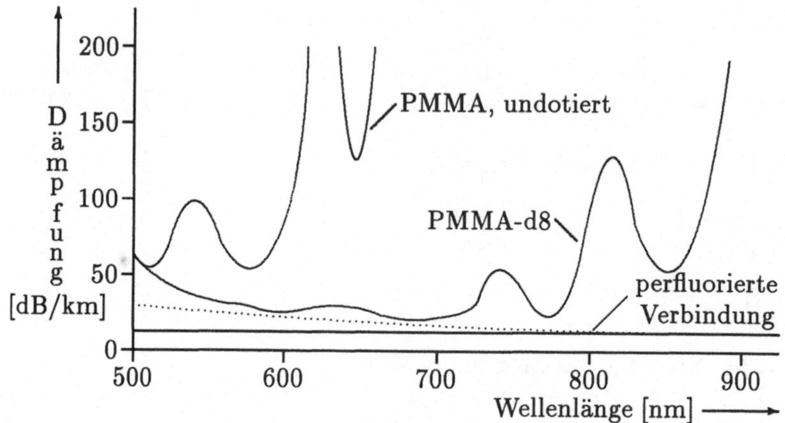

Bild 1.39 Spektraler Dämpfungsverlauf undotierter und dotierter PMMA-LWL

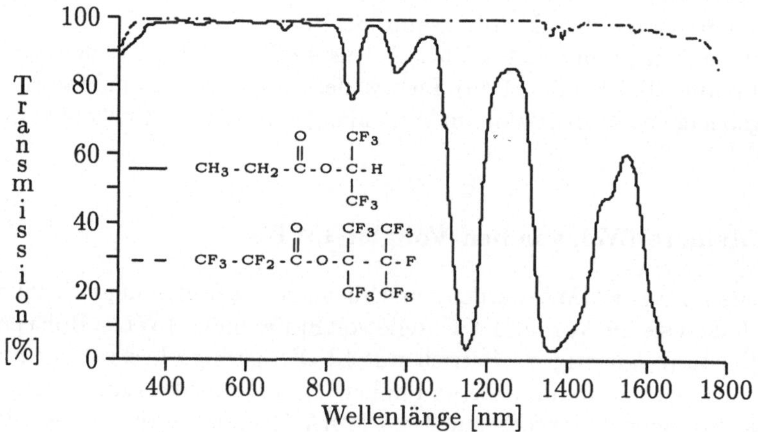

Bild 1.40 Transmissionsspektren einer teilweise fluorierten und einer perfluorierten Modellverbindung(Spektralphotometer: Perkin Elmer≪Lambda 9≫, Probelänge 10 cm)

zu Glasfasern lassen sich auf geringe Materialkosten und rationellere, kontinuierlich durchführbare Spinntechniken zurückführen. Noch kosteneffektiver wirken sich aber die einfacheren Verbindungstechniken beim Aufbau eines optoelektronischen Datenübertragungssystems aus. Da Polymer-LWL im Gegensatz zu Glasfasern auch bei großem Durchmesser von 1mm (typischer Wert für Glasfaser 125 μm) sehr gut handzuhaben sind, können Kopplungsverluste an Sendern, Empfängern und Steckern ohne präzise Justierungen minimiert werden. So lassen sich preiswerte, monolithisch-integrierbare Sender und Empfänger für den Aufbau einer Datenstrecke verwenden. Die großen Faserdurchmesser sind auch ein Grund dafür, daß ein weitaus geringerer Aufwand für einen mechanischen Kabelaufbau mit zugentlastenden Elementen im Vergleich zur Glasfaser betrieben werden muß. Trotz dieser für den Nah-Kommunikationsbereich so wichtigen Kostenvorteile haben Polymer-LWL bei der Entfaltung ihres gesamten Marktpotentials derzeit noch mit zwei Nachteilen zu kämpfen: Zum einen weisen sie noch eine zu hohe Lichtdämpfung von rund 150 dB/km (bei 650 nm) auf, weshalb ihre Datenübertragungstrecke ohne Signalauffrischung von den meisten Systemanbietern mit rund 100 m angegeben wird. Zum anderen läßt der im Gegensatz zur Glasfaser stark strukturierte Lichttransmisionsverlauf eine Signalübertragung nur in engbegrenzten Wellenlängenbereichen zu. Das bevorzugte Transmissionsfenster für Kunststoff-PMMA-LWL's liegt bei 650 nm, da bei dieser Wellenlänge leistungsstarke, preisgünstige GaAlAs-Leuchtdioden zur Verfügung stehen.
In der folgenden Gegenüberstellung sind Vor- und Nachteile von POF-LWL's zusammengetragen:

Vorteile von Polymer-LWL gegenüber Glasfasern:

- niedrigere Herstellungskosten
- leichte Verarbeitbarkeit und Konfektionierung
- Unempfindlichkeit bei Vibrationsbeanspruchung
- höhere Flexibilität auch bei größeren Faserdurchmessern
- hohe einkoppelbare Lichtleistung aus diffuser Strahlungsquelle (LED)

Nachteile von Polymer-LWL gegenüber Glasfasern:

- Lichtdämpfung liegt um den Faktor 100 höher
- niedrige Wärmebeständigkeit

1.5.3 Markt -und Anwendungspotential

Derzeit auf dem Markt befindliche POF-Lichtwellenleiter haben noch nicht die günstigen Dämpfungseigenschaften wie sie für fluorierte PMMA zu erwarten sind. Die in dieser Hinsicht leistungsfähigsten Lichtwellenleiter sind unter anderem mit je 150 dB/km der „Infolite“-Lichtwellenleiter der Fa. Hoechst AG und der Lichtwellenleiter „FC-1000“von Asahi (Japan).

Hersteller/Vertreiber	Asahi Chemikal/ Deutsche Nichimen	Hoechst AG	Einheit
Produktname	FC 1000	Infolite	
Dämpfungsbetrag α	150	150	db/km bei 650 nm
Bandbreite	< 10	9	MHz· km bei 650 nm
Numer. Apertur, NA	0,46	0,46	
Kern-/Mantel-durchmesser	$\cdots$ / 1000	970 / 1000	μm (PMMA/Fluorpolym.)
Außendurchmesser	2,2	2,2	mm
Zugkraft	130	> 120	N
zul. Biegeradius	40	25	mm

Tabelle 1.2 Mechanische und optische Parameter von POF-LWL's

Tabelle 1.2 gibt eine Übersicht über mechanische und optische Parameter beider Lichtwellenleiter.

Die Marktchancen von POF-Lichtwellenleitern werden als gut bis sehr gut beurteilt. So soll nach einer Studie von „Kessler Marketing Intelligence"der Weltumsatz von 50 Mio. US-Dollar bei einer jährlichen Wachstumsrate von 20 % etwa 500 Mio. US-Dollar in 10 Jahren erreichen. Den Markt teilen sich Japan (46 %), die USA (38 %) und Europa (16 %), [21].
Bei den Übertragungsmedien werden die Lichtwellenleiter insgesamt (Glas und POF) weltweit bis zum Jahr 2000 um ca. 40 % zugenommen haben. Sie verdrängen damit Kupferleitungen und Satellitenverbindungen um einen gleich großen Anteil [22].

POF-Lichtwellenleiter werden aufgrund ihrer mechanischen Eigenschaften und wegen ihres niedrigen Preises spezielle Anwendungsfelder abdecken, in denen der Einsatz von Vollglas-Lichtwellenleiter nicht sinnvoll erscheint. So wird ihr Einsatz in lokalen Netzen (Lokal Area Netzwerks, LAN's) im sogenannten „tertiären"Bereich, der Etagenverkabelung von Bürohäusern etc., zunehmen. Die leichte Handhabbarkeit und das geringe Gewicht bevorzugen Anwendungen auf bewegten Plattformen wie Bohrinseln, Schiffen, aber auch in Flugzeugen, Bahnen und PKW's.
Dabei beschränkt sich ihr Einsatz nicht nur auf die Informationsübertragung. Im Cockpit des Flugzeuges wie im Armaturenbrett des Automobils und im Führerstand

eines Triebwagens sind POF-Lichtwellenleiter auch zur direkten Funktionskontrolle mittels Statusanzeige sehr geeignet. Ein neues Anwendungsfeld eröffnet sich mit dem Einsatz polymerer Lichtwellenleiter in der Sensorik. So lassen sich schon heute POF-Sensoren für Abstandsmessung, als Temperaturfühler, zur Druckmessung aber auch als Bio-Sensoren für die Medizin (z.B. Sauerstoff und CO_2-Gehalt im Blut) bauen.

Der Einsatz in lokalen Netzen wird schon heute durch eine Vielzahl preisgünstiger Vernetzungskomponenten (Stecker, Koppler usw.) begünstigt und erleichtert. Die Handhabung bei der Verlegung gleicht schon fast dem aus der Kupfertechnik gewohnten Standard. Mit wenigen Handgriffen läßt sich eine Steckverbindung so konfektionieren, daß die Kopplungsverluste mit 0,7 dB den durch Fresnel-Reflexion vorgegebenen Mindestwert (0,4 dB) nahezu ereichen. Die Bildfolge 1.41, 1.42-1.46 zeigt Oberflächengüten und zugehörige Kopplungsdämpfungen in der Folge verfeinerter Arbeitsgänge und läßt erkennen, daß die Bearbeitung mit dem Teppichmesser (bei Verlusten von ca. 3 dB pro Steckverbindung) für kurze Übertragungsstrecken in den meisten Fällen ausreichen wird. Zu detaillierten Anwendungen in lokalen Netzen wie auch zum Einsatz in der Sensorik wird in Kap. 5 bzw. 6 berichtet.

1.5.4 Ausblick auf zukünftige Entwicklungen und Anwendungen

Wie schon erwähnt, verfolgt die weitere Entwicklung von POF-Lichtwellenleitern zwei Zielrichtungen:

- Geringere Dämpfung im sichtbaren -und nahen IR-Bereich.
- Thermische Beständigkeit bis zu Temperaturen von 130° C und mehr.

Beide Forderungen scheinen sich jedoch nicht miteinander vereinbaren zu lassen. So wird von der Entwicklung eines hitzebeständigen POF-Lichtwellenleiter berichtet, der einer Temperatur von 125° C widersteht, jedoch Dämpfungsverluste con ca. 10^3 dB/km besitzt. Es handelt sich um eine Konstruktion mit einem Kernmaterial aus hochreinem Polykarbonat, umgeben von einem Speziallack niedriger Brechzahl als optischem Mantel (Cladding). Das schützende Coating ist ein thermoplastisches

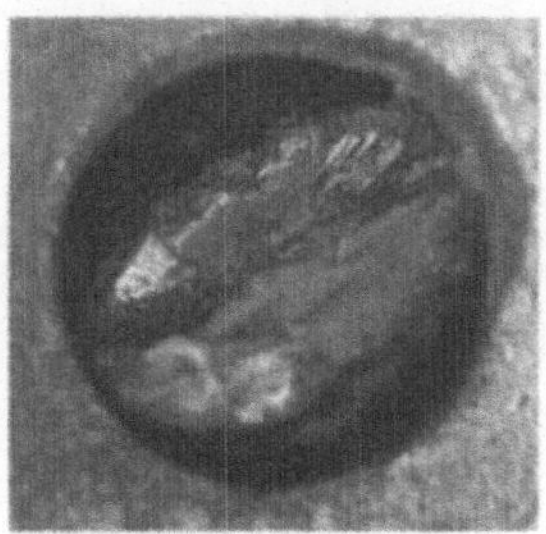

Bild 1.41 Seitenschneider

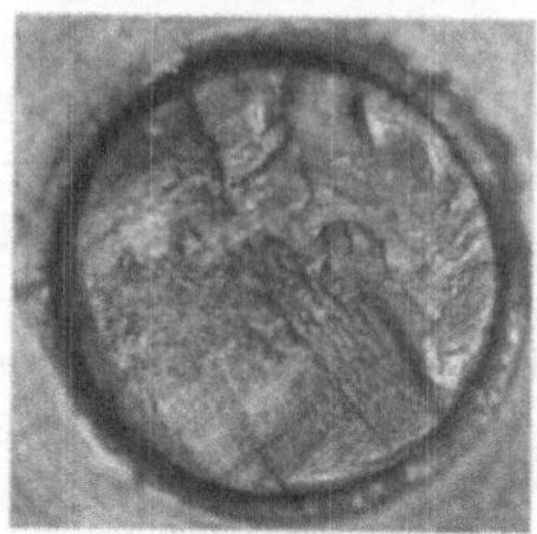

Bild 1.42 Teppichmesser

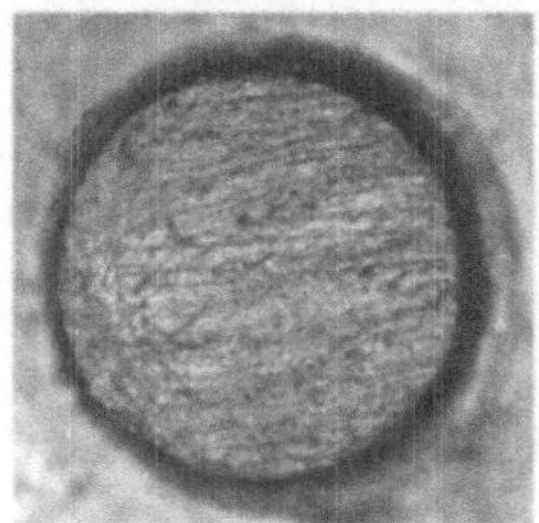

Bild 1.43 600-er Körnung

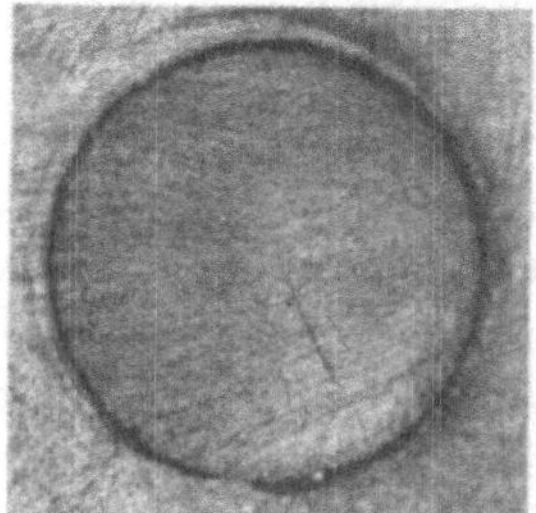

Bild 1.44 4000-er Körnung

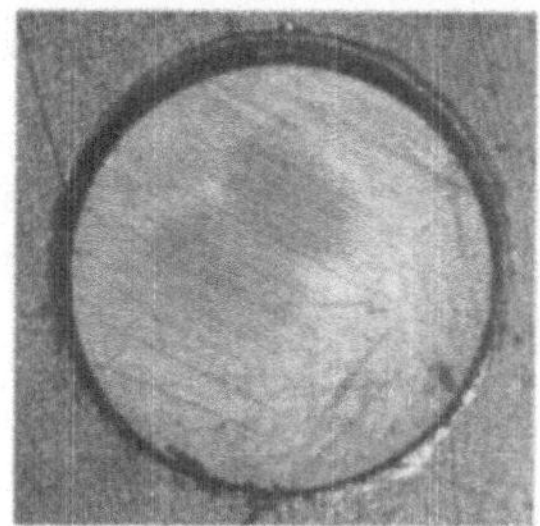

Bild 1.45 Film mit 3 μm

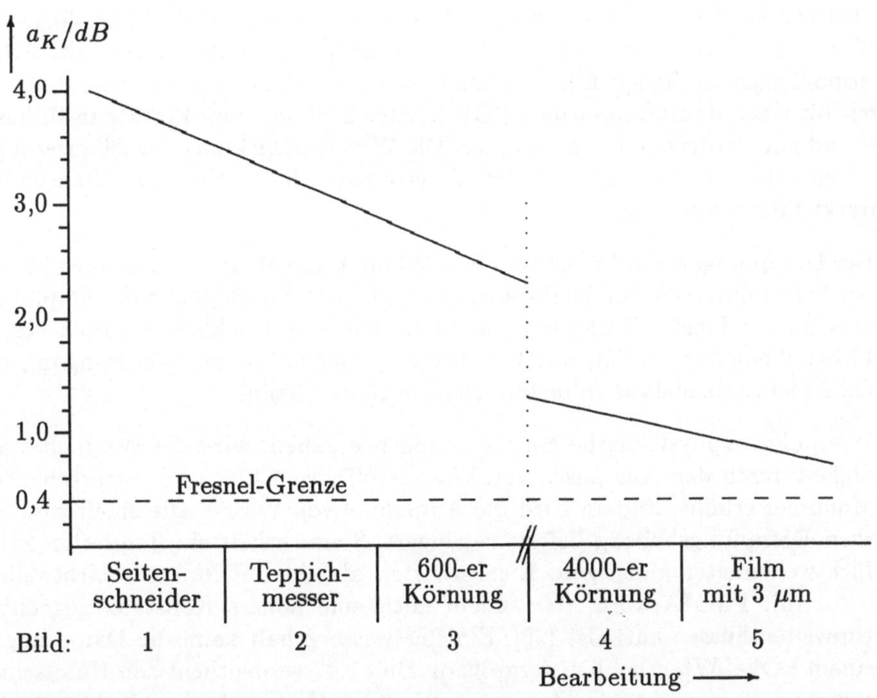

Bild 1.46 Dämpfung einer Steckverbindung in Abhängigkeit von der Bearbeitung der Stirnflächen (eigene Messung)

Polyurethan (PU). Neben Temperaturverträglichkeit sind Vibrationsunempfindlichkeit, mechanische Stabilität und leichte Handbarkeit die hervorstechenden Eigenschaften. Dieser Lichtwellenleiter ist daher besonders für den Einsatz unter der Motorhaube bestimmt [23].

Eine erste Stufe dämpfungsärmerer POF-Lichtwellenleiter auf dem Markt wird derjenige auf der der Basis von PMMA-d8 sein. Die in ersten Fertigungsversuchen in Japan erzielten Dämpfungsverluste werden mit Werten deutlich kleiner als 100 dB/km bei 650 nm angegeben [24]. Auch die ersten Versuche, zur Erhöhung der Bandbreite einen POF-Lichtwellenleiter mit Gradientenindex-Profil zu fertigen, werden dort berichtet.

Die Farbwerke Hoechst AG haben in den letzten Jahren eine Technologie zur Herstellung fluorierter und perfluorierter POF-Lichtwellenleiter entwickelt. Allerdings ermöglichen die hohen Entwicklungskosten derzeit noch keinen marktgerechten Preis für einen dämpfungsarmen POF-Lichtwellenleiter zum Einsatz in Billigsystemen und zur Verdrängung von Kupfer. Die Weiterentwicklung der Fluorierungs-Technologie läßt aber zwei weitere Vorteile erwarten, die zu besseren Chancen auf dem Markt führen können:

- Der Dämpfungsverlauf weist bis etwa 850 nm keine Maxima auf und ist im wesentlichen durch die Rayleigh-Streuung bestimmt. So entsteht mit dämpfungsarmen POF-Lichtwellenleitern (ca. 10 dB/km) eine Konkurrenz zum Vollglas-Lichtwellenleiter im 850 nm Übertragungsfenster, die zur Verdrängung des Glas-Lichtwellenleiters in diesem Bereich führen kann.

- Wie polymerphysikalische Untersuchungen ergaben, wird die Wärmebeständigkeit durch den Austausch von Wasserstoff gegen Fluor im entsprechenden Monomer erhöht. Zudem wird die Aufnahme von Wasser, die einen zusätzlichen Dämpfungsbeitrag liefert, verringert. Somit erhält ein fluorierter POF-Lichtwellenleiter günstigere Eigenschaften als ein unfluorierter Lichtwellenleiter mit PMMA-Kern, der zudem noch eine höhere Konstanz gegenüber Umwelteinflüssen aufweist [20]. Ein Restwassergehalt kann die Dämpfung in einem POF-LWL erheblich vergrößern. Bild 1.47 verdeutlicht den Unterschied zwischen 40 % und 90 % Restwassergehalt (R.H.) im gleichen Lichtwellenleiter.

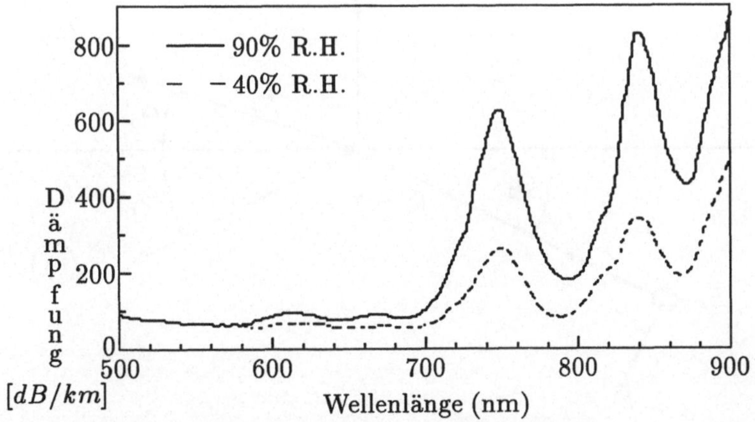

Bild 1.47 Einfluß des Wassergehaltes auf Dämpfungsverluste eines MMA-d8-Kern-POF's

1.6 Übungen

1. Übung

Eine homogene ebene Welle, die sich im Dielektrikum 1 (n_1) ausbreitet, trifft unter dem Winkel Θ_1 auf die Grenzebene zum dielektrischen Medium n_2 auf. Die Welle ist in der Einfallsebene polarisiert (x-z–Ebene, Lage des E-Vektors siehe Skizze!).

1. Ermitteln Sie mit Hilfe der Stetigkeitsbedingungen den in das Medium 1 reflektierten und den in das Medium 2 transmittierten Anteil der Welle.
2. Unter welcher Bedingung tritt Totalreflexion auf ?
3. Berechnen Sie den Winkel Θ_1 für den der Reflexionsfaktor Null wird ($\Theta_1 \neq 0$).

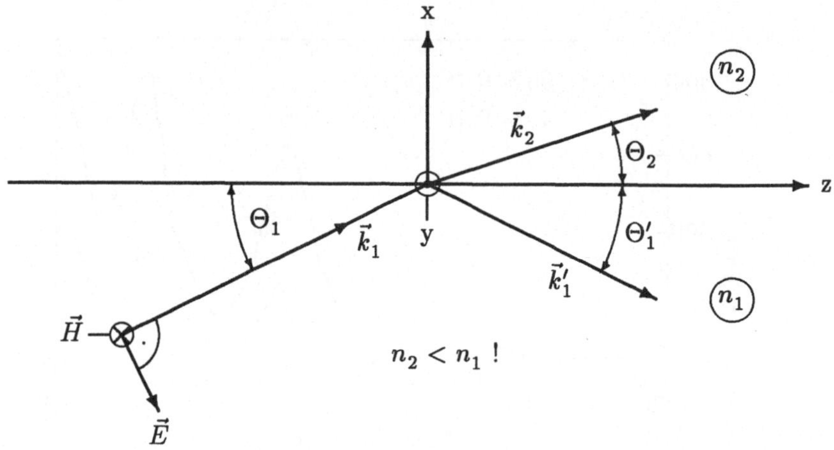

2. Übung

In einem Filmwellenleiter breitet sich ein Strahlenbüschel zickzack-förmig aus. Die Polarisation sei so, daß der E-Vektor in der x-z–Ebene liegt. Die Brechzahl der inneren Schicht (Dicke d) sei n_1, die der umgebenen äußeren Schichten n_2. Es soll nur die niedrigste ungerade Mode ausbreitungsfähig sein ($m = 1$).

1. Unter welchem Winkel Θ_1 darf der flachste Strahl des Büschels auf die Grenzschicht zwischen n_1 und n_2 auftreffen?
2. Welchen Winkel $\Delta\Theta_1$ dürfen die Strahlen des Büschels maximal miteinander bilden?

   Hinweis: Sie erhalten die Winkel aus den sogenannten „cut-off"-Werten von U für die entsprechende Mode.

   $n_1 = 1,52 \qquad n_2 = 1,58 \qquad \frac{d}{\lambda_0} = 50$

3. Wie viele Moden sind ausbreitungsfähig, wenn der Einfallswinkel der Strahlen $0 \leq \sin \vartheta_1 \leq \sin \vartheta_c$ liegt?

3. Übung

Ein Lichtstrahl fällt schief auf die Stirnfläche im Kernbereich einer Glasfaser. Er bildet mit der Faserachse den Winkel $\vartheta_1 = 10°$, gemessen in Luft und schneidet die y-Achse in der Draufsicht bei $Y_1 = -0,2a$ (Skizze). Die Glasfaser hat einen stufenförmigen Brechzahlverlauf mit $n_1 = 1,56$ und einen maximalen Akzeptanzwinkel von $\vartheta_c = 20°$, gemessen in Luft.
Berechnen Sie:

1. Die azimutale Ordnungszahl ν der angeregten Mode.
2. Den inneren Umkehrradius r_1.
3. Den „skew-“Winkel Θ_r.
4. Die radiale Ordnung m der angeregten Mode.
5. Skizzieren Sie den Feldverlauf.

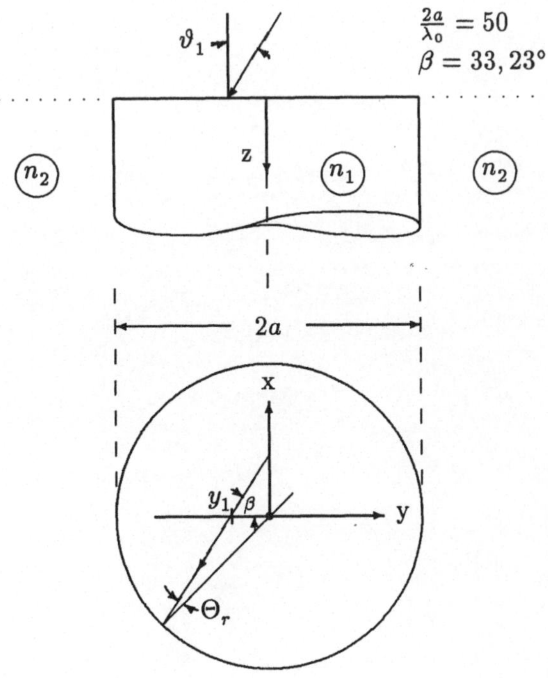

4. Übung

Von einem vollausgeleuchteten Stufenindex-LWL soll Licht konstanter Leuchtdichte L_0 einen Gradientenindex-LWL mit quadratischem Brechzahlprofil eingekoppelt werden. Zwischen den beiden Stirnflächen befindet sich kein Zwischenraum, auch keine Luft.

Der Stufenindex-LWL habe den Kerndurchmesser $2a_s$, die Brechzahlen n_{1s} und n_{2s}; Kerndurchmesser und Brechzahlen des empfangenen Lichtwellenleiters seien entsprechend $2a_e$, $n(a_e)$ und n_{2e}.

Berechnen Sie den Anregungswirkungsgrad (Einkoppelwirkungsgrad) für

$$\frac{a_e}{a_s} = 0,9 \;; \quad n_{1s} = 1,56 \;; \quad n_{2s} = n_{2e} = 1,54 \;; \quad n_{0e} = 1,55 \quad .$$

Anleitung:

Man ermittelt zweckmäßig zunächst die Leistungsdichte p_e in einem Flächenelement dA_e durch Integration der Leuchtdichte L_0 über den Raumwinkel Ω_e der empfangenden Faser. Daraus folgt durch Integration über den Querschnitt A_e die eingekoppelte Leistung P_e.

2 Optische Strahlungsquellen auf Halbleiterbasis

2.1 Grundlagen der Lichtemission bei Halbleitern

2.1.1 Halbleiterdiode

Wird ein p-dotiertes mit einem n-dotierten Halbleitermaterial zusammengefügt, so bildet sich in der Umgebung der Grenzfläche eine sogenannte aktive Zone aus, deren Fähigkeit, elektrischen Strom zu transportieren, von der Richtung des Stromes abhängt. Das Gebilde zeigt somit das Verhalten einer Diode und wird daher als *Halbleiterdiode* bezeichnet. Aufbau und Funktion von Halbleiterdioden, insbesondere der aus den vierwertigen Basismaterialen Germanium (Ge) und Silizium (Si) hergestellten „General Purpose"-Dioden, werden als bekannt vorausgesetzt.
Lediglich die wichtigsten Grundlagen werden hier im Hinblick auf ein besseres Verständnis der Vorgänge bei LED und LASER-Diode zusammengestellt.

2.1.2 Injektionslumineszenz

Der Betrieb einer Halbleiterdiode in Flußrichtung (Durchlaßbetrieb) ist dadurch gekennzeichnet, daß die aktive Zone infolge Strominjektion mit Ladungsträgern überflutet ist und somit leitend wird. Das bedeutet gleichzeitig, daß Elektronen aus dem Donator-Niveau in das Leitungsband und Löcher aus dem Akzeptor-Niveau in das Valenzband gehoben werden. Vereinfacht betrachtet kommen also Elektronen — unter scheinbarer Überwindung der Bandlücke ΔW — vom Valenzband in das energetisch höher gelegene Leitungsband. Sie hinterlassen im Valenzband ein Defektelektron (=Loch).
In der aktiven Zone rekombinieren Elektronen mit Löchern, und es entsteht ein ladungsneutrales Element. Energetisch bedeutet das ein Zurückfallen des entsprechenden Elektrons vom Leitungsband in das Valenzband unter Abgabe der Energie ΔW.
Diese Vorgänge sind in Bild 2.1 im geometrischen und energetischen Halbleitermodell dargestellt.

Rekombination bedeutet also Energieabgabe. Diese kann in verschiedener Weise erfolgen, z.B. durch Strahlung oder Bewegungsänderung (Abbremsen → Wärme). Bei einigen Basisverbindungen erfolgt die Energieabgabe überwiegend durch Strahlung. Die Wellenlänge der Strahlung ist über das Planck'sche Wirkungsgesetz mit der Energie ΔW der Bandlücke verknüpft:

$$\lambda_0 = \frac{h \cdot c_0}{\Delta W} \quad . \tag{2.1}$$

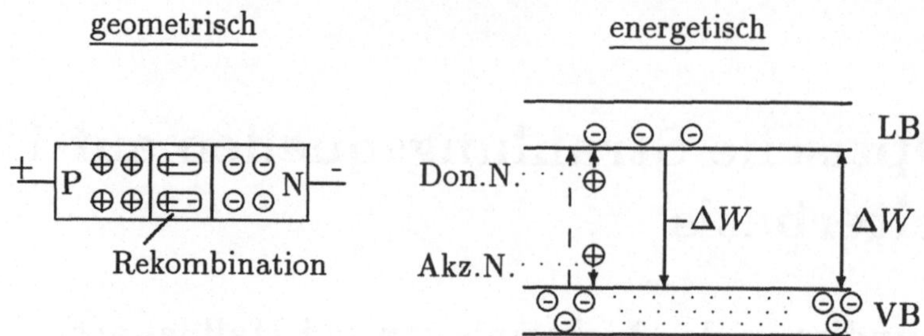

Bild 2.1 Rekombination von Elektronen und Löchern im geometrischen und energetischen Modell

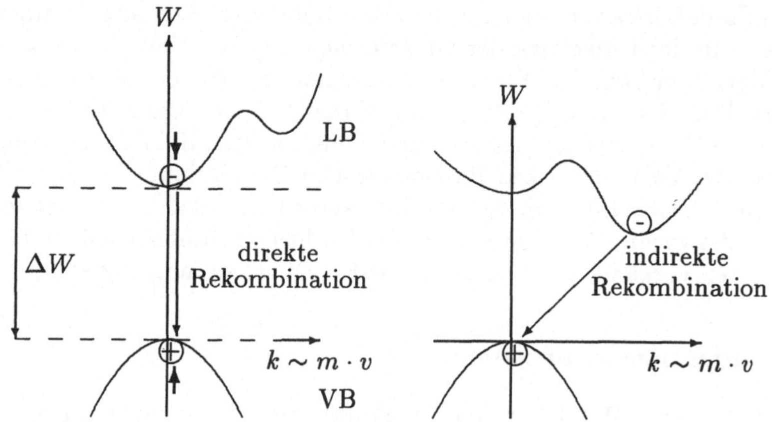

Bild 2.2 Zur Erläuterung von direktem und indirektem Halbleiter

Hierin bedeutet

λ_0 Wellenlänge im freien Raum,

c_0 Lichtgeschwindigkeit,

h $= 6,625 \cdot 10^{-34} Ws^2$, Planck'sches Wirkungsquantum.

Die bekannteste Basisverbindung mit strahlender Rekombination ist GaAs. Bei Ge- und Si-Verbindungen erfolgt die Rekombination nicht strahlend (außer SiC). Entscheidend dafür ist, ob ein direkter oder nur ein indirekter Übergang Übergang vom Leitungs- in das Valenzband möglich ist. Das heißt, bei der Rekombination eines Elektrons mit einem Loch sollte der Energiebedarf infolge einer notwendigen Bewegungsänderung (Umlenkung, Abbremsen) nicht zur Aufzehrung des größten Teils der verfügbaren Gesamtenergie ΔW führen.

Wählen wir für das Bändermodell eines Halbleiters die Darstellung wie in Bild 2.2, so läßt sich der oben genannte Sachverhalt einfach ablesen:

Die Energie W ist über dem Bewegungsimpuls $m \cdot v$ aufgetragen. Leitungs- und Valenzband erhalten dadurch den parabelförmigen Verlauf. Jede Bewegungsänderung eines freien Elektrons bedeutet eine Änderung der Abszissen-Koordinate. Die maximale Aufenthaltswahrscheinlichkeit der Elektronen im Leitungsband ist im Bereich minimaler Energie gegeben, die tiefste Energiesenke des Leitungsbandes ist am dichtesten mit Elektronen gefüllt. Dementsprechend ist der höchste Energieberg des Valenzbandes am dichtesten mit Löchern besetzt. Diese Bereiche extremer Energie in beiden Bändern sind beim *direkten Halbleiter* bei gleicher Abszissen-Koordinate zu finden. Rekombination ist also ohne Änderung des Bewegungs-Impulses möglich. Beim *indirekten Halbleiter* hingegen deutet die unterschiedliche Lage der Energie-Extrema bezüglich der Abszissen-Koordinate auf eine Änderung des Bewegungs-Impulses bei Rekombination hin. Es erfolgt daher überwiegend keine Emission von Strahlung.

2.2 Halbleiterlaser und LED

2.2.1 Laserdiode

LASER ist die Abkürzung für „Light Amplification by Stimulated Emission of Radiation“(Lichtverstärkung durch stimulierte Emission von Strahlung) und beinhaltet die Verstärkung von kohärentem Licht, nicht aber die Erzeugung.
In Analogie zur elektronischen Verstärkung von Spannungen oder Strömen entspricht der LASER also einem elektronischen Verstärker. Zur Schwingungserzeugung ist ein solcher Verstärker

- mit Betriebsenergie (Betriebsspannung) zu versorgen, woduch er zu einem aktiven Element wird,
- positiv rückzukoppeln, um den Schwingungseinsatz zu ermöglichen,
- mit einen frequenzselektiven Filter im Rückkoppelzweig zu versehen, um die Schwingfrequenz festzulegen.

Wir erhalten damit die Schaltung nach Bild 2.3.

Übersetzen wir diese Anordnung nun, entsprechend der Aufgabenstellung kohärentes Licht zu erzeugen, in den optischen Bereich, so ergeben sich aus der Analogie für einen LASER-Oszillator drei wichtige Bestandteile:

- Pumpquelle, entsprechend der Betriebsenergieversorgung des Verstärkers,
- laseraktiver Stoff, entsprechend dem positiv rückgekoppelten Verstärker,
- optischer Resonator, entsprechend dem frequenzselektiven Filter.

Trennung von Pump- und Laserwellenlänge durch entartete Dotierung

Das Fermi-Niveau (FN) eines normal dotierten Halbleitermaterials fällt beim n-dotierten Halbleiter mit dem Donatoren-Niveau, beim p-dotierten Halbleiter mit

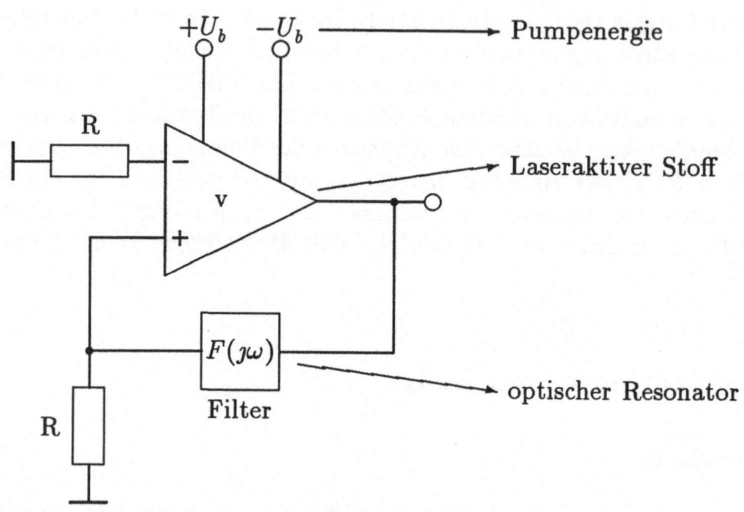

Bild 2.3 Elektronischer Oszillator in Analogie zum LASER-Oszillator

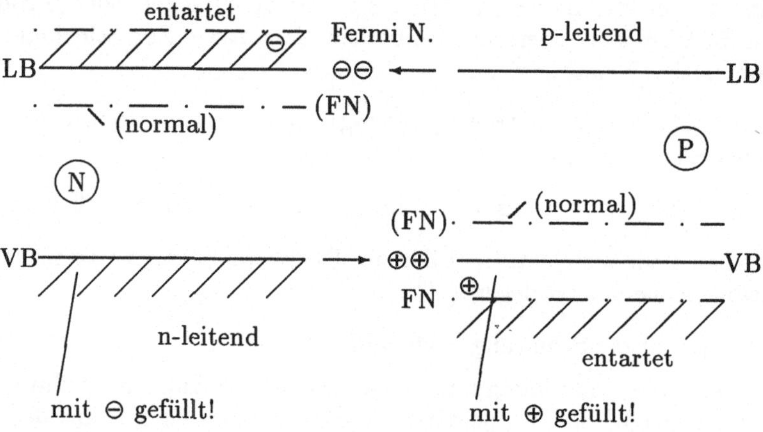

Bild 2.4 Bändermodell des entartet dotierten n- und p-Halbleiters

dem Akzeptoren-Niveau in Bild 2.1 zusammen. Durch entartete Dotierung verschieben sich diese Niveaus in das Leitungsband (n-dotiert) bzw. in das Valenzband (p-dotiert), entsprechend Bild 2.4.

Durch Zusammenfügen von p- und n-leitendem Halbleitermaterial stellt sich aufgrund innerer Ausgleichvorgänge der Gleichgewichtszustand ein. Dies kommt zum Ausdruck in der gleichen Lage der Fermi-Niveaus (FN), so daß sich die Bandgrenzen von Valenz- und Leitungsband gegenüber Bild 2.4 verschieben und so eine Bar-

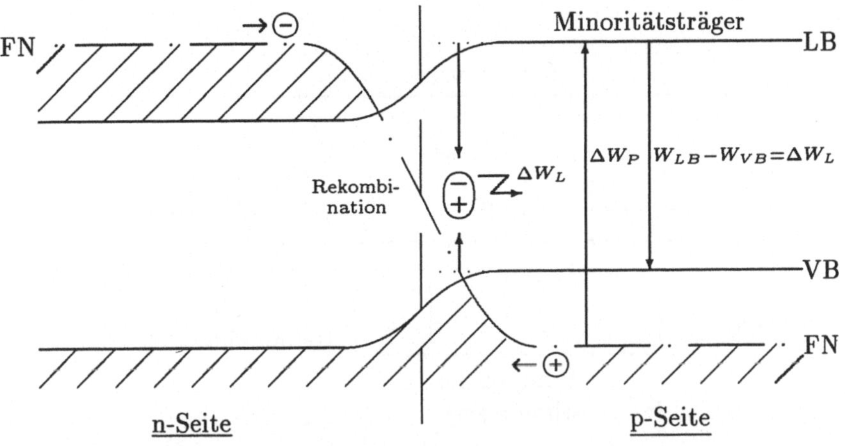

Bild 2.5 Betrieb in Flußrichtung

riere entsteht, die den Fluß der Elektronen vom n-Gebiet in den p-Bereich verhindert. Diese Barriere kommt faktisch durch die Wanderung von Elektronen aus dem p- in das n-Gebiet, bzw. von Löchern in umgekehrte Richtung, zustande. In Bild 2.4 ist dieser Vorgang durch die beiden kurzen Pfeile in der Bildmitte angedeutet. Die aktive Zone bleibt daher frei von Ladungsträgern; Rekombination ist nicht möglich. Erst durch Anlegen einer äußeren Spannung in Flußrichtung gelangen Ladungsträger in die aktive Zone und schaffen somit die Voraussetzung zur Rekombination, Bild 2.5 zeigt die Verhältnisse bei Betrieb in Flußrichtung im Energiemodell. Der Pumpvorgang liefert aufgrund der entarteten Dotierung den Energiebetrag ΔW_P, der deutlich größer ist als die Energie des LASER-Übergangs ΔW_L. Die Grundlage zur Besetzungsinversion ist mit $\Delta W_P \neq \Delta W_L$ gegeben.

Resonator

In Analogie zum frequenzselektiven Filter, das für die Frequenzauswahl bei der Schwingungserzeugung mittels elektronischem Oszillator nötig ist, geschieht die engere Auswahl der Laserwellenlänge durch einen optischen Resonator. Er wird gemäß Bild 2.6 in den Strahlengang des LASER-Oszillators eingefügt. Mindestens eine der Resonator-Stirnflächen ist verspiegelt, die andere bleibt teildurchlässig, um die Auskopplung der LASER-Strahlung zu ermöglichen. Bei Laserdioden wird der Resonator im einfachsten Fall durch den quaderförmigen Halbleiterkristall selbst realisiert, dessen Außenflächen senkrecht zur pn-Schichtenfolge eben und plan sind, so daß die LASER-Strahlung beim Übergang zum freien Raum gerichtet reflektiert wird. Für *GaAs* als als Basismaterial mit der Brechzahl $n_{GaAs} = 3,6$ errechnet sich der Leistungs-Reflexionsfaktor zu

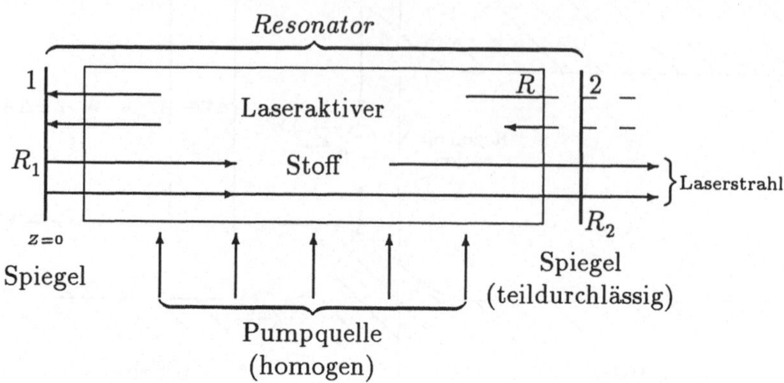

Bild 2.6 Resonator mit laseraktivem Medium

$$r_{GaAs}^2 = \left(\frac{n_{GaAs} - 1}{n_{GaAs} + 1}\right)^2 \doteq 0,32 \quad .$$

An den Stirnflächen des quaderförmigen Resonators werden somit etwa 32% der Leistung reflektiert.

Leistungsbilanz und Bedingung für den Schwingungseinsatz

Die durch Rekombination in der Umgebung des p-n-Überganges erzeugte Strahlung durchläuft den Resonator in Längsrichtung (longitudinal) und wird an den Stirnflächen des Kristalls teilreflektiert. Für phasengleiche Punkte innerhalb des Strahlverlaufs ist gemäß Bild 2.7 konstruktive Interferenz zu fordern, mit der Nebenbedingung, daß die Strahlungsleistung nach einem Reflektionszyklus mindestens gleich geblieben sein muß. Zur Verdeutlichung der Zusammenhänge ist in Bild 2.8, das Signalfluß-Diagramm der Leitungsstruktur nach Bild 2.7 angegeben.

Ist $p(z_1)$ die Leistungsdichte an der Stelle $z = z_1$ und wird die Struktur als homogen angenommen, so erhält man folgende Bilanzgleichungen:

$$p(z_1) \cdot e^{-\gamma l} \cdot e^{vl} \cdot r_2 \cdot e^{\jmath\varphi_2} \cdot e^{-\gamma l} \cdot e^{vl} \cdot r_1 \cdot e^{\jmath\varphi_1} \geq p(z_1) \cdot e^{\jmath 2\pi p} \tag{2.2}$$

$$e^{-2(\alpha-v)l} \cdot r_1 r_2 \geq 1 \quad , \tag{2.3.1}$$
$$e^{-2\jmath\beta l} \cdot e^{\jmath(\varphi_1+\varphi_2)} = e^{-\jmath 2\pi p} \quad , \tag{2.3.2}$$

mit $\gamma = \alpha + \jmath\beta$.

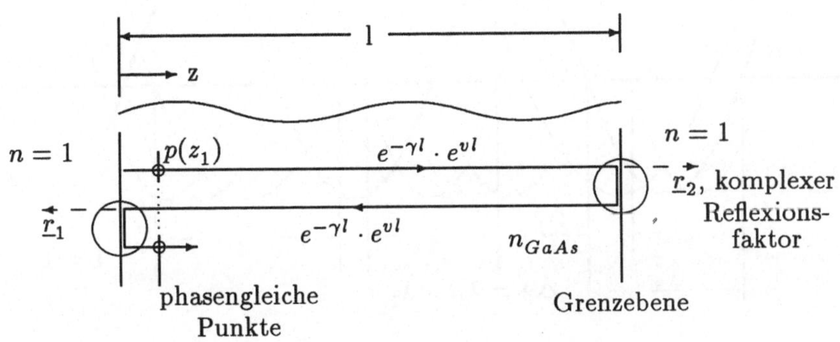

Bild 2.7 Strahlverlauf im LASER-Resonator

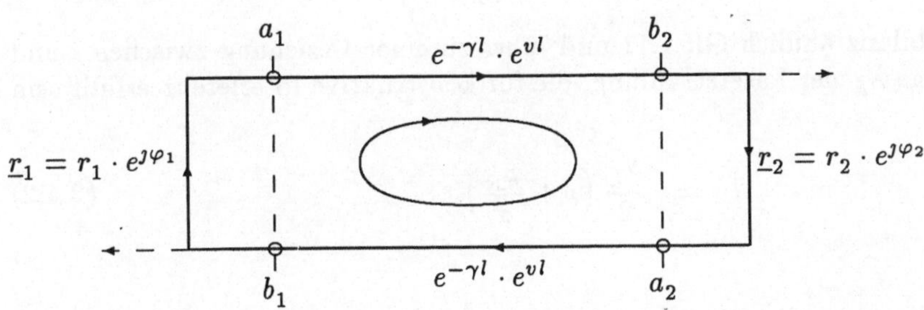

Bild 2.8 Leistungsfluß nach Bild 2.7

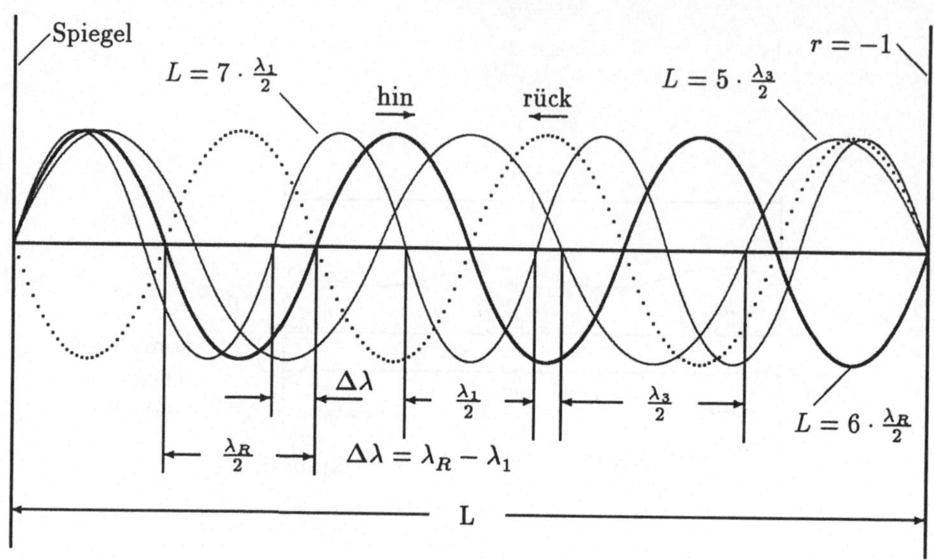

Bild 2.9 Stehende Welle im Resonator

Hierin ist α das Dämpfungmaß, v das Verstärkungsmaß und β das Phasenmaß des als Leitung aufgefaßten Resonators, jeweils pro Längeneinheit. Für den Fall gleicher Reflexionsfaktoren $\underline{r}_1, \underline{r}_2$ ($= \underline{r}$) folgen aus den Gleichungen 2.3 eine Amplituden- und eine Phasenbedingung. Die Amplitudenbedingung führt zu einer Vorschrift für den Grenzwert des Verstärkungsmaßes v_S, das zur Anfachung der Laserschwingung nötig ist:

$$v_S = \alpha + \frac{1}{l} \cdot ln\left(\frac{1}{r}\right) \quad . \tag{2.4.1}$$

Die Phasenbilanz ähnlich Gl. 1.11 und führt zu einer Beziehung zwischen l und der Wellenlänge λ_L der Laserstrahlung, die für konstruktive Interferenz erfüllt sein muß:

$$l = \frac{\lambda_L}{2}\left(p + \frac{\varphi_R}{\pi}\right) \tag{2.4.2}$$

Spektralanalyse der LASER-Strahlung

Gl. (2.4) gibt die Bedingung für die longitudinalen Resonatormoden an. Für die nahezu achsparallelen Strahlen im Resonator kann der Term $\frac{\varphi_R}{\pi}$ zu Null gesetzt werden. Der ganzzahlige Modenindex p gibt dann die Anzahl der Halbwellen an, die paßgenau den Abstand l zwischen den Reflexionsebenen des Resonators ausfüllen. Wir erhalten so eine Vielzahl stehender Wellen, von denen in Bild 2.10 die für $p = 6$ sowie die beiden benachbarten ($p = 5$, $p = 7$) dargestellt sind. Alle Wellenlängen

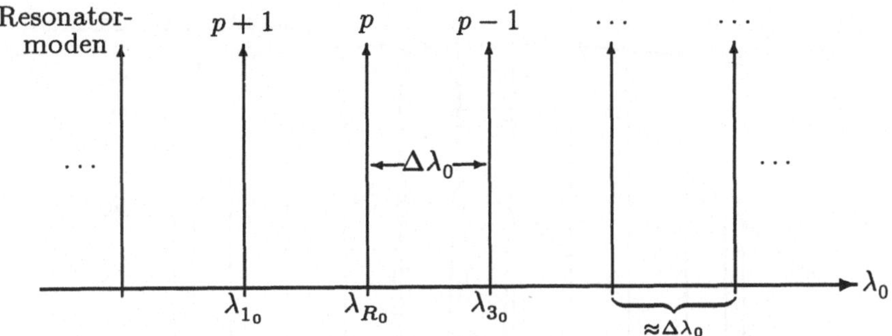

Bild 2.10 Resonatormoden

für die p unganzzahlig ist, werden unterdrückt. Der Resonator überlagert der Laserstrahlung somit sein kammförmiges Spektrum.
Betrachten wir die benachbarten Linien λ_1, λ_3 mit ihren zugehörigen Schwingungsformen gemäß Bild 2.10 und fragen nach dem Abstand $\Delta\lambda$ für den Fall, daß p sehr groß ist:

$$2\Delta\lambda = \lambda_3 - \lambda_1 \quad .$$

Es gilt $l = (p-1) \cdot \frac{\lambda_3}{2}$, $l = (p+1) \cdot \frac{\lambda_1}{2}$
und somit $\Delta\lambda = \frac{\lambda_1\lambda_3}{2L}$. Zur Veranschaulichung der Größenordnung nähern wir das Produkt $\lambda_3\lambda_1$ dem Quadrat der mittleren Wellenlänge λ_R^2, gegeben durch

$$\lambda_R = \lambda_3 - \Delta\lambda = \lambda_1 + \Delta\lambda \quad \text{an.}$$

Dann gilt in guter Näherung auch

$$\lambda_1 \cdot \lambda_3 = (\lambda_R - \Delta\lambda)(\lambda_R + \Delta\lambda) = \lambda_R^2 - \Delta\lambda^2 \approx \lambda_R^2 \quad .$$

Üblicherweise werden Wellenlängen durch ihre Werte im freien Raum ($n_0 = 1$) angegeben. So erhalten wir schließlich

$$\Delta\lambda_0 = \frac{\lambda_{R_0}^2}{2nL} \quad . \tag{2.5}$$

Für eine GaAs-Laserdiode ergibt sich der Linienabstand zu 0,3 nm , wenn folgende Parameter angenommen werden:

$$\lambda_{R_0} = 0,8\ \mu m, \quad n_{GaAs} = 3,6, \quad l = 0,3\ mm \quad \rightarrow \Delta\lambda_0 = \ 0,30\ nm \quad .$$

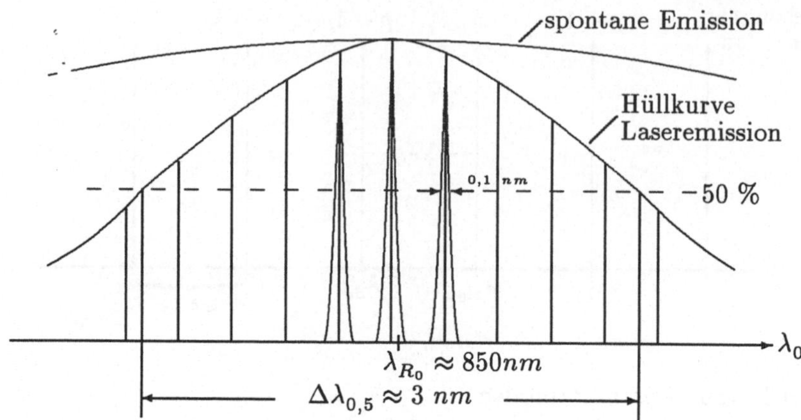

Bild 2.11 Typisches Emissionsspektrum eines vielwelligen GaAlAs/GaAs-Lasers

Die entsprechenden spektralen Verhältnisse sind in Bild 2.10 veranschaulicht. Es wird deutlich, daß für große Werte von p(=2700) der Abstand $\Delta\lambda_0$ nahezu konstant bleibt.

Das Gesamtspektrum der Laserstrahlung entsteht durch Bewertung der Emission des Laserdioden-Kristalls mit der Spektralfunktion des Resonators aus Bild 2.10. Die stimulierte Emission der Laserdiode wird wegen der zeitlichen Kohärenz der Strahlung in einem engen Wellenlängenbereich stattfinden, mit einer Halbwertsbreite etwa zehnmal kleiner als die aufgrund spontaner Emission (LED). Die Laser-Halbwertsbreite $\Delta\lambda_{0,5}$ beträgt etwa 3-5 nm und hüllt somit 10 bis 17 Resonatorlinien ein. Aufgrund inhomogener Linienverbreiterung erscheint jede Resonatorlinie auf etwa 0,1 nm verbreitert. Das so bestimmte Spektrum der LASER-Strahlung ist in Bild 2.11 zusammenfassend dargestellt.

Grundtechnologien in GaAs

Der einfache p-n-Übergang mit entarteter Dotierung in GaAs-Technologie ermöglicht nur eine unvollkommene Besetzungsinversion und daher eine unzureichende Laser-Emission. Die zu hohe spontane Emission und die hohen Resonatorverluste aufgrund der starken Dämpfung der Strahlung im GaAs-Kristall erfordern eine sehr hohe Schwellverstärkung v_S. Da bei Halbleiter-Laserdioden durch Strominjektion in Flußrichtung die zum Laserbetrieb nötigen energetischen Vorgänge eingeleitet werden, entspricht der Schwellversträrkung v_S ein definierter Schwellstrom I_S, der im Falle dieser einfachen Stuktur einige 10 A betragen wird. Solch hohe Ströme führen zu einer starken Erwärmung der Diode, so daß Laserstrahlung nicht im Dauerbetrieb, sondern nur im Impulsbetrieb emittiert werden kann, es sei denn, man ergreift wirksame Maßnahmen zur Kühlung. Daher zielte der erste Schritt auf eine Verbesserung der Funktionalität von aktiver Zone und Resonator: Die beiden p-

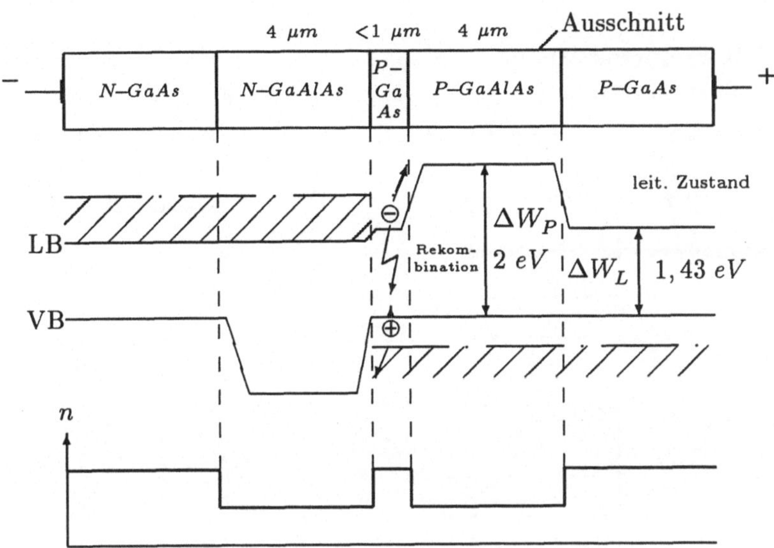

Bild 2.12 Doppel-hetero-Struktur

und n-dotierten GaAs-Schichten in transversaler Richtung des Kristalls wurden je von einer heterogenen Schichtenfolge abgelöst. Es entstand die *Doppelheterostruktur(DH-)* nach Bild 2.12.

Mit ihr verbinden sich mehrere Vorteile

- Vermeidung der hohen Verluste für die Laserstrahlung in GaAs durch die zur aktiven Zone benachbarten verlustarmen GaAlAs-Schichten,
- Verbesserung der Lichtführung infolge Totalreflexion an den Grenzen der p-GaAs-Schicht zu den GaAlAs-Schichten aufgrund des Brechzahlverlaufs n (Bild 2.12),
- Erhöhung des Anteils stimuliert-emittierter Photonen, bezogen auf die rekombinierenden Ladungsträgerpaare, infolge der Potentialbarrieren, die die Elektronen bzw. Löcher in der aktiven Zone „einsperren". So kann auch nur dort Rekombination stattfinden.

Diese Effekte führten zu den ersten, bei Zimmertemperatur brauchbaren, Laserdioden. Der Laser-Schwellstrom lag bei Werten $I_S = 200 \ldots 300$ mA, die Laserdioden emittierten im „Dauerstrich"-Betrieb etwa 10...20 mW. Die Wellenlänge aller GaAs/GaAlAs-Elemente liegt – je nach Al-Zugabe – bei 820 ... 880 nm. Die emittierende Fläche dieser Dioden war schmal rechteckförmig. Es handelte sich praktisch um eine Linienquelle von $0,2\ \mu m \times 12,5\ \mu m$ (LCW10), die die effektive Ankopplung an einen Faser-Lichtwellenleiter nicht gestattete.

Die Angleichung der Abmessungen der emittierenden Fläche an die des LWL-Querschnittes war — neben Gesichtspunkten in Richtung höherer Lebensdauer —

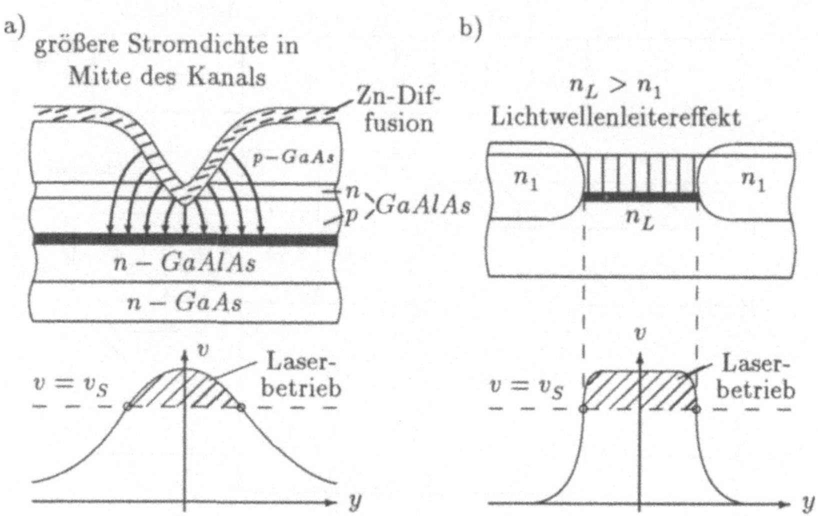

Bild 2.13 Prinzipien der lateralen Strahlbegrenzung a) „Gain-Guiding“; b) „Index-Guiding“

der nächste Entwicklungsschritt. War bisher die Strahlführung in transversaler Richtung durch die DH-Struktur verbessert worden, so galten nun die Untersuchungen einer Verbesserung der lateralen Strahlführung. Zwei *Prinzipien der lateralen Strahlführung* wurden parallel entwickelt und haben nebeneinander Bestand

- „Gain-guiding“- oder „verstärkungsgeführtes“Prinzip. Bild 2.13 zeigt vereinfacht, wie die Stromverteilung im Querschnitt einer Laserdiode durch spezielle Form des Kontaktes beeinflußt werden kann. Da sich die Stromdichte in der Mitte des Querschnitts konzentriert, erhält das Verstärkungsprofil einen Gradienten, der von der Mitte zu den Rändern hin zeigt. Die Schwellverstärkung v_S wird im mittleren Bereich überschritten, so daß der Laserbetrieb nur auf diese schmale Zone begrenzt bleibt. Der Übergang in den Laserbetrieb ist bei verstärkungsgeführten Lasern weich, selbst oberhalb des Schwellwertes arbeiten diese Laser noch stromabhängig, es sind immer mehrere longitudinale Moden vorhanden.

- „Index-guiding“- oder „Brechzahl-geführtes“Prinzip. Wie Bild 2.13 zeigt, ist zusätzlich zum strahlführenden Brechzahlprofil in transversaler Richtung (wie es schon beim DH-Laser gegeben ist, Bild 2.12), eine Schichtenfolge mit lichtführendem Profil in laterale Richtung eingeführt worden. Durch die homogene Stromdichte in der mittleren Schicht (n_L) weist die Verstärkung einen konstanten Verlauf auf, so daß die Schwelle in dieser Zone überall gleichmäßig überschritten wird. Der Lasereinsatz ist daher bei „Brechzahl-geführten“Lasern hart, die laterale Ausdehnung der leuchtenden Fläche bleibt aber — im Gegensatz zum „gain-guided“-Laser — unabhängig vom Strom oberhalb des Schwellwerts die gleiche. Ein solcher Laser kann — je nach Abmessung der emittierterenden Fläche — in nur einem longitudinalen Modus arbeiten (Grundmodus).

Bauformen von Laserdioden für Dauerstrichbetrieb

Die beschriebenen Maßnahmen zur lateralen Strahlführung brachten eine Erniedrigung des Laser-Schwellstromes I_S auf Werte von 10 $mA \ldots 50$ mA. Zudem ist durch die Verkleinerung der emittierenden Fläche — bei gleich gebliebenen Grenzwerten der Leistungsdichte für die Resonatorspiegel — die Leistung pro Spiegel auf ca. 5 mW begrenzt.
Unter Berücksichtigung der angeführten Konstruktionsprinzipien wurde in den letzten Jahren eine große Vielfalt von leistungsfähigen, langlebigen Laserdioden entwickelt, von denen hier nur die bekanntesten tabellarisch vorgestellt werden. Die Bezeichnungen ergeben sich aus der Struktur (z.B. Oside-stripe, V.-groove) oder der Herstellungstechnologie (Protonimplanted) bzw. aus beiden (Buried heterostructure). Tabelle 2.1 zeigt 8 Lasertypen, die nach Merkmalen der lateralen Strahlformung eingeteilt sind. Bei den Typen b, c und e, greifen die beiden Mechanismen „index-guiding"und „gain-guiding"ineinander. Der technologisch anspruchsvollste Lasertyp der Tabelle ist der TJS-Laser. Er kann als stabiler einmodiger Laser angesehen werden. Zum Thema einmodige Laser mehr unter der entsprechenden Überschrift.

Elektrische Charakteristik, Spektralcharakteristik, Abstrahlverhalten

Infolge Diodenwirkung hat die *Strom- Spannungs-charakteristik* den bekannten Verlauf eines Halbleiterdiode. Im Gegensatz zu Silizium ist bei GaAs-Dioden die Schleusenspannung U_S, bei der der Stromfluß einsetzt, etwa 2 bis 3 mal größer. Die maximal zulässige Sperrspannung U_R ist jedoch deutlich geringer ($\leq 5V$).
Entsprechend der für Laserbetrieb notwendigen Schwellverstärkung v_S, die mit Hilfe des Durchlaßstroms sicherzustellen ist, wird optische Leistung im LASER-Modus erst bei Überschreiten des Schwellstromes I_S emittiert. Jede Laserdiode hat deswegen eine typische *optisch/elektrische Laser-Kennlinie*, die in Bild 2.14 für einen GaAs-Oxidstreifenlaser dargestellt ist [25].

Eine weitere wichtige Kenngröße von Laserdiode ist der differentielle Wirkungsgrad η_{diff}, der in [25] mit $0,15 \ldots 0,25$ W/A angegeben wird und die Steigung der optisch/elektrischen Kennlinie dargestellt. Aus Bild 2.14 ist die Wanderung der Laser-Kennlinie mit steigender Temperatur ersichtlich. Der Schwellstrom I_S verschiebt sich nach höheren Werten gemäß [26]

$$I_S(T + \Delta T) = I_S(T) \cdot e^{\frac{\Delta T}{T_0}} \quad , \tag{2.6}$$

mit ΔT als Temperaturerhöhung am Diodengehäuse und T_0 der charakteristischen Temperatur (150 ... 200K). Tabelle 2.2 faßt die wichtigsten Kenngrößen eines Oxidstreifenlasers zusammen [37].

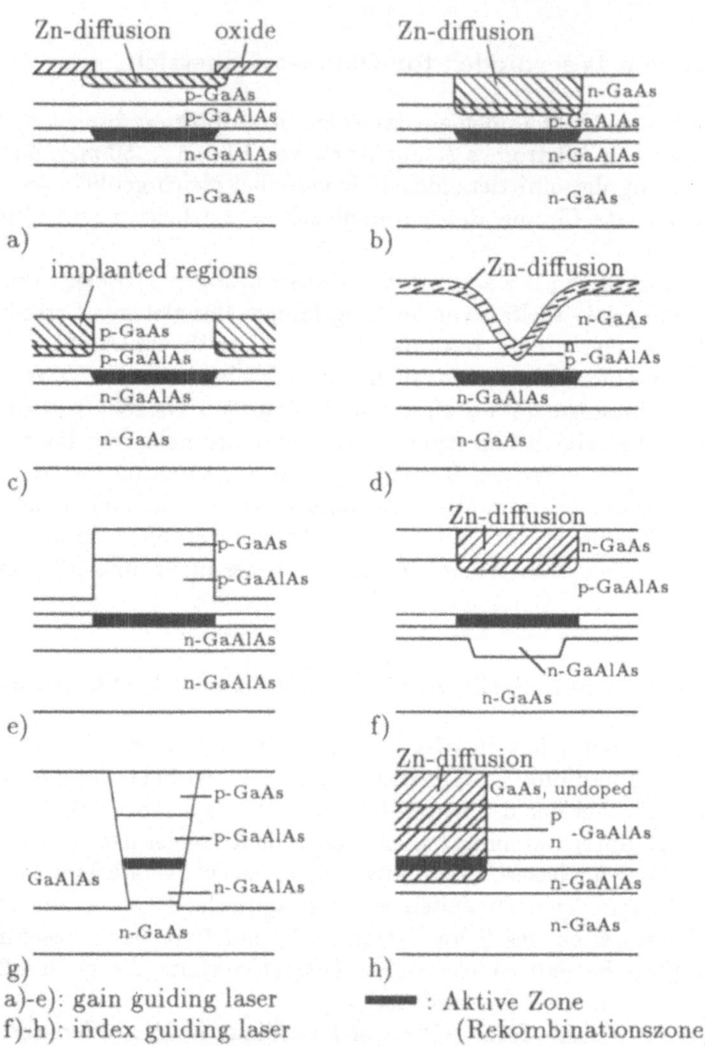

Tabelle 2.1 Unterschiedliche Laserstrukturen: (a)Oxide-stripe laser; (b)Diffused-stripe laser; (c)Protonimplanted laser; (d)V-groove laser; (e)Low-mesa-stripe laser; (f)Channelled-substrate-planar (CSP) laser; (g)Buried-heterostructure (BH) laser; (h)Transverse-junction-stripe (TJS) laser

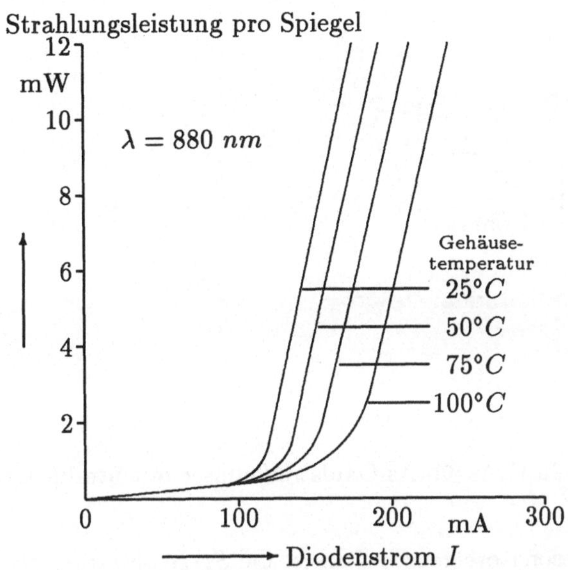

Bild 2.14 Optische Kennlinie eines (GaAl)As/GaAs-Oxidstreifenlasers im Dauerbetrieb

Schwellenstrom	I_S	$80 \ldots 120\ mA$
Differentieller Wirkungsgrad	η_{diff}	$0,15 \ldots 0,25\ W/A$
Emissionswellelänge	λ	$780 \ldots 880\ nm$
Elektrischer Serienwiderstand	R_S	$1 \ldots 5\ \Omega$
Einsatzspannung der Flußkennlinie	U_S	ca. $1,5\ V$
Max. zul. CW-Lichtleistung	P_{max}	$10\ mW$
Max. zul. Gehäusetemperatur bei CW-Betrieb	T_{case}	$100°C$

Tabelle 2.2 Standardkenngrößen für den planaren (GaAl)As/GaAs-Oxidstreifenlaser (bei Raumtemperatur)

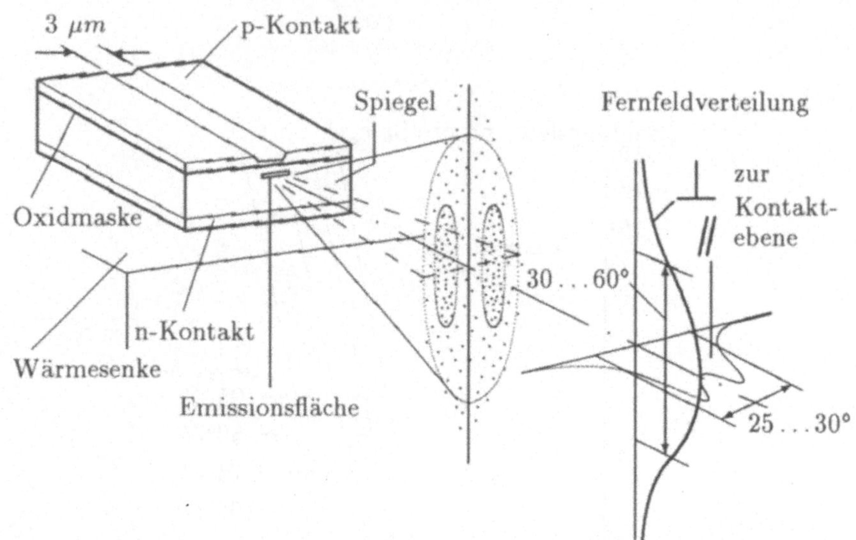

Bild 2.15 (GaAl)As/GaAs-Oxidstreifenlaser mit Strahlcharakteristik

Aufgrund der Resonatoreigenschaften ist die *Spektralcharakteristik* eines Diodenlasers durch die Resonatorlinien im Abstand $\Delta\lambda_0$ nach Gl. (2.5) bestimmt. Diese werden von der etwa gaußförmigen Einhüllenden mit einer spektralen Breite von $3 \ldots 5\ nm$ begrenzt. Im Falle des Oxidstreifen-Lasers nach [25], dessen Länge 0,4 mm beträgt, ist der Linienabstand bei einer Zentralwellenlänge von $\lambda_{R_0} = 880$ nm ca. 0,3 nm und es fallen ca. 20 Linien in die spektrale Breite der Einhüllenden (Halbwertsbreite). Der Abstand zwischen den Linien wird mit 0,2 nm, die Breite einer Linie mit 0,01 nm angegeben. Die spektrale Breite der Einhüllenden beträgt $\approx$ 4 nm. Temperaturänderung bewirkt eine Verschiebung des Spektrums mit 0,3 nm/K zu längeren Wellen.

Einmodige Diodenlaser emittieren nur Strahlung der mittleren Linie λ_{R_0} mit der entsprechenden Breite von ca. 0,01 nm. Temperatur- und Vorstromschwankungen werfen hier große Probleme auf, die später noch anzusprechen sind.

Das *Abstrahlverhalten* wird wesentlich vom Format der strahlenden Fläche bestimmt. Da auch moderne Laserdioden mit lateraler Strahlbegrenzung ein schmalrechteckförmiges Format aufweisen ($\approx 1\ \mu m \times 10\ \mu m$), ergeben sich ungleiche Charakteristiken parallel bzw. senkrecht zur Kontaktebene. Bild 2.15 zeigt die räumliche Verteilung der Strahlungsleistung (Strahlungscharakteristik). Im Extremfall kann die Strahlungcharakteristik die Form einer flachen, keilförmig sich verengenden Scheibe aufweisen, die etwa einem Tischtennis-Schläger ähnelt.

In einem solchen Fall ist die *Ankopplung der Laserdiode an einen Lichtwellenleiter* ohne Optik sehr ineffizient. Bei Anwendung einer Abbildung mit Linsen ist davon auszugehen, daß

- die Leuchtdichte L keine Konstante ist und

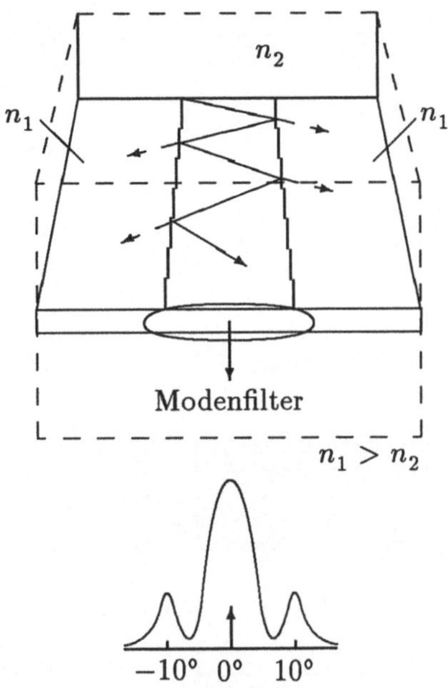

Bild 2.16 Laserdiode mit Negativ-Index-Guide

- die Abmessungen des Lasers kleiner (oder in der Größenordnung) als der Kerndurchmesser a_K des Lichtwellenleiters sind,
- die Koppelanordnung keine Rotationssymmetrie besitzt.

Übung 7 befaßt sich mit diesem Problem.

Einmodige Diodenlaser

Für leistungsfähige Übertragungssysteme sind Laserdioden, die auch bei Modulation und veränderten Umweltbedingungen stabil arbeiten, wünschenswert. Diodenlaser, die wie in 2.2.1 ein Spektrum mit vielen longitudinalen Linien emittieren, neigen zur Instabilität. Wird z.B. bei Modulation der Diode mittels Ändern des Injektionsstromes die elektrisch-optische Kennlinie durchlaufen, so kann ein Effekt auftreten, der mit „mode-hopping"bezeichnet wird: Die spektral emittierte Leistung wechselt sprunghaft ihren Maximalwert von der Linie der Wellenlänge λ_{R_0} auf eine der benachbarten Linien. Dieser Vorgang macht sich durch Knicke in der Strom-Leistungs-Charakteristik bemerkbar und bedeutet nichtlineares Verhalten. Ebenso kann die Verteilung der gesamten emittierten Leistung bezüglich der longitudinalen Moden bei Modulation wechseln und einen Effekt hervorrufen, bekannt als Modenverteilungsrauschen.

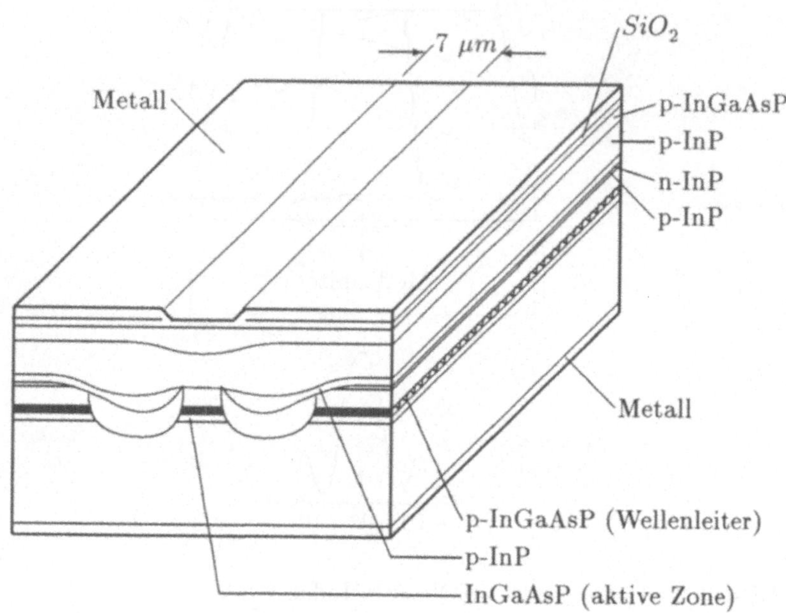

Bild 2.17 Aufbau eines DFB-Lasers

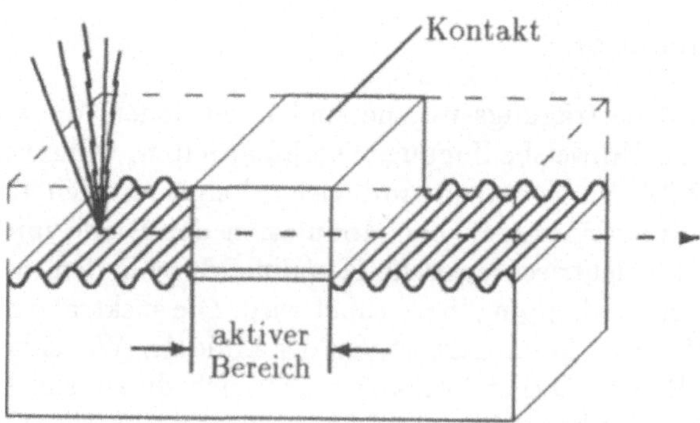

Bild 2.18 Laserdiode mit Distributed Bragg Reflector (DBR)

Diese Nachteile führten zur Entwicklung von Diodenlasern, die nur auf einer longitudinalen Linie schwingen, sogenannte „Einmodige Diodenlaser“, bzw. „Dynamisch einwellige LASER“ . Voraussetzung für longitudinal-einmodige Arbeitsweise ist, daß auch nur transversal ein Modus existiert. Das kann — nach dem in Kapitel 1 gesagten — nur die transversale Grundmode (z.B. H_0) sein. Demzufolge läßt sich einmodiger Betrieb durch Beeinflussung der Diodenstruktur in transversaler bzw. longitudinaler Richtung erreichen.
Beim CDH-Laser (CDH =Constricted-Double-Heterostructure) wirkt der Resonator als *transversaler* Modenfilter für den Grundmodus. Dies beruht auf der Wirkungsweise der „negative-index-guide“-Struktur in Bild 2.16. In der zwischen zwei Schichten höherer Brechzahl eingebetteten Schicht niedrigerer Brechzahl können nur solche Strahlen *verlustarm* geführt werden, die unter sehr kleinem Winkel zur Längsachse des Resonators verlaufen. Die Schwellverstärkung v_S ist für diese Strahlen weit eher erreicht als für alle anderen, der Grundmodus wird bevorzugt emittiert.

Zur direkten Beeinflussung des *longitudinalen* Modenspektrums wird anstelle des üblichen Fabry-Perot-Resonators eine periodische Struktur eingeführt, durch welche die longitudinale Linie λ_R selektiv verstärkt oder reflektiert wird. Eine periodisch in longitudinaler Richtung verteilte Verstärkung wird beim Distributed-Feedback-Laser (DFB-Laser) angewendet, wie Bild 2.17 zeigt. Stimmen ganzzahlige Vielfache der halben Laserwellenlänge ($\lambda_{R/2}$) mit der Verstärkungsperiode überein, erfolgt Verstärkung, andernfalls starke Dämpfung.
Beim Distributed-Bragg-Reflektor-Laser (DBR-Laser) sind die planen Spiegelflächen des Fabry-Perot-Resonators durch Bragg-Gitter ersetzt. Ein Bragg-Gitter reflektiert Licht, dessen Wellenlänge λ die Beziehung erfüllt [26]:

$$\frac{\lambda \cdot \nu}{2n_G} = L_G \quad . \tag{2.7}$$

L_G ist hierin die Gitterperiode, n_G die Brechzahl, ν eine ganze Zahl. Werden die Bragg-Reflektionen longitudinal verteilt angeordnet, so wirkt die Struktur wie eine große Anzahl hintereinandergeschachtelter Fabry-Perot-Reflektoren und hat eine hohe Modenselektion zur Folge. Bild 2.18 zeigt die schematische Darstellung des DBR-Lasers.

Moderne Lasermodule für die Fernkommunikation

Als Sendeelemente für Weitverkehrssysteme unterliegen Laserdioden besonders hohen Anforderungen. Diese betreffen insbesondere die Konstanz von Emissionswellenlänge und optischer Ausgangsleistung sowie die Forderung nach langer Lebensdauer ($\geq 10^5 h$). Will man diesen Anforderungen Rechnung tragen, sind dem Laserdiodensender zusätzlich zur Funktionalität der Laserdiode eine Reihe von Hilfsfunktionen hinzuzufügen, die die Einflüsse von Strom- und Temperaturschwankungen sowie der Alterung unterdrücken. Laserdiode und Hilfsfunktionen werden zu einem Modul integriert, das in einem hermetisch dichten Gehäuse untergebracht ist. Der optische Ausgang ist durch ein LWL-Pigtail realisiert. Die Ankopplung des

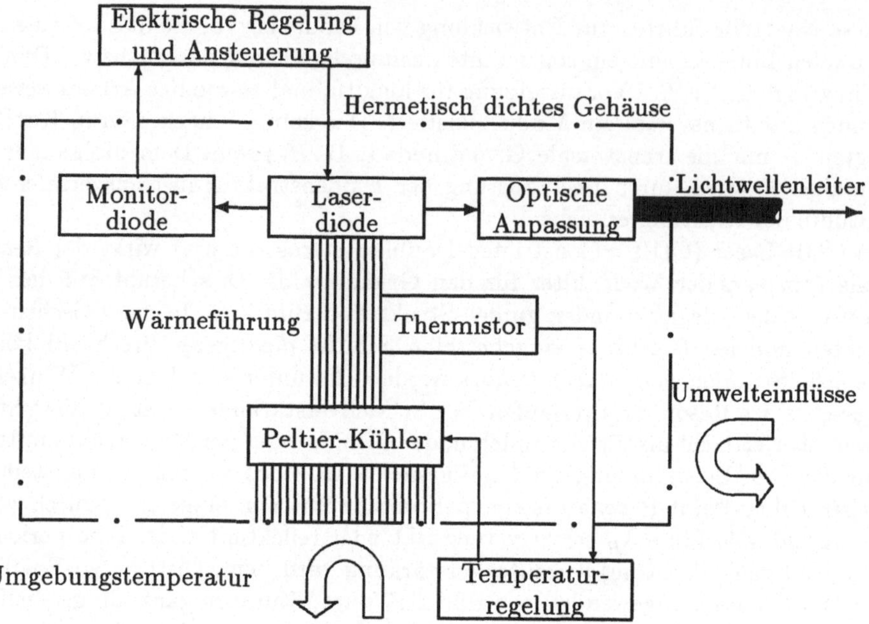

Bild 2.19 Modulares Aufbauprinzip des Lasersenders

Lichtwellenleiters an die Laserdiode mit Hilfe einer optischen Anpaßeinheit ist somit ebenfalls integraler Bestandteil des Moduls und erspart dem Anwender viel Mühe. Die wesentlichen Bestandteile eines Diodenlaser-Sendemodule sind:

- Laserdiode
- Peltier-Kühlelement
- Temperaturfühler (Thermistor)
- Monitor-Fotodiode
- LWL-Ankopplung
- hermetisch-dichtes Gehäuse.

Bild 2.19 [27] zeigt den schematischen Aufbau eines Laser-Sendemoduls. Bild 2.20 [28] vermittelt durch einen Blick in ein Modul die Anordnung der Elemente. Außer der hier gezeigten DIL-Technik sind elektrische Anschlußtechniken für Flachgehäuse in Butterfly-Anordnung und für Koaxialgehäuse in ringförmiger Anordnung üblich.

2.2.2 Lichtemittierende Dioden (Light-Emitting-Dioden, LED's)

Aufbau und Wirkungsweise

Halbleiterdioden aus GaAs emittieren in ihrer einfachsten Form bei Betrieb in

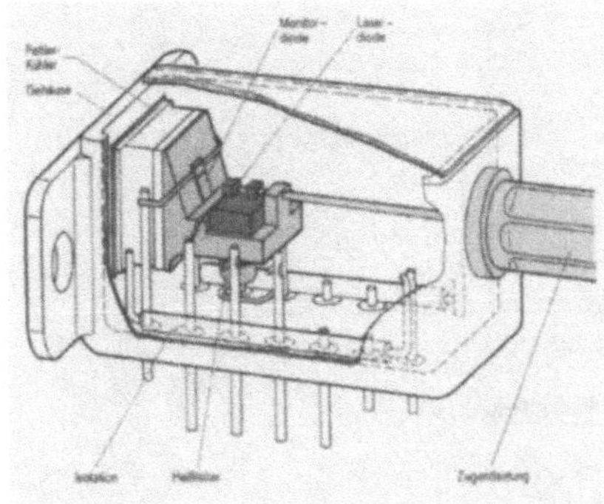

Bild 2.20 Ausführung Lasermodul mit Kühlung

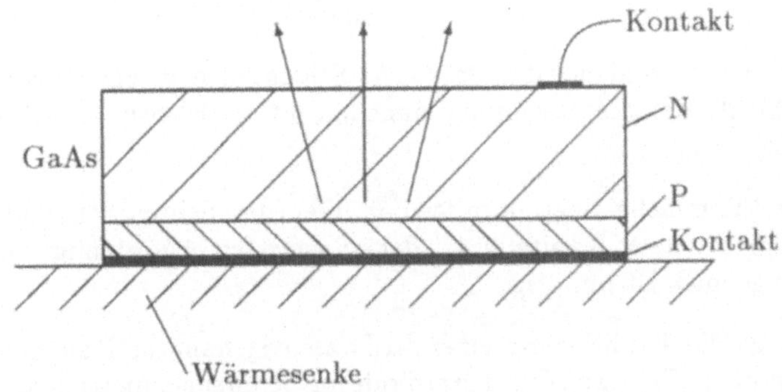

Bild 2.21 LED in ganzflächiger Bauweise

Flußrichtung bereits Strahlung mit einer mittleren Wellenlänge von 880 nm. Diese einfachen Dioden arbeiten nicht mit entarteter Dotierung von p- und n-GaAs und besitzen auch keinen Resonator. Ihr Funktionsprinzip beruht auf spontaner Emission. Die ausgesandte Strahlung hat weder zeitliche noch räumliche Kohärenz, läßt sich also nicht in eine Lichtwelle einordnen.
Die einfachste Anordnung des p-n-Überganges im GaAs-Basismaterial ist die ganzflächige Bauweise nach Bild 2.21. Die Strahlung verläuft in alle Richtungen und ist zudem bezüglich ihrer Wirkfläche nicht begrenzt. Ein Lichtwellenleiter, der vor das (n-leitende) Fenster positioniert wird, kann nur einen geringen Teil der gesamten LED-Leistung aufnehemen; die Strahlung der Flächenanteile außerhalb des Lichtwellenleiters ist verloren.

Drei Verbesserungen kennzeichenen die LED vom Burrus-Typ mit Heterostruktur nach Bild 2.22:

- Die strahlende Fläche der LED ist durch Formung des Kontaktes auf den Kern des Lichtwellenleiters begrenzt,

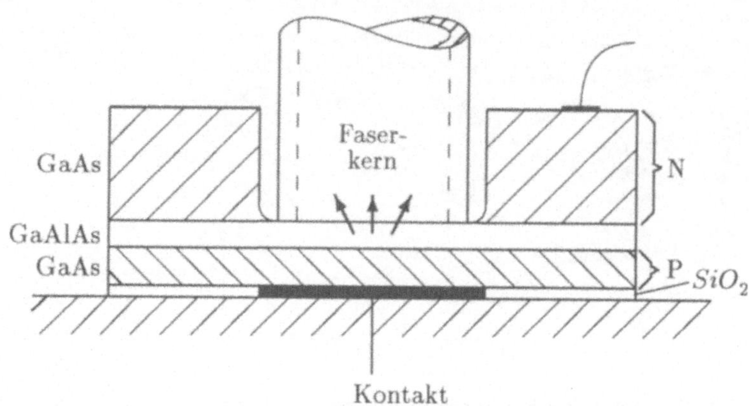

Bild 2.22 Burrus-Typ-LED mit Heterostruktur

- zwischen den p- und n-leitenden GaAs-Schichten liegt eine verlustarme GaAlAs-Schicht, die die Strahlung ungedämpft in Richtung Lichtwellenleiter durchläßt,
- die LWL-Stirnfläche liegt unmittelbar über der lichtemittierenden Schicht. Das entspricht nach Kapitel 1.4.1 der günstigsten Anordnung; eine seperate Abbildungsoptik ist unnötig.

Bild 2.23 zeigt die Realisierung einer LED als sogenannter Kantenstrahler. Sie erinnert in ihrem Aufbau an eine Laserdiode in Streifengeometrie. So weist auch die Struktur eine Lichtführung infolge eines LWL-Effektes auf, der in Längsrichtung wirksam ist. Das vom Ende dieses Lichtwellenleiters emittierte Licht hat gute räumliche Kohärenz und läßt sich verlustarm in einen Multimode-LWL einkoppeln. Meist werden diese LED's mit integriertem Lichtwellenleiter (als Pigtail) geliefert.

Elektische Charakteristik
Die Strom-Spannungs-Kennlinie von GaAs-LED's verläuft ähnlich wie die entsprechender Laserdioden. Bei einer Schleusenspannung von etwa 1 ... 1,2 V setzt der Stromfluß und damit die Lichtemission ein (Bild 2.24).
Die elektrisch/optische Charakteristik von LED's verläuft grundsätzlich anders als bei Laserdioden. Bereits bei kleinen Strömen in Flußrichtung ist Lichtemission zubeobachten. Die Charakteristik im ersten Bereich gut linear. Bild 2.24 zeigt die elektrisch/optische Charakteristik für eine typische GaAlAs-LED. In Sperrichtung vertragen GaAs-Elemente Sperrspannungen bis zu 30V.

Spektrale Charakteristik und Abstrahlverhalten

LED's für die optische Nachrichtenübertragung arbeiten je nach Zugabe von Al zu GaAs (→GaAlAs) zwischen 820 und 880 nm Wellenlänge. Spontane Emission

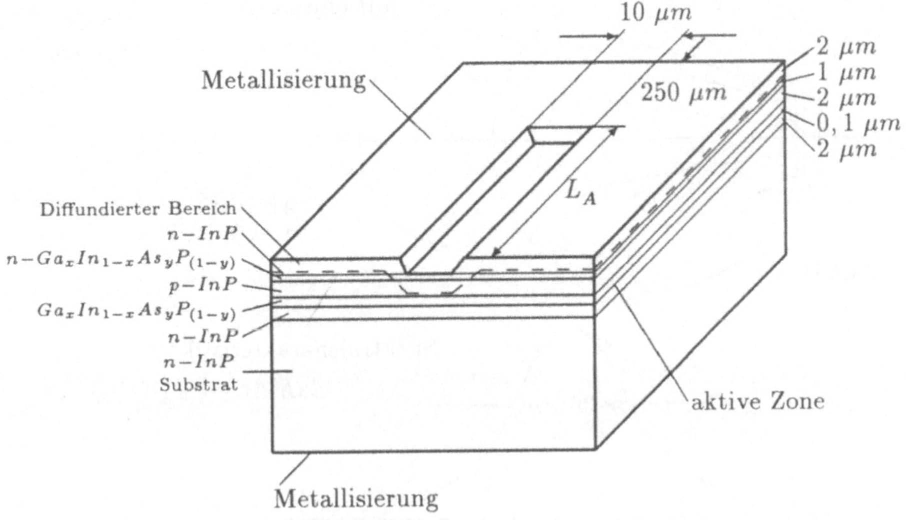

Bild 2.23 LED als Kantenstrahler

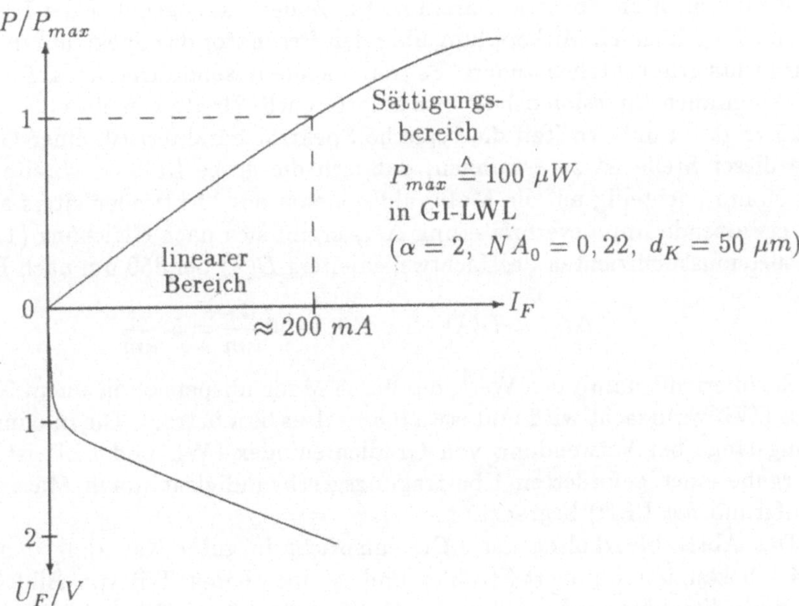

Bild 2.24 Elektrisch/Optische Charakteristik einer GaAlAs-LED

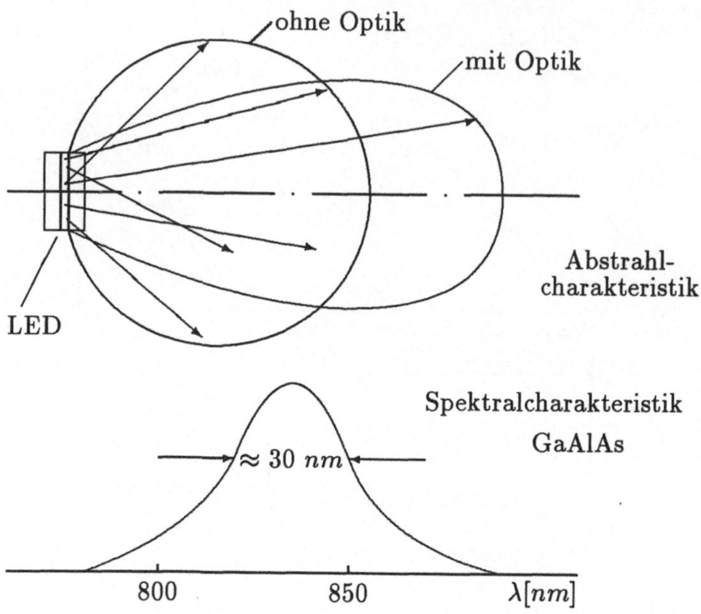

Bild 2.25 Abstrahl-/Spektralcharakteristik einer LED

bestimmt auch die Spektralcharakteristik. Zudem ist gegenüber der Laserdiode aufgrund der fehlenden Mitkopplung über den Resonator das Spektrum des abgestrahlten Lichts grundsätzlich anders. Es treten keine Resonatormoden auf und die Kurve der spontanen Emission behält ihre ursprüngliche Breite von etwa 30... 50 nm. Bild 2.25 zeigt im unteren Teil die typische Spektralcharakteristik einer GaAlAs-LED. An dieser Stelle ist zu erwähnen, daß sich die große Halbwertsbreite $\Delta\lambda$ von bis zu 50 nm nachteilig auf die Materialdispersion des Lichtwellenleiters auswirkt. Die zu erwartende Impulsverbreiterung Δt_M ergibt sich nach Gleichung (1.67) mit dem Dispersionskoeffizienten des Lichtwellenleiters $D(\lambda)$ bei 850 nm nach Bild 1.34 zu:

$$\Delta t_M = D(\lambda) \cdot \Delta\lambda \approx 0,1 \cdot 50 \frac{ns}{km} = 5 \ \frac{ns}{km} \quad .$$

Sie übertrifft damit den Wert, der durch Modendispersion in einem Gradientenindex-LWL verursacht wird und etwa 0,5 ... 1 ns/km beträgt. Die maximale Übertragungslänge bei Verwendung von Gradientenindex-LWL und LED ist daher unter Vorgabe einer geforderten Übertragungsgeschwindigkeit durch Materialdispersion (aufgrund der LED) begrenzt.

Das Abstrahlverhalten der LED entspricht in guter Näherung dem aus Punkt 1.4.1 bekannten Lambert-Strahler und ist im oberen Teil von Bild 2.25 gezeigt. Wird die Strahlung jedoch über eine Optik nach außen geführt (LED mit integrierter Linse), kann das Lambert'sche Cosinus-Gesetz nicht mehr angewendet werden. Die Bündelung der Strahlung liefert zwar eine schmalere Strahlungscharakteristik mit höherer Intensität in Achsrichtung, bedeutet aber gleichzeitig die Vergrößerung der

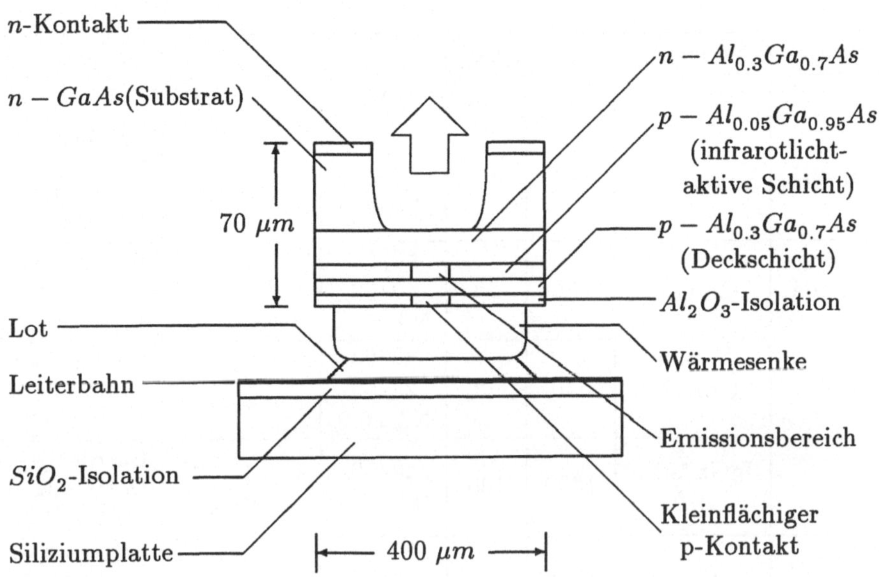

Bild 2.26 Schematischer Aufbau der Hochleistungsdiode SFH 404 aus AlGaAs/GaAs

strahlenden Fläche (Abbe'scher Sinussatz, Gl. 1.76). Für LWL-Anwendungen sollte diese aber nicht größer als die Fläche des LWL-Kerns werden (vgl. 1.4.2). Die Verwendung einer Optik empfiehlt sich eher bei Einsatz von LED's in Infrarot-Übertragungsstrecken für Fernsteuerungen (Projektoren u.ä.) oder akustische Übertragungen (schnurloser Kopfhörer).

Bauformen moderner Infrarot-LED's für die optische Nachrichtentechnik

Auf der Basis der Heterostruktur-Diode vom Burrus-Typ nach Bild 2.18 haben die Halbleiterhersteller leistungsfähige LED's für die optische Kommunikationstechnik entwickelt. Es handelt sich um die Typen SFH 404 und SFH 414, beides GaAl-As Dioden für das erste Übertragungsfenster um 850 nm, die speziell für LWL-Anwendungen entwickelt wurden und mit integriertem Pigtail lieferbar sind.
Bild 2.26 [29] zeigt den schematischen Aufbau, der für beide Dioden gleich ist. Durch die nur 40 μm große Breite des p-Kontaktes wird die Strahldichte erhöht und die Einkopplung in den Lichtwellenleiter effizienter. Tabelle 2.3 [30],[31] gibt einen Überblick über die charakteristischen Parameter beider Dioden, ergänzt durch den planaren Diodentyp SFH 407 zum Vergleich und erweitert um zwei 1300 nm-Dioden im Hinblick auf Sendeelemente für längere Wellenlängen (nächster Punkt). Bild 2.27 [29] zeigt die Fotografie der Diode SFH 404, hier zum Einbau in ein Steckergehäuse.

Typ	Werkstoff	λ_0	$\Delta\lambda_1$	P_F	t_r | t_f	Bemerkungen
		nm	nm	μW	ns | ns	
SFH 407	GaAs	≈900	4,0	120 (200) NA=0,4	40 - 50 (5Mhz)	Lambert-Strahlung, P_F bei 100mA planare Bauf.
SFH 404	GaAlAs	830	45	60/63 40/50 NA=0,2	15 (>10) (40 MBit/s)	Burrus-Typ, Dotierung A, P_F bei 100mA
SFH 414	GaAlAs	830	45	40/63 25/50 NA=0,2	≈8 (140 MBit/s)	Burrus-Typ, Dotierung B, P_F bei 100mA
	InGaAsP/ InP	1300	100	40/50 NA=0,2	8 | 18 (34 MBit/s)	Burrus-Typ, Dotierung A, P_F bei 100mA
SFH 4210	InGaAsP/ InP	1310 ±35	130 ±30	15/50 NA=0,2	3 | 4 (140 MBit/s)	DH-Struktur, Dotierung B, Burrustyp P_F bei 50mA

Dotierung A: $\approx 10^{18}/\text{cm}^3$

Dotierung B: $\approx 10^{19}/\text{cm}^3$

Tabelle 2.3 IR-LED's für die LWL-Kommunikationstechnik

Bild 2.27 Hochleistungsdiode SFH 404 aus AlGaAs/GaAs für eine Wellenlänge von 830nm

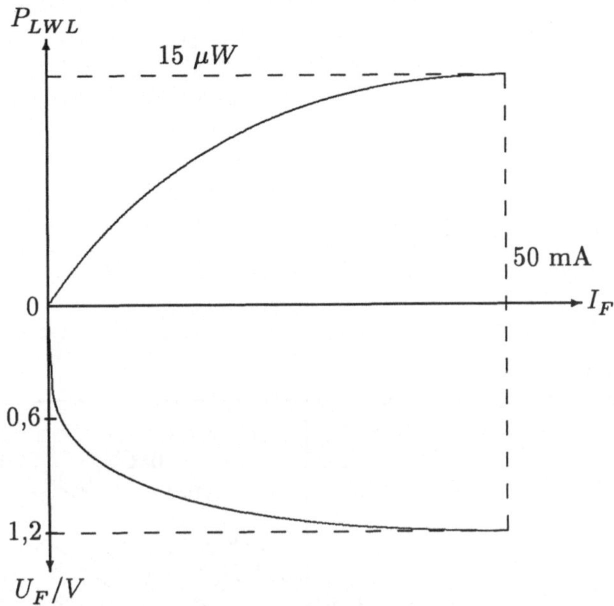

Bild 2.28 Elektrisch/optische Charakteristik der InGaAsP-LED SFH 4210

2.2.3 LED's und Laserdioden für 1300 nm und 1550 nm Wellenlänge

Das Hauptargument für die Entwicklung von Sende- und auch Empfangselementen für 1300 bzw. 1550 nm ist die deutliche Abnahme der Dämpfung von Quarzglas-LWL's mit zunehmender Wellenlänge (Bild 1.31, 1.32). Zudem wird der Dispersionskoeffizient von Quarzglas-LWL's in der Umgebung von 1300 nm zu Null, (Bild 1.33, 1.34), so daß die Materialdispersion auf die Impulsverbreiterung keinen Einfluß hat. So finden wir heute als Systemkomponenten bei 1300 nm nicht nur einmodige Laser, sondern auch Multimode-GI-LWL's und LED's. Bei 1550 nm hingegen kommen ausschließlich einmodige Laser mit Monomode-LWL's für Weitverkehr zur Anwendung. Die LWL-Dämpfung beträgt hier nur 0,2 dB/km, während bei 1330 nm noch ca. 0,6 dB/km zu veranschlagen sind.

Technologische Besonderheiten

Aufgrund des Bandabstandes von 1,4 eV ist GaAs nur für Wellenlängen bis 900 nm geeignet. Durch Dotierung mit Fremdelementen sinkt die Wellenlänge bis in den sichtbaren Bereich.
Materialien für den Bereich von 1300 bis 1550 nm basieren auf den Elementen Ga, In (3-wertig) und As, P (5-wertig). Die Technologie zur Herstellung von Mischkristallen dieser Grundelemnete und ihre Einbringung in die erforderliche heterogene

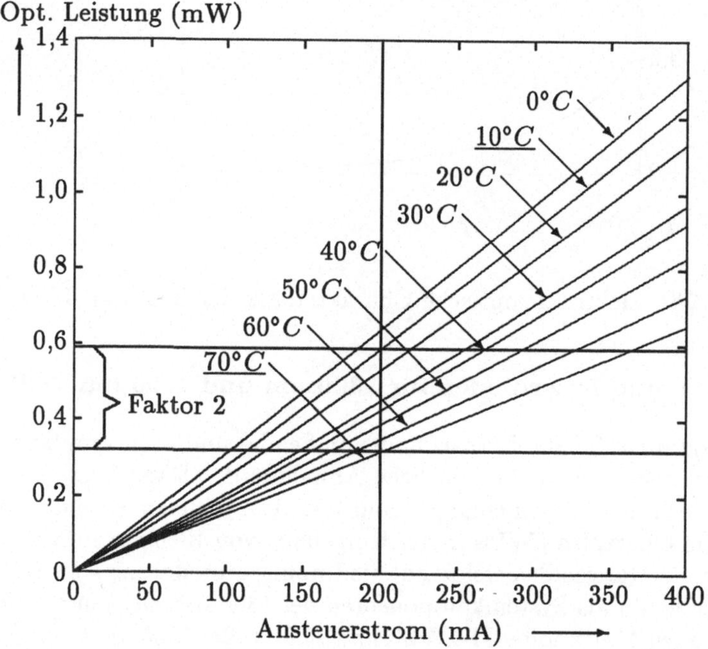

Bild 2.29 InGaAsP-LED, Temperaturabhängigkeit der optisch/elektrischen Kennlinie

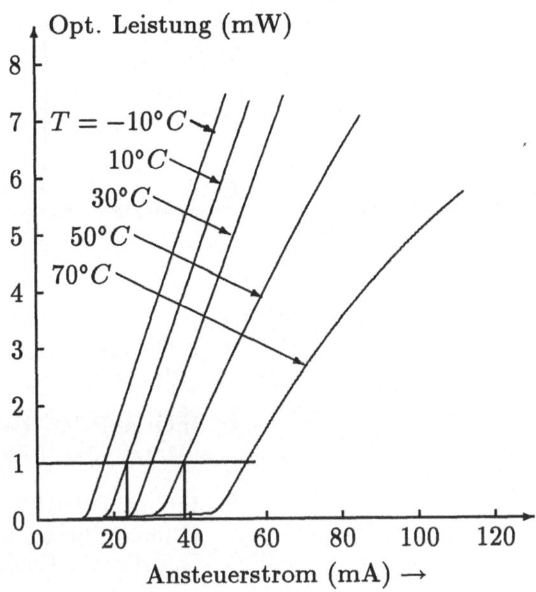

Bild 2.30 Temperaturverhalten eines index guiding Lasers (BH) aus InGaAsP

Schichtenfolge ist komplizierter und teurer als die GaAs-Technologie für 850 nm-Komponenten. Eine wichtige Rolle spielt dabei die Anpassung der Gitterkonstanten der einzelnen Schichten. Damit im Kristall keine Spannungen entstehen, dürfen sich die Gitterkonstanten der Substrats und der sehr dünnen Schichtenfolge nur unwesentlich voneinander unterscheiden. Das bedeutet, daß sich durch verschiedenartige Kombinationen der vier Grundelemente die Emissionswellenlänge zwar gezielt einstellen läßt, der Einstellbereich jedoch eng begrenzt ist (1,2 ...1,7 μm).

Für Laserdioden kommt eine Besonderheit hinzu: Zur lateralen Strahlbegrenzung wird für InGaAsP/InP-Laserdioden ausschließlich das Prinzip des „index-guiding"(Bild 2.13b) angewendet.

Elektrische Eigenschaften, Temperaturverhalten, spektrale Charakteristik

Die Strom-Spannungskennlinie verläuft für LED's und Laser gleichartig. Bild 2.28 verdeutlicht den von GaAs-Elementen abweichenden Verlauf für die SFH 4210. Äußert wichtig für den Anwender ist die Beachtung der sehr geringen zulässigen Sperrspannung von nur 0,5 V! Ähnlich geringe Werte sind für alle InGaAsP/InP-Elemente üblich ($\leq$2V) und raten grundsächlich zu besonderer Vorsicht: zum einen ist der LED oder Laserdiode eine Schutzdiode niedriger Schleusenspannung ($\leq$0,5V) antiparallel zu schalten. Es empfiehlt sich die Verwendung einer Schottky-Diode.

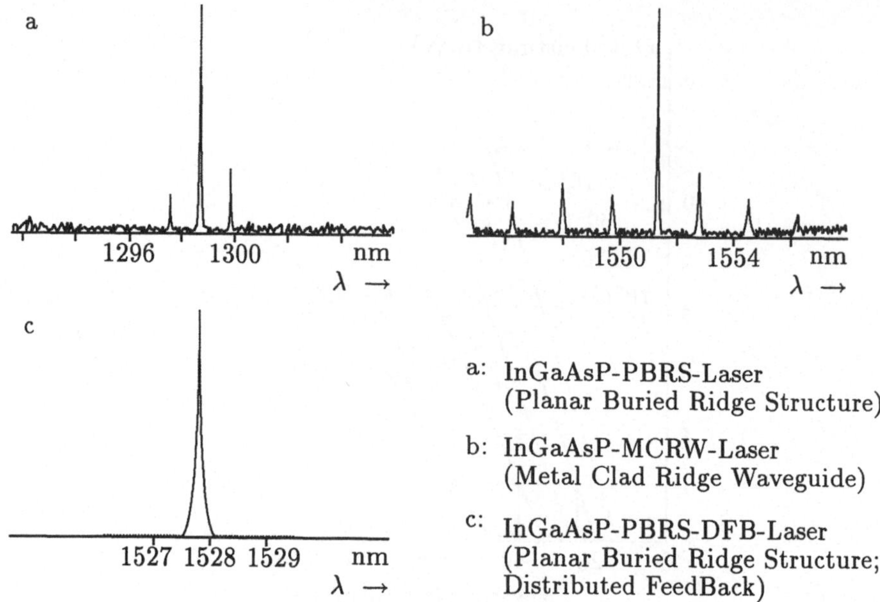

Bild 2.31 Typische Emissionsspektren von Halbleiterlasern

Zum anderen ist bei der Handhabung besondere Sorgfalt geboten. Die Sendeelemente sollten wie empfindliche MOS-Schaltungen behandelt werden — das Leitgummi bis nach dem Einlöten an den Anschlüssen lassen, erst dann entfernen!

InGaAsP/InP-Elemente sind stärker temperaturabhängig als diejenigen aus GaAs/GaAlAs. Bei einer LED bewirkt eine Erhöhung um 60° die Halbierung der Ausgangsleistung, wenn der Ansteuerstrom konstant gehalten wird (Bild 2.29). Die mittlere Emissionswellenlänge nimmt mit 0,5 nm/K (I_F = 50mA) zu. Die maximale Sperrschichttemperatur darf 125°C nicht überschreiten (bei Si-Elementen: 200°C). Der Laserschwellstrom bei entsprechenden Laserdioden gehorcht bezüglich der Temperaturabhängigkeit dem Gesetz nach Gl. (2.6). Jedoch ist mit der niedrigeren charakteristischen Temperatur $T_0 = 60° \ldots 80°$K, ein größerer Temperatureinfluß als bei GaAs/GaAlAs gegeben

Die Abstrahlungscharakteristik der 1300/1550 nm-Sendeelemente hat den grundsätzliche gleichen Verlauf wie bei 850 nm-Komponenten.
Abweichungen im spektralen Verhalten ergeben sich durch die gegenüber GaAs größere Halbwertsbreite der spontanen Emission von ca. 100 nm. Dies ist der Wert, den eine LED für höhere Wellenlängen typisch aufweist. Für vielmodige Laserdioden tritt jedoch die zu erwartende Verbreiterung der Einhüllenden über alle Resonatorlinien nicht ein, da durch das ausschließlich angewandte „index-guiding"-Prinzip die Nebenlinien stark unterdrückt werden. Die Halbwertsbreite wird typisch mit $\Delta\lambda_0 = 3,5$ nm angegeben [31] und liegt damit in der Größenordnung der GaAs-Elemente. Der Abstand der Nebenlinien ist aufgrund der höheren Wellenlängen und

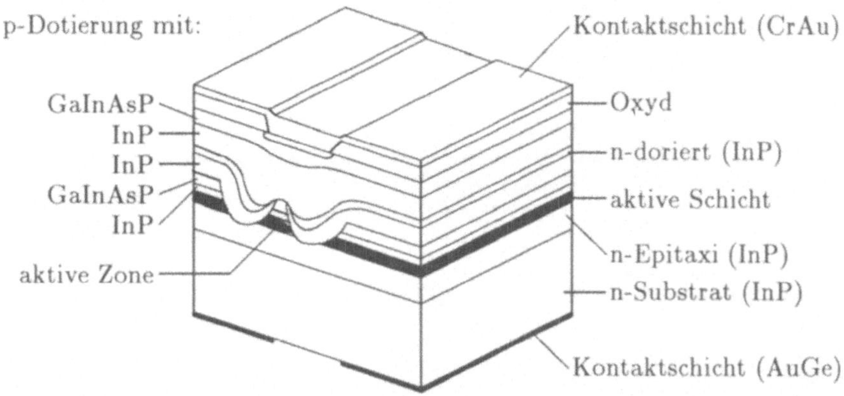

Bild 2.32 DCPBH-Laser

der geänderten Brechzahl deutlich größer als bei GaAs/GaAlAs, nämlich ca. 1 nm für 1300 nm Wellenlänge und ca. 2 nm für 1550 nm Wellenlänge. Da somit nur sehr wenige Linien innerhalb der Halbwertsbreite liegen, sind diese Elemente äußerst anfällig bezüglich „mode-hopping“und Modenverteilungsrauschen. In Bild 2.31 sind die spektralen Charakteristiken für verschiedene Laserstrukturen zu sehen. Der einzige einmodige Laser hierbei arbeitet nach dem DFB-Prinzip (vgl. 2.2.1) und zeigt die geschilderten Anfälligkeiten natürlich nicht [32].

Bauformen und Trends für künftige Anwendungen

Die meist verbreitete Bauform von Laserdioden ist der von NEC entwickelte DC-PBH-Laser (double-channel planar burried-heterostructure) nach Bild 2.32. Die aktive Schicht liegt tief eingegraben im Kristall. Der optische Resonator wird durch die Brechzahlsprünge an den Grenzflächen gebildet und läßt den Laser auf überwiegend einer Mode schwingen. Ein weiterer Vorteil dieser Struktur ist der niedrige Schwellstrom von nur 25 mA [33].

Zur Gruppe der Laser mit BH-Struktur gehört auch der einmodige DFB-PPIBH-Laser von Mitsubishi (PPIBH = Planar-p-Substrat Inverted Burried-Hetero-structure) nach Bild 2.33. Die maximale Ausgangsleistung am Single-Mode-Faserpigtail beträgt 3 mW, der Schwellstrom beträgt lediglich 15 ... 20 mA bei 30°C. [34].

Weit verbreitet ist auch der (mehrmodige) MCRW-Laser (Metal Clad Ridge Waveguide), dessen Emissionsspektrum in Bild 2.31 dargestellt ist. Den strukurellen Aufbau zeigt Bild 2.34. Die Fa. Siemens bietet mit ihren Produkten aus der Serie SFH 44 .. ein breites Spektrum von MCRW-Lasern an. Der Betriebstemperaturbereich ist mit $-20° \ldots 70°C$ (ohne externe Kühlung) außerordentlich groß. Der Schwellstrom liegt bei 25 mA, die maximale Strahlungsleistung beträgt 5 mW, wovon bis zu 200 μW in einen Single-Mode-LWL (10/125 μm) eingekoppelt werden

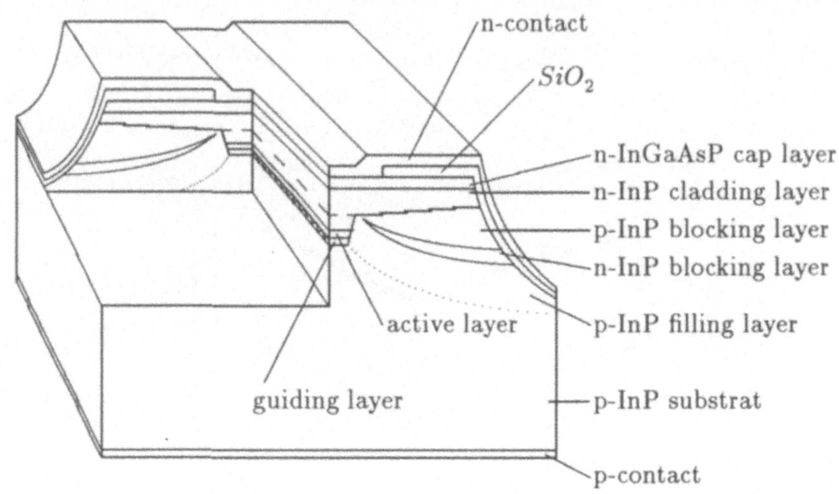

Bild 2.33 DFB-PPIBH-Laserdiode von Mitsubishi

können. Die Elemente haben Anstiegszeiten kleiner 0,5 ns und sind somit für Bitströme von 565 MBits/s geeignet.

Weitere häufig verwendete Diodenlaser sind die PBC-Laser (p-Type-Substrat Burried Crescent) von Mitsubishi [34]. Die Laser sind in Modulbauweise für 1300 nm und 1550 nm mit Single-Mode-LWL-Pigtail verfügbar. Die Schwellströme liegen um 15 mA, der Temperaturbereich reicht bis 90°C, die maximale Ausgangsleistung am Faserpigtail beträgt 3 mW. Die spektrale Emission ist ähnlich wie beim MCRW-Laser. Bild 2.35 zeigt den strukturellen Aufbau der PBC-Laserdiode für 1300 nm. Die Ähnlichkeit zum DC-PBH-Laser ist auffällig. Bei den 1550nm-Typen ist über der Begrenzung der aktiven Zone eine „Antimelk"-Schicht eingebracht.

Künftige Anwendungen sind sehr stark von der Weiterentwicklung der integrierten Optik geprägt. Der Trend geht in Richtung höherer Leistungen [35] und höherer Modulationsfrequenzen bis 10 GHz [36] bei einmodigen Lasern. Für optische Überlagerungsempfänger, die mit durchstimmbaren lokalen Lasern arbeiten, werden Module auf der Basis des DBR-Lasers entwickelt. Der DBR-Laser eignet sich in der 3-stufigen Ausführungen nach Bild 2.36 in einfacher Weise zur elektrischen Abstimmung. Durch Strominjektion in die Verstärkerstufe wird der Laser zunächst zum Schwingen gebracht. Der wirksame Resonator wird von der vorderen Spaltfläche des Kristalls und dem als Reflektor wirkenden Bragg-Gitter (=Bragg-Reflektorstufe) begrenzt. Seine mechanische Länge beträgt etwa 500 μm; die wirksame elektrische Länge ist abhängig von der Brechzahl. Durch Strominjektion in die mittlere Stufe verschiebt sich durch Brechzahländerung das Linienspektrum des Resonators zu kleineren Wellenlängen. Dies kommt der Funktion eines Phasenschiebers gleich (=Phasenschieberstufe). Zusätzlich wird mittels Strominjektion in die Bragg-Reflektorstufe die Bragg-Bedingung (siehe DBR-Laser) auf die verschobene Emis-

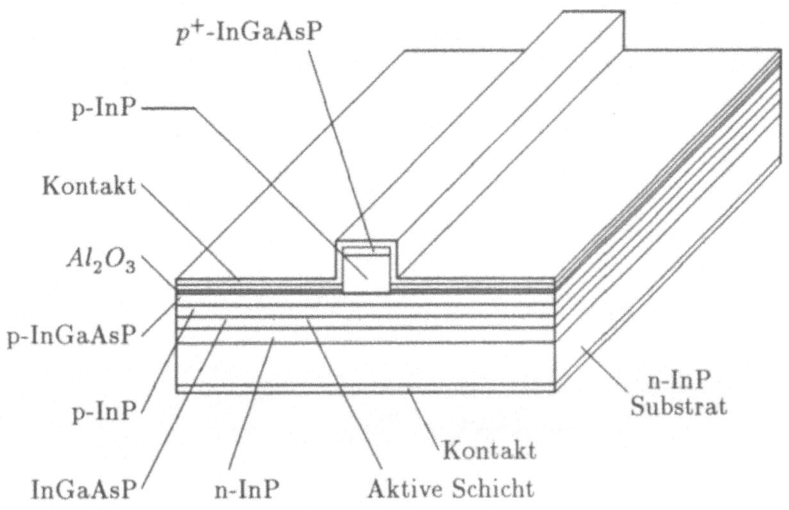

Bild 2.34 Lateralstruktur eines MCRW-Lasers

sionslinie — oder eine der benachbarten Linien — nachgestellt. Das ist nötig, da aufgrund der DBR-Technologie der Laser nur auf einer Linie schwingt. Auf diese Weise wird im einmodigen Betrieb ein Abstimmbereich von bis zu 4 nm erzielt. Bei der Grundwellenlänge von 1560nm bedeutet das ein Frequenzband von 500 GHz Bandbreite! [37].

Im optischen Überlagerungsempfänger wird der beschriebene DBR-Laser als lokaler Laser in Modulbauweise nach Bild 2.37 eingesetzt. Zur Unterdrückung der Reflexionen, die aus dem Übertragungsweg zurück auf den Laseranschluß fallen, ist eine optische Richtungsleitung nötig (optischer Isolator). Zur Ankopplung an den reflexionsarmen Lichtwellenleiter (8°-Schrägschliff) dient eine Gradienten-Stablinse[36].

Für die optische Integration besonders geeignet sind Multiple Quantum Well-Strukturen (MQW), die z.B. bei Lasern in DC-PBH-Technologie zu finden sind [28]. Leitungs- und Valenzband weisen bei diesen Halbleitern periodisch-rechteckförmige Schwankungen auf, die zu „quantisierten"stehenden Wellen führen. Vorteile sind neben stabilem Einmodenbetrieb niedriger Schwellstrom und geringe Temperaturabhängigkeit sowie einfache Modulierbarkeit bis zu Frequenzen von 10 GHz.

Ein weiteres Beispiel für Laserdioden, die sich gut zur optischen Integration eignen, ist der Coaxial Transverse Junction (CTJ-)-Laser entsprechend Bild 2.38. Mehrere Laser für verschiedene Wellenlängen können auf einfache Weise auf einem Chip nebeneinander integriert und durch elektrische Aktivierung/Inaktivierung für den Übertragungsweg selektiert werden.

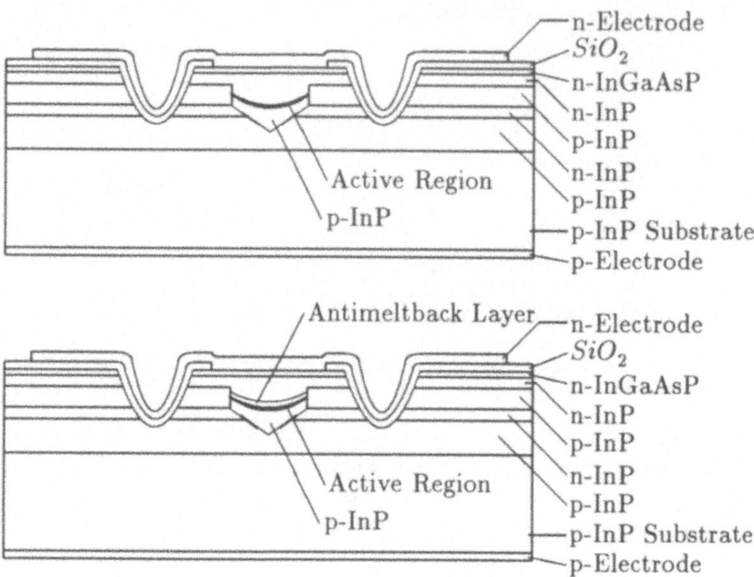

Bild 2.35 PBC-Laserdiode für 1300nm (oben) und 1550nm (unten)

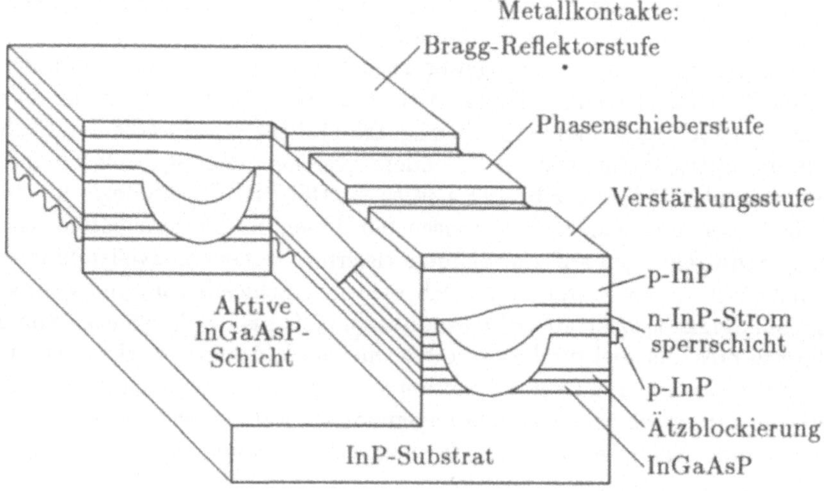

Bild 2.36 Querschnitt durch einen dreistufigen DBR-Laser

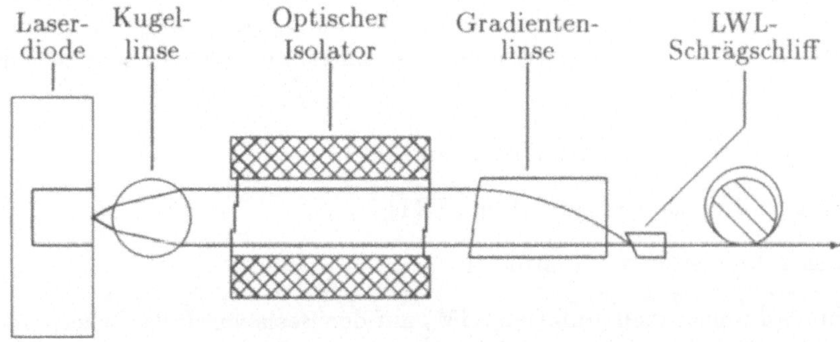

Bild 2.37 Aufbau eines Lokallasers mit einem optischen Isolator

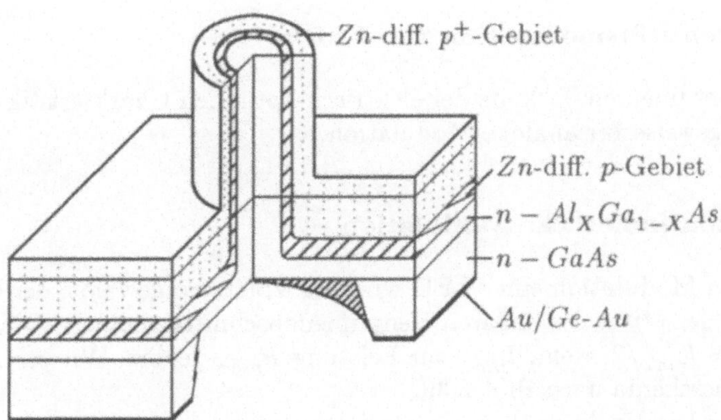

Bild 2.38 Schnitt durch einen Coaxial Transverse Junction (CTJ)-Laser

2.3 Modulierbarkeit von LED's und Laserdioden

Die bisher angewendeten Modulationen von LED's und Diodenlasern sind ausschließlich Intensitätsmodulationen (IM). Durch Ändern des Injektionsstromes mit dem modulierenden Signal werden der emittierten Lichtleistung die Modulationsmerkmale aufgeprägt. Bei Analogmodulation sind somit folgende Möglichkeiten gegeben:

- Amplituden-Intensitätsmodulation (AIM)
- Frequenz-Intensitätsmodulation (FIM)
- Phasen-Intensitätsmodulation (PIM)
- Impuls-Intensitätsmodulation (IIM) auf der Basis von Puls-Dauermodulation (PDM), Puls-Phasenmodulation (PPM) und Puls-Frequenzmodulation(PFM) sowie daraus abgeleiteter Varianten.

Die direkte Modulation des optischen Trägers ist nur bei hochstabilen, kohärenten Laserdioden möglich und wird derzeit aus dem Laborstadium zur Anwendungsreife geführt. Entsprechende Verfahren sind unter dem Begriff „kohärente Technik"bekannt. Am Ende dieses Kapitels wird diese Technik gebührend berücksichtigt.
Ist — wie beim YAG-Laser — der für analoge Anwendungen interessant ist, eine IM nicht möglich, so ist ein externer Modulator einzusetzen. Darauf wird hier jedoch nicht näher eingegangen.

2.3.1 Intensitätsmodulation von LED's

Aufgrund des linearen Verlaufs der elektrisch-optischen Charkteristik eignet sich die LED vorzugsweise für analoge Modulation.

Analoge kontinuierliche Modulation

Zur linearen Modulation einer LED wird ein Vorstrom gewählt, der einen Arbeitspunkt A in der Mitte des linearen Kennlinienabschnitts definiert. Dieser Wert ist in der Regel $\approx I_{max}/2$, wenn I_{max} zur Leistung P_{max} gehört. Wir erhalten dann das Modulationsschema nach Bild 2.39.

Bei GaAs-Dioden kann I_{max} je nach Diodentyp zwischen 50 mA und 200 mA liegen, P_{max} ist dann mit Werten von 3mW/Sr bis ≈11 mW/Sr als Intensität gegeben. Die Frequenzcharakteristik einer LED ist RC-begrenzt, gemäß dem Ersatzbild nach Bild 2.40.

Die Grenzfrequenz f_g kann je nach Diodentyp zwischen 1 MHz und $\geq$ 100 MHz liegen. Oft ist vom Hersteller die Anstiegszeit t_r angegeben. Sie steht zur Grenzfrequenz f_g in einfacher Beziehung:

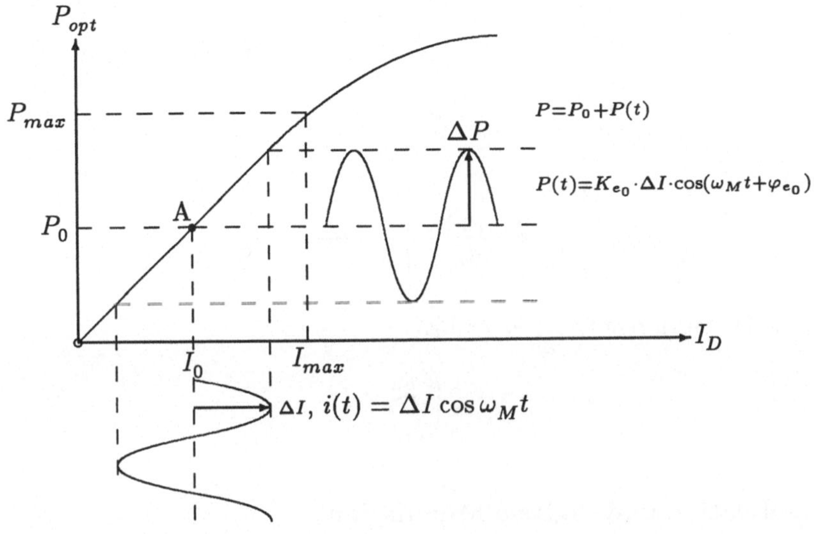

Bild 2.39 AIM-Modulation einer LED
K_{e_0} = Wirkungskoeffizient der elektrisch/optischen Umsetzung
φ_{e_0} = Phasenverschiebung.

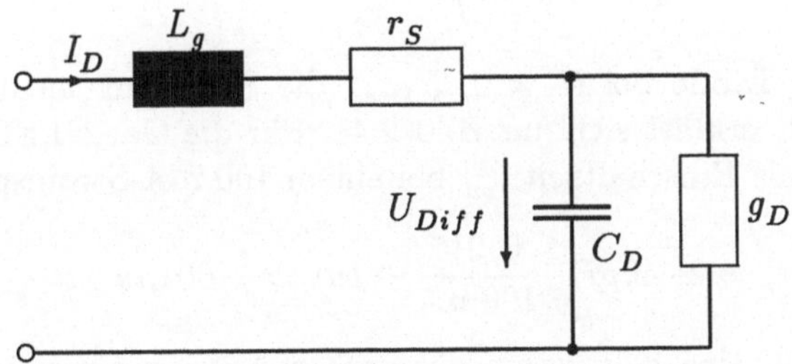

L_g	Zuleitungsinduktivität (10-20 nH)
r_S	Serienwiderstand (1 ... 10 Ω)
g_D	innerer Diodenleitwert (einige 10 mS bei I_D = 1 mA)
C_D	Diffusionskapazität (einige 10 pF)

Bild 2.40 Ersatzschaltbild einer LED

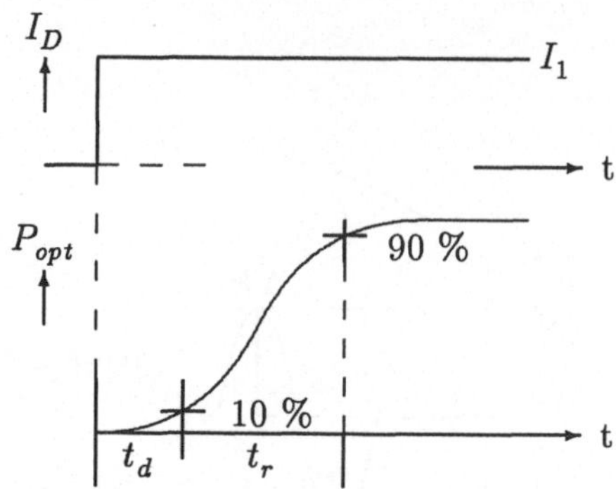

Bild 2.41 Sprungantwort einer LED

$$t_r = \frac{0,35}{f_g} \quad . \tag{2.8}$$

Impulsmodulation und digitale Modulation

Liegt an der LED infolge Impulsmodulation ein Stromsprung an, so folgt die optische Ausgangsleistung prinzipiell nach dem Schema in Bild 2.41. Nach der Verzögerungszeit t_d, verursacht durch den Aufbau der Minoritätsträger-Verteilung in der Diode, erfolgt der Anstieg der optischen Leistung etwa innerhalb der Anstiegszeit t_r auf 90 % des Endwertes.

Die Verzögerungszeit t_d ergibt sich genähert aus der Beziehung

$$t_d \approx 2C_0 \cdot \frac{U_{Diff}}{I_1} \quad . \tag{2.9}$$

C_0 ist die Kapazität der Diode bei $U = 0$, U_{Diff} die Spannung an der inneren Diode gemäß Bild 2.40; I_1 erklärt sich aus Bild 2.41. Für die GaAs-LED SFH 402 von Siemens erhält man als Einschaltzeit t_{on} bei einem 100 mA-Stromsprung

$$t_{on} = t_d + t_r = 2 \cdot 40pF \cdot \frac{0,9V}{100mA} + 1\mu s \doteq 1,001\mu s \quad .$$

Der erste Term (t_d) macht sich hier wegen der großen Anstiegszeit von $1\mu s$ nicht bemerkbar, da er nur ≈ 720 ps ausmacht. Bei kurzen Anstiegszeiten von 3 ... 4 ns ist t_d jedoch zu berücksichtigen.

Bei Impulsbetrieb mit Tastgraden D < 0,5 läßt sich die optisch-elektrische Kennlinie weit über den in Bild 2.39 angegeben Bereich aussteuern. Bild 2.42 gibt die zulässige Stromamplitude I_1 abhängig von Impulsdauer τ und Tastgrad D an. Für Datenübertragung mit einem mittleren Tastgrad von 0,5 kann mit bis zu 1,5-facher Maximalleistung gerechnet werden. Die (maximale) Übertragungsrate ergibt sich dann zu

$$f_{\ddot{U}_{max}} \leq \frac{1}{t_r} \quad .$$

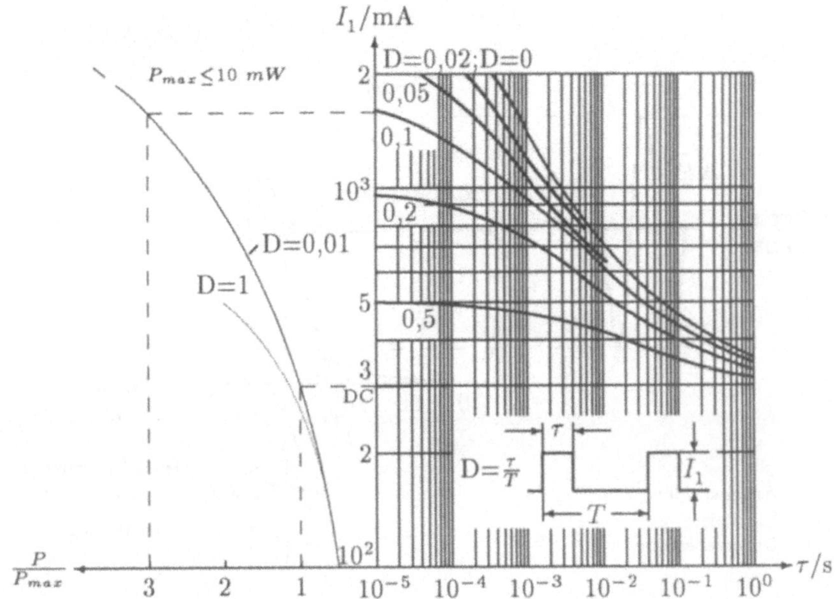

Bild 2.42 Zulässige Impulsbelastbarkeit von LED's

2.3.2 Intensitätsmodulation von Laserdioden

Im Unterschied zu LED's haben Laserdioden keinen proportionalen Verlauf der elektrisch-optischen Charakteristik. In vielen analogen Anwendungen stört sogar der nur begrenzt lineare Verlauf der P/I-Kennlinie (vgl. Bild 2.14), so daß besondere Maßnahmen zur Linearisierung notwendig werden.

Analoge kontinuierliche Modulation

Das Modulationsschema für Modulation mit sinusförmigem Strom zeigt Bild 2.43. Der Vorstrom beträgt etwa $I_F \approx (I_{max} - I_S)/2$ und definiert somit einen Arbeitspunkt in der Hälfte des begrenzt-linearen Bereiches. Die Amplitude ΔI des Modulationsstromes bewirkt die Änderung ΔP der ebenfalls sinusförmig verlaufenden Ausgangsleistung. Infolge der Trägheiten der elektrisch-optischen Umsetzung erhält die Frequenzantwort $\frac{\Delta P}{\Delta I}(\omega)$ den Charakter eines Tiefpasses 2. Grades:

$$\frac{\Delta P}{P_A}(\omega) = \frac{\Delta I}{I_F - I_S} \cdot \frac{\omega_k^2}{\omega_k^2 - \omega^2 + j2\delta\omega_k\omega} = \frac{\Delta I}{I_F - I_S} \cdot \frac{1}{1 - \left(\frac{\omega}{\omega_k}\right)^2 + j2\delta\frac{\omega}{\omega_k}} \quad . \tag{2.10}$$

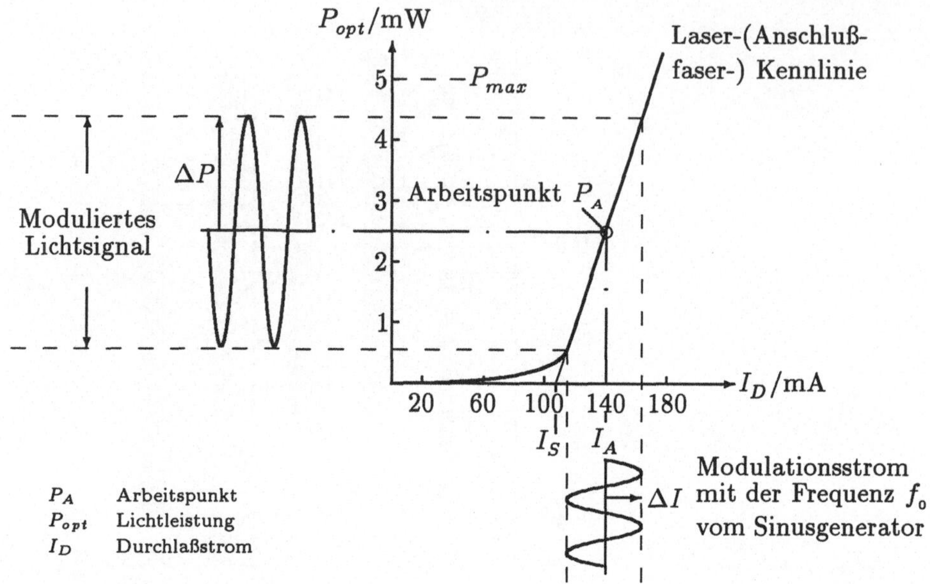

Bild 2.43 Sinusförmige Modulation eines „gain-guided"-Lasers

Der Frequenzparameter ω_k liegt in der Größenordnung von $\omega_k \approx 2\pi \cdot 10^9 \frac{1}{s}$. Die normierte Dämpfung δ beeinflußt das Einschwingverhalten. Für $0 < \delta < 1$ treten periodisch gedämpfte Schwingungen auf, während für $\delta \geq 1$ der Einschwingvorgang aperiodisch verläuft.

Näherungsweise gilt die Beziehung

$$\delta = \frac{1}{2\omega_k \tau_L} \cdot \frac{I_F}{I_S} \tag{2.11}$$

mit der Ladungsträgerlebensdauer τ_L und den Strömen I_F, I_S nach Bild 2.43 [38]. Der Frequenzparameter ω_k ist entsprechend der Beziehung $\omega_k = \sqrt{\frac{(I_F/I_S)-1}{\tau_L \tau_P}}$ abhängig vom Verhältnis $\frac{I_F}{I_S}$, so daß der Frequenzgang einer bestimmten Laserdiode nur für einen definierten Vorstrom I_F angegeben werden kann. τ_P ist in dieser Beziehung die Photonenlebensdauer, die mit typisch 10 ps deutlich kleiner als die Ladungsträgerlebensdauer ist. Bild 2.44 zeigt den Frequenzgang der relativen Ausgangsleistung zweier verschiedener Laserdioden. Kurve 1 gilt für die gewinngeführten GaAlAs-Laser der LT-Serie von Sharp [39], während Kurve 2 die Charakteristik des CSP-Lasers HLP 1400 (InGaAsP/InGaAs) von Hitachi darstellt.

Impulsmodulation

Laserdioden zeichnen sich — im Gegensatz zu LED's — durch kleine Anstiegszeiten im Bereich von 0,5 ns aus. Dementsprechend können Impulsvorgänge mit Wieder-

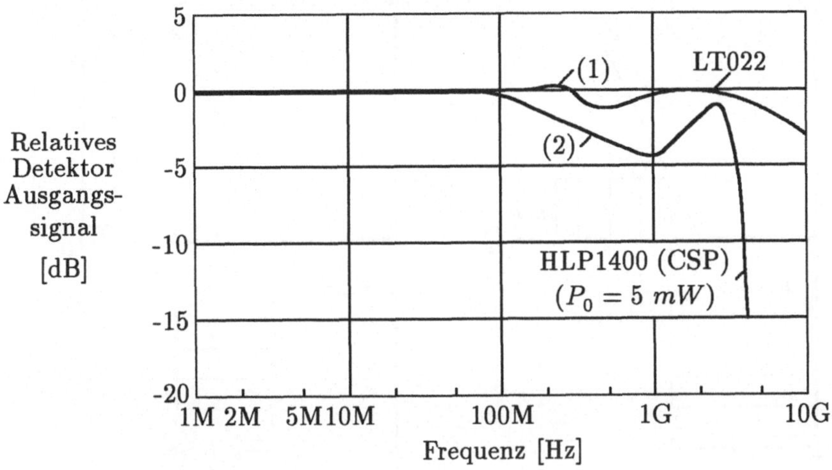

Bild 2.44 Frequenzgang verschiedener Laserdioden (1) gain-guided-Laser (2)index-guided-Laser

holzeiten im Bereich bis 2 GHz verarbeitet werden, bei neueren Entwicklungen von Diodenlasern sogar noch mehr.
Wegen des fehlenden proportionalen Zusammenhanges zwischen Modulationsstrom und optischer Ausgangsleistung und wegen der nur begrenzt linearen Modulationscharakteristik sind Laserdioden vorzugsweise für Impulsmodulation bzw. digitale Modulation geeignet. Bei hochfrequenter Impulsmodulation sind jedoch aufgrund verschiedener negativer Effekte besondere Maßnahmen zu treffen.

2.3.3 Probleme bei der Modulation von Laserdioden

Ansprechverzögerung

Wird eine Laserdiode wie in Bild 2.45a ohne Vorstrom betrieben und mit einem Stromsprung der Größe ΔI beaufschlagt, so erscheint die optische Leistung um die Zeit t_v verzögert:

$$t_v = \tau_L \cdot \ln\left(\frac{\Delta I}{\Delta I - I_S}\right) \quad . \qquad (2.12)$$

Hierbei ist vorausgesetzt, daß die Stromamplitude ΔI den Schwellstrom I_S übersteigt und grundsätzlich Laserbetrieb möglich ist. Der Grund für die Verzögerung liegt in dem Absinken der Ladungsträgerdichte durch spontane Rekombination bei Betrieb unterhalb des Schwellstromes. Der dadurch entstandene Ladungsträgermangel wird in der ersten Stromflußphase des Signals durch Wiederauffüllen von Ladungsträgern ausgeglichen. Danach erst kann der Laserbetrieb verspätet einsetzen.

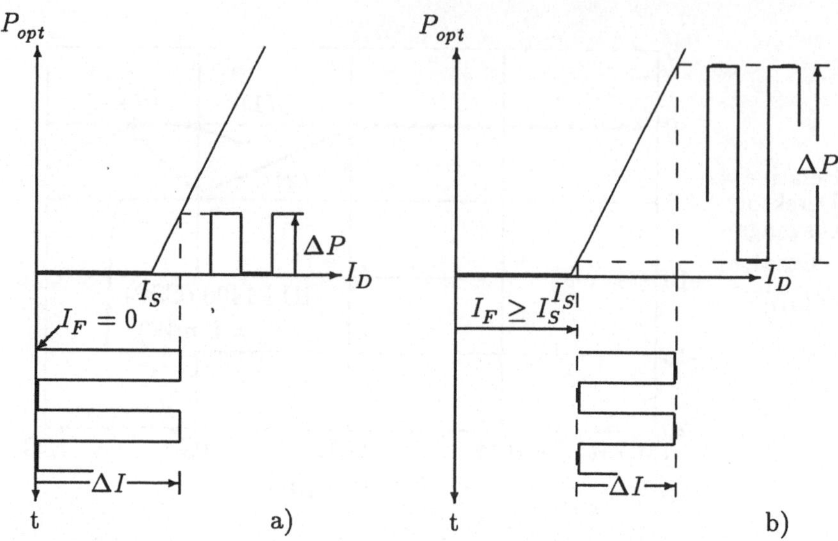

Bild 2.45 a) Impulsmodulation einer Laserdiode ohne Vorstrom b) wie a), jedoch mit Vorstrom (I_F)

Aus gleichem Grund wird bei Datensignalen, die aus nichtperiodischen Folgen kurzer Impulse bestehen, der „Bit-Pattern-Effekt"beobachtet: Vereinzelt kommende Impulse werden für den Wiederauffüll-Vorgang aufgezehrt und fehlen im Ausgangssignal völlig (Bild 2.46). Abhilfe schafft ein Vorstrom I_F, der dem Datensignal unterlegt wird (Bild 2.45b). Die Verzögerungszeit folgt dann der Beziehung

$$t_v = \tau_L \cdot \ln\left(\frac{\Delta I - I_F}{\Delta I - I_S}\right) \tag{2.13}$$

und verschwindet für $I_F = I_S$ gänzlich. Das ist zugleich die günstigste Wahl für I_F. Ein zu hoch eingestellter Vorstrom kann nämlich die Impulsform negativ beeinflussen, in der Art, daß es in den Impulspausen zu einer Erhöhung der optischen Leistung kommt (Sockel).

Relaxationsschwingungen

Das in Kapitel 2.3.2 angeführte Modell des Tiefpasses zweiten Grades führt zu einer Sprungantwort, die gedämpfte Schwingungen aufweist. Die normierte Dämpfung δ ist in diesem Fall kleiner 1. Die Frequenz dieser Schwingungen, der sogenannten Relaxationsschwingungen, ergibt sich zu

$$\omega_R = \omega_k \sqrt{1 - \delta^2} \quad ,$$

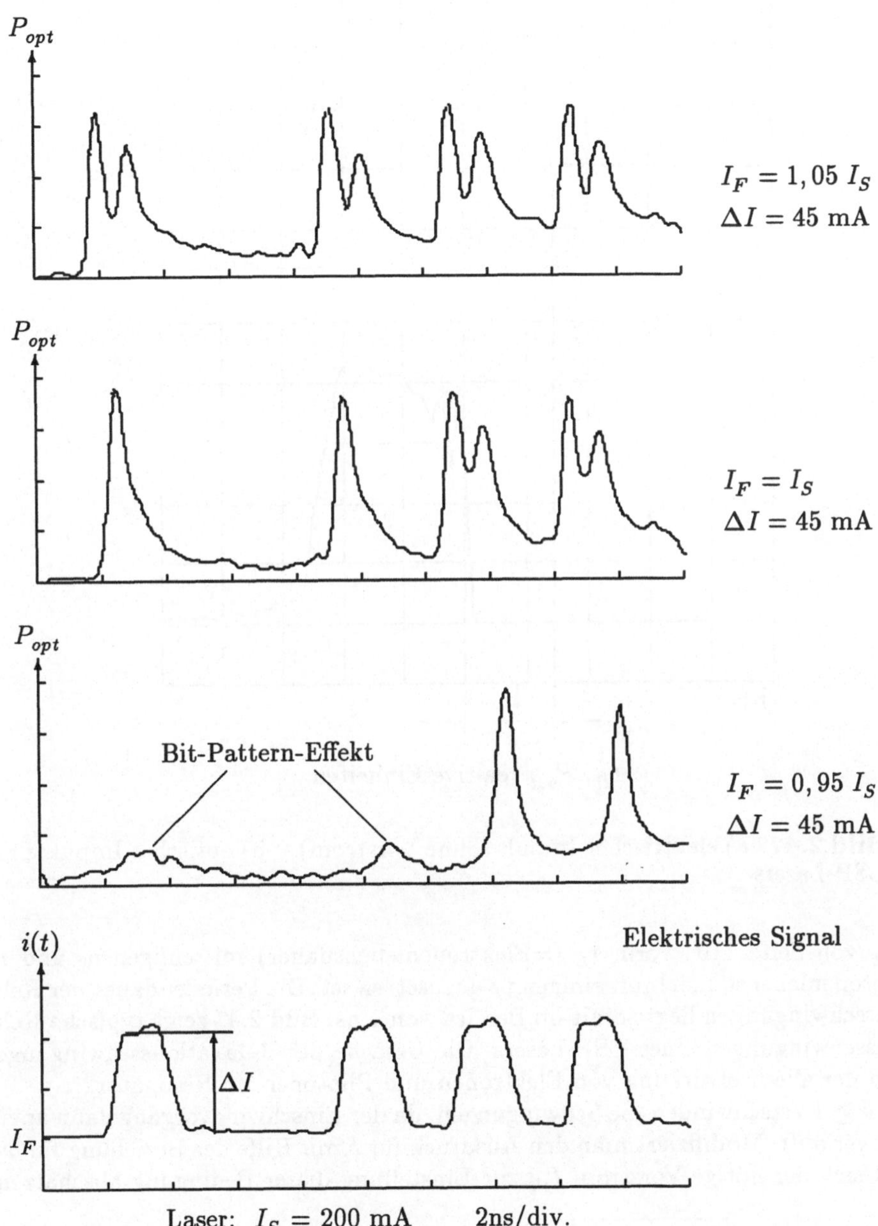

Bild 2.46 Direktmodulation einer Laserdiode mit einem Datensignal

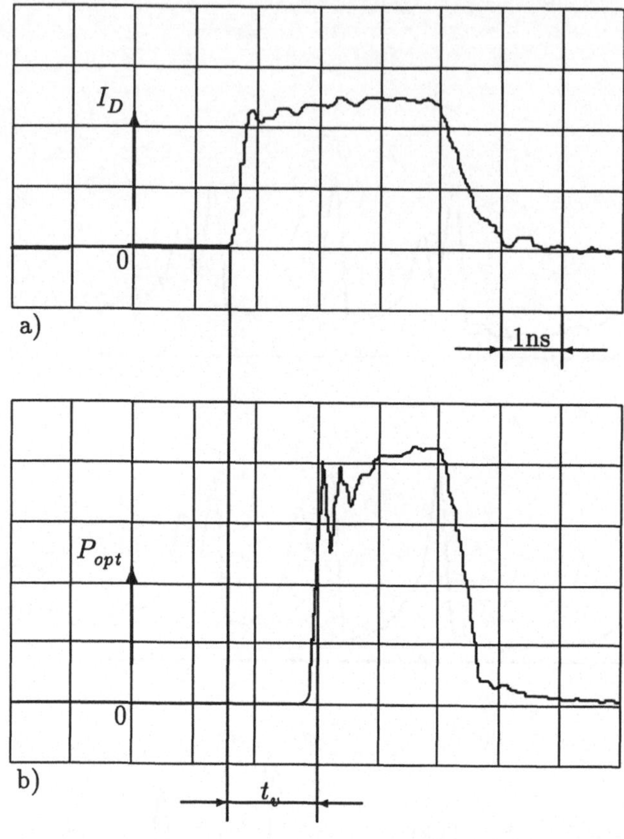

Bild 2.47 a) elektrischer Impuls (ohne Vorstrom) b) optischer Impuls eines CSP-Lasers

mit ω_k von Seite 110, worin τ_L (=Elektronenlebensdauer) mit einigen ns und τ_P (=Photonenlebensdauer) mit einigen ps anzusetzen ist. Die Periodendauer der Relaxationsschwingungen liegt somit im Bereich von 1 ns. Bild 2.47 zeigt typische Relaxationsschwingungen eines CSP-Lasers. Die Ursache der Relaxationsschwingungen liegt in der Wechselwirkung von Elektronen und Photonen im Resonator.

Für $\delta \geq 1$ verschwinden die Schwingungen, da der Einschwingvorgang dann aperiodisch verläuft. Modifiziert man den Ausdruck für δ mit Hilfe der Beziehung für ω_k, so läßt sich der nötige Vorstrom I_{F_δ} zur Einstellung dieser Bedingung abschätzen:

$$\delta = \frac{1}{2}\sqrt{\frac{\tau_P}{\tau_L} \cdot \frac{I_F/I_S}{1 - I_S/I_F}} \quad , \quad \frac{\tau_P}{\tau_L} \approx 10^{-2} \ldots 10^{-3} \Rightarrow I_{F_\delta} \gtrsim I_S \quad !$$

Mit einem Vorstrom in der Größe des Schwellstromes lassen sich folglich die Relaxationsschwingungen unterdrücken.

Zudem ist das Einschwingverhalten eines Diodenlasers von der Bauform abhängig. So werden z.B. bei Oxidstreifenlasern mit schmalen Streifen die Relaxationsschwingungen durch laterale Trägerdiffusion stark reduziert.

Linearität

In Anwendungen mit analoger kontinuierlicher Modulation werden besonders hohe Anforderungen an die Linearität der Laserdiode gestellt. Ein Beispiel dafür ist die Verteilung qualitativ hochwertiger VIDEO-Signale in einem faseroptischen CATV-System (siehe Kapitel 4).

Vielmodige Laserdioden zeigen bei sinusförmiger Modulation mit einem Modulationsgrad von 70 %, bezogen auf halbe maximale Ausgangsleistung, Oberwellendämpfungen von nur 25 bis 35 dB für Verzerrungsprodukte 2. Ordnung und etwa 35 bis 45 dB für Verzerrungsprodukte 3. Ordnung. Bessere Werte werden mit Lasern erzielt, die eine zuverlässig-knickfreie Kennlinie aufweisen, solchen die dynamisch einwellig sind. Übliche DFB-Laser können jedoch ohne zusätzliche Maßnahmen die hohen Linearitätsforderungen nicht einhalten. Zur Linearisierung von DFB-Lasern sind zwei Wege beschritten worden:

- Vorverzerrung des modulierenden elektrischen Signals, um der Nichtlinearität des Lasers entgegenzuwirken (elektrische Kompensation) [40], Bild 2.48.
- Beeinflussung der Lichtintensitätsverteilung längs der Resonatorachse beim DFB-Laser in Richtung einer gleichförmigen Verteilung (optische Kompensation) [41]. Eine gleichförmige Verteilung garantiert hochlineare Elemente. Der Feedback-Resonator wird durch die „burried grating"(BG)-Technologie vollständig im InP-Substrat vergraben und erhält dadurch sehr genau festgelegte Dimensionen. Der Aufbau dieses BG-DFB-Lasers ähnelt stark dem PP-IBH-Laser vom Mitsubishi. Neben hoher Linearität besticht dieser Laser durch seine hohe Ausgangsleistung von 10 mW. Bild 2.49 zeigt die gemessenen Intermodulationsverzerrungen über der Modulationstiefe (=Modulationsgrad). In CATV-Systemen kommt eine Modulationstiefe von < 10 % zur Anwendung, so daß die Intermodulationsverzerrungen mit < -60 dBc bzw. < -90 dBc ausreichend gering bleiben.

Rauscheigenschaften

Laser-Rauschen kann zwei Hauptursachen haben

1. „mode-hopping"— wie bereits beschrieben — verursacht Fluktuationen in der Ausgangsleistung bei Änderung von Temperatur und Strom. Es handelt sich dabei um einen statistischen Effekt, der bei mehrwelligen Laserdioden zu „mode-competition-Noise"führt, da die Resonatorlinien in der Umgebung der mittleren Wellenlänge λ_{R_0} bezüglich der Leistungsverteilung „konkurrieren".

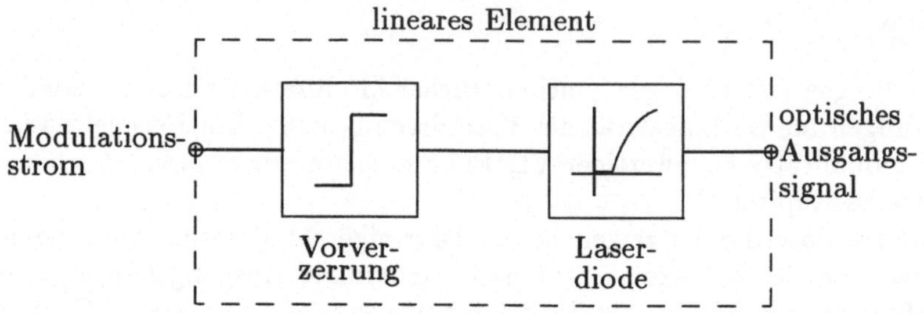

Bild 2.48 Elektrische Kompensation der Laser-Nichtlinearität

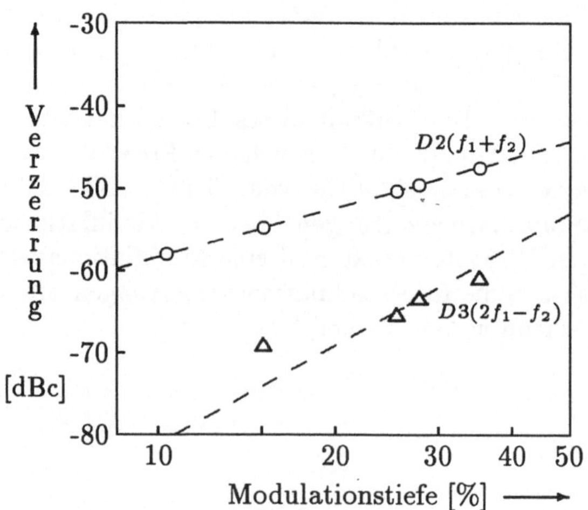

Bild 2.49 Intermodulationsverzerrungen zweiter u. dritter Ordnung eines DFB-Lasers in BG-Technologie, aufgetragen über der Modulationstiefe

Schwingt ein Laser auf einer größeren Anzahl von Linien, so bleibt der Einfluß des „mode-hopping“gering (< 1 % von P_A). Bei wenigen Emissionslinien tritt hingegen die Fluktuation der Ausgangsleistung stark in Erscheinung. Wechselt ein einmodiger Laser auf eine benachbarte Linie, so ist er nicht dynamisch einmodig und für Modulation mit größerer Modulationstiefe unbrauchbar. Das trifft für alle (nicht dynamisch) einwelligen Laser zu, die nicht auf der Basis von periodischen Strukturen konstruiert sind (z.B. CSP-Laser).

2. Rauschen infolge optischer Rückkopplung. (Optical feedback noise) Komponenten in optischen Übertragungssystemen, die Reflexionen verursachen, bilden mit der Laserdiode einen Resonator (complex resonator). Die wirksame Länge dieses Resonators kann ausgedrückt werden durch die Anzahl $p' + r$ halber Wellenlängen die der Laser innerhalb seiner spektralen Breite emittiert, wobei p' eine ganze Zahl und r den Divisionsrest bedeutet. Kommt es bei der Modulation des Lasers zu Schwankungen der Wellenlänge, so ändert sich die Größe des Restes r und damit auch die Phasenlage des reflektierten Lichts an den Stoßstellen. Es kommt zu Interferenzen, die konstrukiv oder destruktiv sein können und sich so in Amplitudenrauschen bemerkbar machen. Das zu (1) gesagte gilt hier in gleicher Weise: Wenn ein Laser auf vielen Linien schwingt (z.B. gain-guided Laser), so sind viele Wellenlängen an den entstehenden Interferenzen beteiligt und die Amplitudenschwingungen mitteln sich größtenteils heraus. Der Rauschanteil bleibt gering. Auffällig dagegen ist dieser Effekt bei einmodigen (dynamisch einwelligen) Lasern. Diese sind oft zur Unterdrückung solcher Störungen mit einer optischen Richtungsleitung ausgestattet (vgl. Bild 2.36).

Zur Beurteilung des Rauschverhaltens wird in der Regel das Signal/Rausch-Verhältnis (Signal to Noise ratio) der in einem idealen optisch/elektrischen Wandler detektierten Laserstrahlung herangezogen. Da sich das S/N-Verhältnis auf Leistungen bezieht, wird es durch das entsprechende Leistungsverhältnis des elektrischen Signals am Detektor ausgedrückt:

$$\frac{S}{N} = 10 \log \left(\frac{\Delta P}{P_A} \right)^2 \quad \text{in [dB]}. \tag{2.14}$$

Oft wird auch das relative, auf die Bandbreite Δf bezogene Intensitätsrauschen (Relative Intensity Noise, RIN) angegeben:

$$RIN = \frac{1}{\Delta f} 10 \log \left(\frac{\Delta P}{P_A} \right)^2 . \tag{2.15}$$

In den beiden Gleichungen bedeutet P_A die mittlere Leistung des optischen Trägers (im Arbeitspunkt) und ΔP die Fluktuation aufgrund der verschiedenen Rauschbeiträge. RIN ist gewöhnlich eine sehr kleine Größe, z.B. -155 dBc/Hz für den hochlinearen Laser von Mitsubishi, der auf Seite 115 vorgestellt wurde.

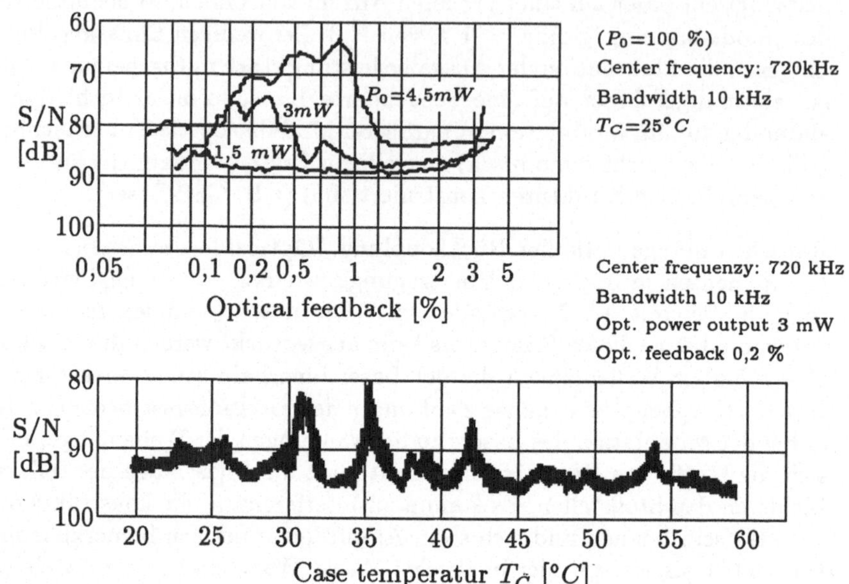

Bild 2.50 oben: optical-feedback-noise der LT022 unten: mode-competition-noise der LT022 im einwelligen Betrieb

Die folgenden Bilder sollen eine quantitative Aussage bezüglich der zu erwartenden Rauschanteile machen und zugleich die Aussagen hinsichtlich des unterschiedlichen Verhaltens ein- und vielwelliger Laser unterstreichen. Bild 2.50 zeigt im oberen Teil das optical-feedback-noise des Lasers LT022 (Sharp) über dem Rückkopplungskoeffizienten mit der Trägerleistung als Parameter. Die LT022 ist für Leistungen ab 3 mW einwellig, bei 1,5 mW dagegen mehrwellig (6-10 Linien). Die Reduzierung des S/N-Verhältnisses – infolge Interferenzen im einwelligen Betrieb – ist deutlich zu sehen. Der untere Teil von Bild 2.50 zeigt den Rauschbeitrag, der durch „mode-hopping“verursacht wird. Die Kurve gilt im einwelligen Betrieb (3 mW) und ist daher stark strukturiert.

Für den mehrwelligen Laser LT023 sind die gleichen Zusammenhänge in Bild 2.51 dargestellt. Der LT023 schwingt auch bei höherer Leistung auf bis zu 15 Linien. Demzufolge zeigen optical-feedback-noise und „mode-hopping“einen ausgeglichenen Verlauf und übertreffen quantitativ die Werte des LT022 deutlich [39].
Steckverbindungen stellen im Verlauf eines optischen Übertragungssystems äußerst reflektive Komponenten dar. Mit jeder Steckung kann sich daher die Leistungsverteilung auf die (wenigen) Linien eines mehrwelligen Lasers geringer Halbwertsbreite ändern. Das dadurch speziell verursachte Modenrauschen ist in hochwertigen Übertragungssystemen gesondert zu berücksichtigen [42].

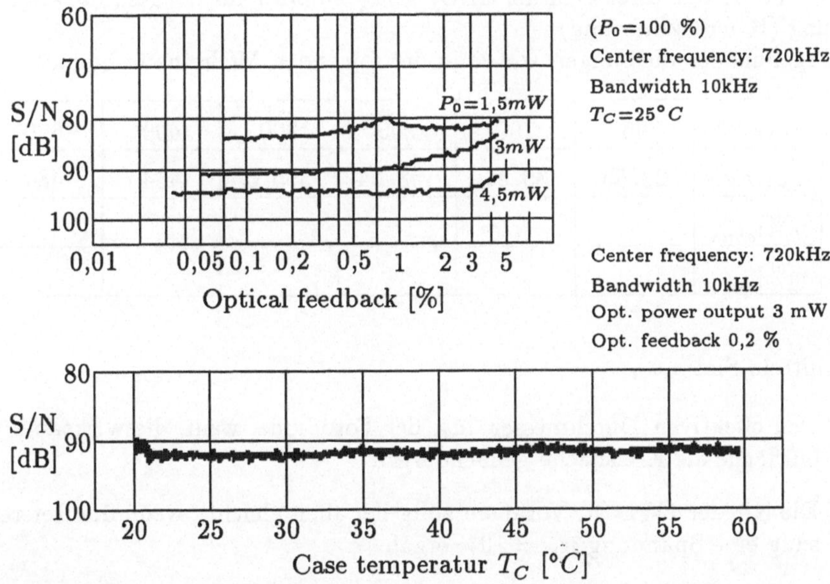

Bild 2.51 optical-feedback-noise (oben) mode-competition-noise(unten) der vielwelligen Laserdiode LT023

2.4 Übungen

5. Übung

Zur Messung des Einkoppelwirkungsgrades LED → Stufenindex-LWL wird eine Anordnung verwendet, bei der Lichtwellenleiter gleicher Numerischer Apertur (NA), aber verschiedenen Kerndurchmesser d_K, unmittelbar vor einer LED mit unbekannter Emissionsfläche positioniert werden. Am anderen Ende der ca. 5m langen LWL-Abschnitte befindet sich eine großflächige PIN-Fotodiode. Die nachfolgende Empfängerelektronik erzeugt eine Spannung u_X, die der eingekoppelten Lichtleistung proportional ist.
Bei Entfernung des Lichtwellenleiters aus dem Übertragungsweg und Positionierung der PIN-Fotodiode direkt vor der LED, ist u_X ein Maß für die gesamte abgestrahlte Leistung (Referenzmessung).
Das Ergebnis der Messungen wurde in der folgenden Meßreihe festgehalten:

$d_K(\mu m)$	85	100	200	300	400	600
$u_X(mV)$	28,55	39,51	158,04	355,6	484	484
$\eta[\%]_{ohne}$						
$\eta[\%]_{mit}$						

Ermitteln Sie:

1. Den effektiven Durchmesser $2a_D$ der Fotodiode, wenn die wirksame Emissionsfläche als Kreisfläche gedacht wird.
2. Die NA der LWL (lt. Voraussetzung bei allen gleich!), wenn die Referenzmessung eine Spannung $u_X = 10V$ ergab.
3. Vervollständigen Sie obige Tabelle bzw. des Einkoppelwirkungsgrades η_{ohne} (ohne Optik).
4. Ergänzen Sie die Tabelle um die Einkoppelwirkungsgrade η_{mit}, die unter Verwendung einer verlustfreien Optik erreicht werden könnten.

6. Übung

Die abgebildete Schaltung stellt in guter Näherung ein Model für einen Laseroszillator dar. Die Rolle des laseraktiven Materials übernimmt dabei ein Verstärker mit der Verstärkung v, der Laser-Resonator ist durch eine Leitung der Länge l ersetzt (l sehr groß gegen die Wellenlänge auf der Leitung), die Kurve der spontanen Emission wird durch einen gedämpften Schwingkreis nachgebildet.

1. Berechnen Sie zunächst allgemein die Gesamtverstärkung v_g.

2. Leiten Sie sodann die Bedingung für den Schwingeinsatz ab. Warum ist zur Aufrechterhaltung des Ausgangssignals keine Eingangsspannung nötig? Wie groß ist v mindestens zu wählen?

3. Berechnen Sie die Bandbreite B des Filters. Wie viele Resonanzfrequenzen der Leitung (Dielektrikum *Luft*) passen in diese Bandbreite?

Skizzieren Sie das Spektrum der Ausgangsspannung.

$$l = 100\ m, \quad \lambda_0 = 1\ m, \quad \gamma = \alpha + \jmath\beta, \quad \alpha = 0,1\ dB/m, \quad Q = 25, \quad \beta = \frac{2\pi}{\lambda} \quad .$$

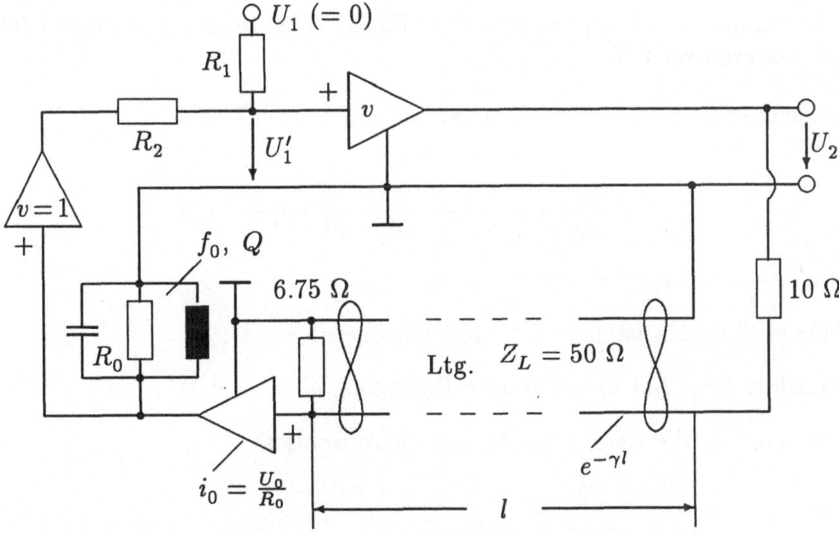

7. Übung

Eine Laserdiode (LD) vom Typ LCW 10 (vgl. unten) soll an einen Lichtwellenleiter mit 50 μm Kerndurchmesser angekoppelt werden. Dazu ist eine Optik, bestehend aus zwei gekreuzten Zylinderlinsen nötig.

1. Skizzieren Sie die Koppelanordnung.

2. Berechnen Sie Brennweite und Abstand der beiden Zylinderlinsen von der Laserdiode und der Faser-Stirnfläche, wenn das Format der Quelle voll auf den LWL-Kern abgebildet werden soll und der Abstand zwischen Laserdiode und Faser 10 mm beträgt.

3. Welche Moden sind hauptsächlich angeregt; schätzen Sie den Einkoppelwirkungsgrad ab!

Laserdiode: Quellenformat 0,2 μm × 12,5 μm,
Halbwertswinkel der Abstrahlungscharakteristik 25° × 5°

LWL: Kern 50 μm, $n_1 = 1,5$, $\Delta = 1$ %, SI-Profil

8. Übung

Eine Dauerstrich-Laserdiode wird bei einem Ruhestrom $I_0 = 200$ mA mit einer Folge sehr kurzer Rechteckimpulse (Es gilt: $\Delta I(t) = A_i\ \delta(t)$; $A_i =$ Impulsfläche) angesteuert. Der Schwellstrom I_S der Laserdiode beträgt 150 mA, die Amplitude der Stromimpulse 5 mA. Die Strom- Zeit- Fläche eines Rechteckimpulses beträgt 1 pC. Der Tastgrad sei 1 %.

1. Berechnen Sie den Verlauf der relativen emittierten Lichtleistung $\Delta P/P_0$ wenn die Beziehung

$$\frac{\Delta P}{P_0} = \frac{\Delta I}{I_0 - I_S} \cdot \frac{\omega_0^2}{\omega_0^2 - \omega^2 - \jmath\omega\gamma} \quad \text{gilt.}$$

$\gamma = \frac{I_0}{I_S \tau_e}$; $\omega_0 = \pi \cdot 10^9\ \frac{1}{s}$; $\tau_e = 0,3\ ns$

2. Wie groß sind Anstiegszeit t_r und Verzögerungszeit t_d?

3. Welchen Wert hat die normierte Dämpfung δ?

4. Wie groß ist die Basisbreite t_B des Lichtimpulses?

3 Optische Strahlungsempfänger auf Halbleiter-Basis

3.1 Allgemeine Grundlagen

Zum Empfang modulierter optischer Strahlung werden ausschließlich Halbleiter-Fotodioden verwendet. Elemente wie Hochvakuum-Fotodioden, Photo-Vervielfacher und thermische Fotoempfänger bleiben deshalb hier unberücksichtigt.

3.1.1 Innerer fotoelektrischer Effekt

Der innere fotoelektrische Effekt faßt die Phänomene zusammen, die aufgrund von Lichteinstrahlung zu Änderungen des Stromflusses in einem Halbleitermaterial führen. Gemeint sind vor allem

- die Fotoleitung, d.h. die Änderung der Leitfähigkeit durch Anheben von Elektronen aus dem Valenz- in das Leitungsband (→ Fotowiderstand) und
- der Sperrschicht-Fotoeffekt, d.h. die Erzeugung von Elektronen-Loch-Paaren, die als Strom in einem äußeren Stromkreis nutzbar gemacht werden können. Es handelt sich dabei um den zur Rekombination inversen Vorgang. Wir sprechen daher auch von Derekombination.

Auf dem Sperrschicht-Fotoeffekt basieren Fotoelemente, Fotodioden, -transistoren und -thyristoren.

3.1.2 Mechanismus der Fotostrom-Erzeugung

Führte bei Laserdioden die Freisetzung von Energie entsprechend der Bandlücke ΔW_L (=Rekombination) zur Emission von Strahlung bestimmter Wellenlänge, so kann im umgekehrten Vorgang durch *Absorption* von Strahlung die Elektronen-Loch-Paarbildung in einem Halbleiter erfolgen. Die Energie der Photonen muß dabei mindestens gleich dem Bandabstand Valenzband – Leitungsband sein

$$h \cdot \frac{c_0}{\lambda_0} \geq W_{LB} - W_{VB} \quad . \tag{3.1}$$

Absorption ist daher in einem vorgegebenen Material nur bis zu einer oberen Grenzwellenlänge, die sich aus Beziehung (3.1) ergibt, möglich. Im Mittel dringt ein Photon — abhängig von der Wellenlänge — bis zu einer bestimmten Tiefe in den Halbleiter ein, bevor es absorbiert wird. Dieser Sachverhalt wird durch die Eindringtiefe s beschrieben, eine Größe die vom Material und der Wellenlänge abhängt.

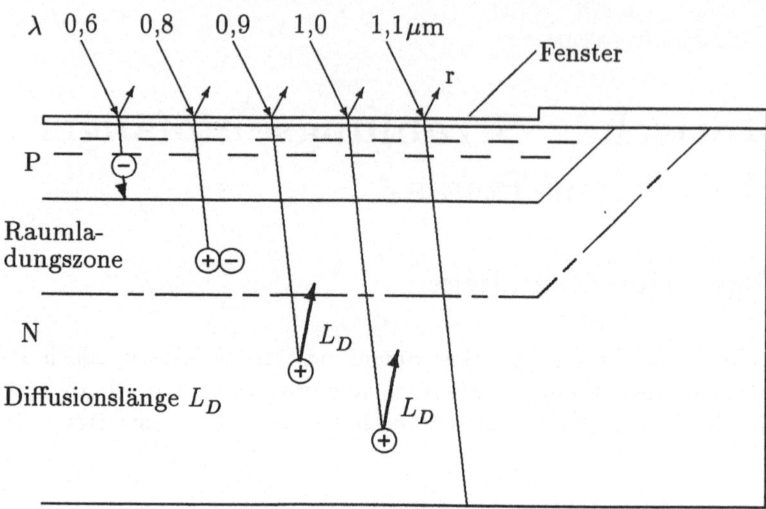

Bild 3.1 Eindringtiefe s bei verschiedenen Wellenlängen für Silizium

3.1.3 Absorption und Eindringtiefe

Bild 3.1 zeigt die mittlere Eindringtiefe eines Photons bei verschiedenen Wellenlängen anhand einer Fotodioden-Struktur aus Silizium. Unterhalb 0,6 μm Wellenlänge ist die Eindringtiefe so gering, daß die Photonen im Mittel schon vor der Raumladungszone absorbiert werden. Für Wellenlängen größer 1 μm ist die Eindringtiefe größer als die transversale Ausdehnung der Diodenstruktur, und es findet keine Absorption mehr statt. Bei allen dazwischen liegenden Wellenlängen erfolgt Absorption von Photonen nach einem exponentiellen Gesetz:

$$N(x) = N_e \cdot e^{-x/s} \quad , \tag{3.2}$$

mit N_e als Gesamtzahl in ein Material eintretender Photonen, x der zurückgelegten Weglänge ab Eintrittsebene (Fenster), der Eindringtiefe s und $N(x)$ als Zahl der noch verbliebenen Photonen. Die Anzahl der absorbierten Photonen nach der Weglänge x ist die Differenz

$$\begin{aligned} N_{abs} &= N_e - N(x) \\ &= N_e(1 - e^{-x/s}) \quad . \end{aligned} \tag{3.3}$$

Nach einer Weglänge gleich der Eindringtiefe ($x = s$) ist noch ein Bruchteil $1/e$ Photonen vorhanden. Die so bestimmte Eindringtiefe s ist in Tabelle 3.1 für Si über der Wellenlänge λ_0 aufgetragen.

$\lambda_0/\mu m$	0,633	0,7	0,8	0,9	1,06
$s/\mu m$	2,8	4,35	8,3	23,3	690

Tabelle 3.1 Eindringtiefe über der Wellenlänge für Silizium

Elektronen-Loch-Paarbildung in Halbleiterdioden

Bild 3.1 zeigt die einfachste Form einer Fotodiode. Sie weist lediglich eine p-n-Schichtenfolge auf, so daß die dazwischenliegende Raumladungszone keine festgelegte Weite hat, sondern stark von der angelegten äußeren Spannung abhängt. Das bedeutet eine starke Spannungsabhängigkeit der Diodenparameter und ist für stabilen Betrieb ein großer Nachteil. Diese Dioden werden hauptsächlich als Fotoelemente eingesetzt.

Das Einbringen einer undotierten (oder schwach dotierten) Intrinsic-Schicht (I) definierter Breite legt die Weite w der Raumladungszone unabhängig von einer äußeren Spannung fest und führt zur PIN-Fotodiode. Diese ist so konstruiert, daß Photonen hauptsächlich in der I-Zone absorbiert werden und dort zur Elektronen-Loch-Paarbildung führen. Die Ausdehnung der I-Zone muß daher mindestens gleich der Eindringtiefe sein ($w \geq s$).

3.2 PIN-Fotodiode

3.2.1 Funktionsprinzip

Zur Erläuterung des Funktionsprinzips sind in Bild 3.2 Struktur, Bändermodell und Absorptionsprofil für eine PIN-Fotodiode dargestellt. Aus dem oberen Bildteil wird mit der angelegten Spannung $-U_R$ die Polung in Sperrichtung deutlich, die sich im Bändermodell — mittlerer Bildteil — in der Energiedifferenz eU_R zwischen den Ferminiveaus (FN) der p- und n-Seite auswirkt. Die Sperrspannung bewirkt somit in der I-Zone ein Driftfeld. Wird Licht geeigneter Wellenlänge durch das p-seitige Fenster eingestrahlt, so werden die dadurch in der I-Zone freigesetzten Elektronen in Richtung n-Zone, die Löcher in Richtung p-Zone beschleunigt. Sie durchlaufen mit hoher Geschwindigkeit auch den feldfreien n- bzw. p-Bereich und werden im äußeren Stromkreis als Strom in Sperrichtung wirksam. Am Widerstand R_L entsteht ein dazu proportionaler Spannungsabfall.

Elektronen, die im p-Bereich erzeugt werden, müssen — ebenso wie Löcher, die im n-Bereich erzeugt werden — zunächst bis an den Rand der I-Zone diffundieren (Minoritätsträgerdiffusion), um in das Driftfeld und schließlich zum äußeren Kontakt zu gelangen. Sie treffen verspätet am Lastwiderstand R_L ein und verursachen einen „Diffusionsschwanz", der bei Impulsbetrieb störend ist.

Das Absorptionsprofil im unteren Bildteil zeigt für eine Wellenlänge (entsprechend s) den Anteil noch vorhandener Photonen als Abstand zwischen Kurve und

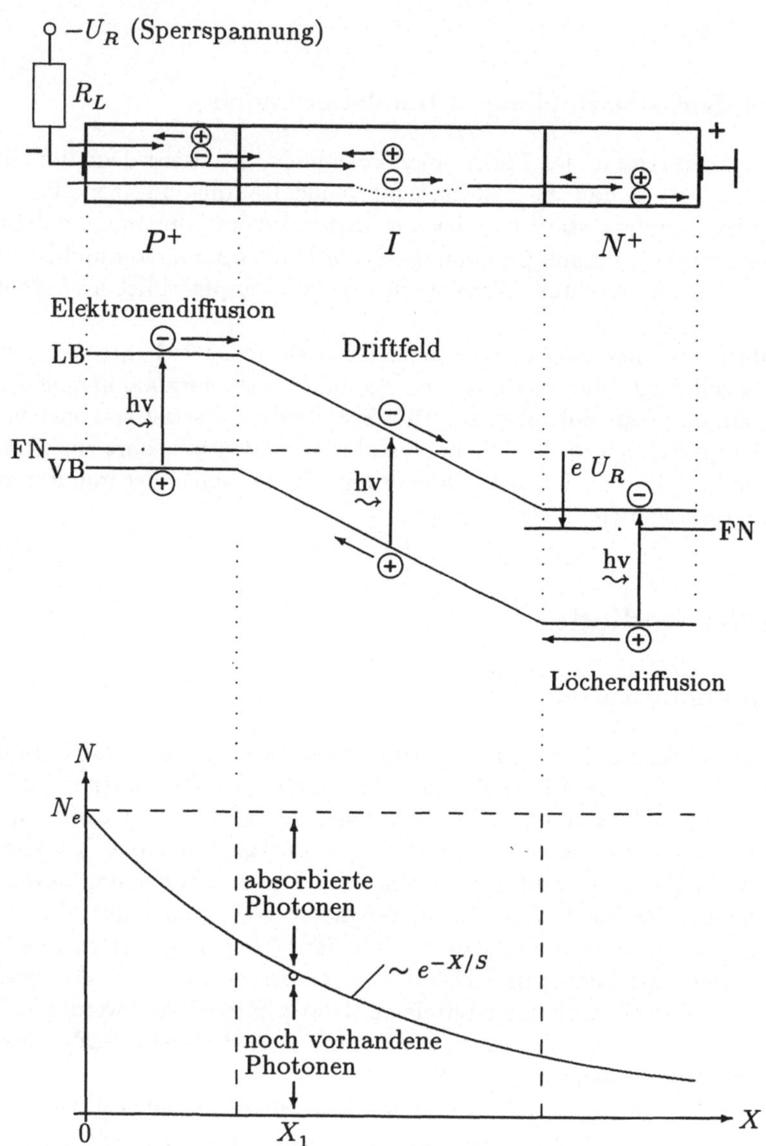

Bild 3.2 Zur Funktionsweise einer PIN-Fotodiode

x-Achse. Der Abstand von der Kurve zur Geraden N_e hingegen stellt die Anzahl absorbierter Photonen dar. Im Idealfall sollten bei Erreichen der Weite w alle Photonen absorbiert sein. Der Quotient $\frac{N(w)}{N_e}$ wird, unter der Voraussetzung sehr geringer Absorption in den p- und n-Bereichen, als Quantenwirkungsgrad bezeichnet:

$$\eta_Q = \frac{N(w)}{N_e} \approx 1 - e^{-w/s} \tag{3.4}$$

Für $w/s \gg 1$ strebt η_Q gegen den Idealwert 1.

3.2.2 Spektrale Empfindlichkeit (Responsivity)

Die spektrale Empfindlichkeit S ist definiert als Quotient von Fotostrom i_{Ph} und auftreffender Lichtleistung P_0

$$S = \frac{i_{Ph}}{P_0} \quad . \tag{3.5}$$

Der Fotostrom ist gegeben durch die Anzahl Photonen, die zur Paarbildung beitragen. Das ist ein Anteil N_P aus der Gesamtzahl der eindringenden Photonen N_e Mit Gl. (3.4) gilt

$$N_P = \eta_Q \cdot N_e \quad .$$

N_e ergibt sich aus der Strahlungsleistung P_e, in der der Verlust durch Reflexion am Eintrittsfenster zu berücksichtigen ist:

$$P_e = (1 - R)P_0 \quad ,$$

mit dem Leistungsreflektionsfaktor R. Es gilt mit dem Plank'schen Wirkungsgesetz der Zusammenhang

$$P_e = \frac{d}{dt}(W_e) = \frac{h \cdot c_0}{\lambda_0} \cdot \frac{dN_e}{dt} \quad .$$

Der Fotostrom ist proportional der Anzahl N_P absorbierter Photonen

$$i_{Ph} = \frac{dQ}{dt} = \frac{d}{dt}(N_P \cdot e) = e \cdot \frac{dN_P}{dt} \quad ,$$

mit der Elementarladung e. Unter Einbeziehung des Quantenwirkungsgrades η_Q und des Refektionsfaktors R wird der Quotient nach Gl. (3.5) unabhängig von N_e, N_P. Somit ergibt sich für die spektrale Empfindlichkeit

$$S = \frac{\eta_Q \cdot e}{h \cdot c_0} \cdot \lambda_0(1 - R) \quad . \tag{3.6}$$

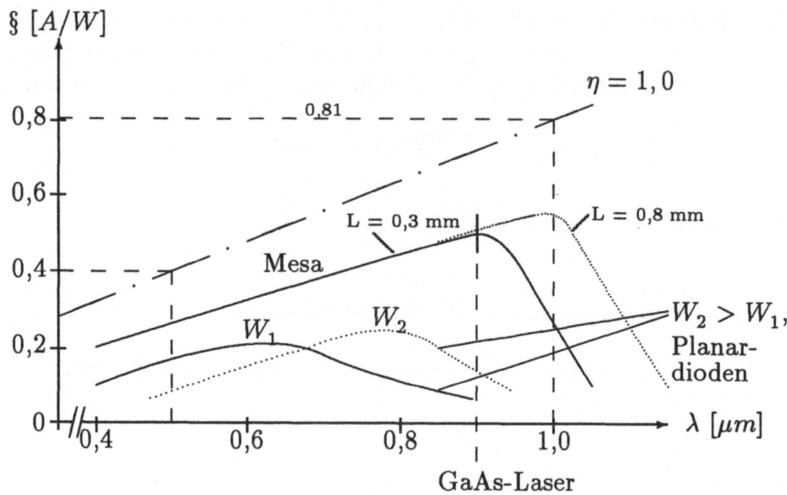

Bild 3.3 Empfindlichkeit verschiedener Fotodioden-Ausführungen

Solange sich die Abhängigkeit η_Q von λ_0 nach (3.4) (und Tabelle 3.1 für Si) noch nicht auswirkt, steigt die Empfindlichkeit proportional zur Wellenlänge. Bei Wellenlängen $\geq$ 0,9 μm macht sich bei Silizium die Absorptionsgrenze bemerkbar und führt zu einem abrupten Abfall der Empfindlichkeitskurve. Bild 3.3 zeigt den Verlauf von $S(\lambda_0)$ für Dioden verschiedener Technologien. Es wird deutlich, daß Si-Dioden ab ca. 1 μm Wellenlänge unbrauchbar sind. Die Technologie für höhere Wellenlängen ist zu einem späteren Punkt (??) zu diskutieren. Aus Bild 3.3 kann die maximale Empfindlichkeit einer PIN-Fotodiode aus Silizium mit typisch etwa 0,6 A/W bei 0,9 μm abgelesen werden. Deutlich höhere Werte werden mit Lawinen-Fotodioden (3.3) erzielt.

3.2.3 Optisch-elektrische Charakteristik

Aus Bild 3.4 ist der Zusammenhang Fotostrom i_{Ph} von der Beleuchtungsstärke E ersichtlich. Der Fotostrom ist über der Sperrspannung U_R aufgetragen, die Parametrierung mit E führt zu einem Kennlinienfeld. Bei der idealen PIN-Fotodiode ist der Fotostrom nahezu unabhängig von der Sperrspannung, wird also von einer Stromquelle geliefert. Für $E = 0$ ist der Dunkelstrom I_D der Fotodiode als Reststrom vorhanden. Er legt die untere Meßgrenze für kleine Lichtleistungen fest. Für gute Fotodioden kann mit $I_D < 1$ nA gerechnet werden. Dann ist jedoch die lichtempfindliche Fläche auf $\leq 1\ mm^2$ und die Weite w der I-Zone auf ≈ 10 μm zu begrenzen. Wird die Beleuchtungstärke, die zur optischen Eingangsleistung proportional ist, schrittweise um gleiche Beträge erhöht, so ergibt sich ebenfalls eine Erhöhung des Fotostromes in gleichen Schritten. Damit wird der Zusammenhang

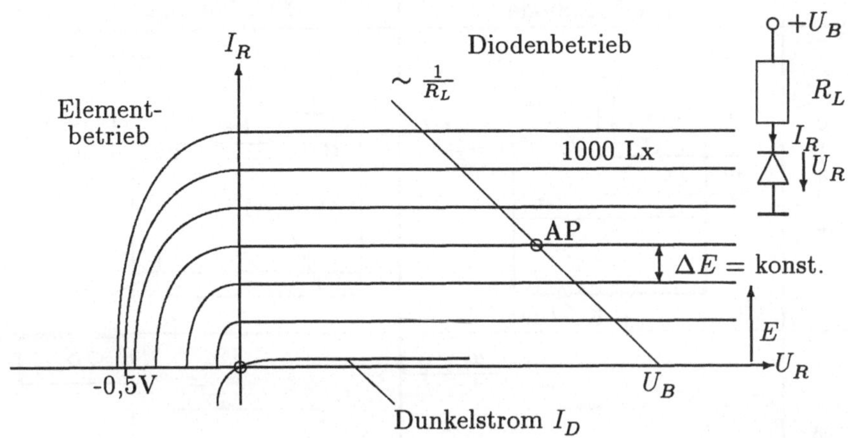

Bild 3.4 Optisch-elektrische Charakteristik einer Fotodiode, Parameter Beleuchtungsstärke E

nach (3.6) bestätigt. Diese Proportionalität zwischen optischer Leistung und Fotostrom umfaßt einen Gültigkeitsbereich von 7 Dekaden.

Der Fotostrom kann — wie ebenfalls in Bild 3.4 zu sehen — über den Lastwiderstand R_L in eine zur Lichtleistung proportionale Spannung umgewandelt werden. Der große Linearitätsbereich ist dabei jedoch nicht nutzbar, da der Arbeitspunkt (AP) bei großen Änderungen der Beleuchtungsstärke mitverändert wird. Aus diesem Grund ist für meßtechnische Zwecke mit hohen Anforderungen an die Linearität die Verwendung eines Transimpedanz-Verstärkers mit sehr kleinem Eingangswiderstand zu empfehlen (vgl. 5.3). Die Widerstandsgerade verläuft dann vertikal durch den Arbeitspunkt wodurch die Spannung an der Diode konstant bleibt. Die maximal zulässigen Sperrspannungen liegen bei Si-PIN-Fotodioden bei 20 ... 50 V.

Ohne angelegter Sperrspannung U_B ist die innere Diode in Sperrichtung vorgespannt, d.h. die Löcher wandern in Richtung des p-Kontaktes, die Elektronen in Richtung des n-Kontaktes. Es entsteht ein *Fotoelement* mit dem p-Kontakt als Pluspol und dem n-Kontakt entsprechend als Minuspol.
Die Leerlaufspannung steigt im Elementbetrieb logarithmisch mit der Beleuchtungsstärke an und erreicht für Siliziumdioden bei 1000 Lux[1] einen Wert von ca 0,5 V.

[1] 1 Lux(Lx) = 1 $\frac{\text{Lumen}}{m^2}$; 1000 Lux $\hat{=}$ 4, 76 $\frac{mW}{m^2}$ bei Normlicht A [43]

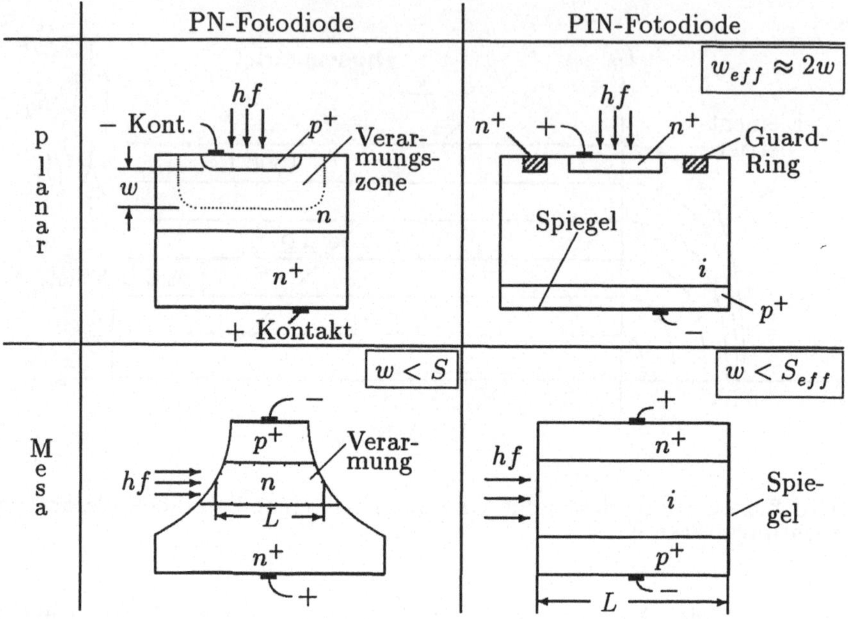

Bild 3.5 Grundbauformen von Fotodioden

3.2.4 Bauformen von Fotodioden

Grundstrukturen

Bild 3.5 gibt einen Überblick über die gebräuchlichsten Grundstrukturen von Si-Fotodioden und enthält pn-Fotodioden wie auch PIN-Fotodioden in planarer- und Mesa-Technologie. In der unteren Bildhälfte sind zwei Fotodioden mit Quereinstrahlung dargestellt. Bei diesen Bauformen ist die Bewegungsrichtung der Photonen senkrecht zur Bewegungsrichtung der Ladungsträger. Somit ist für die Absorption nicht die Weite der I-Zone sondern die Länge L der Struktur maßgebend. So ist es möglich auf der Basis dieser Bauformen einen hohen Quantenwirkungsgrad η_Q mit einer sehr kleinen Ladungsträgerlaufzeit zu verbinden. Das ist die Voraussetzung für empfindliche und zugleich schnelle Fotodioden (vgl. auch 3.2.5).

Besonders zu erwähnen sind noch die Eindiffundierung eines Guard-Ringes zur Ableitung des Oberflächen-Leckstromes (der den Dunkelstrom erhöhen würde), gezeigt an der PIN-Fotodiode in Planartechnologie sowie die Verspiegelung der Diodenrückseite, wodurch die wirksame Länge für die Absorption von Photonen verdoppelt wird, zu sehen bei den PIN-Fotodioden in der rechten Bildhälfte. Zudem kann zur Reduzierung des reflektierten Anteils der einfallenden Lichtleistung das Auftreff-Fenster entspiegelt werden. Das führt zu einer Verbesserung der Empfindlichkeit um 3 ... 4 %, unterdrückt aber auch die in einem LWL-System störenden Reflexionen.

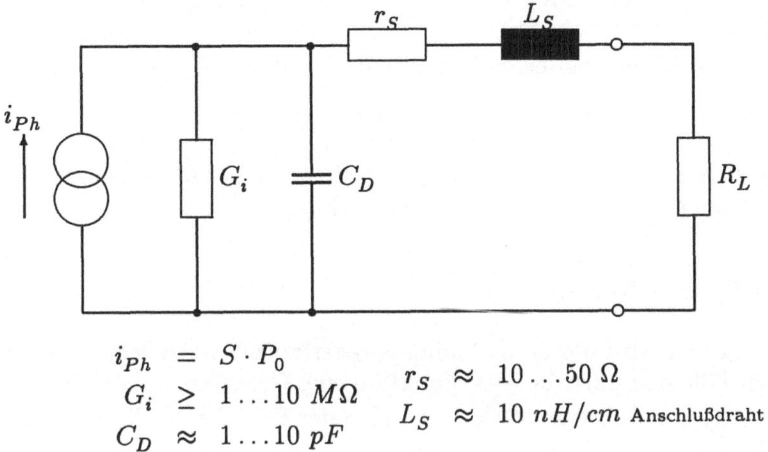

Bild 3.6 Ersatzschaltbild einer PIN-Fotodiode

3.2.5 Demodulationsverhalten von PIN-Fotodioden

PIN-Fotodioden sind aufgrund ihrer kleinen Bauformen gut für den Betrieb bis zu Frequenzen im GHz-Bereich geeignet. Voraussetzungen sind eine kleine Sperrschichtkapazität (ca. 1 ... 2 pF) und eine geringe Ladungsträgerlaufzeit durch die Driftzone. Während die erste Forderung bei kleiner Diodenfläche nach einer möglichst große Weite w der I-Zone verlangt, ist mit der zweiten Forderung nach einer möglichst kleinen Weite genau das Gegenteil zu erfüllen. Beide Forderungen lassen sich im Hinblick auf eine minimale Anstiegszeit des Fotostromes optimieren. Die Empfindlichkeit S wird dabei nicht optimal. Hohe Empfindlichkeit *und* kleine Anstiegszeit lassen sich nur bei Bauformen mit Querausstrahlung realisieren. Bei ihnen kann die wirksame Länge L zur Erzielung optimaler Absorption groß gemacht werden, ohne dabei die Weite der I-Zone (und damit die Trägerlaufzeit) vergrößern zu müssen. Mit großer Länge nimmt natürlich die Kapazität der Diode zu. Der nachteilige Einfluß läßt sich aber mit schaltungstechnischen Mitteln stark reduzieren (siehe Bootstrap-Verstärker).

RC-Ersatzschaltbild

Quantitativ läßt sich der Einfluß der Diodenkapazität aus der Ersatzschaltung, Bild 3.6, ableiten.

Da die Wirkung der Serieninduktivität sich erst bei Frequenzen nahe 1 GHz bemerkbar macht, kann die Tiefpaßkonstante der Ersatzschaltung vereinfacht angegeben werden:

$$\tau_T = C_D \left(\frac{1}{G_i} + R_L + r_S \right) \approx C_D (R_L + r_S) \tag{3.7}$$

Daraus ergibt sich die Anstiegszeit aufgrund der RC-Charakteristik zu

$$tr_T = 2,2\tau_T = 2,2C_D(R_L + r_S) \quad . \tag{3.8}$$

Für eine PIN-Diode mit $C_D = 2$ pF, $r_S = 50\ \Omega$ ist bei Abschluß mit $R_L = 50\ \Omega$ mit einer Anstiegszeit von $tr_T \approx 0{,}5$ ns zu rechnen.

Ladungsträgerlaufzeit

Diese Anstiegszeit wird durch die Ladungsträgerlaufzeit noch vergrößert. Aufgrund der Laufzeit läßt sich über die $\frac{\sin\alpha}{\alpha}$-Funktion eine Grenzfreuenz definieren, nämlich wenn $\frac{\sin\alpha}{\alpha} = \frac{1}{\sqrt{2}}$ wird. Das ist für $\alpha = 0,445 \cdot \pi$ der Fall. Die Größe α ist das Produkt aus Kreisfrequenz ω und mittlerer Laufzeit der Ladungsträger

$$\alpha = \omega \cdot \frac{w/2}{v_D}$$

mit der Driftgeschwindigkeit v_D und der Weite der I-Zone w. Somit ergibt sich für die Grenzfrequenz infolge Ladungsträgerlaufzeit

$$f_g = 0,445 \cdot \frac{v_D}{w} \quad . \tag{3.9}$$

Die anteilige Anstiegszeit berechnet sich zu

$$tr_L = \frac{2,2}{\omega_g} = \frac{2,2}{0,89 v_D} \cdot w \tag{3.10}$$

und ist proportional zu w.

Die gesamte Anstiegszeit ist aus der Wurzel der Summe über die Quadrate der Einzelanstiegszeiten zu ermitteln

$$tr_{ges} = \sqrt{tr_T^2 + tr_L^2} \quad .$$

Optimierung der Anstiegszeit

Berücksichtigt man in (3.7) die Diodenkapazität C_D mit

$$C_D = \frac{F}{w} \cdot \varepsilon_0 \varepsilon_r$$

so wird die Gesamtanstiegszeit

$$tr_{ges} = 2,2\sqrt{(R_L + r_S)^2 \cdot (F \cdot \varepsilon_0 \varepsilon_r)^2 \cdot \frac{1}{w^2} + \left(\frac{1}{0,89 \cdot v_D} \right)^2 \cdot w^2} \quad . \tag{3.11}$$

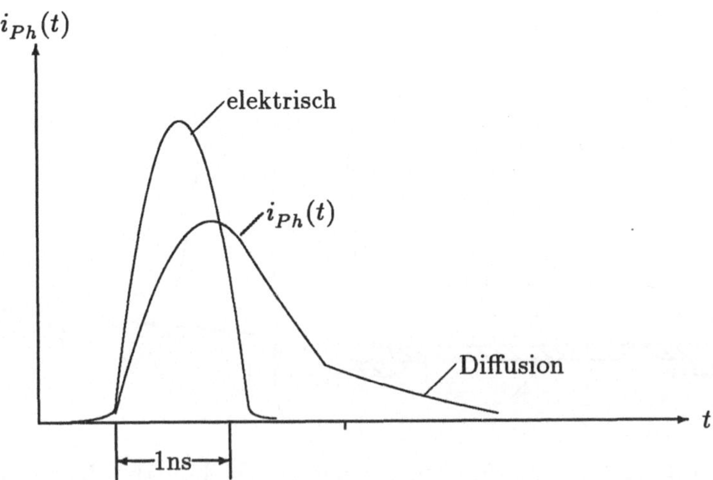

Bild 3.7 Auswirkung der Minoritätsträgerdiffusion auf die Impulsantwort einer Fotodiode

Dieser Ausdruck wird minimal für einen definierten Wert von $w = w_{opt}$. Für ein bestimmtes Basismaterial sind damit bei gegebener Diodenfläche und unter der Voraussetzung, daß ausschließlich in der I-Zone Elektronen-Loch-Paare gebildet werden, alle Diodenparameter bestimmt. Übung 8 greift diese Fragestellung detailliert auf.

Diffusionseffekte

Neben der Anstiegszeit ist der Effekt der Minoritätsträgerdiffusion bei Paarbildung im p- bzw. n-Material zu berücksichtigen. Im üblicherweise sehr schmalen p-Gebiet auf der Eintrittsseite der Photonen wirkt sich vor allem die Löcherdiffusion störend auf die Impulsantwort aus. Bild 3.7 läßt deutlich den „Diffusionsschwanz“, verursacht durch die verspätet eintreffenden Minoritätsträger, erkennen. Abhilfe schaffen die Realisierung dünner p- und n-Schichten sowie die Verringerung der Ladungsträgerlebensdauer durch Änderung der Dotierung.

3.3 Die Lawinen-(Avalanche-)Fotodiode

Aus der Hochvakuum-Technik sind Photovervielfacher (Photomultiplier) als sehr empfindliche Fotodetektoren bekannt. Entsprechende Elemente in Halbleitertechnologie sind die Lawinen-Fotodioden (Avalanche-Photo-Diode, APD).

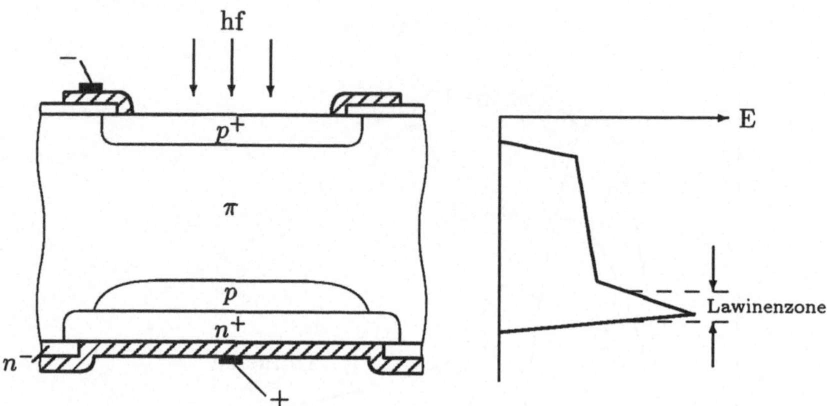

Bild 3.8 Aufbau und Funktions einer „reach-through“- Lawinenfotodiode

3.3.1 Aufbau und Wirkungsweise

Silizium-APD's für Wellenlängen bis 0,9 μm nutzen den Vorteil, daß in Si die Stoßionisation durch Elektronen wesentlich effektiver ist als durch Löcher. Damit möglichst alle durch Paarbildung freigesetzten Elektronen zur Stoßionisation beitragen, ist die Zone höchster Feldstärke (=Multiplikationszone) unmittelbar vor dem n^+-Bereich angeordnet, bevor die Elektronen in Richtung Kathode die Diodenstruktur verlassen.

Struktur

Bild 3.8 zeigt im linken Teil den Aufbau einer APD in sogenannter „reach through“-Struktur. Durch die schmale, stark dotierte p^+-Zone treten Photonen in die Diode ein und werden in der nachfolgenden π-Schicht absorbiert. Die π-Schicht besteht aus schwach dotiertem p-Material und erfüllt denselben Zweck wie die I-Zone einer PIN-Diode. Der p-n-Übergang wird von den beiden nachfolgenden p- und n^+-Schichten gebildet. Die n^+-Schicht ist großflächig mit der Kathode verbunden. Zur Vermeidung elektrischer Überschläge aufgrund der hohen Feldstärke, die sich über dem p-n-Übergang ausbildet, ist die p-Schicht gegen die n-Schicht abgesetzt. Scharfe Kanten werden vermieden, der ringförmig herausgezogene n-Bereich erhält infolge schwächerer Dorierung eine geringere Leitfähigkeit.

Lawineneffekt und Fotostromverstärkung

Die in der π-Zone erzeugten Löcher bewegen sich, durch das Driftfeld beschleunigt, zur Anode, während die Elektronen in Richtung Multiplikationszone beschleunigt werden. Diese umfaßt hauptsächlich den Bereich des p-n-Übergangs. Infolge der hohen Feldstärke wird die kinetische Energie der Elektronen so groß, daß bereits in der Multiplikationszone Sekundärelektronen erzeugt werden, die ihrerseits einen so hohen Zugewinn an kinetischer Energie erfahren, daß sie weitere Elektronen durch Stoßionisation freisetzen. Auf diese Weise entsteht eine Elektronenlawine, die sich in Richtung Kathode bewegt. Die Anzahl Primärelektronen erscheint um einen Faktor M vervielfacht. Das entspricht einer M-fachen inneren Fotostromverstärkung:

$$i_{APD} = M \cdot i_{Ph} \quad . \tag{3.12}$$

Optisch/Elektrische Charakteristik

Silizium APD's können mit Sperrspannungen U_R um 200 V betrieben werden. Die Grenze für U_R ist mit der Durchbruchspannung der Diode, U_{Br}, gegeben, die einige zehn Volt über 200 V, bis ca. 300 V liegen kann.
Die innere Stromverstärkung M_0 für tiefe Frequenzen ist gegeben mit (3.13)

$$M_0 = \frac{i_{APD}}{i_{Ph}} = \sqrt{\frac{U_B}{i_{Ph} \cdot vR_L}} \quad . \tag{3.13}$$

Sie hängt somit auch noch über den Fotostrom von der optischen Eingangsleistung ab. Eine weitere *nichtlineare Abhängigkeit* von der optischen Leistung wird unter Punkt ?? näher erläutert. In (3.13) bedeuten weiterhin:

v die Ionisierungskonstante für Stoßionisation durch Elektronen, in Silizium ca. 1,5 ... 4,
R_L den Lastwiderstand bei Betrieb nach Bild 3.9 und
U_B die Vorspannung in Sperrichtung, mit der die Stromverstärkung definiert eingestellt werden kann.

Bild 3.9 stellt den Zusammenhang i_{APD} über der Vorspannung U_R, mit der einfallenden optischen Leistung P_0 als Parameter, dar.
Bei Sperrspannungen weit unterhalb U_B wirkt die APD wie eine PIN-Diode mit linearem Zusammenhang zwischen Ausgangsstrom und optischer Leistung, der auch bei höheren Leistungen gegeben ist. Zu größeren Leistungen hin wird das nichtlineare Verhalten der APD deutlich. Sie ist dann wohl als empfindlicher Empfänger für digitale Signale, nicht aber in analoger Übertragungstechnik und Meßtechnik einsetzbar.

3.3.2 Demodulationsverhalten von APD's

Kriterien zur Beurteilung einer APD als optisch/elektrischer Wandler sind vor allem der Frequenzgang der Fotostromverstärkung, die Empfindlichkeit und Linearität bei kleinen Leistungen.

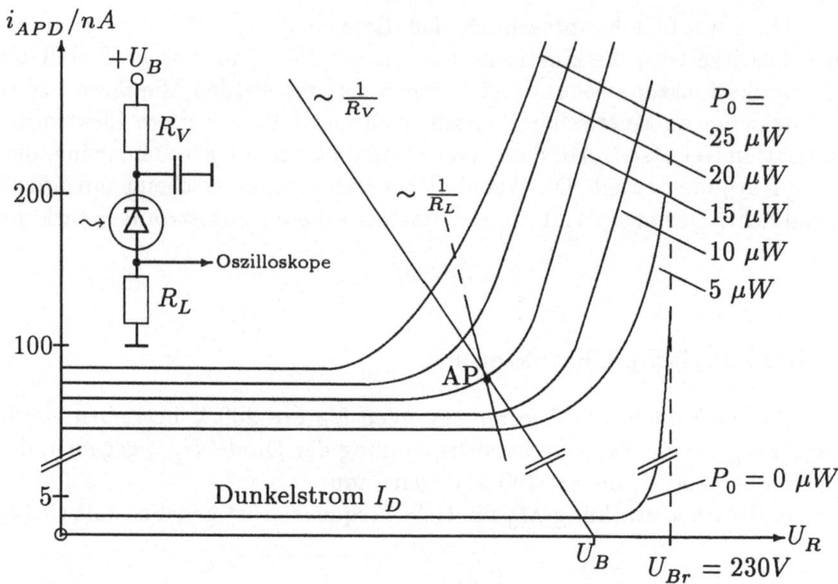

Bild 3.9 Optisch/Elektrische Charakteristik einer Si-APD

Frequenzgang der Fotostromverstärkung

Aufgrund der hohen elektrischen Feldstärke der Multiplikationszone von APD's prallen die freien Elektronen mit hoher Geschindigkeit auf Atome der Silizium-Gitterstruktur auf und lösen Sekundärelektronen aus ihren festen Bindungen. Die mittlere stoßfreie Zeit τ_S eines Elektrons ist ein Maß für die Schnelligkeit dieses Prozesses und ist mit Zeiten im Bereich von Picosekunden sehr klein. Der APD-Strom wird sich aber infolge der Stromlawine gegen das optische Eingangssignal verzögert und zwar umso mehr, je größer die Stromlawine ist. Dies führt zu einer Frequenzabhängigkeit des APD-Stromes:

$$i_{APD} = i_{Ph} \cdot \frac{M_0}{1 + \jmath\omega\tau_S M_0} \quad . \tag{3.14}$$

Der Strom i_{Ph} ist mit $i_{Ph} = S \cdot P_e$ der vergleichbare PIN-Diodenstrom für $M_0 = 1$ und $\omega \to 0$. Die Grenzfrequenz folgt aus dieser Beziehung zu

$$f_g = \frac{1}{2\pi M_0 \tau_S} \quad . \tag{3.15}$$

Im Bereich wirksamer Lawinenverstärkung ($M_0 \geq 10$) hat die APD ein *konstantes Verstärkungs-Bandbreite*-Produkt:

$$G = f_g \cdot M_0 = \frac{1}{2\pi\tau_S} \quad . \tag{3.16}$$

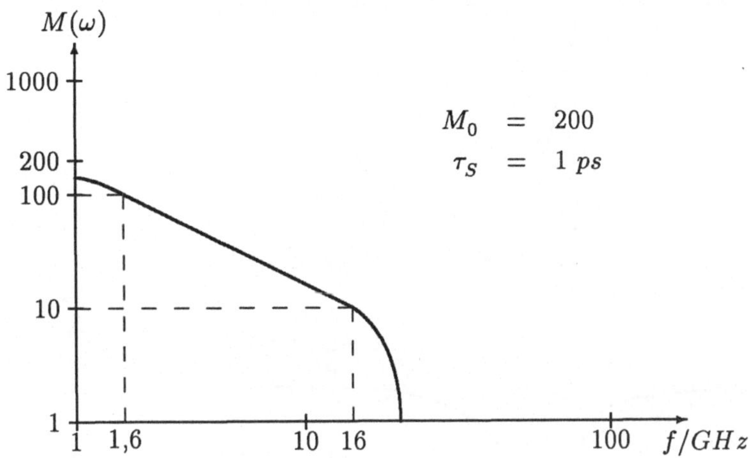

Bild 3.10 Frequenzgang der Fotostromverstärkung einer Si-APD bei Kleinsignal-Betrieb

G liegt bei Silizium-APD's zwischen 100 und 200 GHz (!) typisch und ist umso größer, je schmaler die Multiplikationszone ist.
Das konstante Verstärkungs-Bandbreite-Produkt ist an die Existenz einer nennenswerten Stromlawine gebunden. Unterhalb von Werten $M_0 \approx 10$ ist die mittlere stoßfreie Zeit τ_S nicht mehr der frequenzbestimmende Parameter. Bei $M_0 = 1$ gelten die gleichen frequenzabhängigen Zusammenhänge wie bei einer PIN-Diode gleicher Bauform. Der Bereich $M_0 = 1 \ldots 10$ ist durch den Übergang von der PIN-Dioden-Charakteristik zur APD-Charakteristik gekennzeichnet. Somit hat die Stromverstärkung $M(\omega)$ über der Frequenz den Verlauf nach Bild 3.10

Bei ***impulsförmiger optischer Eingangsleistung*** P_e macht sich der Zusammenhang nach Bild 3.10 in der Vergrößerung von Anstiegs- und Abfallzeit bemerkbar. Bleibt die Impuls-Spitzenleistung kleiner 1 μW, so ändern sich beide Flanken symmetrisch, bei höheren Leistungen verläuft infolge nichtlinearer Effekte die Anstiegsflanke steiler als die Abfallflanke. Bild 3.11 gibt für eine APD in koaxialer Bauform (S171P von AEG) die Antwort auf einen Exponentialimpuls mit 0,5 ns Halbwertsbreite für verschiedene Stromverstärkungen M_0 wieder. Laut Herstellerangaben [45] sind bei $M_0 = 100$ Anstiegszeiten von $\approx$ 180 ps erreichbar. Ähnlich wird für die APD PD1002 von Mitsubishi bei $M_0 = 100$ eine Grenzfrequenz von 2 GHz angegeben. Dies entspricht der gleichen Anstiegszeit von 180 ps [46].

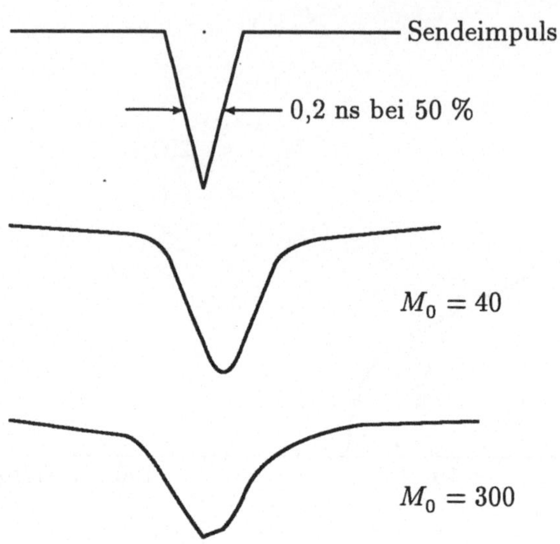

Bild 3.11 Impulsverhalten einer Si-APD in koaxialer Bauform ($F = 0,2\ mm^2$)

Anpassung des Stromverstärkungsfaktors an die optische Eingangsleistung

Im Hinblick auf ein maximales Signal/Rausch-Verhältnis ist bei Si-APD's die Optimierung der Stromverstärkung möglich. Der Grund liegt darin, daß Signal- und Rauschleistung hinter der APD auf verschiedene Weise von der Stromverstärkung abhängen. Unter Berücksichtigung dieser optimalen Stromverstärkung M_{opt} sind Si-APD's die empfindlichsten Fotoempfänger für Wellenlängen bis 900 nm. Die Nachweisgrenze liegt bei diesen Elementen im Bereich von $\leq$0,1 pW/$\sqrt{\text{Hz}}$. Eine genauere Betrachtung hierzu folgt unter 3.4.2.

Nichtlineare Effekte

Wie erwähnt, treten bei höheren optischen Eingangsleistungen ($P_e \geq 1 \ldots 10\ \mu$W) Nichtlinaritäten auf. Das betrifft vor allem die Abnahme der Stromverstärkung M_0 mit größer werdender Leistung. Dieser Effekt ist auf den Multiplikationsvorgang zurückzuführen, bei dem neben den Elektronen auch in geringerem Maß Löcher vervielfacht werden. Diese driften durch die π-Zone zum Minuspol und rekombinieren auf ihrem Weg mit Elektronen, die in Richtung p-n-Übergang unterwegs sind. Auf diese Weise wird die Anzahl der für die Stoßionisation wirksamenElektronen verringert. Die Abnahme des Multiplikationsfaktors M_0 ist die Folge, so daß der

Zusammenhang $M_0 = f(P_e)$ nicht konstant verläuft, die APD also nichtlinear arbeitet.

3.3.3 Technologische Besonderheiten für höhere Wellenlängen (λ>1μm)

Für Wellenlängen oberhalb 1 μm reicht die Absorption in Silizium-Halbleitern selbst bei Bauformen mit Quereinstrahlung und Verspiegelung der hinteren Diodenfläche für eine effektive optisch/elektrische Wandlung nicht mehr aus. Als alternative Materialien mit ausreichend großem Absorptionskoeffizienten ($\alpha = \frac{1}{s}$, Kehrwert der Eindringtiefe) kommen Germanium (Ge) und Mischkristalle verschiedener III/V-Halbleiterverbindungen zur Anwendung. Unter den möglichen III/V-Verbindungen wird wegen der auch bei Sendeelementen anzutreffenden InGaAsP/InP-Technologie diese Materialkombination ebenfalls bei Empfangselementen bevorzugt verwendet. Entsprechend der Bandabstände lassen sich durch Variation des Mischungsverhältnisses Grenzwellenlängen der Fotoempfindlichkeit zwischen 930 nm und 1650 nm einstellen. Damit sind Empfänger für das zweite und dritte Übertragungsfenster verfügbar (1300 nm bzw. 1550 nm). Aufgrund des niedrigeren Dunkelstromes im InGaAsP/InP-Mischkristall gegenüber Ge ist für Ge-Dioden mit ungünstigeren Parametern zu rechnen. In Mischkristalldioden hingegen lassen die sehr geringen Dunkelstöme von $\leq$ 100 pA eine untere Nachweisgrenze der optischen Leistung im Bereich von ca. 100 pW erwarten. Für hochempfindliche Fotoempfänger bieten sich für höhere Wellenlängen derzeit folgende Möglichkeiten an:

- PIN-Fotodioden aus InGaAsP/InP mit geringerem Dunkelstrom
- Lawinen-Fotodioden aus Ge mit höherem Dunkelstrom (150...300 nA)
- Lawinen-Fotodioden aus InGaAs/InP.

Die planare PIN-Fotodiode nach Bild 3.12 weist eine heterogene Folge von InP, InGaAsP und InGaAs-Schichten auf. Der Durchmesser der Verarmungszone ist auf ca. 75 μm begrenzt. Das hat einen sehr geringen Dunkelstrom (Bestwerte 10 pA) und Chip-Kapazitäten von nur 0,2 pF bei 2 V Sperrspannung zur Folge [47].

Die empfindlichsten optischen Empfänger für 1300 nm bis 1550 nm Wellenlänge sind Lawinen-Fotodioden aus InGaAs/InP gemäß Bild 3.13. Der wesentliche Unterschied zur PIN-Fotodiode nach Bild 3.8 ist die Lage des p-n-Übergangs im InP-Material. Die Ladungsträgervervielfachung kommt in der Umgebung des p-n-Übergangs durch *Stoßionisation der Löcher*, die in der n-InGaAs-Schicht erzeugt werden, zustande. Die Dunkelströme solcher Lawinen-Fotodioden liegen bei einigen nA [47].

Lawinen-Fotodioden aus Ge sind preiswerte Elemente für optische Empfänger bei 1300 nm Wellenlänge und gehören heute zum Standard. Sie sind nur bis 1500 nm Wellenlänge brauchbar und liefern zudem aufgrund ihres höheren Dunkelstromes ein größeres Zusatzrauschen als InGaAsP-Dioden. Die in Bild 3.14 gezeigte Lawinen-Fotodiode ist durch Ionenimplantation in einem n-Ge-Substrat hergestellt. Der wirksame Durchmesser dieser Diode beträgt 50 μm. Der Guardring dient zur Ableitung des Oberflächenleckstromes, so daß der wirksame Dunkelstrom nur noch

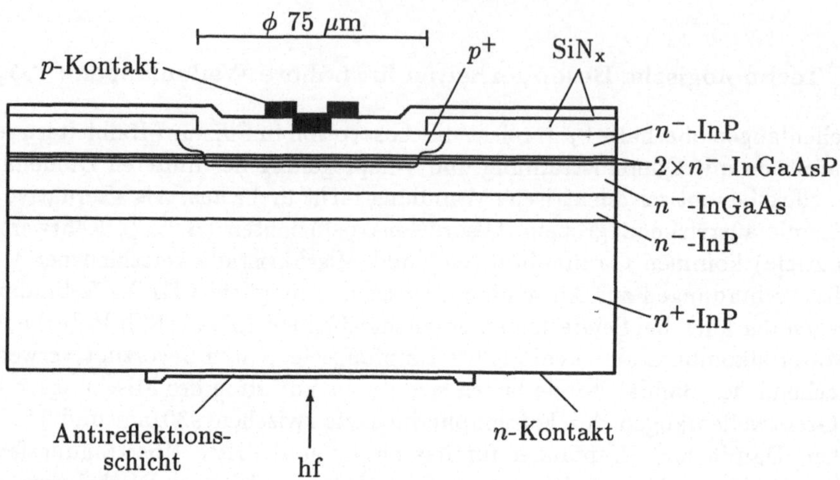

Bild 3.12 Schematischer Querschnitt durch eine planare PIN-Photodiode aus InGaAs/InP

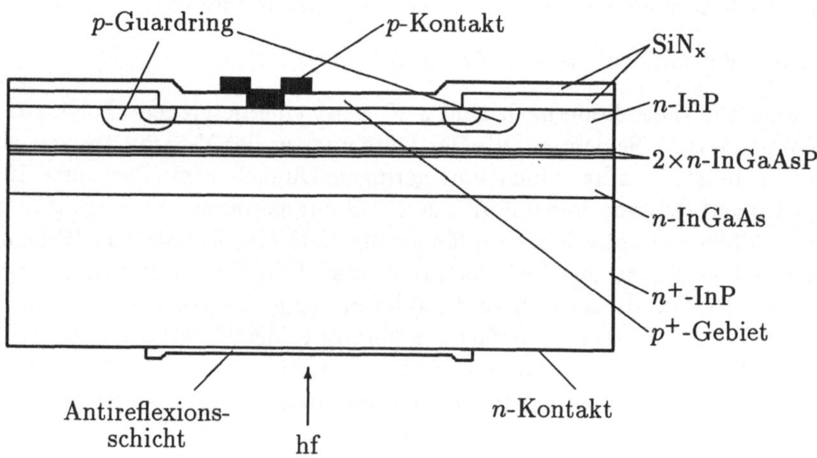

Bild 3.13 Schematischer Querschnitt durch eine planare Avalanche-Photodiode aus InGaAs/InP (SAM-APD Seperate Absorption Multiplikation Avalanch Photodiode)

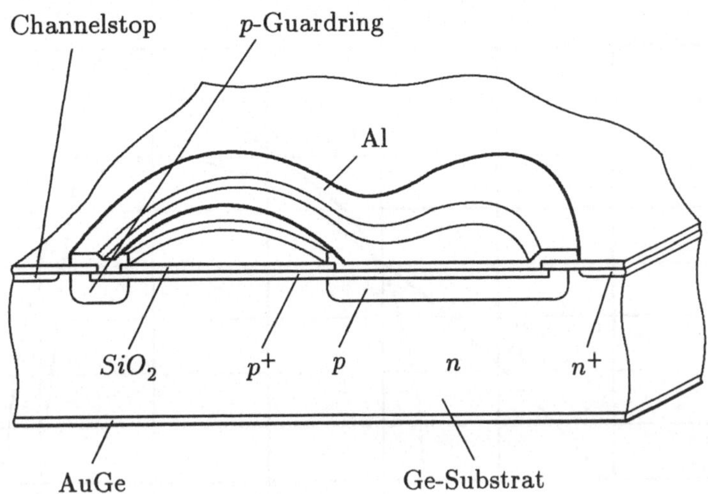

Bild 3.14 Schematischer Querschnitt durch eine planare Avalanche-Photodiode aus Germanium

10 - 15 nA beträgt. Der Quantenwirkungsgrad beträgt von 1200 nm bis 1500 nm etwa 85 %. Fotostromverstärkungen von 10 sind ohne Inkaufnahme eines übergroßen Zusatzrauschens realisierbar [47].

Die realisierbaren spektralen Empfindlichkeiten können den Kurven aus Bild 3.15 entnommen werden. Sie gelten für InGaAs-PIN-Dioden und APD's ($M_0 = 1$) sowie Ge-APD's ($M_0 = 1$), [48]. Eine tabellarische Übersicht einiger PIN-Fotodioden und APD's mit den wichtigsten Parametern findet sich am Schluß dieses Kapitels. Dort sind auch die seit einigen Jahren gebräuchlichen PIN-Dioden mit integriertem FET-Verstärker aufgeführt, die eine ernsthafte Alternative zu Ge-APD's darstellen. Für Wellenlängen $> 1{,}6\ \mu$m, die in Sensorikanwendungen zum Einsatz kommen, stehen InAs-Dioden (bis 3 μm) und In-Sb-Dioden (bis 6 μm) zur Verfügung. Die spektrale Empfindlichkeit dieser Elemente ist jedoch deutlich geringer als bei GaAlAs, was sich in der ein bzw. zwei Zehnerpotenzen schlechteren Nachweisgrenze bemerkbar macht [48].

3.4 Rauscheigenschaften von PIN-Fotodioden und APD's

Die Nachweisgrenze bezüglich der optischen Leistung wird durch das Rauschen der Fotodioden bestimmt. Im Interesse größter Allgemeingültigkeit erfolgt die Behandlung am Beispiel der APD. Die PIN-Fotodiode ist darin als Spezialfall für $M_0 = 1$ enthalten.

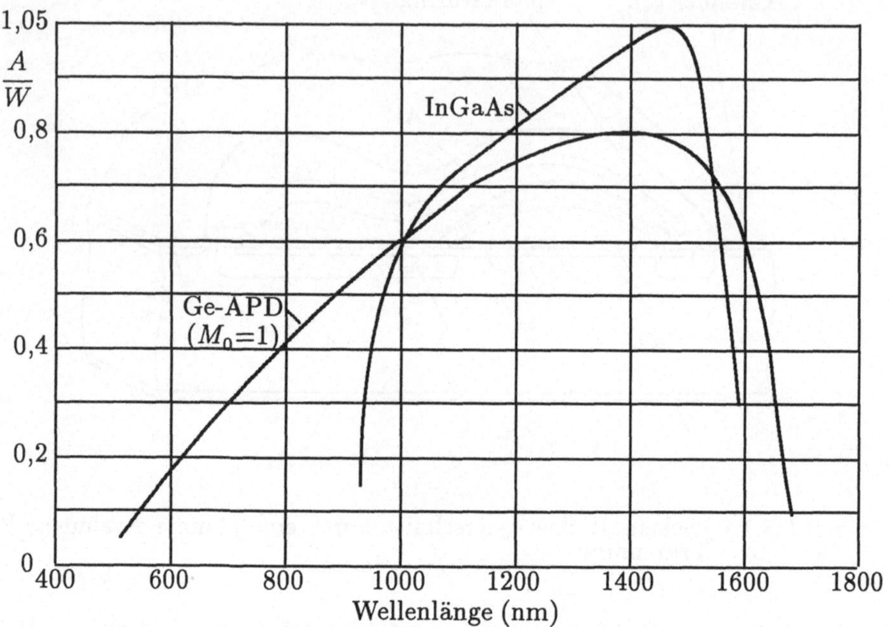

Bild 3.15 Spektrale Empfindlichkeit von Fotodioden, $\lambda > 900$ nm

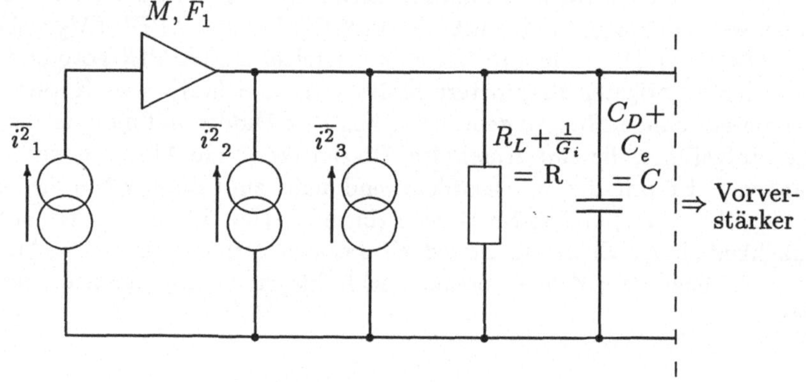

Bild 3.16 Rauschersatzbild einer APD

3.4.1 Rauschquellen und Rauschersatzschaltung der APD

Bild 3.16 gibt vereinfacht das Rauschersatzbild einer APD wieder.

Die wirksamen Rauschanteile werden durch Stromquellen berücksichtigt, die jeweils als Mittelwert des entsprechenden, auf das infinitesimal kleine Frequenzintervall df bezogenen, Rauschstromquadrates zu verstehen sind. Es handelt sich somit um die spektrale „Amplitudendichte“der entsprechenden Rauschströme.

Ihre Bedeutung ist im einzelnen:

$\overline{i_1^2} = 2e(i_{Ph} + I_D + I_{St})$,
der Schrotrauschanteil des Fotostromes i_{Ph}, des Dunkelstromes I_D und des durch Streulicht erzeugten äquivalenten Signalstromes I_{St}. Durch abdunkelnde Maßnahmen und differentielle Empfangsverfahren läßt sich I_{St} eliminieren und wird bei der weiteren Berechnung daher nicht berücksichtigt.

$\overline{i_2^2} = \overline{i_1^2} \cdot F_Z \cdot M^2$,
das zusätzliche Stromrauschen des internen Stromverstärkers (berücksichtigt durch die Zusatzrauschzahl F_Z), das auf der Ausgangsseite des Verstärkers wirksam wird.

$\overline{i_3^2} = 2e \cdot I_l + 4e\frac{U_T}{R}$, $(R = R_L + \frac{1}{G_i}$, $U_T = 26\ mV$ bei 293 K)
der Schrotrauschanteil des Oberflächenleckstromes I_L und das thermische Stromrauschen des gesamten ohmschen Parallelwiderstandes R. Beide Anteile werden nicht intern verstärkt. Der Oberflächenleckstrom kann zudem durch einen Guard-Ring an der Diodenoberfläche abgeleitet werden und ist unter dieser Voraussetzung für die weiteren Betrachtungen unwirksam.

Die Quellströme $\overline{i_1^2}$, $\overline{i_2^2}$, $\overline{i_3^2}$ sind sämtlich unkorrelliert, so daß zur Ermittlung des Gesamtstromes $\overline{i_R^2}$ die quadratische Summe zu bilden ist:

$$\begin{aligned} \overline{i_R^2} &= M^2\,\overline{i_1^2} + \overline{i_2^2} + \overline{i_3^2} \text{ und mit } I_{St},\ I_L = 0 \\ &= 2e\left\{M^2(1+F_Z)(i_{Ph}+I_D) + \frac{2U_T}{R}\right\}. \end{aligned} \tag{3.17}$$

3.4.2 Signal/Rausch-Verhältnis

Zur Ermittlung der Rauschleistung P_R am Eingang des Vorverstärkers ist $\overline{i_R^2}$ mit dem Realteil der resultierenden Eingangsimpedanz, bestehend aus R parallel $C_e + C_D(= C)$, zu multiplizieren und über die Frequenz zu integrieren:

$$P_R = \frac{1}{\pi}\int_0^\infty \frac{\overline{i_R^2} \cdot R}{1+\omega^2\tau^2}\,d\omega, \text{ mit } \tau = RC\,. \tag{3.18}$$

Unter der Voraussetzung „weißen"Rauschens läßt sich (3.18) vereinfacht schreiben

$$P_R = \overline{i_R^2} \cdot R \cdot B_R\,, \tag{3.19}$$

worin B_R die Rauschbandbreite des RC-Eingangs-Tiefpasses bedeutet

$$B_R = \frac{1}{\pi\tau}\int_0^\infty \frac{d(\omega\tau)}{1+(\omega\tau)^2} = \frac{1}{2\tau}\,. \tag{3.20}$$

Die 3-dB Bandbreite B hat im Vergleich dazu einen um π kleineren Wert, $B = \frac{1}{2\pi\tau}$.

Die Signalleistung P_S berechnet sich im einfachen Fall sinusförmiger Modulation aus dem Quadrat des verstärkten effektiven Fotostromes, multipliziert mit dem Realteil der resultierenden Eingangsimpedanz

$$P_S = M^2 \cdot i_{Ph}^2 \cdot \frac{R}{1+\omega^2\tau^2} . \tag{3.21}$$

Bei einem stochastischen Eingangssignal, wie es in der Datenübertragung gegeben ist, wäre zur Ermittlung der Signalleistung anstelle von (3.21) die ***spektrale Leistungsdichte*** ϕ_S mit dem Quadrat des Betrages der Übertragungsfunktion $|A(\omega)|^2$ des Eingangstiefpasses zu gewichten und analog zu (3.18) über die Frequenz zu integrieren. Die Frequenzabhängigkeit des Signalspektrums ($\phi_S(\omega)$) wäre dabei zu berücksichtigen.

Das Signal/Rausch-Verhältnis ist definiert als Quotient der so ermittelten Signal- und Rauschleistung:

$$\frac{S}{N} = \frac{P_S}{P_R} = \frac{M^2 \cdot i_{Ph}^2}{\overline{i_R^2} \cdot B_R(1+\omega^2\tau^2)} . \tag{3.22}$$

Mit der Voraussetzung, daß der Eingangstiefpaß so breitbandig ist, daß die höchste im Signal vorkommende Frequenz noch nicht gedämpft wird, kann für den Term $\omega^2\tau^2 + 1 \approx 1$ gesetzt werden. Mit (3.17) erhält man dann S/N zu

$$\frac{S}{N} = \frac{M^2 \cdot i_{Ph}^2}{2eB_R\left\{\underbrace{M^2 \cdot F_1}_{M^{2+x}}(i_{Ph} + I_D) + \frac{2U_T}{R}\right\}} . \tag{3.23}$$

Hierin wurde $1 + F_Z = F_1$ gesetzt. F_1 ist die Rauschzahl des internen Stromverstärkers der APD. Für die Praxis kann F_1 durch eine einfache Näherung ersetzt werden [49]:

$$F_1 = M^x , \quad \text{mit } x = \left\{ \begin{array}{ll} 0,3 \ldots 0,5 & \text{für Si} \\ 0,7 & \text{für InGaAs} \\ 1 & \text{für Ge} \end{array} \right\} .$$

3.4.3 Optimale Stromverstärkung M_{opt}

Nach Substitution dieser Beziehung in (3.23) läßt sich erkennen, daß $\frac{S}{N}$ für kleine Werte von M selbst auch klein wird, ebenso für große Werte von M. Im mittleren M-Bereich ist ein Maximum des Signal/Rausch-Verhältnisses zu erwarten. Die Extremwertrechnung liefert den Zusammenhang zwischen M_{opt} (für maximales $(\frac{S}{N})$) und i_{Ph} ($\sim P_e$), so daß für jede vorgegebene mittlere Signalleistung ein optimaler Stromverstärkungsfaktor eingestellt werden kann:

$$M_{opt} = \left\{ \frac{4U_T}{x \cdot R(i_{Ph} + I_D)} \right\}^{\frac{1}{2+x}} . \tag{3.24}$$

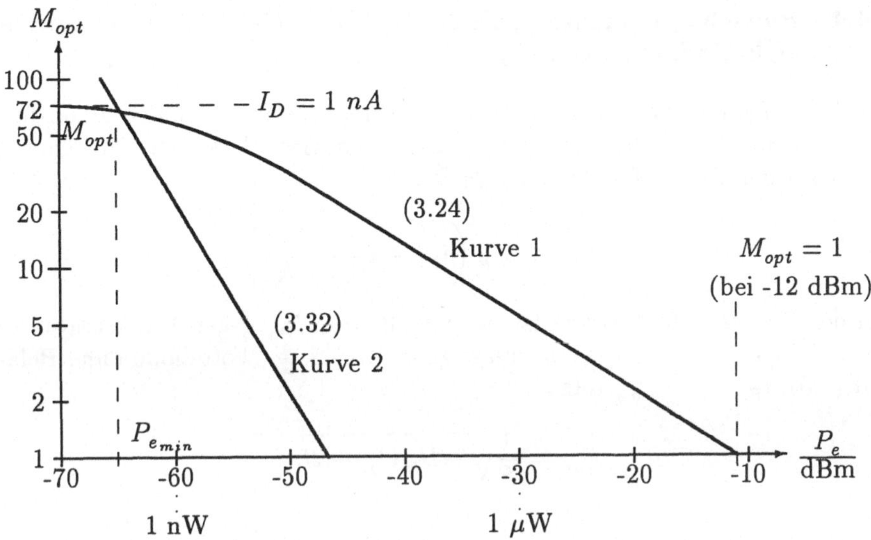

Bild 3.17 $P_{e_{min}}$ und M_{opt} bei vorgegebenen Systemforderungen

Kurve 1: Optimale Stromverstärkung M_{opt} einer Si-APD (Text), abhängig von der optischen Eingangsleistung P_e.

Kurve 2: M_{opt} und P_e für $\left(\frac{S}{N}\right)_2$, F_2, B_R entspricht Punkt 3.4.5

In der Regel kann M_{opt} aus (3.24) in den seltensten Fällen berechnet werden, da häufig Angaben über Parameter wie G_i, I_D und x fehlen. Datenblattangaben enthalten aber häufig den rauschäquivalenten Strom $i'_{N_{APD}}$ (noise equivalent current), bzw. für PIN-Fotodioden die rauschäquivalente Leistung NEP (noise equivalent power). Beide Parameter sind auf die Wurzel aus der Bandbreite bezogen. Zu berücksichtigen ist ferner, daß in Datenblättern die Fotodioden meist *ohne nachfolgenden Verstärker* charakterisiert werden. In obiger Gleichung ist dann R durch die Parallelschaltung aus dem Lastwiderstand R_L mit $\frac{1}{G_i}$, dem Kehrwert des Innenleitwerts der Diode, zu ersetzen.
Wird in (3.24) der Fotostrom durch die Beziehung (3.5) $i_{Ph} = S \cdot P_o$ ersetzt, so erhalten wir den Zusammenhang $M_{opt} = f(P_o)$. Für eine Si-APD mit $I_D = 1$ nA, $x = 0,4$, $S = 0,6\frac{A}{W}$, $R_L = 100$ kΩ, $\frac{1}{G_i} = 1$ MΩ ergibt sich Kurve 1 nach Bild 3.17. Wird die Eingangsleistung in dBm (0 dBm $\triangleq$ 1 mW) angegeben und M_{opt} logarithmisch aufgetragen, so verläuft die Kurve im interessierenden Bereich linear.

In Bild 3.17 sind zusätzlich die Betriebsgrenzen der APD mit $P_o \to 0$ ($I_D = 1$ nA) und $M_{opt} = 1$ markiert.

3.4.4 Rauschäquivalente optische Leistung (NEP), rauschäquivalenter elektrischer Strom ($i'_{N_{APD}}$)

Die *Noise Equivalent Power (NEP)* kennzeichnet für eine PIN-Fotodiode die Grenzempfindlichkeit, bei der das $\frac{S}{N}$-Verhältnis den Wert 1 erreicht. Gleichung (3.23) liefert für den Spezialfall $M = 1$ und $\frac{S}{N} = 1$:

$$\bar{i}^2_{Ph} = 2eB_R\left(i_{Ph} + I_D + \frac{2U_T}{R}\right) \quad . \tag{3.25}$$

Bei der Grenzempfindlichkeit ist der Signalstrom i_{Ph} gegen Dunkelstrom und den Term $2U_{T/R} = 2U_T \cdot G_i$ vernachlässigbar ($R \to \frac{1}{G_i}$, Fotodiode ohne Belastung). Mit (3.5), $i_{Ph} = S \cdot P_{o_N}$ folgt

$$P_{o_N} = \frac{1}{S}\sqrt{2eB_R\left(I_D + 2U_T \cdot G_i\right)} \tag{3.26}$$

mit

$$NEP = \frac{P_{o_N}}{\sqrt{B_R}} = \frac{1}{S}\sqrt{2e\left(I_D + 2U_T \cdot G_i\right)} \quad . \tag{3.27}$$

Eine PIN-Diode mit $I_D = 1$ nA, $G_i = 0,1\ \mu S$, $S = 0,5\ \frac{A}{W}$ hat eine NEP von $\approx 10^{-13}\ W/\sqrt{\mathrm{Hz}}$. Die kleinste nachweisbare Leistung ist mit $B_R = \frac{1}{2\tau} = \frac{G_i}{2C_D}$ und $C_D = 2$ pF

$$\underline{P_{o_N} = 14\ pW} \quad .$$

Bei nachgeschaltetem Vorverstärker ist dieser Wert mit $\sqrt{\frac{C_D}{C_e+C_D} \cdot \left(1 + \frac{1}{R_L G_i}\right)}$ zu multiplizieren.

Bei APD's ist wegen der oft unbekannten Empfindlichkeit $S_{APD} = M \cdot S$ die Angabe des rauschäquivalenten Stromes (noise equivalent current) $i'_{N_{APD}}$ zweckmäßiger. Für maximales $\frac{S}{N}$ gilt mit (3.24)

$$M_{opt}^{2+x} = \frac{4U_T/R}{x \cdot (i_{Ph} + I_D)} \quad .$$

$(\frac{S}{N})_{\max}$ lautet somit

$$\left(\frac{S}{N}\right)_{\max} = \frac{M_{opt}^2 \cdot i_{Ph}^2}{2eB_R\left\{\frac{4U_T}{xR} + \frac{2U_T}{R}\right\}} \tag{3.28}$$

$$= \frac{i_{APD}^2 \cdot R}{4eU_T B_R\left(1 + \frac{2}{x}\right)} \quad . \tag{3.29}$$

Für $(\frac{S}{N})_{\max} = 1$ ist der Signalstrom i_{APD} gleich dem Rauschstrom $i_{N_{APD}}$:

$$i_{N_{APD}} = \sqrt{\frac{4eU_T}{R} \cdot B_R \left(1 + \frac{2}{x}\right)} \quad . \tag{3.30}$$

Ohne Vorverstärker erhält man mit $R \to \frac{1}{G_i}$ bei Division von (3.30) durch $\sqrt{B_R}$ den für die APD gültigen rauschäquivalenten Strom

$$i'_{N_{APD}} = \frac{i_{N_{APD}}}{\sqrt{B_R}} = 2\sqrt{eU_T G_i \left(1 + \frac{2}{x}\right)} \quad . \tag{3.31}$$

Für eine Si-APD, mit $x = 0,4$ und $G_i = 1\ \mu S$ ergibt sich $i'_{N_{APD}} = 3 \cdot 10^{-13}\ \frac{A}{\sqrt{Hz}}$. Wird wieder eine Diodenkapazität von $C_D = 2\ pF$ angenommen, so erhält man den äquivalenten Strom zu $i_{N_{APD}} = i'_{N_{APD}} \cdot \sqrt{B_R} = 158\ pA$. Die entsprechende NEP folgt aus $i'_{N_{APD}}$ bei Division durch $(S \cdot M_{opt})$ zu NEP $\approx \frac{3 \cdot 10^{-13}\ A/\sqrt{Hz}}{42\ A/W} \approx 0,75 \cdot 10^{-14}\ \frac{W}{\sqrt{Hz}}$, wenn die APD nach Bild 3.17 verwendet wird. Die rauschäquivalente Leistung folgt dann mit

$$P_{o_N} = \frac{i_{N_{APD}}}{S \cdot M_{opt}} = \frac{158\ pA}{42\ A/W} = \underline{3,76\ pW} \quad .$$

Da in der Praxis immer ein Vorverstärker nachgeschaltet ist, erhöht sich dieser Wert – wie bei der PIN-Diode – um den Faktor $\sqrt{\frac{C_D}{C_e+C_D} \cdot \left(1 + \frac{1}{R_L G_i}\right)}$ bzw. um $\sqrt{\frac{B_S}{B_R}}$, wenn der Vorverstärker auf die Signalbandbreite B_S ausgelegt ist.
Ein Vergleich der Werte von Si-PIN-Diode und Si-APD fällt mit einem Faktor ≈ 4 ($\hat{=}$ 12 dB) zugunsten der APD aus.

3.4.5 Minimal erforderliche optische Eingangsleistung

Die minimal erforderliche Eingangsleistung ergibt sich aus der Forderung nach der gewünschten oder vorgeschriebenen Signalqualität, quantitativ abgesteckt durch das $\frac{S}{N}$-Verhältnis am Ausgang des Vorverstärkers und aus der benötigten Signalbandbreite B_S. Gl. (3.29) liefert bei $\frac{S}{N} > 1$ für den Fotostrom i_{Ph}

$$i_{Ph} = \frac{1}{M_{opt}} \cdot 2\sqrt{\left(\frac{S}{N}\right)_1 e\frac{U_T}{R} \cdot B_R \left(1 + \frac{2}{x}\right)} \quad .$$

Wird der Fotostrom mit Hilfe der Empfindlichkeit S durch die optische Eingangsleistung P_e ersetzt, folgt mit (3.31) durch Einführen des rauschäquivalenten APD-Stromes

$$P_{o_{min}} = \frac{i'_{N_{APD}}}{S \cdot M_{opt}} \sqrt{\left(\frac{S}{N}\right)_2 \left(1 + \frac{1}{R_L G_i}\right) \left(1 + \frac{C_e}{C_D}\right)^{-1} \cdot F_2 \cdot B_R} \quad . \tag{3.32}$$

In (3.32) ist neben der Eingangsbeschaltung des Folgeverstärkers (C_e, R_L) auch dessen Rauschzahl F_2 berücksichtigt, die das $\frac{S}{N}$-Verhältnis am Ausgang des Verstärkers vermindert. Somit erscheint in Gl. 3.32 das um F_2 entsprechend vergrößerte $\frac{S}{N}$-Verhältnis $(\frac{S}{N})_2 \cdot F_2$, das am Ausgang des Folgeverstärkers einzuhalten ist (Forderung).
Die bis hier abgeleiteten Beziehungen gelten für ein ideales Signal am Eingang der APD, das nicht mit Rauschen behaftet ist. Reale, verrauschte Eingangssignale werden unter dem Aspekt Systeme in Kapitel 4 berücksichtigt.

(3.32) stellt einen zweiten Zusammenhang $M_{opt} = g(P_o)$ dar, der zusätzlich zu (3.24) in das Diagramm nach Bild 3.17 eingezeichnet werden kann (Kurve 2). Der Schnittpunkt beider Kurven liefert für eine gegebene APD mit Folgeverstärker und für das geforderte $(\frac{S}{N})_2$-Verhältnis die minimal erforderliche optische Eingangsleistung $P_{o_{min}}$ und die einzustellende Stromverstärkung M_{opt}. Mit den Werten der APD entsprechend Kurve 1, den Kapazitäten $C_e = C_D = 2\ pF$ und der daraus resultierenden Bandbreite $B_R = \frac{1}{2\tau} = 1,375 \cdot 10^6\ \frac{1}{s}$, erhält man den Schnittpunkt mit

$$\begin{aligned} P_{o_{min}} &\doteq -65\ dBm \mathrel{\hat{=}} 0,315\ nW \\ M_{opt} &\doteq 66 \quad . \end{aligned}$$

Hierbei sind $(\frac{S}{N})_2$ mit 26 dB und F_2 mit 5 dB vorausgesetzt. Übung 10 und 11 befassen sich detailliert mit dieser Fragestellung.

Ist man am Zusammenhang $(\frac{S}{N})_2$ über P_o interessiert und läßt das einzustellende M_{opt} zunächst außer acht, so kann M_{opt} zweckmäßig aus den Gleichungen (3.24) und (3.32) eliminiert werden. Die so erhaltene, mathematisch etwas unbequem handzuhabende, Beziehung liefert in doppelt-logarithmischer Darstellung eine ansteigende Gerade. Bild 3.18 gibt diesen Zusammenhang für 10 MHz und 140 MHz Bandbreite wieder. Die Daten von APD und Folgeverstärker sind:

$$I_D = 1\ nA,\ S = 0,6\ \frac{A}{W},\ x = 0,4,\ G_i R_L = 0,2,\ i'_{NAPD} = 10^{-12}\ \frac{A}{\sqrt{Hz}},\ F_2 = 6\ dB.$$

Die PIN-Fotodiode benötigt zum Nachweis eines Signals definierter Qualität und Bandbreite eine minimale Eingangsleistung $P_{o_{min}}$

$$P_{o_{min}} = \mathrm{NEP}\sqrt{\left(\frac{S}{N}\right)_2 \cdot F_2 \cdot B_R} \quad . \tag{3.33}$$

Die NEP ist nach Gl. (3.27) bestimmt. Setzen wir wieder einen Folgeverstärker mit $R_L = 100\ k\Omega$ und $C_e = C_D = 2\ pF$ voraus, so erhalten wir mit $(\frac{S}{N})_2 \mathrel{\hat{=}} 26\ dB$ und $F_2 \mathrel{\hat{=}} 5\ dB$

$$P_{o_{min}} \doteq 10^{-13}\ \frac{W}{\sqrt{Hz}}\sqrt{400 \cdot 3,16 \cdot 1,25 \cdot 10^6\ \frac{1}{s}} \approx 4\ nW \quad .$$

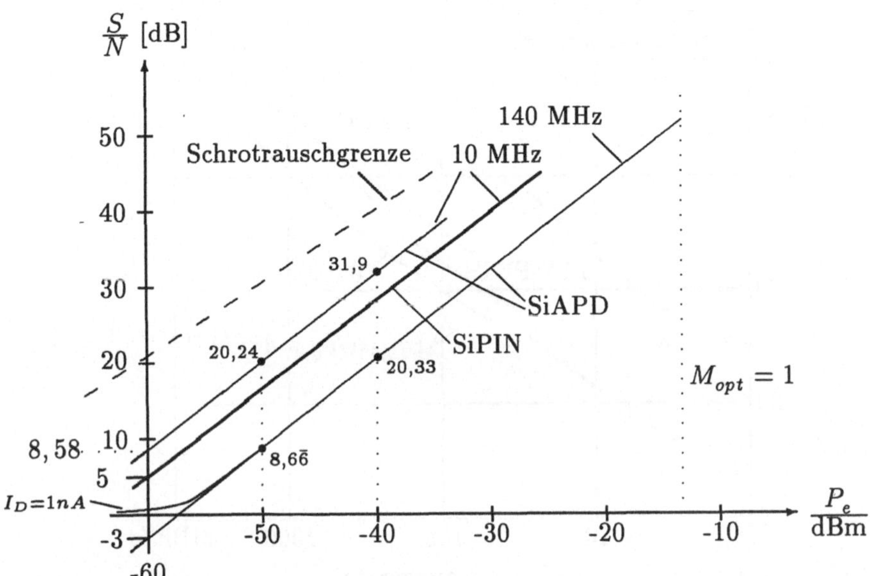

Bild 3.18 $P_{o_{min}}$ von Si-Fotodioden, abhängig von Bandbreite und Signalqualität

Die PIN-Fotodiode ist häufig bereits mit integriertem Feldeffekttransistor, als rauscharmer Vorverstärker, erhältlich (PINFET) Diese Kombination weist sehr günstige Eigenschaften auf, die in der nachfolgenden Tabelle berücksichtigt sind. Ist der Dunkelstrom I_D einer PIN-Diode sehr klein ($I_D \ll i_{Ph}$), selbst in Nähe der Grenzempfindlichkeit ($\frac{S}{N} = 1$), so gilt mit $G_i \to 0$ (ideale Diode)

$$\frac{S}{N} \doteq \frac{i_{Ph}^2}{2eB_R \cdot i_{Ph}} = \frac{i_{Ph}}{2eB_R} \; . \tag{3.34}$$

Für $\frac{S}{N} = 1$ erhalten wir die theoretisch kleinstmögliche Empfindlichkeitsgrenze, die sogenannte Schrotrauschgrenze

$$P_{os} = \frac{2eB_R}{S} \leq \frac{2B_R}{\lambda} \cdot h \cdot c_0 \; , \tag{3.35}$$

wenn S nach (3.6) eingesetzt und η_Q mit 1 angenommen wird. Die Schrotrauschgrenze ist in Bild 3.18 eingezeichnet und für Verhältnisse $\left(\frac{S}{N}\right) > 1$ extrapoliert.

3.4.6 Tabellarische Übersicht über wichtige Parameter von Fotoempfängern

Mit Rücksicht auf den Einsatz in digitalen Übertragungssystemen erfolgt die Charakterisierung der Empfindlichkeit von Fotoempfängern häufig durch die minimale

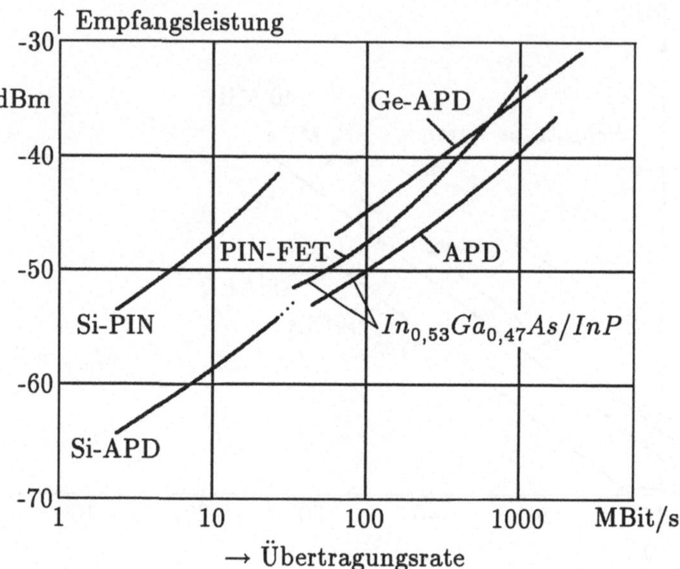

Bild 3.19 Empfindlichkeit von Empfängern mit PIN- und Avalanche-Photodioden (APD) aus Silizium für den Übertragungsbereich 800 bis 900 nm bei einer Bitfehlerquote von 10^{-9}

erforderliche Leistung $P_{o_{min}}$ bei definierter Übertragungsgeschwindigkeit mit gleichzeitiger Angabe der Bitfehlerrate (Bit-Error-Rate, BER). Die BER, die unmittelbar hinter dem Regenerator spezifiziert ist, entspricht einem bestimmten $(\frac{S}{N})$-Verhältnis am Empfängereingang, z.B. $\frac{S}{N} = 21,5\ dB$ für eine BER $= 10^{-9}$. Unter Kapitel 4 wird dieser Zusammenhang näher erläutert.
Tabelle 3.2 und Bild 3.19 geben eine Übersicht über die Empfindlichkeit von Fotoempfängern verschiedener Wellenlängen für eine BER von 10^{-9}.

3.5 Empfängerschaltungen mit Fotodioden

3.5.1 Grundlegende Vorbemerkungen

In den vorangegangenen Punkten wurde der Vorverstärker durch seine Eingangsimpedanz (R_L parallel C_e) und seine Rauschzahl F_2 berücksichtigt. Da die Leistungsfähigkeit eines Lichtwellenleiter- Übertragungssystems wesentlich von der Gestaltung der Empfänger-Eingangsstufe abhängt, sind in den letzten Jahren Standardlösungen für Vorverstärker in elektrisch/optischen Wandlern für verschiedene Einsatzfälle entwickelt worden. Diese sind

Diodentyp	Wellenlänge[λ_0/nm]	$P_{e_{\text{in dBm}}}$/BER	bei Mbit/s
Si-PIN	800-900	$-36/10^{-9}$	140
Si-APD	800-900	$-48/10^{-9}$	140
InGaAs/InP-	1300	$-45,5/10^{-9}$	168
PINFET	1550	$-36/10^{-9}$	680
InGaAs/InP-APD	1300/1550	$-40/10^{-9}$	680
Ge-APD	1300	$-38/10^{-9}$	680

Tabelle 3.2 Empfindlichkeit von Fotoempfängern für verschiedene Wellenlängen bei einer BER von 10^{-9}

- nichtinvertierender Verstärker mit hoher Eingangsimpedanz und nachgeschaltetem Entzerrer
- invertierender Transimpedanz-Verstärker
- invertierender/nichtinvertierender Verstärker mit Eingangsimpedanz mittlerer Größe.

Anwendungs- und Auswahlkriterien sind – neben den Kosten – Signalbandbreite B_S, Signal/Rauschverhältnis $\frac{S}{N}$ und rauschäquivalente Eingangsleistung (NEP) bzw. rauschäquivalenter Eingangsstrom (i'_{NAPD}) der gesamten Anordnung, also Fotodiode und Vorverstärker.
Die genannten Konzepte werden in [51] ausführlich behandelt. Eine mehr systematisierte Abhandlung findet sich in [52] und [53], für diskret aufgebaute Verstärker. Mit dem heutigen Stand der Technik verfügt man über ein breites Spektrum qualitativ hochwertiger integrierter Verstärkerbausteine, so daß die Standardkonzepte nachfolgend übergeordnet unter Verwendung entsprechender integrierter Bausteine abgehandelt werden.

Zudem wird ein weiteres Konzept als Novum vorgeschlagen, unter dem Namen „Bootstrap-Konzept“. Das Bootstrap-Prinzip an sich ist aus der elektronischen Schaltungstechnik bekannt. Es findet zur Erhöhung der wirksamen Impedanz zwischen zwei Punkten in einer Schaltung Anwendung (z.B. Eingangs- oder Ausgangsimpedanz eines Verstärkers). Im vorliegenden Fall wird durch die Bootstrap-Konfiguration die wirksame Kapazität der Fotodiode wesentlich verkleinert (3.5.4).

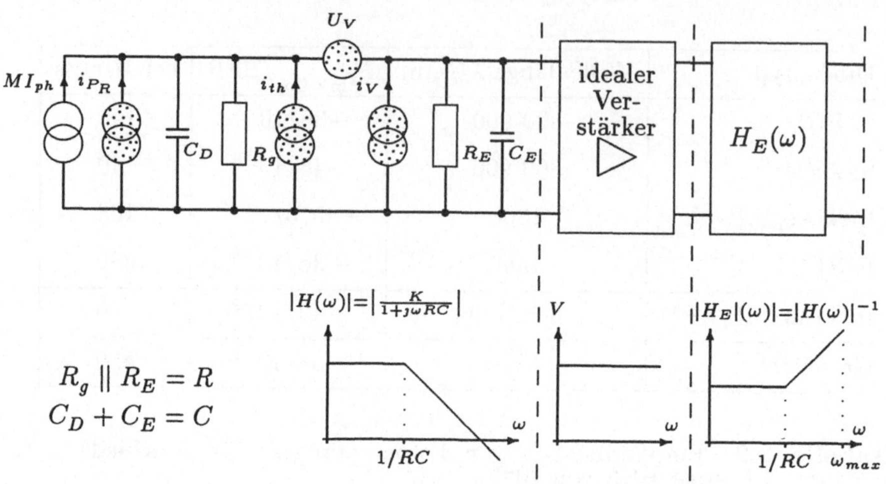

Bild 3.20 Prinzip eines Hochimpedanz-Empfängers mit Entzerrer

3.5.2 Empfänger mit hoher Eingangsimpedanz

Prinzip

Bild 3.20 zeigt die Eingangsstufe eines Empfängers mit hoher Eingangsimpedanz und nachgeschaltetem Entzerrer. Den Funktionsblöcken ist der entsprechende Frequenzgang zugeordnet, so daß die Funktion des Entzerrers ersichtlich ist: Ausgleich des Verstärker-Frequenzgangs. Die Frequenzabhängigkeit des Verstärkers ist in der Eingangszeitkonstanten $RC = (R_g + R_E)(C_D + C_e)$ berücksichtigt und würde aufgrund dessen zu der Grenzfrequenz f_g führen

$$f_g = \frac{1}{2\pi \left(R_g + R_e\right)\left(C_D + C_e\right)} \quad . \tag{3.36}$$

Für $R_g + R_E = 100\ k\Omega$ und $C_D + C_e = 4\ pF$ ergibt sich für f_g ein Wert von $\approx 400\ kHz$. Diese Bandbreite reicht nur für anspruchslose Anwendungen aus (LWL-Modems, IEC-BUS-Extender). In Breitbandsystemen ist daher der erwähnte Entzerrer nötig. Im einfachsten Fall besteht dieser aus einem überbrückten Spannungsteiler gemäß Bild 3.21 mit der Übertragungsfunktion

$$H_E(\omega) = \frac{R_2}{R_1 + R_2} \cdot \frac{1 + j\omega R_1 C_1}{1 + j\omega C_1 (R_1 \| R_2)} \quad . \tag{3.37}$$

Mit der Zeitkonstanten $R_1 C_1$ ist die Grenzfrequenz nach (3.36) zu kompensieren. Es gilt dann

$$R_1 C_1 = (R_g + R_E)(C_D + C_e) \quad . \tag{3.38}$$

Somit verbleibt als Gesamtübertragungsfunktion

$$H(\omega) = H_V(\omega) \cdot H_E(\omega) = v_0 \cdot \frac{R_2}{R_1 + R_2} \cdot \frac{1}{1 + j\omega C_1 (R_1 \| R_2)}$$

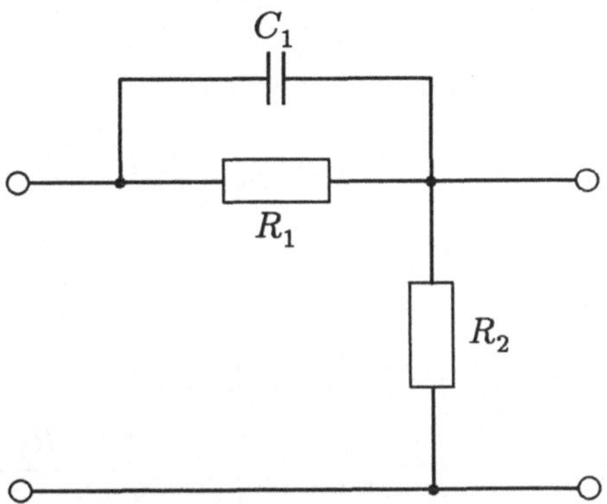

Bild 3.21 Überbrückter Spannungsteiler als Entzerrer

mit der Grenzfrequenz

$$f'_g = \frac{1}{2\pi C_1(R_1 \| R_2)} \quad . \tag{3.39}$$

Diese ist um den Faktor $\frac{f'_g}{f_g} = \frac{R_1}{R_1\|R_2} = 1 + \frac{R_1}{R_2}$ größer als die Grenzfrequenz f_g ohne Entzerrer und ist umso größer, je größer $\frac{R_1}{R_2}$ gemacht wird. Um denselben Faktor wird jedoch die Gesamtverstärkung kleiner

$$v'_0 = \frac{v_0}{1 + \frac{R_1}{R_2}} \quad ,$$

so daß das *Produkt aus Verstärkung und Bandbreite* (Unity-Gain-Bandwith) konstant ist

$$v'_0 \cdot f'_g = v_0 \cdot f_g = \text{konstant}. \tag{3.40}$$

Gl. (3.40) beinhaltet das Grundgesetz jeder frequenzabhängigen Verstärkung mit der Aussage *Verstärkung × Bandbreite = konst.* . Das „Gain-Bandwith"-Produkt (GBW) ist ein entscheidender Parameter für die Auswahl geeigneter Verstärker. Bei Operationsverstärkern (OPV) ist dies eine unabdingbare Angabe im Datenblatt.

Realisierung mit OPV

Unter Verwendung eines OPV's wird die reale Konfiguration der Eingangsstufe wie in Bild 3.22 beschaffen sein. Der Widerstand R_g ist ein Shunt zur Eingangsimpedanz des Verstärkers und zur Parallelimpedanz der Fotodiode ($R_E \| C_D$) und legt wesentlich die ohm'sche Komponente der Gesamt-Eingangsimpedanz fest (es gilt $R_g \ll R_E$). Die Entzerrerfunktion ist in einfacher Weise durch die frequenzabhängige Gegenkopplung mit R_f und $R_S \| C_S$ realisiert. Die offene Schleifenverstärkung des Verstärkers ist mit $v(\omega)$ gegeben

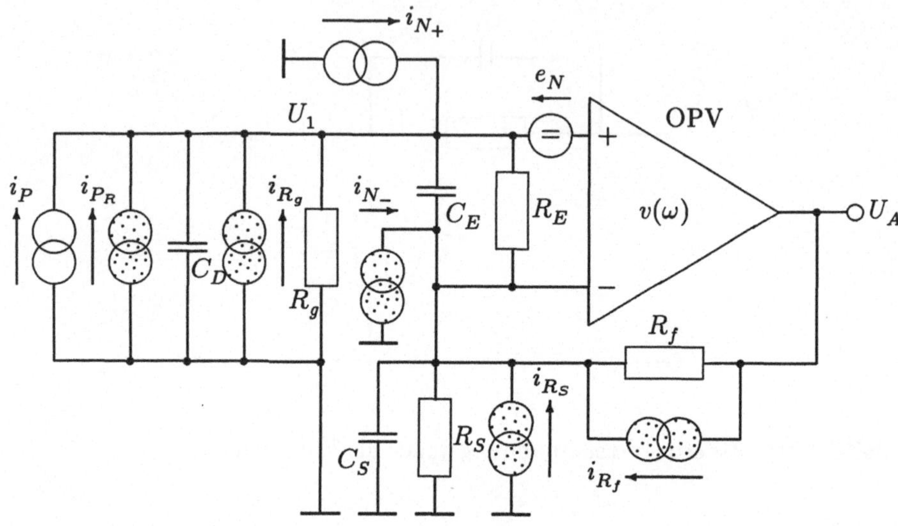

Bild 3.22 Realisierung des nichtinvertierenden Konzepts mit OPV

$$v(\omega) = \frac{v_0}{1 + \jmath\omega \frac{v_0}{2\pi G}} \quad , \tag{3.41}$$

worin v_0 die Verstärkung für tiefe Frequenzen ($\omega \to 0$) und G das GBW-Produkt des Verstärkers bedeutet.

Unter Berücksichtigung der Elemente der Eingangs-Ersatzschaltung sowie der frequenzabhängigen Gegenkopplung, ausgedrückt durch $v_g(\omega)$

$$\begin{aligned} v_g(\omega) &= 1 + \frac{R_f}{Z_S(\omega)} \quad , \\ Z_S(\omega) &= \frac{R_S}{1 + \jmath\omega R_S C_S} \end{aligned} \tag{3.42}$$

ergibt sich die Spannung am Ausgang des Verstärkers zu

$$U_A = \frac{i_p}{\frac{1}{v(\omega)}\left(\frac{1}{R} + \jmath\omega C\right) + \frac{1}{v_g(\omega)}\left(\frac{1}{R_g} + \jmath\omega C_D\right)} \quad ,$$

mit $R = R_e \| R_g$ und $C = C_D + C_e$.

Für die Entzerrerfunktion ist die Bedingung $C_D R_g = C_S(R_f \| R_S)$ zu erfüllen. Somit erhält man

$$U_A = \frac{i_p \cdot Z_{T_0}}{(\jmath\omega)^2 \cdot Z_{T_0} \cdot \frac{C}{2\pi G} + \jmath\omega \frac{Z_{T_0}}{2\pi G R} + 1} \tag{3.43}$$

mit Z_{T_0} als Maximalwert der Transimpedanz

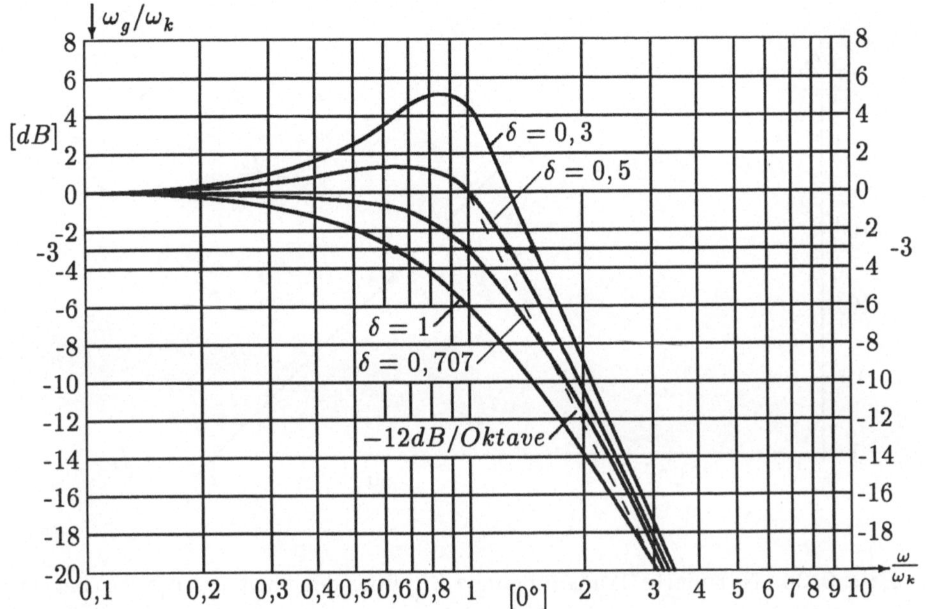

Bild 3.23 Bode-Diagramm zur Bestimmung der Grenzfrequenz ω_g

$$Z_{T_0} = \left.\frac{U_A}{i_p}\right\|_{\omega=0} = R_g\left(1+\frac{R_f}{R_S}\right) = R_g v_{g_0} \quad .$$

Transimpedanz

Die rechte Seite von (3.43) stellt – bis auf den Faktor i_p – die frequenzabhängige Transimpedanz $Z_T(\omega)$ dar und ist ein Maß für die Ausgangsspannung bei gegebenem Fotostrom ($\hat{=}$ optische Eingangsleistung). Zur Beurteilung dieser Verstärkerkonfiguration ist die Frequenzabhängigkeit der Transimpedanz näher zu untersuchen. Mit den Abkürzungen

$$\delta = \frac{1}{2R}\sqrt{\frac{Z_{T_0}}{2\pi GC}} \quad \text{und} \tag{3.44a}$$

$$\omega_k = \sqrt{\frac{2\pi G}{Z_{T_0}\cdot C}} \tag{3.44b}$$

sind Grenzfrequenz und Anstiegszeit sowie Überschwingen eines Verstärkers bestimmt. Bei einer *normierten Dämpfung* $\delta = \frac{1}{\sqrt{2}}$ (maximal flacher Verlauf des Frequenzganges) ist $f_k = \frac{\omega_k}{2\pi}$ die Bandbreite des Verstärkers. Das Überschwingen beträgt dann 4,3 %. Für andere Werte von δ ist die Bandbreite dem Bode-Diagramm des konjugiert-komplexen Polpaares, Bild 3.23, zu entnehmen.

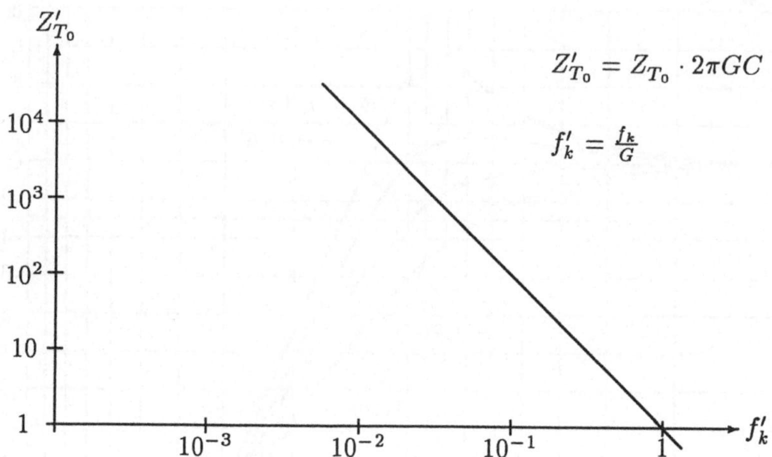

Bild 3.24 Normierte Transimpedanz Z'_{T_0} über der normierten kritischen Frequenz f'_k

Ist die Bedingung $R_e \gg R_g$ erfüllt, so läßt sich die normierte Transimpedanz Z'_{T_0} als Funktion der normierten kritischen Frequenz f'_k in dem einfachen Diagramm nach Bild 3.24 darstellen. Dabei gelten die Besonderheiten

$$f'_k = \frac{f_k}{G} = \frac{2\delta}{v_{g0}} \quad \text{und} \qquad 3.45a$$

$$Z'_{T_0} = Z_{T_0} \cdot 2\pi GC = \frac{1}{f_k'^2} \quad . \qquad 3.45b$$

Dimensionierung

Soll die *Dimensionierung* im Hinblick auf möglichst große Bandbreite erfolgen, so ist die für den verwendeten Verstärker kleinste stabile Verstärkung mittels der Gegenkopplungswiderstände R_f und R_S einzustellen (v_{g0}). Wählen wir für die normierte Dämpfung δ den Wert $\delta = \frac{1}{\sqrt{2}}$, so erhalten wir die normierte Grenzfrequenz $f'_g = f'_k$ gemäß (3.45a),$f'_g = \frac{\sqrt{2}}{v_{g0}}$. Die normierte Transimpedanz Z'_{T_0} liegt dann mit (3.45b) fest, $Z'_{T_0} = \frac{1}{f_g'^2}$. Durch Multiplikation mit dem Normierungswert $\frac{1}{2\pi GC}$, der vom Verstärker und der Fotodiode abhängt, folgt der Maximalwert der Transimpedanz Z_{T_0}. Diese ist durch den Widerstand R_g zu realisieren, der nun durch Division von Z_{T_0} durch die Verstärkung v_{g0} erhalten wird. Für die Verstärkertypen AD 840, AD 848, AD 849 und AD 829 sind in Tabelle 3.3 die wichtigsten Parameter sowie die

Verstärkertyp	AD 840	AD 848	AD 849	AD 829
$R_e/k\Omega$	30	70	25	13
C_e/pF	2	1,5	1,5	5
G/MHz	400	175	750	750
$v_{St}(= v_{g_0})$	10	5	24	≥ 20
bei $f = 10\ kHz$:				
$\overline{e}_N/\frac{nV}{\sqrt{Hz}}$	4	5	3	2
$\overline{i}_N/\frac{pA}{\sqrt{Hz}}$	1,5	1,5	1,5	1,5
$u_N/\mu V_{eff}$	$10(10Hz\ldots 10MHz)$	–	–	–
$\frac{1}{2\pi GC}/\Omega$	100	260	60,66	30,33
$B_{max}(= f_k)/MHz$	56,6	49,5	44,2	53,0
$Z_{T_0}/k\Omega$	5,0	3,25	17,47	6,066
R_g/Ω	500	650	728	303,3
$Z_{T_0} \cdot B_{max}/\Omega \cdot GHz$	283	160,875	772,2	321,5
δ	$\frac{1}{\sqrt{2}}$			

Tabelle 3.3 Leistungsparameter verschiedener OPV's der Fa. Analog-Devices (AD)

erzielbare Grenzfrequenz bei kleinster stabiler Verstärkung dargestellt. Die Dioden- und Streukapazität wurde dabei mit 2 pF angenommen.

Beurteilung

Zur Beurteilung der Verstärker wird zweckmäßig das Produkt $Z_{T_0} \cdot f_k$ herangezogen. Aus den Gleichungen (3.45a,b) folgt

$$Z_{T_0} \cdot f_k = \frac{v_{g_0}}{C} \cdot \frac{1}{4\pi\delta} \quad . \tag{3.46}$$

Die entsprechenden Werte sind in der Tabelle für $\delta = \frac{1}{\sqrt{2}}$ und $v_{g_0} = v_{St}$ berücksichtigt. Für die kleinstmögliche Verstärkung ($v_{g_0} = v_{St}$) sind dies – bei größter erzielbarer Bandbreite – die minimalen Werte. Gl. (3.46) zeigt, daß im Sinne einer Optimierung des Produktes die Gesamtkapazität C möglichst klein zu halten ist.

Über Bandbreite und Transimpedanz kann dann mit der Verstärkung v_{g_0} verfügt werden.

Rauschverhalten

Zweckmäßig werden alle *Strom*-Rauschquellen aus Bild 3.20 in einer Quelle zusammengefaßt ($\bar{I}_N$), inklusive des Rauschens aufgrund des Verstärker-Eingangstromes $(\bar{I}_v)^2$. Das Spannungsrauschen des Verstärkers ist durch die Rauschquelle $\bar{e}_N$ im + Eingang berücksichtig [54]. Die Rauschleistungsdichte am Verstärkereingang ergibt sich somit zu

$$P_{e_N} = \overline{e_N^2} \cdot R_e\{Y_e\} + \overline{I_N^2} \cdot R_e\{Z_e\}$$

und für die Anordnung nach Bild 3.24

$$P_{e_N} = \overline{e_N^2} \cdot \frac{1}{R} + \overline{I_N^2} \cdot \frac{R}{1+\omega^2 R^2 C^2} \quad . \tag{3.47}$$

Der rauschäquivalente Eingangssignalstrom $i_{äqu}$ ist nun gegeben, wenn die Rauschanteile in (3.47) den gleichen Beitrag liefern wie eine gedachte Signalstromquelle $\bar{I}_{äqu}$

$$\bar{I}^2_{äqu} = \frac{P_e}{R_e\{Z_e\}} = \overline{I_N^2} + \overline{e_N^2} \cdot \underbrace{\left(\frac{1+\omega^2 R^2 C^2}{R^2}\right)}_{|Y_e|^2} \tag{3.48}$$

In (3.48) handelt es sich bei allen Anteilen um nicht korrelierte Rauschquellen, die quadratisch zu addieren sind:

$$\bar{I}^2_{äqu} = \overline{i^2}_{P_R} + \overline{i^2}_{th} + \overline{I_v^2} + \overline{e_N^2}\, \underbrace{\frac{1+\omega^2 R^2 C^2}{R^2}}_{|Y_e|^2}$$

mit dem Rauschbeitrag der Widerstände $\overline{i^2}_{th} = \frac{4eU_T}{R_{ges}}$. Die beiden letzten Terme stellen das zusätzliche Rauschen, verursacht durch den Verstärker, dar. Der Beitrag des Fotostromes i_{ph} im ersten Term ist vernachlässigbar klein.

Die NEP der Gesamtanordnung wird mit Hilfe der Beziehung

$\mathrm{NEP} = \frac{I_{äqu}}{S}$ erhalten:

$$NEP = \frac{1}{S} \sqrt{\overline{i^2}_{P_R} + \overline{i^2}_{th} + \overline{I^2}_v + \overline{e^2}_N\, \underbrace{\frac{1+\omega^2 R^2 C^2}{R^2}}_{|Y_e|^2}} \tag{3.49}$$

[2] Soweit in den nachfolgenden Gleichungen nicht die *quadratischen* spektralen Amplitudendichten verwendet werden, werden die entsprechenden Mittelwerte vereinfacht geschrieben: $\bar{I_N} = \sqrt{\overline{I_N^2}}$, $\overline{e_N} = \sqrt{\overline{e_N^2}}$

Unter Berücksichtigung der NEP der Fotodiode inklusive Lastwiderstand mit

$$NEP_{FD} = \frac{1}{S}\sqrt{\overline{i^2}_{P_R} + \overline{i^2}_{th}}$$

erhalten wir die NEP der Gesamtanordnung zu

$$NEP = \sqrt{NEP_{FD}^2 + \frac{\overline{I_v^2} + \overline{e_N^2}\overbrace{(1+\omega^2R^2C^2)\cdot\frac{1}{R^2}}^{|Y_e|^2}}{S^2}} \tag{3.50}$$

Gl. (3.50) ist die Grundlage zur Berechnung der NEP unter Verwendung von Datenblattangaben für die integrierten OPV's AD 829, AD 840, AD 848 und AD 849. Bei Realisierung des nichtinvertierenden Verstärkerkonzepts sind dabei die Verhältnisse des einfachen Rausch-Ersatzbildes nach Bild 3.20 entsprechend der Schaltung in Bild 3.22 zu modifizieren. Der äquivalente Signalstrom $I_{äqu}$ wird nun erhalten, wenn man die Wirkung aller Rauschquellen durch eine Stromquelle ($I_{äqu}$) ersetzt, die parallel zur Fotodiode gedacht wird [55]:

$$\overline{I_{äqu}^2} = \overline{i^2}_{P_R} + \overline{i^2}_{N_+} + \frac{4eU_T}{R} + \overline{e_N^2}|Y_e|^2 + \left(\overline{i^2}_{N_-} + \frac{4eU_T}{R_f \| R_S}\right)|R_f\|Z_S|^2 \cdot |Y_e|^2 \ . \tag{3.51}$$

Die Ergebnisse sind unter Voraussetzung der Dimensionierung nach Tabelle 3.3 in Bild 3.25 als NEP dargestellt. Der größte Rauschanteil wird durch die Eingangsrauschspannung der Verstärker $\overline{e_N}$ verursacht, gefolgt vom Rauschbeitrag der Widerstände und dem kleinen Anteil der Verstärker-Eingangsströme.

3.5.3 Invertierender Transimpedanz-Verstärker

Werden Verstärker mit hohem Eingangswiderstand (z.B. AD 840) wie in Bild 3.26 im invertierenden Modus mit Gegenkopplung betrieben, so erhält man aufgrund des endlichen Gegenkopplungswiderstand R_f und der sehr hohen Verstärkung v_0 einen sehr kleinen wirksamen Eingangswiderstand, der für tiefe Frequenzen der Beziehung

$$R_e = \frac{R_f}{v_0} \qquad \text{gehorcht.} \tag{3.52}$$

Da der wirksame Ausgangswiderstand R_{out} ebenfalls sehr klein ist (im Bereich $m\Omega$ bis Ω), spricht man bei dieser Konfiguration zweckmäßig von einer stromgesteuerten Spannungsquelle, deren bestimmender Parameter die Transimpedanz Z_T ist:

$$Z_T = \frac{U_A}{i_e} \ . \tag{3.53}$$

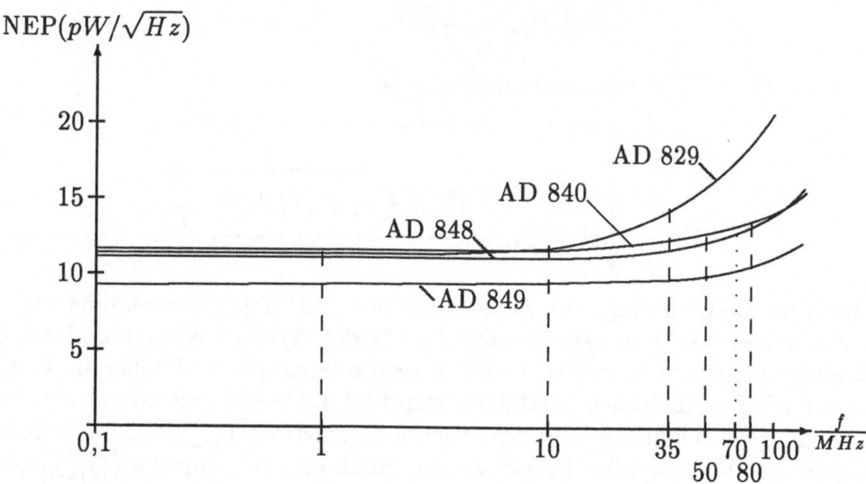

Bild 3.25 NEP der Verstärkerkonfiguration nach Bild 3.22 für verschiedene OPV's

Heute sind auf dem Markt sogenannte Transimpedanz-Verstärker verfügbar, die durch interne Stromgegenkopplung (current-feedback) auch ohne einen externen Widerstand R_f einen kleinen Eingangswiderstand am negativen Eingang (R_{in}) zeigen. Gleichzeitig ist die erzielbare Transimpedanz Z_T sehr hoch (R_t einige $M\Omega$). Die OPV's AD 844/846, AD 9610/17/18 sowie der Typ OPA 644 (Burr-Brown) gehören zu dieser Kategorie. Nach [57] erhält man unter Berücksichtigung der Fotodiode die Ersatzschaltung in Bild 3.26.

Breitbandanwendungen bis 100 MHz

Wegen des kleinen Eingangswiderstandes R_{in} ist der Serienwiderstand r_S der Fotodiode mit in die Rechnung einzubeziehen. Die frequenzabhängige Ausgangsspannung erhalten wir somit zu

$$U_A = -i_P \cdot \frac{Z_{T_0}/R_{in}}{Y_{C_D} + Y_e(1 + r_S Y_{C_D})} \quad . \tag{3.54}$$

Der Bruch auf der rechten Seite von Gl. (3.54) stellt die frequenzabhängige Transimpedanz $Z_T(\omega)$ dar, mit dem Maximalwert $Z_T(0)$

$$Z_T(0) = \lim_{\omega \to 0} \left\{ -\frac{U_A}{i_P} \right\} = R_f || R_t \quad .$$

Nach Einsetzen von Y_e, Y_{C_D} und Z_{T_0} läßt sich die Transimpedanz genähert schreiben

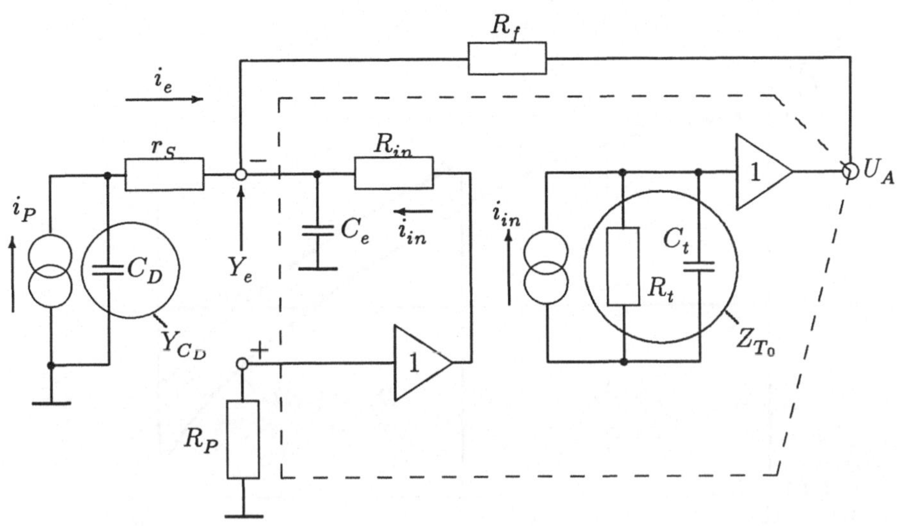

Bild 3.26 Ersatzschaltung des gegengekoppelten Transimpedanz-Verstärkers

$$Z_T(p) \doteq \frac{R_f}{(1 + pr_SC_D)[p^2C_tCR_fR_{in} + pC_t(R_f + R_{in}) + 1]} \quad . \tag{3.55}$$

Typische Werte für die Elemente der Ersatzschaltung nach Bild 3.26 sind:

$$\begin{array}{llll} R_{in} = 50\ \Omega \ , & r_S = 50\ \Omega & \\ C_e = 2\ pF \ , & C_D = 2\ pF & C = C_D + C_e \\ R_t = 2\ M\Omega, & R_f = 300\ldots500\Omega & \end{array}$$

Der quadratische Ausdruck im Nenner enthält unter Berücksichtigung dieser Werte zwei weitere reelle Pole, die sich genähert ergeben zu

$$p_{\infty_2} \approx -\frac{1}{C_t(R_f + R_{in})} \ , \quad p_{\infty_3} \approx -\frac{1}{C(R_f \| R_{in})} \quad .$$

Der Frequenzgang der Transimpedanz-Konfiguration läßt sich unter diesen Voraussetzungen im Bode-Diagramm angeben. Bild 3.27 zeigt den typischen Verlauf.

Die 3 dB-Grenzfrequenz der Transimpedanz ist durch die Zeitkonstante $C_t(R_f + R_{in})$ bestimmt und ist somit umgekehrt proportional zu R_f. Für Werte von R_f in der Größe 500 Ω bis 1 kΩ liegt die Grenzfrequenz zwischen 33,7 und 64 MHz.

Rauschverhalten

Bild 3.28 zeigt das Ersatzschaltbild der Transimpedanz-Konfiguration mit allen Rauschquellen. Das äquivalente spektrale Rauschstromquadrat erhält man mit gleicher Überlegung wie im vorigen Abschnitt:

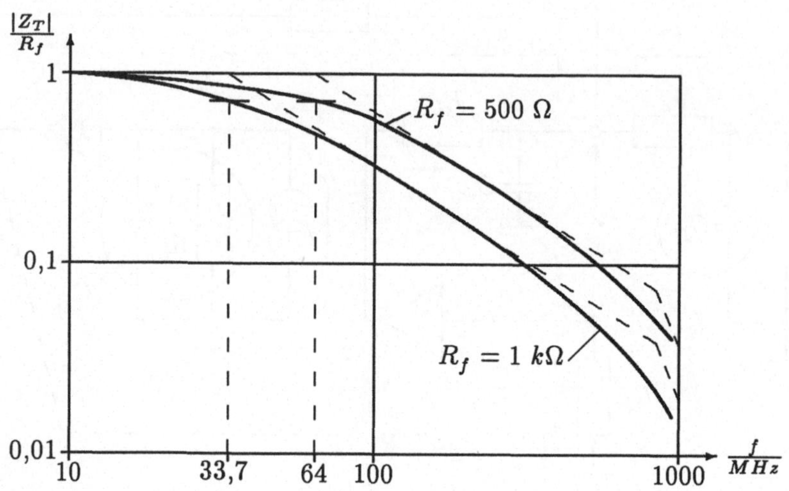

Bild 3.27 Frequenzgang der Transimpedanz entsprechend Gleichung 3.55 mit AD 844

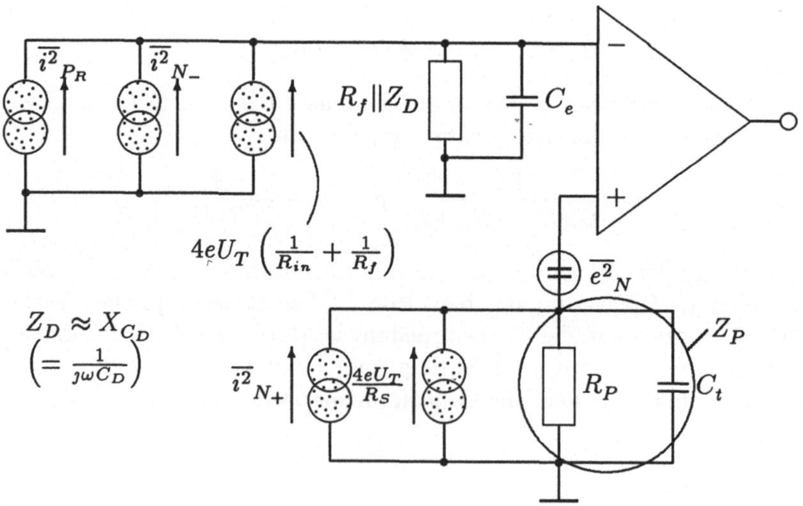

Bild 3.28 Rausch-Ersatzschaltung der Transimpedanz-Konfiguration

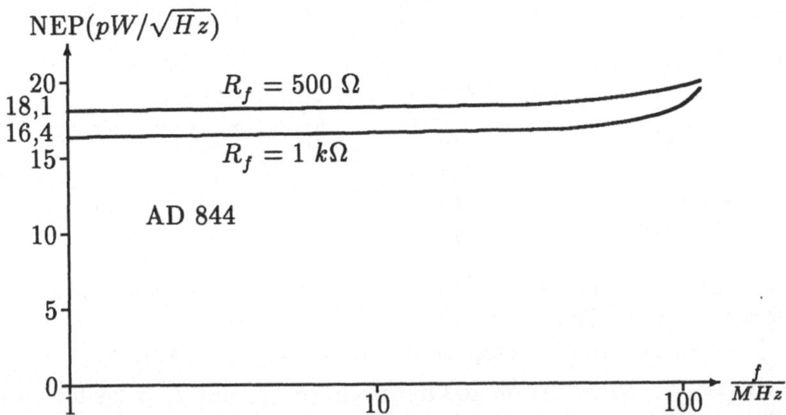

Bild 3.29 Rauschäquivalente Eingangsleistung des Transimpedanz-Empfängers mit AD 844

$$\overline{I}^2_{äqu} = \overline{i^2}_{N_-} + \overline{i^2}_{P_R} + \frac{4eU_T}{R_f} + \left(\frac{4eU_T}{R_P} + \overline{i^2}_{N_+}\right) \cdot \frac{|Z_P|^2}{|R_f||X_{C_D}|^2} + \overline{e_N^2} \cdot \frac{1}{|R_f||X_{C_D}|^2} \quad . \tag{3.56}$$

Die Auswertung dieser Beziehung führt für den AD 844 zur Grafik in Bild 3.29. Es wurde die Verwendung derselben Fotodiode wie im vorigen Abschnitt vorausgesetzt. Der (schnellere) Äquivalenztyp OPA 644 von Burr-Brown hat im Vergleich wegen des höheren Wertes für $\overline{i}_-$ (= 15 $pA/\sqrt{Hz}$) eine um den Faktor 1,6 höhere NEP.

Anwendungen mit geringerer Bandbreite (≤ 5 MHz)

Für breitbandige hochfrequente Anwendungen in integrierter Technik ist der Transimpedanzverstärker mit interner Stromgegenkopplung prinzipiell gut geeignet. Wegen seiner ungünstigen Stromrauschwerte ist jedoch seine Verwendung in empfindlichen Eingangsstufen mit Fotodioden nicht ratsam. Für Frequenzen bis etwa 5 MHz ist aber die invertierende Konfiguration unter Verwendung eines OPV's mit FET-Eingang eine interessante Alternative. Die Beschaltung erfolgt wie in Bild 3.26, jedoch mit einem zusätzlichen Kondensator C_f parallel zum Widerstand R_f. Der Fotostrom i_P liefert eine gegenüber Gl. (3.54) veränderte Ausgangsspannung u_A:

$$u_A = -\frac{i_P \cdot R_f \cdot \omega_k^2}{p^2 + 2\delta\omega_k p + \omega_k^2} \tag{3.57}$$

mit $\omega_k = \sqrt{\frac{2\pi G}{R_f(C+C_f)}}$ und $\delta = \frac{1}{2}\frac{1+2\pi G R_f C_f}{\sqrt{2\pi G R_f(C+C_f)}}$. Zur Dimensionierung der Schaltung ist die Kenntnis des „Gain-Bandwith-Products“ G sowie der differentiellen Eingangskapazität C_e nötig. Infrage kommen für Anwendungen bis 5 MHz der integrierte Baustein OPA 627/37 (BB) sowie die Typen AD 845, AD 843 und EL 2006 der Fa. Elantec. Ihre wichtigsten Parameter sind in nachfolgender Tabelle zusammengestellt.

Typ	C_e/pF	G/MHz	$\bar{e}_N/\frac{nV}{\sqrt{Hz}}$	$R_f/k\Omega$	C_f/pF
OPA 627	8	16	4,5	6,8	5
AD 843	6	34	19	22	1,8
AD 845	4	16	12	11	3
EL 2006	2	40	20	53	0,8

Der Frequenzgang der Transimpedanz ist bestimmt durch das konjungiert-komplexe Polpaar im Bode-Diagramm nach Bild 3.23 für vorgegebenes δ. Wählen wir mit $\delta = \frac{1}{\sqrt{2}}$ einen günstigen Kompromiß zwischen Überschwingen (≈ 4,3 %) und Anstiegszeit ($\approx \frac{2,2}{\omega_k}$), so ist die obere Grenzfrequenz f_g mit $f_g = \frac{\omega_k}{2\pi}$ bestimmt. Für f_g = 5 MHz sind in den letzten beiden Spalten der Tabelle die Werte von R_f und C_f eingetragen. R_f ist proportional $\frac{G}{C+C_f}$, so daß bei kleinerer Eingangskapazität und größerer GBW eine höhere Ausgangsspannung u_A erhalten wird.

Rauschverhalten

OPV's mit FET-Eingangsstufe liefern einen vernachlässigbar kleinen Rauschanteil aufgrund der Eingangsströme $\bar{i}_{N+}$, $\bar{i}_{N-}$ (einige 10 fA/$\sqrt{Hz}$). Der Beitrag der Rausch-Eingangsspannung $\overline{e_N}$ ist aber höher als bei Verstärkern mit bipolarer Eingangsstufe. Hinzuzurechnen ist noch der Rauschanteil des Ggenkopplungswiderstandes R_f. Beides läßt sich bei Werten von R_f im 10 kΩ-Bereich klein halten, so daß der rauschäquivalente Signalstrom entsprechend Gl.(3.58) auf sehr günstige Werte um 1 pA/$\sqrt{Hz}$ kommt:

$$\bar{I}_{äqu} \doteq \sqrt{\bar{i^2}_{P_R} + \frac{4eU_T}{R_f} + \frac{\overline{e^2}_N}{R_f^2}\left[1 + \omega^2 R_f^2 (C + C_f)^2\right]} \quad . \qquad (3.58)$$

Somit ergibt sich für die angeführten Verstärkertypen folgende Bilanz:

	OPA 627/37	AD 843	AD 845	EL 2006
$\bar{I}_{äqu}/\frac{pA}{\sqrt{Hz}}$	$\approx 1,6$	$\approx 1,2$	$\approx 1,6$	$\approx 0,67$
$R_f/k\Omega$	6,8	22	11	53
f_g/MHz	5	5	5	5

Hierbei ist zubeachten, daß die erzielbare Ausgangspannung u_A proportional zum Wert von R_F ist. Das bedeutet, daß der EL 2006 unter den gegebenen Voraussetzungen die günstigste Wahl ist. Denn gleich hohe Werte der Ausgangsspannung sind mit den anderen Verstärkertypen nur durch entsprechende Nachverstärkung möglich. Dies aber würde zusätzliches Rauschen verursachen.

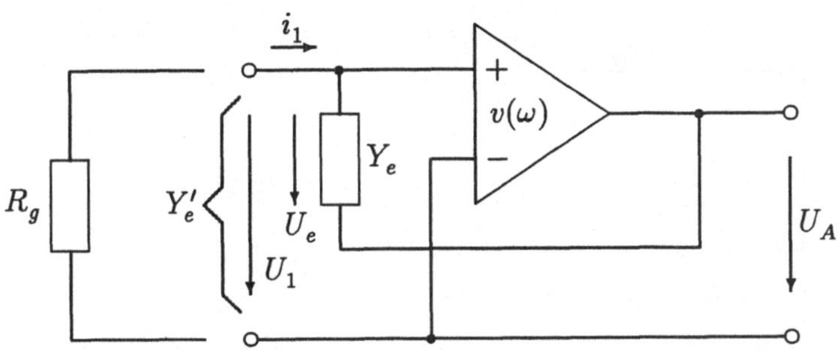

Bild 3.30 Zum Prinzip des „Bootstraps“

3.5.4 Eingangsverstärker nach der Bootstrap-Konfiguration

Das Bootstrap-Prinzip

In Bild 3.30 liegt eine Admittanz Y_e im Rückkopplungszweig eines Verstärkers (v(ω)). Der Phasenbezug wurde so gewählt, daß sich Mitkopplung ergibt. Auf einfache Weise läßt sich für die wirksame Eingangsadmittanz der Schaltung Y_e' ableiten:

$$Y_e' = Y_e(1 - v(\omega)) \quad . \tag{3.59}$$

Verwendet man einen Buffer mit einer weitgehend frequenzunabhängigen Verstärkung in der Nähe von 1 ($v_0 \leq 1$), so führt die Beziehung (3.59) zu einer erheblichen Verkleinerung von Y_e. Stellt Y_e die Parallelschaltung aus Innenleitwert G_i und Kapazität C_D einer Fotodiode dar, so wird deren wirksame Kapazität wegen $C_D' = C_D(1 - v_0)$ wesentlich verkleinert. Die Zeitkonstante $\frac{1}{G_i'} \cdot C_D'$ bleibt aber unverändert. Zur Nutzbarmachung des Bootstrap-Effektes ist daher ein Shunt-Widerstand R_g nötig.

Realisierung

Im einfachsten Fall liegt im Rückkopplungszweig eines Buffer-Verstärkers anstelle der Impedanz Y_e die Fotodiode, die als Signal- (und Rausch-) Stromquelle i_P mit der Parallelkapazität C_D dargestellt wird. Bild 3.31 zeigt diese Konfiguration mit nichtinvertierendem Folgeverstärker.

Für die Signal-Ausgangsspannung der Eingangsstufe liefert die Rechnung

$$u_{A_1} = i_P \frac{R_g \cdot v_1(\omega)}{1 + \jmath\omega R_g(C_e + C_D(1 - v_1(\omega)))} \quad . \tag{3.60}$$

Unter der Voraussetzung, daß mit einem geeigneten Buffer $v_1(\omega) \leq 1$ über einen weiten Frequenzbereich realisiert werden kann, vereinfacht sich Gl. (3.60) zu

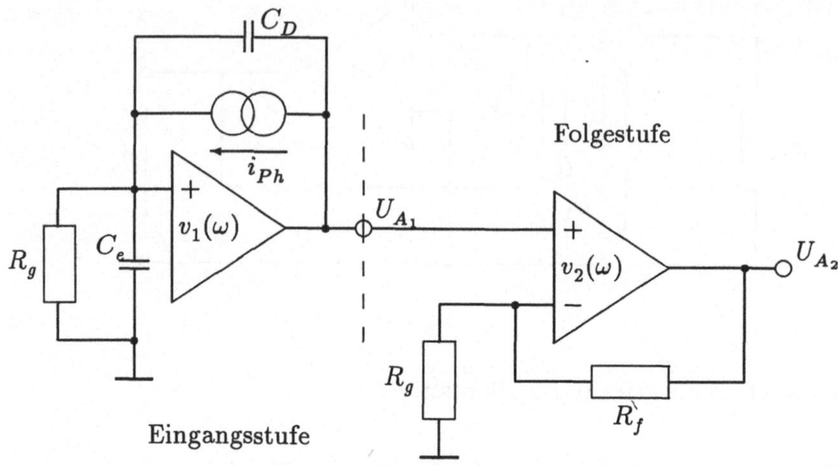

Bild 3.31 Bootstrap-Konfiguration mit Signalquelle i_{Ph}

$$u_{A_1} = i_P \frac{R_g}{1 + j\omega R_g C_e} \quad . \tag{3.61}$$

Die Kapazität C_D der Fotodiode wird praktisch eliminiert. Die wirksame Transimpedanz ist bei tiefen Frequenzen mit dem Widerstand R_g gegeben. Die Grenzfrequenz wird von der kleinen Buffer-Eingangskapazität C_e bestimmt

$$f_g = \frac{1}{2\pi R_g C_e} \quad .$$

Für den Einsatz im Frequenzbereich bis 100 MHz sind die Bausteine AD 9620/30 (Analog Devices), EL 2031C (Elantec) und OPA 660 (Burr Brown) gut geeignet. Die Eingangskapazität wird für die genannten Typen mit 1 pF, der Eingangswiderstand mit > 300 kΩ angegeben.
Entsprechend der einfachen Beziehung für die Grenzfrequenz erhalten wir mit f_g = 100 MHz den Shuntwiderstand R_g zu

$$R_g = \frac{1}{2\pi \cdot 1pF \cdot 100MHz} \doteq \underline{1,6\ k\Omega} \ .$$

Wird der Buffer mittels eines voll gegengekoppelten Verstärkers realisiert, ist für C_e die im Datenblatt angegebene Eingangskapazität für common-mode-Betrieb einzusetzen. Der ohmsche Anteil des Buffer-Verstärkers ist so hoch, daß er in den meisten Fällen gegen R_g nicht berücksichtigt werden muß.
Für die Transimpedanz erhält man aber einen komplexeren Ausdruck:

$$\frac{u_{A_1}}{i_P} = \frac{R_g \cdot \left(\frac{2\pi G}{R_g C}\right)}{p^2 + \left(\frac{1}{R_g C} + 2\pi G \frac{C_e}{C}\right) p + \frac{2\pi G}{R_g C}} \quad . \tag{3.62}$$

Durch Vergleich mit (3.57) erkennt man — bis auf das Vorzeichen der Ausgangsspannung — die gleiche Form, wenn $\omega_k = \sqrt{\frac{2\pi G}{R_g C}}$ und $\delta = \frac{1+2\pi G R_g C_e}{2\sqrt{2\pi G R_g C}}$ gesetzt wird. Im Gegensatz dazu kann aber wegen des festgelegten C_e nicht über δ und f_k getrennt verfügt werden.

Breitbandige Anwendungen bis 100 MHz

Für Bandbreiten bis 100 MHz können entweder „unity-gain"stabile current-feedback Verstärker, wie z.B. der AD9617, EL2022 oder OPA 644 (GBW = 240 MHz | 180 | 500 MHz, C_e =1,5 pF |1,3 | 1,0 pF) bzw. entsprechende voltage-feedback Verstärker, z.B. der OPA 640 | 646 | 642 (GBW = 1300 MHz | 650 MHz | 450 MHz, C_e = 1 pF für alle Typen) eingesetzt werden. Ist die Bedingung $\left(\frac{G}{f_g}\right)^2 \cdot \frac{C_e}{C} \gg 1$ erfüllt, so ergibt sich auch hierfür die Bandbreite nach der einfachen Beziehung

$$f_g \approx \frac{1}{2\pi R_g C_e} \quad .$$

In allen anderen Fällen müssen R_g und f_g unter Berücksichtigung des Polpaares in Gl. (3.62) berechnet werden. Die Grenzfrequenz f_g wird durch die Bandbreite vorgegeben. Eine konjungiert-komplexe Dimensionierung des Polpaares impliziert die Möglichkeit, die Grenzfrequenz zu erhöhen. Um das Überschwingen auf ≤ 5 % zu begrenzen, sollte die normierte Dämpfung δ jedoch nicht unter 0,7 liegen. Dies bedeutet aber, daß bei den aufgeführten current-feedback Verstärkern die Bandbreite von 100 MHz nur in einem Fall erreicht wird (OPA 644).
Der Shuntwiderstand R_g gehorcht der Beziehung (3.45) für $v_{g_0} = 1$

$$Z'_{T_0} = R_g \cdot 2\pi G C = \frac{1}{(f_k/G)^2} = \frac{1}{f_k'^2} \quad .$$

Für $\delta = \frac{1}{\sqrt{2}}(\approx 0,7)$ gilt $f_g = f_k$. Bei anderen Werten von δ ist das Verhältnis $\frac{f_g}{f_k}$ dem Bode-Diagramm zu entnehmen. Die normierte Dämpfung δ ist aber in der Regel bei Vorgabe der Grenzfrequenz f_g nicht bekannt. In diesem Fall ist $\left(\frac{f_g}{f_k}\right)$ aus der nachfolgenden Beziehung (3.63) zu berechnen:

$$\frac{f_g}{f_k} = \sqrt{\frac{1-\frac{C_e}{C}}{1+K^2} + \sqrt{\left(\frac{1-\frac{C_e}{C}}{1+K^2}\right)^2 + \frac{1-\frac{C_e}{C}\cdot\frac{1}{K}}{1+K^2}}} \;, \tag{3.63}$$

mit $K = \left(\frac{G}{f_g} \cdot \frac{C_e}{C}\right)$. Somit ist die Ermittlung aller Parameter im Hinblick auf die Dimensionierung der Bootstrap-Konfiguration möglich.

Typ	EL 2022	AD9617	OPA 644	OPA 640	OPA 646	OPA 642
G/MHz	180	240	500	1300	650	450
C_e/pF	1,3	1,5	1,0	-	1,0	-
C/pF	3,3	3,5	3,0	-	3,0	-
R_N/Ω	268	189,5	106	40,8	81,6	117,9
f_g/MHz	40*	58,6*	100	100	100	100
$\frac{f_g}{f_k}$	1,0*	1,0*	0,848	0,511	0,743	0,893
Z'_{T_0}	20,3*	16,79*	18,0	44,12	23,33	16,13
R_g/kΩ	5,46*	3,18*	1,909	1,80	1,904	1,902
	$^*\delta = \frac{1}{\sqrt{2}}$					

Tabelle 3.4 Dimensionierungsparameter f. verschiedene Verstärkertypen in Bootstrap-Konfiguration

Dimensionierung

Die Realisierung der Vorstufe erfolgt entsprechend Bild 3.31. Der Buffer-Verstärker sollte so gewählt werden, daß R_g bei ausreichender Bandbreite möglichst groß wird. R_g folgt aus Z'_{T_0} durch Entnormierung mit $R_N = \frac{1}{2\pi GC}$. Z'_{T_0} wird vorher mit Hilfe der Beziehung

$$Z'_{T_0} = \left(\frac{G}{f_k}\right)^2$$

ermittelt. Darin substituiert man $\frac{G}{f_k} = \frac{G}{f_g} \cdot \left(\frac{f_g}{f_k}\right)$, mit $\frac{f_g}{f_k}$ aus (3.63). Die Tabelle 3.4 stellt die Dimensionierungsparameter für je 3 current-feedback Verstärker und je 3 voltage-feedback Verstärker zusammen.

Rauschverhalten

Es folgt mit dem gleichen Formalismus wie in 3.5.2

$$\overline{u^2}_{N+} = \left(\overline{i^2}_{N+} + \overline{i^2}_{R_g} + \overline{i^2}_{PR}\right) |Z_e||Z_D|^2 + \overline{e^2}_{N_1} + \overline{e^2}_{N_2} \quad . \tag{3.64}$$

Diese Beziehung enthält als letzten Term den Rauschbeitrag der Folgestufe, der sich auf die Rauschspannungsdichte beschränkt, da die Beiträge der Rauschströme sich infolge des niedrigen Buffer-Ausgangswiderstandes nicht auswirken.
Der äquivalente Signalstrom in der Fotodiode ergibt sich somit zu

$$\bar{I}_{äqu} = \sqrt{\overline{i^2}_{N+} + \overline{i^2}_{R_g} + \overline{i^2}_{PR} + (\overline{e^2}_{N_1} + \overline{e^2}_{N_2})|Y_e + Y_D|^2} \quad , \tag{3.65}$$

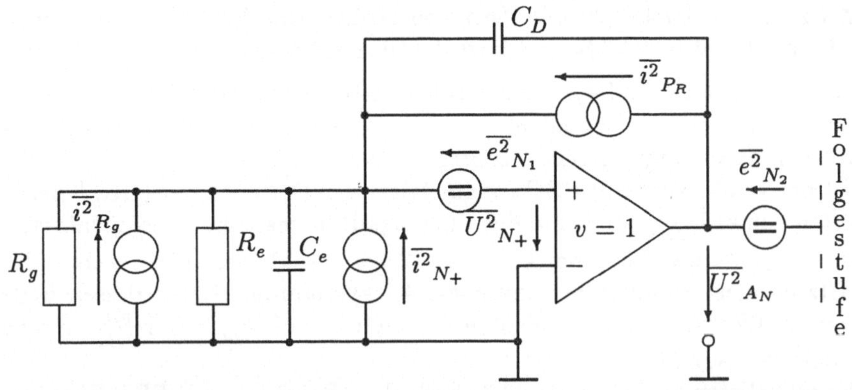

Bild 3.32 Ersatzschaltung zur Ermittlung des Eingangsrauschens

mit $|Y_e + Y_D|^2 \approx \frac{1}{(R_g \| R_e)^2} \left[1 + \omega^2 (R_g \| R_e)^2 (C_D + C_e)^2\right]$.

Als Buffer kann entweder ein industriell verfügbarer Baustein (z.B. AD 9620/-9630, BB OPA 633/660) oder ein geeigneter „unity-gain"stabiler Operationsverstärker mit entsprechender Gegenkopplung eingesetzt werden (z.B. AD829, BB OPA 627 o.ä.).

Von großer Bedeutung ist wieder die Größe des Shuntwiderstandes R_g. Für *Grenzfrequenzen um 100 MHz* wird dieser im Bereich um 1 kΩ liegen und liefert so einen Rauschbeitrag von ca. 4 pA/$\sqrt{\text{Hz}}$. Der entsprechende Anteil aufgrund $\overline{e^2}_{N_1}$ kann durch Verwendung einer bipolaren Transistoreingangsstufe klein gehalten werden. $\sqrt{\overline{i^2}_{N+}}$ sollte dann aber den Wert von 4 pA/$\sqrt{\text{Hz}}$ nicht übersteigen. Eine gute Wahl ist für diesen Fall der AD 829, der als „low noise-wide-band-video-amplifier"angeboten wird [56]. Die hervorstechenden Eigenschaften sind

$$\sqrt{\overline{e^2}_N} = 2\frac{nV}{\sqrt{Hz}}, \sqrt{\overline{i^2}_{N+}} = 1,5\frac{pA}{\sqrt{Hz}}, C_e = 1,5\ pF \text{ (Buffer-Betrieb)}, C_D = 1,5\ pF.$$

Rauschäquivalenter Signalstrom

Die Rauschbeiträge liefern mit R_g = 1 kΩ für den AD829 den äquivalenten Signalstrom $\bar{I}_{äqu} = 4,7\frac{pA}{\sqrt{Hz}}$ der damit bei doppelter Bandbreite um den Faktor 1,5 niedriger liegt als beim AD 849 in nichtinvertierender Konfiguration nach Punkt 3.5.2 (Bild 3.25).

Die schnelleren OPV's von BB (OPA 640/642, 644, 646) liefern bei 100 MHz einen äquivalenten Rauschstrom lt. Tabelle von 6,5 bis 23,5 $\frac{pA}{\sqrt{Hz}}$, je nach Typ. Der Shuntwiderstand R_g liegt für alle zwischen 1,8 kΩ und ≈1,9 kΩ.

Für *kleinere Bandbreiten* kann R_g vergrößert werden. So ergibt sich z.B. für B = 5 MHz mit dem AD 829 ein Wert von 20 kΩ. Damit fällt der Rauschanteil von R_g drastisch auf 0,89 $\frac{pA}{\sqrt{Hz}}$ und liegt deutlich unter der Größe von i_{N_+} mit 1,5 $\frac{pA}{\sqrt{Hz}}$. Der Beitrag aufgrund $\bar{e_N}$ wird mit 0,1 $\frac{pA}{\sqrt{Hz}}$ vernachlässigbar klein. Hier ist besser ein Verstärker zu verwenden, der einen kleineren Strombeitrag auf Kosten eines größeren Spannungsbeitrages liefert.

Dies ist bei Verstärkern mit FET-Eingang der Fall. Der OPA 627 (BB) liefert z.B. einen Anteil von $\approx 1\frac{pA}{\sqrt{Hz}}$ aufgrund der Eingangs-Rauschspannung $\bar{e_N}$, während der Stromanteil $\bar{i_{N_+}}$ vernachlässigbar klein ist. Wegen des kleinen, für eine Bandbreite von 5 MHz nötigen, Shuntwiderstandes von 4,5 kΩ, dominiert aber dessen Beitrag. So kommt der Wert für den äquivalenten Signalstrom auf $\bar{I}_{äqu} \approx 2,1\frac{pA}{\sqrt{Hz}}$, vergleichbar mit dem des AD 829.

Einer der schnellsten, auf dem Markt befindlichen Bausteine mit FET-Eingang, ist der AD 843. Die Eingangs-Rauschspannung wird mit $\bar{e_N} = 19\frac{nV}{\sqrt{Hz}}$ angegeben. Der Eingangs-Rauschstrom $\bar{i_{N_+}}$ ist vernachlässigbar klein. Die Bandbreite von 5 MHz verlangt bei einer (Buffer-) Eingangskapazität von ca. 4 pF einen Shuntwiderstand $R_g \approx 8\ k\Omega$. Damit ergibt sich ein äquivalenter Signalstrom von $\bar{I}_{äqu} \approx 2,8\frac{pA}{\sqrt{Hz}}$.

Zu berücksichtigen ist in jedem Fall der Rauschspannungsanteil der Folgestufe $\sqrt{\overline{e^2}_{N_2}}$. Für eine Folgestufe mit dem Baustein AD 9617/18 bleibt dieser jedoch vernachlässigbar klein (1,2 $\frac{nV}{\sqrt{Hz}}$).

Die Tabelle 3.5 stellt die Ergebnisse dieses Abschnitts übersichtlich zusammen.

Zusammenfassende Beurteilung

Erstes Kriterium zur Auswahl von Konfiguration und Verstärkertyp ist die benötigte Signalbandbreite. Unterhalb einer Grenze von etwa 10 MHz empfiehlt sich zur rauscharmen Verstärkung von Fotoströmen die Transimpedanz-Konfiguration unter Verwendung eines Verstärkers mit FET-Eingang (OPA 627/37, AD 843, EL 2006). Bei erreichbaren Transimpedanzen von einigen 10 kΩ liegt der zusätzlich erzeugte äquivalente Rauschstrom im Bereich bis 2 $pA/\sqrt{Hz}$. Das entspricht einer rauschäquivalenten optischen Eingangsleistung von etwa 2,5 $\frac{pW}{\sqrt{Hz}}$.

Der Einsatz von current-feedback-Verstärkern ist dagegen auch für höhere Frequenzen wegen ungünstiger Rauscheigenschaften nicht zu empfehlen. Wohl aber läßt ihre Verwendung als Nachfolgestufe in der Bootstrap-Konfiguration gute Resultate erwarten (AD9617/18).

Von 10 MHz bis 100 MHz liefern die nichtinvertierende Konfiguration mit Kompensation und die Bootstrap-Konfiguration gute Ergebnisse, wobei die erstgenannte mit dem Baustein AD849 bis ca. 50 MHz bei einer Transimpedanz von ca. 17,5 kΩ einen Rauschbeitrag von ca. 8 $pA/\sqrt{Hz}$ (NEP = 10 $\frac{pW}{\sqrt{Hz}}$) liefert und damit eine gute Wahl darstellt.

Die Bootstrap-Konfiguration ist zwischen 50 MHz und 100 MHz überlegen. Dabei ist es von Vorteil, den Buffer mittels eines gegengekoppelten, „unity-gain"- stabilen

Verstärker	AD 829	OPA 627	AD 843	AD 845
Eingangsstufe	bipolar	DIFET	CBFET	CBFET
GBW /MHz	750	16	34	16
$C_{e_{Buffer}}$ /pF (commen mode)	1,5	7	≈ 4	4
R_g /$k\Omega$	20	4,55	≈ 8	≤ 8
$I_{äqu}$ / $\frac{pA}{\sqrt{Hz}}$	1,75	2,1	2,8	$\approx 2,1$

	EL 2022	AD 9617	OPA 644	OPA 640	OPA 646	OPA 642
$\bar{e}_N / \frac{nV}{\sqrt{Hz}}$	k.A.	1,2	1,9	2,9	7,2	2,3
$\bar{i}_{N+} / \frac{pA}{\sqrt{Hz}}$	k.A.	29	15	2,0	1,1	2,4
$\bar{i}_{R_g} / \frac{pA}{\sqrt{Hz}}$	k.A.	2,24	2,9	3,0	2,9	2,9
C_e/pF	1,3	1,5	1,0	1,0	1,0	1,0
$\bar{I}_{äqu} / \frac{pA}{\sqrt{Hz}}$	k.A.	44,5	23,54	6,62	10,22	6,45

Tabelle 3.5 Rauschverhalten verschiedener Verstärkertypen in Bootstrap-Konfiguration. Oben: f_g = 5 MHz, unten: f_g = 100 MHz

Verstärkers zu realisieren. Bei Werten der Transimpedanz um 1,8 kΩ sind äquivalente Rauschströme von $\approx 6,5 \frac{pA}{\sqrt{Hz}}$ zu erwarten.

Zudem kommen für diesen Frequenzbereich die berechneten Shuntwiderstände R_g in die Größenordnung des Quotienten $\frac{\bar{e}_N}{\bar{i}_{N+}}$. Für $R_g = \frac{\bar{e}_N}{\bar{i}_{N+}}$ ist nämlich nach Gl. (3.65) $\bar{I}_{äqu}$ minimal und zwar

$$\bar{I}_{äqu_{/min}} \approx \sqrt{\bar{i^2}_{N+} + \frac{4eU_T}{R_g}} \ . \quad (3.66)$$

Ist man bereit, geringfügige Abstriche an der Bandbreite zu tolerieren, so erweist sich in konsequenter Verfolgung des Gedankens (Gl. 3.66) der OPA 646 als interessanter Baustein. Denn mit

$$R_g = \frac{\bar{e}_N}{\bar{i}_{N+}} = 6,55\ k\Omega \text{ und } i_{N+} = 1,1 \frac{pA}{\sqrt{Hz}}$$

ergibt sich aus (Gl. 3.66) $\bar{I}_{äqu_{/min}}$ zu 2,2 $\frac{pA}{\sqrt{Hz}}$! Die nach Gl. (??) und (3.63) errechnete Bandbreite beträgt $B = f_g$ = 54 MHz.
Der direkte Vergleich mit der nichtinvertierenden kompensierten Konfiguration nach 3.5.2 zeigt z.B., daß der AD829 mit ähnlichem Shuntwiderstand R_g und ähnlicher Grenzfrequenz f_g (Tabelle 3.3) einen wesentlich höheren äquivalenten Rauschstrom aufweist ($\bar{I}_{äqu} \geq 12 \frac{pA}{\sqrt{Hz}}$).

Oberhalb 100 MHz ist dem Anwender für empfindliche optische Eingangsstufen ein Aufbau in diskreter Technologie mit speziell ausgesuchten Bauelementen (Si-MOSFET, GaAs-MESFET) anzuraten [51],[52],[53].

3.6 Übungen

9. Übung

Eine PIN-Fotodiode ist bezüglich ihrer Anstiegszeit zu optimieren. Die Material- und Strukturparameter sind:

$F = 0,8\ mm^2$, $n_{Si} = 1,46$, $v_{DS} = 10^8\ mm/s$, $h = 6,625 \cdot 10^{-34}\ Ws^2$, $e = 1,6 \cdot 10^{-19}\ As$, $r_S = 30\ \Omega$, $R_L = 10\ \Omega$, $\varepsilon_0 = \frac{1}{3,6\pi}\ pF/cm$.

1. Wie groß ist die Weite w der I-Zone?
2. Bestimmen Sie den Quantenwirkungsgrad η bei 850 nm.
3. Geben Sie die Empfindlichkeit S bei gleicher Wellenlänge an.
4. Wie groß ist der Dunkelstrom I_D, wenn für Silizium bei Zimmertemperatur 50 nA/mm^3 gilt?

10. Übung

Eine Si-APD hat bei Zimmertemperatur (293 K) einen Dunkelstrom von $I_D = 0,7$ nA, einen Rauschexponenten $x = 0,3\overline{3}$, den Innenleitwert $G_i = 1\ \mu$S und die Empfindlichkeit (für $M = 1$) $S_{PIN} = 0,6$ A/W. Sie soll bezüglich ihres Einsatzes in einem optischen Empfänger untersucht werden. Ermitteln Sie:

1. Den rauschäquivalenten Strom $i'_{N_{APD}}$.
2. Der Rausch-Belastungswiderstand der Folgestufe beträgt $R_{LR} = 100\ k\Omega$. Berechnen Sie den Zusammenhang $M_{opt} = f(P_e)$ für den Bereich

$$-60\ dB_m \leq P_e \leq -30\ db_m$$

und stellen Sie diesen auf doppel-logarithmischen Papier dar.
In welchen Grenzen ist die APD einsetzbar?

11. Übung

Die APD aus Aufgabe 10 wird ein Empfänger der abgebildeten Übertragungsstrecke eingesetzt. Der optische Sender koppelt mit -1,5 dBm in das abgehende LWL-Pigtail ein. Die Stecker an beiden Enden der LWL-Strecke haben je 1 dB Dämpfung. Der Lichtwellenleiter wird mit einer Länge von 1,5 km gefertigt und besitzt bei dieser Länge eine Dämpfung von 4,5 dB. Größere Längen müssen durch Spleißen mehrerer Einzellängen realisiert werden (Spleißdämpfung 0,2 dB). Die Bandbreite der Strecke ist mit 10 MHz, das $\frac{S}{N}$-Verhältnis mit 26 dB, die Rauschzahl des Nachverstärkers mit 6 dB gegeben. Berechnen Sie:

1. Die Leistung $P_{e_{min}}$ und die zugehörige Stromverstärkung M_{opt}.

2. Die Länge der LWL-Strecke.

3. Die Anzahl der Spleiße.

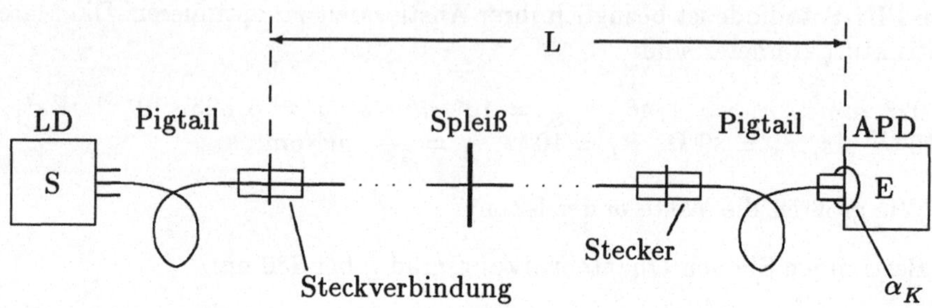

Koppelverluste Pigtail-Empfänger $\alpha_K = 1$ dB, Systemreserve 3 dB.

4 Lichtwellenleiter-Kommunikationssysteme

4.1 Einführung

LWL-Kommunikationssysteme sind heute auf einem Entwicklungsstand, der ihren Einsatz im gesamten Bereich der leitungsgebundenen Übertragungstechnik möglich macht. Diese umfaßt neben der Weitverkehrstechnik auch die Übertragung über kurze bis mittlere Entfernungen in sogenannten lokalen Netzen (Lokal Area Networks, LAN's).

Aufgrund geringer Dämpfung und Dispersion heutiger Lichtwellenleiter haben LWL-Systeme Vorteile gegenüber solchen in herkömmlicher Kupfer-Technik. Die Verwendung von LASER-Dioden als leistungstarke Sender in Verbindung mit APD's als empfindliche Fotoempfänger favorisiert wegen der wirksamen Nichtlinearitäten digitale Systeme in Lichtwellenleiter-Technologie. Spezielle Fragestellungen wie z.B. die Übertragung von Fernsehsignalen in BK-Verteilnetzen verlangen hingegen den Einsatz hochlinearer Elemente in Sender und Empfänger von Analogsystemen.

4.2 LWL im Vergleich zu herkömmlichen Übertragungsmedien

Neben der einkoppelbaren Sendeleistung (vgl. 1.4.1) und der bei vorgegebener Signalqualität (S/N-Verhältnis) erforderlichen minimalen Empfängerleistung ($P_{e_{min}}$, vgl. 3.5.4), bestimmt im wesentlichen die LWL-Strecke mit Dämpfung, Dispersion (1.3), Spleiß-, Koppel-, und Steckerverlusten die Leistungsfähigkeit eines Systems. Alle Komponenten einer LWL-Strecke sollten überdies eine geringe, in engen Grenzen spezifizierte, Reflektivität besitzen.
Die mechanischen, optischen und übertragungstechnischen Eigenschaften von Lichtwellenleitern sind nach VDE 0888, 1-4 genormt. Eine Darstellung nach dem derzeitigen Stand der Normung findet sich unter 5.3.1. Hier interessieren vornehmlich die übertragungstechnischen Eigenschaften des Standard-GI-LWL's 50/125 μm bei 850/1300 nm und des Einmoden-LWL's 9/125 μm bei 1300/1550 nm. Diese sind Dämpfung, Modendispersion gegeben durch das Bandbreite-Längen Produkt ($B_0 \times L_0$) und den Längenexponenten E bzw. Materialdispersion mit Wellenleiterdispersion (EM-LWL).

Nachfolgende Tabelle gibt eine Übersicht für die beiden LWL-Typen.

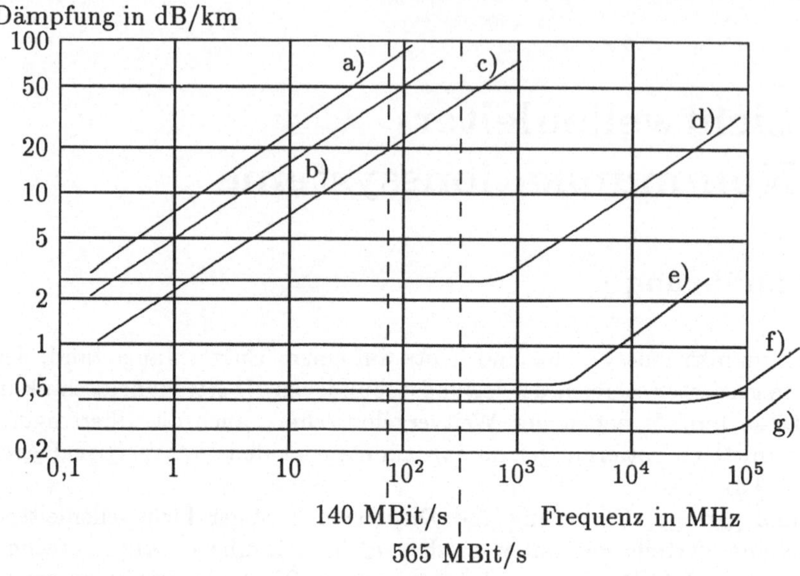

a) Cu 0,9 mm Symm.
b) Cu 1,2/4,4 mm Koax d) 850 nm GI f) 1300 nm EM
c) Cu 2,6/9,5 mm Koax e) 1300 nm GI g) 1500 nm EM

Bild 4.1 Dämpfungsbelag von Cu-Koaxkabeln und LWL's

LWL-Typ		Dämpfungsbelag [dB/km]	$(B \times L_0)_{max}$	E
Standard-GI	850 nm	≈ 3	500 ... 700*	0,7 ...
50/125 μm	1300 nm	$0,8 \ldots 1,0$	2000 MHz· km	... 0,8
EM-LWL	1300 nm	$0,5 \ldots 0,6$	$\approx$ 100 GHz · km	-
9/125 μm	1550 nm	0,2	$\approx$ 100 GHz · km	-
* Laserdiode $\Delta\lambda = 5$ nm				

Die bei Kupfersystemen notwendige Entzerrung des Frequenzgangs der Leitung ($\alpha \sim \sqrt{f}$) kann bei LWL-Systemen entfallen oder wesentlich vereinfacht werden. Kupferkabel weisen bei Frequenzen oberhalb 100 KHz wesentlich größere Dämpfungen auf als Lichtwellenleiter. Bild 4.1 zeigt den Verlauf des Dämpfungsbelages von Kupferkabeln und Lichtwellenleitern im Vergleich.

4.2.1 Kostenvergleich

In [59] wird eine Prognose der Kostenentwicklung für LWL-Systeme angegeben. Im Vergleich zu einem 140 MBit/s Koaxkabel-System sind in Bild 4.2 unterer Teil die relativen Kosten je digitalen Sprechkreis (64 kBit/s) über der Streckenlänge aufgetragen. Die Rechnung erfolgte unter den Voraussetzungen

Streckenlänge 100 km

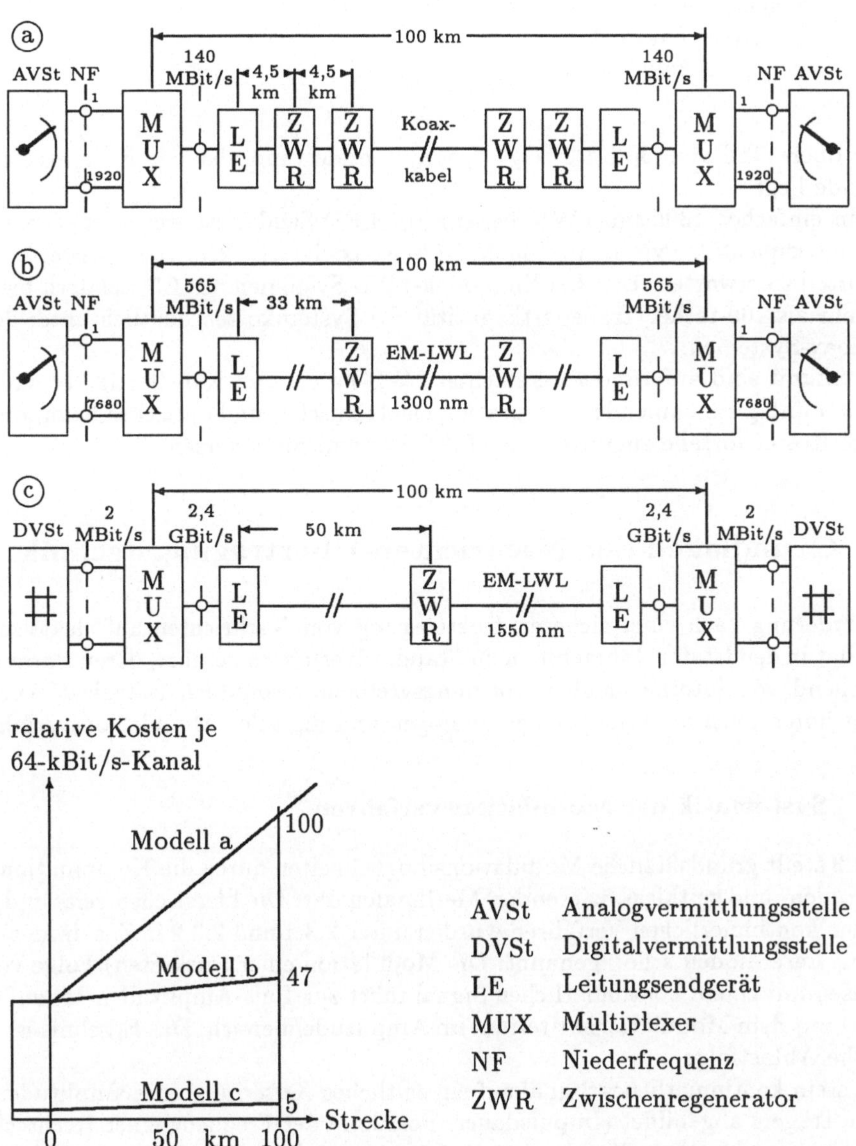

AVSt	Analogvermittlungsstelle
DVSt	Digitalvermittlungsstelle
LE	Leitungsendgerät
MUX	Multiplexer
NF	Niederfrequenz
ZWR	Zwischenregenerator

Bild 4.2 Wirtschaftlichkeitsvergleich von LWL- und Koaxialsystemen

Kabel mit
12 Tuben für Koax-Systeme
12 LWL-Fasern für LWL-Systeme
Verlegekosten
Koax Faktor 1,0
LWL Faktor 0,75 .

Der obere Teil von Bild 4.2 zeigt den Systemaufwand, der der Kostenrechnung zugrunde liegt.
Für ein einfaches 1300 nm-LWL-System mit LED-Sender ist wegen etwa gleicher Transportkapazität[1] wie beim 140 MBit/s-Koax-System kein nennenswerter Kostenvorteil zu erwarten. Erst bei Einmoden-LWL-Systemen mit LD-Sendern bleiben bei mehr als 100-facher Transportkapazität die Systemkosten deutlich unter denen von Koax-Systemen.
In Zukunft sind aufgrund vereinfachter LWL-Faser- und Kabelfertigung und wegen der ständig zunehmenden Integration elektronischer und optischer Komponeten weitere Kostenvorteile zugunsten der LWL-Systeme zu erwarten.

4.3 Grundlagen der Nachrichten-Übertragungstechnik

Die Forderung nach einer sicheren Übertragung von Nachrichten auf elektrischem Wege hat in den letzten Jahrzehnten zu Standardverfahren geführt, deren Parameter weitgehend von internationalen Normungsgremien verbindlich festgelegt wurden. dazu gehören auch die verschidenen analogen und digitalen Modulationsverfahren.

4.3.1 Systematik der Modulationsverfahren

Bild 4.3 stellt grundsätzliche Modulationsmöglichkeiten durch die Kombination von amplituden- und zeitklassifizierenden Merkmalen dar. Die klassischen zeit- und amplituden kontinuierlichen Verfahren wurden unter 2.3.1 und 2.3.2 in Zusammenhang mit mit Laserdioden schon genannt. Die Modulation einer (diskreten) Folge von δ-Impulsen mit einem kontinuierlichen Signal führt zur Puls-Amplituden-Modulation (PAM) mit dem Modulationskriterium im Amplitudenbereich. Das Ergebnis ist eine typische Abtastfolge.

Wird ein kontinuierliches Signal auf ein zeitliches Kriterium eines amplitudendiskreten Trägers abgebildet (Impulsdauer, Position oder Frequenz einer Rechteckimpulsfolge), so entstehen die klassischen Impulsmodulationen (PDM, PPM, PFM), [58].
Die bisher genannten Modulationsarten enthalten den Modulationsparameter in kontinuierlicher (analoger) Form und gehören daher zu den analogen Verfahren.

[1]Unter Transportkapazität wird die Anzahl übertragbarer digitaler Sprachkanäle je Kilometer verstanden.

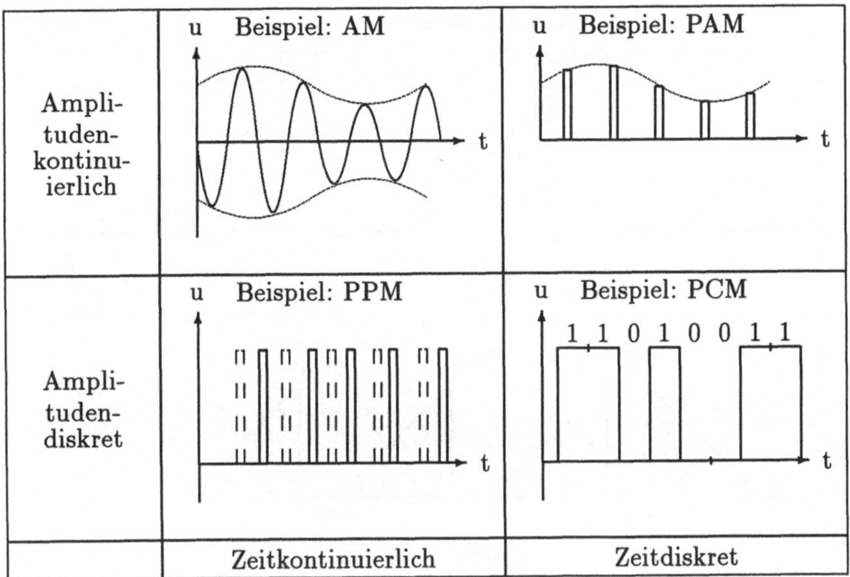

Bild 4.3 Klassifizierung der Modulationsverfahren

Bei digitalen Modulationen sind Amplitude und Zeit diskretisiert. Als bekanntestes Verfahren enthält Bild 4.3 an dieser Stelle die PCM (Puls-Code-Modulation). Es ist einsichtig, daß am Empfangsort von dieser Variante bereits wichtige Information — unabhängig von der Nachrichten — bekannt sind: Zeitabstände und Amplitudenstufen (im einfachsten Fall 0,1). Das führt zur sichersten Signalerkennung unter allen Modulationsarten und begründet somit den Vorteil der Digitalübertragung aus signaltheoretischer Sicht.

4.3.2 Verfahren zur Mehrkanalübertragung

In der optischen Nachrichtenübertragung kommen drei Verfahren zur Anwendung.

Frequenzmultiplex-Technik (F-MUX)

Gemäß Bild 4.4 werden die Basisspektren (F_1, F_2, F_3) bandbegrenzter Signale (ω_S) durch Modulation mit unterschiedlichen Trägerfrequenzen (ω_T) in verschiedene Frequenzlagen gebracht. Der spiegelbildlich zu $\omega = 0$ gelegene Anteil des Spektrums erscheint dann entsprechend spiegelbildlich zur Trägerfrequenz (ω_{T_1}) als unteres Seitenband (Zweiseitenbandmodulation). Durch spezielle Maßnahmen kann ein Seitenband unterdrückt werden (Einseitenband-Modulation. Die Trägerfrequenzen ω_{T_1}, ω_{T_2}, $\omega_{T_3} \dots \omega_{T_n}$ sind so gewählt, daß die Spektren bzw. Teilspektren sich nicht überlappen. Wir treffen die Frequenzmultiplextechnik in allen analogen Systemen und Systemhierarchien bei Netzbetreibern auf der Fernebene an

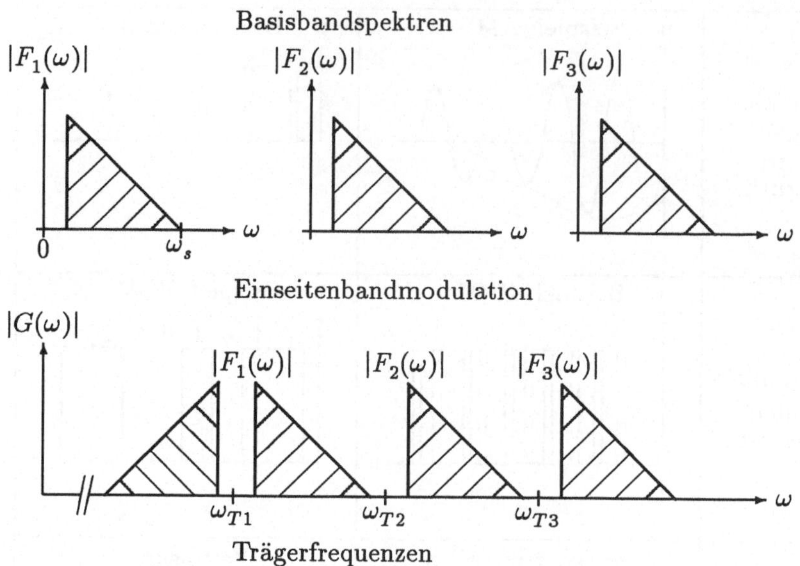

Bild 4.4 Prinzip der Frequenzmultiplextechnik

(TF-Systeme), ebenso bei Rundfunk und Fernsehen (Kanalschema).Kommerzielle Systemhierarchien sind in der Lage 10800 Sprachkanäle gebündelt über ein Koaxialpaar zu übertragen. Der notwendige Bandbreitebedarf beträgt dabei bis zu 180 MHz [60].

Zeitmultiplex-Technik (Z-MUX)

Die sukzessive Abtastung mehrerer Signale, wie z.B. der Zeitfunktion $f_1(t)\dots f_3(t)$ in Bild 4.5 (oben) nach einem festgelegten zeitlichen Schema, ermöglicht die zeitlich hintereinander geschachtelte Übertragung mehrerer Kanäle. Im einfachsten Fall kann das Multiplexen schon nach der Abtastung mit den PAM-Signalen der entsprechenden Kanäle erfolgen (Bild 4.5 mitte). Die schmalen Impluse besetzen nur einen kleinen Zeitschlitz, sind aber hinsichtlich ihrer Amplitude kontinuierlich (analog). Durch Zuordnung dieser kontinuierlichen Amplituden zu einem diskreten Wertebereich erfolgt die Digitalisierung (Quantisierung). Üblicherweise werden die quantisierten Amplitudenwerte binär codiert übertragen (PCM, Bild 4.5 unten). Jedes Bit und jeder Kanal besetzen dabei definierte Zeitabschnitte, die sich periodisch wiederholen (PCM-Rahmen). Somit kann man die Arbeitsweise von Multiplexer und Demultiplexer in einem ZMUX-System wie in Bild 4.6 durch synchron umlaufende Schalter (A, B) erklären.

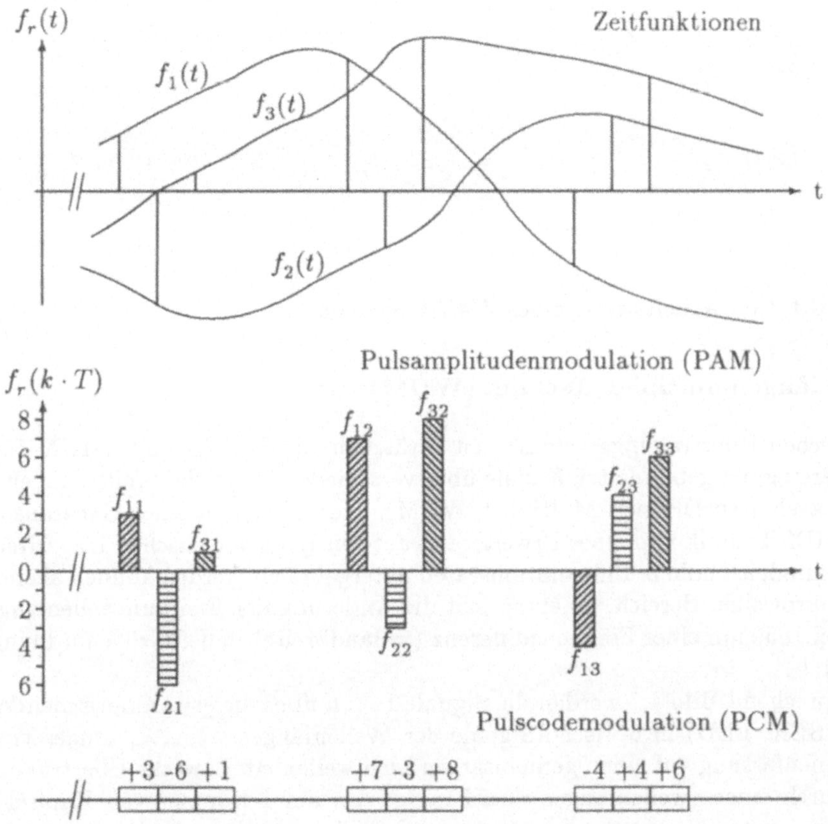

Bild 4.5 Prinzip der Zeitmultiplextechnik

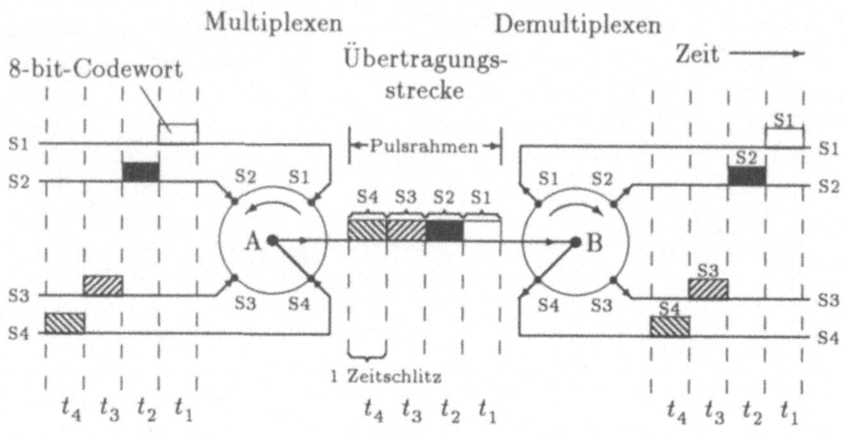

Bild 4.6 Arbeitsweise eines ZMUX-Systems

Wellenlängenmultiplex-Technik (WDM)

In optischen Übertragungssystemen ist zusätzlich zur FMUX- und ZMUX-Technik die Übertragung gebündelter Kanäle über verschiedene optische Wellenlängen möglich (Wavelength-Division-Multiplex, WDM). Dies entspricht einer Generalisierung der FMUX-Technik und einer Erweiterung auf den Bereich optischer Trägerfrequenzen, wo ungleich höhere Informationsraten untergebracht werden können als im HF- oder Mikrowellen-Bereich. So entspricht die Änderung der Freiraumwellenlänge um 1 nm bei 1550 nm einer Frequenzdifferenz (=Bandbreite) in der Größenordnung von 100 GHz!

Entsprechend Bild 4.7 werden die Signale 1 ... n über die elektrooptischen Wandler (LASER, LED) in optische Signale der Wellenlängen $\lambda_1 \ldots \lambda_n$ umgesetzt. Die Zusammenfassung auf einen gemeinsamen Lichtwellenleiter zwecks Übertragung erfolgt durch einen (wellenlängen-unabhängigen) n auf 1-Koppler vgl. Kapitel 5. In den Regeneratoren und am Empfangsort sind die einzelenen Wellenlängen wieder zu separieren. Das geschieht zweckmäßig mittels optischer Filter in Verbindung mit einem 1 auf n-Koppler. In der Praxis wurden bisher WDM-Systeme mit bis zu 32 (in letzter Zeit auch 64) Kanälen realisiert. Bild 4.8 zeigt einen Realisierungsvorschlag der Fa. Siemens mit 4 WDM-Kanälen [61].

Die WDM-Technik bietet als Vorteile

- Mehrfachausnutzung eines LWL zusätzlich zur FMUX- oder ZMUX-Technik
- Möglichkeit der bidirektionalen Übertragung über einen Lichtwellenleiter (λ_1, λ_2)
- große Systemflexibilität und Modularität (z.B. Nachrüsten neuer Dienste).

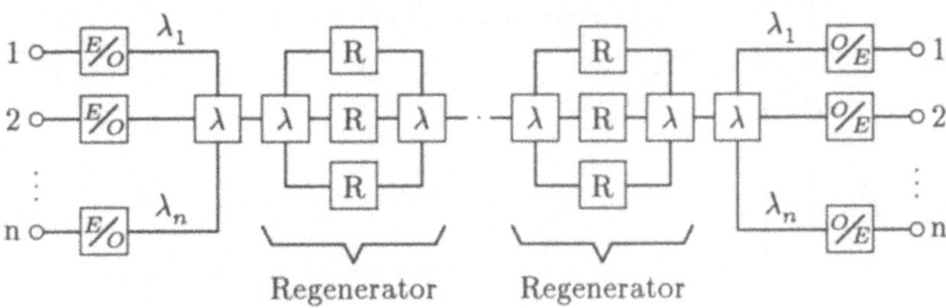

Bild 4.7 Prinzip der Wellenlängenmultiplextechnik

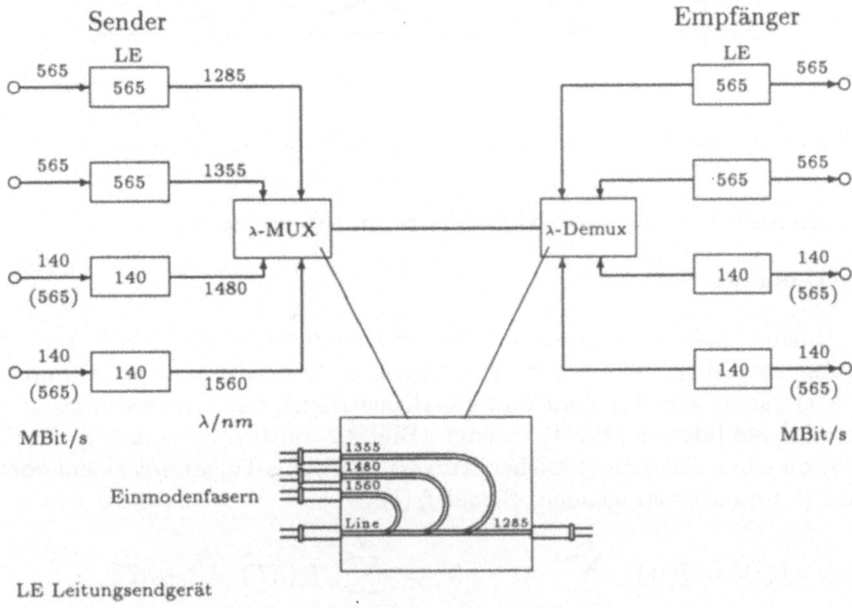

Bild 4.8 Wellenlängenmultiplex, Systemrealisierung

Demgegenüber stehen Kostennachteile bei den WDM-Multiplexern/Demultiplexern (ein Paar je System und Regenerator) sowie bei den Regeneratoren (n Regeneratoren für $\lambda_1 - \lambda_n$) [62].

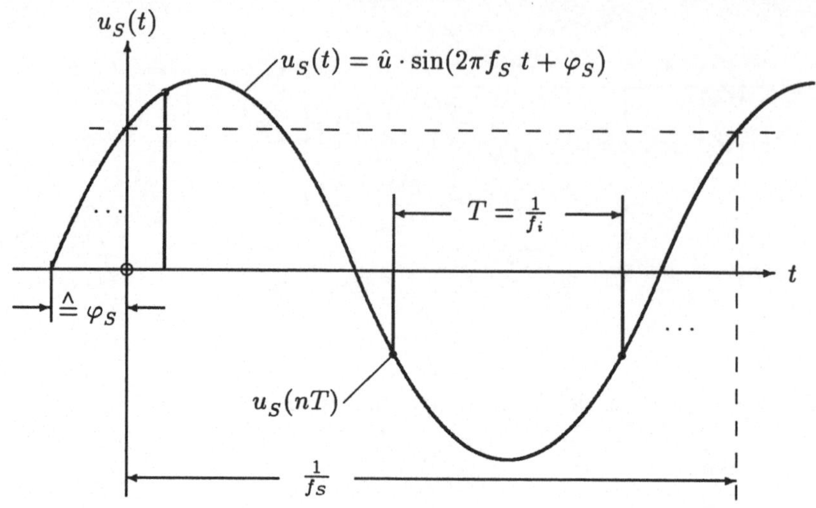

Bild 4.9 Zur Ableitung des Abtasttheorems

4.3.3 Grundsätzliches zur digitalen Signalübertragung

Abtasttheorem

Zur digitalen Signalübertragung ist zunächst eine digital modulierte Nachricht zur Verfügung zu stellen. Wie schon im vorherigen Abschnitt unter „Zeitmultiplex-Technik"erwähnt, wird von dem kontinuierlichen Signal durch Abtastung eine Puls-Amplituden-Modulation (PAM) erzeugt (Bild 4.5 mitte). Sie entsteht durch die Modulation eines diskontinuierlichen Trägers (δ-Impuls-Folge) mit einem kontinuierlichen (informationstragenden) Signal $f_u(t)$:

$$f_m^*(t) = f_u(t) \cdot \sum_{n=-\infty}^{\infty} \delta(t-nT) = \sum_{n=-\infty}^{\infty} f_u(nT) \cdot \delta(t-nT) \quad . \tag{4.1}$$

Die Werte $f_u(nT)$ sind die *Abtastwerte* des kontinuierlichen Signals $f_u(t)$. In der Praxis wird die Abtastung mit Hilfe eines schnellen Analogschalters realisiert.

Der Abstand T der Abtastimpulse muß in einem bestimmten Verhältnis zur höchsten, im kontinuierlichen Signal enthaltenen Frequenz f_S stehen. das setzt eine zuvor stattfindende Bandbegrenzung voraus (Bs, Signalbandbreite). Die Schwingung der Frequenz f_S

$$u_S(t) = \hat{u}_S \cdot \sin(2\pi f_S\, t + \varphi_S)$$

ist durch drei Parameter ($\hat{u}_S$, f_S, φ_S) definiert. Werden zur Bestimmung dieser drei Werte entsprechend drei Proben äquidistant in einer Schwingungsperiode $\frac{1}{f_S}$ entnommen, so ist der Vorgang ohne Verlust rekonstruierbar. Dies ist eine Minimalforderung. Da $u_S(t)$ aber die höchstfrequente Schwingung im kontinuierlichen

Signal ist, gilt das erst recht für alle niederfrequenteren Signalanteile. Somit läßt sich die *Abtastbedingung* gemäß Bild 4.9 formulieren:

$$\frac{1}{f_S} \geq 2T \quad \text{oder} \quad f_i = \frac{1}{T} \geq 2f_S \quad . \tag{4.2}$$

Die Wiedergewinnung des kontinuierlichen Signals $f_u(t)$ aus der Abtastfolge ist durch einen Tiefpaß möglich, dessen Antwort auf einen Impuls dieser Folge als Einschwingvorgang in der Form

$$\delta_a(t - nT) = \frac{\sin 2\pi B_T(t - nT)}{2\pi B_T(t - nT)} \cdot f_u(nT) \tag{4.3}$$

verläuft. Die Nullstellen dieser Impulsantwort liegen im Abstand $\Delta t_n = \frac{1}{2B_T}$ und sind mit der Abtastfolge so zu synchronisieren, daß bei der Summe über alle Impulsantworten die Abtastwerte selbst nicht verfälscht werden. Denn sie sind Funktionswerte des ursprünglichen Signals! Die Zeitpunkte der Abtastwerte müssen mit denen der Nullstellen in der Impulsantwort übereinstimmen. Das führt zur *Rekonstruktionsbedingung*

$$\Delta t_n = \frac{1}{f_i} \quad \text{oder} \quad B_T = \frac{f_i}{2} \quad . \tag{4.4}$$

Die Bandbreite B_T des Rekonstruktionstiefpasses ist gleich der halben Abtastfrequenz f_i zu wählen. Die Summe über alle Impulsantworten nach (4.3) stellt das kontinuierliche Signal $f_u(t)$ dar:

$$f_u(t) = K \sum_{n=-\infty}^{\infty} f_u(nT) \cdot \frac{\sin\left(\pi f_i(t - nT)\right)}{\pi f_i(t - nT)} \quad . \tag{4.5}$$

Die Zerlegung eines kontinuierlichen Signals in Abtastwerte (PAM) und anschließende Rekonstruktion durch Aufaddieren der Impulsantworten ist in Bild 4.10 veranschaulicht.

Puls-Code-Modulation (PCM)

Durch Quantisierung und Codierung entsteht aus der analogen PAM eine binäre Impulsfolge, das PCM-Signal. Es hat digitalen Charakter und ist das Quellensignal für die digitale Übertragung. Bild 4.11 verdeutlicht am Beispiel von 8 Quantisierungsstufen die Bildung des PCM-Signals und die zeitliche Einordnung der entstandenen Binärworte (hier 3 Bit pro Abtastwert) zwecks Übertragung [63].

Bei der PCM sind infolge des festen Zeitrasters und der bekannten Amplitudenstufen (bei binärer Übertragung zwei Stufen: „0“, „1“) die Signalelemente auch nach schlechter Übertragung regenerierbar. Das bedeutet die Neubildung des (gestörten) empfangenen Signals durch Normalisierung von Impulsprofil und Impulszeitpunkt der Signalelemente (=Bit). Reichweite und Übertragungsqualität sind somit — anders als bei Analogübertragung — unabhängige Systemparameter. Bild 4.12 macht

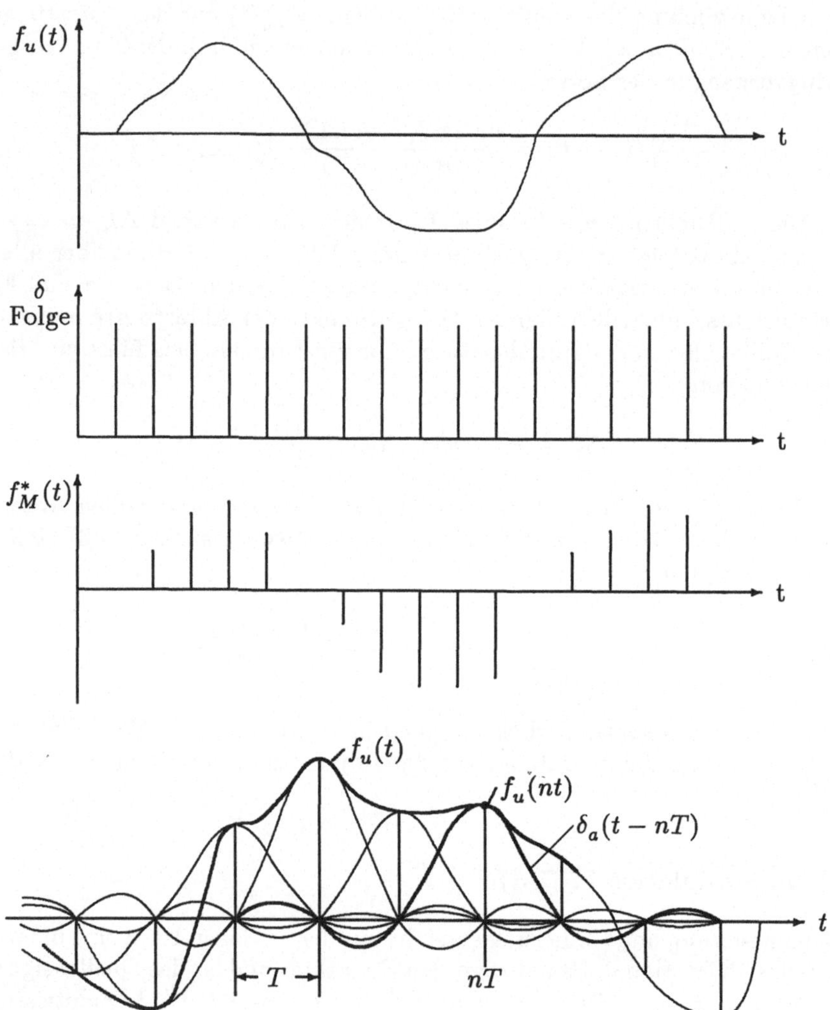

Bild 4.10 oben: Abtastung eines kontinuierlichen Signals unten: Rekonstruktion des kontinuierlichen Signals aus der Abtastfolge

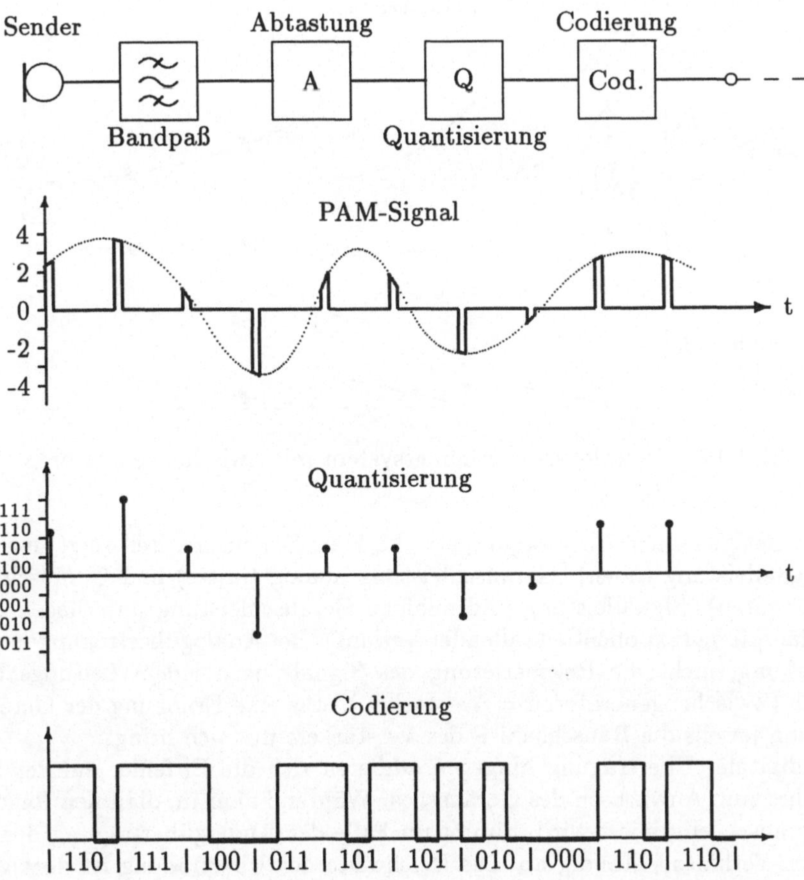

Bild 4.11 Pulscodemodulation (PCM) Sendeseite

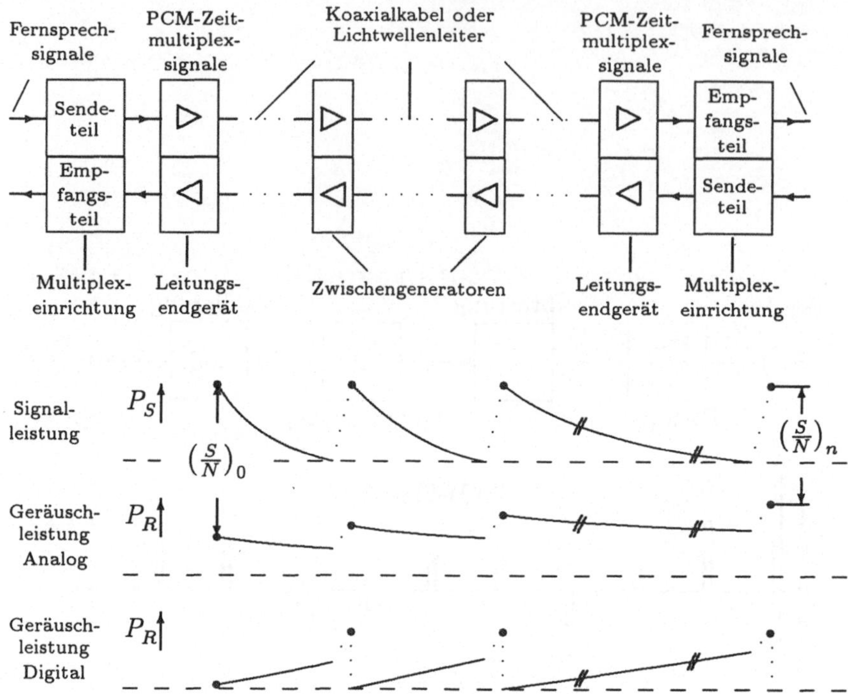

Bild 4.12 Digitales Übertragungssystem mit Zwischengeneratoren

das am Beispiel einer Übertragungsstrecke klar. Der untere Teil zeigt den Verlauf von Signalleistung (oben), Geräuschleistung analog (mitte) und Geräuschleistung digital (unten). Signalleistung und analoge Geräuschleistung unterliegen der Leitungsdämpfung (exponentiell fallender Verlauf). Bei Analogübertragung ist nur die Verstärkung, nicht die Regenerierung des Signals nach jedem Leitungsabschnitt möglich (Zwischengeneratoren = Verstärker!), was eine Erhöhung der Geräuschleistung um jeweils die Rauschzahl F des Verstärkers mit sich bringt.

Bei digitaler Übertragung hingegen addieren sich die Bitfehler auf der Strecke. Das führt zum Anwachsen des Geräusches. Während aber im digitalen Regenerator das Geräusch eliminiert wird, nimmt im Falle der Analogübertragung das Signal-/Rausch-Verhältnis ständig ab. Die Reichweite der Übertragung ist dort gegeben, wo die geforderte Signalqualität $((\frac{S}{N_n}))$ gerade noch eingehalten werden kann. Die Anzahl der Verstärkerfeldabschnitte ergibt sich deshalb zu

$$n \leq \frac{10\log\left(\frac{S}{N}\right)_0 + 10\log G_M - 10\log\left(\frac{S}{N}\right)_n}{10\log F} \quad . \tag{4.6}$$

Die Länge Δl eines Abschnitts ist vom zulässigen Pegelunterschied zwischen Ausgang des Verstärkers $n-1$ und Eingang des Verstärkers n in Zusammenhang mit dem Dämpfungsbelag der Leitung α zu bestimmen:

$$\alpha\Delta l = 10\log\frac{(P_{SA})_{n-1}}{(P_{SE})_n} = 10\log G \quad . \tag{4.7}$$

Vorausgesetzt ist eine äquivalente Kette gleichwertig aufgebauter Verstärker, deren Leistungsverstärkung G den Pegelverlust durch Leitungsdämpfung ausgleicht. Das Ergebnis aus (4.6) ist auf den nächstkleineren ganzzahligen Wert abzurunden. G_M ist der (einmal verfügbare) Modulationsgewinn bei Anwendung einer Analogmodulation [64].

Die Eliminierung des Geräusches im digitalen Regeneraor erfolgt durch einen Entscheider, der bei optimaler Schwelle zum optimalen Zeitpunkt die Erkennung der (binären) Signalelemente vornimmt. Der optimale Abtastpunkt liegt in der Mitte des sogenannten Augendiagramms das als Oszillogramm des Signals vor dem Entscheider entsteht, wenn mit dem Schrittakt getriggert wird. Es vermittelt gleichzeitig eine Aussage über die Qualität der Übertragung (offenes Auge → gut ; geschlossenes Auge → schlecht bis unbrauchbar).

Bitfehlerrate (Bit-Error-Rate, BER) und äquivalentes Signal/Rausch-Verhältnis vor dem Entscheider (E) sind durch die komplementäre Fehlerfunktion verknüpft:

$$BER = \frac{1}{2}\, erfc\left(\sqrt{\frac{1}{8}\left(\frac{S}{N}\right)_E}\right) \quad . \tag{4.8}$$

Augendiagramm und $BER = f\left(\frac{S}{N}\right)_E$ sind in Bild 4.13 dargestellt. Für eine $BER = 10^{-10}$ (Telecom-Forderung) beträgt das äquivalente logarithmische $\left(\frac{S}{N}\right)_E$-Maß 22 dB. Das bedeutet, mit der geringen Signalqualität vor dem Entscheider sind die Signalelemente des Eingangssignals mit einer BER von 10^{-10} regenerierbar! Das Ausgangssignal würde damit eine sehr hohe Qualität aufweisen[2]. Jedoch überwiegt fast immer das Geräusch, das durch die Quantisierung des ursprünglich analogen Signals entstanden ist:

$$10\log\left(\frac{S}{N}\right)_Q = 6\cdot r\ [dB] \quad . \tag{4.9}$$

In (4.9) ist r die Anzahl Bit pro Abtastwert und hängt direkt mit der Stufenzahl $s = 2^r$ zusammen. Für die übliche 8 Bit-PCM wird somit die Signalqualität hinter dem Regenerator auf 48 dB Signal/Rausch-Abstand begrenzt. Dieser Wert ist stark pegelabhängig. Um dies auszugleichen, wird das Analogsignal ungleichmäßig quantisiert (13-Segment-Quantisierungskennlinie nach CCITT). Bild 4.14 stellt für s = 256, das $\left(\frac{S}{N}\right)_A$-Verhältnis am Ausgang, abhängig vom $\left(\frac{S}{N}\right)_E$-Verhältnis am Eingang des Entscheiders dar. Der Modulationsgewinn G_M der PCM ist der Abstand der $\left(\frac{S}{N}\right)_A$-Kurve zur Geraden $\left(\frac{S}{N}\right)_A = \left(\frac{S}{N}\right)_E$ und ist mit ≈ 25 dB bei der sogenannten PCM-Schwelle am größten [65].

4.3.4 Digitale Übertragungssysteme

Bild 4.15 zeigt die Funktionsblöcke eines digitalen Übertragungssystems.

[2] $S_{G,R}$ in Bild 4.13 oberer Teil

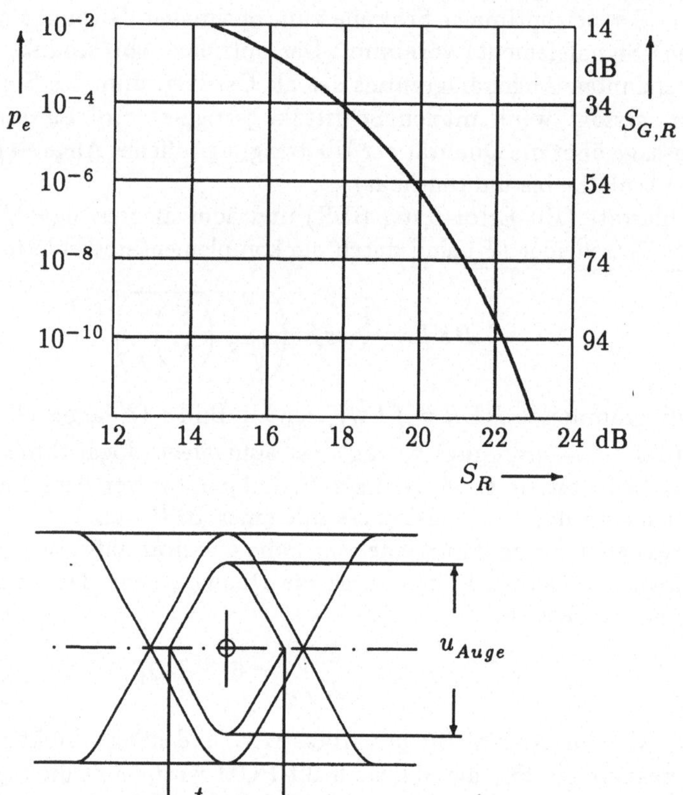

Bild 4.13 oben: Signal/Rauschverhältnis und äquivalente BER am Entscheider, unten: Augendiagramm für binäre Übertragung

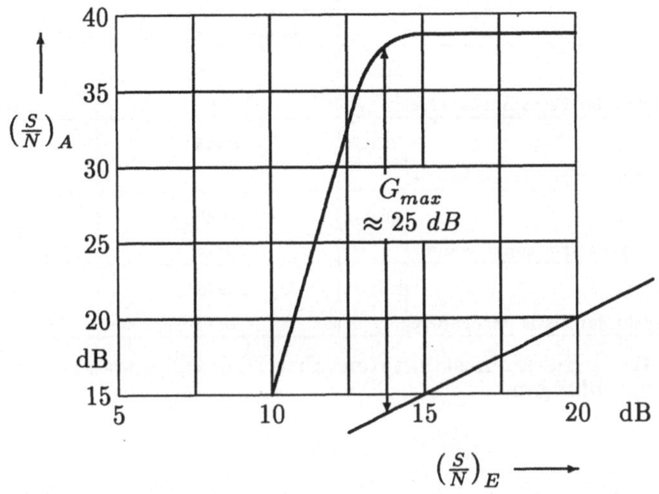

Bild 4.14 Durch Bitfehler u. Quantisierungsverzerrung bedingter Signal/Rausch-Abstand

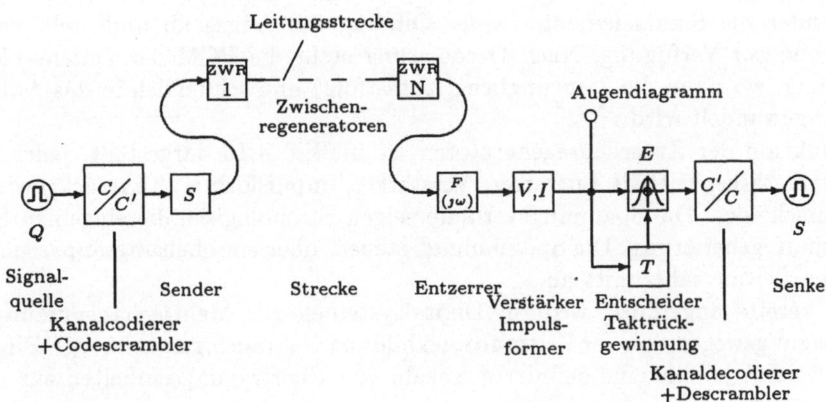

Bild 4.15 Funktionsblöcke eines digitalen Übertragungssystems

Hierar-chiestufe	Merkmale		Hierarchiesystem und Verbreitungsgebiet (soweit bisher bekannt)		
			I Europa, Mittlerer Osten, Südamerika, Australien	II USA, Kanada	III Japan
1	Bitrate	kBit/s	2048	1544	
	Anzahl der Fernsprechkanäle		30	24	
2	Bitrate	kBit/s	8448	6312	
	Anzahl der Fernsprechkanäle		120	96	
3	Bitrate	kBit/s	34368	44736	32064
	Anzahl der Fernsprechkanäle		480	672	480
4	Bitrate	kBit/s	139264		97728
	Anzahl der Fernsprechkanäle		1920		1440

Tabelle 4.1 Hierarchiestrukturen für Digitalübertragungssysteme nach CCITT-Empfehlungen

Das PCM-Signal wird in aller Regel einer Kanalcodierung unterworfen, um das Frequenzspektrum der codierten Folge an den Übertragungskanal anzupassen und gleichzeitig eine Fehlererkennung und -korrektur zu ermöglichen. Durch einen zusätzlichen Scrambler wird sichergestellt, daß auch über längere „0"-Folgen ausreichend Taktinformation zum Empfänger gelangt (z.B. HDB 3, 5B/6B). Der Sender enthält eine Leitungsanpassung. Die Leitungsabschnitte bilden mit den Zwischenregeneratoren die Übertragungsstrecke. Die hier entstandenen Signalverformungen werden im Entzerrer des Empfängers kompensiert. Anschließend folgt die Verstärkung und eine erste Formung der verrauschten Impulse. An dieser Stelle wird das Augendiagramm aufgenommen. Mit dem rückgewonnenen Takt fragt der Entscheider die Signalelemente in der Öffnung des Auges ab und stellt so dem Kanalcode zur Verfügung. Nach Decodierung steht die PCM der Datensenke zur Verfügung, wo sie in die ursprüngliche Abtastfolge und schließlich in das Analogsignal umgewandelt wird.
Die Funktion der Zwischenregeneratoren ist in Bild 4.16 dargestellt. jeder Regenerativverstärker enthält Entzerrer, Verstärker/Impulsformer, Taktrückgewinnung und Entscheider. Die Spannungsverläufe zeigen chronologisch die einzelnen Stufen der Signalregenerierung. Die Spannung u'_s steuert über eine Leitungsanpassung den nächsten Leitungsabschnitt an.

Wie bereits angeführt, wird in Digitalsystemen zur Mehrfachausnutzung von Übertragungswegen von der Zeitmultiplexbildung Gebrauch gemacht (vgl. Bild 4.6). Dabei werden jeweils eine definierte Anzahl von Übertragungseinheiten zur Multiplex-Hierarchien zusammengefaßt.

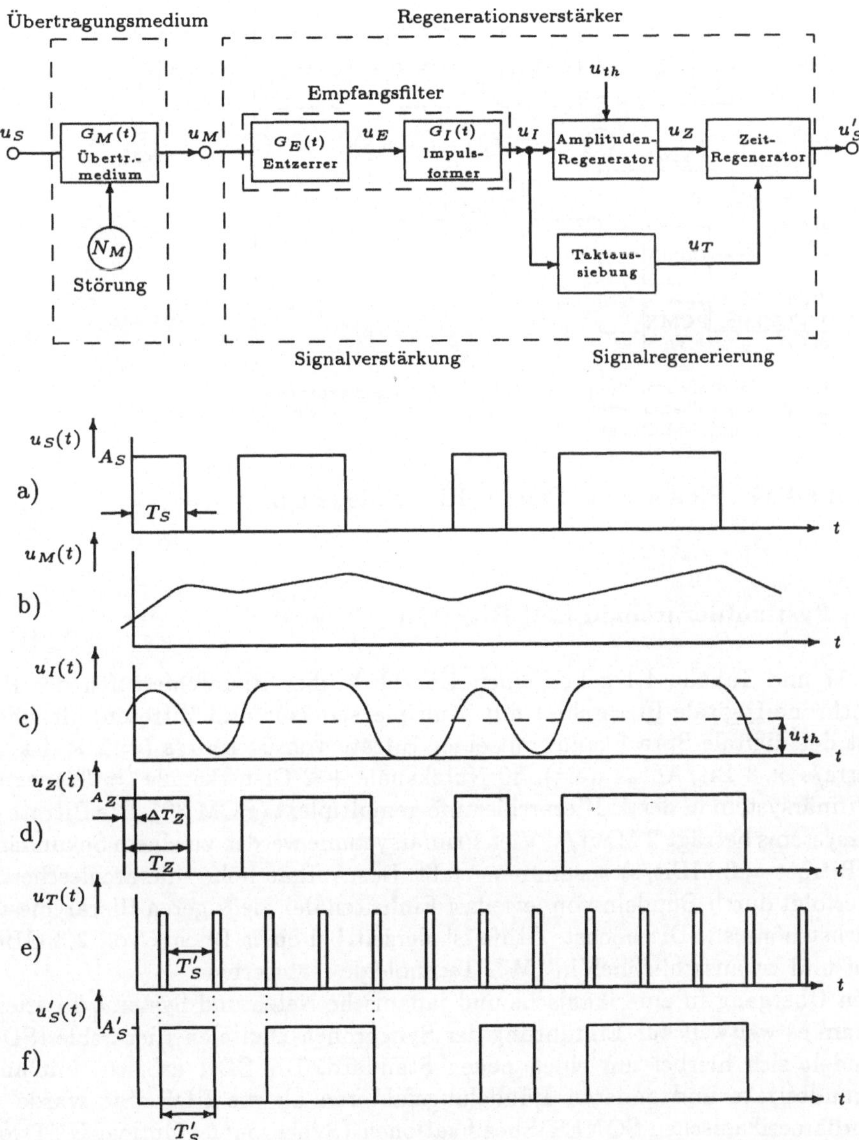

Bild 4.16 Spannungsverläufe im Regenerativverstärker

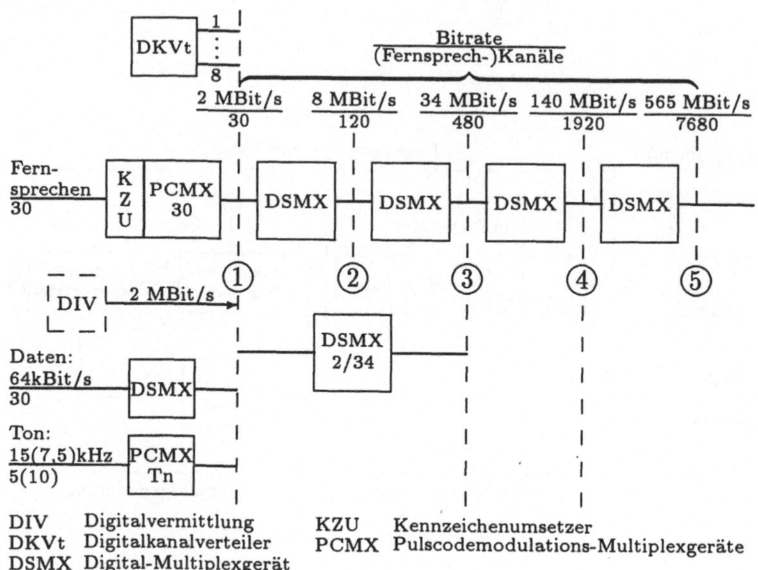

Bild 4.17 Plesiochrone Digitale Hierarchie (PDH)

4.3.5 Systemhierarchien und Bitraten

Bild 4.17 und Tabelle 4.1 geben einen Überblick über Hierarchiestufen der PDH (Plesiochrone-Digitale-Hierarchie) mit Multiplexstruktur und Bitraten. Grundeinheit ist der digitale Sprachkanal mit einer Bitrate von 64 kBit/s (= 2 × 4 k Abtastwerte/s × 8 Bit/Abtastwert). 30 Nutzkanäle + 2 Dienstkanäle (= 32) werden zum Primärsystem in der 1. Hierarchiestufe gemultiplext (PCM 30). Die Bitrate des Primärsystems beträgt 2 MBit/s. Vier Primärsysteme werden zu einem Sekundärsystem (Bitrate = 8 MBit/s) zusammengefaßt. Der Aufbau höher-hierarchiescher Systeme erfolgt durch Bündeln von jeweils 4 Einheiten der niedrigeren Hierarchiestufe zur nächst höheren. Die höchste Stufe ist derzeit bei einer Bitrate von 2,3 GBit/s erreicht und ist ausschließlich in LWL-Technologie realisierbar.
Um den Übergang in amerikanische und japanische Netze und Systeme zu erleichtern, kam es weltweit zur Einführung der Synchronen-Digitalen-Hierarchie (SDH). Es handelt sich hierbei um einen neuen Standard. Die SDH arbeitet mit anderer Grundbitrate und anderen Bündelungsfaktoren als die PDH. Sie wurde aus den nordamerikanischen SONET-Spezifikationen (Synchronous Optical NETwork) abgeleitet. Dies führte zu einer Bitrate von 51,840 MBit/s in der ersten SONET-Hierarchiestufe. Die Grundbitrate der SDH ergibt sich exakt aus dem dreifachen dieses Wertes: 155,520 MBit/s. Tabelle 4.2 gibt den Überblick über Bezeichnungen, Hierarchiestufen und Bitraten in SONET und SDH. Das entsprechende Multiplexschema, bis hinab auf die „Primärsysteme"-Ebene zeigt Bild 4.18 [65].

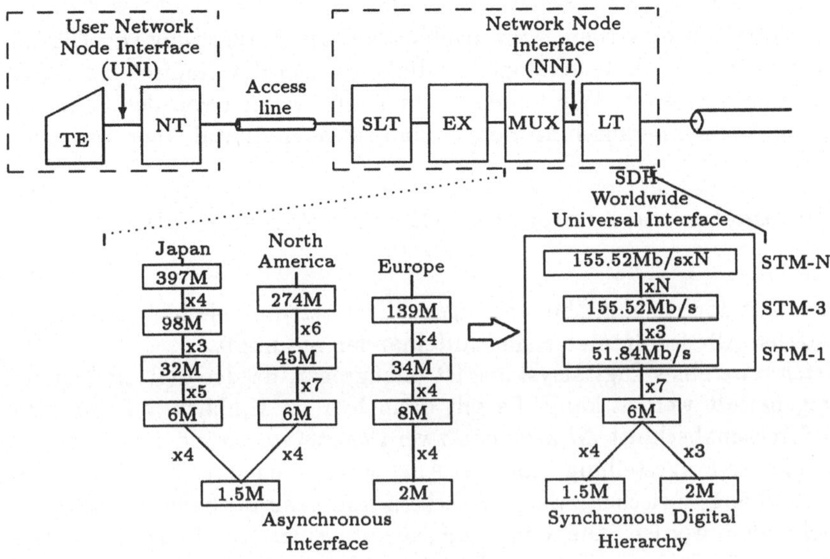

Bild 4.18 Multiplexschema der SDH

SONET		Bitrate	SDH	
Stufe	Signal-bezeichnung	MBit/s	Stufe	Signal-bezeichnung
STS-1	OC-1	51.840		
STS-3	OC-3	155.520	1	STM-1
STS-9	OC-9	466.560		
STS-12	OC-12	622.080	4	STM-4
STS-18	OC-18	933.120		
STS-24	OC-24	1244.160		
STS-36	OC-36	1866.240		
STS-48	OC-48	2488.320	16	STM-16

STS = Synchronous Transport Signal
OC = Optical Carrier
STM = Synchronous Transport Module

Tabelle 4.2 Vergleich SONET/SDH, Bitraten und Signalbezeichnungen

4.4 LWL-Übertragungssysteme

In diesem Unterkapitel werden — im Hinblick auf die Realisierung von Digital- und Analogsystemen in LWL-Technologie — die Aussagen der Kapitel 1 ... 3 zusammengefaßt und verwertet. Wir finden heute LWL-Systeme von der Fernebene bis hinab in den Teilnehmeranschluß-Bereich haupsächlich digital, aber auch analog.

4.4.1 Parameter von Analog- und Digitalsystemen in LWL-Technologie

Reichweite, Bandbreite und Übertragungsqualität bestimmen die Leistungsfähigkeit eines Systems. Alle 3 Parameter sind miteinander verknüpft.

Die *Reichweite* eines Digitalsystems ist unbegrenzt, da das digitale Signal beliebig oft regeneriert werden kann. Es gilt dann hier im Hinblick auf minimale Kosten den Streckenabschnitt Δl zwischen zwei Regeneratoren möglichst groß zu machen. Die gleiche Fragestellung führt bei Analogsystemen zu einer möglichst großen Verstärkerfeldlänge zwischen zwei Verstärkern und kann für beide Systeme gemeinsam abgehandelt werden. Die Länge Δl ist zum einen durch die Netto-Leistung bestimmt, die als Differenz von Sendeleistung P_{S_0} und minimal benötigter Empfangsleistung $P_{e_{mein}}$ nach Abzug aller Verluste in optischen Komponenten (Stecker, Spleiße, Koppler, Reserven, usw.) zur Verfügung steht (dämpfungsbegrenzte Arbeitsweise). Zum anderen kann bei hohen Bitraten oder hochfrequenten Signalen die Impulsverbreiterung bzw. der Amplitudenabfall aufgrund endlicher LWL-Bandbreite zur Begrenzung der Übertragungslänge führen (dispersionsbegrenzt). Die Leistungsbilanz des optischen Übertragungssystems spielt also eine Schlüsselrolle für den Systementwurf. Nach Bild 4.19 gilt

$$10\log\left(\frac{P_{S_0}}{P_0}\right) - 2\alpha_{St} - k\cdot\alpha_{Sp} - \alpha_K - \alpha_R - \Delta l\alpha_{LWL} \geq 10\log\left(\frac{P_{e_{min}}}{P_0}\right) \quad . \quad (4.10)$$

Je eine Steckverbindung am Sender und Empfänger sind vorausgesetzt.

Es bedeuten:

α_{St}	Steckerverluste, 0,5 - 1,5 dB
α_{Sp}	Spleißverluste, 0,2 dB pro Spleiß
k	Anzahl der Spleiße (z.B. 1 Spleiß/2 km)
α_K	Koppelverluste am Empfänger (LWL $\rightarrow$ Fotodiode),1-3 dB
α_R	Systemreserve, $\leq$ 3 dB
α_{LWL}	Dämpfungsbelag des LWL nach Datenblatt bzw. Bild 4.1 u. Tabelle
P_0	Bezugswert der Leistung.

P_0 wird zweckmäßig zu 1 mW gewählt. Die Pegel bezüglich Sende- und Empfangsleistung sind dann in dBm anzugeben und werden mit P_{S_0}/dBm bzw. $P_{e_{min}}$/dBm abgekürzt. Die Streckenlänge Δl wird aus (4.10) erhalten

$$\Delta l \leq \frac{1}{\alpha_{LWL}}\left\{P_{S_0}/dBm - P_{emin}/dBm - (2\alpha_{St} + k\cdot\alpha_{Sp} + \alpha_K + \alpha_R)\right\} \quad . \quad (4.11)$$

P_{S_0} ist die in den LWL eingekoppelte Leistung und richtet sich nach der verwendeten optischen Quelle. Sie ist für Laserdioden mit 1 ... 3 mW (≙ 0 dBm ... 5 dBm), für LED's mit 20 μW ... 200 μW (≙ -17 dBm ... -7 dBm) anzusetzen.
Die minimal notwendige Empfangsleistung $P_{e_{min}}$ ist nach (3.34) von der geforderten Signalqualität $(\frac{S}{N})$, der Rauschbandbreite B_R, der Rauschzahl F_2 des Empfängers und von der verwendeten Fotodiode abhängig (NEP, S). Für die unter ?? beschriebenen Empfängerschaltungen lassen sich qualitative Aussagen machen, wenn die Rauschzahl (F_2) über die Beziehung

$$F_2 = \sqrt{1 + \frac{I_{äqu}^2}{\overline{i^2}_{PR}}}$$

ermittelt wird. Die unter 3.5 in der Tabelle 3.5 und auf ?? aufgeführten Werte für $I_{äqu}$ enthalten den Einfluß der Verstärker ohne Fotodiode und können somit in die obige Beziehung übernommen werden.
Bei Verwendung einer *PIN-Fotodiode* mit $i_{PR} \approx 1 \frac{pA}{\sqrt{Hz}}$ erhalten wir in den günstigsten Fällen

$$F_2 = \sqrt{1 + \frac{I_{äqu}^2}{\overline{i^2}_{PR}}} = \sqrt{1 + 6,5^2} \doteq 6,6 \quad (\approx 8,2\ dB)$$

für Bandbreiten bis 100 MHz und

$$F_2 = \sqrt{1 + 0,7^2} = 1,225 \quad (\approx 0,88\ dB)$$

für Bandbreiten bis 5 MHz. Die darauf basierenden Werte für $P_{e_{min}}$ unterscheiden sich sehr stark für Digital- bzw. Analogsysteme. Während bei einer 8 Bit-PCM-Übertragung der Signal/Rausch-Abstand bis auf den Wert der PCM-Schwelle absinken darf ($\leq$ 15 dB!), ist für Analogsysteme laut Gl. (4.6) ein Wert $(\frac{S}{N})_0$/dB einzuhalten, der um $n \cdot F$/dB über der Forderung $(\frac{S}{N})_n$/dB liegt. Vergleichen wir in diesem Punkt ein breitbandiges Analogsystem (f_g = 100 MHz) mit einem Digitalsystem für 140 MBit/s (≙ f_g = 70 MHz), so kommen wir zu folgendem Ergebnis:

= Analogsystem f_g = 100 MHz, F = 8 dB
$P_{e_{min}}$ ≐ - 26 dBm.

= Digitalsystem f_g = 140 MHz, F $\leq$ 8 dB
$P_{e_{min}}$ ≈ - 39,5 dBm.

Für Schmalbandanwendungen mit f_g = 5 MHz bzw. 10 MBit/s Datenrate liegen die Werte um jeweils 10 dB niedriger.
Bei Verwendung einer APD kann unter optimalen Bedingungen (M_{opt}) ein zusätzlicher Gewinn von ca. 10 dB erzielt werden (vgl. Bild 3.19).

Systemeinsatz		Sendeelement	Empfänger	LWL-Typ	Betr.-Wellenlänge
Lokale Netze	1a	LED	PIN-FD	SI-LWL	850 nm
Ortsebene	1b	LED	PIN-FD	GI-LWL	
Private Kommu-		LD	PIN-FD	GI-LWL	850 nm
nikation	2	"	. APD	"	"
Private n. öffentl. Kom. mittlere Entf. (digital)	3	LED	PIN-FD	GI-LWL	1300 nm
Einf. Analogsysteme (VIDEO-Übertragung	4	LED	PIN-FD	EM-LWL	"
Analog System, BK-Verteilnetz	5a	LD	PIN-FD	EM-LWL	1300 nm
Digital System, öffentlich	5b	LD	InGaAsP-APD Ge-APD	EM-LWL (Dispersion-shifted)	1300 nm/ 1550 nm
Digital System, Fernebene öffentl. Netz (WDM)	6	LD	InGaAsP-APD	EM-LWL (Dispersion-flattened)	1300 nm/ 1550 nm
	Koppler und WD-Multiplexer/Demultiplexer				

Tabelle 4.3 Systeme in LWL-Technologie

4.4.2 Leistungsbilanz und Systemvarianten

Die Grundlage für die Leistungsbilanz eines optischen Systems war mit Gl. (4.10) schon gegeben. Bild 4.19 veranschaulicht diesen Zusammenhang. Die für P_{S_0} und $P_{e_{min}}$ bestimmten Werte können nun eingesetzt werden. Es ergeben sich bezüglich Sender und Empfänger mehrere Kombinationsmöglichkeiten, die je noch mit GI-LWL oder EM-LWL zu einem System ausgebaut werden können. Tabelle 4.3 zeigt mögliche Systemzusammenstellungen.

4.4.3 Abgrenzung bezüglich Reichweite und Bandbreite

Bei gleichbleibender Signalqualität können Bandbreite B und Reichweite ΔL eines Abschnitts nicht gleichzeitig groß gemacht werden. Wird große Bandbreite, gegeben durch die Bitrate eines Digital- bzw. durch die Grenzfrequenz eines Analogsystems, gefordert, so ist mit Gl. (4.11) wegen Pe_{min} nach Gleichung 3.34 die Länge ΔL eines Abschnitts begrenzt:

$$\Delta L \leq \frac{1}{\alpha_{LWL} \left\{ P_{S_0}/dB_m - P_{e_{min}}(B)/dB_m - \alpha_{ges} \right\}} .$$

Dies führt zur Abgrenzung der Systeme bezüglich Bandbreite und Reichweite im Diagramm nach Bild 4.20

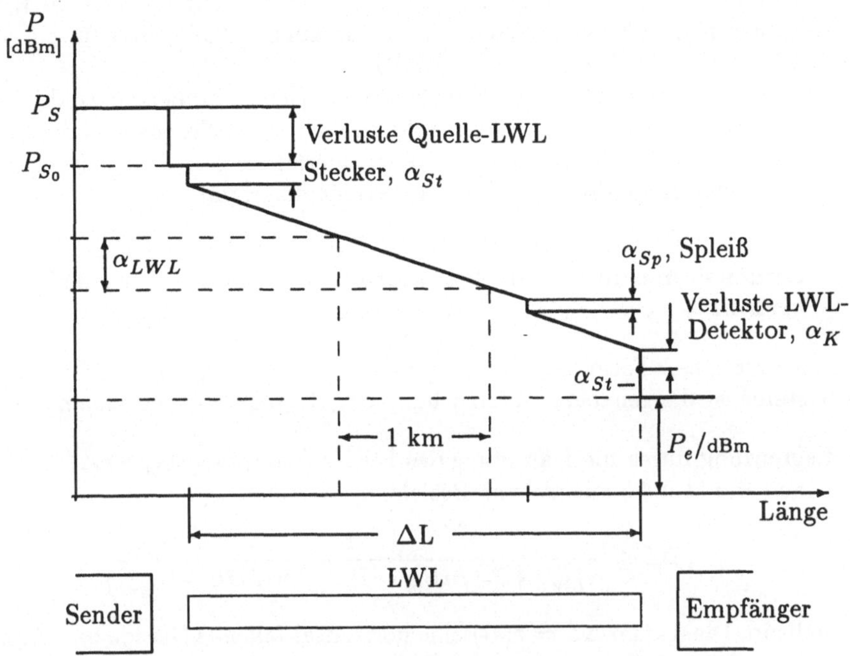

Bild 4.19 Leistungsbudget einer optischen Strecke

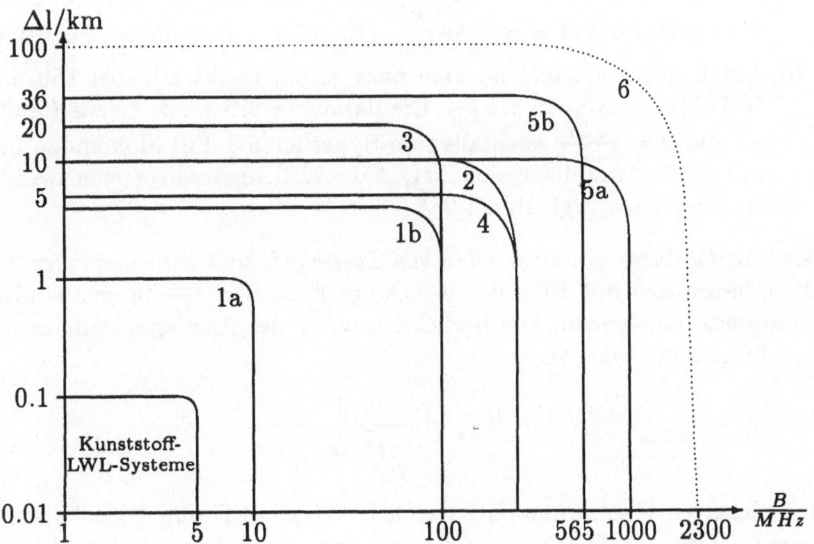

Bild 4.20 Bitrate und Regeneratorfeldlänge der Systeme nach Tab. 4.3

Das Spektrum der System-Möglichkeiten reicht von 100 m und 5 MHz (10 MBit/s) beim einfachen Kunstoff-LWL-System bis ca. 100 km und 2,3 GBit/s für ein Monomode-LWL-System mit Laserdiode und APD.
Wichtiges Auswahlkriterium ist — neben der technischen Leistungsfähigkeit — auch die Wirtschaftlichkeit eines Systems. Für hohe Kosteneffizienz sind die Komponeten so zu wählen, daß die geforderten Systemmerkmale gerade abgedeckt werden können. Ein gutes Hilfsmittel ist dabei das Arbeitsdiagramm.

4.4.4 Dimensionierung- und Optimierungskriterien — das Arbeitsdiagramm

Bild 4.20 ist in dieser Form nur für eine grobe Übersicht geeignet. Zur Optimierung eines Systems ist die genauere Untersuchung der Begrenzungsmechanismen nötig:

(1) Begrenzung durch die Dämpfung des LWL's (dämpfungsbegrenzt)
Die in Punkt 4.4.3 angegebene Beziehung

$$\Delta L \leq \frac{1}{\alpha_{LWL}\left\{P_{S_0}/dB_m - P_{e_{min}}(B)/dB_m - \alpha_{ges}\right\}}$$

stellt im Diagramm $\Delta L = f(B)$ eine horizontal-fallende Gerade dar. Anfangswert (ΔL_0) und Steigung sind umso größer, je kleiner α_{LWL} ist.

(2) Begrenzung durch die Dispersion des LWL's (dispersionsbegrenzt)

a) Berücksichtigung der *Modendispersion* mit dem Bandbreite-Längen-Produkt (vgl. 1.62) $B = B_0 \cdot \left(\frac{L_0}{L}\right)^E$ $(E = 0,7 \ldots 0,8)$, liefert eine Hyperbel.
b) Anteil der *Materialdispersion* nach (1.68) ergibt z.B. bei 850 nm und LED-Quelle $\Delta t_M = 3,5 \frac{ns}{km}$. Die daraus resultierende Grenz-Bandbreite ist mit $B = \frac{0,44}{\Delta t_M \cdot L}$ ebenfalls eine Hyperbel [67]. Für Monomode-LWL ist mit der Materialdispersion $\Delta t_M \cdot L$ die Wellenleiterdispersion zweckmäßig zu verrechnen (vgl. Bild 1.25).

(3) Begrenzung durch *Anstiegszeiten von Laserdiode und Fotoempfänger*
Diese lassen sich mit Hilfe der Beziehung $f_g = B \doteq \frac{0,35}{t_r}$ in eine äquivalente Bandbreite umrechnen. Die Berücksichtigung der Anstiegszeiten von Sender und Empfänger führt zu

$$B_{eff} = \frac{0,35}{\sqrt{t_{r_S}^2 + t_{r_E}^2}} \quad ,$$

der effektiven Grenz-Banbreite durch LD bzw. LED und Fotodiode. Im Arbeitsdiagramm erscheint dieser Zusammenhang als vertikale Gerade.
Das Arbeitsdiagramm ist in Bild 4.21 skizziert.

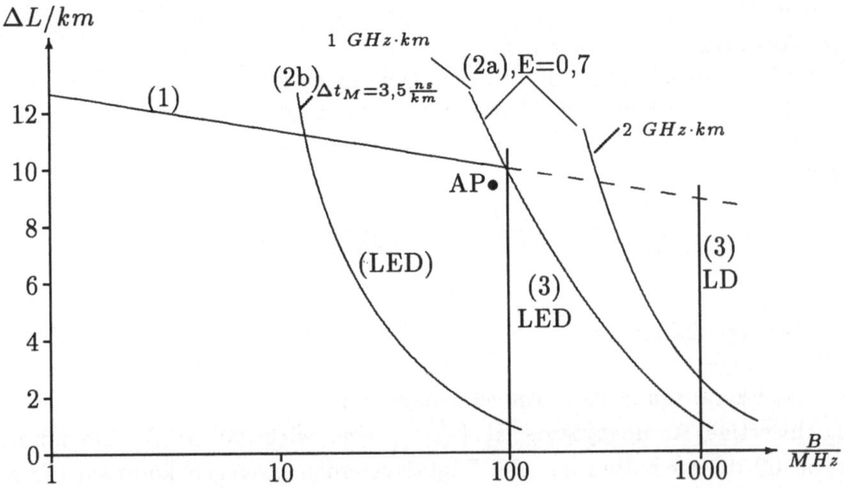

Bild 4.21 Arbeitsdiagramm zur Systemoptimierung

Ein kostengünstiges System, gekennzeichnet durch den Punkt AP in Bild 4.21 wäre die Kombination einer LED (f_g =100 MHz), eines GI-LWL's (α_{LWL} = 1 dB/km, $B_0 \times L_0$ = 1 GHz· km, E = 0,7) und einer PIN-Fotodiode bei λ_0 = 1300 nm ($\Delta t_M \rightarrow 0$). Der Punkt AP liegt im Schnittbereich der Kurven (1), (2a) und (3), so daß ein entsprechendes System die mit einer Reichweite von 10 km die Komponenten optimal ausnutzt.

4.4.5 Störeinflüsse

In Lichtwellenleiter-Übertragungssystemen kommen alle Störeinflüsse der Senderseite, des Übertragungsweges und der Empfängerseite zur Wirkung.
Die Signalqualität wird bereits senderseitig durch Rauschen und Nichtlinearitäten der Laserdiode begrenzt (vgl. 2.3.3). Für digitale- und Impulsmodualtion kommt erschwerend hinzu, daß wegen des nötigen Laser-Vorstromes (vgl. 2.3.3, Bild 2.43) bei Nullage des Datenstromes bereits eine kleine optische (Gleich-)Leistung emittiert wird. Dadurch wird die Empfindlichkeit des optischen Empfängers vermindert (endlicher Extinktionsfaktor).

Ein gewichtiger Störeffekt auf der Übertragungsstrecke kann durch *Modenrauschen* auftreten. Es äußert sich an Steckverbindungen und Koppelelementen bei Betrieb mit einem schmalbandigen Laser, der nur wenige Linien emittiert. Das mit der hochfreqenten Modulation veränderliche Leuchtmuster auf der LWL-Stirnfläche führt bei fehlerhafter Steckverbindung (z.B. Versatz der Steckerstifte) zu Verlusten, die ebenfalls mit der Modulation schwanken. Der Information wird so ein zusätzliches Rauschen aufgeprägt.
Schließlich kommen noch die in Kap. 3 genannten Rauscheffekte durch den Emp-

fänger hinzu. Bei Analogsystemen ist den Nichtlinearitäten des Empfängers noch besondere Aufmerksamkeit zu schenken.

Im Gesamtsystem ergeben sich die Störungen durch Rauschen, ausgedrückt durch das Signal/Rausch-Verhältnis am Verstärkerausgang (Analogsysteme) oder am Eingang des Entscheiders (Digitalsysteme), als inverse Summe der einzelenen S/N-Verhältnisse:

$$\frac{1}{(S/N)_{ges}} = \frac{1}{(S/N)_S} + \frac{1}{(S/N)_Ü} + \frac{1}{(S/N)_E} \tag{4.12}$$

S → Sender
Ü → Übertragungsstrecke
E → Empfänger
ges → Verstärkerausgang bzw. Entscheidereingang.

Für hochwertige Analogsyteme ist $\left(\frac{S}{N}\right)_{ges}$ eine wichtige Größe, die unter der Grenze von 60 dB zu halten ist. Bei Digtalsystemen hingegen kommen die schon genannten 15 dB (PCM-Schwelle) zur Anwendung.
Die Linearitätsanforderungen werden charakterisiert durch die Klirrfaktoren der Mischprodukte 2. Ordnung (CSO) und 3. Ordnung (CTB). Bezogen auf die Trägerleistung sollte ihr Wert — in dB angegeben – unter -60 dB bleiben.

4.5 Beispiele zur Systemrealisierung

4.5.1 Weitverkehrssysteme WAN's

Weitverkehrssysteme (Wide Area Networks, WAN's) in LWL-Technologie sind heute ausschließlich als Digitalsysteme mit EM-LWL bei 1300 nm oder 1550 nm aufgebaut. Sie finden ihren Einsatz im *überregionalen und regionalen Fernliniennetz* der Telekom. Die übertragenen Bitraten sind entsprechend

überregional	140 MBit/s
	565 MBit/s
	2,5 GBit/s
regional	140 MBit/s
	34 MBit/s
	2 MBit/s

Die angegebenen Zahlenwerte werden sich mit Einführung der SDH ändern (vgl. 4.3.5).

Im einzelnen werden hier die Systeme LA 140 GF EM/MM[3]und LA 565 GF kurz vorgestellt. Die gemeinsame Struktur des *Grundleitungsabschnitts zeigt Bild 4.22.* Er enthält zwischen zwei Leitungsendgeräten (LE 140 GF bzw. LE 565 GF, je nach System) eine Anzahl von Zwischenregeneratoren (ZWR 140 GF bzw. ZWR 565 GF). Bei Maximalausstattung mit 25 ZWR überbrückt der DSLA 140 GF eine Entfernung von 800 km (mit EM-LWL) bzw. 400 km (mit GI-LWL). Der DSLA 565

[3]PKI (Philips-Komunikations-Industrie), [68]

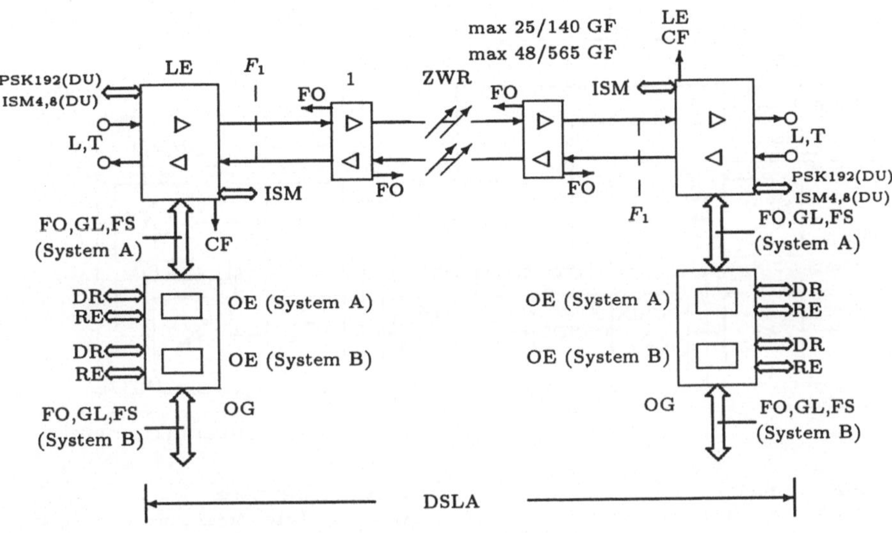

LE	Leitungsendgerät
CF	Meßausgang Codefehler
ZWR	Zwischengenerator 566 GF
ISM, FO	Anschluß tragbares Ortungsgerät
OG	Ortungsgerät
OE	Ortungseinschub ISM Universal
F1	Schnittstelle 678 MBaud (optisch)
F0	Fehlerortungssignal
L, T	Trennstelle (AMI + Takt)
GL	Leitungsüberwachung
FS	Steuersignal für ferne ISM-Schleife
PSK 192 (DU)	Durchschaltung der geträgerten In-Betrieb-Überwachung
ISM 4,8 (DU)	Durchschaltung der In-Betrieb-Überwachung
DR	Druckeranschluß
RE	Rechneranschluß

Bild 4.22 Digitalsignal-Leitungsabschnitt (DSLA)

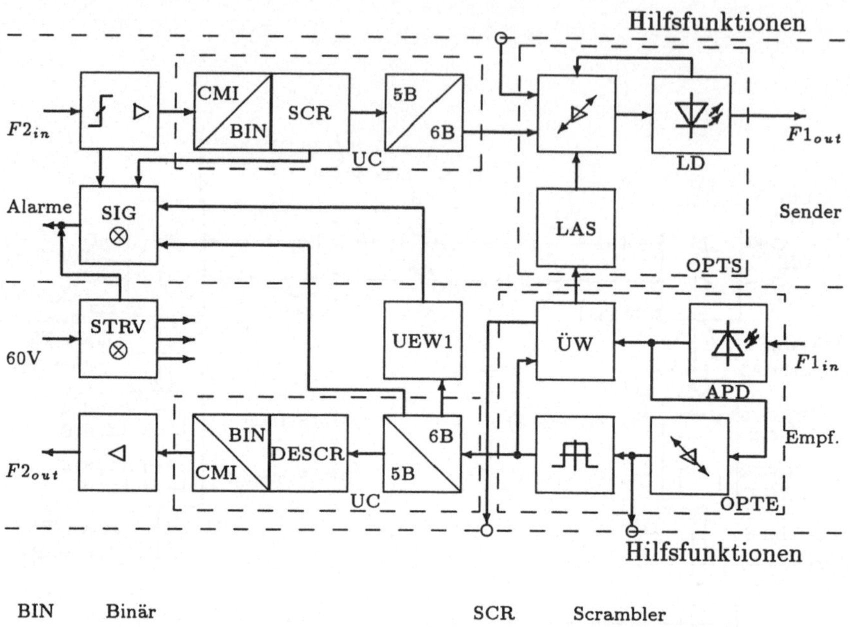

BIN	Binär	SCR	Scrambler
5B6B	5B6B-Coder, -Decoder	LAS	Laserabschaltung
LD	Laserdiode	OPTS	Optischer Sender
APD	Avalanche-Photo-Diode	ÜW	Überwachung
OPTE	Optischer Empfänger	UC	Umcodierung elektr./opt.
UEW1	Grundleitungsüberwachung	DESCR	Descrambler
SIG	Signalisierung	STRV	Stromversorgung
F2	Schnittstelle 140 MBit/s (elektrisch)	CMI	Coded Mark Inversion
F1	Schnittstelle 168 MBit/s (optisch)		

Bild 4.23 Leitungsendgerät LE 140 GF EM/MM, Blockschaltbild

GF besitzt bei Maximalausstattung mit 48 ZWR und $\Delta L \geq 25$ km pro Regeneratorfeld eine Reichweite von 1200 km (EM-LWL). Arbeitswellenlänge ist für beide Systeme in EM-LWL-Ausstattung $1285 \leq \lambda_L \leq 1330$ nm bzw. beim DSLA 140 GF MM mit GI-LWL $1270 \leq \lambda_L \leq 1320$ nm.

In *Bild 4.23* ist das Blockschaltbild des *Leitungsendgeräts* LE 140 GF dargestellt. Es läßt folgende Hauptfunktionen erkennen:

(1) In Senderichtung wird das CMI-codierte (CMI = Code Mark Inversion) Signal (Bitfolgefreqenz 139,264 MBit/s)

- regeneriert und überwacht
- von CMI (elektrisch) auf 5B/6B (optisch umkodiert (UC), inclusive Verwürfelung (SCR)
- elektrisch/optisch umgesetz (OPTS)

dabei werden die Hilfsfunktionen zugfügt.
Die Datenrate wird durch 5B/6B-Codierung und durch Einspeisung der Hilfsfunktionen von ca. 140 MBit/s elektrisch auf ca. 168 MBit/s optisch erhöht.

(2) In Empfangsrichtung wird das an $F1_{in}$ anliegende optische Signal der Bitrate 167,1168 MBit/s

- in ein elektrisches Signal umgesetzt
- regeneriert und überwacht
- von 5B/6B auf CMI umkodiert, unter Beachtung der Verwürfelung (DESCR)
- an die elektrische 140 MBit/s-Schnittstelle weitergegeben.

Das *Leitungsendgerät LE 565 GF* weist einige Veränderungen auf. So wird für das Digitalsignal auf der elektrischen Seite eine AMI-Codierung (Alternate Mark Inversion) verwendet ($F_2 \rightarrow$ Trennstelle L,T 565 MBit/s). Die Summenbitrate an der optischen F_1-Schnittstelle beträgt 678 MBit/s. Code-Fehler werden auf der binären (5B/6B)-Seite mittels der laufenden digitalen Summe (LDS) überwacht [69].
Die Hilfsfunktionen der LE-Baugruppen beziehen sich auf Übertragungsfehler, Laserabschaltung, Alarmmeldungen bei Systemstörungen.

Der funktionale Aufbau eines *Zwischenregenerators* (ZWR) ist in Bild 4.24 am Beispiel des ZWR 140 GF EM/MM dargestellt. Er dient der Regenerierung des (digitalen) Datensignals beider Richtungen und enthält somit die doppelte Anzahl an optischen Sende- und Empfangseinheiten wie das Leitungsendgerät. Da die regenerierten Signale den optischen Leitungsschnittstellen F2 übergeben werden, ist keine Umkodierung der 5B/6B-Folge nötig. Die Hilfsfunktionen zur Überwachung und Sicherung des Zwischenregenerators arbeiten in gleicher Weise wie beim Leitungsendgerät. Mit dem Hauptdatenstrom sind aber außer den eigenen Hilfsfunktions-Informationen noch die der davor liegenden Zwischenregeneratoren zum Leitungsendgerät zu übertragen (vgl. Bild 4.22).

Die *Hilfsfunktionen* dienen der In-Betrieb-Überwachung (In-Service-Monitoring, ISM) des gesamten Digitalsignal-Leitungsabschnittes (DSLA) sowie zusätzlichen Diensten und Schnittstellen. Folgende Einrichtungen stehen dafür zur Verfügung:

- Ortungs- und Überwachungsgerät GF (In-Betrieb-Überwachung und Fehlerortung),
- Dienstkanaleinrichtung für optische Übertragungssysteme
- Servicegeräte (SGLE, SGZWR) in den Zwischenregeneratoren (ZWR) und den Leitungsendgeräten (LE).

Zuordnung und Datenrahmen für die Übertragung der Hilfsfunktionen folgen aus Bild 4.25.

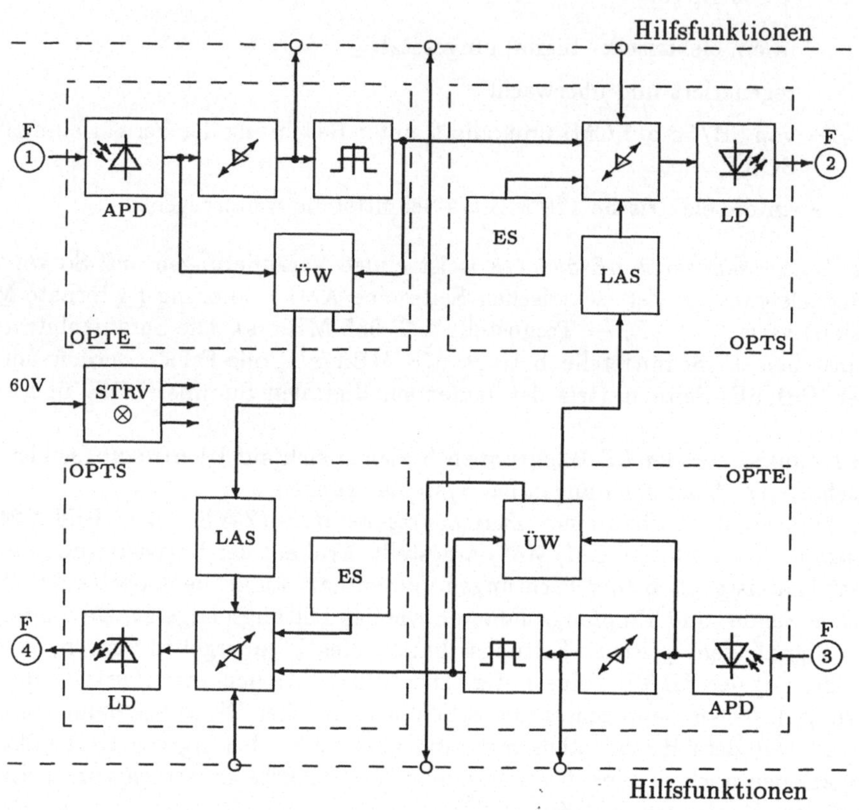

APD	Avalanche-Photo-Diode	ÜW	Überwachung
OPTE	Optischer Empfänger	OPTS	Optischer Sender
STRV	Stromversorgung	ES	Ersatzsignal-Generator
LAS	Laserabschaltung	LD	Laserdiode

Bild 4.24 Zwischenregenerator ZWR 140 GF EM/MM, Blockschaltbild

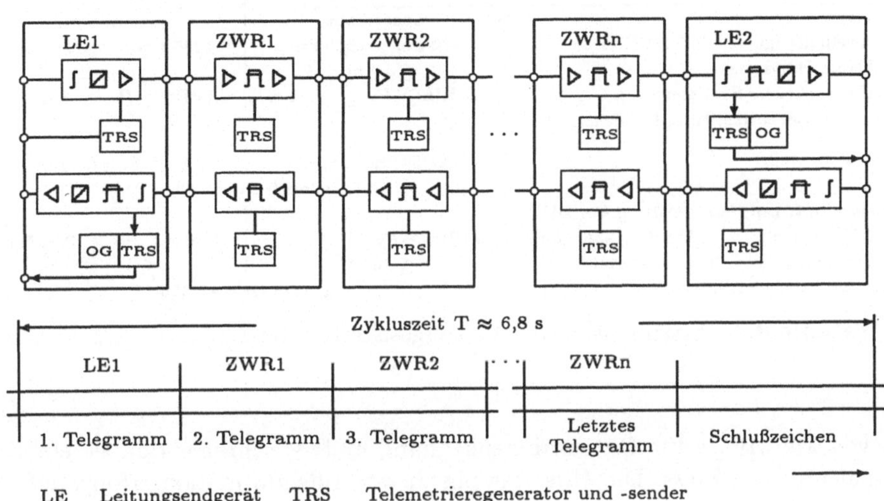

Bild 4.25 In-Betrieb-Überwachung an einem DSL-Abschnitt

Ortung

In beiden Richtungen wird von jedem Gerät (ZWR,LE) ein Impulstelegramm über den Übertragungsweg zum jeweiligen Endgerät geleitet (LE_1, LE_2). Dort erfolgt die Auswertung der empfangenen Meldungen. DieMeldungen beziehen sich auf Bitfehlerhäufigkeit des ZWR und Zustandsmeldungen des Telemetrieregenerators/-senders (TRS). Empfängt der TRS ein laufendes Telegramm, so reicht er es unverändert weiter, erweitert es aber um die eigene angehängte Meldung. Im Ortungsgerät (OG) am Ende des Leitungsabschnitts laufen daher so viele Meldungen ein wie Leitungsendgeräte und Zwischenregeneratoren vorhanden sind.

Bei Streckenunterbrechungen ist auch der Signalfluß der Hilfssignale unterbrochen. Es kommen am empfangenden Leitungsendgerät nur noch die Meldungen der betriebsfähigen ZWR's ab Fehlerstelle an. Aus dieser Anzahl läßt sich — im Sinne einer Fehlerortung — das gestörte Regeneratorfeld ermitteln. Die Zykluszeit der Impulstelegramme beträgt ca. 6,8 s über den gesamten DSL-Abschnitts und gewährleistet somit eine „Rund um die Uhr"- Überwachung.

Dienstkanaleinrichtung

Die In-Betrieb-Überwachung kommt mit einer Datenrate von 2,4 kBit/s aus. Für den Betriebsdienst sind zwei Datenkanäle vorgesehen, nämlich 2,4 kBit/s und 9,6 kBit/s. Auf einem weiteren Kanal mit 32 kBit/s, der von allen End- und Regenepunkten aus zugänglich ist, kann ein Diensttelefon betrieben werden.

Die Summe aller Bitströme ergibt — unter Berücksichtigung einer zusätzlichen

Leitungsschnittstelle	Mehrmoden	Einmoden
• Sendeteil	Laserdiode	Laserdiode
Lichtwellenlänge	1270 nm...1320 nmn	1285 nm...1330 nmn
Spektrale Bandbreite	$\leq$ 10 nm	$\leq$ 5 nm
Mittlere optische Sendeleistung	-2 dBm$\geq P_S \geq$ -5 dBm	-3 dBm$\geq P_S \geq$ -6 dBm
Autom. Laserabschaltung bei Faserbruch		
• Empfangsteil	APD-Empfänger	APD-Empfänger
	(Avalanch-Photo-Diode)	
Mittlere opt. Empfangsleistung bei BFH $\leq 10^{-10}$ mit autom. Dämpfungsausgleich	-6 dBm$\geq P_E \geq$ -38 dBm	-6 dBm$\geq P_E \geq$ -39 dBm
Bitfehlerquote pro Regeneratorfeld	$\leq 10^{-10}$	$\leq 10^{-10}$
Optische Steckverbinder	gemäß DIN 47 255	

Tabelle 4.4 Spezifikation der Leitungsschnittstelle F_2 (nach CCITT G.703)

Rate von 1,6 kBit/s für Datenrahmenkennung und -synchronisation — ein Digitalsignal mit 48 kBit/s. Die Übertragung dieser Hilfsinformation erfolgt auf dem Hauptweg über densselben Lichtwellenleiter wie der Haupt-Datenstrom. Zu diesem Zweck wird das 48 kBit/s-Signal einer Trägerschwingung von 192 kHz als zweiwertige PSK aufmoduliert (PSK = Phase-Shift-Keying, Phasensprung-Modulation). Der digitale Haupt-Datenstrom wird dann optisch in seiner Intensität mit diesem PSK-Signal schwach moduliert (4 ... 5 %).Die Hilfsinformation wird in jedem ZWR optisch/elektrisch gewandelt, demoduliert und umgekehrt, geht als optisches Signal wieder auf die Leitung und ist am Punkt PSK 192 (DU) der Leitungsendgeräte verfügbar (vgl. Bild 4.22).

Service-Geräte

Die Service-Geräte (SG) sind mit maximal zwei Dienstkanaleinrichtungen ausgerüstet. Das SGLE (im Leitungsendgerät) hat optional einen Ortungseinschub und eine Rechnerschnittstelle. Durch den modularen Aufbau sind die Baugruppen der SGLE und der SG ZWR (im Zwischenregenerator) austauschbar. Der Dienstkanal von 48 kBit/s jeder Übertragungseinrichtung wird in vier Unterkanäle mit den Bitraten 2,4 kBit/s, 2,4 kBit/s, 9,6 kBit/s und 32 kBit/s getrennt. Außer dem Kanal für In-Betrieb-Überwachung sind die anderen drei über V11-Schnittstellen zugänglich. Aufgabe der Service-Geräte ist die Bereitstellung und Überwachung der beschriebenen Hilfsfunktionen.
Abschließend sind in Tabelle 4.4 die Spezifikationen der Leitungschnittstelle (F2, nach CCITT G.703) des Systems LA 140 GF zusammengestellt.

4.5.2 Teilnehmeranschlußsysteme

Heutige Strategien, LWL-Systeme auch im Teilnehmeranschluß-Bereich einzusetzen, basieren auf den Vorteilen der LWL-Technologie in Zusammenhang mit einem breiten Angebot an neuen Diensten für den Teilnehmer. Über die bisherigen Fernsprech-

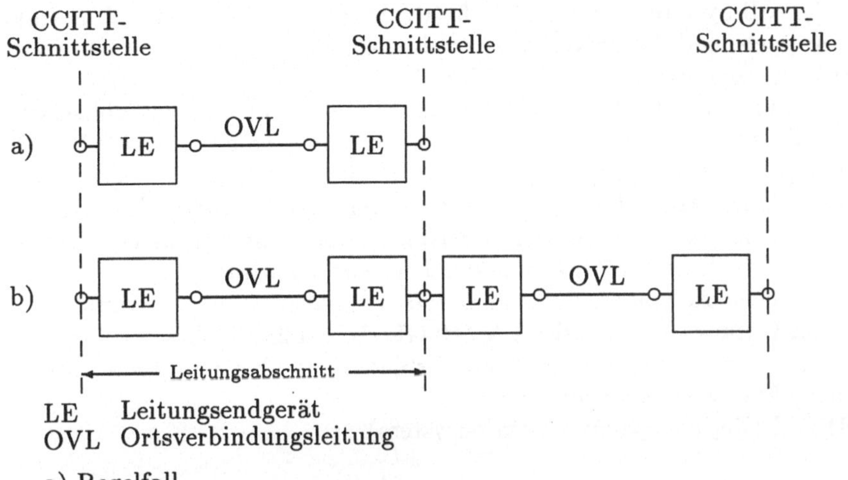

LE Leitungsendgerät
OVL Ortsverbindungsleitung

a) Regelfall
b) Sonderfall für längere Verbindungen

Bild 4.26 Prinzipieller Aufbau von Übertragungsstrecken für Ortsverbindungsleitungen

und Datendienste hinaus ist dabei auch an breitbandige Dialog- und Verteildienste (interaktives Fernsehen usw.) gedacht.
Hier sollen aber zunächst nur Möglichkeiten und Systeme für klassische Fernsprech- und Datenübertragung vorgestellt werden, die sich in die z.T. schon betehende optische Netzlandschaft bis hin zum Teilnehmer gut integrieren lassen.

Speziell für diesen Zweck ist mit dem LA 2/8/34 LWL ONR[4] ein universelles optisches Übertragungssystem konzipiert worden, das im Orts- und Teilnehmernetz mit kostengünstigen Komponenten bestückt werden kann und damit den geringeren Reichweiten ($\leq$ 10 km im Ortsnetz) gerecht wird. Dadurch entfallen die Zwischenregeneratoren, so daß der DSLA nur aus zwei Leitungsendgeräten und der dazwischen verlaufenden Ortsverbindungsleitung OVL) besteht (Bild 4.26). Für die drei Bitraten 2, 8 und 34 MBit/s wird das gleiche Leitungsendgerät verwendet, das programmiert auf die jeweilige Bitrate umgeschaltet werden kann. Optional erhältlich ist eine In-Betrieb-Überwachung sowie die Ausstattung mit Schnittstellen für den Ausschluß von Servicegeräten. Dadurch sind alle bei den Weitverkehrssystemen LA 140 GF und LA 565 GF üblichen Zusatzdienste (Fehlerortung, Datenkanäle, Diensttelefon) uneingeschränkt nutzbar.

Aus Gründen der Kompatibilität zu den Weitverkehrssystemen erfolgt auch im Teilnehmerbereich die optische Übertragung mit 1300 nm Wellenlänge. Aus Kostengründen wird im Orts- und Teilnehmeranschlußbereich für 2 MBit/s eine LED in Verbindung mit einem GI-LWL und einem PIN-Fotodioden-Empfänger eingesetzt. Bei -15 dBm Sendeleistung (im LWL), -40 dBm Empfangsleistung (für BER

[4] modifiziert und verbessert als OLTS 2/8/34 MBit/s (L. Baardsgaard u.a., Flexible LWL-Übertragung mit Kapazitätsreserve, telecom report 14 (1991), Heft 3, S. 154 ff

$= 10^{-10}$), 6 dB Systemreserve und 1,55 dB/km mittlere LWL-Dämpfung (inklusive Spleiß-,Koppel-, und Steckerverluste) ergibt sich eine Reichweite für den (regeneratorlosen) Streckenabschnitt von ca. 10 km.

Die angewendeten Codierungen der elektrischen (F_2) und der optischen (F_1)-Schnittstelle sind anders als bei den Weitverkehrssystemen, nämlich HDB3-Code elektrisch (High-Density-Bipolar-Code mit maximal 3 log „0"in Folge) und MCMI (Modified Coded Mark Inversion) optisch. Der pseudoternäre HDB3-Code wird in den Code MCMI (vier Stufen) überführt, wobei die verbotene Kombination „10"einem zusätzlichen Informationskanal zugeordnet wird.
Die Funktionsblöcke von Sender und Empfänger haben ansonsten ähnliches Asusehen wie im Leitungsendgerät des LA 140 GF (Bild 4.23), [70].

Zwei weitere Systeme, die mit LWL-Verbindungnen bis zum Teilnehmer laufen, sollen noch kurz vorgestellt werden:
BERKOM (Berliner Kommunikationsystem)
und
TPON (Telephony Over Passive Optical Network).
BERKOM hat folgende charakteristische Merkmale

- Übertragungstechnische Integration von Schmal- und Breitbanddiensten,
  - ISDN (Integrated Service Digital Network)
  - 2 MBit/s-Dienste (Schmalband)
  - 140 MBit/s-Dienste (Breitband)
- Ausnutzung von Standard Übertragungssystemen (LA 140 GF)
- Gemeinsame Signalisierung über das D-Kanal-Protokoll (ISDN)
- Modular aufgebaute Vermittlung
- Erprobung neuer Anwendungen
- Untersuchungen zur Systemakzeptanz

Bild 4.27 zeigt die Systemarchitektur. Dem Teinehmer stehen über G.703-Schnittstellen ein Breitbandkanal 139,264 MBit/s (Fernsehen digital) und ein Schmalbandkanal 2 MBit/s (Bildfernsprechen) sowie über die S_0-Schnittstelle zwei ISDN-Basiskanäle mit Signalisierungskanal (2B+D), 192 kBit/s, zur Verfügung. Die Summendatenrate mit $\approx$ 140 MBit/s wird über die F_2-Schnittstelle dem LE des Sytems LA 140 GF zugeführt und von diesem auf die LWL-Verbindung gegeben. Am fernen Ende des LWL's ist die Vermittlungsstelle, in Zukunft für interaktive Dienste ausgelegt.

TPON ist ein in Großbritannien erprobtes System, das dort erste Feldversuche überstanden hat und nun auch auf dem europäischen Festland in modifizierter Form installiert wird. Die Merkmale sind

- Flexibilität bez. des Teilnehmeranschlusses (z.B. Street-TPON)

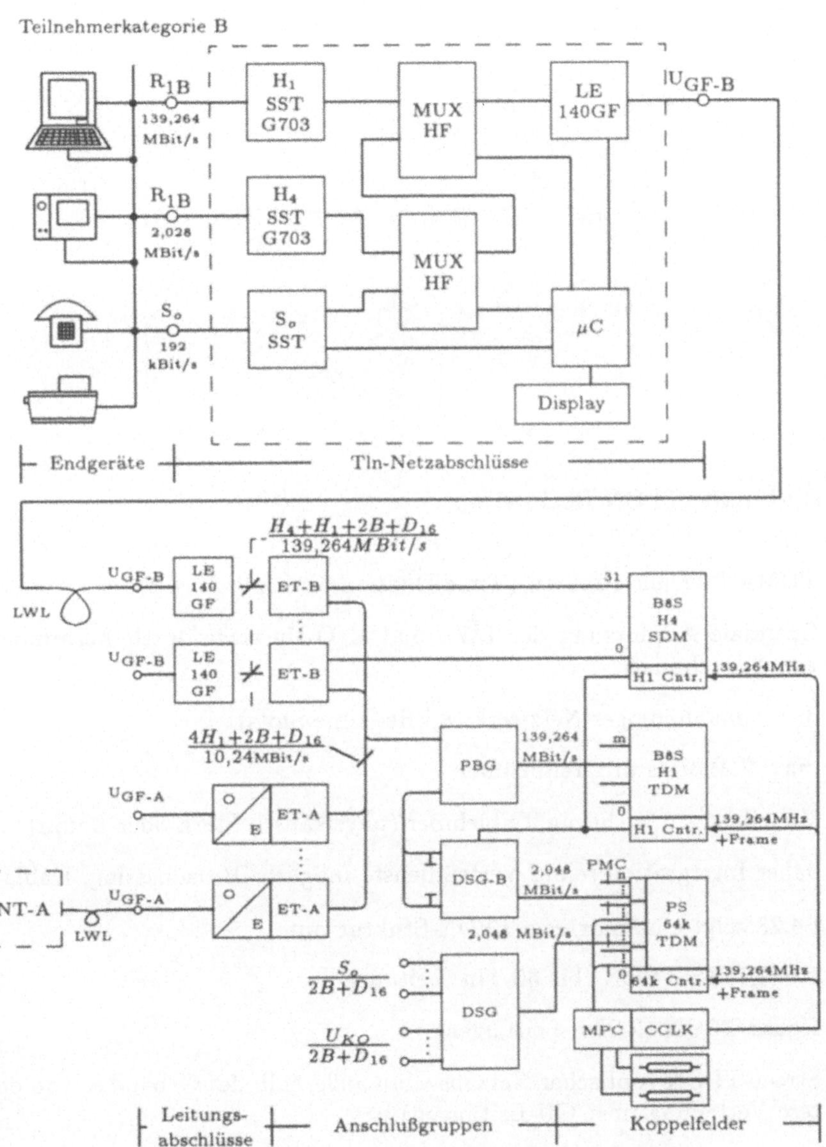

Bild 4.27 Systemarchitektur des Breitbandnetzes BERKOM

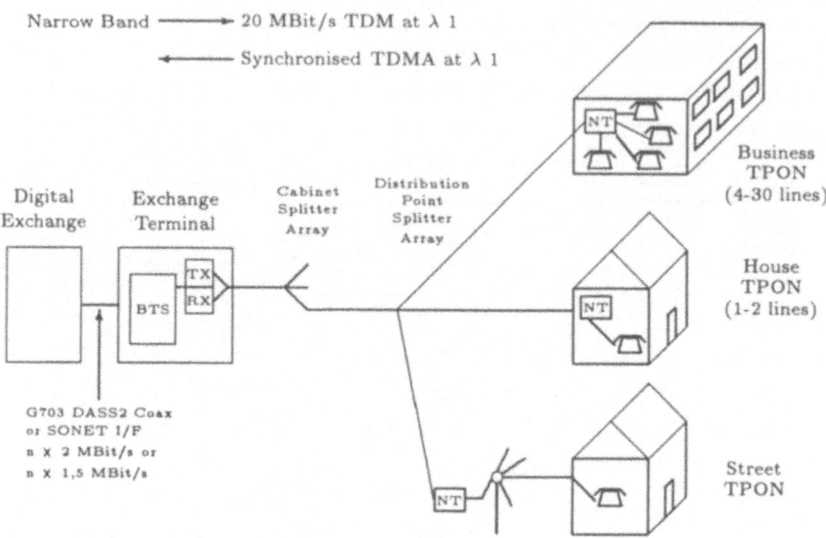

Bild 4.28 TPON Realisierung

- TDMA-Zugriffsverfahren (Time-Division-Multiple-Access)
- Optimale Ausnutzung der LWL und E/O-Unsetzer durch Zusammenfassen von Teilnehmern
- dienstunabhängiges Netzwerk (8 kHz-Time-Slots)
- max. 2 MBit/s pro Teilnehmer
- Verteilnetz in Richtung Teilnehmer (physikalisch Stern oder Baum)
- daher Intergration reiner Verteildienste möglich (Broadcasting, Kable-TV).

Bild 4.28 zeigt eine mögliche TPON-Stuktur mit

- BUSINESS TPON (bis 30 Tln.-Leitungen)
- House-TPON (2 Tln.-Leitungen)
- Street-TPON (optischer Netzabschluß außerhalb des Gebäudes, von dort weitere Verteilung über CU-Leitungen).)

Die letzte Systemvariante ist wegen des Wechsels von LWL auf Kupfer unmittelbar vor dem Tln.-Anschluß ein *Hybridsystem*. Derartige System sind besonders kostengünstig, da sie bereits installierte Telefonleitungen benutzen.
Die Stromversorgung der Tln.-Anschlußsysteme erfolgt zweckmäßig vom Ort des Teilnehmers aus, wobei noch rechtliche Fragen der Klärung bedürfen. Solche Probleme treten bei Hybridsystemen nicht auf, da die Stromversorgung zu einem Punkt

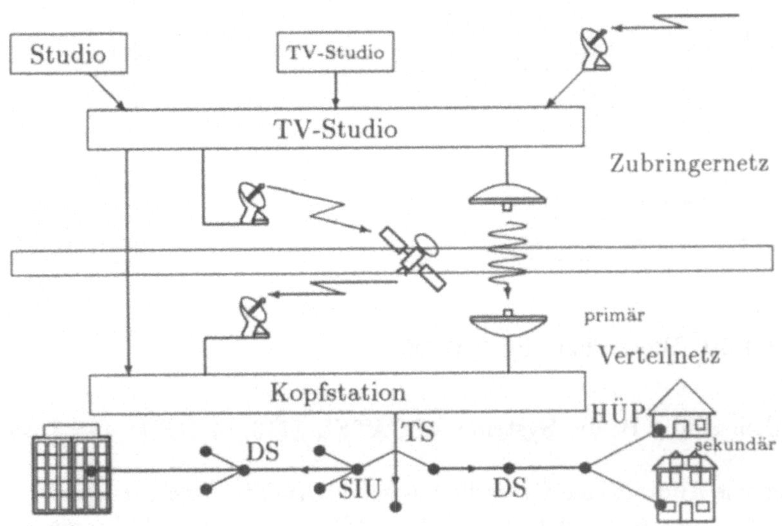

Bild 4.29 Netz zur Übertragung von Fernsehsignalen

auf öffentlichem Gelände (Straße, Bordsteinkante) durch den Netz-Betreiber erfolgen kann.
In Zusammenhang mit der Neuordnung der Telekommunikations-Umgebung (SDH, ATM, vgl. Kap. 5) sind für den Tln.-Abschlußbereich Systemlösungen unter dem Stichwort "Fibre In The Loop"bekannt geworden, die teilweise auf die TPON-Realisierungen zurückgreifen.

4.5.3 Systeme zur VIDEO-Übertragung

Die Übertragung von TV-Signalen umfaßt

(1) Zubringerdienste vom Programmeinspeisepunkt zum Fernsehsender (Netzebenen 1 und 2.1 der Bezugskette) und von einer zentralen Empfangsstelle (Fernmeldeturm) bis zum Übergabepunkt an das regionale Verbindungsnetz (Netzebene 2.2c).

(2) Verteildienste im Breitband-Kabel-Netz (BK-Netz) auf der Empfangsseite in den Abschnitten des regionalen BK-Verbindungsnetzes (Netzebenen 2.2d und 3) bis hin zum Teilnehmer (Netzebene 4).

Bild 4.29 gibt die für VIDEO-Übertragung gültige Netzstruktur wieder. Während im Falle (1) hochwertige Übertragungqualität gesichert sein muß, ist die Frage der Qualität bei den Anwendungen (2) von nicht so zentraler Bedeutung. Daher unterscheiden sich auch die eingesetzten Übertragungsverfahren und realisierten Systeme entsprechend.
So kommen für die *Aufgaben unter (1)* fast ausschließlich Digitalsysteme in Frage.

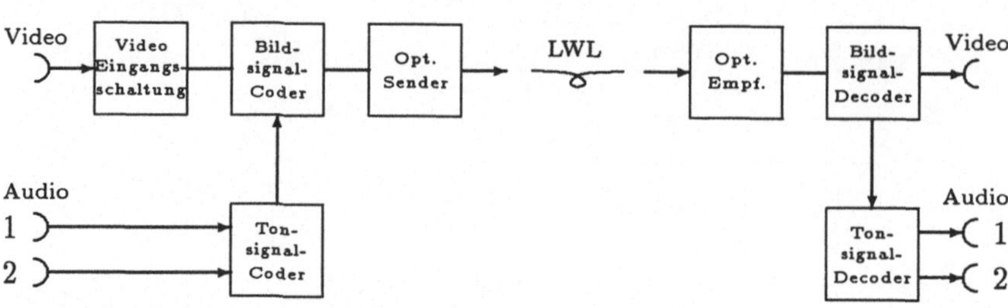

Bild 4.30 Blockschaltbild DAVOS

Gebräuchlich sind z.B. die Systeme ALCATEL 1713/14 OVID und DAVOS von PKI.

Das Digitale Audio Video Optische System (DAVOS) dient zur Übertragung von FBAS-Signalen der Normen B, G, H/PAL, M/NTSC, L/SECAM sowie zweier zugehöriger FS-Tonsignale über einen Lichtwellenleiter. Im Verteilnetz ist daher je Fernsehprogramm ein Lichtwellenleiter nötig. Verwendet werden Standard-GI-LWL (50/125μm) bei der Wellenlänge $\lambda = 1300$ nm. Die Grundstruktur des Systems ist aus Bild 4.30 zu entnehmen. Je nach Anwendung wird der optische Sender in verschiedenen Ausführungen angeboten.
Im einfachsten Fall wird eine LED mit dem codierten Bild- und Tonsignal intensitätsmoduliert. Die Bildcodierung als 9 Bit PCM und die Codierung der beiden Tonkanäle je als 14 Bit PCM ergeben die Summenbitrate von 133 MBit/s inklusive Leitungscodierung. Die Übertragung über den GI-LWL erfolgt bei dieser Bitrate mit -24 dBm Sendeleistung (im LWL).

Für größere Entfernungen und/oder bessere Signalqualität steht als optischer Sender eine Laserdiode mit -4 dBm Sendeleistung zur Verfügung. Das Videosignal und die beiden Audiosignale gelangen wie beim System mit LED als digitales Gesamtsignal zur Baugruppe optischer Sender. Wegen der höheren Ausgangsleistung ist jedoch zusäzlich eine Überwachung des optischen Leitungspegels und eine Laserabschaltung nötig. Diese Details sind uns aus den Leitungsendgeräten und Zwischengeneratoren der Systeme LA 140 GF/LA 565 GF bereits bekannt. Pegelausfall auf der Leitung — verursacht durch einen LWL-Bruch auf der Übertragungsstrecke (oder einen gezogenen LWL-Stecker!) — birgt die Gefahr einer Augenverletzung durch Laserlicht und muß daher zur sofortigen Abschaltung des Lasers führen. Diesem Zweck dient eine Verbindung von der Baugruppe „Optischer Sender Laserabschaltung"(im Empfänger) zurück zur Baugruppe „Optischer Empfänger Laserabschaltung"im Sender. Tabelle 4.5 gibt einen Überblick über die Daten der optischen Schnittstelle, sowie über Störabstand und Frequenzverhalten.

Beim System Alcatel 1714 (OVID4) ist eine Mehrkanal-Videoübertragung über Lichtwellenleiter möglich. Mit dem OVID4HQ können vier Videosignale und bis zu 24 Audiosignal hoher Qualität übertragen werden. Die Videosignale (6 MHz Bandbreite) werden mit 15,4 MHz abgetastet und anschließend mit 10 Bit-Auflösung

Wellenlängenbereich	1300 nm
Kabel	Gradientenfaser 50/125μm
Sendeleistung DAVOS LED	-24 dBm
Sendeleistung DAVOS LASER	-4 dBm
Optischer Empfänger	APD
Empfangsleistung	-12 dBm bis -37 dBm
Codierung des Bildsignals	9 Bit linear PCM
Codierung des Tonsignals	14 Bit linear PCM
Video-Nennübertragungsbereich	10 Hz bis 5 MHz
Frequenzabhängige Verzerrungen der Amplitude bis	5 MHz $\pm$ 0,3 dB 6 MHz – 3 dB
Störabstand für Rauschen, begrenzt und bewertet	$\geq$ 64 dB
Störabstand für sinusförmige Störungen	$\geq$ 63 dB (PAL) $\geq$ 57 dB (NTSC,SECAM)

Tabelle 4.5 Technische Daten des VIDEO-Übertragungssystems DAVOS

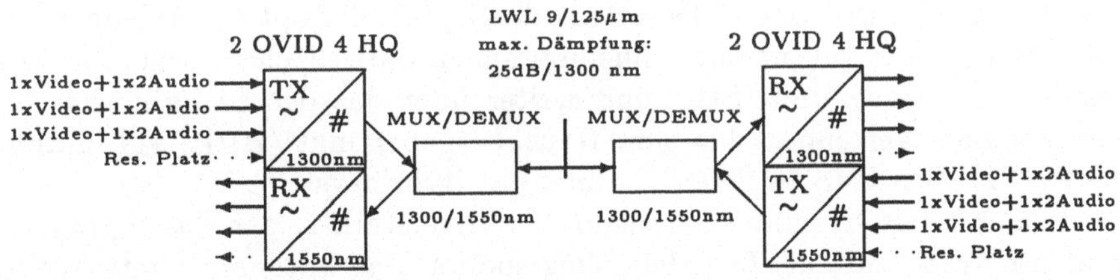

Bild 4.31 Übertragung von vier VIDEO-Hin- und Rückkanälen mit OVID 4HQ und WDMX

digitalisiert. Die Abtastfrequenz für Audiosignale beträgt 48 kHz bei 20 kHz Bandbreite. Die Digitalisierung erfolgt mit 16 Bit-Auflösung. Das Multiplexsignal der vier Video- und Audiokanäle steht mit einer Bitrate von 678 MBit/s zur optischen Übertragung an. Zwei Sendemodule, die sich bezüglich ihre Wellenlänge unterscheiden, stehen zur Verfügung: 1300 nm und 1550nm. Das Leistungsbudget beträgt bei 1300 nm 28 dB, womit sich Reichweiten von mehr als 100 km ohne Zwischenregeneratoren bei unverminderter Signalqualität realisieren lasen. Beide Wellenlängen, im WDM genutzt, ermöglichen doppelte Kanalzahl über einen EM-LWL (9/125μm), oder die Übertragung in beide Richtungen, wie Bild 4.31 zeigt, [71].

Systeme für Verteildienste, entsprechend (2) sind vorwiegend als Analogsysteme realisiert. Da das Programm aufkommen am Übergabepunkt zum regionalen Verbindungsnetz hoch ist, würde die Digitalisierung und Zeitmultiplexübertragung dieser großen Informationsmengen eine Übertragungsbandbreite beanspruchen, die heute selbst mit EM-LWL nicht zu handhaben ist. Das bleibt künftigen Projekten, die auf neuen Technologien fußen, vorbehalten.

Signale in Verteilnetzen werden daher im Frequenzmultiplex übertragen, wobei in Video-Systemen das Kanalraster von Fernsehempfängern mit „kabeltauglichem“Tuner berücksichtigt wird. Die Übertragungsbandbreite solcher BK-Netze beträgt derzeit 450 MHz. Darin lassen sich z.B. 12 normale Fernsehkanäle, 15 Fernseh-Sonderkanäle, 30 UKW-Hörfunk-Kanäle (Stereo) sowie 16 Kanäle für Digitales Satelliten Radio (DSR) unterbringen (Angebot des FA Meschede v. 01.08.94 für Kabelanschluß).

Das *Video-System „OPAL-3“* der Fa. RAYNET ist den Besonderheiten der Fernsehprogrammverteilung in ländlichen Bereichen angepaßt. Es ermöglicht die Übertragung von 36 AM-Fernsehkanälen (PAL), 30 FM-UKW-Kanälen inklusive DSR und belegt ein Frequenzband von 47 bis 446 MHz. Der entfernteste Teilnehmer kann bis zu 25 km von der Kopfstelle abliegen. Das RAYNET-Video-System (RVS) ist in zwei Teilbereiche untergliedert:

- RAYNET-Zuführungssystem (RAYNET Trunk System, RTS) und
- RAYNET-Verteilsystem (RAYNET Distributions System, RDS).

Das RTS ist eine Punkt-zu-Mehrpunkt-Verbindung von der Kopfstelle (Headend) zur Verteilstelle (Hub). Das RDS verteilt die Signale der optischen Sender über das Verteilnetz in Bus-Struktur zur teilnehmernahen optisch/elektrischen Schnittstelle (Subscriber Interface Unit, SIU) und weiter über das den SIU's nachgeschaltete passive koaxiale Verteilnetz bis zum Hausübergabepunkt (HÜP) vgl. unterer Teil Bild 4.29 [72]. Das RVS „OPAL-3“ist also ein Hybridsystem.

Die RTS-Einheit beginnt mit einem Verteilverstärker, der das Signal auf vier äquivalente Wege aufteilt. In jedem Weg spaltet eine nachgeschaltete Weiche das breitbandige Signalspektrum in zwei Teilbänder auf. Kanal S11 geht dadurch verloren. Auf jede Weiche folgen zwei weitere Verteilverstärker für die Teilbänder mit insgesamt maximal 16 Ausgängen (bezogen auf das gesamte Frequenzband).

Oberes und unteres Teilspektrum werden bez. der optischen Übertragung getrennt behandelt. Sie gelangen über separate Sendeeinheiten (Optischer Sender), bestehend aus HF-Steuergerät (HfStG), Sendeverstärker (OSVr) und optischem Sender (OS), auf je einem eigenen LWL zum entsprechenden RTS Empfänger in der Verteilstelle (HUB), Bild 4.32a. Hier erfolgt die optisch/elektrische Umsetzung der beiden Teilbänder und die Zusammenfassung über einen Koppler zum Gesamt-Frequenzband im hochfrequenten Bereich. Dieses wird dem ersten Verteilverstärker (VtVr) des RDS — am gleichen Standort — zugeführt, auf drei weitere Wege aufgeteilt und über zusätzliche elektrische Verteilverstärker in bis zu 16 optische Sendeeinheiten eingespeist. Die optischen Signale kommen dann zur Verteilung in das LWL-Verteilnetz, das entweder als Bus-PON (Passive Optical Network) oder Baum/Stern-PON ausgeführt sein kann. Am Ende des optischen Verteilnetzes befinden sich die SIU's (Subscriber Interface Unit) in Teilnehmernähe. Hier erfolgt die optisch/elektrische Umsetzung des BK-Signals für den Teilnehmeranschluß, die Nachverstärkung (SIUVr) und Einspeisung in das passive Koaxkabelnetz. Die koaxiale Übertragung überbrückt die (geringe) Entfernung zum Teilnehmer und ermöglicht eine weitere Aufteilung der Teilnehmer-Anschlüsse um den Faktor 10 (max), (Bild 4.32b).

Das RVS „OPAL-3“verfügt über ein Video Administration Module (VAM, Video-Überwachungs-Einheit) für folgende Steuerungs- und Überwachungsaufgaben:

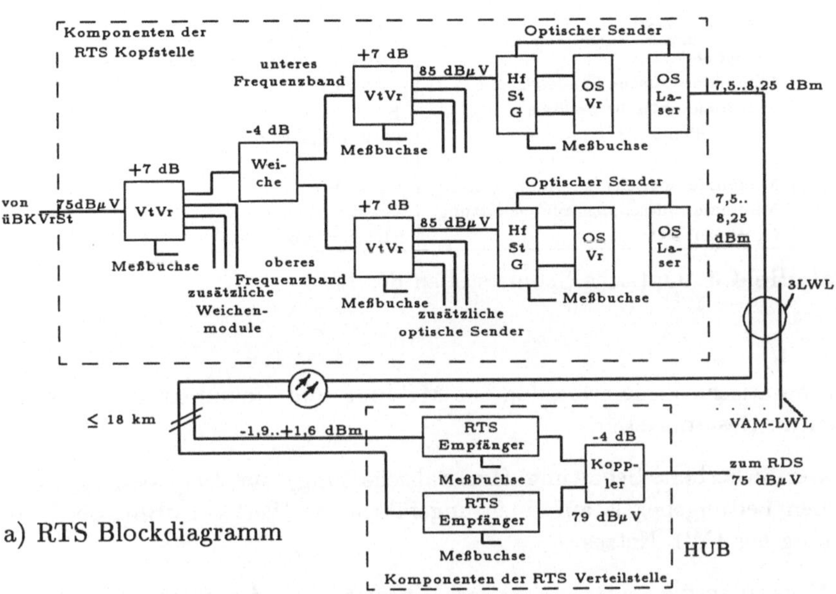

a) RTS Blockdiagramm

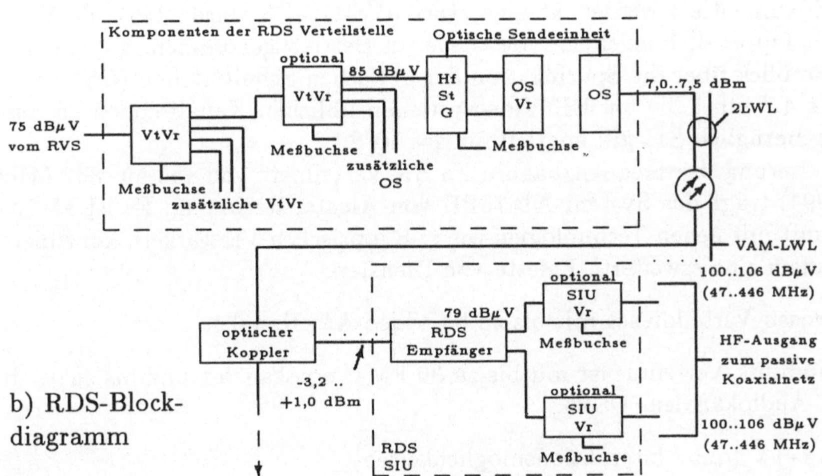

b) RDS-Block-
diagramm

Bild 4.32 Blocksschaltbilder RVS, OPAL-3

Sendequelle	Distributed-Feedback(DFB)-Laser
Minimale optische Sendeleistung	+7,5 dBm
Maximale optische Sendeleistung	+8,25 dBm
Sendewellenlänge	1310 nm ± 10 nm
Maximale optische Empfangsleistung	+1,6 dBm
Minimale optische Empfangsleistung	-1,9 dBm
Optischer Detektor	PIN-Fotodiode
Sendequelle	Distributed-Feedback(DFB)-Laser
Minimale optische Sendeleistung	+7,0 dBm
Maximale optische Sendeleistung	+7,75 dBm
Sendewellenlänge	1310 nm ± 10 nm
SIU	
Maximale optische Empfangsleistung	+1,0 dBm
Minimale optische Empfangsleistung	-3,2 dBm
Optischer Detektor	PIN-Fotodiode

Tabelle 4.6 Optische Schnittstellen des RVS

- automatische Fehlererfassung zur Meldung und Dokumentation von Störungen im Gesamtsystem
- Laser-Sicherheits-Schaltung (Laserabschaltung) zur Herabsetzung des optischen Leitungspegels auf einen ungefährlichen Wert (-3 dBm) bei Unterbrechung des LWL-Netzes.

Die VAM kann an die zentrale Netzwerk-Überwachung der Telekom (ZNÜw) angebunden werden, so daß Angaben über Störungsort, Zeitpunkt und Art der Störung zentral dokumentiert werden können. Das RVS-Opal 3 wurde 1992 als Versuchssystem in Lippetal, Bereich FA Meschede, in Betrieb genommen. Tabelle 4.6 gibt einen Überblick über die Spezifikation der optischen Schnittstellen (OS).

Tabelle 4.7 führt die bei BK-Videosystemen üblichen Kanalfrequenzen auf. Die Regelung bezüglich S11 gilt speziell für das RVS.
Der Erweiterung des Frequenzbandes im BK-Verteilnetz von 450 auf 862 MHz (ab Mitte 1994) trägt das System A1570BB von Alcatel Rechnung. Es ist als System der Zukunft mit neuen Technologien wie z. B. optischen Verstärkern konzipiert und bietet zudem eine erweiterte Palette von Diensten:

- Fernseh-Verteildienst mit bis zu 50 Video-AM-Kanälen
- Rundfunk-Verteildienst mit bis zu 30 FM-Audiokanälen und bis zu 16 digitalen Audiokanälen (DSR)
- PAY-TV (ohne Interaktionsmöglichkeiten).

Es besitzt die für BK-Systeme typischen Netzhierarchien zur Zuführung und Verteilung von Programmen:

Transportnetz (TN) (vgl. RTS bei RAYNET)
Anschlußnetz (AN) (vgl. RAYNET RDS)

Kanalbez.	Mittenfrequenz	Band
	unteres Band	
K2 ... K4	48,25 ... 62,25	VHF
unterer Pilot	80,15	7 MHz-Abstand
FM-Rundfunk (30 Kanäle)	88 ... 108	UKW
Digitaler Hörfunk (16 DSR-Kanäle)	111 ... 125	
S4 ... S10	126,25 ... 168,25	UHF
(Sonderkanäle)		7 MHz
K5 ... K12	175,25 ... 224,25	Abstand
Trennbcreich, S11	231,253	nicht übertragen
	oberes Band	
S12 ... S18	238,25 ... 280,25	7 MHz Abstand
S19, oberer Pilot	287,25	
S20 ... S38	294,25 ... 439,25	8 MHz Abstand

Tabelle 4.7 Frequenzbereiche im RVS-OPAL 3

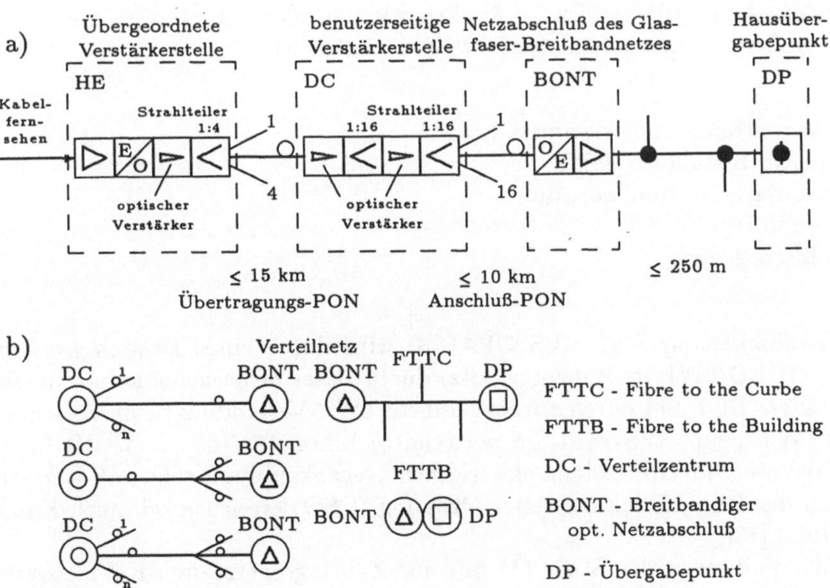

Bild 4.33 a) Kaskadiertes Übertragungs- und Anschlußnetz für Breitband-Kabelfernsehen (FTTC) b) Netztopologien im Verteilnetz

Das optische Anschlußnetz endet im „Broadband Optical Network Terminator“ (BONT, breitbandiger optischer Netzabschluß). Hier erfolgt die optisch/elektrische Umsetzung und Weiterverteilung über ein passives Koaxkabelnetz zum Übergabepunkt (Demarcation Point, DP) im Haus des Teilnehmers, max. 250 m hinter dem BONT (Bild 4.33 a). Das System sieht — entsprechend Bild 4.33b — auch andere Konfigurationen des Verteilnetzes vor. Damit können neben ländlichen Bereichen auch Industriegebiete, städtische Verwaltungen und Wohngebiete versorgt werden.

Im Transportnetz beträgt die maximale Entfernung bei Verwendung eines EM-LWL und eines DFB-Lasers bei 1550 nm ($P_s = +3$ dBm) 30 km. In der Kopfstation erfolgt elektrisch die Aufteilung auf zwei Wege. Über zwei optische Verstärker (Erbium-Doped-Fibre-Amplifier EDFA, erbiumdotierte LWL-Verstärker) kann der Leitungspegel bis auf +13 dBm angehoben werden und ermöglicht so eine weitere optische Aufteilung um den Faktor 4.

Das Verteilzentrum enthält kaskadierte optische Verstärker, so daß das Leistungsbudget auf den Wert der Zubringerverbindung gebracht werden kann (16 dB). Dies ermöglicht eine optische Aufteilung um den Faktor 16. Das (optische) Leistungsbudget des *Anschlußnetzes* beträgt bei FTTB-Anwendungen (Bild 4.33) 21 dB und läßt eine weitere optische Aufteilung bis zum Faktor 32 zu. In diesem Fall teilen sich bis zu 512 Teilnehmer die Kosten der zentralen Einrichtungen. Bei FTTC-Konfiguration im Anschlußnetz kann jeder optische Endpfad nochmals elektrisch unter vier Teilnehmer aufgeteilt werden, wodurch die Kosten pro Teilnehmer nochmals günstiger werden.

Das System A1570BB verfügt — ähnlich wie das RVS OPAL 3 — über ein integriertes Überwachungssystem. Es führt Funktionen wie

- Überwachung und Alarmmeldung
- System-Installationshilfe
- automatische Konfiguration
- Fernabfrage
- Selbsttest aus.

Die Laserabschaltung (vgl. RVS OPAL 3) wird durch einen zweiten LWL parallel zum VIDEO-LWL im Zubringernetz, durch Laser-Sicherheitsmodule im zentralen Verteiler (DC) und durch zurückgeführte LWL-Verbindungen im Anschlußnetz erreicht. Wie beim RVS wird die notwendige Linearität (63 ... 67 dB für CSO) der DFB-Laser mit Hilfe einer elektrischen Gegenkopplung (bzw. Vorverzerrung) bezüglich der Klirrprodukte zweiter Ordnung (CSO) erreicht (vgl. auch Kapitel 2, Linearität), [73].

Für Anwendungen der Stufe (1) und für Zubringernetze in BK-Videosystemen sind eine Reihe modularer Übertragungseinrichtungen entwickelt worden, von denen hier nur das TV25EMI von PKI und LA7/20LWL von Siemens genannt werden sollen. Beide Systeme arbeiten mit Frequenzmodulation, sind also analog und benutzen Lasersender bei 1300 nm Wellenlänge mit Einmoden- bzw. GI-LWL, je nach Anwendungsfall. Das TV25EMI ist für Mehrkanal-Videoübertragung gebräuchlicher

TV-Standards geeignet. Bis zu 20 Systeme sind kaskadierbar. Das Leistungsbudget beträgt mehr als 20 dB pro System. Schutzeinrichtungen wie Blitzschutz und Laserabschaltung sind selbstverständlich. Die Übertragung neuer Standards (HD-MAC, HD-TV) ist ebenfalls möglich [74].

Das System LA7/20LWL ist für die Übertragung eines Fernsehsignals und zweier Tonsignale geeignet (ähnlich DAVOS von PKI, jedoch mit Analogmodulation). Es arbeitet wahlweise mit LED, Mehrmoden-Laser und Einmoden-Laser bei 1300 nm Wellenlänge mit entsprechend GI-LWL bzw. EM-LWL. Die maximal überbrückbare optische Dämpfung beträgt bei günstigster Wahl 34 dB. Bis zu 4 Systeme können kaskadiert werden. Bei Verwendung des Mehrmoden-Lasers (P_s = -2 dBm) ist eine Laserabschaltung vorgesehen, die nur bei bidirektionalem Betrieb (Rückschleife!) aktiviert werden kann [75].

4.6 Zusammenfassende Beurteilung

Weitverkehrssysteme überzeugen schon heute aufgrund ihrer Sicherheit und Leistungsfähigkeit. Sie bestehen neben den herkömmlichen Einrichtungen in Kupfer-Technologie und haben bezüglich der Kosten einen vergleichbaren Stand erreicht. Systeme für hohe Bitraten ($\leq$ 565 MBit/s) werden zukünftig nur in LWL-Technologie ausgeführt, begünstigt auch durch die Einführung der SDH als neuen Übertragungs-Standard.

Im *Ortsnetz und Teilnehmer-Anschlußbereich* bestehen derzeit noch keine Lösungen, die die Kupfertechnik ganz verdrängen könnten. Der Kostendruck ist hier höher und verlangt nach Systemen, in denen der Hauptaufwand in zentrale Einheiten verlegt und so von vielen Teilnehmern gemeinsam genutzt wird bzw. nach preisgünstigen Komponenten in dezentralen Einrichtungen. Erst mit der Umstellung auf voll digitalge Systeme kann die LWL-Technologie hier weitere Vorteile gegenüber den bestehenden Kupfersystemen gewinnen.

LWL-Systeme für die *VIDEO-Übertragung* hingegen sind auf der Zubringer- und Verteilschiene heute etabliert. Das FITL-Konzept (Fibre in the Loop, Lichtwellenleiter in der Teilnehmerschleife) gewährleistet die gemeinsame Nutzung teurer optischer Komponenten (Laser, optische Verstärker, Überwachungseinrichtungen) durch viele Teilnehmer. Hybridlösungen ersparen dem Teilnehmer zudem den eigenen optischen Epfänger sowie die optische Anschlußtechnik und bieten den Standard-Anschluß in Koaxialtechnik.

4.6.1 Heutige Einsatzprobleme

Schwierigkeiten beim Einsatz der optischen Übertragungstechnik in heutigen Anwendungen hängen mit der Umsetzung der neuen Technologie in reale Systeme zusammen. Neben den noch hohen Kosten der optischen Komponenten ist hier vorallem das Problem mangelnder Standardisierung anzusprechen. Diese ist bei LWL's und Steckern wohl schon weit fortgeschritten, läßt aber bei Verteilkomponenten und

anderen Systembaugruppen noch zu wünschen übrig. Das führt zu unzureichender Kompatibilität von Baugruppen verschiedener Hersteller. Ein weiterer Punkt ist die Zuverlässigkeit, die noch nicht ausreichend in Langzeittests dokumentiert ist. Vielfach wird stattdessen mit Prognosen gearbeitet, die aus dem Streßverhalten der Komponenten extrapoliert werden (Laseralterung u. ä.).
Die Systemoptimierung gestaltet sich oft schwierig. Zur Abdeckung aller Toleranzen ist bei LWL-Systemen i. a. eine Reserve von 3 ... 6 dB nötig. Kabeldämpfungen und Spleißverluste können in optischen Strecken durchaus um 100 % variieren und so kann die *mögliche* Reichweite einer Regeneratorfeldlänge bei vorgegebenem Leistungsbudget ein Vielfaches der (unter gegebenen Randbedingungen) *garantierbaren* Reichweite betragen. Es läßt sich leicht durch eine Demonstration zeigen, daß z.B. ein 140 MBit/s-System mit GI-LWL, das im Regeleinsatz für eine Entfernung von 36 km ausgelegt ist, ohne einen weiteren Aus- oder Umbau auch Feldlängen von mehr als 60 km überbrücken kann!
Ferner muß der heute noch für die Systemhersteller große individuelle Meßaufwand in den nächsten Jahren durch weitere Standardisierungen reduziert werden, damit die Voraussetzungen für eine Serienproduktion gegen sind.

4.6.2 Entwicklungstendenzen

Die zukünftigen Entwicklungen bei optischen Kommunikationssystemen sind größtenteils durch die technologischen Perspektiven vorgegeben, auf die im nächsten Abschnitt eingegangen wird. Aber auch Benutzer- und Betreiberwünsche führen zu Systemänderungen und neuen Systemen. Schließlich wird ein erweitertes Angebot an neuen Diensten zur Weiterentwicklung der Kommunikationssysteme führen.

Im *Weitverkehrsnetz* wird der Einmoden-LWL dominieren und langfristig GI-LWL und Kupferkabel verdrängen. Die optische Wellenlänge der Zukunft wird 1550 nm sein. Bei 1550 nm arbeiten optische Verstärker effizient, die LWL-Dämpfung beträgt nur 0,2 dB/km, die LWL-Dispersion kann durch Verwendung dispersionsverschobener LWL sehr gering gehalten werden und es stehen leistungsstarke (P_s = +3 dBm), stabile Lasersender sowie hochempfindliche Fotodioden zur Verfügung. Die Übertragungsraten werden größer 565 MBit/s sein und mit Einführung der SDH 2,46 Bit/s auf Fernverbindungen erreichen. Reichweiten im Bereich $\geq$ 100 km pro Regeneratorabschnitt werden auch für den Regeleinsatz angestrebt. Die dann auf einem DSLA noch nötigen, wenigen Zwischengeneratoren werden *lokal* gespeist.

Im *Ortsnetz und Teilnehmer-Anschlußnetz* sind mit Einführung des Breitband-ISDN (Integrated Services Digital Network) weitgreifende Änderungen zu erwarten. Das betrifft vorallem die Bereitstellung der Infrastruktur für breitbandige Dialogdienste, interaktive Dienste wie VIDEO on Demand (VOD) (breitbandiger Rückkanal erforderlich), breitbandige Verteildienste über LWL bis hin zum Teilnehmer. Diese Aufgaben werden in Zukunft mit Fibre-in-the-Loop (FITL)-Systemen abgedeckt, wie sie heute schon im Teilnehmer-Anschlußnetz von VIDEO-BK-Einrichtungen gebräuchlich sind.

4.6.3 Technologische Perspektiven

Technologische Innovationen auf drei Bereichen werden die Leistungsfähigkeit künftiger Kommunikationssysteme bestimmen:

(1) Anwendung der heterodynen Technik, d. h. Modulation des optischen Trägers anstelle der bisherigen Intensitätsmodulation,

(2) Optische Verstärker auf der Basis von erbiumdotierten Lichtwellenleiter-Verstärkern (EDFA),

(3) Integrierte Optik zur optischen Integration (OIC, Optical Integrated Circuit) und optisch/elektrischen Integration (OEIC) von Systemkomponenten.

Zu (1), heterodyne Technik
Dies bedeutet kohärente optische Übertragung mit Frequenzmischung im optischen Bereich. Somit kann der optische Träger (= 300 THz!) direkt binär in der Frequenz, FSK (Frequenz-Shift-Keying), oder Phase, PSK (Phase-Shift-Keying), moduliert werden. Diese Technik hat folgende Vorteile:

- Erreichen der Schrotrauschgrenze, d.h. das S/N-Verhältnis erreicht den Wert

$$\frac{S}{N} = \frac{\eta \cdot P_{Osz} \cdot \lambda_0}{h \cdot c_0 \cdot B_{ü}} \quad , \tag{4.13}$$

  wenn P_{Osz} > -20 dBm gemacht wird (P_{Osz} ist die Leistung des lokalen Mischoszillators).

- Verbesserung des (S/N)-Verhältnisses am Empfänger um bis zu 20 dB

- Abstimmbarkeit auf verschiedene „optische Kanäle“unter Verwendung abstimmbarer, hochstabiler Laserquellen. Dies entspricht dem Rundfunkempfänger im optischen Bereich.

Bild 4.34 zeigt das Prinzip des Heterodynempfangs [76].

Zu (2), Optische Verstärker
Die Besetzungsinversion der Energiezustände eines optischen Kristalls (einer Diodenstruktur) ist uns aus Kapitel 2 als Grundlage zur Realisierung optischer Verstärkung in einer Laserdiode bekannt. Die wellenlängenbestimmende Funktion des Resonators ist dazu nicht nötig. So kann im einfachsten Fall eine Laserdiode, bei der die Resonatorfunktion unterdrückt wird, als optischer Verstärker arbeiten. Wesentlich eleganter ist es, von der Möglichkeit, die Besetzungsinversion in einem speziell dotierten LWL-Abschnitt zu erzeugen, Gebrauch zu machen. Bei erbiumdotierten LWL's wird dies mit Einstrahlung von „Pumplicht“(= Pumpenergie) der Wellenlänge 1,48 oder 0,98 μm erreicht. Ein optisches Signal der Wellenlänge 1,53 $\leq \Delta\lambda_0 \leq$ 1,57 μm wird dann beim Durchlaufen des LWL-Abschnittes verstärkt. Diese Anordnung ist unter dem Begriff „Erbium-Doped-Fibre-Amplifier“(EDFA) bekannt. Bild 4.35 zeigt die Basis-Konfiguration eines EDFA und das zugehörige Bändermodell [77]. Die Vorteile liegen klar auf der Hand:

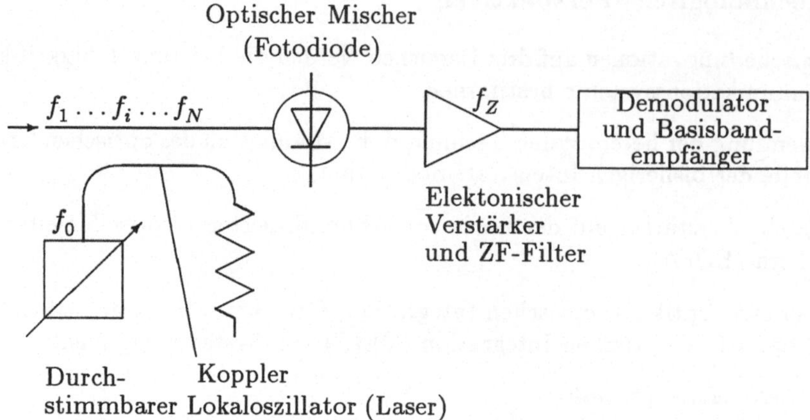

Bild 4.34 Prinzip des optischen Überlagerungsempfängers

- Bei Einsatz in Regenerativverstärkern keine optisch/elektrischen Umsetzungen mehr, dadurch Vermeiden der Nichtlinearitäten und des Rauschens von Elektronik und Laser.
- mögliche Fernspeisung optisch von einem Ende der Strecke aus.

Optische Übertragungssysteme, die über eine lange Distanz in unzugänglicher Umgebung arbeiten (z. B. Unterwasser-Übertragungssysteme) schöpfen diese Vorteile aus. Durch die sehr geringe Rauschzahl der EDFA (3 dB) sind sie besonders gut als Verstärker in Zwischenregeneratoren geeignet. Selbst bei Kaskadierung mehrerer EDFA's nimmt der Störabstand nur geringfügig ab. Bild 4.36 demonstriert dies an einer Kaskade von drei Verstärkern, wonach mit einem Störabstand von 50 dB die Reichweite eines Fernsehkanals > 40 km beträgt [78]. Optische Verstärker nach dem EDFA-Prinzip erreichen in dem beschriebenen BK-Verteilsystem 1570BB Ausgangspegel von +13 dBm.
zu (3), Integrierte Optik
Die integrierte Optik beeinflußt die optischen Kommunikationssysteme bezüglich ihrer Komponenten in

- WDMX-Anwendungen (bidirektionaler Betrieb),
- breitbandigen Verteileinrichtungen,
- optischer Vermittlungstechnik.

Neben der optischen Verbindungs- und Verstärkungstechnik (LWL-Strukturen, opt. Verstärker in konzentrierter Bauweise) sind heute vorallem auch elektrische Funktionen auf dem gleichen Chip zu integrieren. Dabei geht es um monolithische Integration von Komponenten mit unterschiedlichen Funktionen, sog. Photonische Integrierte Schaltungen (PIC) (mit optischen Wellenleitern) und eigentliche OEIC's,

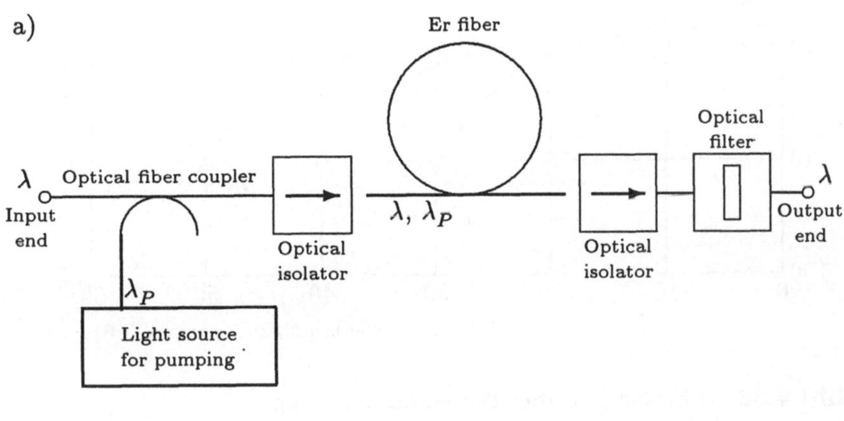

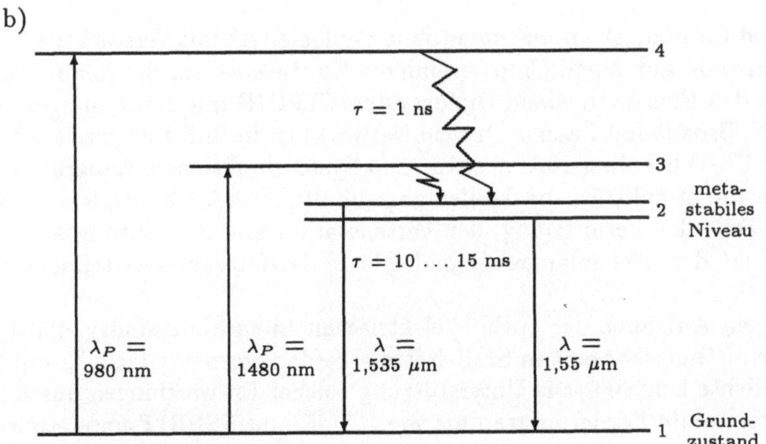

Bild 4.35 a) Konfiguration eines optischen EDFA b) zugehöriges Bändermodell

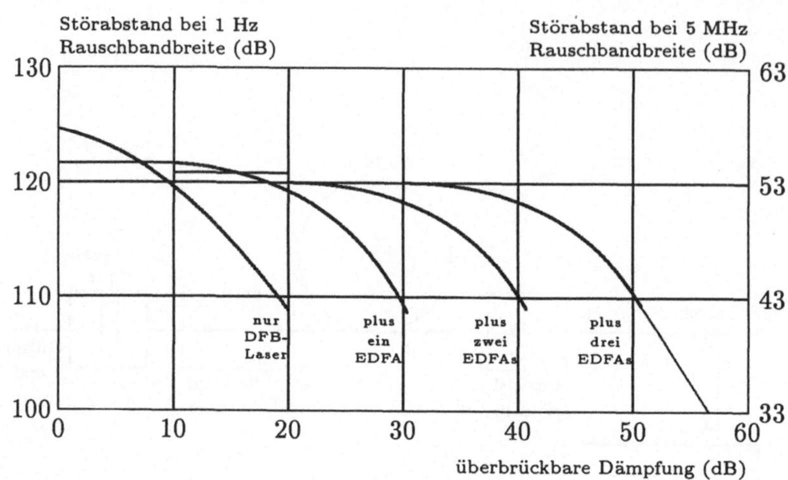

Bild 4.36 Störabstand über der Gesamtleistung

die Sende- und Empfangskomponenten (ohne Wellenleiter) mit Verstärker und/oder Auswerteelektronik auf einem Chip vereinigen. Ein Beispiel für die Realisierung eines OEIC für den Einsatz in einem Dialogsystem (TPON) mit breitbandigem Rückkanal (BPON, Broadband Passive Optical Network) ist in Bild 4.37 gezeigt. Teilbild a) gibt einen Überblick über Netzstruktur und Systemfunktionen. Integrationsfähig sind hier die m-, n-Splitter, die Wellenlängenmultiplexer/-demultiplexer, das λ_0-Filter sowie Teile der Vermittlung, der Verteilstation und der Leitungsabschlüsse. Teilbild b) zeigt den Wellenlängen-Demultiplexer des interaktiven Teilnehmers als OEIC [79].
Die zukünftigen Aufgaben der optisch/elektrischen Integration sind vielfältig. Für das neue Vermittlungskonzept in SDH-Netzen werden vermehrt OEIC's mit hoher Integrationsdichte benötigt. Die Unterstützung solcher Entwicklungen durch nationale und europaweite Förderprogramme wie RACE und ESPRIT unterstreicht die Bedeutung.

4.7 Übungen

12. Übung

Ein PCM-Signal mit 8 Bit Wortlänge und der Bitgeschwindigkeit 34 MBit/s soll über eine längere Distanz übertragen werden. Die Übertragungsstrecke ist so aufgebaut, daß das Signal nach jeweils 10 km regeneriert wird (Regenerator). Jeder Regenerator besteht aus einem Vorverstärker mit Tiefpaß, einer Entscheidungsstufe und der Taktsynchronisiereinheit. Alle Regeneratoren sind gleichartig aufgebaut.

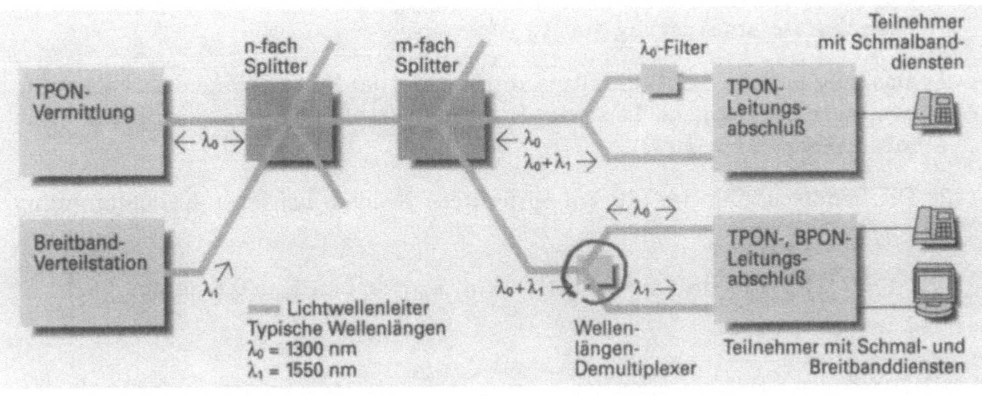

a)

Zum TPON-Empfänger (1,3µm)
Zum BPON-Empfänger (1,53µm)
1,3µm-DFB-Laser
Streifen-Wellenleiter
3-dB-Koppler
Monitor (Photodiode)
Wellenlängen-Duplexer
Input/Output 1,3µm TPON
Input 1,53µm BPON

b)

Bild 4.37 a) Struktur eines PON's für interaktive Verteildienste b) Realisierung des Wellenlängen-MUX/DEMUX mit Tln.-Leitungsabschluß

Am Ende jedes Abschnittes soll das Signal-Rausch-Verhältnis $\leq$ 45 dB betragen. Der Verstärker hat eine Rauschzahl von F = 6 dB; die Bandbreite des Eingangstiefpasses entspricht der halben Bitgeschwindigkeit.
Berechnen Sie:

1. Das erforderliche S/N-Verhältnis am Eingang der Entscheidungsstufe für eine Bitfehlerrate am Ausgang von 10^{-10}
2. Das erforderliche S/N-Verhältnis am Eingang des Vorverstärkers und die dafür benötigte empfangene Leistung $P_{e_{min}}$. (PI-Fotodiode, Transimpedanz-Wert mit AD844, R_f = 2 kΩ)
3. Die Sendeleistung des (10 km entfernten) Senders bei einer Kabeldämpfung von 1,5 dB/km.
4. Ist ein GI-LWL, Bit0 = 500 MHz · km, L_0 = 1 km, E = 0,8 anwendbar?

13. Übung

Ein Farbfernsehsignal mit der Bandbreite B_s = 5,5 MHz und einem Signal-Rausch-Abstand von 54 dB soll mittels Lichtwellenleiter-Kabel analog übertragen werden. Dabei kommt eine Frequenzmodulation zur Anwendung, so daß die zu übertragende Bandbreite $B_{\ddot{u}}$ auf 22 MHz anwächst. Zur Verstärkung der Signalleistung auf der Übertragungsstrecke werden gleichartige E/O-Wandler mit Zwischenverstärkern eingesetzt, die die Signalleistung von $P_{e_{min}}$ auf -13 dB anheben (LED bei 1300 nm). Der minimal geforderte S/N-Abstand am Ende der Strecke beträgt 30 dB. Der Empfänger hat eine $NEP = 1,89 \cdot 10^{-12} \frac{W}{\sqrt{Hz}}$, das Rauschmaß beträgt 6 dB.
Berechnen Sie:

1. Den Abstand der Zwischenverstärker.
2. Die Gesamtlänge der Kette, wenn der S/N-Abstand von 30 dB nach der Demodulation des FM-Signals eingehalten werden soll.

Parameter der Strecke:

- α_{LWL} = 1 dB/km bei 1300 nm
- Reserve α_{Res} = 3 dB
- 2 Steckverbindungen, je α_{St} = 0,5 dB
- Spleißdämpfung α_{Sp} = 0,2 dB
- LWL-Fertigungslänge 2 km.

Hinweis:
Der Modulationsgewinn bei Frequenzmodulation kann aus der Beziehung $G_M = 10\log\left[\frac{3}{2}\left(\frac{B_{ü}}{B_s}\right)\right]$) berechnet werden.

14. Übung

1. Zeichnen Sie für das nachfolgend gegebene System das Arbeitsdiagramm nach Bild 4.21!

   Analoges BK-Verteilsystem im Teilnehmer-Anschlußnetz ohne Zwischenverstärker:

   - Bandbreite 47 MHz - 446 MHz
   - Betriebswellenlänge $\lambda_0 = 1300$ nm
   - Laserdiode, +3 dBm (P_{S_0}), Anstiegszeit t_{r_s} 0,5 ns
   - PIN-Fotodiode, NEP $= 5 \cdot 10^{-13} \frac{W}{\sqrt{Hz}}$, $G_i = 0{,}55$ μs
   - Folgeverstärker, $F_2 = 6$ dB, Rauscheingangswiderstand $R_L = 200$ kΩ
   - Anstiegszeit PIN-FD + Folgeverstärker t_{r_e} =0,5 ns
   - (S/N)-Verhältnis beim Teilnehmer 40 dB
   - GI-LWL, $\alpha_{LWL} = 0{,}8$ dB/km, B0 $\cdot$ $L_0 = 2$ GHz $\cdot$ km, ($B_0 = 1$ km), E = 0,7

2. Ermitteln Sie das Leistungsbudget, wenn für Stecker, Spleiße und Reserve die Angaben unter Übung 13 gelten.
3. Wie weit darf der Teilnehmer von Einspeisepunkt abliegen?
4. Tragen Sie den Arbeitspunkt (AP) des Systems in das Arbeitsdiagramm ein und beurteilen Sie die Wirtschaftlichkeit des Systems!

Fragen

1. Wie reagiert der optische Sender im Zwischenregenerator bzw. im Leitungsendgerät des Systems LA140GF auf Leitungsunterbrechung?

   Nennen Sie die Maßnahme und erläutern Sie die Funktionsweise des Schutzmechanismus!

2. Wie wird im System LA140GF der Ausfall eines Streckenabschnitts geortet?
3. Nennen Sie die Aufteilung der Bitraten unter die Dienstkanäle der Dienstkanaleinrichtung im System LA140GF!

5 Einsatz von LWL-Systemen in lokalen Netzen

5.1 Stand der optischen Datenübertragung

Lange Zeit war das analoge Fernsprech-/Fernschreibnetz mit seinen immer komplexer werdenden Vermaschungen das einzige Netz weltweit. Erst der zunehmende Einsatz leistungsfähiger PC's mit umfangreichen Datendiensten, das Aufkommen von CIP/CIM-Strategien und die Installation von CAD/CAM- Arbeitsplätzen führten zur eigentlichen Netzarchitektur und so zu einem immer höheren Vernetzungsgrad. Das Multimedia-Konzept mit seinem breiten Dienstleistungsangebot wird die Kommunikationstechnik über das Jahr 2000 hinaus beeinflussen und den Vernetzungsbedarf weiter steigern. Bild 5.1 zeigt die Entwicklung der Netzleistung in den letzten 90 Jahren [80].

Der Stand der optischen Datenübertragung ist von folgenden Basis-Innovationen

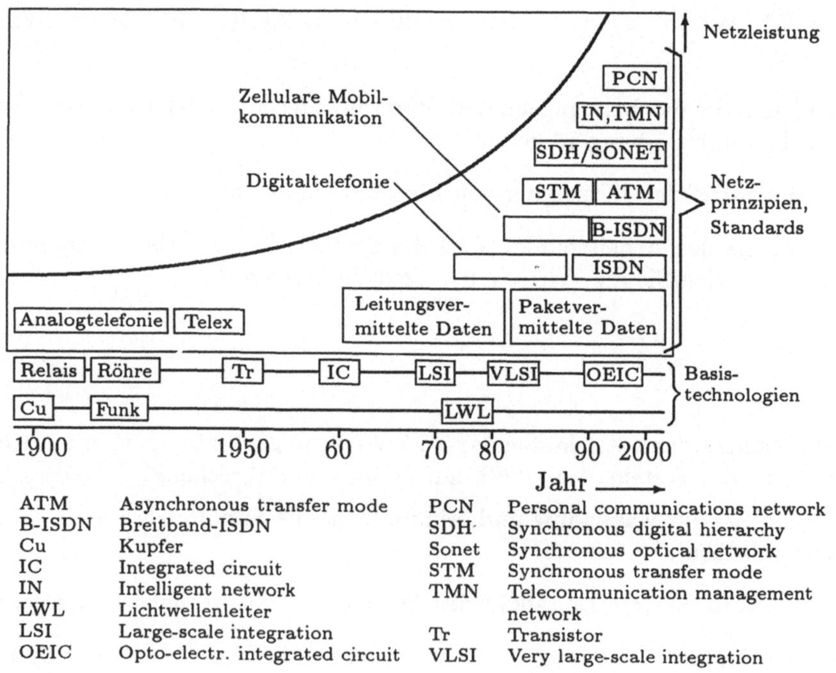

Bild 5.1 Bisherige und absehbare technologische Entwicklung der Telekommunikationsnetze

wesentlich beeinflußt worden:

- Übergang von der Analog zur Digitaltechnik
- Einführung der optischen Übertragungstechnik
- rasante Entwicklung in der Mikroelektronik
- integrierte Optik und integrierte Optoelektronik
- Bereitstellung leistungsfähiger Software.

So ist die Übertragungstechnik mit höheren Leistungsmerkmalen ausgestattet, als dies früher bei den einfachen Transportdiensten der Fall war. Die neuen Konzepte der Synchron-Digital-Hierarchie (SDH), des Asynchronous Transfer Mode (ATM) mit steuerbaren Multiplexern und Cross-Connectoren sowie das Telekommunications Management Network (TMN) sind ein Ausdruck dafür.

In diesem Kapitel sollen vor allem Möglichkeiten und bestehende Techniken aufgezeigt werden, die auf eine Anwendung von LWL-Systemen in lokalen (privaten) Netzen und deren Anbindung an Weitverkehrsnetze abzielen. Zudem wird eine kurze Einführung in neue Netzkonzepte gegeben, die mit der Neuordnung der Telekommunikationsumgebung (SDH,ATM) und dem Angebot an neuen Diensten eingeführt worden sind.

Im Jahr 1985 installierte die Fa. Hirschmann an der Universität Stuttgart das erste optische Ethernet-System weltweit.
Aktive optische Sternkoppler ermöglichen den Aufbau von Netzen, die nur noch für die Stationsankopplung Kupfersegmente aufweisen. Mit der LWL-Technik sind Netzdurchmesser von bis zu 4500 m realisierbar. Die entsprechenden Produkte finden sich auch im Produktionsspektrum des von der PKI angebotenen SOPHO-LAN.

1987 installierte Hirschmann bei der VW-AG in Wolfsburg ein mit optischen Sternkopplern erweitertes Ethernet-System und konnte damit die Übertragungsdistanz von 2,5 km auf 4,5 km ausdehnen. Es folgten System-Implementierungen der Firmen Siemens, SEL-Alcatel, ANT/Bosch, PKI usw. auf der Basis von Ethernet und Token-Ring, vorallem bei Dienstleistungsunternehmen (z.B. bei der VEW-Bezirksdirektion Arnsberg 1993/1994 als Ethernet Token-Ring-Hybridsystem mit strukturierter Verkabelung und Netzwerk-Management).

Für hohe Datenraten bei gleichzeitig großer Netzausdehnung wurden Hochgeschwindigkeits-LAN's entwickelt, die heute verfügbar sind:

- Fibre Distributed Data Interface, FDDI, für 100 MBit/s bei maximal 100 km Übertragungslänge (Doppelring- Struktur)
- Metropolitan-Area-Network, MAN, mit SDH-kompatiblen Bitraten (z.B. mit 155,52 MBit/s bei 75 km Ausdehnung) und ATM-kompatibler Zellstruktur.

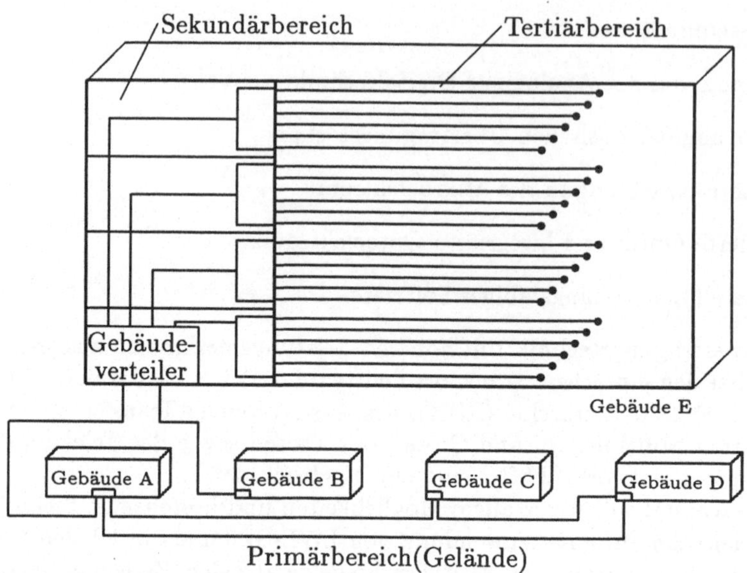

Bild 5.2 Prinzip der strukturierten Verkabelung

5.2 Einsatzkriterien für LWL-Kommunikationssysteme in lokalen Netzen

5.2.1 Randbedingungen für lokale LWL-Netze

Die Anforderungen und Randbedingungen sind für LAN's anders als im Weitverkehr. So stehen im Vordergrund nicht Bandbreite und Übertragungslänge, sondern Vernetzbarkeit, Handhabung und Preis. Einsatzmöglichkeiten sind vor allem in Verwaltungen, Banken, Versicherungen und Produktionsanlagen, aber auch in mobilen Plattformen wie Schiffen, Flugzeugträgern, Flugzeugen, Bohrinseln und sogar PKWs der oberen Preisklasse.
Lokale Netze (Local Area Networks, LAN) sind in der Regel In-House Netze auf einem Werksgelände, in Gebäuden und großflächigen Stockwerken wie beispielsweise auf Bild 5.2 gezeigt. Das hier dargestellte Prinzip der „strukturierten Verkabelung"unterscheidet im Primärbereich die Vernetzung verschiedener Gebäude auf einem Werksgelände von der Vernetzung der Etagen innerhalb eines Gebäudes (Sekundärbereich) und die weitergehende Anbindung der Teilnehmer auf einer Etage im Tertiärbereich. Primär- und Sekundärbereich werden mit LWL verkabelt, während im Tertiärbereich fast ausschließlich „Twisted-Pair" (verdrillte Zweidrahtleitung, TP) und Koaxkabel, aber auch schon Kunststoff-LWL verwendet werden.

Neben rein internen Anwendungen wie Bürokommunikation, Meßwertübertragung, Fernwirken, Vernetzung von Computer-Terminals oder PCs untereinander sind oft auch die im öffentlichen Netz angebotenen Dienste, nämlich Telefon, Telex,

Telefax usw. von Interesse. Das bedeutet, daß zusätzlich zur internen LAN-Struktur die Anbindung an öffentliche Netze gegeben sein sollte. Außerdem ist in lokalen Netzen ein hoher Grad an Flexibilität sowie die jederzeit uneingeschränkte Erweiterungsfähigkeit zu fordern. Die übertragungstechnischen Ansprüche sind niedrig bis mittel, sowohl vom Gesichtspunkt der zu übertragenden Bitraten (2,4 kBit/s bis 100 MBit/s) als auch im Hinblick auf die zu überbrückenden Entfernungen von einigen 10 m bis ca. 5 km im Durchmesser wie bei VW Wolfsburg [81].
Schließlich muß ein eventuell deutlich höherer Preis durch anwendungsbezogene Vorteile (Störfestigkeit, Gewichtsersparnis, Potentialfreiheit) aufgewogen werden.

5.2.2 Systembesonderheiten

Für den Einsatz von LWL-Systemen in lokalen Netzen zeichnet sich folgender Trend ab:

(1) Insellösung für Systeme, die in sich geschlossen, räumlich konzentriert arbeiten (Prozesse, Bus-Syteme, interne Datenbanken) und keine Kommunikation über externe öffentliche Netze durchführen. Für solche Systeme wird die bewährte 850nm-Technik eingesetzt, mit GaAs-LEDs oder Laserdioden, Si-Fotodioden, Bitraten $\leq$ 10 MBit/s unter Verwendung von Stufenindex (SI-)-LWL in Hybrid- (Plastic clad silica, PCS)- oder gar Plastikbauweise. Damit verbunden sind einfachste Konfektionier- und Verbindungstechniken, und es ergibt sich ein entsprechend niedriger Preis.

(2) An das Fernnetz (nach außen) angebundene Systeme auf 1300 nm-Basis mit LED bzw. Laserdiode und InGaAsP-Fotodiode sowie dem inzwischen sehr preiswerten Gradientenindex-LWL (GI-LWL) mit Bitraten bis 140 MBit/s bzw. 155 MBit/s bei Entfernungen von einigen km, jedoch teureren Konfektionier- und Verbindungstechniken.

(3) Spezielle Hochgeschwindigkeits-LAN's mit Bitraten $\geq$ 100 MBit/s zur Überbrückung großer Entfernungen ($\approx$ 100 km) z.B. FDDI und MAN. Diese Netzwerke erlauben die Anbindung an die neuen Standards (ATM, SDH) und ermöglichen somit den Übergang vom lokalen Bereich in den Weitverkehrsbereich unter Beachtung der ATM-Spezifikationen (vgl. Punkt 5.6).
Einen Überblick über die Leistungscharakteristik der Systeme zeigt Bild 5.3. Je nach Anwendungsfall sind alle drei oft auf einem Werksgelände oder in einem Verwaltungskomplex zu finden.

(4) Verfügbarkeit von Übertragungs- und Steuerungsfunktionen wie sie im Weitverkehrsbereich üblich sind (LA 140 GF/565 GF) auch für lokale Netze durch das Integrierte-Netzwerk-Management (INM). Das INM führt zu Netzen höchster Flexibilität, indem die Leistungsmerkmale des Netzes den Benutzer-Anforderungen und dem Leistungsprofil der Benutzer angepaßt werden (lokale Ausdehnung, Konfiguration des Netzes, Bitrate, Übertragungsqualität). Das

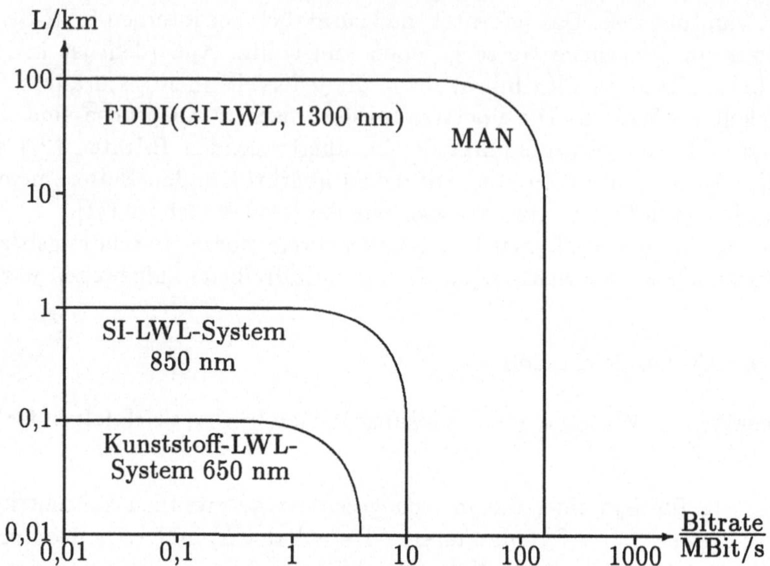

Bild 5.3 Leistungsprofil der LWL-Systeme für lokale Netze

Netzwerk wird so zum Dienstleistungsangebot und enthält einen hohen Anteil installierter Intelligenz. „Netz als Dienst"und „Intelligente Netze"sind die entsprechenden Schlagwörter.

5.3 LWL und LWL-Komponenten

5.3.1 Mehrmoden-LWL

Die in lokalen Netzen verwendeten LWL sind in aller Regel Mehrmoden-LWL, nämlich

- Stufenindex-LWL und
- Gradientenindex-LWL (vgl. Kap. 1)

Wichtige Parameter sind Geometrie, Brechzahlverlauf und numerische Apertur NA. Sind beide Typen aus gleichen Gläsern gefertigt, so stehen bei etwa gleicher Dämpfung folgende Vor- und Nachteile gegeneinander:

Stufenindex: Höhere einkoppelbare Lichtleistung, Unempfindlichkeit gegen Fehljustierungen dafür geringere Bandbreite.

Gradientenindex: Mindestens 50 % weniger Lichtleistung einkoppelbar, empfindlich gegen Fehljustierungen, dafür aber wesentlich höhere Bandbreite (Faktor 100).

Typ	Kern/Mantel-durchmesser µm	numerische Apertur	Wellen-länge nm	Dämpfung dB/km	Band-breite MHz·km
EM	9/125, 10/125		1300	0,4 - 0,6	$\geq$ 10000
GI	50/125	0,2/0,22	850	2,5 - 3,5	200 - 1000
(Standard-GI-LWL)			1300	0,6 - 1,0	600 - 2000
GI	62,5/125	0,275/0,29	850	3,5	>160
			1300	0,9 - 1,2	200 - 700
GI	85/125	0,26	850	3,2 - 4,0	100 - 200
			1300	1,2 - 2,0	200 - 600
SI	100/140	0,30	850	7,0	20 - 30
SI	200/380	0,40	850	8,0 - 10,0	$\leq$10

Tabelle 5.1 Typische Kenndaten einiger Lichtwellenleitertypen

Tabelle 5.1 zeigt eine Übersicht über die in der Normung befindlichen und z.T. schon genormten LWL. Wir finden in der Tabelle zwei GI-LWL mit vergrößerten geometrischen Kernabmessungen (62,5/125μ und 85/125μ) und größeren NA's sowie zwei SI-LWL für Anwendungen in lokalen Netzen.
LWL aus Kunststoff (PMMA, vgl. Kap. 1.5) gewinnen auf dem LAN-Sektor an Bedeutung. Üblich sind Werte von 980/1000 μ für Kern/Manteldurchmesser, 0,5 für NA (62° Öffnungswinkel) und 150 bis 300 dB/km Dämpfung. Die anfänglichen unakzeptablen Werte von 1000 dB/km sind durch Zugabe von Fluor-Derivaten auf 1/10 dieses Wertes verbessert worden. Der günstigste Übertragungsbereich liegt zwischen 500 und 700 nm (grün- rot).

5.3.2 Steckverbindungen und Spleiße

Bei Glas/Glas-Fasern mit einem standardisierten Außendurchmesser von 125 μm kommen noch ca. 4 μm primary Coating zum Schutz der Faser hinzu. Alle, von der Monomode-Faser bis zur 85/125 μ GI-Faser, können daher mit einem Steckerstift konfektioniert werden, dessen Bohrung ca. 130 μ beträgt. Diese Stecker gehören zu einer Systemfamilie, in der auch Kupplungen, Gehäuse für LEDs und Fotodioden, Anschlüsse an Verzweigungen sowie Schalter, Multiplexer usw. zu finden sind. Bild 5.4a zeigt daraus eine, nach DIN 47256 genormte Steckverbindung.

Für dicke SI-LWL steht ein abgewandelter SMA-Stecker zur Verfügung, der ebenfalls zu einer Systemfamilie mit reicher Ausstattung gehört, Bild 5.4b. Der 3,2 mm im Durchmesser messende Steckerstift kann LWL mit mehr als 300 μm Außendurch-

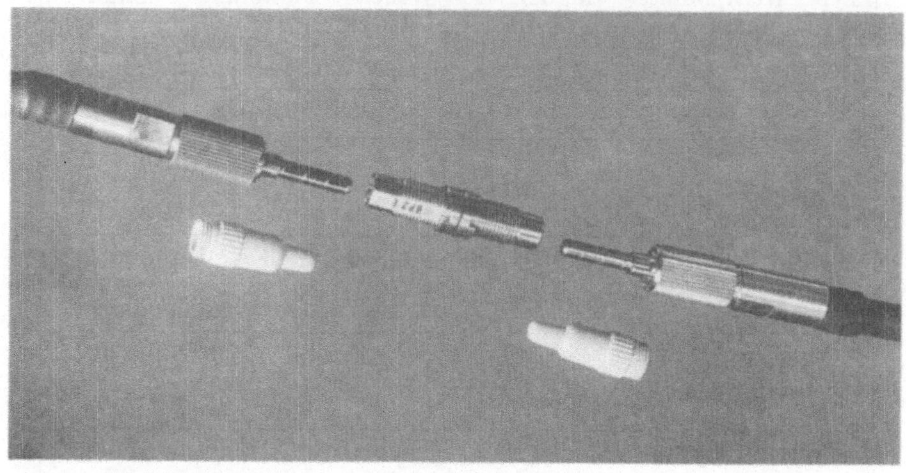

a)

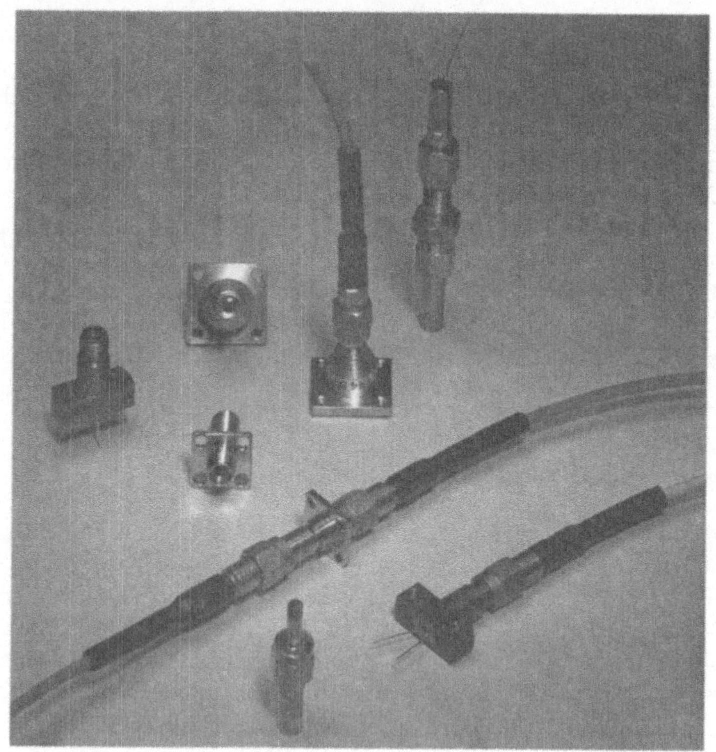

b)

Bild 5.4 a) Steckverbindung nach DIN 47256 b) FSMA Steckverbindung und Zubehör

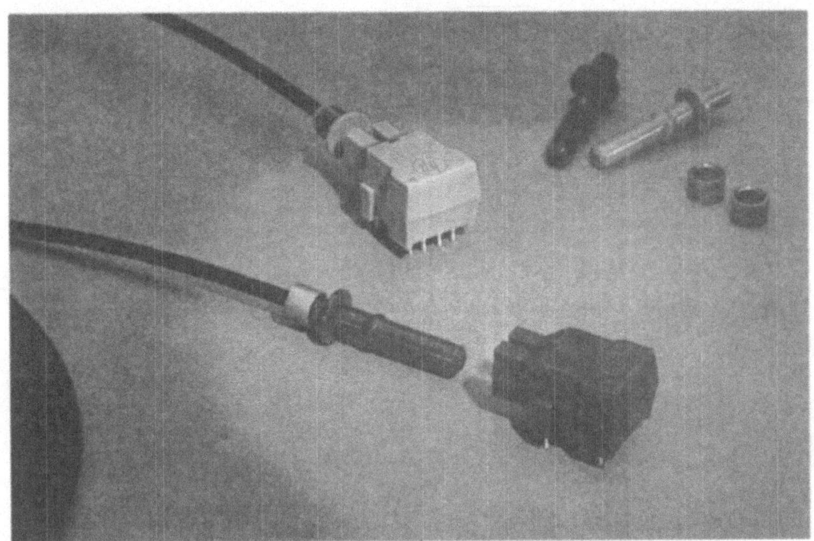

Bild 5.5 Snap-In Verbindungskomponenten für POF-LWL

messer aufnehmen „z.B. 200/380 μ“-Hybridfasern, deren optisch wirksamer Mantel auf einen Glaskern aufgebracht ist (PCS-Fasern).

Für die erwähnten Kunststoff-LWL stehen preiswerte Snap-In Steckkomponenten zur Verfügung. Der 1 mm Kunststoff-LWL wird mittels Krimpen im Steckerstift fixiert. Es gibt Gehäuse für LEDs und Fotodioden sowie Kupplungen zur Verbindung zweier Stecker. Diese einfache Technik ist für Punkt-zu-Punkt-Verbindungen in Netzen mit aktiven Knoten gedacht, wobei die Knotenfunktion elektrisch zu realisieren ist. Für den Aufbau von Bus-Systemen sind die Snap-In-Gehäuse auf der Platine stapelbar. Komponenten für die optische Vernetzung sind begrenzt im Angebot. Bild 5.5 zeigt Beispiele aus dieser Systemfamilie.
Der thermische Spleiß als Verbindungstechnik hat seinen Platz mehr auf der Fernebene. Die heutige thermische Spleißtechnik — unter Zuhilfenahme von Spleißautomaten — gilt als ausgereift, und ein Spleiß unterschreitet den vorgeschriebenen Mindestdämpfungswert von 0,2 dB im Mittel um die Hälfte, sogar bei einmodigen LWL! Der sog. Klebespleiß wird in zunehmendem Maß als günstige Alternative eingesetzt. Er benötigt keinen teuren Automaten und leistet für die preisgünstige Verkabelung in lokalen Netzen gute Dienste.

5.3.3 Komponenten für die optische Vernetzung

Hier kommt es darauf an, passive Netzknoten zu realisieren. Der aktive Netzknoten wird bei LAN's ausschließlich elektrisch realisiert, d.h. mit Hilfe von optisch/elektrischer und anschließender elektrisch/optischer Wandlung. Die Übertragung zwischen den Knoten erfolgt über eine optische Punkt-zu-Punkt- Verbindung.

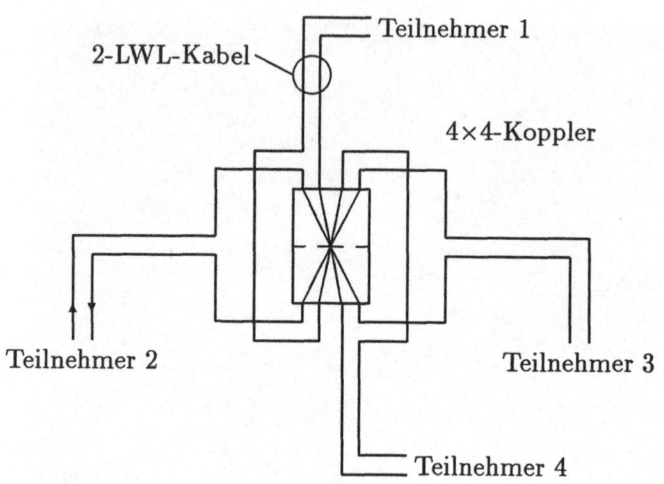

Bild 5.6 Planare Topologie mit einem transmissiven Stern

An Zugangspunkten zu öffentlichen konventionellen Netzen ist eine optisch/elektrische Umsetzung ebenfalls nicht vermeidbar.
Der optische bidirektionale Knoten erfordert entweder zwei LWL pro Verbindung oder zwei Gabeln pro Teilnehmer. So sind in reinen LWL-Netzen vor allem Abzweige, Sternkoppler (beides unidirektional) sowie richtungsselektive Drei- und Vierwege-Koppler als optisches Äquivalent für die Gabelfunktion gefragt. Bidirektionale Koppler nach dem Durchgangsprinzip haben doppelte Sternstruktur (gleichberechtigter Stern). Bild 5.6 zeigt, daß einer bestimmten Zahl von Eingangsleitungen die gleiche Anzahl von Ausgangsleitungen gegenübersteht (n×n-Koppler). Dabei kann jeder Eingang alle Ausgänge bedienen. Somit ist die logische Funktion eines Bus-Systems möglich: Jeder Teilnehmer hört jeden und sendet gleichberechtigt an jeden.

Gegenüber dem transmissiven Stern weist die reflektive Sternstruktur nach Bild 5.7 nur die halbe Anzahl von Leitungen auf, von denen jede als abgehende bzw. ankommende geschaltet sein kann (einfache Sternstruktur). So lassen sich Bus-Systeme realisieren, bei denen ein Teilnehmer als Talker, die anderen als Listener adressiert sind. Füp Duplex-Betrieb über einen solchen Stern ist an jeder Leitung der Anschluß eines richtungsselektiven Y-Kopplers zur Realisierung der Gabelfunktion nötig (Anschluß von Sender und Empfänger). Dadurch wird allerdings die Auskoppeldämpfung um 3 dB erhöht.

Mit den Anordnungen nach Bild 5.6 und 5.7 läßt sich ein passiver Knoten bidirektional und unidirektional realisieren. Bild 5.8 zeigt Möglichkeiten zur Realisierung eines richtungsselektiven 3-Wege-Kopplers [82]. Das oben gezeigte Verfahren erfordert zur effizienten Überkopplung das Abätzen des Mantels bei beiden abgehenden LWL. Dadurch entfällt die Führung des Lichtes an der Koppelstelle, was zu hohen Verlusten führen kann. Zudem ist diese Anordnung für GI-LWL nicht geeignet. Die Anordnung in der Mitte des Bildes wäre für eine planare Struktur ideal, da

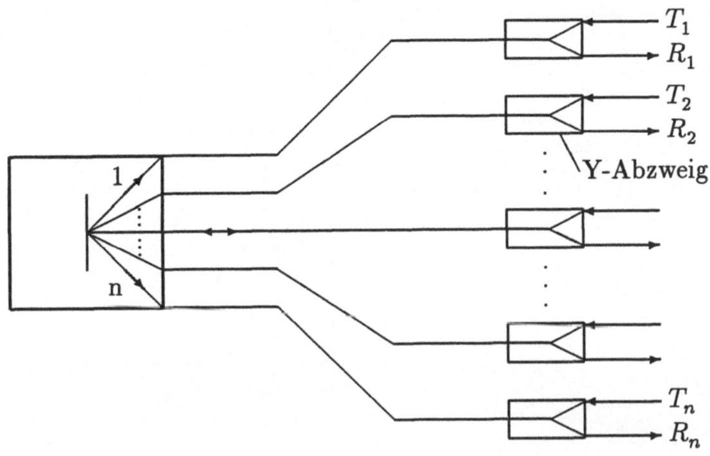

Bild 5.7 Reflektives Stern-Netzwerk, bidirektional über Einzelfasern verlaufend

hier eine erhebliche Störung der radialen Symmetrie erfolgt, die bei zylindrischen Strukturen zu systematischen Verlusten führen würde, ebenso der nicht angepaßte Brechzahlverlauf bei Verwendung von GI-LWL.

Die unten gezeigte Anordnung ist ein sog. Mantelflächenkoppler. Durch Verjüngen weden die LWL entlang ihrer Achse koppelfähig, d.h. es entsteht eine Störung der Faserstruktur, an welcher Leistung abgestrahlt wird und umgekehrt auch Strahlungsleistung eingekoppelt werden kann. Verdrillen der LWL (im Fließzustand) verstärkt diesen Effekt. Die hiermit erreichten Isolations- und Durchgangsdämpfungswerte sind für die meisten Anwendungen ausreichend. GI-LWL reagieren auch bei dieser Anordnung bez. Kopplung und Verluste empfindlicher.
Die in letzter Zeit auf dem Markt befindlichen „fused-biconical"-Koppler basieren auf der gleichen Tecnnologie. Jedoch sind die Werte für Rückfluß und Durchgangsdämpfung erheblich verbessert worden, so daß diese Koppler zu den derzeit besten zählen. Leistungsbezogene Koppelverhältnisse von 1:1 bis 1:70 (Alcatel/SEL) sind ohne Schwierigkeiten realisierbar, die Durchgangsdämpfung wird — je nach Koppelverhältnis — mit $\geq$ 3 dB (1:1) bis $\leq$ 1,5 dB (1:70) angegeben. Die Übersprechdämpfung ist in allen Fällen $>$ 50 dB.

Eine anders geartete Störung der LWL-Struktur, die ebenfalls für Koppelzwecke ausgenutzt wird, ist die Biegung des LWL um einen möglichst engen Radius ($\geq$ 5 mm). Nach diesem Prinzip arbeitet der Biegekoppler. Der Koppelmechanismus kann auf einfachem Wege realisiert werden, lediglich die zu verkoppelnden Adern eines LWL-Bündels müssen an der Koppelstelle freiliegen. Derartige Koppler sind in Netzen mit Baumstruktur (z.B. BK-Netz der BP-Telekom von der Fa. Raynet) zur Anbindung der (passiven) Teilnehmer vorgesehen, können aber auch vorteilhaft

Funktionsprinzip	Zusatzdämpfung	Anmerkungen Stufen-Index	Anmerkungen Gradienten-Index	
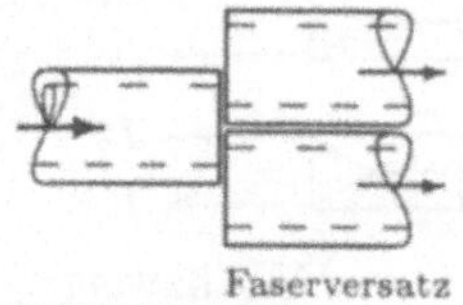 Faserversatz	1,2...1,5dB	keine Modenabhängigkeit	nicht geeignet	Stirnflächen-Koppler
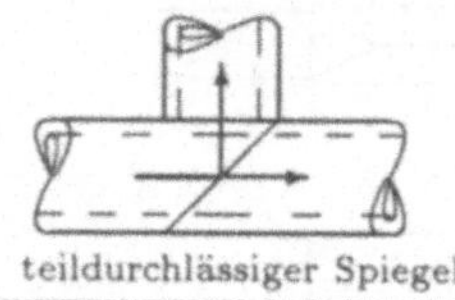 teildurchlässiger Spiegel	0,5...1,0dB	keine Modenabhängigkeit	keine Modenabhängigkeit	
 „Biconical Taper"	0,8...2dB	mittlere Modenabhängigkeit	starke Modenabhängigkeit	Oberflächen-Koppler

Bild 5.8 Optische Verzweiger, Prinzipien

zur zerstörungsfreien Dämpfungsmessung eingesetzt werden (vgl. Kap. 7).

Bild 5.9 zeigt mit einem optischen Schalter (Prinzip) eine weitere wichtige Komponente zur Vernetzung von LWL, insbesondere in Ringstruktur. Ein beweglicher Spiegel sorgt hier für die verschiedene Anordnung der Lichtwege, so daß die Überbrückung einer defekten Station in einem Netz möglich ist [83].
Für die Vernetzung polymerer LWL sind ebenfalls Verzweigungskomponenten entwickelt worden und zwar

- Y-Abzweige
- reflektiver Stern
- transmissiver Stern [84](vgl. Bild 5.18 unter Pkt. 5.5.3).

5.4 Lokale Netze

5.4.1 Netzkonfigurationen und Zugriffsverfahren

Bild 5.10 gibt einen Überblick über die gebräuchlichsten Netzkonfigurationen und die entsprechenden standardisierten Zugriffsverfahren. Die Funktionen sollen nachstehend kurz erläutert werden.

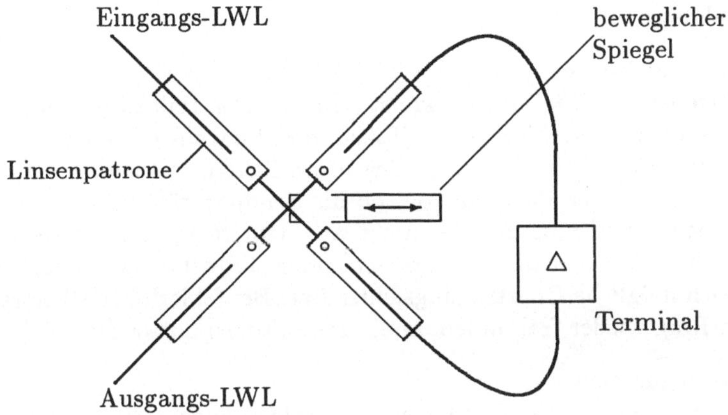

Bild 5.9 Funktionsprinzip des optischen Schalters

	Stern	Bus	Baum	Ring
physikalische Topologie			HE	
verwendete Übertragungs-medien	Zweidraht-Kupfer (Glasfaser)	Kupfer-Koaxial-Kabel (Glasfaser)	Kupfer-Koaxial-Kabel (Glasfaser)	Glasfaser (Zweidraht-Kupfer)
Verkabelungsaufwand	hoch	bes. niedrig	mittel	niedrig
topologisch bedingte Betriebssicherungs-maßnahmen durch	redundante Auslegung des Sternknotens	doppelte passive Busauslegung	doppelte Ausführung der Kopfstation(HE)	doppelte Ausführung des Ringes
Korrelierte Übertragungs-verfahren	TDM	CSMA/CD (Ethernet)	CSMA/CD Token-Bus	CSMA/CA Token-Ring
Topologie logisch	Stern	Bus	Bus, Ring	Ring
ausgeprägt in LAN-Varianten	Anwendungs-orientierung, Basisband	Anwendungs- u. Infrastruktur-orientierung, Basisband	Infrastruktur-Orientierung, Breitband	Infrastrukur-Orienierung, Basisband

Bild 5.10 Lokale Netze, Konfigurationen und Zugriffsverfahren

- Ringkonfiguration:
  Die Teilnehmer mit je einem Sender und Empfänger sind ringförmig miteinander verbunden. Der Ring hat nur eine zulässige Kommunikationsrichtung (Einbahnstraße).

- Token-Ring-Protokoll:
  Ein Bitmuster (= Frei-Token) kreist im Ring. Der Teilnehmer, der die Absicht hat zu senden, absorbiert dieses Token, formt daraus ein sogenanntes Belegt-Token und hängt daran seine Nachricht im Paketformat an. Jeder Empfänger prüft aufgrund der Paketadresse, ob die Sendung für ihn bestimmt ist. Der Zielteilnehmer nimmt die Nachricht aus dem Ring, kopiert sie und sendet sie anschließend in Richtung des sendenden Teilnehmers. Dieser stellt durch Vergleich mögliche Übertragungsfehler fest. Bei fehlerfreier Übertragung gibt er den Ring wieder frei, indem er ein freies Token aussendet.

- Sternkonfiguration:
  Im Sternpunkt ist die Intelligenz des Netzes konzentriert. Die Teilnehmer können aktive Knoten, oder wie im Fall des reinen Verteilnetzes, passive Knoten sein. Aktive Knoten können durch Zeitmultiplex-Übertragung diskret versorgt werden, d.h. die für sie bestimmte Nachricht erscheint in einem bestimmten Zeitschlitz innerhalb eines Übertragungsrahmens.

- Buskonfiguration:
  Die Datenpakete werden gleichzeitig an alle Teilnehmer gesendet. Es findet keine Vermittlung statt. Der Zugriff erfolgt z.B. über das CSMA/CD-Protokoll (Carrier Sense Multiple Access/Collision Detection). Die Teilnehmer horchen, ob das Bus-System belegt ist. Bei freiem Bus können alle auf das Netzwerk zugreifen. Zum Schutz gegen Mehrfachzugriff wird eine Kollisions-Detektion (CD) durchgeführt. Bei erkannter Kollision wird die Übertragung gestoppt und nach ausreichender Wartezeit der nächste Übertragungsversuch gestartet.

- Baumkonfiguration:
  Mit passiven Knoten ist es ein reines Verteilnetz und entspricht dem passiven Stern (z.B. Kabel-TV). Bei Verwendung aktiver Knoten ist hierarchischer Betrieb möglich. Die Übertragungssteuerung kann dann nach dem Token-Bus-Protokoll (ähnlich dem Token-Ring) oder nach dem CSMA/CD-Verfahren erfolgen.

Eine Erweiterung der Collision Detektion ist die Collision Avoidance (CA). Durch entsprechende Übertragungssteuerung wird eine Datenkollision vermieden. In Bus-Systemen werden zu diesem Zweck Zugriffsprioritäten unter den Teilnehmern vergeben. In Ringsystemen kann es zur Datenkollision kommen, wenn mehrere Sendungen (Pakete) gleichzeitig unterwegs sind. Durch Anpassung von Anzahl und Länge der Pakete an die Umlaufzeit des Ringes sind Kollisionen vermeidbar.

5.4.2 Das ISO-7-Schichten-Modell

Um die Interkommunikation zwischen Netzen und Endgeräten zu standardisieren und somit für den Benutzer weitgehend unabhängig von Hersteller, Bauart und Betriebssystem zu machen, hat die ISO (= International Standards Organization) das 7-Schichten-Modell für offene Netzwerke definiert. Auf jeder Ebene existieren Vereinbarungen (Protokolle), die die Dienste der nächst unteren Ebene unterstützen und ihre Dienstleistungen der nächst höheren Schicht zur Verfügung stellen. Die drei untersten Schichten und ihre Protokolle sind transportorientiert. Die vier oberen Schichten sind verarbeitungsorientiert bzw. anwendungsbezogen. Die Schichten (Ebenen) bedeuten im einzelnen (vgl. Bild 5.11):

- Schicht 1: Bitübertragung (Physical Layer)
  Festlegung der elektrischen und mechanischen Parameter für die physikalische Verbindung. Dazu gehören die Gewährleistung von Auf- und Abbau der physikalischen Verbindung sowie der Übertragungsmodus. Das Übertragungsmedium ist dieser Schicht untergeordnet (Cu-Kabel, LWL).

- Schicht 2: Datensicherung (Data Link Layer)
  Diese Schicht sorgt für:

  – Überprüfung der Datenfolge und ggf. Korrektur von Übertragungsfehlern
  – Anpassung der Übertragungsgeschwindigkeiten von Sender u. Empfänger (Flußkontrolle)
  – Zugang zum Übertragungsmedium.
    Sie wird zweckmäßig in zwei Schichten aufgeteilt:
    * Logical Link Control (LLC) zur Flußanpassung und Fehlererkennung
    * Medium Access Control (MAC) zur Zugangskontrolle zum Übertragungsmedium.

- Schicht 3: Vermittlung (Network Layer)
  Festlegung zu Vermittlung und Aufbau (bzw. Abbau) des gesamten Übertragungsweges. Die Unterteilung in 3 Unterschichten ist zweckmäßig:

  3C: Netzübergangs- und Wegewahlfunktion in verkoppelten Teilnetzen. Diese Funktionen werden durch Router (Netzkoppler ohne Protokollkonvertierung) sichergestellt.

  3B: Funktionen zur Erzielung eines durchgehenden Netzdienstes für die Datenkommunikation (z.B. bei unterschiedlichen Dienstklassen), auch innerhalb desselben Teilnetzes.

  3A: Zugangsfunktionen zu einem Teilnetz (z.B. Paketnetz nach X-25 Protokoll). Sie setzen die Verfügbarkeit logischer Teilnetze voraus (→ Sicherungsschicht).

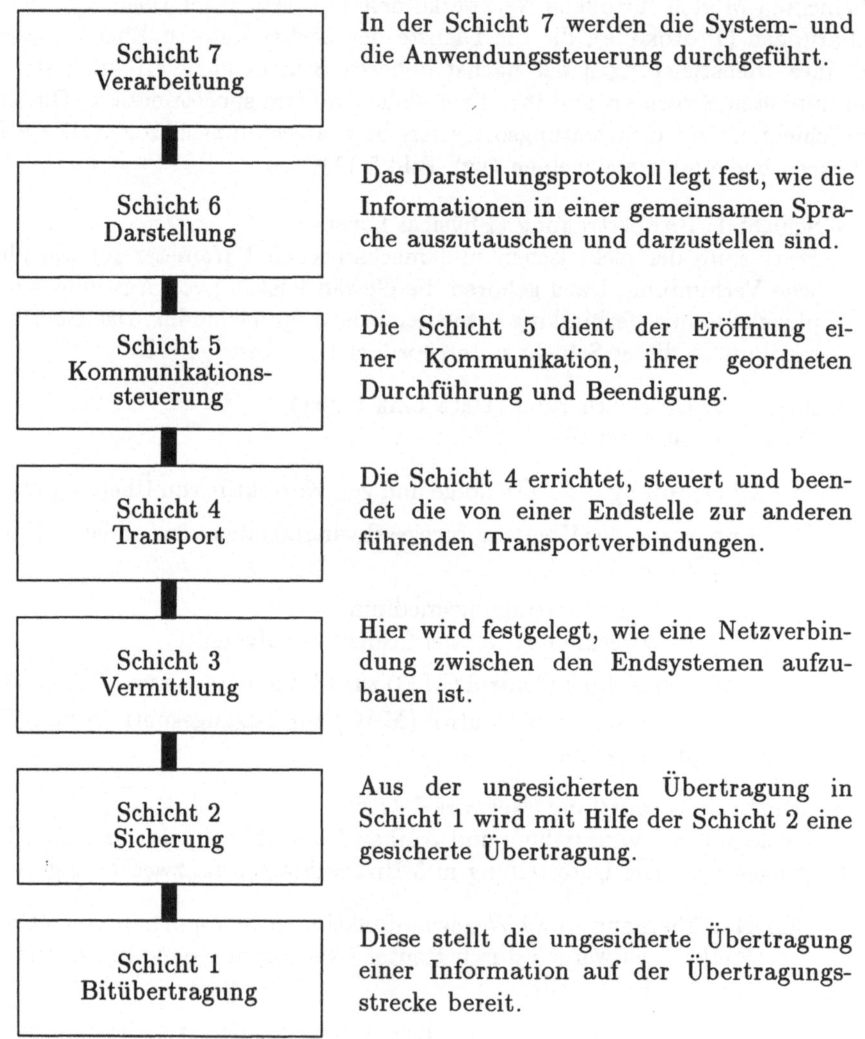

Bild 5.11 Das ISO-7-Schichtenmodell

- Schicht 4: Transport (Transport Layer)
  Steuerung des Datentransfers zwischen den Kommunikationseinheiten, Behebung von Fehlern, die in den unteren Ebenen nicht abgefangen werden konnten. Die Transportschicht entlastet die höheren Schichten von den Aufgaben der Durchführung eines zuverlässigen und kostengünstigen Datenverkehrs.

- Schicht 5: Kommunikationssteuerung (Session Layer)
  Bereitstellung von verbindungsorientierten Diensten zur Organisation und Strukturierung des Dialoges zwischen Verarbeitungsprozessen. Dazu gehören unter anderem das Synchronisieren des Dialoges und die Kommunikationsverwaltung.

- Schicht 6: Darstellung (Presentation Layer)
  Sie enthält Funktionen, die mit Eingabe, Austausch, Darstellung und Handhabung strukturierter Daten zusammenhängen. Dazu gehört die Umsetzung der Daten in Formate, die von der nächst höheren Schicht interpretiert werden können. Es handelt sich dabei um die Umsetzung von herstellerspezifischen Formaten in ein systemspezifisches standardisiertes Einheitsformat.

- Schicht 7: Anwendung (Applikation Layer)
  Sie ist Ausgangs- und Zielebene aller in einem System zu transportierenden Daten. Endpunkt der Anwendung kann ein Prozeß oder der Mensch sein. Protokolle bestehen für verschiedene Aufgabenbereiche

  - Dateitransfer (file transfer)
  - Jobtransfer und -steuerung (job transfer and manipulation)
  - Protokolle für virtuelle Stationen (virtuel terminal protocols).

5.4.3 Ausführung von LAN-Konfigurationen in LWL-Technologie

Stern- und Ringstruktur

Wie die unter 5.3.3 beschriebenen Koppler in lokalen Netzen eingesetzt werden können, zeigt Bild 5.10. Wir erkennen Stern- und Ringstruktur.
Baut man eine *Sternstruktur* mit 1:1-Y-Kopplern auf, so erhält der Teilnehmer in der n-ten Verzweigungsebene das Sendesignal um 3·n dB bedämpft. Es sind dann entsprechend 2^n Teilnehmer angeschlossen. Ein verlustfreier reflektiver Sternkoppler von der Dimension z.B. m teilt dem m-ten Teilnehmer die um 10 log m gedämpfte Sendeleistung zu. Für gleiche Teilnehmerzahl $m = 2^n$ sind die beiden Konfigurationen unter der Voraussetzung der Verlustfreiheit gleich. Unter Berücksichtigung der Zusatzverluste und des Preises schneidet der Sternkoppler letzlich besser ab. Sternkoppler eigenen sich ferner zur Realisierung des passiven Knotens in Baumstrukturen wie auch als Leistungsteiler in optischen Verteilnetzen mit gemischter Baum/Bus-Struktur.

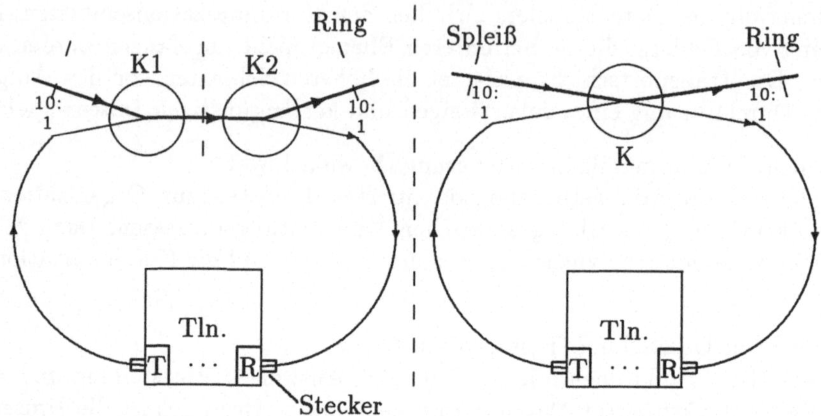

Bild 5.12 Teilnehmeranschluß in unidirektionaler Ringstruktur

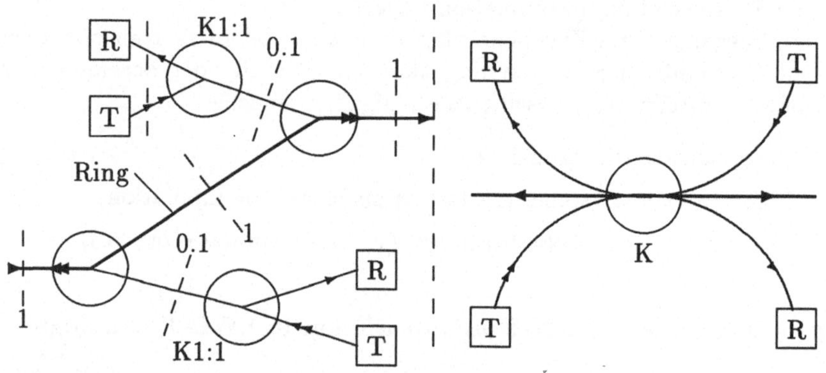

Bild 5.13 Teilnehmeranschluß in bidirektionaler Ringstruktur

Die ***unidirektionale Ringstruktur*** läßt sich unter Verwendung zweier Y-Koppler wie folgt realisieren: Der Teilnehmer wird, wie in Bild 5.12 linke Hälfte, eingebunden. Der Empfänger (R) erhält den Datenfluß aus dem Ring richtungsselektiv über den Koppler 2. Die eigenen zu sendenden Daten werden mittels des Kopplers 1 (baugleich mit Koppler 2) unter Berücksichtigung der Umlaufrichtung in den Ring eingespeist.
Das entspricht faktisch der Verwendung eines 4-Wege-Kopplers (Bild 5.12 rechts). Um die Dämpfung der Leistung durch die angeschlossenen Teilnehmer klein zu halten, sollten unsymmetrische Koppler — wie angegeben — verwendet werden.

Für *bidirektionalen* Betrieb wird die doppelte Anzahl von Y-Kopplern benötigt, Bild 5.13 links. Die äquivalente Struktur, Bild 5.13 rechts, unter Verwendung ei-

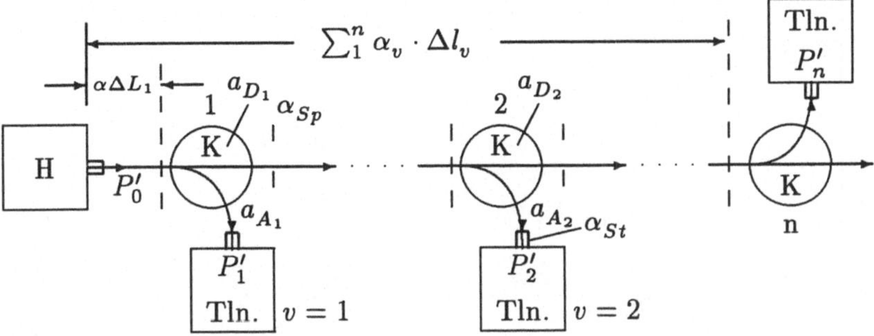

Bild 5.14 Optische Busstruktur mit passiven Knoten

nes unsymmetrischen 3-auf-3-Kopplers ist hinsichtlich des Nebensprechens (Sender → eigener Empfänger) ungünstiger. Bleibt die Störung infolge Nahnebensprechens jedoch tolerierbar, so ist diese Lösung wegen der geringeren Verluste und des niedrigen Preises verzuziehen. Zum Aufbau eines uni- oder bidirektionalen *Zweifachringes* benötigt der Teilnehmer die entsprechenden Sende- und Empfangsfunktionen, inklusive aller Koppler, doppelt.

Baumnetz und Datenbus

Weiterhin verbreitete Netzkonfigurationen sind das Baumnetz und der Datenbus (Bild 5.10). Die Verzweigungspunkte des Baumes können mit „halben“Sternkopplern, also optischen Verzweigungen von 1-auf-n, realisiert werden. Bei passiven Knoten befindet sich — ähnlich wie im Sternnetz — die Intelligenz in der Zentralstation. Bei Verwendung aktiver Knoten sind nur optische Punkt-zu-Punkt-Verbindungen nötig. Zusätzliche Intelligenz kann zur Verbesserung des Netzdurchsatzes genutzt werden, z. B. die Anwendung des CSMA/CA-Protokolls zur Ausschaltung von Datenkollisionen.

Die Realisierung passiver *Datenbus-Strukturen* mit größerer Teilnehmerzahl bereitet die größten Schwierigkeiten. Der Vorteil elektrischer Systeme, die leistungslose Auskopplung des Signals auf den Empfänger, ist bei rein optischen Netzen nicht gegeben. Ist in einer solchen Busstruktur der Teilnehmer an einen passiven Knoten angeschlossen, so liegen im Empfangsweg je Teilnehmer ein Spleiß und eine Steckverbindung, Bild 5.14. Unter Berücksichtigung von Auskoppel- u. Streckendämpfung kann nach wenigen Teilnehmern das Power-Budget ausgereizt sein. Denn es gilt für die empfangene Leistung P_n' des Teilnehmers n:

$$P_n' = P_0' - \alpha_{St} - (2n-1)\alpha_{Sp} - a_{A_n} - \sum_{v=1}^{n}(\Delta l_v \alpha_v + a_{D_{v-1}}) \;.. \qquad (5.1)$$

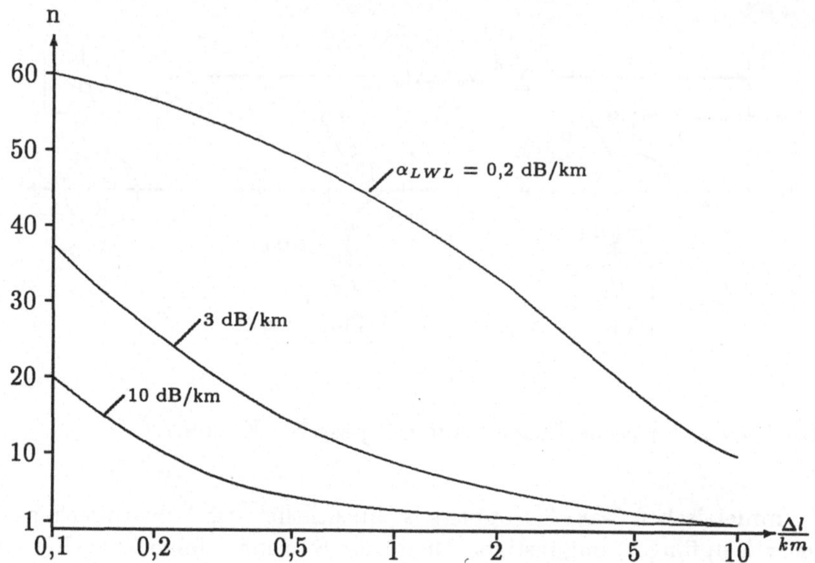

Bild 5.15 Teilnehmerzahl über der mittleren Distanz zwischen zwei Teilnehmern

(In Gl. (5.1) sind die Größen in dBm bzw. dB oder dB/m einzusetzen) Bei einer Leistung im LWL von $P_o' = 100\ \mu$W bis 200 μW[1] und einer minimal benötgten Empfangsleistung von Pemin = 0,1 μW (BER = 10^{-9}, B = 10 MHz, F2 = 6 dB, Si-PIN-FD) bleiben ca. 30 dB für Auskoppeldämpfung, Spleiße, Stecker, Streckendämpfung und Reserve. Unter der Voraussetzung gleicher LWL-Dämpfung auf äquivalenten Streckenabschnitten und bei Verwendung gleicher Koppler im gesamten Bus-System ist Gl. (5.1) nach n auflösbar und liefert den Zusammenhang

$$n = \frac{P_0' - P_{e_{min}} - (a_A - a_D - \alpha_{Sp}\alpha_{St})}{(a_D + 2\alpha_{Sp}) + \alpha_{LWL} \cdot \Delta l} . \tag{5.2}$$

In Bild 5.15 ist die maximale Teilnehmerzahl n über der Distanz Δl für drei Werte der LWL-Dämpfung bei 20 dB Auskoppeldämpfung der Abzweige aufgetragen. Bei geringen LWL-Verlusten bleibt die Teilnehmerzahl selbst bis zu größeren Distanzen hin ($\approx$ 1 km) annähernd konstant und entsprechend hoch (ca. 40). Mit wachsender LWL-Dämpfung ist nur noch für kleine Distanzen (bei 10 dB/km ca. 0,1 km) die Teilnehmerzahl akzeptabel (20 Teilnehmer). In beiden Fällen erhalten fast alle Teilnehmer die gleiche Leistung und das System arbeitet nahezu optimal. Die Netzausdehnung ist jedoch sehr unterschiedlich und begrenzt. So bilden bei der LWL-Dämpfung von 10 dB/km nur 20 Teilnehmer einen linearen Bus von insgesamt 2 km Länge.

[1] GaAs-LED

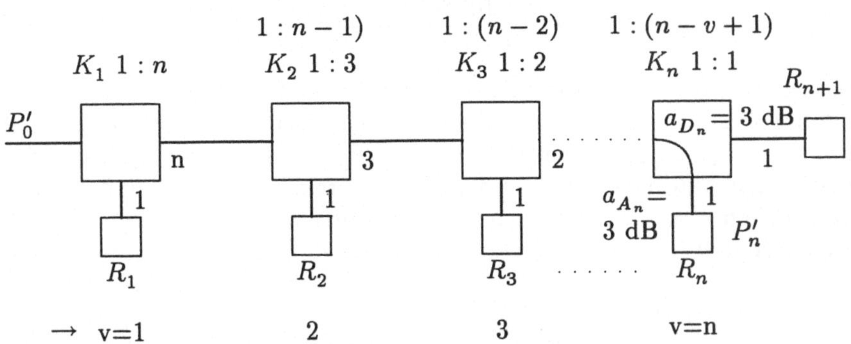

Bild 5.16 Optische Bustruktur mit angepaßter Leistungsauskopplung

Wird das Koppelverhältnis der Y-Koppler so variiert, daß mit zunehmender Platzzahl v in Bild 5.14 der Auskoppelfaktor im Hinblick auf gleiche Empfangsleistung (Pemin) auch der entfernteren Teilnehmer ständig erhöht wird, so kann die Ausdehnung des Bus-Systems bzw. die Teilnehmerzahl vergrößert weden. Es entsteht auf diese Weise die Busstruktur mit angepaßten Koppelverhältnissen nach Bild 5.16. Werden die Leitungsverluste und die der notwendigen Spleiße als klein vorausgesetzt, so ergeben sich für die Koppelfaktoren der Koppler in Bild 5.16 die einfachen Relationen

- Auskoppelfaktor: $\frac{1}{2+n-v}$ und somit Auskoppeldämpfung des v-ten Kopplers

$$a_{A_v} = 10\log(2+n-v)\ , \tag{5.3}$$

- Transmissionsfaktor: $\frac{1+n-v}{2+n-v}$ und somit Transmissionsdämpfung des v-ten Kopplers

$$a_{D_v} = 10\log\left(\frac{2+n-v}{1+n-v}\right)\ . \tag{5.4}$$

Die Koppler sind dabei als verlustfrei angenommen.

Die gesamte Bus-Struktur enthält n+1 Teilnehmer. Jeder Teilnehmer empfängt die Leistung $P_v = \frac{P_0'}{n+1}$. Ist dies gleichzeitig die minimal empfangbare Leistung $P_{e_{min}}$, so wird das gesamte Leistungsbudget $(P_0' - P_v')/\text{dBm}$ entsprechend unter die Teilnehmer aufgeteilt:

$$P_v'/dBm = P_0'/dBm - 10\log(n+1)\ . \tag{5.5}$$

Bei Berücksichtigung der *Leitungsverluste* erscheint die Leistung am v-ten Empfänger R_v zusätzlich um den Faktor $10^{-\frac{\alpha_m \cdot l_v}{10}}$ gedämpft

$$P_v = \frac{10^{-0,1\alpha_m \cdot l_v}}{n+1} \cdot P_0' \,. \tag{5.6}$$

In 5.6 ist α_m das mittlere Dämpfungsmaß, das die Spleiße mit berücksichtigt und l_v die bis zum v-ten Teilnehmer zurückgelegte Länge[2]. Der letzte Teilnehmer erhält die geringste Leistung (P_{n+1}). Somit gilt $P_{n+1} = P_{e_{min}}$. Gehen wir wieder von einem Leistungsbudget von 30 dB aus und nehmen vereinfachend an, daß die mittlere Distanz zwischen zwei Teilnehmern 0,1 km, die mittlere Dämpfung $\alpha_m = 3{,}3$ dB/km beträgt, so erhalten wir die Teilnehmerzahl n aus (5.6) zu

$$\mathrm{n} = 42 \text{ und}$$
$$L_n = n \cdot \Delta l = 4{,}2 \text{ km}.$$

Für optische Netze mit *gemischter Baum/Bus-Struktur* (Bild 5.10), in denen Sternkoppler mit einem Teilungsverhältnis von 1 auf k verwendet werden, sind in jedem der k Zweige genau bis zu n/k Teilnehmer zulässig. Die Gesamtteilnehmerzahl n entspricht der nach Gl. (5.6), für jeden Zweig gelten dann die vorstehenden Überlegungen. Das Leistungsbudget ist jedoch pro Zweig um 10 log k zu reduzieren. Die Übungen 15 und 16 gehen auf die Problematik von Netzausdehnung und Teilnehmerzahl ein.

5.5 LWL-LAN's im Einsatz

5.5.1 Netze auf Ethernet-Basis

Ethernet ist ein breitbandiges bidirektionales Bus-System, 1972/76 von der DIX-(Digital-Intel-Xerox) Gruppe eingeführt und nach IEEE 802.3 standardisiert. Die Merkmale sind im einzelnen:

- unabhängig vom Übertragungsmedium
  - Übertragungsrate: 10MBit/s
  - Zugriffsverfahren: CSMA/CD
  - Paketübertragung mit Zieladresse im Paketkopf
  - Datensicherung durch CRC (Cyclic Redundandy Check), 32-stelliges Generatorpolynom
- abhängig vom Übertragungsmedium

[2] $\alpha_m l_v = \sum_1^n \alpha_v \Delta l_v$

- Kupfer: 500 m Reichweite pro Segment, ca. 100 Endgeräte anschließbar (max. 2500 m mit 4 Regeneratoren), Standard nach IEEE 802.3
- LWL: 4000 m Reichweite pro Segment, ca. 1000 Endgeräte anschließbar, Standard nach IEEE 802.3 FOIRL (Fibre-Optic-Inter-Repeater-Link)

Installierte Systeme:

(1) SEL LWL-Ethernet, vgl. Bild 5.17
aktive Sternkoppler (optisch: Empfangen, Regenerieren, Senden), optische Transciever, optische Duplexer, Sammelverteiler. [85]

(2) SINEC L2FO
Unter dieser Bezeichnung wird von Siemens ein LWL-Ethernet-System angeboten. Mit der Übertragungsgeschwindigkeit 10 MBit/s und dem CSMA/CD-Zugriffsverfahren basiert es auf der IEEE 802.3-Norm. Der Aufbau erfolgt mit Komponenten, die nach dem FOIRL (Fibre-Optic-Inter-Repeater-Link) -Standard spezifiziert sind und stellt Reichweiten von bis zu 4,6 km sicher. Der Einsatz dieses Systems ist u.a. für Automatisierungsaufgaben vorgesehen [85].

(3) Sopho-LAN
von Philips-Kommunikations-Industrie (PKI). Zwischen zwei Remote-Repeatern befinden sich bis zu 1100 m GI-LWL (bis 140 MBit/s!), aktive Sternkoppler, bis 4500 m Netzdurchmesser [86]

(4) Fibernet
Realisierung mit passivem Transmissionskoppler (Stern), wie unter 3.3 besprochen. Es werden alle logischen Funktionen von Ethernet implementiert. Unterschiede gibt es in technologiebezogenen Parametern: 150 MBit/s Paketlänge 8192 Byte statt 512 Byte. Bei Erprobung mit 19 Stationen im Abstand von jeweils 1,1 km zum transmissiven Sternkoppler und 100 MBit/s Übertragungsgeschwindigkeit ergab sich eine Bitfehlerrate von 10^{-9} (= Postforderung auf öffentlichen Datennetzen). Es wurden Laserdioden, GI-LWL und Lawinen-Fotodioden eingesetzt.

(5) LWL-Ethernet
von Hirschmann, aktive Sternkoppler bis zu 50 kaskadierbar, max. 4500 m Netzausdehnung, Transceiver.

5.5.2 Netze mit Ringkonfiguration

Ringnetze arbeiten üblicherweise nach dem Token-Ring-Protokoll, dessen Einführung und Normung im wesentlichen auf IBM-Aktivitäten zurückgeht. Die einfachste optische Ring-Konfiguration läßt sich mit dem Doppel-Sternkoppler nach Bild 5.6 als Netzwerk mit passiven Knoten realisieren. In diesem reinen Verteilnetz mit Ringstruktur kann jedoch das Token-Ring-Protokoll nicht implementiert werden.

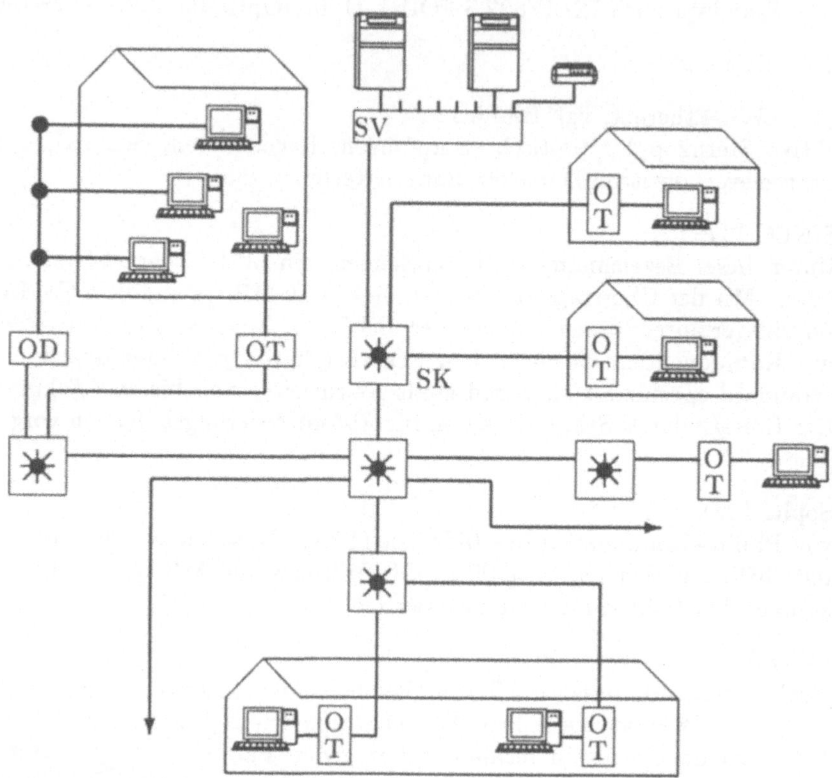

Optischer Sternkoppler (SK)

Der Optische Sternkoppler (19"-Baugruppenträger) regeneriert die empfangenen Informationen und stellt sie dem Datennetz wieder zur Verfügung. In einem ETHERNET können bis zu 19 Sternkoppler eingesetzt werden, wobei max. 3 Sternkoppler kaskadierbar sind.

Optischer Tranceiver (OT)

Der Optische Transceiver realisiert die Datenkommunikation unter dem CSMA/CD-Zugriffsverfahren vom und zum Endgerät.

Optischer Duplexer (OD)

Der Optische Duplexer realisiert die Implementierung einer oder mehrerer Koax-ETHERNET-Installationen in ein LWL-ETHERNET.

Schnittstellenvervielfacher (SV)

Der Schnitstellenvervielfacher erlaubt es, bis zu 36 Teilnehmer über einen Optischen Transceiver an das LWL-ETHERNET anzukoppeln. Die Entfernung vom Schnittstellenvervielfacher bis zum Endgerät kann bis zu max. 40 m betragen.

Bild 5.17 Topologie eines LWL-Ethernet (SEL/Alcatel)

Standard	IEEE 802.5 (ISO 8802/5)
Zugriffsverfahren	Token-Passing, deterministisch (echtzeitfähig)
Übertragungsgeschwindigkeit	4 (16) MBit/s
Topologie	logischer Ring physischer Stern
Sicherheitsfunktionen	
- Ausfall einer Station	Überbrückung
- Ausfall eines Bereiches	Inselbildung, autarke Teilnetze
Entfernung zwischen 2 Stationen	750 m(Koax), 2 km (LWL)
Netzausdehnung	4 km (herkömmlich) 10 km (mit LWL)
Medium	Kupferdoppelader (geschirmt), STP Lichtwellenleiter (LWL)
Ausbaufähigkeit	max. 260 Stationen Verknüpfung mehrerer Ringe mit Brücken (max. 7) möglich

Tabelle 5.2 Token-Ring-Protokoll

Dazu bedarf es aktiver Knoten im Ring mit optisch/elektrischer Wandlung. Der Teilnehmer ist dann entsprechend Bild 5.12 bzw. Bild 5.13 in den Ring einzubinden. Die Merkmale des Token-Ring-Protokolls sind in Tabelle 5.2 aufgelistet.

Realisierte Systeme

(1) LiBSy (= Licht-Bussystem) 128 kBit/s bis 1 MBit/s.
Die Konfiguration ist ein bidirektionaler Ring mit zwei LWL's und aktiven Knoten. Sie sind durch sogenannte LIKOM- Elemente realisiert (= Licht-Koppelmodul), die die Kopplung des Ringes an ein Rechnersystem übernehmen. Über Gateways sind andere LAN's sowie öffentliche DFÜ-Netze zugänglich. Modifiziertes Token-Ring-Protokoll: Das Token wird nicht wie sonst üblich von der Zielstation kopiert und wieder auf den Ring geschickt bis es die Sendestation erreicht hat, sondern von der Zielstation absorbiert. Diese generiert eine Quittung. Erst nach Erhalt der Quittung ist der Ring wieder frei. Somit ist immer nur ein Token auf dem Ring.

(2) Pernet von Lapp.
Verwendung von Einfach-Ring- und Sternkonfiguration. In den Netzknoten sitzen Kommunikationscomputer Percom, die die Endgeräte an das Netz koppeln.
200/380μ-SI-LWL (PCS)
Token-Ring-Protokoll nach IEEE 802.5
max. 64 Stationen

max. 2400 m Abstand der Stationen
9600 Bit/s bis 19.200 Bit/s
X.25-Schnittstelle zum Anschluß an das DATEX-P-Netz.

(3) Glasfaser-LAN von Philips.
Das PHILAN ist in der Basisausführung als LWL-Doppelring aufgebaut, ähnlich dem LiBSy. Der Teilnehmer-Anschluß (Station) erfolgt über sogenannte AWC-Knoten (Active Wiring Closet), die den Ring überwachen, im Fehlerfall rekonfigurieren und Systemmanagement-Tätigkeiten ausführen können. Bei Störung eines AWC- Knotens bzw. bei Unterbrechung einer Verbindungsleitung erfolgt die Rückführung über den Sekundärring unter Isolierung des Defektes. Treten gleichzeitig zwei Störungen auf, so ist die Bildung zweier autarker Ringe möglich. Dieses Sicherungsmerkmal ist üblicher Bestandteil optischer Netze mit Ringkonfiguration und wird am Beispiel des FDDI näher besprochen. Die Anzahl der Stationen beträgt maximal 512 bei 80 km Ringumfang, die maximale Datenrate beträgt 8 MBit/s in ganzzahligen Vielfachen von 64 kBit/s [87].

5.5.3 Bussysteme für mobile Plattformen

Gefragt sind hier:

- geringes Gewicht, kleine Abmessungen,
- sichere Funktion bei günstigem Preis,
- kleine bis mittlere Datenraten, Längen bis zu 100 m.

Dies führt zu einem Bussystem mit den unter 5.3 vorgestellten Kunststoff-LWL und -Komponenten. Als Struktur ist das Bussystem in passiver optischer Sternkonfiguration wegen seiner hohen Zuverlässigkeit am besten geeignet. Bei Ausfall einer Verbindung bleibt das Rumpfsystem funktionsfähig. Entsprechende Sternkoppler sind inzwischen verfügbar. Bild 5.18 zeigt einen Sternkoppler der Fa. Hoechst im Prinzip. Bild 5.19 zeigt den Einsatz eines Bussystems mit polymeren LWL und -Komponenten in einer solchen Sternkonfiguration im Automobil. Überwachungs- und Steuerfunktionen laufen über den Bus zwischen Sensoren und Aktoren. Die Intelligenz sitzt im Sternpunkt. Umsetzungen optisch/elektrisch und umgekehrt werden mit Snap-In-Elementen durchgeführt [84]. Als realisierte Systeme werden u.a. angeboten:

- SINEC L2FO, Zellen- und Feldbus von Siemens
Das System versorgt nach der PROFIBUS-Norm (DIN 19245) 127 aktive und passive Teilnehmer bei Übertragungsraten von 9,6 kBit/s bis 500 kBit/s. Es arbeitet nach dem Token-Passing-Verfahren. In der faseroptischen Version (FO) werden Kunststoff-LWL eingesetzt. Die maximale Ausdehnung beträgt als Mischsystem (LWL und Zweidrahtleitung) 23,4 km [85].

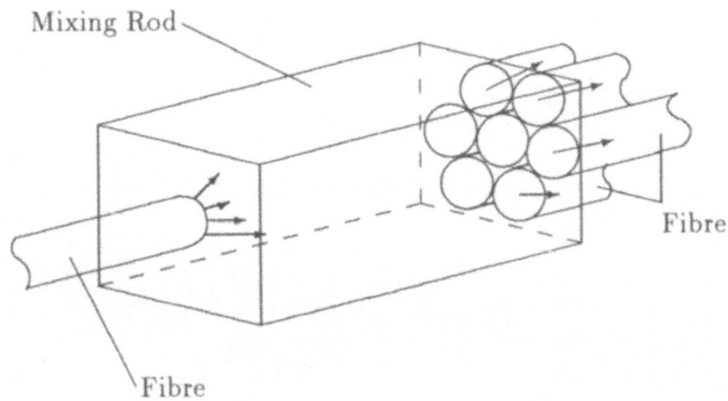

Bild 5.18 1 auf 7-Koppler als POF-LWL-Komponente

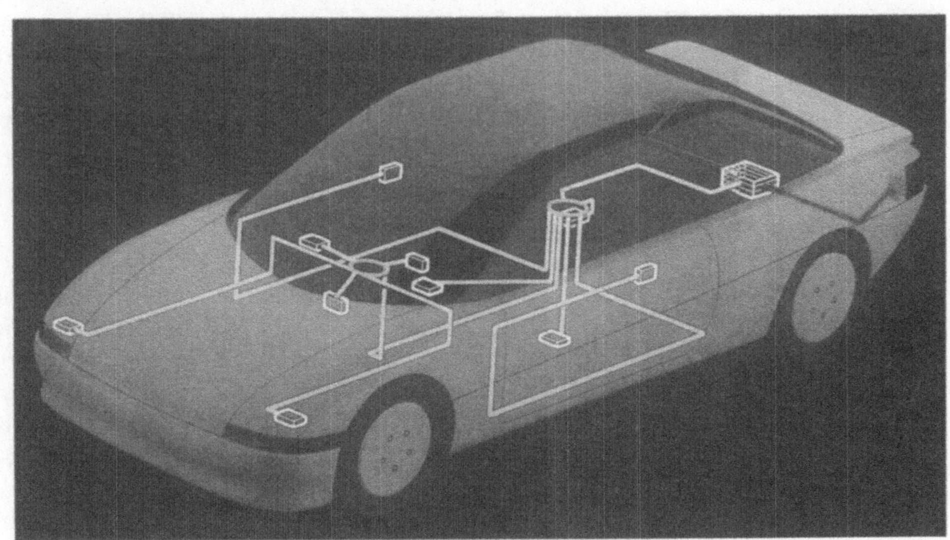

Bild 5.19 Bussystem mit POF-Lichtwellenleitern im Automobil

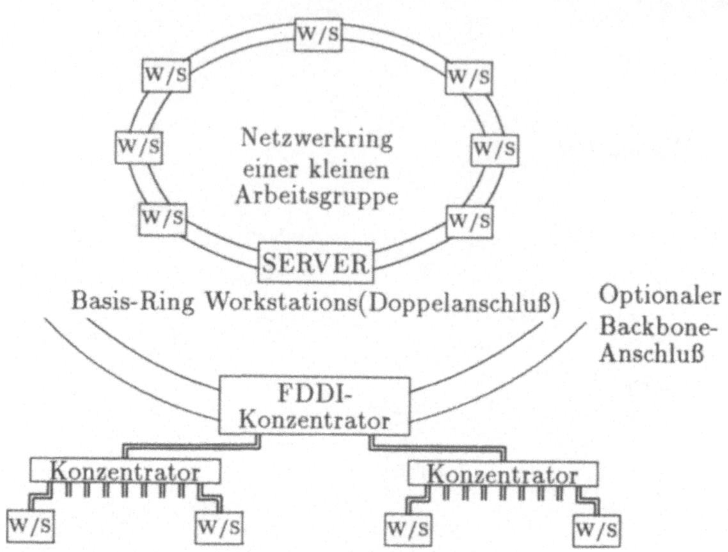

Bild 5.20 Workstation-Anschlüsse bei FDDI

- OZDV-Serie von Hirschmann,
  Punkt-zu-Punkt- Verbindungen, Bus-Extender, Bus-System OZD 485. Das Bus-System OZD 485 ist ein LWL-Bus auf der Basis von RS 485. Es ist mit Kunststoff-LWL aufgebaut. Der Abstand zwischen den Teilnehmern beträgt 100 m. In linearer Bustopologie sind 7 Teilnehmer anschließbar, in Sterntopologie 32 Teilnehmer über aktiven Sternkoppler, mit einem Radius von 100 m. Das System unterstützt PROFI-BUS, DIN-Meßbus, BITBUS u firmenspezifische Busse (Hirschmann, Optische Übertragungstechnik, Forum).

5.5.4 Das Hochgeschwindigkeits-LAN FDDI

Zur Bewältigung der großen Datenmengen, die im lokalen Bereich durch computerunterstützte Techniken (CAD/CAM, CIP/CIM) und Multimedia-Anwendungen anfallen, sind eine Reihe übertragungstechnischer Lösungen vorgeschlagen worden. Favorisiert wurde dabei ein LWL-Übertraungssystem mit Doppelringstruktur, das unter dem Namen FDDI (Fibre Distributed Data Interface) von dem amerikanischen Normungsgremium ANSI standardisiert wurde und inzwischen in die Netzwerk-Welt Einzug gehalten hat.

Leistungsmerkmale

FDDI ist als LWL-Doppelring-Netzwerk konzipiert. Durch die Verwendung dämpfungsarmer, breitbandiger LWL wird eine Übertragungslänge von bis zu 200 km ermöglicht. Damit ist die Ausdehnung des Doppelrings auf 100 km festgelegt. Bei einem maximalen Abstand von 2 km zwischen zwei Stationen beträgt die maximale Netto-Datenrate 100 MBit/s. Aufgrund des 4B/5B-Codierverfahrens ist die Brutto-Datenrate um 1/4 höher, also 125 MBit/s. Der Zugriff der Teilnehmer zum Übertragungsmedium wird durch das „Append-Token-Protokoll“(ATP) geregelt. Es handelt sich dabei um ein modifiziertes „Token-Ring-Protokoll“, das in einigen Punkten Unterschiede aufweist:

- Multiple-Token-Verfahren. Die große Ausdehnung des Ringes ermöglicht, daß mehrere Token gleichzeitig in Umlauf sind. Daher schickt eine sendende Station nach Beendigung des Sendevorgangs sofort ein Frei-Token auf den Ring. Es ist nun darauf zu achten, daß selbst bei langen Datenfolgen (Paketen) keine Kollisionen auftreten. Das führt zur Begrenzung der Sendedauer einer sendenden Station.

- Maximale Sendedauer, in der jedoch eine Station, die im Besitz des Frei-Tokens ist, mehrere Datenpakete auf den Ring schicken darf. Das Token-Ring-Protokoll nach IEEE 802.5 läßt dagegen nur ein Datenpaket zu. Der Vorteil bei FDDI, daß ein sendewilliger Teilnehmer zum Absetzen mehrerer Datenpakete nicht jedes Mal auf das Frei-Token warten muß, steigert den Datendurchsatz und damit den Nutzungsgrad des Übertragungsmediums erheblich.

Die Teilnehmer im FDDI-Ring können nach Bild 5.22 als Doppelanschluß-Einheiten unter Ausnutzung des LWL-Doppelrings mit max. 500 Stationen oder als Einzelanschluß-Einheiten (Workstations) mit max. 1000 Geräten eingeschleift werden. Im ersten Fall übernehmen die Doppelanschluß-Einheiten gleichzeitig die Funktionen der aktiven Netzknoten (O/E-Umsetzung und umgekehrt, Regeneration des Datenstromes). Im Fall zwei ist zum Anschluß der Workstations ein FDDI-Konzentrator für Doppelanschluß nötig, der sternförmig auf die Einzelanschluß-Workstations verteilt und die Funktionen des Netzknotens im obigen Sinne wahrnimmt.

Die hohe Arbeitsgeschwindigkeit des FDDI-Systems favorisiert — neben dem Betrieb mit Workstations in Einzel- und Doppelanschluß, wie oben gezeigt — insbesondere auch Anwendungen, in denen die Datenströme mehrerer selbständiger lokaler Netze (z.B. Ethernet oder Token-Ring) zusammengefaßt, übertragen und weiter verteilt oder verarbeitet werden. Das FDDI-Netz arbeitet dann als sog. Backbone- oder Backend-Ring wie in Bild 5.22. Die Anbindung der externen lokalen Netze erfolgt über FDDI-Brücken, die die entsprechenden Protokolle (Ethernet 802.3, Token-Ring 802.5) implementieren sowie Übertragungs- und Filterfunktionen sicherstellen.

Der bei Ringnetzen übliche Sicherheitsmechanismus bezüglich Ausfall einer Station oder eines Leitungsabschnittes gehört auch bei FDDI zum Standard. Bild 5.21 zeigt, wie bei Kabelbruch die Rückführung über den sekundären Ring geschaltet wird und so die verbleibenden Teilnehmer weiterhin miteinander verbunden bleiben. Ähnlich wird verfahren, um eine defekte Station aus dem Ring zu nehmen. Eine abschließende Zusammenfassung der FDDI-Spezifikationen enthält Tabelle 5.3,[88].

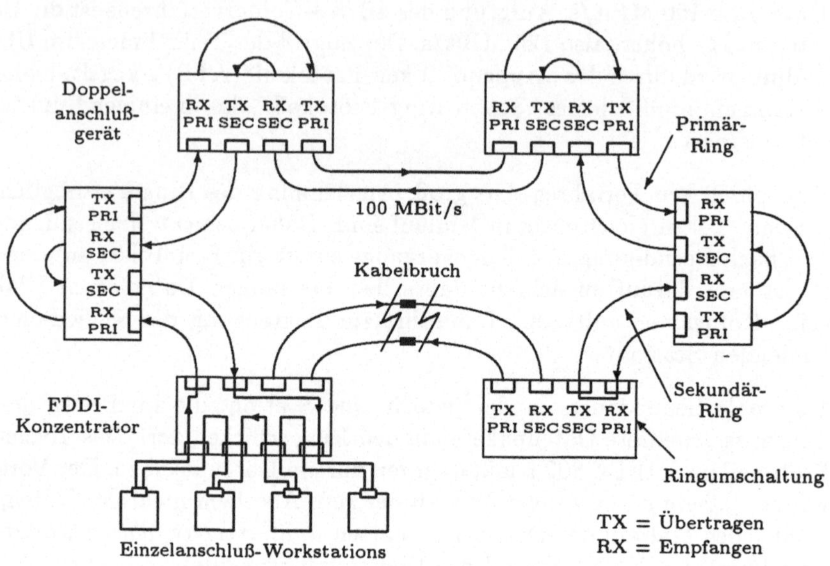

Bild 5.21 FDDI-Netzwerk bei der Überbrückung eines Kabelbruchs

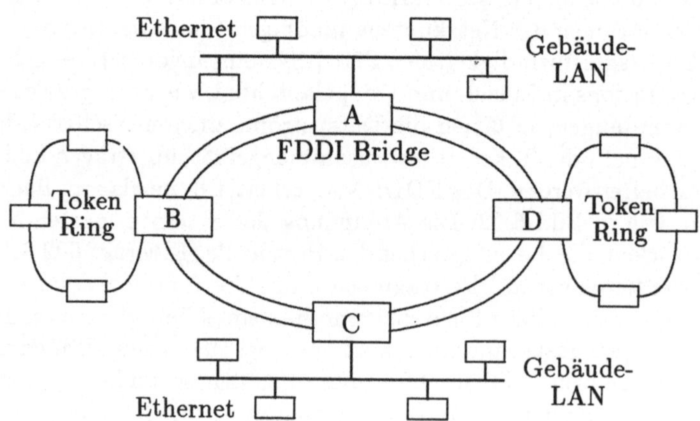

Bild 5.22 FDDI-Backbone-Netzwerk

Übertragungrate	125 Mbit/s (100 MBit/s Nutzrate)
Anzahl Stationen	1000
Ausdehnung	200 km
Leistungsbudget	11 dB (Multimode)
(λ_0 = 1300 nm)	22 dB (Monomode)
Abstand zwischen Stationen	2 km (Multimode)
	40 km (Monomode)
Übertragungsmedium	Lichtwellenleiter
(λ_0 = 1300 nm)	50/125 μ } α = 1 dB/km 62,5/125 μ } B = 500 MHz·km
Topologie	Ringförmige Baumstruktur
Zugriffsmethode	Timed Token Passing, ATP
Standard	ANSI X3T9

Tabelle 5.3 FDDI Spezifikation

5.5.5 Metropolitan Area Network (MAN)

Beim Übergang vom lokalen Netz in das öffentliche Netz stehen dem Anwender häufig nur 64 kBit/s-Wählverbindungen und 2 MBit/s-Standverbindungen zur Verfügung. Deise Übertragungsraten sind für die weitaus schnelleren LAN's ein Engpaß und ermöglichen somit keine wirtschaftliche Vernetzung. Die Metropolitan Area Networks schaffen hier einen Ausweg. Diese MAN's sind zum einen private Netze, die als Backbone-Konfiguration unterschiedliche LAN's miteinander verkoppeln, zum anderen öffentliche Netze. Das MAN ist nach IEEE 802.6 genormt und ist daher mit den Standards für LAN's weitgehend kompatibel.

BUS-Topologie

Das MAN besteht aus zwei unidirektionalen, gegenläufigen Bus-Systemen. Die Netzknoten sind an beide Bus-Systeme angeschlossen und ermöglichen auf dies Art Senden und Empfangen zu gleicher Zeit (Vollduplex) und in beide Richtungen (bidirektional), Bild 5.23 [89]. Die Netzknoten, sogenannte Edge-Gateways (EGW), ermöglichen den Netzzugang, Customer-Gateways (CGW) dienen zum Anschluß der Teilnehmer. Der Doppelbus kann als Punkt-zu-Punkt-Verbindung, als linearer offener Bus oder als geschleifter Bus realisiert werden. Er hat im letzten Fall das Aussehen eines Ring-Netzwerkes, kann aber nicht als solcher angesehen werden, da die Bus-Systeme nicht in sich geschlossen sind. Der Vorteil dieser Anordnung liegt in der Fähigkeit, bei Netzunterbrechung die Funtion des Systems als offenen Bus weiter erhalten zu können. Die beiden vor und hinter der Unterbrechung gelegenen Stationen kontrollieren dann den Netzbetrieb in je eine der beiden Richtungen (Bild 5.24). An jedes Edge-Gateway können bis zu acht Customer-Access-Networks

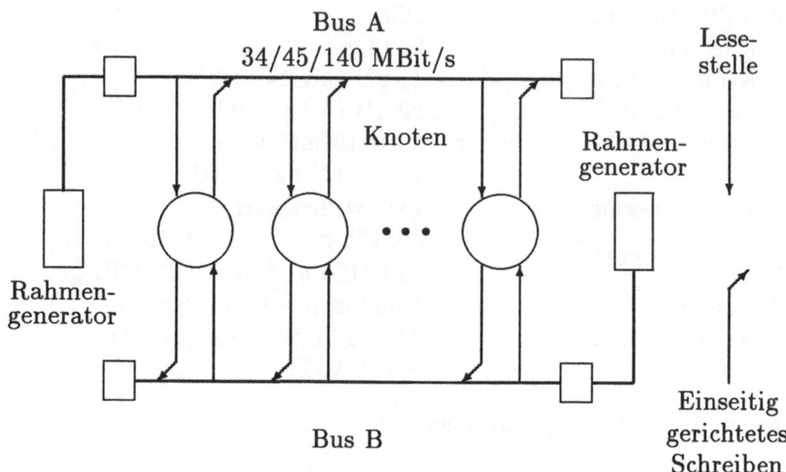

Bild 5.23 Offener Doppelbus für den Teilnehmerzugang

(CAN)[3] angeschlossen werden. Als Punkt-zu-Punkt-Verbindung, offener oder gescheifter Bus stellen sie die Verbindungen zu den Teilnehmern her, die über die Customer-Gateways angebunden sind (Bild 5.25) [90]. Die maximale Anzahl der Netzknoten beträgt 255 bei einer Netzausdehnung von 100 km.

Zugriffsverfahren

Das Zugriffsverfahren ist nach dem LAN-Standard IEEE 802.6 genormt und arbeitet nach dem Prinzip der verteilten Warteschlange, Distributed Queue Dual Bus (DQDB). An der Kopfstation eines jeden Busses erzeugt ein Generator fortlaufend Rahmen von 125 μs Zeitdauer. Diese enthalten konstante Zeitschlitze (MAN-Zellen), in die von den Netzknoten Informationen eingeschrieben werden können, die zur Übertragung anstehen. Ebenso kann jeder Netzknoten die für ihn bestimmte Information aus einem Zeitschlitz entnehmen und über das CAN an den Zielteilnehmer weiterleiten (ausfiltern). Liegt in einem EGW eine Sendeanforderung vor, so erfolgt eine Zell-Reservierung, die letztlich zur Sendeberechtigung führt. Jede Station enthält zu diesem Zweck einen Request- und einen Count-Down-Zähler. Sie ist durch den Stand ihres Request-Zählers über die Sendeaufforderungen der topologisch hinter ihr liegenden Stationen informiert. Besteht bei ihr selbst eine Sendeaufforderung, so informiert sie die topologisch vor ihr liegenden Stationen und kopiert den Inhalt des Request-Zählers in den Count-Down-Zähler, der nun mit jeder in Gegenrichtung vorbeikommenden freien Zelle dekrementiert wird. Somit ist diese Station in eine Warteschlange eingereiht, die ständig verkürzt wird und die endet, wenn der

[3] Teilnehmer-Anschlußnetz

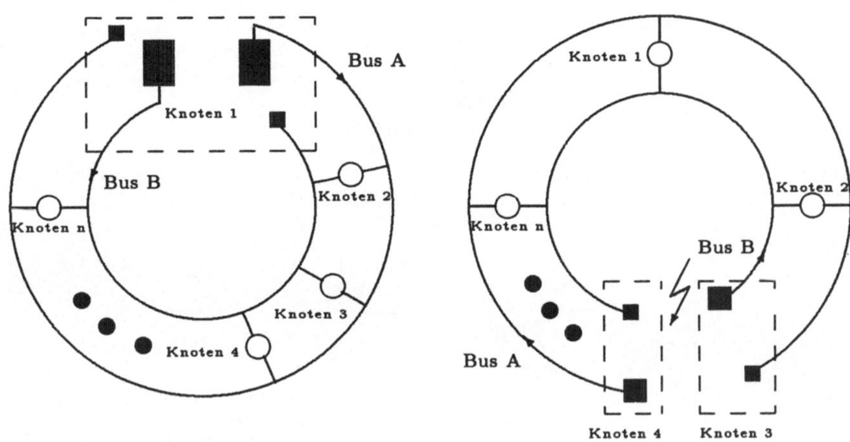

Bild 5.24 DQDB-Quasi-Ring-Konfiguration mit Rekonfigurierung bei Kabelbruch

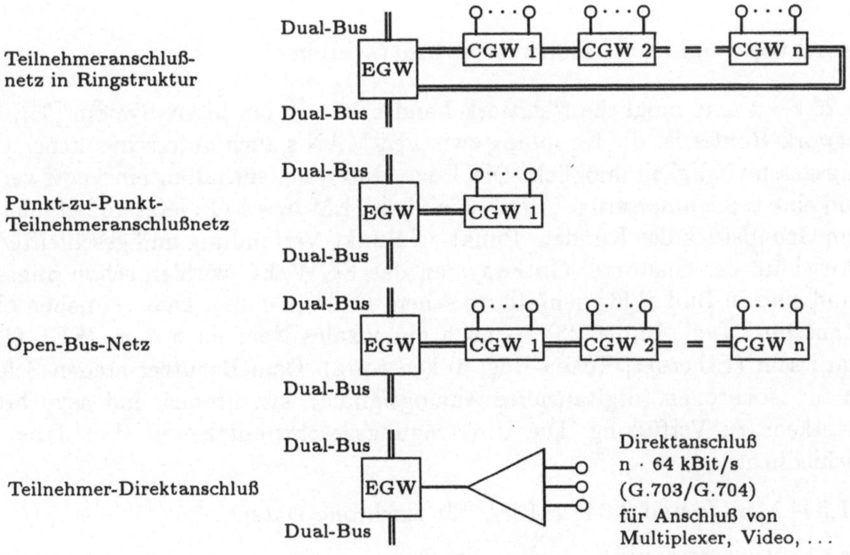

Bild 5.25 DQDB-Teilnehmeranschlußmöglichkeiten

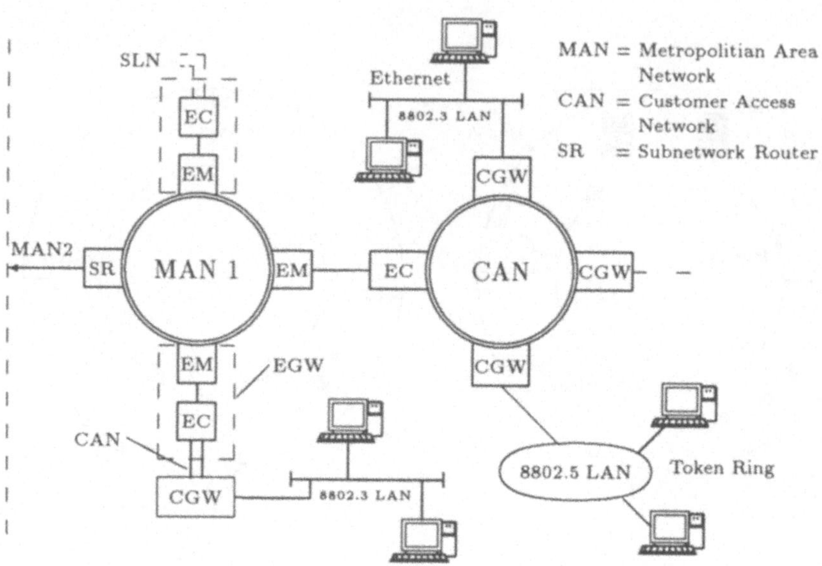

Bild 5.26 Netztopologie im MAN-Verbund

Count-Down-Zähler auf Null dekrementiert ist. Nach dem Absetzen der Sendung beginnt der Vorgang von Neuem [90].

Netzwerktopologie und Benutzerschnittstellen

Bild 5.26 zeigt eine mögliche Netzwerk-Landschaft für ein MAN-System [91]. Über Subnetwork-Router ist die Kopplung zwischen MAN's auch unterschiedlicher Übertragungsgeschwindigkeit möglich. Die Edge-Gateways enthalten eine netzwerkseitige und eine teilnehmerseitige Anschlußeinheit (EM bzw EC); letztere befindet sich auf dem Grundstück des Kunden. Punkt-zu-Punkt-Verbindung und geschleifter Bus zum Anschluß der Customer-Gateways an das EGW/EC wurden schon angesprochen und sind in Bild 5.26 ebenfalls zu sehen. Endteilnehmer kann — neben einem Direktanschluß (vgl. Bild 5.23) — auch ein lokales Netz nach dem IEEE-802.X-Standard sein (Ethernet, Token-Bus, Token-Ring). Dem Benutzer stehen Schnittstellen für isochronen (digitalisierte Analogsignale), synchronen und asynchronen Datenverkehr zu Verfügung. Die Übertragungsgeschwindigkeiten sind dabei sehr unterschiedlich:

- 1,544 MBit/s und 2,048 MBit/s für isochrone Daten
- 34 MBit/s, 45 MBit/s und 155 MBit/s für paketorientierte (asynchrone) und synchrone Daten.

Als Vermittlungsprinzip kommt das sogenannte „Fast-Packet-Switching“zur Anwendung, wie es u.a. auch in ATM-Netzen der Fall ist. Die Geschwindigkeiten an den netzseitigen DQDB-Schnittstellen sind mit 34/45 MBit/s bzw. 140/155 MBit/s — im Hinblick auf die Sysnchone-Digitale-Hierarchie (SDH) — festgelegt.

Netzwerkmanagement

Im MAN ist ein Netzmanagement-System (NMS) integriert, das Betriebs-, Verwaltungs- und Wartungsfunktionen bereithält. Diese sind im einzelnen:

- Konfigurationsmanagement und Inbetriebnahme
- Fehlerbehandlung
- Überwachung von Netzauslastung und -verfügbarkeit
- Gebührendatenerfassung
- Datensicherheit

Zusammenstellung der Leistungsmerkmale

Die Leistungsdaten sind in Tabelle 5.4 zusammengestellt [89]

Topologie	Bus, geschleifter Bus, Stern oder beliebige Kombination
Transportmedium	unabhängig (LWL,Kupfer ...)
Busgeschwindigkeit	34/140/155 MBit/s
Max. Anzahl von Edges je Netz	255
Max. Teilnetzausdehnung	> 100 km
Leitweglenkung zwischen Teilnetzen	Spanning Tree
Adreßplan	CCITT E.164, Einzel- und Mehrfachadressen
Bus-Zugangsverfahren	Distributed Queue Dual Bus
Übertragungsarten	verbindungslos (Fast Packet), isochron
Fehlertoleranz	hoch (durch Überbrückung u. Selbstheilmechanismus)
Sicherheit	Quell-/Zieladressprüfung/ Teilnehmerbetriebsklassen
Schnittstellen	
Netz-DQDB-Schnittstellen	
• G.703	34/140 MBit/s

• DS3	45 MBit/s
• SDH (SONET)	155 MBit/s
DQDB-Teilnehmeranschlußleitung	
• G.703	34/140 MBit/s
• DS3	45 MBit/s
• DS1	1,5 MBit/s
• G.703	2 MBit/s
• SDH (SONET)	155 MBit/s
Netzwerk-Verbindungselemente	
• Edge-Gateways, Customer-Gateways	
• Multiport Netzwerk Routers	
• LAN-Bridges	
Teilnehmereinrichtungen	
Isochroner Anschluß (festverschaltet/Mehrpunkt)	
• G.703/G.704	2 MBit/s (n × 64 kBit/s)
• DS1	1,5 MBit/s
Verbindungsloser Anschluß	
LAN-Brücken	
• Ethernet IEEE 802.3	10 MBit/s
• IBM Token Ring IEEE 802.5	4 MBit/s
• FDDI	100 MBit/s
• Token Ring	16 MBit/s
Multiport Network Routers	
Bitübertragungs- und MAC-Schicht	
• Ethernet IEEE 802.3	10 MBit/s
• IBM Token Ring IEEE 802.5	4 MBit/s
• Token Ring	16 MBit/s
• FDDI	100 MBit/s
• X.25	
• DS1	1,5 MBit/s

Tabelle 5.4 Technische Daten des MAN

MAN-Produkte

Nach erfogreich verlaufenen Systemversuchen (u.a. in München und Berlin) hält Siemens unter dem Produktnamen EWSM ein MAN-System bereit, das in den USA bisher schon gute Akzeptanz gefunden hat.

Ebenso ist nach Systemversuchen (u.a. in Perth, Australien und Berlin) ein MAN-System unter der Bezeichnung MAN/Alcatel 1190 von Alcatel/SEL auf dem Markt.

5.6 Angleichung an die neue Telekommunikations-Umgebung

5.6.1 Die neuen Standards ATM und SDH

Dienste mit stark schwankender Bitrate und stoßartigem Datenverkehr erfordern angepaßte Übertragungsverfahren wie z.B. den „Asynchronous Transfer Mode(ATM)". Parallel dazu — und durch ATM unterstützt — soll die von der amerikanischen SONET (Synchron-Optical-Network) -Norm abgeleitete Synchron-Digital-Hierarchie (SDH) eingeführt werden. Die Datenströme oder -pakete werden dann mit einer Standardtechnik durchgeschaltet. Das ist die Voraussetzung für ein universelles, integriertes Netz für alle Kommunikationsarten mit unterschiedlichsten Bitraten. Die Funktion dieses Universalnetzes wird somit ausgeweitet vom reinen Transportdienst hin zu dynamisch anpaßbaren, kosteneffektiven Übertragungsdiensten. Diese Entwicklung ist verlgeichbar mit dem Individualverkehr öffentlicher Verkehrsmittel in großen Ballungszentren. Wie der regionale Individualverkehr in den überregionalen Fernverkehr eingebunden ist, so hat auch im Universalnetz ein Teilnehmer aus dem lokalen Bereich (LAN) Zugang zum öffentlichen Weitverkehrs-Bereich (WAN). Das neue Netzkonzept sieht also vor, eine individuelle Verbindung, Übertragung, Sicherung und Protokollierung je nach Anwender (Komfort, Sicherheit) und Dienst (Bitrate) zur Verfügung zu stellen. Das Netz wird also selbst zum Dienst: „Netz als Dienst".Das Konzept eines künftigen Telekommunikationsnetzes basiert auf ATM-Übertragung und -Vermittlung. Die wichtigsten Vorzüge sind hierbei:

- Zuteilung der Bitrate an den Teilnehmer nach Bedarf: von wenigen Bit/s bis zu 155 MBit/s und mehr,
- Übertragung mit fester oder variabler Bitrate.

Das Prinzip des ATM ist in Bild 5.27 erläutert [92]: Dienste mit festen Dauerbitraten (isochrone Daten) von 64 kBit/s (Grundbitrate) bis zu 34 MBit/s (PCM-Tertiärsystem), die bisher dem leitungsvermittelten Betrieb zuzuordnen waren, werden zusammen mit Datenpaketen fester Bitrate (bisher Paketvermittlung) und variabler Bitrate einer Multiplexeinrichtung zugeführt. Dort erfolgt die Segmentierung und Verpackung in Paketzellen (zellulares System, ATM-Zelle) mit neuer Kennung und Adresse. Hinter der Multiplexeinrichtung steht im Grundrahmen eine Gesamtbitrate von 155,52 MBit/s zur Übertragung oder zum weiteren „Multiplexing"an. ATM bietet also die Grundlage für eine flexible, anpassungsfähige Übertragung. Eine entsprechende Netzwerkarchitektur mit typischen Komponenten zeigt Bild 5.28. Zentrale Elemente sind elektronische Cross-Connectoren (CC) zum automatischen Routing, Add-Drop-Multiplexer (ADM) und flexible Multiplexer (F-Mux) zur Einbindung der Teilnehmer sowie zum sogenannten „Compacting", d.h. dem einfachen Ausfüllen teilgefüllter Verkehrsbündel [93].

Der dem ATM-Vermittlungsprinzip angepaßte Übertragunsstandard ist die Synchron-Digital-Hierarchie (SDH), gegeben durch den Synchron-Transfer-Modus vom Teilnehmer-Anschluß (STM-1/4) bis zum Weitverkehrsnetz (STM-16). Die Bitraten

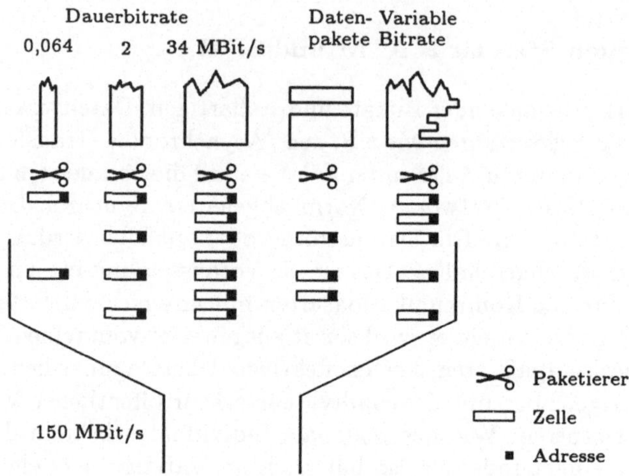

Bild 5.27 Prinzip des asynchronen Transfermodus ATM

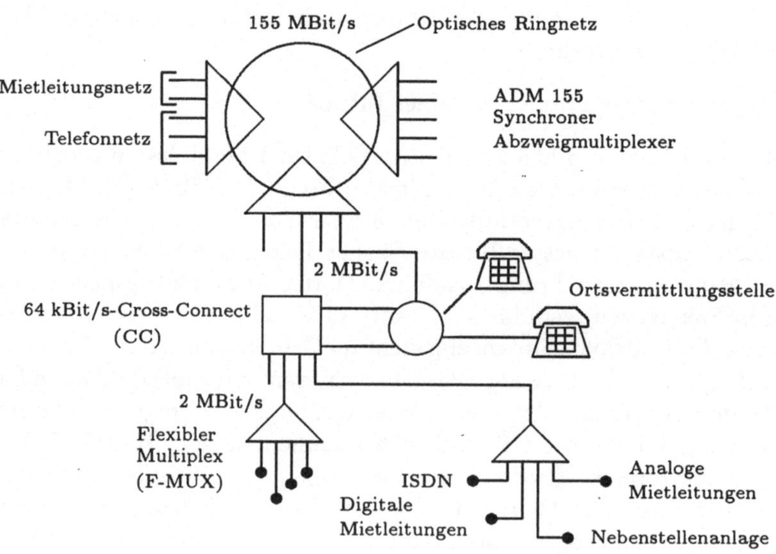

Bild 5.28 ATM Netzwerk-Landschaft

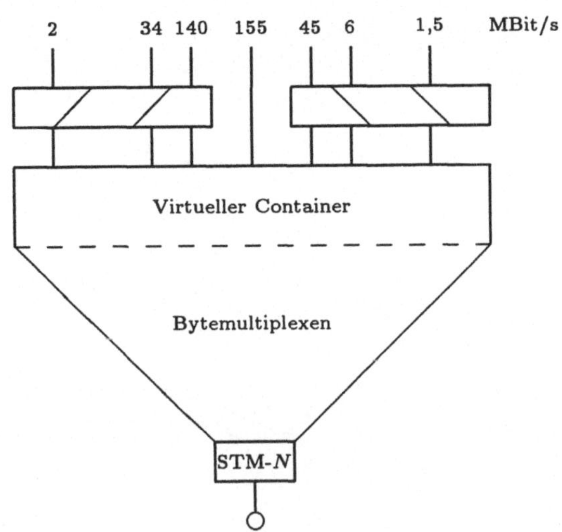

Bild 5.29 Prinzip der synchronen Digitalhierarchie SDH

der STM-N-Ebenen (N = 1 ... 64) ergeben sich aus der Bitrate des SDH-Grundrahmens STM-1 mit 155,52 MBit/s durch Multiplikation mit N. Somit erhält man als höchsten Wert (STM-64) ≈10 GBit/s (vgl. auch Tabelle 4.2 in Abschnitt 4.3).

Das Prinzip der SDH wird aus Bild 5.29 deutlich. Es zeigt ein Sychron-Transport-Modul (STM) der Ebene N mit Zugängen und Abgang [92]. Die „Synchron-Transport-Module“(STM) können sogenannte „virtuelle Container“(VC) unterschiedlicher Größe mit beliebigen Inhalten (= Nutzsignale) transportieren. Die Container erhalten eine Kennzeichnung „Path-Overhead“(POH). Der Transport der Container durch das Netz erfolgt in Multiplexsignalen mit Vielfachen der Grundbitrate (N × 155,52 MBit/s). Die Lokalisierung der Container innerhalb des STM erfolgt durch Pointer, die vom Kopfteil „Section-Overhead“(SOH) des STM-Signals auf den POH der Container zeigen. Die Funktion eines Cross-Connectors (CC) ist — wie in Bild 5.30 gezeigt — mit dem Ablauf auf einem Container-Bahnhof vergleichbar: Container werden unabhängig von ihrem Inhalt von einem Zug (STM) auf einen anderen umgeladen. Dabei ist es nicht erforderlich, das Multiplexsignal vollständig aufzulösen und beim Umladen neu zu bilden. Durch die Kennzeichnung jedes Containers innerhlab des Multiplexsignals (STM) kann er aus diesem herausgenommen und durch einen anderen ersetzt werden (Drop-Insert-Funktion) [94].

Die Verbindung zum Netz erfolgt über einen sogenannten „SDH-Ring“, der auch gleichzeitig Bestandteil des Gesamtnetzes ist. Dieser Ring kann — wie zum Beispiel in Bild 5.28 — in LWL-Technologie ausgeführt sein. Für Bitraten über 155 MBit/s werden in Zukunft ausschließlich optische Übertragungssysteme eingesetzt. An Komponenten stehen zur Verfügung:

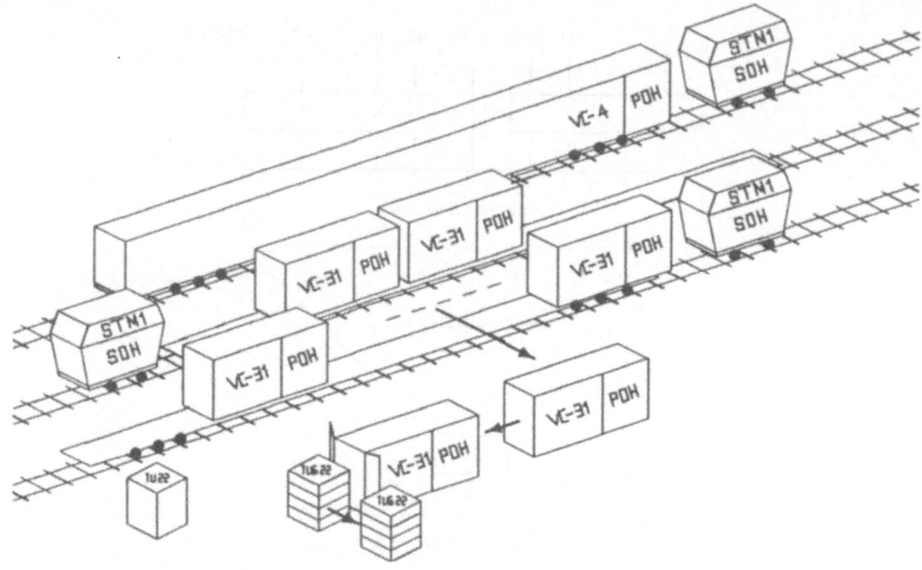

Bild 5.30 Modell eines synchronen Crossconnect-Systems

- DFB-Laser mit 0 dBm Sendeleistung,
- Einmoden-LWL mit Dämpfungsbelägen von 0,6 dB/km (1310 nm) bis hinunter zu 0,2 dB/km (1550 nm),
- PINFET-Empfänger mit einer minimalen Empfangsleistung von
- 29 dBm (S/N = 22 dB; B = 2,488 GHz).

Bild 5.31 zeigt zusammenfassend Einsatzmöglichkeiten der SDH-Technik auf verschiedenen Netzebenen [95]. Die Einführungs-Strategien der neuen Übertragungstechnik werden stark von der Weiterentwicklung der optischen Nachrichtentechnik und der Mikroelektronik beeinflußt (vgl. 5.7).

5.6.2 Einbindung lokaler Netze über FDDI und MAN

Aufgrund der hohen Basis-Übertragungsgeschwindigkeit des ATM/SDH-Konzeptes (155 MBit/s) sind für den primären Übergang in den Bereich lokaler Netze nur Hochgeschwindigkeitssysteme wie FDDI (Fibre Distributed Data Interface) und MAN (Metropolitan Area Network) geeignet. Der sekundäre Übergang auf Ethernet- oder Token-Ring-Netze erfolgt zweckmäßig von einem FDDI- oder MAN-System aus über entsprechende Netzwerkelemente (Router, Gateway). Da bei der Datensegmentierung (Zellbildung) in MAN und ATM gleichermaßen zwischen isochronen Daten und solchen mit fester und variabler Bitrate unterschieden wird, sind auch die Zellstrukturen in diesen Punkten kompatibel: Durch gleiche Größe und gleiches

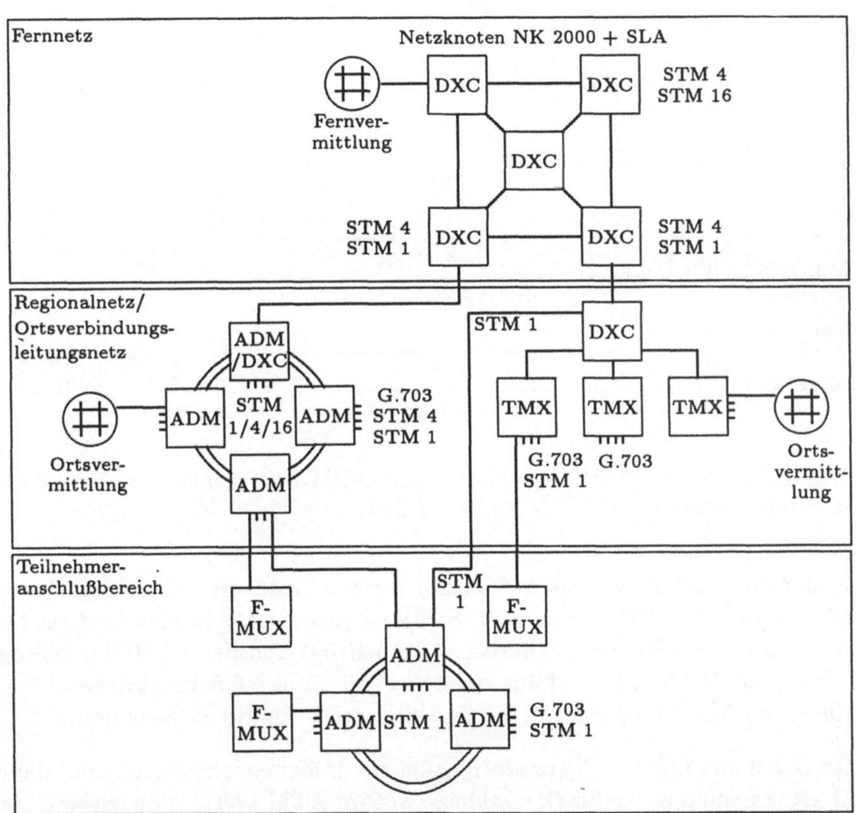

ADM	Add/Drop Multiplexer
NK	Netzknoten
DXC	Digitales Crossconnect-System
SLA	Synchrone Leitungsausrüstung
F-MUX	Flexibler Teilnehmermultiplexer
STM	Synchronous Transport Module
G.703	Schnittstelle nach CCITT-Empfehlung
TMX	Terminal Multiplexer

Bild 5.31 Einsatzmöglichkeiten von SDH-Systemen in neuen Netztopologien

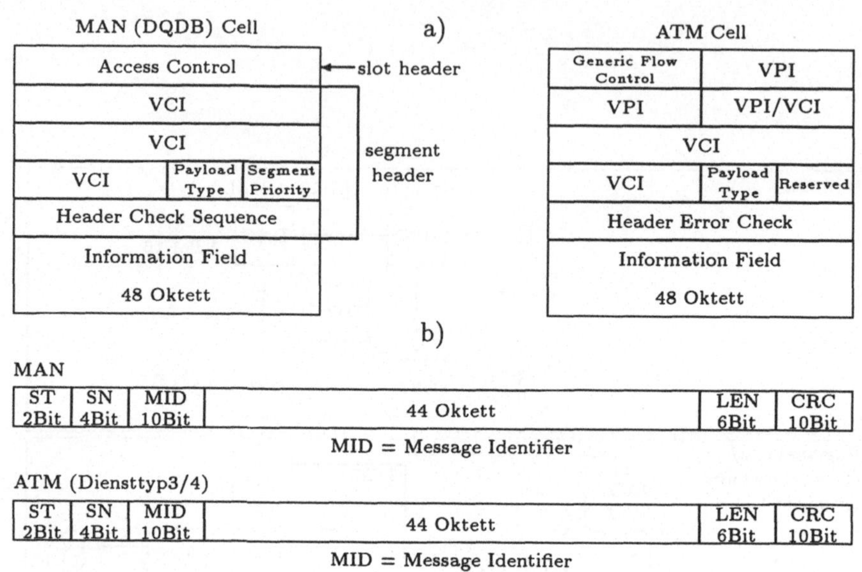

Bild 5.32 a) Vergleich von MAN- und ATM-Zellstruktur b) Vergleich der Nutzdatenstruktur im MAN und im ATM

Packungsformat sind sie — bis auf leichte Unterschiede im Cell-Header — sogar identisch, wie in Bild 5.32a zu sehen ist. So bietet sich der MAN-Standard zur Kopplung zwischen lokalen Netzen (Ethernet, Token-Ring) und der ATM-Umgebung an. Die Verbindung MAN-LAN erfolgt dabei wie in Punkt 5.5 beschrieben. Bei der Anbindung von MAN's an das ATM-Netz sind zwei Punkte zu beachten:

(1) Die Übertragung der Nutzinformation im Informationsfeld ist nur dann zu MAN transparent, wenn Dienstklasse 3/4 im ATM (verbindungslose Kommunikation) verwendet wird (Bild 5.32b),

(2) aufgrund der Unterschiede im Cell-Header ist eine Interworking Unit (IWU) nötig (Bild ??a).

So übernimmt in der Einführungsphase ATM die Verbindung zu MAN-Netzen und über diese erfolgt die Kommunikation mit Anwendern im Hochgeschwindigkeits-LAN-Bereich. Nach und nach werden dann die Hochgeschwindigkeits-LAN's *direkt* mit der ATM-Umgebung verbunden. Nach dieser Strategie ist auch der Zugang über FDDI zu ATM möglich. Dies erfolgt über spezielle ATM/LAN-Switches, wie sie z.B. von Hirschmann (ALS 803) und Siemens/Nixdorf (ALS 9189) angeboten werden. Bild 5.33 zeigt eine Netzlandschaft, in der Netzwerke verschiedener Ebenen und verschiedener Standards im Verbund zusammenwirken [96].

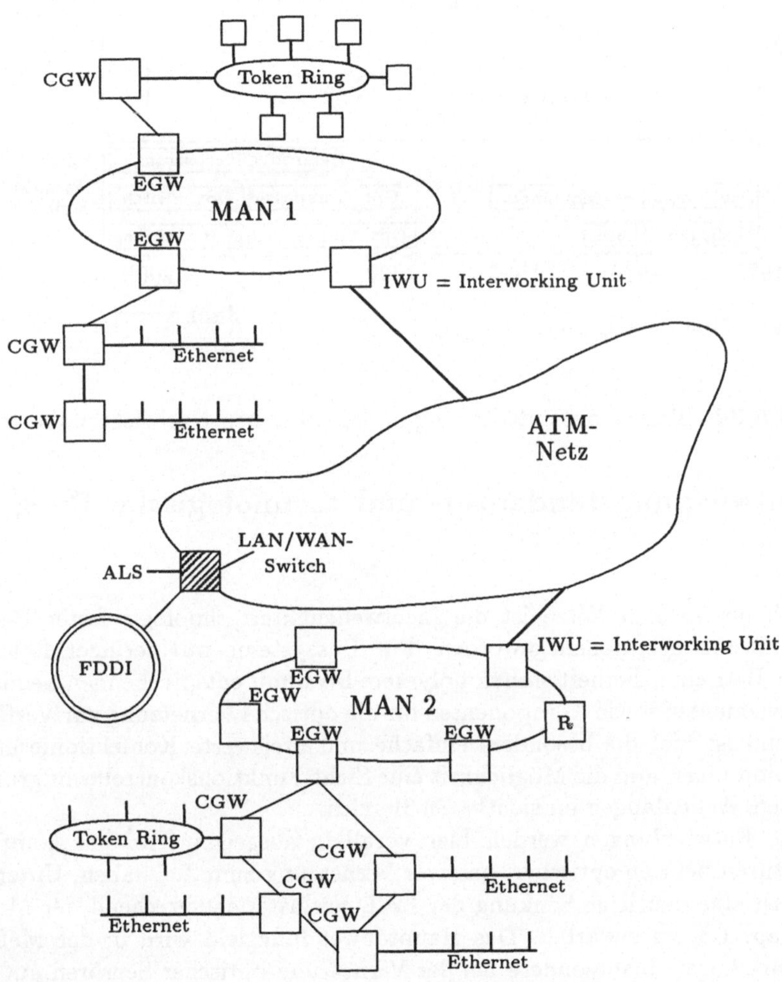

Bild 5.33 Anbindung lokaler Netze über MAN an das ATM-Netz

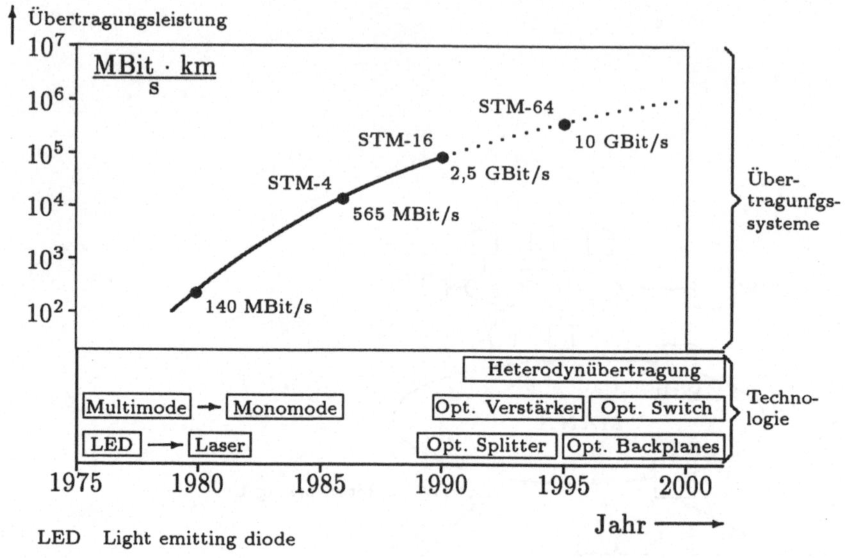

Bild 5.34 Technologieentwicklung in der optischen Nachrichtenübertragung

5.7 Entwicklungstendenzen und technologische Perspektiven

Im Bereich der lokalen Netze ist die Lichtwellenleitertechnologie fester Bestandteil der Systemkonzeptionen geworden. Für Bussysteme mit geringer Reichweite aber hoher Betriebssicherheit stehen polymere LWL mit entsprechenden Sende- und Empfangselementen sowie Komponenten für die optische Vernetzung zur Verfügung. Überzeugend ist hier die besonders einfache und preiswerte Konfektionierung der LWL-Verbindungen und die Möglichkeit eine Sicht-Funktionskontrolle aufgrund der verwendeten Wellenlängen im sichtbaren Bereich.

Künftige Entwicklungen werden hier vorallem ausgedehntere und komplexere Netzstrukturen bei rein optischer, passiver Vernetzung zum Ziel haben. Unterstützend dazu ist eine deutliche Senkung der LWL-Verluste, entsprechend der Maßnahmen in Kap. 1.5, zu erwarten. Das Hauptanwendungsfeld wird in der Meß- und Regeltechnik liegen, insbesondere bei der Vernetzung optischer Sensoren auf LWL-Basis.

Die klassischen lokalen Netzwerke nach dem IEEE-802.X-Standard (Ethernet, Token-Bus, Token-Ring) gelten als ausgereift. Die LWL-Technologie konnte zwar die Zugriffsverfahren nicht mehr beeinflussen, brachte aber in jedem Fall eine größere Netzausdehnung. Zudem besteht für entsprechende LWL-Netzwerke der IEEE-Fibre-Optic-Inter-Repeater-Link-(FIORL) Standard, wonach ausgewählte LWL-Produkte spezifiziert sind. Auch das FDDI-System ist mit der ISO-Norm (ISO 9314) den 802.-Netzen Ethernet (ISO 8802-3) und Token-Ring (ISO 8802-5) standardmäßig

System	Wellenlänge (nm)	Kategorie	Max. Verl. pro Abschnitt (S-R)	Max. Spannweite (km)	
				Standard-Faser G.652	disp. verschoben G.653
SLA 4	1310 nm FP-Laser	CCITT-Empf. G.957 Siemens-Standard	24 dB 30 dB	~40 dB (0,6dB/km) ~50 dB (0,6dB/km) (begrenzte Dispersion)	nicht anwendbar
	1550 nm DFB-Laser	CCITT-Empf. G.957 Siemens-Standard Siemens-Hochleistung	24 dB 32 dB 41 dB	~60 dB (0,4dB/km) ~80 dB (0,4dB/km) ~160 dB (0,25dB/km)	~60 dB ~80 dB ~160dB (0,25dB/km)
SLA 16	1310 nm DFB-Laser mit opt. Isolator	CCITT-Empf. G.957 Siemens-Standard Siemens-Hochleistung	20 dB 20 dB 28 dB	~40 dB (0,5dB/km) ~40 dB (0,5dB/km) ~60 dB (0,45dB/km)	nicht anwendbar
	1550 nm DFB-Laser mit opt. Isolator	CCITT-Empf. G.957 Siemens-Standard Siemens-Hochleistung	20 dB 21 dB 28 dB	~60 dB (0,33dB/km) ~60 dB (0,33dB/km) ~110 dB (0,25dB/km)* * mit ausg. Elementen	~60 dB ~60 dB ~110 dB (0,25dB/km)

Tabelle 5.5 Optische Spannweite von SLA-Systemen in Monomode-Technologie

gleichgestellt. FDDI basiert auf den Fortschritten der optischen Nachrichtenübertragung und stellt im lokalen Bereich das einzige optische Hochgeschwindigkeitsnetz dar. Das Metropolitan-Area-Network (MAN) ist nicht eindeutig dem lokalen Bereich zuzuordnen. Denn wie unter Punkt 5.5 beschrieben, dient es sowohl als Backbone-Netz im lokalen Verkehr wie auch zur Verbindung größerer Weitverkehrs-Netzeinheiten im öffentlichen Bereich, auch wenn die Standardisierung nach 802.6 IEEE eine Einordnung in die Norm für lokale Netze vornimmt. Es basiert ebenfalls auf der LWL-Technologie und lehnt sich an den FDDI-Standard an (z.B. 62,5/125μ GI-LWL, MIC-Duplex-Stecker).

Die neue Telekommunikations-Umgebung, repräsentiert durch ATM in Verbindung mit SDH, ist mit hohem Innovationspotential verbunden. So ist z.B. die Implementierung der Hochgeschwindigkeits-Synchron-Transport-Module STM4/16/64 nur durch technologische Fortschritte in der optischen Nachrichtentechnik und der Halbleiterelektronik möglich. Bild 5.34 stellt diese Entwicklung anhand der optischen Übertragungsleistung in Abhängigkeit der Technologiestufen dar. Innerhalb eines Zeitraumes von 5 Jahren wird danach — ausgehend vom STM-16-System (2,5 GBit/s) — mit der Bereitstellung des STM-64-Systems (10 GBit/s) zu rechnen sein [97]. Die Schlüsselrolle der integrierten Optik im Hinblick auf die Entwicklung leistungsfähiger OEIC's wurde in Kapitel 4 bereits dargelegt. Gleiches gilt auch für ATM- und SDH-Komponenten. Der erreichte Stand der optischen Übertragungstechnik soll noch an zwei Beispielen dokumentiert werden:

- Bild 5.35 zeigt die Struktur eines optischen 4 $\times$ 4-Kopplers zum Einsatz in Breitband-Vermittlungen. Die Eingangs-Ausgangs-Zuordnungen der Lichtwellenleiter-Anschlüsse sind zu diesem Zweck umschaltbar [98].

- Tabelle 5.5 belegt die Leistungsfähigkeit derzeitiger optischer Systeme anhand des Leitungsabschnitts SLA16 der SDH (Siemens, [99]).

Neue Wege werden auch in der Vermittlungstechnik mit der rein optischen Vermittlung beschritten. So werden z. Zt. neben integrierten zweidimensionalen Koppelelementen mit vertikalen optischen Schaltern (in quasi-3D-Anordnung) auch solche diskutiert, die mit rekonfigurierbaren Hologramm-Techniken als echte dreidi-

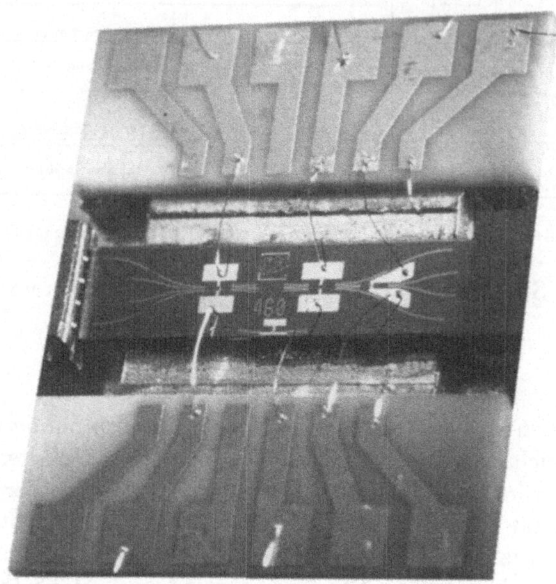

Bild 5.35 Integriert-optischer 4×4 Koppler

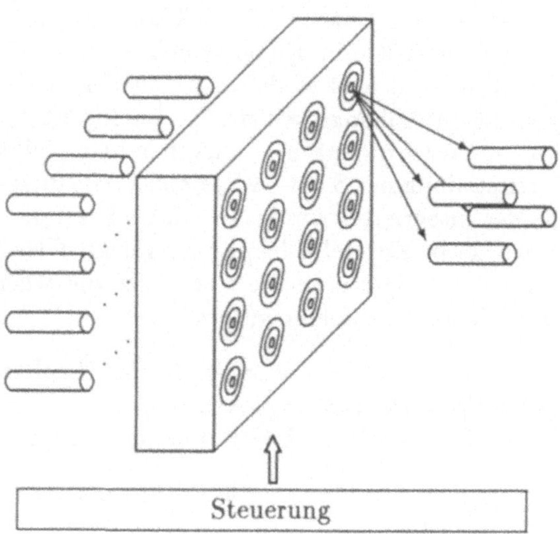

Bild 5.36 3D-Schalteranordnung (rekonfigurierbare Hologramm-Techniken)

mensonale Anordnungen realisierbar sind [100]. Bild 5.36 zeigt dazu ein mögliches Prinzip. Die Funktionalität künftiger Systeme wird — bis hinunter zu Netzen im lokalen Bereich — durch ein integriertes Netzwerkmanagement (INM) mit intelligenten Netzknoten gekennzeichnet sein. Das Netz ist dann in allen Parametern überwachbar und nach den Anforderungen der Kunden konfigurierbar und anpaßbar. Wir sprechen in diesem Zusammenhang von *flexiblen Netzen* und von „Netz als Dienst".

5.8 Übungen

15. Übung

Ein passives optisches Netzwerk wird als Busstruktur entsprechend Bild 5.14 aufgebaut. Die Anzahl der Teilnehmer beträgt 7 (=n + 1). Vom optischen Sender wir die Leistung $P_0' = 0{,}5$ mW in den ersten LWL-Abschnitt eingekoppelt. Es werden gleichartige Empfänger verwendet, die für die geforderte Signalqualität und bei gegebener Bandbreite mit einer Empfangsleistung $\leq P_{e_{min}} = 100$ nW zu betreiben sind. Auf den Streckenabschnitten werden gleichartige LWL mit $\alpha_{LWL} = 3$ dB/km verwendet. Jede Steckverbindung ist mit 0,5 dB, die Systemreserve mit 3 dB, Spleiße mit je 0,1 dB zu veranschlagen.

1. Welche Gesamtlänge hat das Bus-System?
2. Berechnen Sie Durchgangs- und Auskoppeldämpfung der Koppler!
3. An welchem Empfänger tritt die maximale Leistung auf und in welcher Größe, wenn zwischen den einzelnen Stationen gleich lange Leitungsabschnitte Δl liegen?
4. Zeichnen Sie ein Pegeldiagramm des Bus-Systems!

16. Übung

Ein 1-auf-n-Koppler soll mit gleichartigen y-Abzweigen bis n = 16 realisiert werden. Jeder y-Verzweiger hat eine Verlustdämpfung von 0,6 dB.

1. Wie ist der Koppelfaktor q je Abzweig zu wählen?
2. Wie hoch sind Einfügungs- und Auskoppeldämpfung der y-Verzweiger?
3. Berechnen Sie die Verlustdämpfung der 1-auf-n-Koppelstruktur und tragen Sie diese über n auf.
4. Beurteilen Sie diese Struktur im Vergleich zu einem 1-auf-n-Einfach-Sternkoppler!

17. Übung

Ein Konzern plant für seine beiden Standorte in einer deutschen Großstadt, das gesamte Firmennetz auf der Basis optischer Übertragungstechnik umzurüsten.

Fertigen Sie einen Planungsverlauf unter Berücksichtigung der hierarchisch-strukturierten Verkabelung an.

Anmerkung:
Die Gesamtdatenrate, die zur Übertragung ansteht, erreicht ca. 100 MBit/s. Die Kompatibilität zu ATM sollte gegeben sein.

Fragen

1. Wie wirkt sich die Streckendämpfung des LWL in einem Bus-System auf Teilnehmerzahl und Netzausdehnung aus?
2. Welche Möglichkeiten bestehen zur Anbindung lokaler Netze an die ATM-Umgebung?
3. In welchem Fall ist die Kopplung LAN-MAN-ATM besonders einfach?

6 Der Lichtwellenleiter als Sensor für die Meß- und Regelungstechnik

6.1 Einführung

Durch die zunehmende Automatisierung von Prozeßabläufen, den steigenden Einsatz von Robotern in der industriellen Fertigung und die Entwicklung moderner Erkundungssysteme ist die Nachfrage nach Sensoren in den letzten Jahren stark gestiegen. Bisher gebräuchliche Sensoren arbeiten akustisch (Hören, Mikrofon als Sensor), mechanisch (Fühlen,Tasten), optoelektronisch (Sehen,Erkennen), elektrisch, chemisch (z.B. Schmecken) und pneumatisch.Sie ermöglichen die Erfassung ihrer Umgebung in meßbaren Kategorien. Anwendungen unter erschwerten Bedingungen und mit höheren Genauigkeitsanforderungen wie z.B. in Robotern, Satelliten oder in neuen technologischenund verfahrenstechnischen Prozessen (z.B. Hochtemperatur-Prozesse) haben zur Entwicklung neuer Sensoren geführt. Unter ihnen nehmen die Sensoren auf LWL-Basis eine bevorzugte Stellung ein. Die Anforderungen an solche Sensoren sind u.a. :

- Berührungslose Erfassung der Meßgröße ,
- Intelligenz am Sensor, wodurch eine dezentrale Signalaufbereitung und -verarbeitung an der Meßstelle ermöglicht wird ,
- Multifunktions-Sensoren, die mehrere Parameter erfassen können ,
- keine Querempfindlichkeit gegenüber Einflußparametern, die nicht Meßgröße sind,
- einfache Handhabbarkeit und Unempfindlichkeitgegen Bedienungsfehler.

Hinzu kommt vielfach der Gesichtspunkt der Vernetzung von Sensorik, Informationsverarbeitung und Aktorik auf lokaler Ebene. Hier bietet die Optische Nachrichtentechnik eine Reihe von Vorteilen bezüglich des optischen Multiplexens bis hin zur Übertragungssicherheit bei sonst risikobehafteten Übertragungsstrecken (Explosionsgefahr, Störstrahlung u.v.m.). Die Sinneswahrnehmung einer Maschine, eines Roboters, eines Satelliten, also eines technischen Systems, erfolgt in einer künstlichen Umgebung, der auch die entsprechenden Sinnesorgane – Sensoren – angepaßt sind. Sensoren in technischen Systemen sprechen auf ein breites Spektrum von Reizen an, wie z.B. Druck, Temperatur, Magnetfeld (elektrischen Strom), radioaktive Strahlung, verschiedenste Chemikalien, Geschwindigkeit, Rotation usw. Die Aufgabe des Sensors führt dabei immer über Information zu Entscheidung und Aktion. Bild 6.1 macht dies für das Zusammenspiel Sensorik - Aktorik an einem Roboter deutlich.

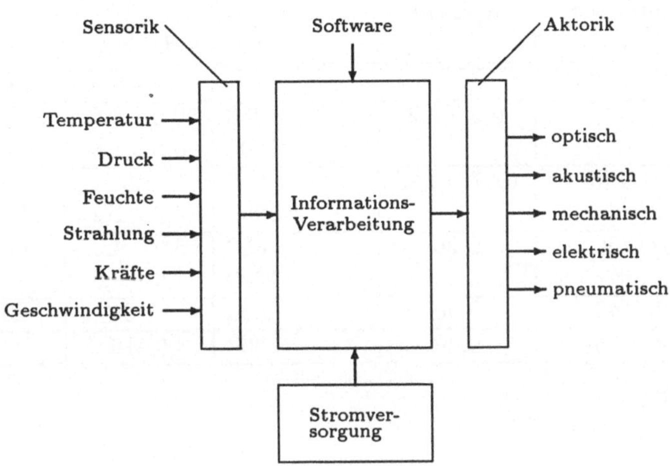

Bild 6.1 Sensorik-Aktorik bei einem Roboter

6.2 Lichtwellenleiter für die Sensorik

In der Sensorik kommen zwei verschiedenen Arten von Lichtwellenleitern zur Anwendung.

- Vielwellige Stufenindex (SI)- und Gradientenindex (GI)-LWL,
- Einwellige Stufenindex (EM)-LWL, (Monomode-LWL).

Funktion und Eigenschaften von LWL wurden in Kapitel 1 ausführlich behandelt und werden als bekannt vorausgesetzt [101]. Grundsätzlich kann man feststellen, daß beide Arten in der Lage sind, optische Strahlung gebündelt aufzunehmen, verlustarm weiterzuleiten und gebündelt wieder abzugeben. Tabelle 6.1 gibt einen Überblick über die in der Normung befindlichen bzw. bereits genormten LWL.

Aufgrund seiner handlichen mechanischen Eigenschaften und seiner erprobten Vorteile beim Einsatz in kostengünstigen optischen Übertragungssystemen ist der Multimode-LWL für robuste Anwendungen einfacherer Art, die sich mit geringem Aufwand realisieren lassen, hervorragend geeignet. Monomode-LWL hingegen sind in der Handhabung aufrund ihrer sehr kleinen Abmessungen schwierig. Die entsprechende Systemtechnik ist anspruchsvoll und teuer, so daß ihr Einsatz hochgenauen Anwendungen in empfindlichen Geräten vorbehalten bleibt. Die Aufbereitung der Meßwerte ist zudem oft aufwendig.

Typ	Kenn/Material-durchmesser µm	numerische Apertur	Wellenlänge nm	Dämpfung db/km	Bandbreite MHz · km
EM	9/125; 10/125		1300	0,4 - 0,6	>1000
GI	50/125	0,2/0,22	850	2,5 - 3,5	200 - 1000
			1300	0,8 - 1,5	600 - 1200
GI	62,5/125	0,275/0,29	850	3,5	>160
			1300	0,9 - 1,2	200 - 700
GI	85/1250	0,26	850	3,2 - 4,0	100 - 200
			1300	1,2 - 2,0	200 - 600
SI	100/140	0,30	850	7,0	20 - 30
SI	200/300	0,40	850	8,0 -10,0	>10

Tabelle 6.1

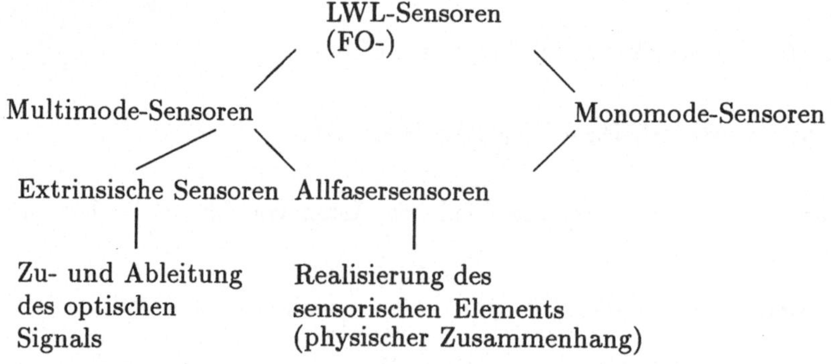

Bild 6.2 Klassifizierung faseroptischer Sensoren

6.3 Klassifizierung faseroptischer Sensoren (FO - Sensoren)

Je nach Art und Einsatz der verwendeten Lichtwellenleiter werden die FO-Sensoren entsprechend Bild 6.2 klassifiziert:

Die Realisierung des sensorischen Elementes erfolgt bei Multimode-LWL so, daß der zu erfassende Parameter die Intensität oder Laufzeit des im Lichtwellenleiter geführten Lichtes definiert beeinflußt (moduliert). Sensoren mit Monomode-LWL werden fast ausschließlich als interferometrische Anordnung aufgebaut. Der zu erfassende Parameter beeinflußt Phase und Polarisation der geführten Lichtwelle. Es ist zweckmäßig, mit den einfacheren Anordnungen zu beginnen. Das sind die sogenannten extrinsischen Sensoren, auch „äußere Sensoren“genannt.

6.4 Extrinsische Sensoren

Die eigentliche Aufgabe dieser Elemente ist zum einen die Identifizierung geometrischer Strukturen allgemeinster Art:

- Nulldimensional (Punkterkennung), z.B. Farbmessung am Pigmentteilchen
- Eindimensional zur Erkennung von Linien und Kanten (Kantensteuerung)
- Zweidimensional in Matrixanordnung zur Muster- und Bildanalyse.
- Dreidimensional für Szenenanalyse (in Verbindung mit CAD/CAM).

Zum anderen lassen sich mit den gleichen Strukturen neben Sensoren zur Füllstands- und Druckmessung auch Sensoren zur Pyrometrie, Strömungsmessung u.a.m. realisieren.

6.4.1 Transmissions- und Reflexions-Lichtschranken

Anordnungen mit offenem Strahlverlauf unter Verwendung von fokussierenden Optiken sind bisher vornehmlich in der Textilindustrie für diese Zwecke eingesetzt worden. Einfachste Beispiele hierfür sind Lichtschranken. Beim Sensor in LWL-Bauweise übernimmt der LWL die Führung des Lichtes und es entsteht ein geschlossener Strahlverlauf. Die Vorteile liegen auf der Hand: Kompakte Bauweise, da nicht strahlengeometrisch aufgebaut werden muß sondern Krümmungen des Lichtweges möglich sind, keine Störungen durch Rauch- und Staubpartikel, weniger Fremdlicht, Wegfall teurer Optiken. Zudem wird bei Einsatz von Lichtschranken für zwei- und dreidimensionale Anwendungen die Vernetzung durch Verwendung optischer LWL - Systemkomponenten (Verzweiger etc.) stark vereinfacht.

Transmissions-Lichtschranken

Zur Untersuchung transparenter Materialien sowie zur Abtastung von Profilen — als Grenze zwischen Lichtdurchlässigkeit und Lichtsperre — werden Durchlichtschranken in LWL-Bauweise eingesetzt. Der Übertragungsweg zwischen sendendem und empfangendem LWL ist hier unkritisch, solange der Abstand zwischen ihren Stirnflächen im Bereich einiger cm bleibt und ihre Achsen aufeinander ausgerichtet sind. Als Lichtsender kann dann eine einfache LED, als Empfänger ein LDR, Fototransistor oder eine PIN-Fotodiode verwendet werden (vergl. Bild 6.3a).

Anwendungen: u.a. Positionierung mit transparentem Maßstab [102].

Reflexionslichtschranken

Reflexlichtschranken in LWL-Bauweise ermöglichen das Erfassen von Strukturen undurchsichtiger Flächen. Diese Sensoren können in Einfaser- oder Doppelfasertechnologie ausgeführt sein (Bild 6.3b). Die am Lichtempfänger verfügbare Leistung hängt

a)

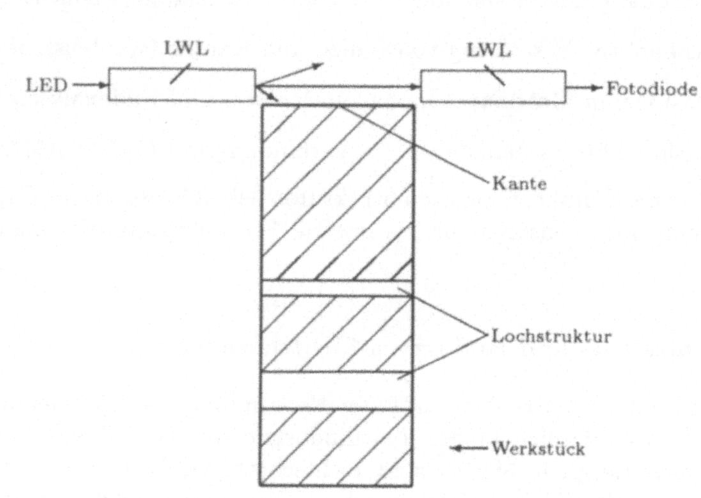

b)

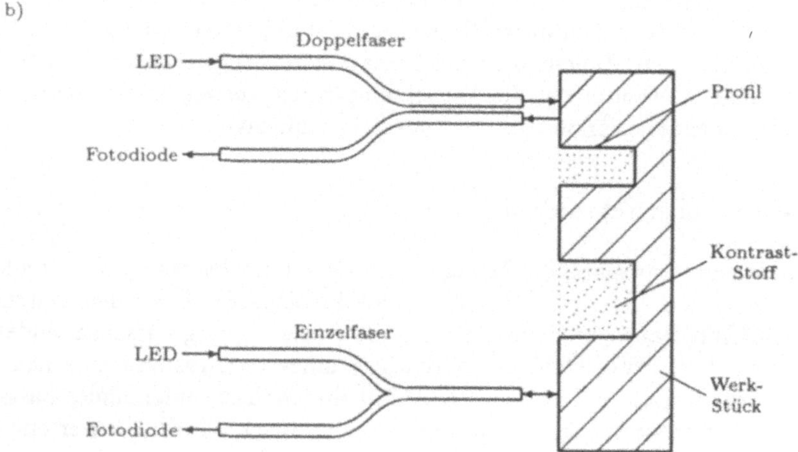

Bild 6.3 a) Durchlichtschranke, b) Reflexlichtscshranke

von der Beschaffenheit der reflektierenden Fläche (Reflexionsfaktor, Art der Reflexion) und in starkem Maße vom Winkel zwischen Faserachse und Flächennormale der abzutastenden Fläche ab. Bild 6.3b zeigt den optimalen Fall senkrechter Einstrahlung und Reflexion. Werden diffus reflektierende Flächen abgetastet, so sind LED, LWL und Fotoempfänger aufgrund der hier geforderten hohen Empfindlichkeit derart auszuwählen, daß bei einer definierten Lichtwellenlänge (Arbeitswellenlänge) maximale Leistung übertragen wird. Für Systeme in Si/GaAs-Technologie liegt die Arbeitswellenlänge bei 850 ... 900 nm. Zusätzlich kann es nötig sein, die optische Strahlung zur besseren Kennung zu modulieren und die abzutastende Struktur zur Erzielung eines optimalen Reflexionskontrastes besonders zu präparieren. In [103] wird der Einsatz eines solchen Sensors zur Positionierung eines Kleinantriebs mit Motor in Linearbauweise vorgeschlagen.

6.4.2 Sensoren zur Messung von Abstand, Füllstand und Druck

Die Intensität des reflektierten Lichtes in einer Anordnung nach 6.4.1 ist eine eindeutige Funktion des Abstandes zum reflektierenden Objekt. Die Ausnutzung dieses Zusammenhanges führt auf den Sensor zur Abstandsmessung nach Bild 6.4a.

Der Sensor ist je nach Reflektivität des Objektes bis zu Abständen von ca. 10 mm einsetzbar. Für die Optimierung der Übertragungsstrecke Sender-LWL - reflektierendes Objekt-LWL-Empfänger gilt das unter 6.4.1 Gesagte in gleicher Weise. Weitere besondere Maßnahmen sind nötig, wenn z.B. bei speziellen Wellenlängen im sichtbaren Bereich gearbeitet werden soll (Erkennung aufgrund von Farbbeimengungen oder Pigmentierungen). Dann sind Sender und Empfänger auf diese Wellenlänge abzustimmen (LED's verschiedener Farben: Rot, grün, gelb; Verwendung von Farbfiltern; spezielle Fotoempfänger). Oder es ist eine farbunabhängige Messung erforderlich. Dann ist mit weißem Licht zu arbeiten. Dabei kommt der Einsatz einer Kaltlichtquelle wegen der fehlenden Modulierbarkeit kaum in Betracht. Hier empfiehlt sich die Verwendung dreier farbiger LED's, deren Modulationscharakteristik etwa gleich sein sollte. Ihr Licht wird in einem Sternkoppler zusammengeführt und beleuchtet so das Meßobjekt in meist ausreichender spektraler Breite. Die Farbabhängigkeit des Fotoempfängers ist (elektrisch) entsprechend zu korrigieren.

Ein anderes Prinzip, das sich ebenfalls mit der Anordnung nach Bild 6.4a realisieren läßt, ist die Messung der Phasendifferenz $\Delta\Phi$, die ein hochfrequent moduliertes Strahlenbündel (Modulationsfrequenz f_m) nach Durchlaufen des doppelten Abstandes $2\Delta l$ zum Meßobjekt (und zurück) erfährt (vergl. Bild 6.4b). Bei sinusförmiger Modulation der Lichtwelle korrespondiert die Phasendifferenz $\Delta\Phi$ mit der Laufzeit $2\Delta l$, die das Licht zwischen LWL und Meßobjekt benötigt. Daraus ergibt sich eindeutig bei bekannter (Phasen-) Geschwindigkeit v_P im zu vermessenden Bereich der Abstand Δl:

$$\Delta l = \frac{1}{2}\frac{v_P}{2\pi f_m}\Delta\Phi \quad . \qquad (6.1)$$

Ist der Meßraum Luft, so ist mit derzeit höchsten Modulationsfrequenzen von LED's (ca. 150 MHz) eine Auflösung von 0,3 mm erreichbar [104].

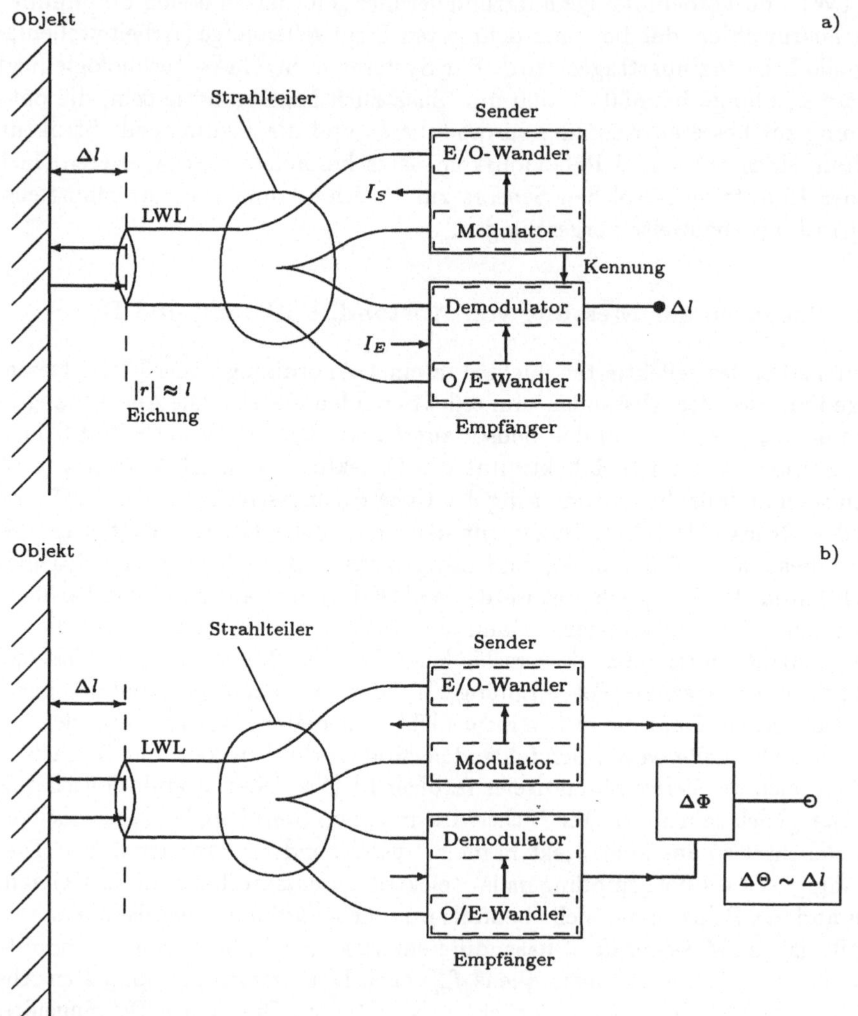

Bild 6.4 a) Abstandsmessung nach dem Intensitäts-Reflexions-Prinzip b) Abstandsmessung nach dem Laufzeitprinzip

Der Vorteil dieses Prinzips liegt in der (bis auf einen Schwellwert) intensitätsunabhängigen Messung. Es ist vorallem dort anwendbar, wo z.B. verschiedenfarbige Meßobjekte geortet werden müssen und wo von einem Maximalabstand in Richtung einer Minimalgrenze zu messen ist. Bei längeren Übertragungswegen empfiehlt sich die Verwendung von Gradientenindex-LWL, um die intrinsische Laufzeitstreuung sowie die Strahldivergenz im Meßraum klein zu halten.

Füllstandsmessung Jede Füllstandsmessung kann auf eine Abstandmessung nach den obigen Prinzipien zurückgeführt werden. Voraussetzung ist, daß die Reflexion von der Flüssigkeitsoberfläche ausreicht und daß die Füllstandsschwankungen in Meßbereich des Sensors bleiben (ca. 10mm). Andernfalls muß die Messung nach einem anderen Prinzip erfolgen (z.B. nach Bild 6.9a).

Druckmessung Bei dem vorgestellten Sensor wird die Druckmessung auf die Messung einer Abstandsdifferenz zurückgeführt. Die Anordnung ist in Bild 6.5a gezeigt und besteht aus zwei identischen LWL-Reflex-Sensoren, die refelxionsseitig je mit einer Membran abgeschlossen sind. Die Ableitung der Druckdifferenz als Meßgröße kann nach unterschiedlichen Prinzipien erfolgen:

Zum einen bietet sich — gemäß 6.4.2 — die Auswertung der Intensitätsdifferenz an. Die Sensoranordnung in Bild 6.5a ist dann vergleichbar mit einem — zur Differenzmessung — zweifach angeordneten Aufbau nach Bild 6.4a. An der Stelle des Objektes sind die beiden Membranen plaziert, von denen eine auf konstantem Druck gehalten wird, auf die andere hingegen der zu messende Druck wirkt. Dadurch wird die Membran ausgelenkt und es entsteht eine Intensitätsdifferenz am Empfänger. Der Zusammenhang relative Intensität und Druckdifferenz Δp ist in Bild 6.5b veranschaulicht und hat im elastischen Bereich der Membranen einen linearen Verlauf. Ein Sensor dieser Art wird z.B. von der Fa. Daimler-Benz im Motorenbau zur Untersuchung des Klingelns eingesetzt [105].

Zum anderen kann das unter 6.4.2 beschriebene Laufzeitprinzip angewendet werden. Ist in Abb. 5a die Druckdifferenz Δp zwischen den beiden Membranen Null, so ist auch die Laufzeitdifferenz Δt der Lichtwellen zwischen den beiden Ausbreitungswegen in der Sensoranordnung Null. Mit steigender Druckdifferenz nimmt der Laufzeitunterschied stetig zu. Im elastischen Bereich der Membranen ergibt sich ein linearer Zusammenhang für die ausgewertete Laufzeitdifferenz Δt über der Druckdifferenz Δp. Es ist besonders darauf zu achten, daß für die Auswertung der Laufzeitdifferenz ($\Delta\Phi$) nur die im mittleren Kernbereich des GI-LWL verlaufenden konvergenten Strahlen herangezogen werden (in Bild 6.5a gestrichelt).

6.4.3 Pyrometer

Meßgrundlage bildet die spektrale Verteilung der Strahlung des schwarzen Körpers. Die abgestrahlte Gesamtenergie ist nach dem Stefan-Boltzmann-Gesetz proportional zur vierten Potenz der absoluten Temperatur

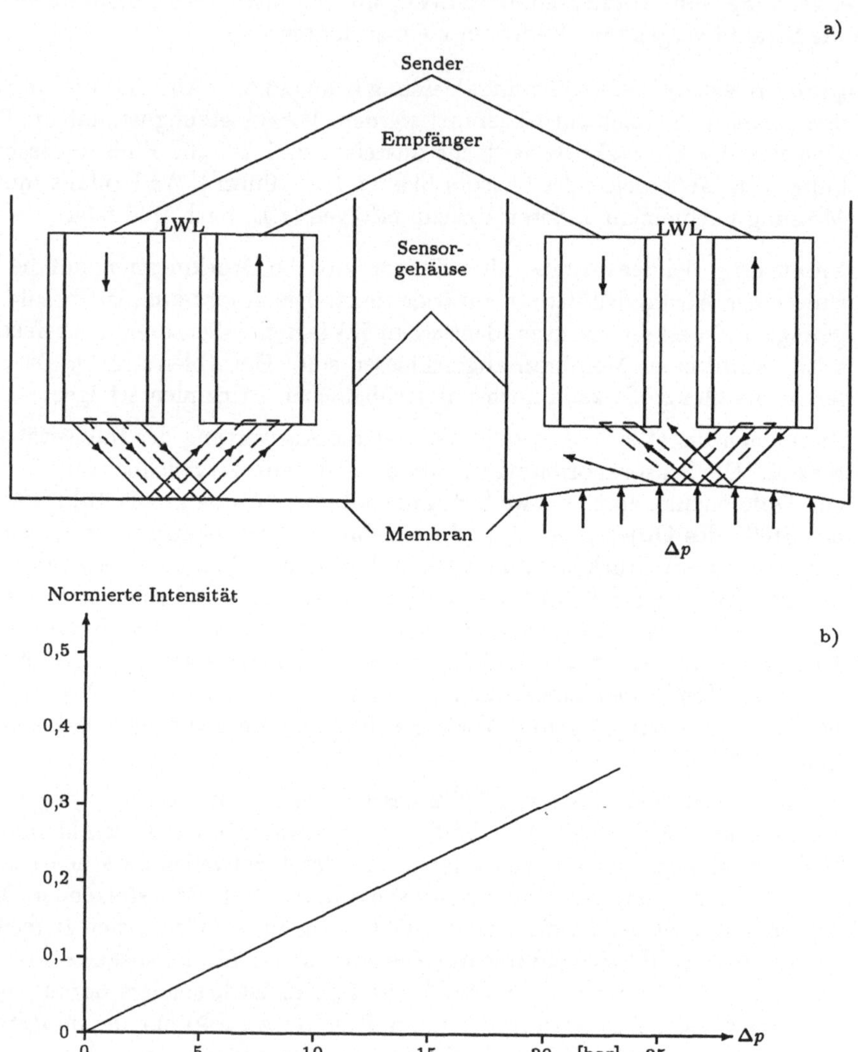

Bild 6.5 a) Sensor zur Messung einer Druckdifferenz Δp (Prinzip) b) Kennlinie des Sensors

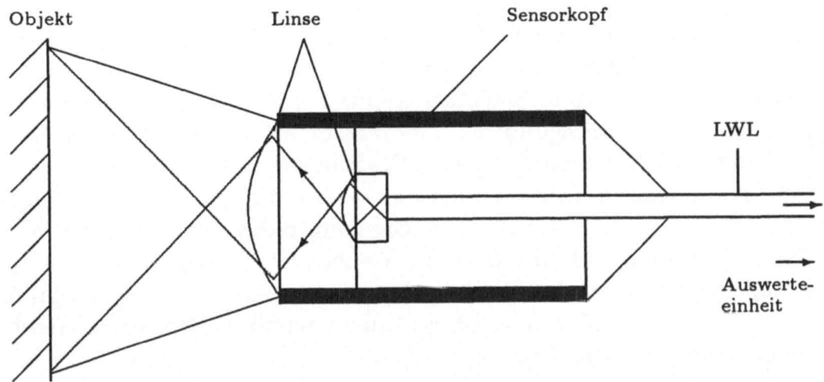

Bild 6.6 Pyrometrischer LWL-Sensor in Einzelfaseraufführung

$$W_t = \sigma T^4 \qquad \text{mit der Konstanten } \sigma = 5,6697 \cdot 10^{-8} \frac{W}{m^2 K^4} \,. \tag{6.2}$$

Die Wellenlänge λ_m, bei der die spektrale Energiedichte der Strahlung ihr Maximumm hat, ist durch das Wiensche Verschiebungsgesetz gegeben:

$$\lambda_m = \frac{2,8978 \cdot 10^3}{T} \, [m] \,. \tag{6.3}$$

Die Temperatur T kann somit aus der spektralen Analyse der Energiedichte hinsichtlich ihres Maximalwertes bestimmt werden.

Bei der praktischen Gestaltung eines faseroptischen Pyrometers wird die Temperaturstrahlung über eine Optik dem LWL (oder einem LWL-Bündel) zugeführt, über eine Distanz von einigen 10 m zur Auswerteeinheit weitergeleitet, detektiert und analysiert. Für Wellenlängen oberhalb 2 μm (entsprechende Meßtemperaturen <1000 K) empfiehlt sich die Verwendung von Te-dotierten LWL (geringe Dämpfung im IR-Bereich). Die Ausführung eines solchen Sensors, vom Batelle-Institut entwikkelt, zeigt Bild 6.6. Bei Temperaturen über 1300 K ist Luftkühlung angebracht [106]

Sensoren dieser Art werden in der Prozeß-Überwachung in

- Walzstraßen,
- chemischen Verfahren
- der Halbleiterherstellung
- Papierherstellung
- Kunststoffverarbeitung usw. eingesetzt.

Bei der Fa. Suzuki überwacht ein Sensorfeld mit Sensoren dieser Art die Temperaturverteilung in Stahlblechen während des Walzprozesses (Suzuki 1982).

6.4.4 Strömungssensor

Zur Untersuchung von Transport- und Vermischungsvorgängen in Strömungen kann ein sogenanntes „LWL-Fluorometer"eingesetzt werden [107].

Zu diesem Zweck wird dem strömenden Gemisch ein fluoreszierender Stoff, z.B. Uranin, beigegeben. Die Anregung der Fluoreszenz erfolgt durch Beleuchten der strömenden Uraninteilchen mittels eines LWL-Bündels mit Licht bei 488nm Wellenlänge (Anregungsoptik in Bild 6.7a). Die Emission infolge Fluoreszenz findet bei einer anderen Wellenlänge, 532 nm, statt. Sie kann daher bei Y-förmiger Gestaltung der Sonde (entsprechend Bild 6.4a) vom selben LWL aufgenommen und dem Empfänger zugeführt werden. Das Verhältnis von eingestrahlter (I_S) zu empfangener (I_E) Intensität an der Meßstelle ist nach dem Lambert-Beer'schen-Gesetz ein Maß für die örtliche Konzentration C:

$$C \approx \frac{I_E}{I_S} \cdot \frac{K}{\epsilon d q_F}, \qquad \text{für } C < \frac{0,05}{\epsilon d}. \tag{6.4}$$

Hierin bedeuten ϵ den Extinktionskoeffizenten, d die Länge der Meßstrecke und q_F die Quantenausbeute der Fluoreszenz, K beschreibt die Verluste der Strecke Sender, Meßobjekt, Empfänger. Bild 6.7a zeigt den grundsätzlichen Aufbau eines LWL-Fluorometers. Die Meßkurve ist in Bild 6.7b dargestellt.

Neben der Konzentrationsmessung kann durch eine Laufzeitmessung zwischen zwei Meßstellen die Strömungsgeschwindigkeit ermittelt werden. Dazu erfolgt die Zugabe von Uranin nicht kontinuierlich sondern diskret. Die Empfänger an den beiden Meßstellen detektieren dann den „Farbimpuls"zu verschiedenen Zeiten. Aus der Zeitdifferenz folgt eindeutig die Strömungsgeschwindigkeit. In [107] werden Anwendungen in durchströmten Sandschichten genannt, wobei die Meßwerte mit denen herkömmlicher Instrumente sehr gut übereinstimmen.

6.5 Allfaser-Sensoren (Intrinsische Sensoren)

Bei den intrinsischen Sensoren erfolgt die Realisierung des Sensorprinzips im LWL selbst. Zu diesem Zweck kann z.B. der LWL in einer geschlossenen Übertragungsstrecke der Meßgröße unmittelbar ausgesetzt werden, so daß sein Übertragungsverhalten von der Meßgröße beeinflußt wird. Eine andere Möglichkeit ist, den LWL speziell zu präparieren (Abmanteln oder Dotieren mit geeigneten Substanzen) und ihn so für bestimmte Messungen zu sensibilisieren.

6.5.1 Übersicht

Tabelle 6.2 gibt als Entscheidungshilfe für den Einsatz intrinsischer Sensoren einen Überblick über Meßgrößen, Meßeffekte und beeinflußbare Parameter [108]. Grundlage der Messung ist die definierte Veränderung des LWL-Parameters über den Meßeffekt durch die physikalische Meßgröße.

a)

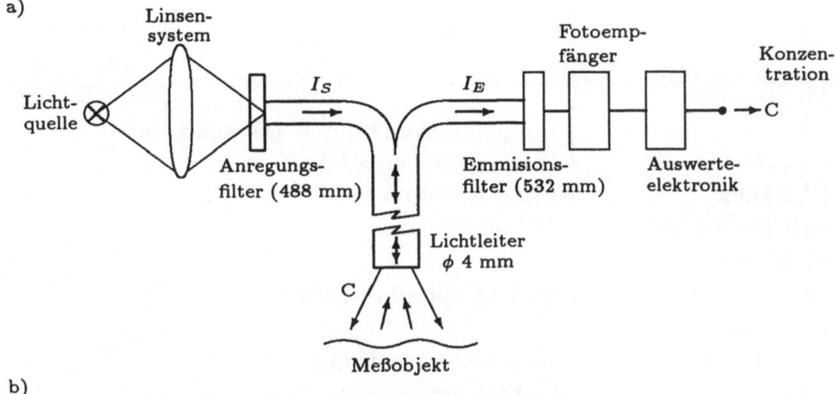

b)

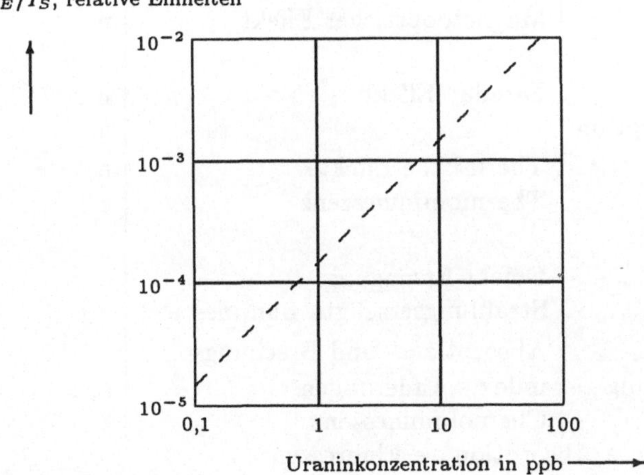

Bild 6.7 a) Prinzipieller Aufbau des Faserbündelfluorometers b) Eichkurve für Uranin (prinzipieller Verlauf)

	Meßgröße	Meßeffekt	Beeinflußter Faserparameter
→	Mechanische		
	- Kraft	Doppelbrechung durch Dehnung	n, a
	- Druck	Piezo-optischer Effekt	n
	- Biegung	Piezo-Absorption	a
	- Dichteänderung	Triboluminesezenz	e
→	Elektrische		
	- Feld	Elektro-optischer Effekt	n
	- Dielektrische Polarisation	Elektrochromatismus	a
	- Strom	Elektrolumineszenz	e
→	Magnetische		
	- Feld	Magnetooptischer Effekt	n
→	- Magnetische Polarisation	Faraday Effekt	n
	Magneto-Absorption		a
→	Temperatur	Thermische Effekte	n, a, e
		Thermolumineszenz	e
→	Strahlung		
	- Photostrom	Defekt-Erzeugung	a, n
	- X- γ-Strahlen	Strahlungserzeugte Lumineszenz	e
→	Chemische Zusammensetzung	Absorptions- und Brechungsindex - Änderungen	a, n
		Chemolumineszenz	e

n= Brechungsindex a Absorption e Fluoreszenz

Tabelle 6.2

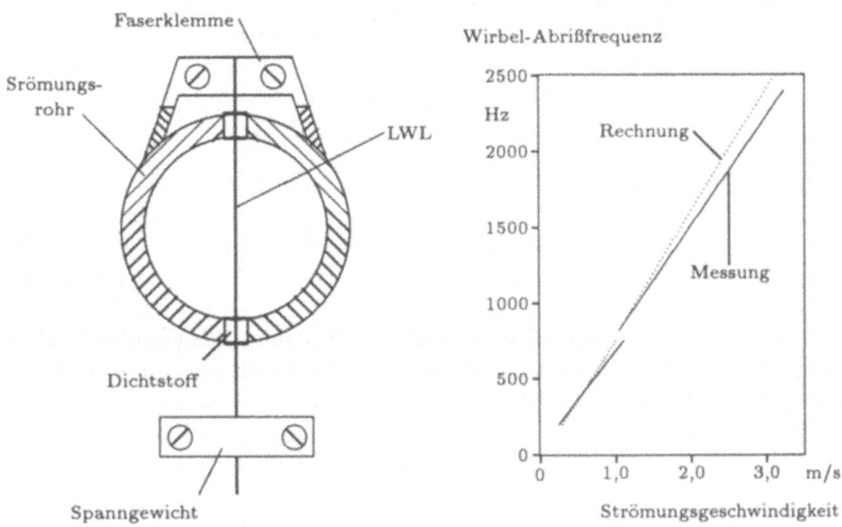

Bild 6.8 a) Prinzipelle Realisierung eines LWL-Strömungssensors b) Zusammenhang Wirbelabriß LWL-Strömungssensorfrequenz u. Strömungsgeschwindigkeit

6.5.2 Intrinsische Sensoren mit Multimode-LWL

Strömungsmessung

Wird ein nicht stromlinienförmiger Körper umströmt, so bilden sich an seinen Kanten Wirbel aus, die ihn beim Ablösen in Schwingungen versetzen. Die Schwingfrequenz ist bei gegebenen physikalischen Eigenschaften des Körpers ein Maß für die Strömungsgeschwindigkeit. Das transportierte Medium regt einen quer zur Strömungsrichtung gespannten Mehrmoden-LWL zu Vibrationen an, die die internen Laufzeiten der vom LWL geführten Strahlen modulieren. Wird der LWL mit Laserlicht (z.B. He-Ne-Laser) gespeist, so entsteht auf seiner ausgangsseitigen Stirnfläche ein Interferenzmuster, das sich mit den Vibrationen bewegt. Ein Fotoempfänger setzt diese Änderungen in ein analoges Signal um. Dabei ergibt sich ein systematischer Zusammenhang zwischen Wirbelabrißfrequenz und Strömungsgeschwindigkeit [109].

Im University-College London wurde ein Strömungssensor nach diesem Prinzip entwickelt. Zur Anwendung kamen LWL mit 200/250 μm und 300/380 μm Kern bzw. Manteldurchmesser. Bild 6.8a zeigt eine prinzipielle Möglichkeit zur Befestigung des LWL in einem Strömungsrohr. Bild 6.8b dokumentiert den Zusammenhang zwischen Wirbelabrißfrequenz und Strömungsgeschwindigkeit.

Sensoren dieser Art eignen sich für den Einsatz auch in agressiven Substanzen. Das strömende Medium kann undurchsichtig sein, da die Lichtführung unabhängig davon im LWL passiert. Zudem stört der Sensor mit seinen kleinen Abmessungen die Strömung nicht und bietet einen hohen Grad an Zuverlässigkeit. Nachteilig ist die Begrenzung des Meßbereiches auf Strömungsgeschwindigkeiten, die eine deutliche Wirbelbildung verursachen. Zu kleine Werte können daher nicht erfaßt werden (vergleiche Bild 6.8b mit einer Grenzgeschwindigkeit von ca. 0,3 m/s).

Messung von Dichte und Füllstand in Flüssigkeiten

In Flüssigkeiten besteht zwischen Brechzahl n und Dichte ϱ ein systematischer Zusammenhang. So können auf der Grundlage von Messungen der Brechzahl Dichtemessungen durchgeführt werden.

Dazu dient das Prinzip der Lichtausbreitung in einem Stufenindex-Multimode-LWL: Fortgesetzte Totalreflexion an der Grenze zwischen Kern und optischem Mantel. Es funktioniert, solange die Brechzahl des Mantels (n_2) kleiner als die des Kerns (n_1) ist. Strahlen, die unter einem Winkel $\Theta < \Theta_C$ gegen die Faserachse verlaufen, bleiben geführt, wobei

$$\sin\Theta_C = \sqrt{2\Delta} \qquad , \text{ mit } \Delta = \frac{n_1^2 - n_2^2}{2n_1^2} \; .$$

Wird — wie in Bild 6.9a — auf einem kurzen Stück der optische Mantel des Wellenleiters entfernt und dieser Bereich in die zu messende Flüssigkeit (n_{2F}) gesenkt, so wirkt diese als „Ersatzmantel"für die Totalreflexion. Abhängig von der Größe der Brechzahl n_{2F} wird ein Teil der geführten Energie in die Flüssigkeit gestrahlt. Dies bewirkt eine Intensitätsminderung des Lichtes am Detektor. Die kleinste zu messende Brechzahl (n_{2F}) hängt von der Divergenz der eingekoppelten Strahlung ab. Um diese möglichst divergent zu machen, sollte eine LED verwendet werden. Eine Krümmung im Bereich des nackten Kerns verstärkt diesen Effekt. Die Kennlinie eines entsprechenden Sensors (Bild 6.9b) weist eine lineare Abhängigkeit der gemessenen Intensität von der Brechzahl aus [110].

Da die Strahlungsverluste des abgemantelten LWL's von der Länge des eingetauchten Bereiches abhängig sind, ist mit dieser Anordnung auch eine Füllstandsmessung möglich. Der LWL wird dann zweckmäßig über ein längeres gestrecktes Stück ($\geq$ Messlänge) abgemantelt und an seinem abgemantelten Ende stirnflächenseitig verspiegelt. Der Anschluß von Lichtsender bzw. -empfänger erfolgt — wie beim Reflexionsprinzip — über eine Y-Verzweigung. Bild 6.9c zeigt diese Anordnung im Prinzip.

Temperaturmessung

Multimode-LWL werden - um sie temperatursensibel zu machen — an ihrer Spitze mit Lanthaniden dotiert. Führt man nun ultraviolettes Licht zu, so fluoresziert das Seltenerde-Material, wobei sich die Wellenlänge des abgegebenen Lichtes analog zur Temperatur an der Faserspitze verschiebt. Dies erfolgt im sichtbaren Bereich

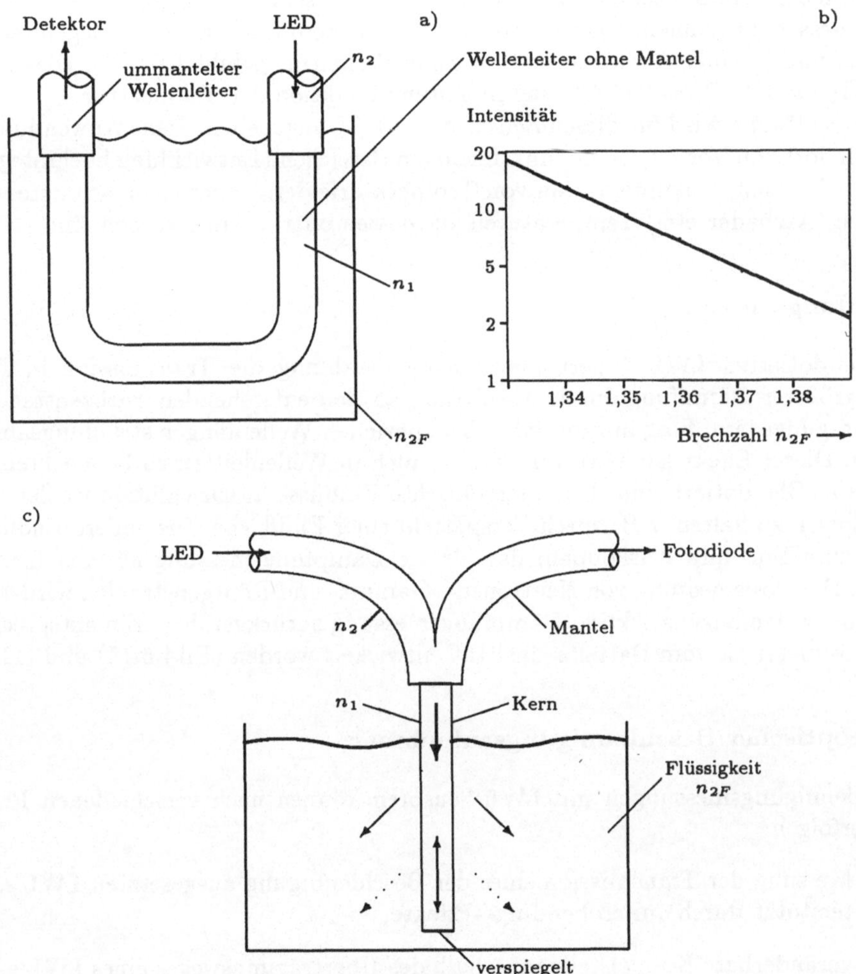

Bild 6.9 a) Sensor zur Messung von Brechzahl (Dichte) bei Flüssigkeiten b) Kennlinie des Sensors c) Modifizierte Anordnung zur Füllstandsmessung

zwischen 460 und 650 nm. Bild 6.10a verdeutlicht das Prinzip eines solchen Temperatursensors auf der Basis von Fotoluminiszenz.

Einen auf diesem Prinzip entwickelten Sensor der Fa. Luxtron zeigt Bild 6.10b. Der verwendete LWL mit einem Quarzkern von 100 μm Durchmesser ist an seiner Spitze mit einer Schicht aus Europium-dotierten Lanthanoxysulfid (La_2O_2S: Eu) angereichert. Um die temperaturabhängige Farbverschiebung der Fluoreszenz definiert messen zu können, werden zwei Linien aus dem Spektrum herausgefiltert (Y und R) und in einer Auswerteelektronik ihr Verhältnis gebildet (Y/R). Dies ist im Bereich von 50 $C°$ bis 250 $C°$ eine monotone Funktion der Temperatur.

Die Auflösung wird für diesen Sensor mit 0,1 $C°$ angegeben. Seine Anwendung ist überall dort von Vorteil, wo in punktförmigen Bereichen (Entwicklung hochintegrierter Schaltungen, Dokumentation von Temperaturfeldern) oder chemisch agressiven Medien (Ätzbäder etc.) Temperaturen zu messen oder zu überwachen sind [111].

Strahlungsmessung

In Blei-dotierten LWL ändert ionisierende Strahlung die Transmission in Richtung größerer Dämpfung durch Absorption an den entstehenden Farbzentren. Die Übertragungsdämpfung nimmt daher bei speziellen Wellenlängen strahlungsabhängig zu. Dieser Effekt ist — vermindert — auch in Wellenleitern zu beobachten, die nicht mit Blei dotiert sind. Um unerwünschte Einflüsse auszuschließen ist der LWL geschlossen zu halten, z.B. durch Verspiegeln einer Endfläche. Die andere Endfläche dient zum Ein- und Auskoppeln der für die Dämpfungsmessung nötigen Lichtleistung. Die Dosismessung von Neutronen-, Gamma- und Röntgenstrahlen wird somit auf eine wellenlängenselektive Dämpfungsmessung zurückgeführt. Ein entsprechendes Dosimeter ist vom Battelle- Institut entwickelt worden (Bild 6.11) und [112].

Faseroptischer Beschleunigungsaufnehmer

Beschleunigungsmessungen mit LWL-Sensoren können nach verschiedenen Prinzipien erfolgen:

- Messung der Transmission eines der Beschleunigung ausgesetzten LWL's, unterstützt durch „microbending"-Effekte,
- veränderbare Koppelstelle innerhalb des Übertragungsweges eines LWL's. Der Übertragungsweg kann nach dem Transmissions- oder Reflexionsprinzip aufgebaut sein.
- Ausnutzung des fotoelastischen Effektes (druckabhängige Doppelbrechung in optischen Materialien).

Die zusätzliche Verwendung von fluoriszierenden Kristallen zur Gewinnung eines Referenzsignales (bei einer anderen Wellenlänge) und anschließende Auswertung durch Quotientenbildung kann Stabilität und Genauigkeit deutlich erhöhen. Dies soll hier in Kombination mit dem zweiten Prinzip (Reflexion) anhand Bild 6.12

a)

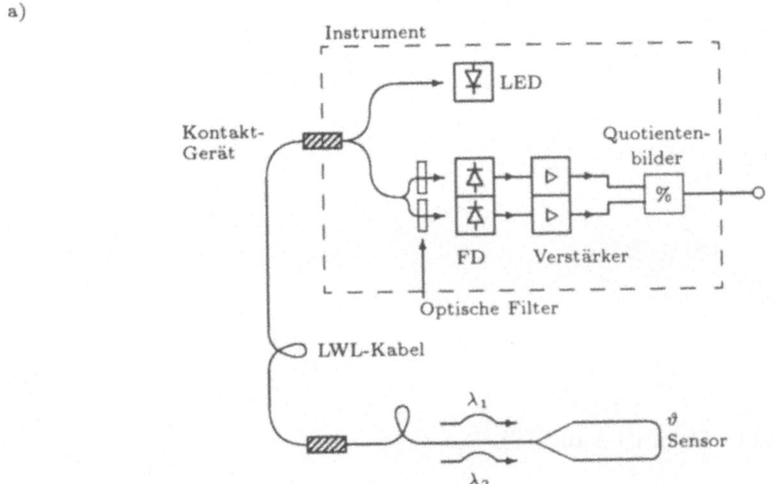

b)

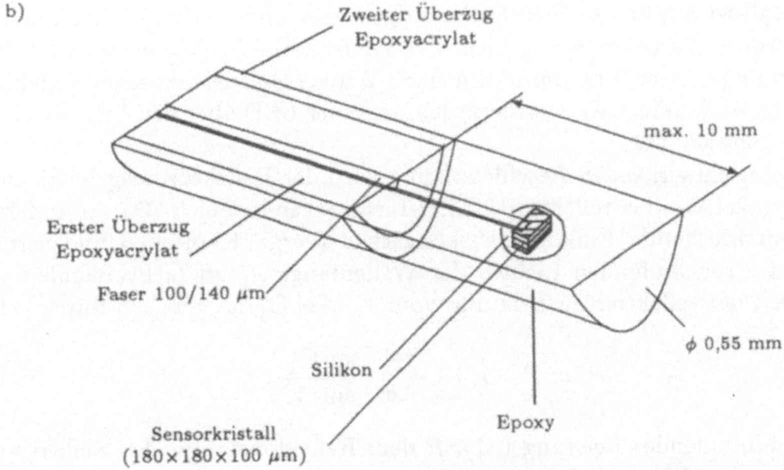

Bild 6.10 a)Prinzip eines FO-Temperatursensors auf der Basis von Fotoluminizenz b) Käuflicher Temperatursensor der Fa. Luxtron

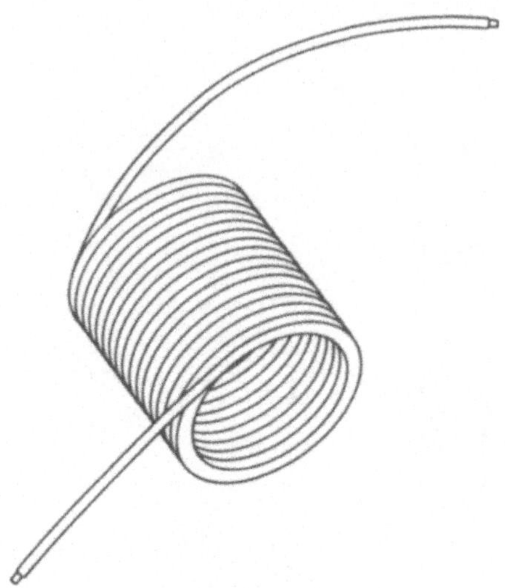

Bild 6.11 Dosimeter in LWL-Bauweise

näher erläutert werden. Der obere Teil zeigt den (dezentralen) Sensorkopf mit dem vergrößert dargestellten Schnitt durch das Ende des Multimode-LWL's. Der Fluoreszenzkristall ist auf dessen Stirnfläche aufgebracht und emittiert unabhängig von der einwirkenden Beschleunigung Licht der Wellenlänge λ_2. Vor der Stirnfläche des LWL's ist ein kippbarer (und damit um einen Winkel Θ_k auslenkbarer) Reflektor für das Licht der Wellenlänge λ_1 montiert, das von einer LED über den Lichtwellenleiter zum Sensorkopf gelangt.

Infolge einer einwirkenden Beschleunigung wird der Reflektor ausgelenkt und der Einkoppelwinkel für das reflektierte LED-Licht verändert sich. Damit ändert sich auch der entsprechende Einkoppelwirkungsgrad (vergl. Kapitel 1) und somit die Intensität des rücklaufenden Lichtes der Wellenlänge λ_1 im Lichtwellenleiter. Die Abhängigkeit der reflektierten Leistung vom Winkel Θ_k ist gegeben durch [113]

$$P_r = P_h \cdot R\left(1 - \frac{4}{\pi} \cdot \frac{\sin\Theta_k}{\sin\Theta_c}\right) .$$

mit P_h als hinlaufender Leistung (λ_1), R dem Reflexionsfaktor des Reflektors und $\sin\Theta_c$ entsprechend Kap. 1. Im Auswertegerät werden hin- und rücklaufendes Licht voneinander getrennt und durch ein Filter (F_2) die Wellenlängen λ_1 und λ_2 separiert. Nach optisch-elektrischer Umsetzung (Fotodioden) erfolgt die Quotientenbildung der Fotoströme I_1/I_2, die proportional den Lichtleistungen $P_{\lambda_1}/P_{\lambda_2}$ ist. Diese Operation eliminiert Intensitätsschwankungen des reflektierten und durch Fluoreszenz emittierten Lichtes infolge schwankender LED-Strahlungsleistung.

Der Meßbereich eines solchen Sensors unter Verwendung eines Neodymdotierten Glaskörpers als Luminiszenzkristall wird in [114] mit 0,1 ... 700 m/s^2 bei einer

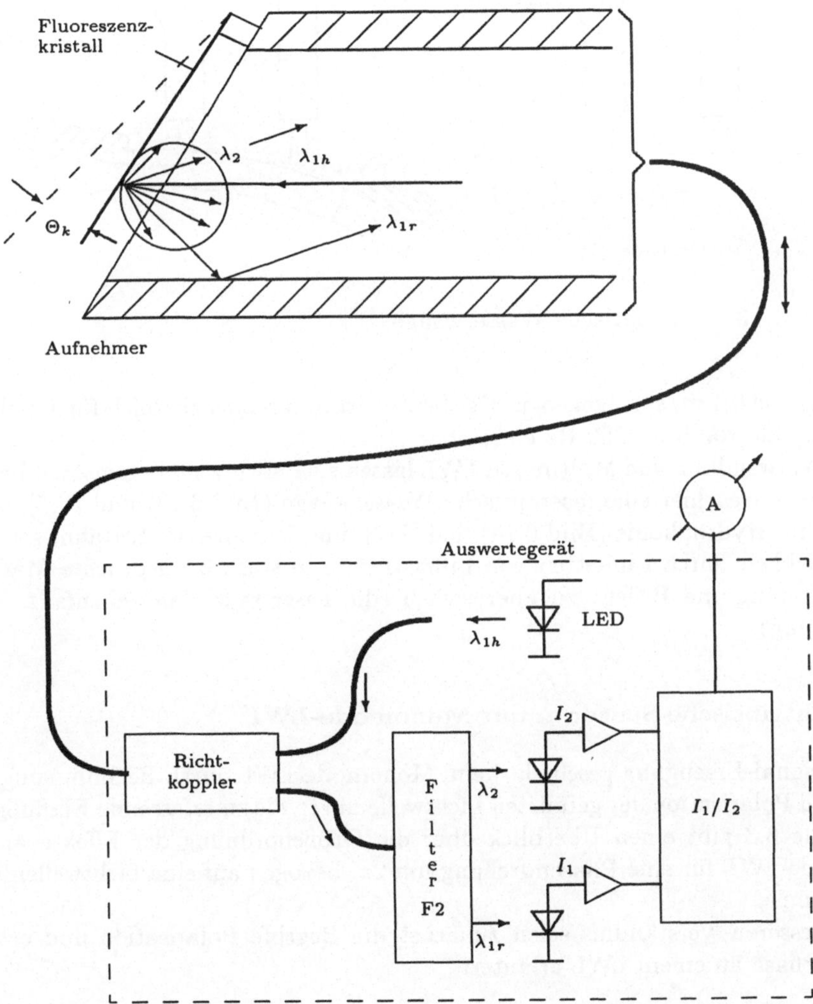

Bild 6.12 Faseroptischer Beschleunigungssensor

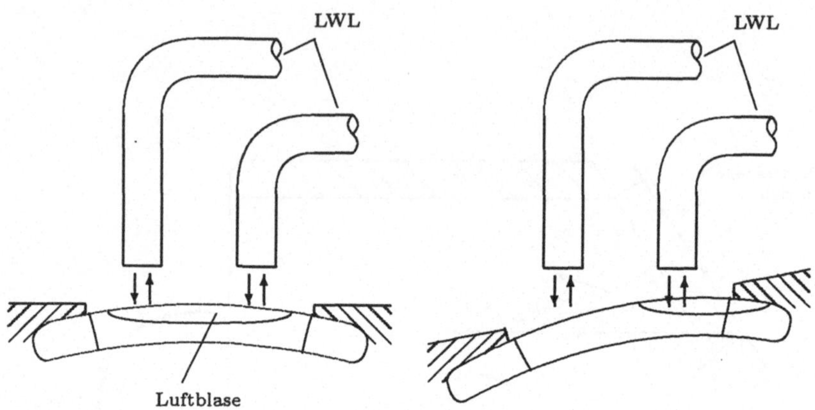

Bild 6.13 Faseroptische Wasserwaage

Auflösung von 0,1 m/s^2 angegeben. Der Sensor ist im Frequenzbereich für Beschleunigungssignale von 5 ... 800 Hz einsetzbar.

Unter Verwendung von Multimode-LWL lassen sich noch weitere Sensoren bauen. Zu nennen wären hier eine faseroptische Wasserwaage (Bild 6.13) und [115], sowie Sensoren für Hydrophonie (Bild 6.14) und [116], und Pyrometrie. Erwähnt sei auch die Möglichkeit durch Einbetten von Billigstfasern in stark beanspruchte Materialien Rißbildung und Brüche zu überwachen (die Faser reißt dann ebenfalls, keine Übertragung).

6.5.3 Intrinsische Sensoren mit Monomode-LWL

Die Meßsignal-Erzeugung geschieht beim Monomode-LWL durch Beeinflussung von Phase und Polarisation der geführten Lichtwelle durch die zu erfassende Einflußgrösse. Tabelle 6.3 gibt einen Überblick über die Größenordnung der Effekte an 1m Monomode-LWL für eine Phasendrehung um 2π, bezogen auf eine Lichtwellenlänge von 800 nm.

Zum besseren Verständnis seien zunächst die Begriffe Polarisation und ortsabhängige Phase an einem LWL erläutert.

Polarisation und Phase

Eine Welle ist durch das zeitliche und räumliche Zusammenwirken von elektrischer und magnetischer Feldstärke bestimmt. Definitionsgemäß bezeichnet man die Lage des elektrischen Feldvektors $\vec{E}$ als Polarisation. Vereinfachend kann man annehmen, daß der $\vec{E}$-Vektor immer senkrecht zur Ausbreitungsrichtung (Faserachse) liegt. Bleibt die Richtung des $\vec{E}$-Vektors auf dem Übertragungsweg erhalten, so sprechen

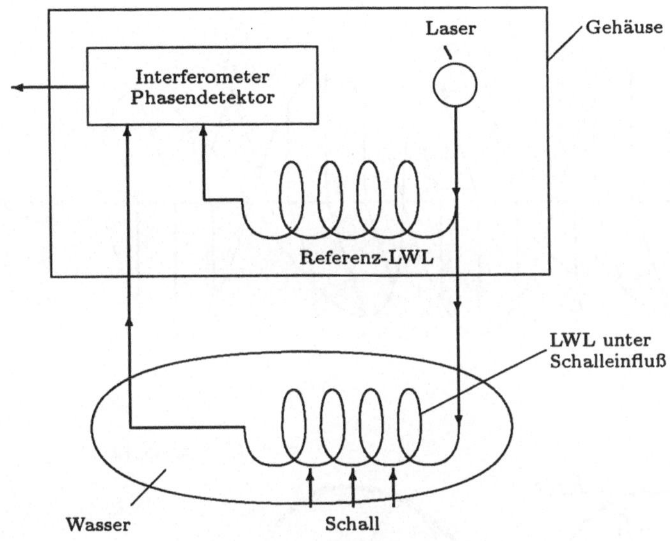

Bild 6.14 Hydrophon in LWL-Bauweise

Einflußparameter	Abhängigkeit der Phasendifferenz $\Delta\Phi =$	Parameteränderung für $\Delta\Phi = 2\pi$
Länge ΔL	$\beta_0 \left(1 + \frac{L}{n}\frac{\delta n}{\delta L}\right) \Delta L$	$\Delta L = 0,4\mu$m
Temperatur $\Delta\Phi$	$\beta_0 \left(L\frac{\delta n}{\delta\Theta} + n\frac{\delta L}{\delta\Theta}\right) \Delta\Theta$	$\Delta\Theta = 0,05$ K
Druck Δp	$\beta_0 \left(L\frac{\delta n}{\delta p} + n\frac{\delta L}{\delta p}\right) \Delta p$	$\Delta p = 0,2$ bar

Die Werte in Spalte 3 gelten für L = 1 m bei λ_0 = 800 nm; $\beta_0 = \frac{2\pi}{\lambda_0}$.

Tabelle 6.3

a)

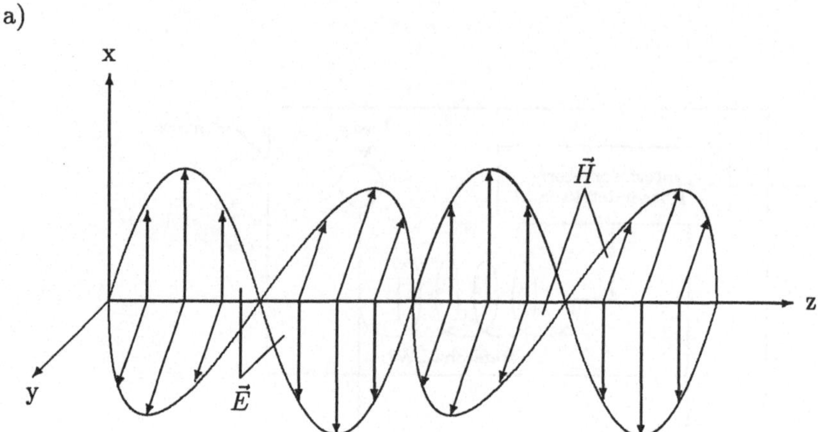

b)

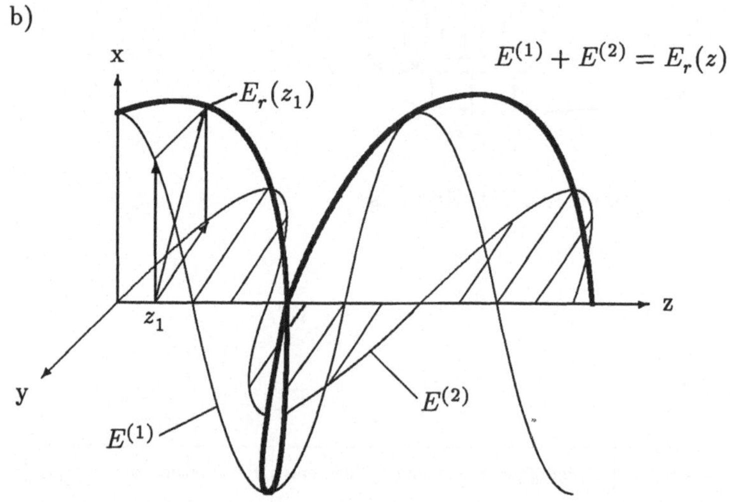

Bild 6.15 a) Räumliche Verteilung der elektrischen und der magnetischen Feldstärke für lineare Polarisation. b) Elektrische Feldstärke für eine elliptisch polarisierte Welle. Die Spitze des Zeigers E_r beschreibt eine elliptische Schraubenlinie.

wir von linearer Polarisation (Bild 6.15).

Dreht die Zeigerspitze des $\vec{E}$-Vektors auf dem Übertragungsweg in Form einer Schraubenlinie entlang der Faserachse, sprechen wir von elliptischer oder zirkularer Polarisation. In diesem Fall läßt sich die Welle in zwei senkrecht zueinander linearpolarisierte Anteile zerlegen (Bild 6.15b).

Die ortsabhängige Phase kommt dadurch zustande, daß sich die Wellenzüge entlang der Leitung (LWL) vorwärtsbewegen. In einer Momentaufnahme der Welle ist eine Wellenlänge λ der Abstand zwischen benachbarten Wellenbergen oder Wellentälern. Über diese Distanz ist die Phasenverschiebung 2π. Legt die Welle den Weg Δz zurück, so ist die damit verbundene Phasenverschiebung

$$\Delta\Phi = 2\pi\frac{\Delta_z}{\lambda} \ . \tag{6.5}$$

Interferometrische Anordnungen

Meßinterferometer sind seit längerem aus der Optik bekannt [117]. Durch den Aufbau interferometrischer Anordnungen mit polarisationserhaltenden Einmoden-LWL ergibt sich der Vorteil eines von äußeren Einflüssen weitgehend unabhängigen Übertragungsweges.

- Michelson-Interferometer (Dehnung)
  Bild 6.16 zeigt den schematischen Aufbau eines faseroptischen Michelson-Interferometers, das zur Messung der Längenänderung aufgrund äußerer Einflüsse eingesetzt wird (Zug, Temperatur). Infolge der verschiedenen Weglängen, die die beiden Strahlanteile durch die Vergleichsfaser bzw. durch die Meßfaser zurücklegen, können sich die Lichtwellen phasengleich (verstärkend) bis phasengegenläufig (auslöschend) im Detektor überlagern. So entsteht das Interferogramm nach Bild 6.16, das sich direkt in μm Dehnung eichen läßt. Bei Dehnung einer 1 m langen Faser um 1 % würde man ca. 20.000 Interferenzstreifen erhalten und so nur durch Zählen der Streifen auf eine Genauigkeit von $< 10^4$ kommen.
- Mach-Zehnder-Interferometer (Druckdifferenz)
  Dieses Interferometer gehört zu den Interferenzrefraktometern, die eine hochgenaue Messung von Brechzahlschwankungen ermöglichen. Bei gleicher Länge von Meß- und Referenz- LWL führt eine Änderung der Brechzahl im Meß-LWL zu einer Phasendifferenz zwischen den beiden Lichtwellen. Über die Änderung der Brechzahl können somit Parameter wie Druck, Schall, Vibration, Hydrophonie u.ä. erfaßt werden.

  Ein Mach-Zehnder-Interferometer in LWL-Bauweise zeigt Bild 6.17. Das Licht eines Lasers hoher Frequenzstabilität wird über einen Strahlteiler in Meß- und Referenz- LWL eingekoppelt. Eine auf die Meßfaser einwirkende Größe (z.B. Druck) bewirkt eine Phasendifferenz $\Delta\Phi$, die laut Tabelle 6.3 dem Druck Δp proportional ist. Die Auswertung des Meßsignals erfolgt nach getrennter Detektion in einem Differenzverstärker, von dem eine Stellgröße zur Bereitstellung eines Phasenoffsets von $\frac{1}{2}\pi$ (Referenz-LWL) abgeleitet wird. Das stellt die maximale Empfindlichkeit des Sensors sicher. Die Meßempfindlichkeit kann zusätzlich durch eine frequenzmäßige Kennung (Modulation) des Laserlichtes gesteigert werden. Dieses Merkmal wird im Lock-In-Verstärker zur Entdekkung des sehr kleinen Signals benutzt. Auf diese Weise wird die in Tabelle 6.3

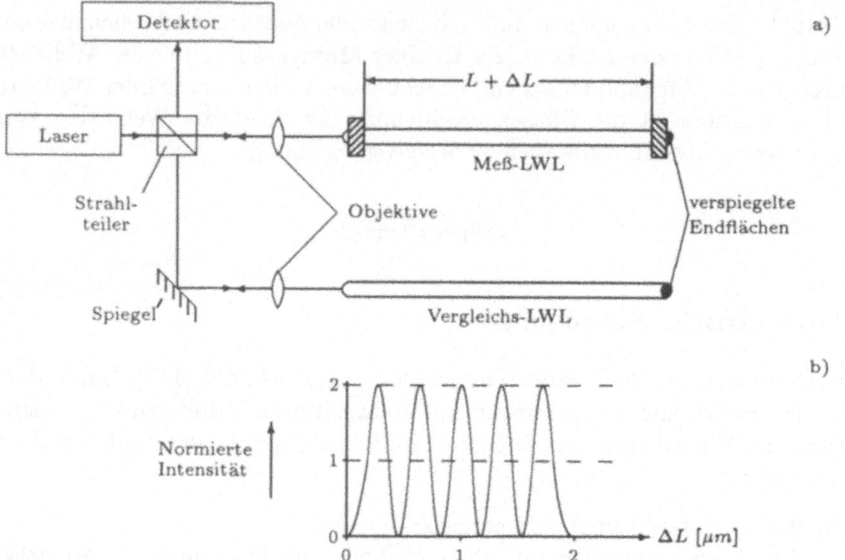

Bild 6.16 a) Faseroptisches Michelson-Interferometer b) Interferogramm der Anordnung

angegebene Empfindlichkeit mit 0,2 bar für eine Pasenverschiebung von 2π erreicht.

An dieser Stelle läßt sich anhand der Anordnung nach Bild 6.17 Grundsätzliches zur Auswertung interferometrischer Messungen sagen. Die Ausgangssignale I_1, I_2 der beiden Detektoren sind proportional zur Intensität der Interferenzsumme der auffallenden Strahlen:

$$\left.\begin{aligned} I_1 &= I_0 \cdot \cos^2 \frac{\Delta\Phi}{2} \qquad (6.6.1) \\ I_2 &= I_0 \cdot \sin^2 \frac{\Delta\Phi}{2} \qquad (6.6.2) \end{aligned}\right\} \text{ Detektoren 1, 2.}$$

Das elektrische Signal am Ausgang des Differenzverstärkers ist somit proportional zum cosinus der Phasendifferenz $\Delta\Phi$ in Meß- und Referenz-LWL:

$$\begin{aligned} I_1 - I_2 &= I_0 \cdot \left(\cos^2 \frac{\Delta\Phi}{2} - \sin^2 \frac{\Delta\Phi}{2}\right) \\ &= I_0 \left(\frac{1}{2}(1 + \cos\Delta\Phi) - \frac{1}{2}(1 - \cos\Delta\Phi)\right) \end{aligned}$$

$$I_1 - I_2 = I_0 \cdot \cos\Delta\Phi \, . \qquad (6.6)$$

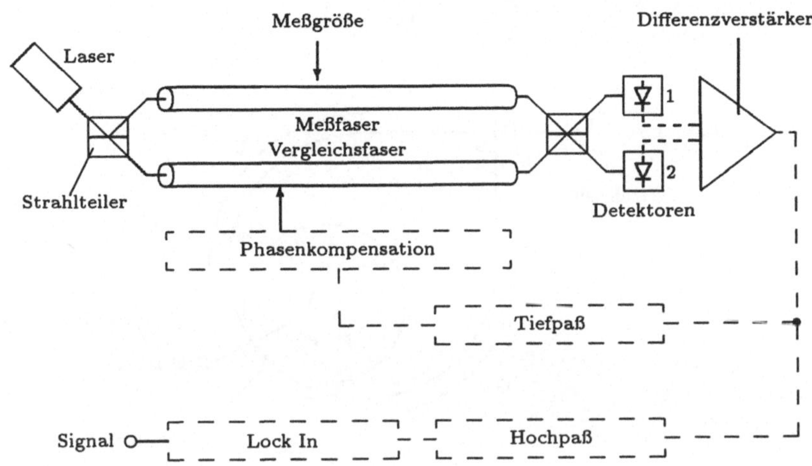

Bild 6.17 Mach-Zehnder-Interferometer in LWL-Bauweise

Im Hinblick auf eine hohe Nullpunktempfindlichkeit und Linearität der Sensoranordnungen wäre jedoch ein sinusförmiger Verlauf wünschenswert. Das wird durch Erzwingen eines Phasenoffsets von $\frac{1}{2}\pi$ über den Referenz-LWL erreicht (Phasenkompensation in Bild 6.17):

$$\cos\left(\Delta\Phi - \frac{\pi}{2}\right) = \sin\Delta\Phi$$

$$\Rightarrow I_1 - I_2 = I_0 \cdot \sin\Delta\Phi \; . \tag{6.7}$$

- Ringinterferometer nach Sagnac
  Der nach Sagnac benannte relativistische Effekt ist in Bild 6.18 verdeutlicht: Das Licht einer monochromatischen und linear eindeutig polarisierten Quelle wird mittels eines Strahlteilers in gleiche Anteile gespalten und in einer ringförmigen Anordnung auf entgegengesetzte Umlaufbahnen geschickt. Nach Ankunft am selben Strahlteiler haben beide Wellen nach ihrer Vereinigung exakt die gleiche Laufzeit benötigt. Bei ruhender Anordnung ist also die Phasendifferenz zwischen beiden Null.

$$\Delta\Phi = \frac{4\pi \cdot L \cdot R}{\lambda \cdot c} \times \Omega \tag{6.8}$$

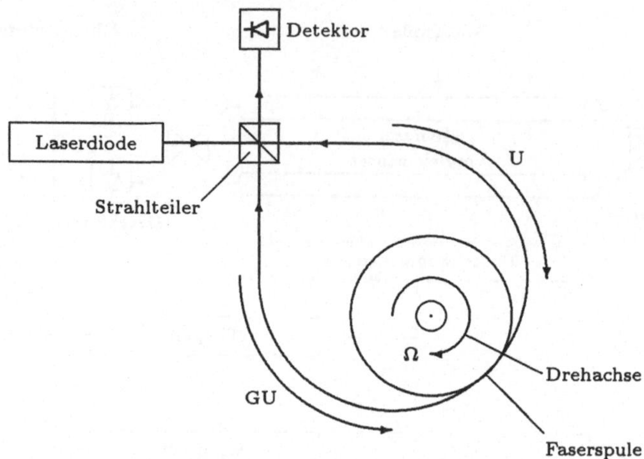

Bild 6.18 Prinzip des Sagnac-Interferometers

Rotiert die Anordnung, so entsteht durch verschiedene Laufzeiten der Strahlen eine Phasendifferenz, die durch die Winkelgeschwindigkeit Ω und die umschlossene Fläche A bestimmt ist. Beim Sagnac-Interferometer in LWL-Technologie wie in Bild 6.18, ergibt sich die Möglichkeit durch m Windungen der Faserspule den Effekt zu vervielfachen. Es ergibt sich somit für $\Delta\Phi_S$:

$$\Delta\Phi_S = 8\pi \frac{A\, m\, \Omega}{\lambda_c} . \tag{6.9}$$

Wählt man m zu 8000, R zu 10 cm, so sind Werte für Ω von ca. $0,1°/\mathrm{h}$ nachweisbar. Stark vereinfacht läßt sich dieser Effekt anschaulich erklären: Die Photonen, die den Lichtstrahl repräsentieren, verhalten sich im ringförmigen Lichtwellenleiter ähnlich wie Wasser in einem entsprechend geformten Schlauch. Aufgrund der Trägheit bleiben die Wasserteilchen in einem rotierenden Schlauch gegenüber der Rotation zurück. Ein mit der Richtung der Rotation im Schlauch laufender Wasserstrahl erreicht daher das Ende des Schlauches später als ein entsprechender, gegen die Rotationsrichtung laufender Strahl. Zwischen beiden Strahlen entsteht also ein Laufzeitunterschied, ähnlich wie beim Sagnac-Interferometer.

Der industrielle Einsatz des Sagnac-Interferometers zielt auf Anwendungen im Berich der Navigation. In [118] wird ein LWL-Gyroskop als Ersatz für bis heute übliche Kreiselkompasse beschrieben. Eine verbesserte Variante in integriert-optischer Technologie erreicht eine Stabilität von $0,2°/\mathrm{h}$ bei einer Auflösung von $1°/\mathrm{h}$ [119]. Langzeitstabilität und Auflösung von $0,01°/\mathrm{h}$ erscheinen realistisch und machen das LWL-Gyroskop auch für anspruchsvolle

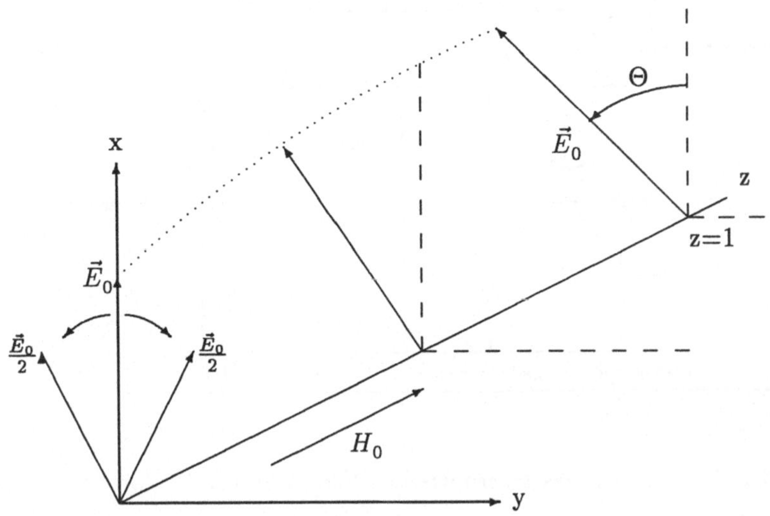

Bild 6.19 Polarisationsdrehung durch den Faraday-Effekt

Navigationsaufgaben geeignet (z.B. Inertialnavigation) [120].

Messung von Einflußgrößen aufgrund polarisationsdrehender Effekte

Die Polarisation wurde anhand Bild 6.15 bereits erläutert. Von den polarisationsdrehenden Effekten soll hier der Faraday-Effekt näher betrachtet werden.

- Faseroptischer Stromsensor nach dem Faraday-Effekt
  Wirkt ein statisches Magnetfeld in Ausbreitungsrichtung einer linear polarisierten elektromagnetischen Welle, so wird die Polarisationsebene unter dem Einfluß der magnetischen Feldstärke gedreht. Zum Verständnis dieses Effektes denkt man sich die linear polarisierte Welle in zwei gegenläufig zirkularpolarisierte Wellen zerlegt. Durch den Einfluß des angelegten Magnetfeldes erfahren die beiden Anteile im Verlauf ihrer Ausbreitung unterschiedliche Drehungen der Polarisationsebenen. Bei Superposition beider Anteile zu der ursprünglichen linearpolarisierten Welle bleibt somit ein Winkeloffset bestehen, der mit fortschreitender Ausbreitung zunimmt (vgl. Bild 6.19).

  Nach diesem Prinzip arbeitet der faseroptische Stromsensor (Bild 6.20). Eine Anzahl m Windungen des LWL wird um den stromdurchflossenen Leiter gelegt. In den LWL wird monochromatisches Licht eingespeist; die Polarisationsrichtung ist dabei durch den Polarisator festgelegt. Die Lage der LWL-Windungen um den stromführenden Draht stellt die Übereinstimmung des

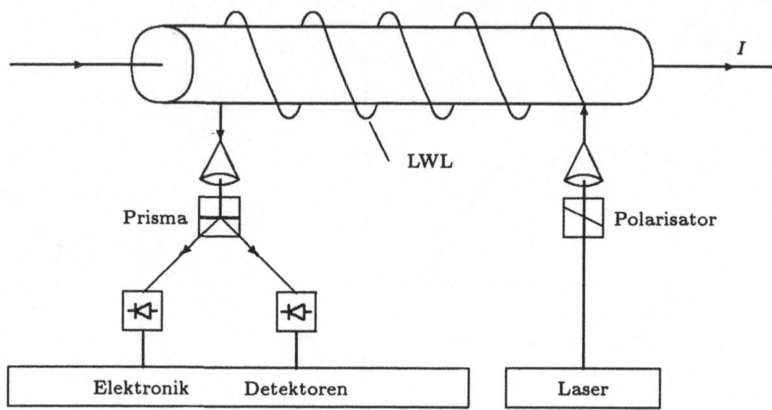

Bild 6.20 Prinzip des faseroptischen Stromsensors

Magnetfeldes mit der Ausbreitungsrichtung des Lichtes sicher. Die Polarisationsdrehung wird durch ein Analysierprisma in zwei senkrecht zueinander liegenden Richtungen festgestellt, detektiert und durch eine elektronische Schaltung ausgewertet. Der Drehwinkel $\Delta\Phi$ ist der Stromänderung ΔI im Leiter proportional. Man erhält mit der Verdet-Konstanten (= $0,88 \cdot 10^{-2}$ [Bogenminuten pro Ampere] bei 830 nm)

$$\Delta\Phi = 2mV\Delta I \ . \tag{6.10}$$

In [122] wird ein entsprechendes Meßgerät als Ersatz für einen konventionellen Meßstromwandler dokumentiert. Das Gerät arbeitet nach dem Kompensationsprinzip: Eine erste LWL-Spule wird — wie in Bild 6.20 — um den zu messenden stromdurchflossenen Leiter gelegt (z.B. Hochspannungsleitung). Das Feld im LWL wird durch den Primärstrom in seiner Polarisation gedreht. In seinem weiteren Verlauf greift der LWL in Form einer zweiten Spule durch die Windungen einer Drahtspule hindurch, die den Kompensationsstrom führt. Ein Regelkreis beeinflußt den Kompensationsstrom derart, daß die vom zu messenden Strom bewirkte Drehung der Polarisatiosebene aufgehoben wird. Somit entspricht der Kompensationsstrom dem Sekundärstrom eines vergleichbaren konventionellen Stromwandlers. Bild 6.21 zeigt den gemessenen Zusammenhang zwischen Pimär- (i_1) und Sekundärstrom (i_2) dieses Meßwandlers.

Die untere Meßgrenze des Gerätes wird mit 0,1 AW bei einer Bandbreite von 100 kHz angegeben. Die Grenze bezüglich des Maximalwertes ist unkritisch, da sie mit entsprechender Wahl der Windungszahlen der Spulen dem linearen Bereich der Meßelektronik angepaßt werden kann.

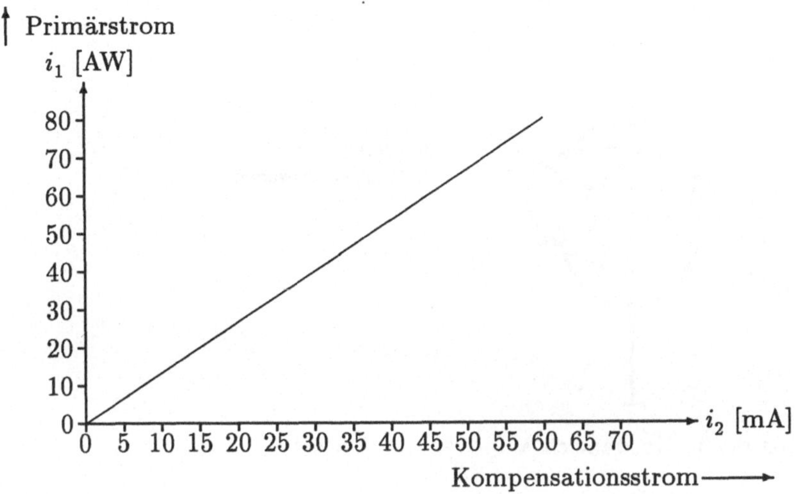

Bild 6.21 Kennlinie des Fo-Stromsensors (Kompensationsprinzip)

Ein erster Feldversuch im deutschen 380 kV-Netz wird in [123] dokumentiert. Passive optische Stromwandler werden in einer Pilotanlage für Steuerungsaufgaben eingesetzt. Die ölgefüllten konventionellen Wandler werden bei Erfolg schrittweise durch ölfreie optische Wandler ersetzt [123].

6.6 Der faseroptische Kreisel (Fo-Kreisel)

6.6.1 Allgemeines

Der faseroptische Kreisel basiert auf dem Prinzip des Ringinterferometers nach Sagnac. Unter 6.5.3 wurde bereits erwähnt, daß sich die Empfindlichkeit der offenen Interferometeranordnung durch den Einsatz von Monomode-LWL als Spule mit m Windungen vervielfachen läßt. Die Funktion des bekannten mechanischen Kreisels basiert auf dem Satz von der Erhaltung des Drehimpulses (oder Dralls).

Ein rotationssymmetrischer verlustfreier Kreisel, auf den keine äußeren Kräfte wirken, behält seinen Drall und damit seine Energie unverändert bei. Seine Drehachse, die durch den Schwerpunkt geht, ändert somit ihre Richtung nicht. Versucht man z.B. einen schnell rotierenden Kreisel um eine zu seiner Drehachse senkrechten Achse auszulenken (= Aufprägen eines äußeren Drehmomentes), so reagiert er mit einer Ausgleichsbewegung, einer Drehung um eine zu dieser Achse wiederum senkrechten Achse. Dies läßt sich an einem kardanisch gelagerten Kreisel demonstrieren (Bild 6.22).

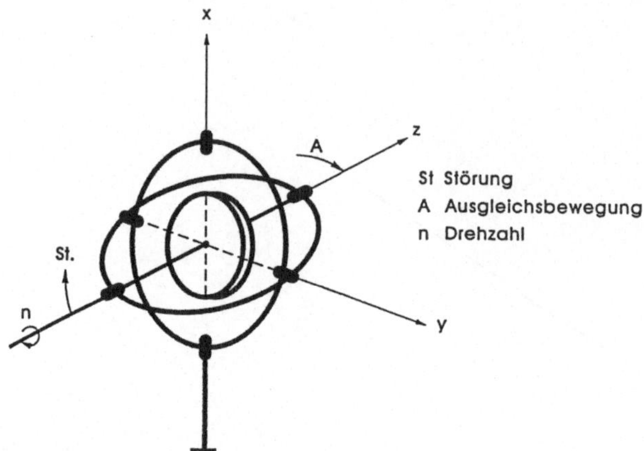

Bild 6.22 Kardanisch aufgehängter Kreisel

Das Bestreben des Kreisels, seine Drehachse zu stabilisieren, wird in der Navigation ausgenutzt. Dazu wird ein schnell rotierender Kreisel (20000 U/min) in einem Gesamtsystem betrachtet, in das die Drehbewegung der Erde mit einbezogen ist. Wird ein solcher Kreisel in einem Fahrzeug installiert, so ändert die auf Nord-Süd ausgerichtete Drehachse des Kreisels ihre Lage bei variierender Bewegungsrichtung des Fahrzeuges nicht. Sie ist somit ein Nord-Süd-Indikator.

Es ist einsichtig, daß der einwandfreie Betrieb eines Kreisels bei derart hohen Drehzahlen konstruktiv und wartungsmäßig mit sehr viel Aufwand verbunden ist, was Antrieb und Lagerung der Achsen angeht.

Diese Probleme lassen sich durch Einsatz eines faseroptischen Kreisels umgehen, da hier keine bewegten Teile nötig sind.

6.6.2 Anforderungsprofil für einen faseroptischen Kreisel

Die Entwicklung des faseroptischen Kreisels ist unter dem Ziel angegangen worden, einen Sensor zu haben, der geringe Drift und hohen Dynamikbereich bezüglich der zu messenden Drehrate bietet. Im Gegensatz zu kardanisch aufgehängten Kreiseln soll er die Möglichkeit bieten, einfach im Fahrzeug montierbar zu sein. Der faseroptische Kreisel bietet bezüglich dieser Fragestellungen einen vielversprechenden technologischen Ansatz, insbesondere unter schwierigen Umweltbedingungen. Er könnte zum ersten preiswerten, optischen vollintegrierten Rotationsmesser werden. Gründe dafür liegen in der konsequenten Verwendung bekannter und erprobter Komponenten aus der optischen Nachrichtentechnik wie Laserdioden, Photodetektoren und Lichtwellenleiter sowie im Einsatz der integrierten Optik als neue Schlüsseltechnologie [125].

In Bild 6.23 sind die — je nach Anwendungsfall verschiedenen — Genauigkeitsforderungen für Kreiselsysteme dargestellt. Für den faseroptischen Kreisel werden

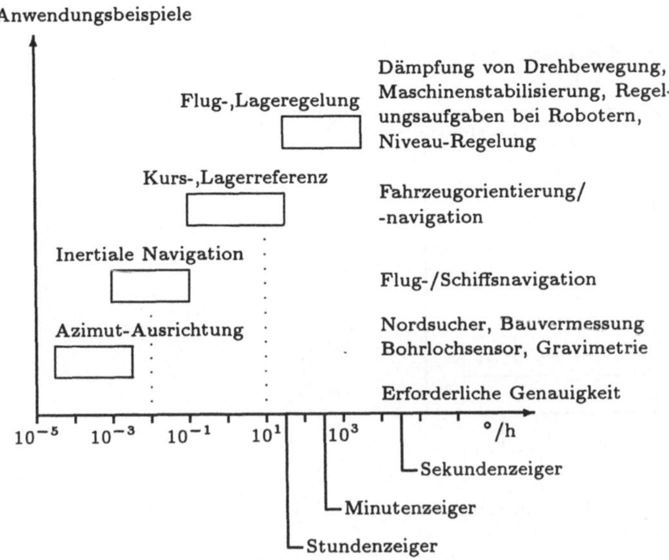

Bild 6.23 Genauigkeits-Anforderungen für Navigationssysteme

derzeit Anwendungen für Kurs- und Lagerreferenz sowie für Inertiale Navigation ins Auge gefaßt. Diese Genauigkeiten von 10^{-3} bis 10^{0} Grad/h können von dem einfachen Aufbau nach Bild 6.18 nicht eingehalten werden.

Die Messung der Phasendifferenz $\Delta\Phi_S$ als eindeutigen Effekt der Drehrate Ω ist ein wesentliches Problem. Bekanntlich führen ja nach Tabelle 6.2 auch Druck, Temperatur und äußere mechanische Kräfte zu einer Änderung der Phasendifferenz. Somit geht es bei der Realisierung um folgende Punkte:

- Aufbau, der sicherstellt, daß die gegensinnig umlaufenden Lichtwellen exakt die gleiche Weglänge zurücklegen (reziprok).
- Stabilisierung der Polarisation des Lichtes durch Verwendung polarisationserhaltender Monomode-LWL
- Modulationsverfahren zur Erzeugung eines Signals, das der Drehrate proportional ist
- Bereitstellung eines linear zur Drehrate eindeutigen Ausgangssignals über dem gesamten Meßbereich durch geeignete Signalverarbeitung.

6.6.3 Das Phasenmodulationskonzept

Zur Realisierung eines Sensors unter Berücksichtigung des oben stehenden Kataloges wurden verschiedene Konzepte erprobt. Hier sei das von SEL verwirklichte Phasenmodulationskonzept näher vorgestellt (Bild 6.24): das monochromatische Licht

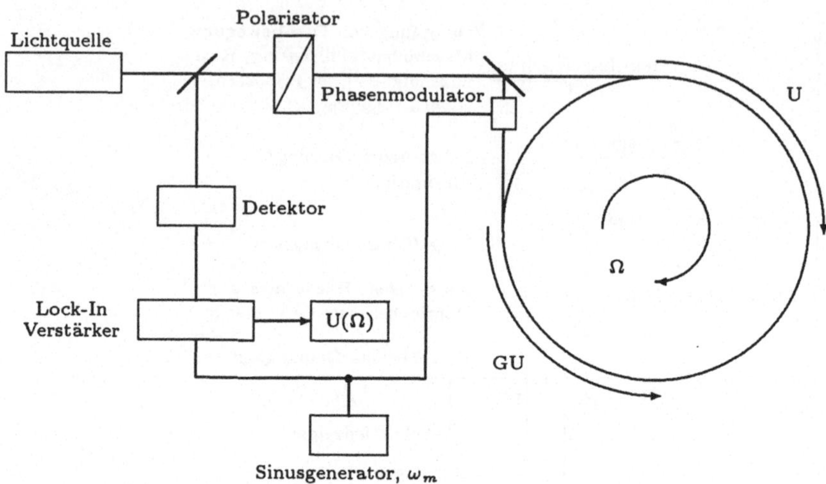

Bild 6.24 Fo-Kreisel nach dem Phasenmodulationsprinzip

der Quelle wird über einen ersten Strahlteiler durch den Polarisator geschickt und mittels des zweiten Strahlteilers auf die entgegengesetzt gerichteten Umlaufbahnen GU bzw. U gebracht.

Beide Strahlen erhalten eine gemeinsame zeitliche Kennung durch den Phasenmodulator. Die aufgeprägte Phasenmodulation ermöglicht die rauscharme Detektion der Drehrate im Zusammenwirken mit dem Lock-In-Verstärker. Dies wird anhand einer kurzen Rechnung deutlich:

Der raumzeitliche Verlauf der transversalen elektrischen Feldstärke $\vec{E}$ kann dargestellt werden:

$$\vec{E} = \vec{E}_0 \cdot e^{-j\varphi(l)} \cdot e^{-j\Phi(t)} \tag{6.11}$$

mit der ortsabhängigen Phase $\varphi(l)$ und der zeitabhängigen Phase $\Phi(t)$ (vergl. 1.1).

Durch den Sagnac-Effekt erfährt $\varphi(l)$ eine Änderung $\pm\Delta\varphi_s/2$, entsprechend der Umlaufrichtung der Welle. Die sinusförmige Phasenmodulation bewirkt einen Verlauf der zeitabhängigen Phase gemäß

$$\Phi(t) = \omega_L t + \Delta\Phi \cdot \sin\omega_m t \ . \tag{6.12}$$

mit ω_L als Lichtfrequenz, ω_m als (hochfrequente) Modulationsfrequenz und dem Phasenhub $\Delta\Phi$.

Für den Betrag der Feldstärke des Gesamtfeldes der interferierenden Teilwellen erhält man somit:

$$E = E_U + E_{GU} = E_0 \left(e^{-j\left(\varphi(l)+\frac{\Delta\varphi_S}{2}\right)} + e^{-j\left(\varphi(l)-\frac{\Delta\varphi_S}{2}\right)} \right) e^{j\Phi(t)}$$

(E_U: im Drehsinn; E_{GU}: gegen Drehsinn)

$$E = 2E_0 \cos\left(\frac{\Delta\varphi_S}{2}\right) \cdot e^{-j\varphi(l)} \cdot e^{j\omega_L t} \cdot e^{j\Delta\Phi \sin\omega_m t} \ . \tag{6.13}$$

Der ortsfeste Fotodetektor liefert einen Fotostrom proportional zur Leistungsdichte

$$p \approx |E|^2 = p_0 \cdot \cos^2 \frac{\Delta\varphi_S}{2} \cdot e^{j2\Delta\Phi \sin\omega_m t} \ , \tag{6.14}$$

die bezüglich der hochfrequenten Komponente ω_m phasenmoduliert ist. Nach der hochfrequenten Demodulation erhält man entsprechend

$$p = p_0 \cdot K \cdot \cos^2 \frac{\Delta\varphi_S}{2} \sin\omega_m t \ , \tag{6.15}$$

ein Signal, dessen Amplitude nach schmalbandiger Verstärkung durch den Lock-In-Prinzip die Sagnac-Drehung liefert. Ist die Drehrate Null, so besteht keine Phasendifferenz zwischen beiden Strahlen ($\Delta\Phi_S = 0$) und das Ausgangssignal des Lock-In-Verstärkers wird wegen der $\cos^2$-förmigen Abhängigkeit des Detektorsignals von der Drehrate maximal. Zur besseren Auswertung wäre eine sinusförmige Abhängigkeit wünschenswert. Wie diese grundsätzlich zu erreichen ist, wurde unter 6.5.3 anhand Bild 6.17 erläutert. Eine alternative Möglichkeit wäre durch Implementation des Zusammenhanges $\sin^2 x = 1 - \cos^2 x$ gegeben. Die Aufbereitung des Lock-In-Ausgangssignals zu einem Signal, das sich linear zur Drehrate verhält, kann auf analogem Wege oder auch durch digital-processing erfolgen [120].

6.6.4 Einsatz integrierter Optik für die technische Realisierung

In den nun folgenden Abbildungen wird deutlich, wie die technologische Entwicklung der letzten Jahre die Gestaltung des faseroptischen Kreisels (Fo-Kreisel) beeinflußt hat.

Die Anordnung nach Bild 6.25 stammt aus dem Jahre 1983 und zeigt das im wesentlichen aus zwei großvolumigen Komponenten bestehende Gerät nebst Auswerteeinheit. Die Drift des Skalenfaktors wird mit einem Wert von ca. 10 Deg./h angegeben. Das zeigt, daß dieses Gerät für Anwendungen wie Inertial-Navigation noch ungeeignet ist [118]. Allerdings arbeitet diese Anordnung nach dem Frequenzmodulations-Konzept.

In dem hier besprochenen Phasenmodulations-Konzept wurden nun schrittweise die passiven Komponenten in integrierter Optik ausgeführt [125]. Dazu wurde zuerst die Anordnung nach Bild 6.24 im Sinne einer besseren Integrationsfähigkeit modifiziert (vergl. Bild 6.26): Strahlteiler und Polarisator wurden in Monomode-LWL-Bauweise ausgeführt. Bild 6.27 zeigt darauf aufbauend Strahlteiler, Phasenmodulator und Polarisator als integrierte optische Chips (IOC's) auf Lithium-Niobat-Titan Basis (LiNbO-Ti). Im Ausschnitt d von Bild 6.27 ist der gesamte Fo-Kreisel bis auf Laser- und Fotodiode, auf einem einzigen IOC untergebracht, dargestellt.

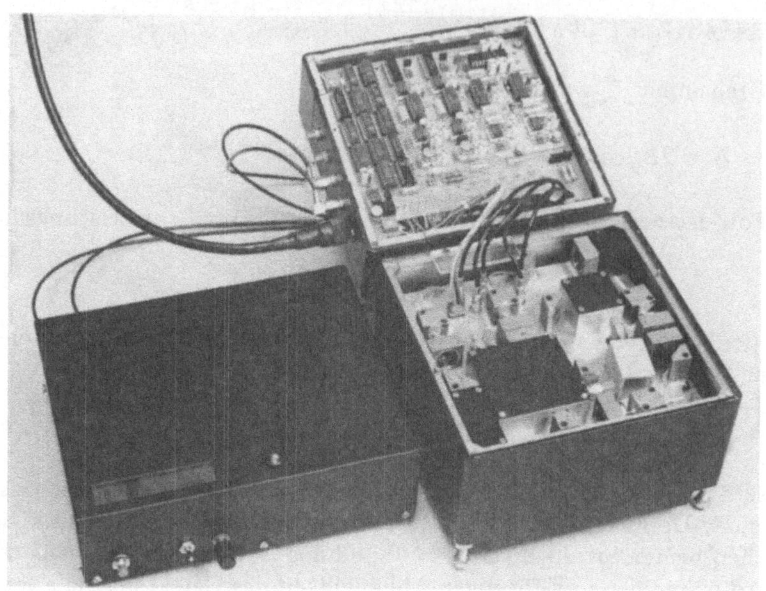

Bild 6.25 Erste Version eines Fo-Kreisels (1983)

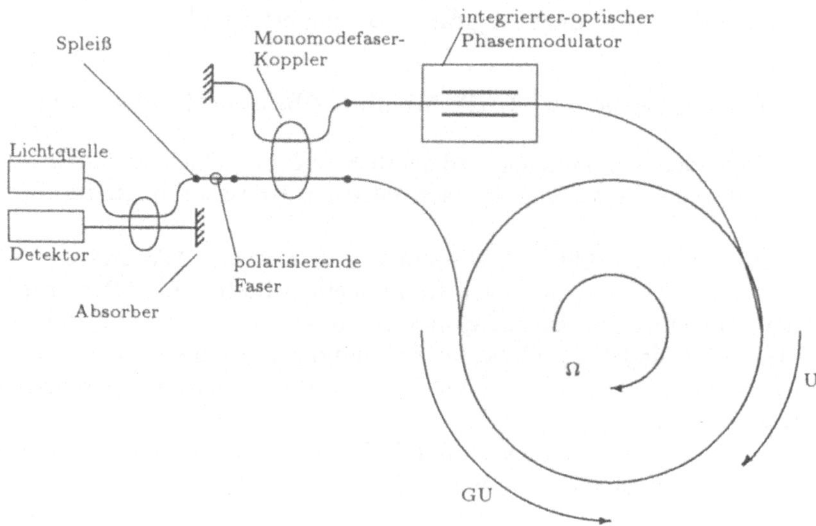

Bild 6.26 Integrationsfähige Modifikation des Aufbaus nach Bild 6.24

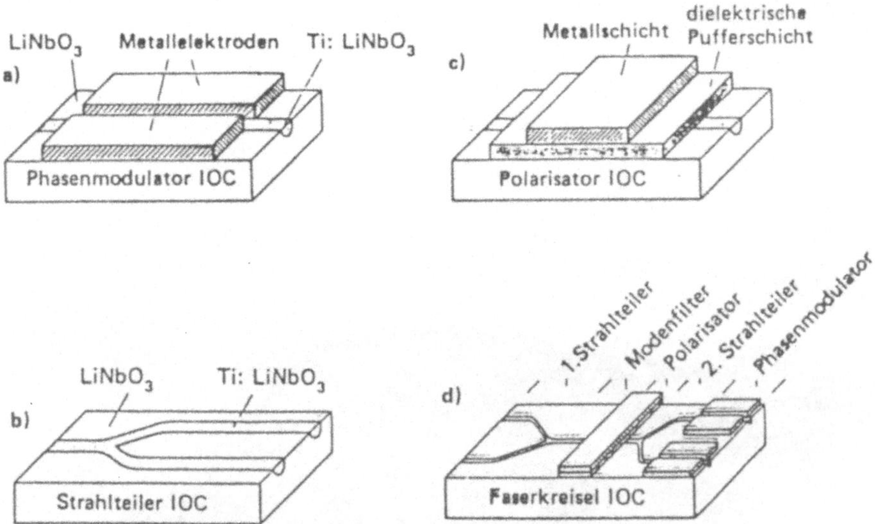

Bild 6.27 Integrationsschritte in Richtung Fo-Kreisel als IOC

6.6.5 Leistungsmerkmale des Fo-Kreisels der letzten Generation

Die Langzeit-Offsetschwankungen werden für eine Version aus dem Jahr 1986 noch mit 1 ... 3 Deg./h angegeben, doch sind die Abmessungen eines entsprechenden2 Moduls gegenüber dem Gerät von 1983 auf 80 $mm^2\times$ 25 mm Höhe zusammengeschrumpft (Bild 6.28). Die weiter fortschreitende optische Integration läßt bei Unterbringung auch des Lasers und des Fotodetektors auf dem IOC neben kleineren Abmessungen vor allem eine verbesserte Nullpunktstabilität erwarten.

Durch neue Schlüsseltechnologien wie z.B. integrierte Optik [125] und empfindlichere Meßverfahren (optischer Heterodynempfang, vergl. auch Kap. 3) ist vor allem eine Verbesserung der Leistungsfähigkeit interferometrischer Sensoren mit Einmoden-LWL zu erwarten, wozu auch der Fo-Kreisel gehört.

Heute ist der Fo-Kreisel in einem Volumen von 50 cm^3 untergebracht. Bei 180 dB (elektr.) Dynamikbereich beträgt die Drioft 0,04 o/h (3 $\cdot 10^{-8}$ Rad).

Die Arbeitswellenlänge beträgt dabei 840 nm, bei einer LWL-Länge von 200 m, auf einer Spule von 30 mm-Durchmesser aufgewickelt [124].

Einen umfassenden aktuellen Überblick über die gesamte Thematik „LWL-Sensoren“findet der interessierte Leser in [124].

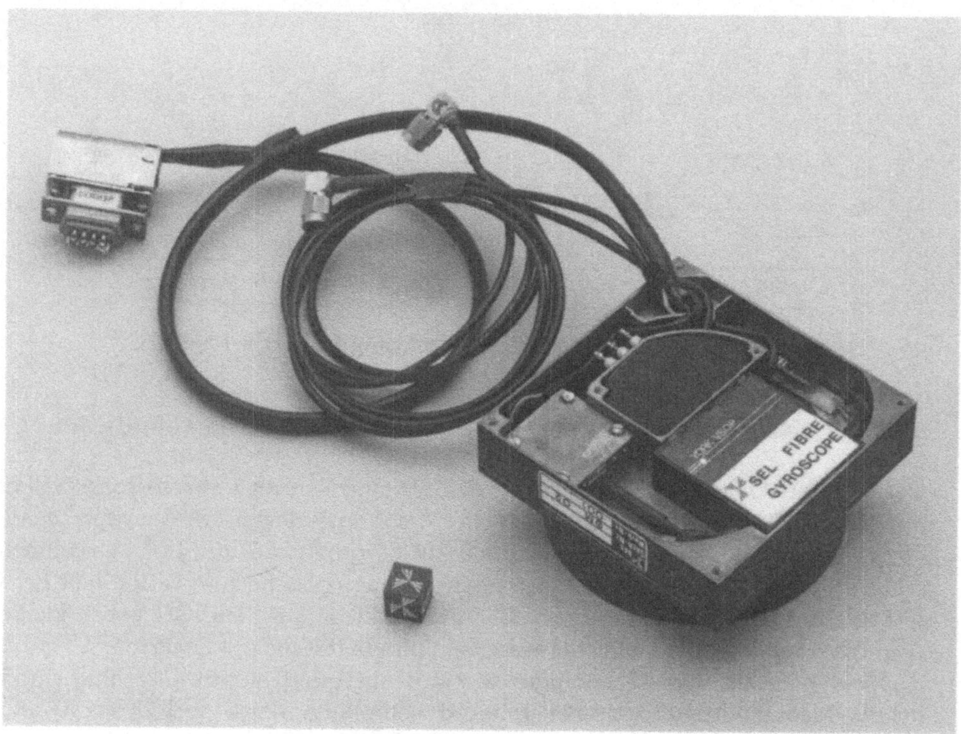

Bild 6.28 Fo-Kreisel aus dem Jahr 1986

6.7 Übungen

18. Übung

Ein FO-Kreisel nach Kap. 6.6 wird mit folgenden Parametern realisiert:

Laserwellenlänge $\lambda_0 = 820$ nm
LWL-Spule 2R = 70 mm, m = 455
Faserlänge L = 100 m, nk = 1,46.

1. Berechnen Sie die Sagnac-Phasenverschiebung $\Delta\phi_S$, die für die minimale Winkelgeschwindigkeit von 1°/h erhalten wird.

2. Nach dem Phasenmodulationskonzept wird die Phase der umlaufenden Wellen zeitabhängig in Form einer Rampe moduliert. Dabei bestimmt die Steigung der Rampe $\frac{d\phi_R}{dt}$ und die Laufzeit durch die Faserspule die (zusätzliche) Phasendifferenz $\Delta\phi_C$ der beiden Lichtwellen

$$\Delta\phi_C = \tau \cdot \frac{d\phi_R}{dt} ,$$
$$\tau = \frac{L \cdot n_k}{C_0} .$$

   Mit Hilfe eines Regelkreises wird die Rampensteigung so nachgestellt, daß immer

$$\Delta\phi_C + \Delta\phi_S = 0 \text{ gilt.}$$

   Bestimmen Sie die Rampensteigung für $\Omega = \frac{1°}{h}$
   Nach welcher Zeit Δt hat $\Delta\phi_R$ den Wert 2π erreicht?

3. Die Rampe wird jeweils nach Erreichen von 2π zurückgesetzt. Die Anzahl der Rücksetzungen wird als (diskretes) Maß für die Drehrate benutzt. Berechnen Sie den nach diesem Verfahren noch auflösbaren Drehwinkel.

19. Übung

Ein Monomode-LWL mit 0,5 m Länge wird in einem Michelson-Interferometer zur Messung von Zugkräften eingesetzt.

1. Erläutern Sie das Meßprinzip.

2. Welche Längenänderung Δl entspricht dem Abstand zwischen zwei Streifen im Interferogramm?

3. Berechnen Sie die dazu nötige Zugkraft F_z.

Parameter:

	λ_0	$= 1550\ nm$,
Kernbrechzahl	n_K	$= 1,46$,
Elastizitätsmodul	E	$= 72500\ \frac{N}{mm^2}$,
Faserdurchmesser	d_M	$= 125\ \mu m$.

20. Übung

Zur Messung des Abstandes zu Objekten mit verschiedener Reflektivität soll ein LWL-Sensor entwickelt werden. Der Meßbereich wird mit 3 mm $\leq \Delta l \leq$ 10 cm angegeben.

1. Welches Meßprinzip ist vorzugsweise anzuwenden?
2. Es ist ein Standard-GI-LWL zu verwenden. Machen Sie einen Konstruktionsvorschlag für den Sensorkopf.
3. Bestimmen Sie die Parameter des Meßgerätes.
4. Berechnen Sie die (maximale) Lichtdämpfung an der Meßgrenze bei minimal 1 % Refexion am Objekt (LWL-Lücke, Kap. 1). Wie groß ist die Sendeleistung mindestens zu wählen, wenn die NEP des verwendeten Fotoempfängers (incl. Vorverstärker) $2,5 \cdot 10^{-12} \frac{W}{\sqrt{Hz}}$ beträgt?

Hinweis: Es kann mit einer Auflösung von 1° bei der Phasenmessung gerechnet werden.

Fragen

- Erläutern Sie ein Prinzip zur Beschleunigungsmessung
- Erläutern Sie Aufbau und Funktionsweise des Mach-Zehnder-Interferometers
- Beschreiben Sie Aufbau und Funktion des Sagnac-Interferometers
- Welcher Effekt liegt der Messung hoher Ströme mit LWL zugrunde? Erläutern Sie die Wirkungsweise eines LWL-Stromsensors!

7 Messungen an optischen Übertragungssystemen

7.1 Vorbemerkungen

Aus der klassischen Nachrichtentechnik ist eine Vielzahl von Meßverfahren bekannt, die die elektrischen Parameter von Nachrichtensystemen sowie der entsprechenden Signale erfassen.

In der optischen Übertragungstechnik erfolgt die Messung relevanter Übertragungsparameter meist unter Verwendung elektrisch/optischer und optisch/elektrischer Wandler. So wird das Verhalten eines optischen Übertragungssystems auf das zeitliche bzw. spektrale Verhalten elektrischer Größen abgebildet (Strom, Spannung, elektrische Leistung). Damit sind die Grundlagen für die Anwendbarkeit der elektrischen Nachrichtenmeßtechnik geschaffen.

7.1.1 Besonderheiten der Meßtechnik optischer Übertragungssysteme

Da der optische Träger auf der elektrischen Seite des Übertragungssystems nicht verfügbar ist, beziehen sich Messungen bezüglich Phase und Frequenz von Signalen auf deren elektrische Charakteristik. Frequenz- und Phasenmessungen mit Bezug zum optischen Träger sind aufgrund mangelnder Konstanz der absoluten optischen Frequenz noch sehr ungenau (eine Frequenzvariation über das gesamte NF-Sprachband von 3 kHz bedeutet eine relative Abweichung des optischen Trägers von nur 10^{-11}!). Aus gleichem Grund kommt die Anwendung frequenzumsetzender, transparenter Verfahren — etwa die direkte Frequenzumsetzung vom optischen Bereich in den Mikrowellenbereich, um leistungsfähige Netzwerkanalysatoren nutzen zu können — nicht in Frage.

Alle Verfahren, die auf der Sondierung elektrischer oder magnetischer Feldgrößen basieren, sind somit in optischen Übertragungsmessungen nicht anwendbar. Grundlegende Meßgröße ist die Intensität, die als Leistungsgröße nur positive Werte annehmen kann. Damit sind Reflexions- und Transmissionsmessungen auf der Basis von Leistungsmessungen durchführbar (Kurzschluß- und Leerlauffall lassen sich nicht unterscheiden!). Ebenso können Laufzeit- und Dispersionsmessungen durchgeführt werden. Die Messung des Frequenzganges ist als Leistungsverhältnis von Ausgangs- und Eingangsgröße an Systemen bzw. Systemkomponenten ebenfalls möglich.

Infolge der Tatsache, daß der Fotostrom einer Fotodiode der absorbierten optischen Leistung proportional ist, ergbit sich der Zusammenhang zwischen elektrischen und optischen Leistungsverhältnissen (Dämpfungen bzw. Verstärkungen)

$$a_{el} = 20\log\left(\frac{I}{I_0}\right) = 20\log\left(\frac{P}{P_0}\right) = 2\cdot 10\log\left(\frac{P}{P_0}\right) = 2\cdot a_{opt}\,. \qquad (7.1)$$

Dies hat eine ernsthafte Konsequenz:

Eine zu messende optische Dämpfung a_{opt} wirkt sich im elektrischen Meßgerät mit doppeltem Wert aus, oder: Der Dynamikbereich auf der elektrischen Seite muß doppelt so groß sein wie der auf der optischen Seite!

7.1.2 Meßbedingungen

Damit Messungen vergleichbar und aussagefähig sind, ist grundsätzlich neben der Meßmethode auch die Angabe von Meßbedingungen nötig. Dies gilt besonders für Parameter, deren meßtechnische Bestimmung noch keiner verbindlichen Norm unterliegen.

In optischen Übertragungssystemen kommt der Einkopplung optischer Strahlung in den LWL besondere Bedeutung zu. In Kap. 1 wurde die Lichtausbreitung im LWL in Form von Moden, die beim Multimode-LWL in großer Zahl auftreten können ($> 10^3$), abgehandelt und auch auf den Einfluß der Leckwellen hingewiesen. Zwei Punkte sind in diesem Zusammenhang wichtig:

(1) Die leckwellenfreie Anregung, d.h. das Modenbild im LWL darf im Betriebszustand keine Leckwellen nach Punkt 1.2.2, 1.3.2 wurde dargelegt, daß Leckwellen durch Anregung nach der 70/70-Bedingung vermieden werden, auch im ungünstigsten Fall. Das bedeutet, daß bei Anregung mit einer Quelle, die eine gleichmäßige Modenverteilung liefert (Uniform-Mode-Distribution, UMD), die NA des LWL wie auch sein Kerndurchmesser nur zu 70 % ausgenutzt werden können. Um dies sicherzustellen, sind besondere optische und mechanische Maßnahmen in meßtechnischen Anwendungen unumgänglich. In [126] wird dazu eine Anordnung benutzt, die es gestattet, NA und Fleckdurchmesser unabhängig voneinander einzustellen, Bild 7.1.
Für den Fall einfacher, kostengünstiger Übertragungssysteme mit LED-Sender ist dieser Aufwand jedoch nicht gerechtfertigt. Hier genügt es, eine LED mit 2 - 5 m Pigtail zu verwenden, das überlicherweise aufgewickelt im Sendergehäuse untergebracht wird. An der Pigtail-Steckverbindung liegen dann praktisch keine Leckwellen mehr vor, so daß die optische Sendeleistung an dieser Stelle spezifiziert werden kann.

(2) Sicherstellung einer definierten, nach Möglichkeit in den Normen festgeschriebenen, Modenverteilung. Die beiden geläufigsten Verteilungsformen wurden in 1.3.1 schon genannt:

- Uniform-Mode-Distribution (UMD)
- Steady-State- oder Equilibrium-Mode-Distribution (EMD).

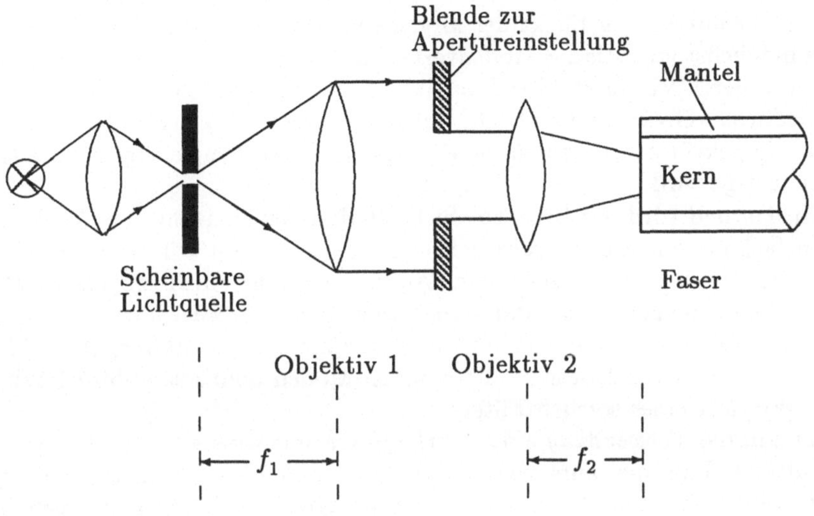

Bild 7.1 Einkoppeloptik zur Einstellung der 70/70-Bedingung

Die erste Form ist klar definiert: Alle Moden sind angeregt und führen die gleiche Leistung. Der ideale Lambert-Strahler (vgl. 1.4.1) wäre die geeignete Quelle zur Erzeugung dieser Verteilung. In der Praxis reicht zumeist eine LED aus, die als Flächenstrahler ohne strahlführende Maßnahmen direkt auf den LWL koppelt, wie z.B. bei einer Burrus-Typ-LED mit stumpf angekoppeltem (butt-joint) LWL-Pigtail. In der Meßtechnik ist die UMD zur Durchführung von „worst-case"-Messungen von Bedeutung. Zu beachten ist jedoch, daß diese Verteilung nicht stabil ist, da sie sich bereits nach weinigen LWL-Metern ändert. Nach größerer Länge stellt sich durch Modenmischung in allen Lichtwellenleitern ein Modengleichgewicht ein, eben die oben genannte EMD.

Die EMD ist also dann erreicht, wenn sich die Verteilung entlang des LWL nicht mehr verändert. Dieser Zustand kann meßtechnisch durch eine Nah- und Fernfeldmessung überprüft werden. Für einen Standard-GI-LWL (50/125 μ, NA = 0,2) ist die EMD dann gegeben, wenn 2 m nach der Einkopplung die radiale Lichtverteilung einen Halbwertdurchmesser von = 26 μm hat (Nahfeldmessung, Pkt. 7.4.1) und die winkelabhängige Lichtverteilung zwischen den Halbwertspunkten eine Differenz von = 0,11 rad. aufweist (Fernfeldmessung, Pkt. 7.4.3) [127].

Zur Beeinflussung der Modenverteilung vor der Einkopplung in den LWL werden verschiedene Verfahren vorgeschlagen [126]:

- die genannte 70/70-Anregung,
- Einsatz eines Modenmischers (Mode-Scrambler),
- Verwendung einer Vorlauffaser.

Modenmischer nutzen den Effekt der Modenkonversion an LWL-Krümmungen aus. Um eine möglichst statistische Modenverteilung zu erhalten, wird in manchen Modenmischern der LWL durch eine Kugelbett-Anordnung geschleift, die mit Kugeln unterschiedlicher Größe bestückt ist. Auf diese Weise wird der LWL regellos verschiedenartig gekrümmt, wodurch die Erzeugung des Modengleichgewichtes (EMD) stark begünstigt wird.

Verschiedentlich wird der LWL zur Sicherstellung einer definierten Modenverteilung mehrfach um einen Dorn gewickelt (z.B. fünfmal um d = 10 mm). Diese, auch als „Mandrel-Wrap-Filter"bezeichnete, Anordnung führt nicht zu einem Modengleichgewicht im obigen Sinne und kann daher nicht als *Modenmischer* angesehen werden. Es handelt sich vielmehr um ein *Modenfilter*, das — abhängig vom Durchmesser des verwendeten Dorns — die höheren Moden abfiltert. abbbi7.3 zeigt u.a. auch die Wirkung eines solchen Filters.

Ist man auf die *Verwendung einer Vorlauffaser* angewiesen, so wird diese zweckmäßig auf eine Trommel aufgewickelt, so daß problemlos 500 m kompakt untergebracht werden können. Nach Längen dieser Größenordnung stellt sich infolge Modenkonversion die EMD ein. Um diesen Effekt zu unterstützen, können kurze Teilstücke anderer, verschiedenartiger Fasern vorgeschaltet werden, z.B.

	1 m	SI-LWL,	a_K	$= 50\,\mu$
+	1 m	GI-LWL,	a_K	$= 40\,\mu$
+	1 m	SI-LWL,	a_K	$= 50\,\mu$.

Die nun anschließende, aufgetrommelte 500 m lange Faser, muß bau- und funktionsgleich mit dem zu messenden LWL sein [126]. In Bild 7.2 sind die Ergebnisse der beschriebenen Techniken zusammengefaßt. Die Abszisse stellt die normierte Modenzahl $\left(\left(\frac{m}{m_{max}}\right)\right)$ dar und entspricht der Leistungsverteilung in einem SI-LWL. Die Verteilung in einem GI-LWL folgt daraus durch Gewichtung mit dem quadratischen Brechzahlprofil [128].

Für Messungen mit EM-LWL ist wegen der Ausbreitung nur einer Mode (Grundmode) eine Modenverteilung nicht relevant. Wohl ist aber darauf zu achten, Ausbreitungsbedingungen für höhere Moden zu vermeiden. Dem ist nach 1.24 Rechnung getragen, wenn $V = \frac{2\pi a_K}{\lambda_0}\sqrt{n_1^2 - n_2^2} \leq 2,405$ erfüllt ist.

7.2 Übertragungsparameter opt. Nachrichtenverbindungen

Für aussagefähige Messungen an optischen Nachrichtenverbindungen ist eine weitere Voraussetzung — neben den in Punkt 7.1 besprochenen Meßbedingungen — die Definition und Auswahl geeigneter Parameter. Ziel ist dabei die Charakterisierung des gesamten Übertragungssystems, also Sender, LWL-Strecke und Empfänger.

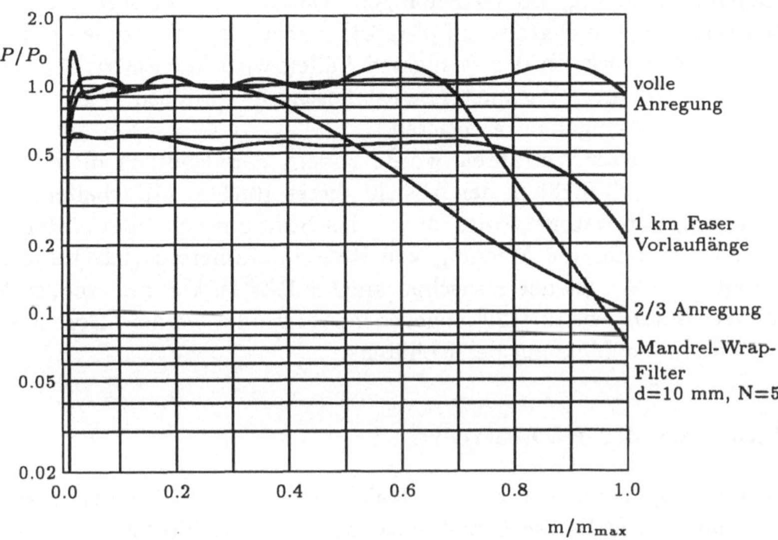

Bild 7.2 Modenspektren unterschiedlicher Anregungsbedingungen zur Dämpfungsmessung

7.2.1 Meßtechnische Charakterisierung des optischen Senders

Wichtige Parameter optischer Sender auf Halbleiter-Basis sind — ohne Rücksicht auf die Art der Quelle — die *Leistung P_F am LWL-Ausgang*, die *Wellenlänge* der maximalen Emission λ_R sowie deren *Linienbreite* $\Delta\lambda$. Daneben interessieren den Anwender artgebundene Angaben wie z.B.:

- Leistungscharakteristik von LED's bei Impulsbetrieb,
- Linienanzahl und -abstand bei vielmodigen Lasern,
- Linienbreite und Temperaturabhängigkeit bzw. Stromabhängigkeit der Emissionswellenlänge bei einmodigen Lasern,
- Linearität und Rauschverhalten (RIN) bei einwelligen DFB-Lasern in VIDEO-Übertragungssystemen.

Für Leistungsmessung und (überschlagsmäßige) Messung der Wellenlänge stehen heute „Hand Held"-Meßgeräte zur Verfügung. Sie arbeiten mit Empfängern, die bez. *Leistung* bei *definierten* (und bekannten) Wellenlängen geeicht sind. Zur *Wellenlängenmessung* wird die definierte Abhängigkeit der Empfindlichkeit spezieller Fotodiodenkombinationen von der Wellenlänge ausgenutzt (vgl. Kapitel 3).

Diese einfachen aber zweckmäßigen Geräte sind durch ihr reiches Zubehör sehr vielseitig einsetzbar. Genannt seien hier nur das ML96B von Anritsu und AM 3500 der Fa. Laser precision corp. (Vertrieb ENATECHNIK).

Die hochgenaue Messung von Wellenlängen, wie auch die Messung kleiner Halbwertsbreiten ($\Delta\lambda \leq 0{,}1$ nm) greift auf physikalisch/optische Prinzipien wie Interferenz und Beugung zurück. In den wenigsten Fällen wird der Entwickler optischer Übertragungssysteme diese Parameter selbst bestimmen müssen. Vielfach kann er sich an den Datenblattangaben orientieren.

Die Behandlung dieser Verfahren würde zudem den Rahmen dieses Kapitels sprengen und liegt auch nicht in der Absicht dieses Buches. Mitarbeitern entsprechender Forschungslaboratorien wird daher das Studium von Spezialliteratur angeraten. Gleiches gilt für die Messung von Rauschparametern (RIN) und Strahlparametern (Kohärenz). Ist der Rauschparameter RIN zu kontrollieren, so können Aufbau und Verfahren, wie in [129] angegeben, verwendet werden. Dort findet sich auch ein Verfahren zur Messung der Kohärenz.

7.2.2 Parameter der LWL-Strecke

Dämpfung und Dispersion in ihren spektralen Abhängigkeiten bestimmen — neben dem Verhalten von Steckern und Verzweigungskomponenten — grundlegend das Übertragungsverhalten einer LWL-Strecke. Üblicherweise beschränken sich die Messungen an einer betriebsfertigen Übertragungsstrecke auf die Überwachung spezifizierter Pegel an festgelegten Meßstellen. Zusätzlich werden auf Analogstrecken noch Signal, Rauschverhältnis (S/N) und Linearitätsparameter (CSO,CTB) gemessen. Bei LWL-Übertragungsstrecken interessiert zudem der Zustand der Strecke selbst, d.h. der ortabhängige Verlauf der Dämpfung inklusive aller Spleiße und Stekker. Zu diesem Zweck wird ein sogenanntes Rückstreudiagramm der betriebsfertigen Strecke aufgenommen (vgl. 7.5). Es zeigt außer der Ortsabhängigkeit der Dämpfung auch die Reflexionen infolge schlechter Spleiße, Steckverbindungen oder gar gebrochener Fasern.

7.2.3 Meßparameter des Empfängers

Empfänger in LWL-Übertragungssystemen sollten stabile Parameter in mehrfacher Hinsicht aufweisen. Bezüglich der *optischen Eingangsleistung* ist zum einen der Maximalwert an der Übersteuerungsgrenze $P_{e_{max}}$, zum anderen der Minimalwert P_{e_R} der Rauschgrenze für (S/N) = 1 von großem Interesse. Der Minimalwert wird zweckmäßig auch durch die Noise Equivalent Power (NEP) angegeben, eine Größe, die aus Kapitel 3 bekannt ist. Ihre meßtechnische Bestimmung läßt sich auf eine Messung der (elektrischen) Leistung am Empfängerausgang zurückführen. Bild 7.3 zeigt ein Meßverfahren, das die frequenzabhängige Messung der NEP gestattet. Der Meßablauf ist folgender:

(1) Messung der Rauschleistung P_{R_A} am Empfängerausgang bei der Frequenz f_0 mit der Bandbreite Δf

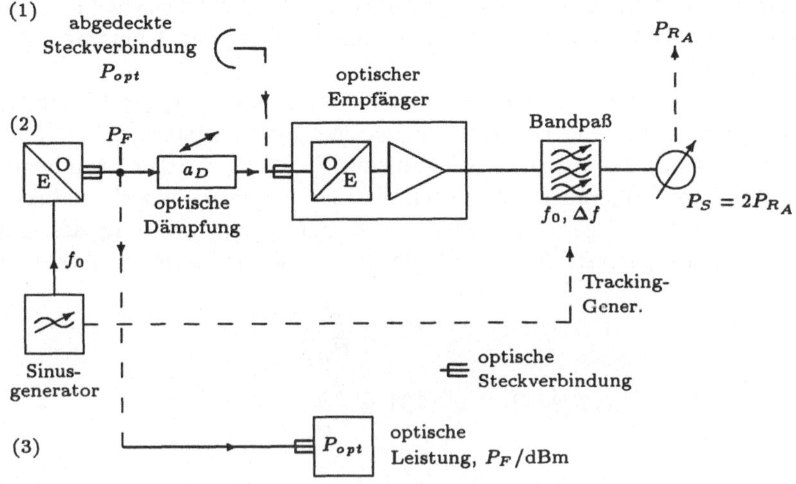

Bild 7.3 Anordnung zur Messung der NEP

(2) Zuführen des optischen Signals der Leistung P_F und Abdämpfen mittels opt. Dämpfungsglied um a_D bis $P_S = 2P_{R_A}$ am Leistungsmesser angezeigt wird. Dann gilt

$$\begin{aligned} P_{S_A} &= P_{R_A} \\ \text{und } \left(\frac{S}{N}\right)_A = P_{S_A}/P_{R_A} &= 1 . \end{aligned}$$

(3) Ermittlung des optischen Leistungsäquivalents durch eine absolute Leistungsmessung (P_F in dBm).

Nach Änderung der Frequenz f_0 (Sinusgenerator, Bandpaß → evtl. Einsatz eines Tracking-Generators!) wird die Prozedur wiederholt.
Die rauschäquivalente Eingangsleistung P'_{R_e}/dBm ergibt sich zu

$$P'_{R_e}(f_0)/dBm = (P_{F_{/dBm}} - a_{D_{/dB}})_{f_0} . \tag{7.2}$$

Daraus wir die NEP bei der Frequenz f_0 erhalten

$$NEP(f_0) = \frac{1\ mW}{\sqrt{\Delta f}} \cdot 10^{(P'_{R_e}/10)} . \tag{7.3}$$

Der *Maximalwert* $P_{e_{max}}$ ist üblicherweise als die Eingangleistung definiert, bei der die Übertraungskennlinie um 1 dB vom linearen Verlauf abweicht (1 dB-Kompressionspunkt) und kann leicht aus einer leistungsabhängigen Übertragungsmessung ermittelt werden.

Die Messung spezieller *Linearitätsparameter* erfordert hingegen einen größeren Aufwand. Nach der Zweisender-Methode werden zwei sinusförmige Signale gleicher (optischer) Leistung P_S aber unterschiedlicher Frequenz auf den Empfängereingang gegeben. Am Empfängerausgang werden die Leistungen der Mischprodukte 2. Ordnung und 3. Ordnung gemessen und in Beziehung zur Leistung des sinusförmigen Trägersignals gesetzt. Für die Unterdrückung der Mischprodukte gilt dann

$$CSO/dB = 10 \log \frac{P_S}{P_{M_2}} \tag{7.4.1}$$

$$CTB/dB = 10 \log \frac{P_S}{P_{M_3}} \tag{7.4.2}$$

P_{M_2}, P_{M_3} Summenleistungen der Mischprodukte zweiter bzw. dritter Ordnung.

7.2.4 Vernetzungskomponenten

Spleiße, Stecker, WD-Multiplexer und alle Arten von Kopplern, wie sie in Kapitel 5 beschrieben sind, gehören zu den optischen Vernetzungskomponenten. Aufgrund von Verlustmechanismen ist ihr Einsatz immer mit zusätzlicher Verlustdämpfung verbunden. Bei Kopplern ist diese zusätzlich zur Durchgangs- bzw. Auskoppeldämpfung wirksam.

Bei LWL-Verbindungen unterscheiden wir *intrinsische* Verluste und *extrinsische* Verluste.

Intrinsische Verluste sind selbst bei einer perfekten Verbindung zweier LWL wirksam, wenn an der Verbindungsstelle

- verschiedene numerische Aperturen
- verschiedene Brechzahlverläufe
- unterschiedliche Fasergeometrien

vorliegen. Bild 7.4 zeigt den Einfluß intrinsischer Fehler auf die Dämpfung einer entsprechenden Verbindung [128].

Extrinsische Verluste treten bei völlig gleichartigen LWL-Parametern an der Verbindungsstelle immer auf, da wir von *realen* Verbindungen ausgehen müssen. Sie sind gegeben durch

- radialen Versatz,
- Winkelversatz der beiden LWL,
- Lücke zwischen beiden LWL.

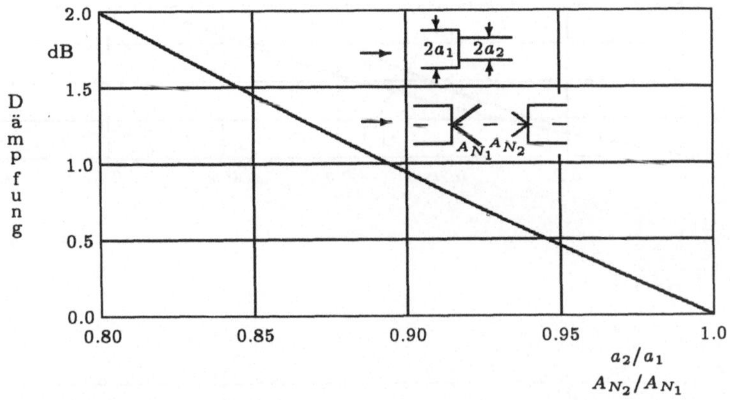

a) In Abhängigkeit des Kernradienverhältnisses bzw. der numerischen Aperturen

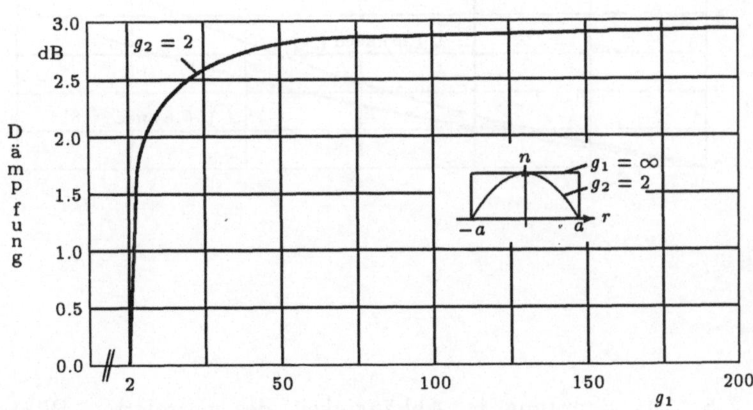

b) In Abhängigkeit des Brechzahlprofilverhältnisses

Bild 7.4 Intrinsische Zusatzdämpfung einer Mehrmoden-LWL-Verbindung

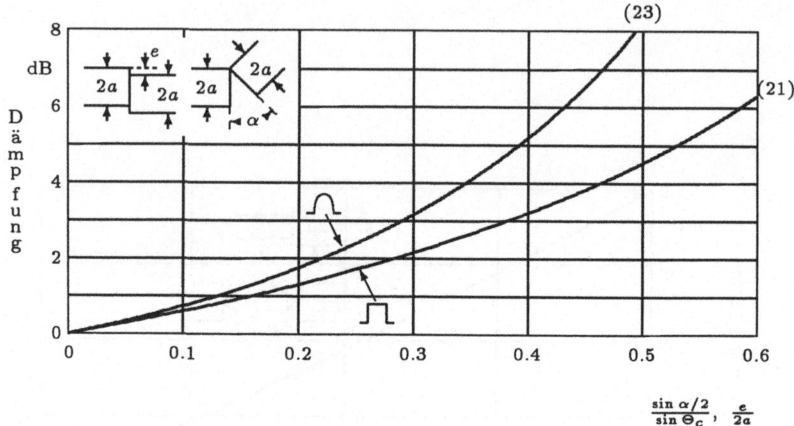

a)

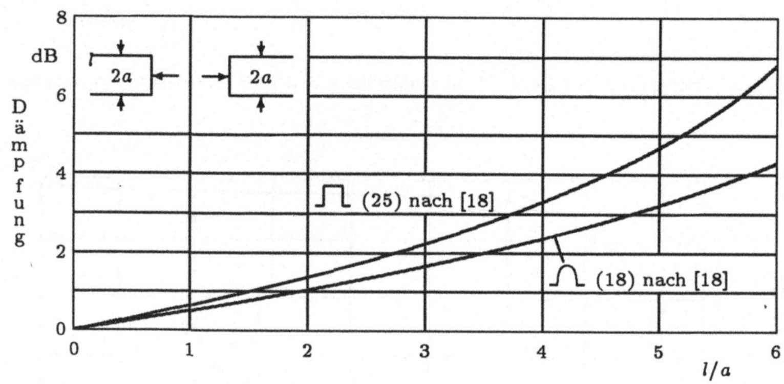

b)

Bild 7.5 a) Dämpfung in Abhängigkeit des normierten Winkelfehlers $\sin\alpha/2/\sin\Theta_c$ b) in Abhängigkeit der normierten Lücke l/a

Den Einfluß extrinsischer Koppelfehler auf die Dämpfung einer Steckverbindung oder eines Spleißes zeigt Bild 7.5. Interessanterweise haben radialer Versatz und Winkelfehler bei entsprechender Normierung gleiche Dämpfung zur Folge (Bild 7.5a).

Anders als bei Spleißen und Kopplern ist bei Steckverbindungen noch die Reflexion an den LWL-Stirnflächen bei Übergang in Luft zu berücksichtigen. Für den Leistungsreflexionsfaktor r_P gilt

$$r_P = \left(\frac{n_1 - n_2}{n_1 + n_2}\right)^2 .$$

Um dies auszuschließen, werden Stecker mit ca. 8° Winkelschliff der Stirnfläche verwendet (senkrecht zur Faserachse gemessen). Sie sind unter der Bezeichung „High-Reflection-Loss“-Stecker erhältlich und weisen eine Refexionsdämpfung von 60 dB auf, gegenüber nur 14 dB (!) bei Normalsteckern. Die winkligen Stirnflächen müssen beim Steckvorgang passend aufeinandertreffen, was durch eine Nut erreicht wird.

Intrinsische und extrinsische Verluste sind für Mehrmoden- und Einmoden-LWL in Tabelle 7.2 (nach [128]) zusammengestellt. Bleiben die Verluste je Ursache kleiner 1 dB, so können die Gesamtverluste einer Verbindung näherungsweise durch Addition aller Einzelverluste ermittelt werden.

Um die Größenordnung realistischer Dämpfungen in der Verbindungstechnik zu verdeutlichen, stellt Tabelle 7.1 die Dämpfungswerte intrinsischer Fehlerursachen zusammen. Angenommen ist dabei, daß die Toleranzen der DIN-Norm nach VDE 0888 gerade ausgeschöpft werden [126].

Die Gesamtverluste bei Vorliegen aller Fehlerursachen in genannter Größe übersteigen den Wert von 3 dB. Das bedeutet, daß 50 % der Leistung allein an *einer* Verbindung verlorengehen könnte (worst case)!

Charakteristische Parameter von *Verzweigern und Kopplern* sind die Koppelfaktoren (p), mit denen die Leistungskopplung zwischen den LWL-Anschlüssen des Kopplers beschrieben werden kann. Koppelfaktoren sind in den meisten Fällen modenabhängig, so daß eine definierte Modenverteilung Voraussetzung für die meßtechnische Charakterisierung ist. Ein doppelter Sternkoppler mit n Ein- und Ausgängen (E $\rightarrow$ A) besitzt bezüglich der Beschreibung im obigen Sinne die größte Allgemeingültigkeit. Er stellt ein passives Element dar, Ein- und Ausgänge sind vertauschbar, die Summe aller Eingangsleistungen muß gleich der Summe aller abgegebenen Leistungen sein, Verlustfreiheit vorausgesetzt. Am Beispiel eines sog. Viertor-Verzweigers soll die Beschreibung verdeutlicht werden. In Bild 7.6 ist ein solches Element schematisch dargestellt. Jedes Tor (= LWL-Anschluß) wird dabei durch einen einlaufenden und auslaufenden Pfad berücksichtigt (P_E, P_A). Somit bestimmen 4 $\times$ 4 Parameter das Leistungsübertragungsverhalten zwischen den Toren. Im allgemeinen Fall wäre die Zahl dieser Parameter n^2. Die Beziehungen zwischen den eingespeisten und auslaufenden Leistungen sind:

$$\begin{aligned} P_{A_1} &= p_{11}P_{E_1} + p_{12}P_{E_2} + p_{13}P_{E_3} + p_{14}P_{E_4} \\ P_{A_2} &= p_{21}P_{E_1} + p_{22}P_{E_2} + p_{23}P_{E_3} + p_{24}P_{E_4} \\ P_{A_3} &= p_{31}P_{E_1} + p_{32}P_{E_2} + p_{33}P_{E_3} + p_{34}P_{E_4} \\ P_{A_4} &= p_{41}P_{E_1} + p_{42}P_{E_2} + p_{43}P_{E_3} + p_{44}P_{E_4} \end{aligned} \tag{7.5}$$

In Matrix-Schreibweise ist der Zusammenhang (7.5) kompakter darstellbar. Die $P_{A_1} \ldots P_{A_4}$ ergeben sich durch Bildung des Skalarproduktes der als Vektoren gedachten Größen p_1 (Komponenten $p_{11} \ldots p_{14}$) bis p_4 und P_E ($P_{E_1} \ldots P_{E_4}$):

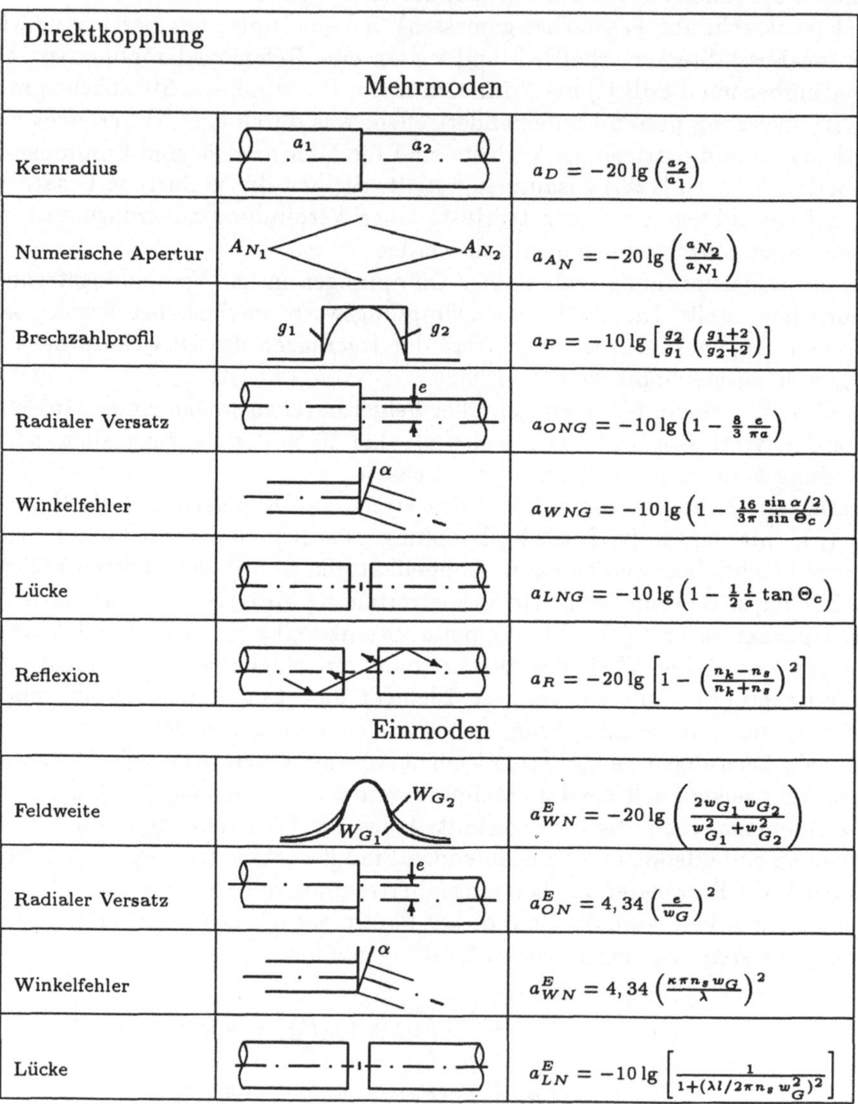

Direktkopplung		
	Mehrmoden	
Kernradius	a_1, a_2	$a_D = -20 \lg \left(\frac{a_2}{a_1}\right)$
Numerische Apertur	A_{N_1}, A_{N_2}	$a_{A_N} = -20 \lg \left(\frac{a_{N_2}}{a_{N_1}}\right)$
Brechzahlprofil	g_1, g_2	$a_P = -10 \lg \left[\frac{g_2}{g_1}\left(\frac{g_1+2}{g_2+2}\right)\right]$
Radialer Versatz	e	$a_{ONG} = -10 \lg \left(1 - \frac{8}{3}\frac{e}{\pi a}\right)$
Winkelfehler	α	$a_{WNG} = -10 \lg \left(1 - \frac{16}{3\pi}\frac{\sin \alpha/2}{\sin \Theta_c}\right)$
Lücke		$a_{LNG} = -10 \lg \left(1 - \frac{1}{2}\frac{l}{a}\tan \Theta_c\right)$
Reflexion		$a_R = -20 \lg \left[1 - \left(\frac{n_k - n_s}{n_k + n_s}\right)^2\right]$
	Einmoden	
Feldweite	W_{G_1}, W_{G_2}	$a^E_{WN} = -20 \lg \left(\frac{2 w_{G_1} w_{G_2}}{w^2_{G_1} + w^2_{G_2}}\right)$
Radialer Versatz	e	$a^E_{ON} = 4,34 \left(\frac{e}{w_G}\right)^2$
Winkelfehler	α	$a^E_{WN} = 4,34 \left(\frac{\kappa \pi n_s w_G}{\lambda}\right)^2$
Lücke		$a^E_{LN} = -10 \lg \left[\frac{1}{1 + (\lambda l / 2\pi n_s w^2_G)^2}\right]$

Tabelle 7.1 Übersicht zu den wichtigsten auftretenden Verlustmechanismen zwischen zwei Fasern und deren Auswirkung auf die Kopplungsdämpfung

Ursache	Maß ± Toleranz	Dämpfung [dB]	Bemerkung
Kerndurchmesser	50 μm ± 3 μm	1,04	Standard GI-LWL
Numerische Apertur NA	0,2 ± 0,02	1,74	Standard GI-LWL 850/1300 nm
Profilexponent α	2 ± 0,2	0,44	—

Tabelle 7.2 Intrinsische Verluste einer LWL-Verbindung bei maximalen Toleranzen nach VDE 0888

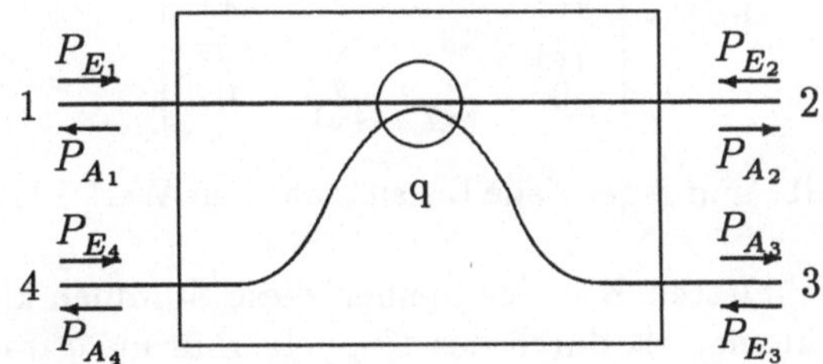

Bild 7.6 Schematische Darstellung eines Viertor-Verzweigers

$$\begin{vmatrix} P_{A_1} \\ P_{A_2} \\ P_{A_3} \\ P_{A_4} \end{vmatrix} = \begin{vmatrix} p_{11} & p_{12} & p_{13} & p_{14} \\ p_{21} & p_{22} & p_{23} & p_{24} \\ p_{31} & p_{32} & p_{33} & p_{34} \\ p_{41} & p_{42} & p_{43} & p_{44} \end{vmatrix} \cdot \begin{vmatrix} P_{E_1} \\ P_{E_2} \\ P_{E_3} \\ P_{E_4} \end{vmatrix}$$

In der Hauptdiagonalen der $||p||$-Matrix stehen die Eigenreflexionsfaktoren der jeweiligen Tore ($p_{11}, p_{22} \cdots p_{44}$), die im Idealfall null sind. Handelt es sich um einen *idealen Richtkoppler*, so sind zusätzlich die Elemente in der zweiten Diagonalen ebenfalls null: In das LWL-Ende, das gegen die Richtung des einkoppelnden LWL zeigt, wird keine Leistung übertragen. Die beiden vom einkoppelnden LWL in gleicher Richtung weiterführenden LWL erhalten die Leistung entsprechend dem Koppelverhältnis aufgeteilt. Ist der Koppler symmetrisch aufgebaut, so ändert sich sein Verhalten bei Vertauschen der Tore, die spiegelbildlich zur Symmetrieachse liegen, nicht ($1 \leftrightarrow 2$, $4 \leftrightarrow 3$). Die p-Matrix eines solchen verlustfreien Kopplers mit dem Koppelverhältnis q ist sehr einfach aufgebaut:

$$||p|| = \begin{vmatrix} 0 & \frac{q}{q+1} & \frac{1}{q+1} & 0 \\ \frac{q}{q+1} & 0 & 0 & \frac{1}{q+1} \\ \frac{1}{q+1} & 0 & 0 & \frac{q}{q+1} \\ 0 & \frac{1}{q+1} & \frac{q}{q+1} & 0 \end{vmatrix} .$$

Die Summe jeder Spalte und jeder Zeile für sich hat den Wert 1 (Energieerhaltungssatz!).

Bei einem verlustbehafteten Koppler bleiben diese Summen kleiner 1. Die Koppelfaktoren $p_{\mu\nu}$ sind kleiner als durch das Koppelverhältnis q im verlustfreien Fall vorgegeben. Der Wirkungsgrad des Kopplers η_K und das Kopplerverhältnis sind dann i.a. richtungsanhängig

$$\vec{\eta}_K = (p_{11} + p_{21} + p_{31} + p_{41}), \tag{7.6.1}$$

bei Einspeisung in Tor 1 bzw.

$$\overleftarrow{\eta}_K = (p_{12} + p_{22} + p_{32} + p_{42}), \tag{7.6.2}$$

bei Einspeisung in Tor 2. Daraus folgt die Verlustdämpfung des Kopplers

$$a_\nu = 10 \log \left(\frac{1}{\eta_K} \right) . \tag{7.5}$$

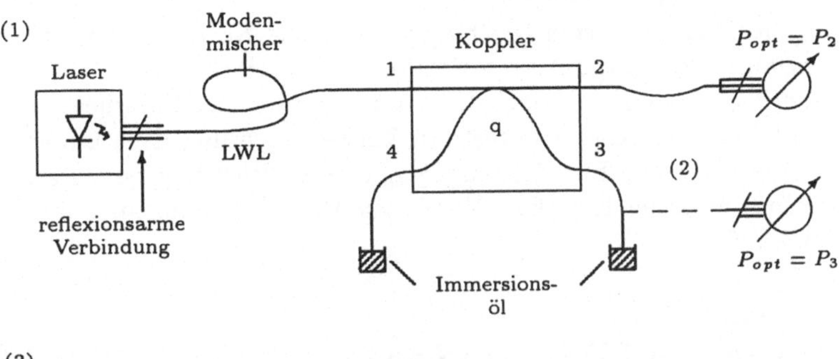

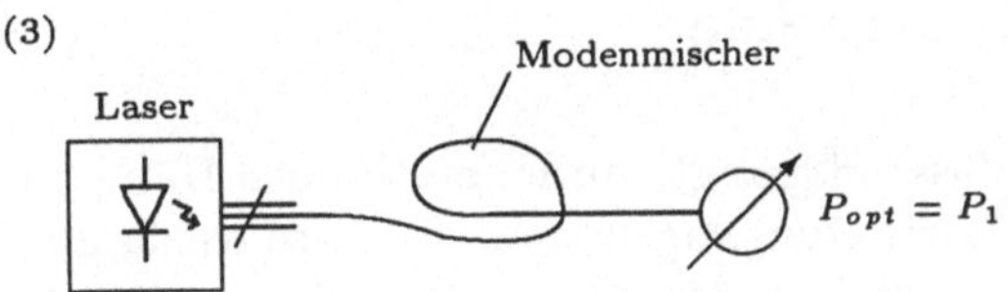

Bild 7.7 Meßprinzip zur Bestimmung der Durchgangs- und Auskoppeldämpfung

Die richtungsabhängigen Verluste haben ihre Ursache in Modenkonversion entlang der Koppelstruktur, wodurch die Koppelfaktoren modenabhängig werden und wodurch Leckwellen und Strahlungsmoden entstehen, die zu Leistungsverlust führen (vgl. auch Kapitel 1).

Die Messung von *Durchgangsdämpfung* und *Auskoppeldämpfung* kann auf einfache Weise mit Hilfe eines geeichten optischen Leistungsmeßgerätes durchgeführt werden. Bei diesen Übertragungsmessungen zwischen den Toren 1 → 2 und 1 → 3 (bzw. 2 → 1 und 2 → 4) werden die jeweils unbenutzten Tore refexionsfrei abgeschlossen (entsprechende Faser von Hand brechen, Ende in Immersionsöl eintauchen). Bild 7.7 zeigt das Meßprinzip.

Es gilt

$$10 \log \left(\frac{1}{p_{21}} \right) = 10 \log \left(\frac{P_1}{P_2} \right) ,$$

$$10 \log \left(\frac{1}{p_{31}} \right) = 10 \log \left(\frac{P_1}{P_3} \right) .$$

Die Bestimmung der *Richtdämpfung* (= $10 \log \left(\frac{1}{p_{41}} \right)$) von Richtkopplern ist gerade bei hochwertigen Komponenten sehr kritisch, da Ungenauigkeiten durch den begrenzten Dynamikbereich der Meßgeräte entstehenden können. Es könnte z.B. mit der Anordnung nach Bild 7.3 i.S. einer Transmissionsmessung gearbeitet werden. Die reflexionsarmen Verbindungen nach Bild 7.7 sind beizubehalten, auf die „reflexionsfreien“ Abschlüsse ist äußerste Sorgfalt zu verwenden, da diese das Meßergebnis einschränken. Eine solche Messung wird i.a. zu einer Grenzaussage führen, z.B. in der Form $10 \log \left(\frac{1}{p_{41}}\right) < 60\ dB$.

Zur Messung der *Eigenreflexion* (p_{11}) eignet sich das Rückstreu-Verfahren, das im weiteren Verlauf dieses Kapitels unter Punkt 7.5 besprochen wird.

So kann streng genommen erst nach Bestimmung aller vier Parameter p_{11}, p_{21}, $\ldots p_{41}$ die Berechnung der Koppelverluste in Vorwärtsrichtung nach Gl. (7.6) und (7.5) vorgenommen werden. Für die entgegengesetzte Richtung ist entsprechend zu verfahren. Gute optische Richtkoppler weisen Richtdämpfungen > 60 dB und Verluste < 1 dB auf.

7.3 Messungen an LWL-Strecken

Wie in Kapitel 1 schon zusammenfassend gesagt wurde, bestimmen Dämpfung und Dispersion weitgehend die LWL-Übertragungseigenschaften. Diese wiederum folgen aus Konstruktions- und Materialparametern der verwendeten Fasern. Welche meßtechnischen Möglichkeiten und Verfahren für Messungen im Labor und an betriebsfertiger Strecke zur Verfügung stehen, damit befaßt sich der folgende Abschnitt.

7.3.1 Dämpfung

Spektraler Dämpfungsverlauf

In Bild 1.27 ist der prinzipielle Verlauf der LWL-Dämpfung von Querglasfasern dargestellt. Den grundsätzlich anderen Dämpfungsverlauf von POF-LWL können wir Bild 1.39 entnehmen. Für den Systementwurf ist die Kenntnis der Dämpfung bei der Arbeitswellenlänge λ_{R_0} des Lasers (oder der LED) nötig. Einflüsse von Feuchtigkeit, Temperatur, Zugspannung usw. sind dabei zu berücksichtigen.

Zur meßtechnischen Bestimmung kommen drei Verfahren zur Anwendung:

(1) Rückschneidemethode oder „cut-back"-Verfahren,

(2) Einfügemethode,

(3) Rückstreuverfahren.

- Zu (1), „cut-back"-Verfahren
  Bild 7.8a zeigt den prinzipiellen Meßaufbau. Die Dämpfung wird aus der Leistungsdifferenz an den beiden Meßpunkten 1 und 2 bestimmt. Die Leistungsmessung selbst erfolgt zweckmäßig mit einem „Hand-Held"-optical power meter oder einem eigens zur Dämpfungsmessung entwickelten Gerät (z.B. Meßplatz OML von ANT). Die (kritische!) Ankopplung an den Sender bleibt bei diesem Verfahren unverändert. Die Bestimmung der Anfangsleistung im LWL, P1, wird durch Messung an dem auf ca. 2 m zurückgeschnittenen Ende vorgenommen. Die Dämpfung bestimmt sich dann zu

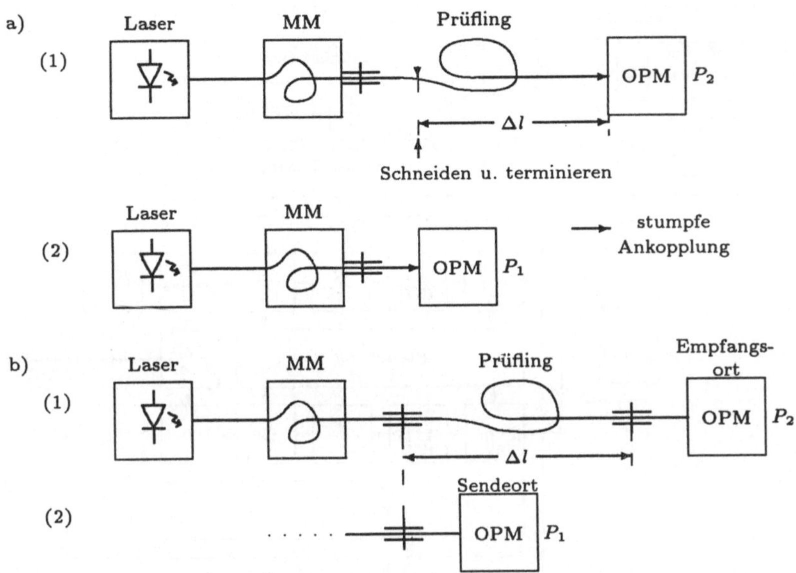

Bild 7.8 Bestimmung der Dämpfung nach dem Rückschneide-Verfahren a) und nach der Einfügemethode b) MM Modenmischer, OPM Optical Power Meter

$$\alpha_{LWL} = \frac{-10\log(P_2/P_1)}{\Delta l} = \frac{P_1/dBm - P_2/dBm}{\Delta l} . \quad (7.6)$$

Dem Vorteil definierter Koppelverhältnisse an den beiden Meßpunkten steht der Nachteil, der mit der Zerstörung der Meßfaser gegeben ist, entgegen. Das Verfahren eignet sich daher nur für Labormessungen. Sender und Empfänger können nebeneinander aufgestellt werden, so daß die Bedienung durch eine Person erfolgen kann.

- Zu (2), Einfügemethode (Insertion-Loss-Technique)
  Nach Bild 7.8b, liegt der Unterschied zu Methode (1) in der Ankopplung des Senders: Über eine Steckverbindung (oder eine andere, möglichst definierte, Kopplung) hinter dem ca. 2 m langen Senderpigtail steht die Leistung P_1 zur Verfügung. Das optische Leistungsmeßgerät, OPM, ist über einen Stecker gleichen Typs mit dem Ende der Strecke verbunden (Leistung P_2). Die Messung der Leistung kann im Labor wie bei (1) mit demselben Leistungsmesser durchgeführt werden.

  Da aber — im Gegensatz zu (1) — kein Zurückschneiden der Faser erforderlich ist, eignet sich dieses Verfahren auch zu Messungen an betriebsbereiten Strecken (z.B. Einmessung nach Neuinstallation). Von Vorteil sind dabei auch die ohnehin am Anfang und Ende der Strecke vorhandenen Stecker. Die Messungen erfolgen jedoch an verschiedenen Orten, wodurch ein zweites OPM (gleicher Typ!) erforderlich wird. Die Meßprozedur selbst kann telefonisch über

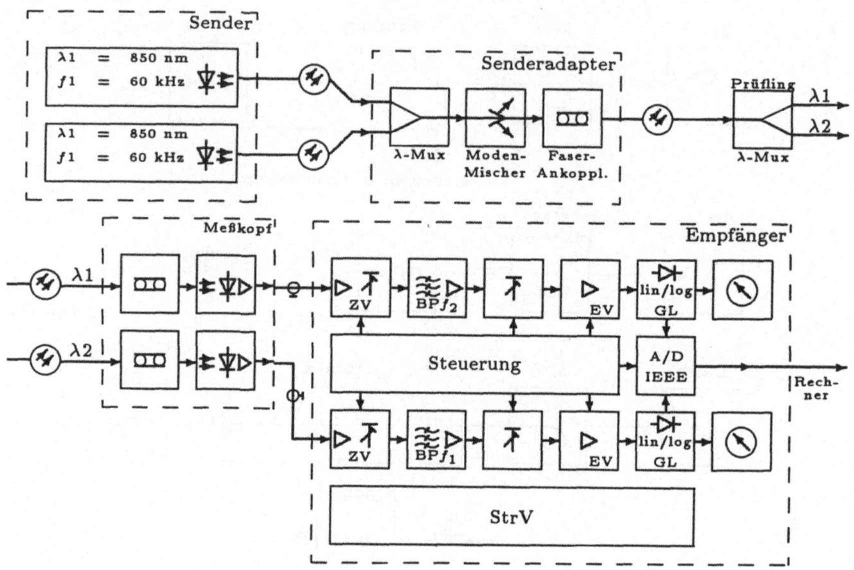

Bild 7.9 Blockschaltbild des λ-Mux-Meßgerätes SP 794

den Dienstkanal abgesprochen werden. Die LWL-Dämpfung wird nach Gl. (7.6) ermittelt, enthält aber zusätzlich die Dämpfung einer Steckverbindung, die Unsicherheiten aufgrund der drei Steckvorgänge und der verschiedenen OPM. Die Messung an kurzen Strecken wird dadurch verfälscht. Bei größeren Längen fallen die Meßunsicherheiten weniger ins Gewicht.

- Zu (3), Rückstreumessung
  Zu Messungen nach dem Rückstreu-Verfahren wird auf Punkt 7.5 verwiesen.

In [130] sind Dämpfungsmeßgeräte beschrieben, die Messungen bei verschiedenen Wellenlängen nach (1) und (2) ermöglichen. Der Lasersender wird durch Temperaturregelung und Leistungsregelung stabilisiert. Der Erweiterung des Meßbereiches zu kleineren Leistungen hin dienen zwei Maßnahmen im Empfänger:

- Selektive Messung mit moduliertem Licht bei kleinster Bandbreite *oder*
- FSK-Modulation des Lasers und Auswertung nach Methoden der Korrelationsmeßtechnik.

Beides dient der Verminderung des Rauschen und dehnt so den Dämpfungsmeßbereich auf ca. 40 dB aus.Das Dämpfungsmeßgerät SP794 von ANT arbeitet mit Wellenlängenmultiplex und kann gleichzeitig Messungen bei 850 nm und 1300 nm durchführen. Das Prinzip ist auf 1550 nm übertragbar. Bild 7.9 zeigt das Blockschaltbild des SP794 [130]

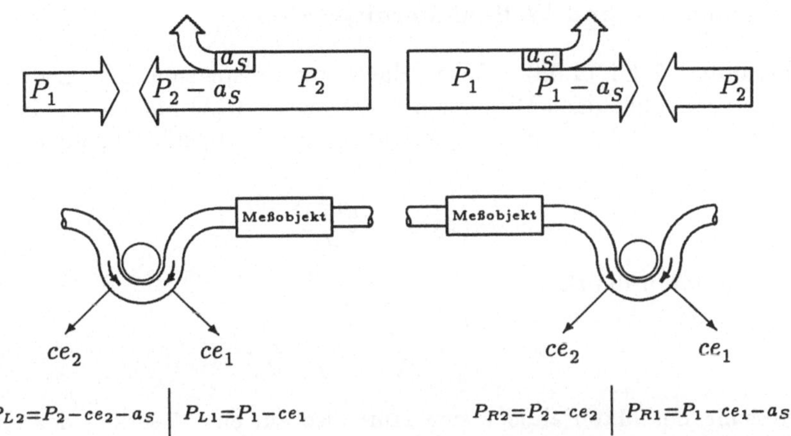

Bild 7.10 Messung der Lichtleistung links und rechts des Meßobjekts

In [131] wird ein Verfahren zur zerstörungsfreien Dämpfungsmessung vorgestellt, das die Meßunsicherheiten der Methode (2) vermeidet. Das Prinzip ist in Bild 7.10 dargestellt. Die Meßpunkte (1,2) werden durch je einen optischen Sender und -Empfänger realisiert, die durch Biegekoppler mit dem Strecken-LWL verkoppelt sind. Die Wirkung beider Sender (P_1/dBm, P_2/dBm) auf jeden Empfänger (P_R → rechts, P_L → links des Meßobjekts) wird ausgewertet. Aus den Differenzen der Empfangsleistungen beider Meßstellen wird die Dämpfung des dazwischen liegenden Meßobjekts erhalten:

$$a_S = \frac{1}{2}\{(P_{L_1} - P_{L_2}) + (P_{R_2} - P_{R_1})\} \text{ in dB.}$$

Die entsprechenden Leistungen sind in dBm einzusetzen. Das Verfahren eignet sich für alle Arten von Transmissionsmessungen. Es ist auch an Komponenten wie Steckern, Kopplern usw. anwendbar.

7.3.2 Dispersion

Die Dispersion begrenzt die nutzbare Bandbreite einer LWL-Strecke. Wie in Kapitel 1 dargelegt, äußert sie sich durch Impulsverbreiterung aufgrund der

- Modendispersion } Mehrmoden-LWL
- Materialdispersion
- Wellenleiterdispersion } Einmoden-LWL

Dies deutet bereits auf eine Meßmöglichkeit hin, nämlich Messung der Verbreiterung eines sehr schmalen Impulses (δ-Impuls) nach Durchlaufen der LWL-Strecke. Ergänzend zu dieser Zeitbereichsmessung ist die direkte Bestimmung der Bandbreite mittels einer Messung im Frequenzbereich möglich.

Materialdispersion und Wellenleiterdispersion

Nach Abschnitt 1.3, Gl. (1.58), 1.59) ist die Materialdispersion Δt_M gegeben durch den wellenlängenabhängigen Dispersionskoeffizienten $D(\lambda)$ und ist nur bei Einmoden-LWL meßbar. $D(\lambda)$ enthält die Ableitung der Gruppenbrechzahl n_g über die Beziehung

$$n_g(\lambda) = -\lambda \frac{dn(\lambda)}{d\lambda}$$

und bekommt damit die Form

$$D(\lambda) = \frac{1}{c_0} \frac{dn_g(\lambda)}{d\lambda} = \frac{1}{L} \frac{dt_g(\lambda)}{d\lambda} \, . \tag{7.7}$$

Die Messung der Materialdispersion läuft also auf eine Messung der Gruppenlaufzeit bei Einmoden-LWL hinaus. Allerdings ist die Materialdispersion auch in einem EM-LWL nicht allein wirksam. Die *Wellenleiterdispersion* $W(\lambda)$ ist überlagert und führt mit der Materialdispersion zu einer Summengröße, der *chromatischen Dispersion* $C(\lambda)$:

$$C(\lambda) = D(\lambda) + W(\lambda) \, . \tag{7.8}$$

So ist die meßbare Impulsverbreiterung gegeben mit

$$\Delta t_c = C(\lambda) \cdot \Delta\lambda \cdot L \, . \tag{7.9}$$

Nach [132] ist die chromatische Dispersion aus der Messung der Gruppenlaufzeit t_g bestimmbar. Zweckmäßig wird ein durchstimmbarer optischer Sender benutzt, z.B. eine breitbandige Lichtquelle mit nachgeschaltetem Monochromator, um die Abhängigkeit $C(\lambda)$ zu messen. Für den zu prüfenden LWL der Länge L wird nach optisch/elektrischer Wandlung mittels eines Oszilloskops die absolute Größe der Gruppenlaufzeit t_g bestimmt. Entsprechende Meßzeitpunkte sind die Impulsschwerpunkte, am Anfang bzw. Ende der LWL-Strecke gemessen. Dazu kann ein Meßaufbau nach Bild 7.11 verwendet werden.

Bild 7.12 zeigt im oberen Teil die auf diese Weise bestimmte Gruppenlaufzeit zweier LWL. LWL 2 besitzt als „dispersion-shiftet"-Typ die Nullstelle der chromatischen Dispersion bei 1550 nm. $C(\lambda)$ im unteren Teil von Bild 7.12 ergibt sich nun aus der Steigung der oben dargestellten Kurven und Division durch die Länge L der LWL. Die Linienbreite des Lasers $\Delta\lambda$, die nach (7.9) zur Impulsverbreiterung führt, spielt bei dieser (integralen) Messung keine Rolle.

Modendispersion

Bei Mehrmoden-LWL überlagert sich die Modendispersion der chromatischen Dispersion in teilweise dominierender Größenordnung. So sind grundsätzlich beide Einflüsse wirksam. Für SI-LWL mit Stufenprofil kann in allen Fällen die chromatische Dispersion vernachlässigt werden, für gute GI-LWL hingegen nur bei Wellenlängen, die in Nähe der Dispersionsnullstelle liegen, die gewöhnlich bei 1300

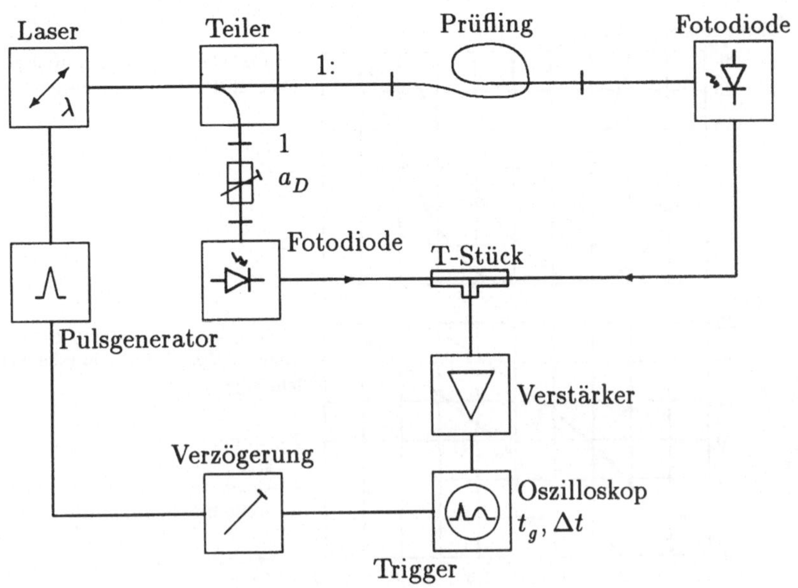

Bild 7.11 Meßplatz zur Dispersionsmessung

nm auftritt. Da die beiden Einflüsse meßtechnisch nicht separierbar sind, ist das Meßergebnis im Nachhinein in die ein- oder andere Richtung zu interpretieren. Die Linienbreite $\Delta\lambda$ der Quelle, die sich in der Modendispersion nicht auswirkt, wäre im Grenzfall ein Parameter, der zur Unterscheidung der beiden Anteile dienen könnte, vorausgesetzt, daß sich diese definiert variieren ließe.

Zur Messung der Gesamteinflüsse wird wieder der Aufbau nach Bild 7.11 verwendet. Meßgröße ist aber nicht die Gruppenlaufzeit, sondern die Impulsverbreiterung Δt. Unter der Annahme, daß die LWL-Strecke wie ein Gauß'scher Tiefpaß wirkt, kann Δt einfach aus den gemessenen Halbwertsbreiten des Sendeimpulses, T_s, und des empfangegenen Impulses, T_e, bestimmt werden:

$$\Delta t = \sqrt{T_e^2 - T_s^2} \,. \tag{7.10}$$

Es ist nicht sinnvoll, Δt auf die Meßlänge L zu beziehen. Bei kurzen bis mittleren Längen (L $\leq$ 1 km) ist mit einer linearen Zunahme der Impulsverbreiterung zu rechnen, während bei größeren Längen ($\geq$ 1 km) das Exponentialgesetz, Gl. (1.62), zur Anwendung kommt. In [133] ist dieses längenabhängige Verhalten meßtechnisch belegt, Bild 7.13. Vor Angaben in der Art $\frac{\text{ns}}{\text{km}}$ zur Beschreibung der Modendispersion wird dort ausdrücklich gewarnt.

Die Größe Δt im Zeitbereich kann unter der Voraussetzung eines Gauß'schen Tiefpasses in einen Parameter des *Frequenzbereiches*, die Bandbreite B, umgerechnet werden. Mit Δt als der ermittelten Halbwertsbreite der Impulsantwort der LWL-Strecke erhält man

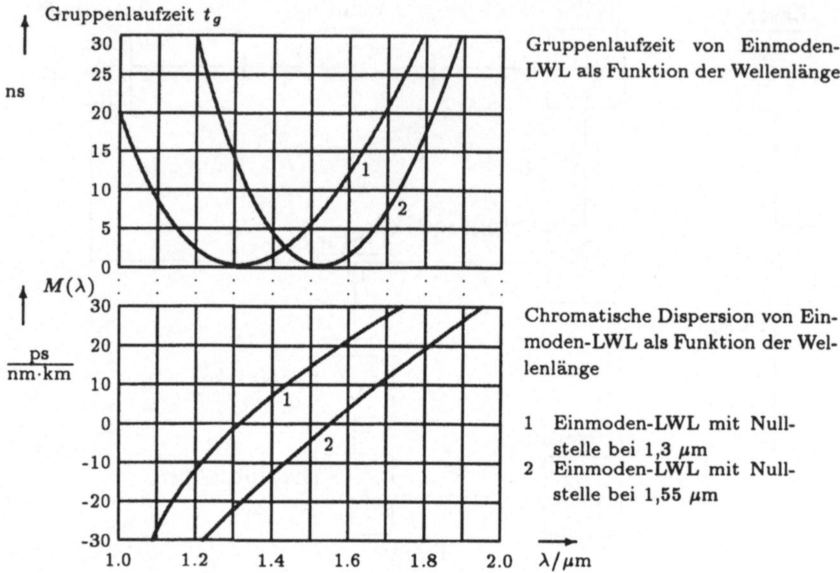

Bild 7.12 Zur Messung der chromatischen Dispersion

$$B = \frac{2}{\pi} \cdot \frac{\sqrt{\ln 2}}{\Delta t} = \frac{0,441}{\Delta t} \;. \tag{7.11}$$

Die Ableitung dieses Zusammenhanges ist Aufgabenstellung der Übung 22 .

Die direkte Messung der Bandbreite im Frequenzbereich ist nach DIN/VDE 0472, Teil 253 dokumentiert. Die entsprechende internationale Norm ist IEC793-1-C4/C5 und entspricht der in der HF-Technik üblichen Messung. Bei der Betriebswellenlänge wird der Laser sinusförmig moduliert und die Amplitude des detektierten Signaes am Ende der Übertragungsstrecke bei einer niedrigen Modulationsfrequenz gemessen. Die Frequenz des Sinusgenerators wird nun soweit erhöht, bis die optische Amplitude der intensitätsmosulierten Schwingung am Ende der Strecke auf den halben Wert abgesunken ist (= -3 dB). Diese Frequenz entspricht der Bandbreite. Zu beachten ist, daß ein 3 dB-Abfall auf der optischen Seite sich mit 6 dB auf der elektrischen Seite auswirkt!

Längenexponent

Die Bestimmung des Längenexponenten E zur Berechnung des Bandbreiten-Längen-Produkts setzt eine längenabhängige Messung der Bandbreite voraus. Das Meßergebnis ist in einem Diagramm, ähnlich Bild 7.13, darstellbar, wenn der Zusammenhang $B(\Delta t)$ nach Gl. (7.11) berücksichtigt wird. Nach Bild 7.13 hätte die vermessene Strecke ein $B \cdot L-$Produkt von ca. 175 MHz · km für $L \leq 500$ m mit $E = 1$ und ab $L = 500$ m einen exponentiellen Verlauf der Form $B = B_0 \cdot \left(\frac{L}{L_0}\right)^E$, mit $L_0 = 500$

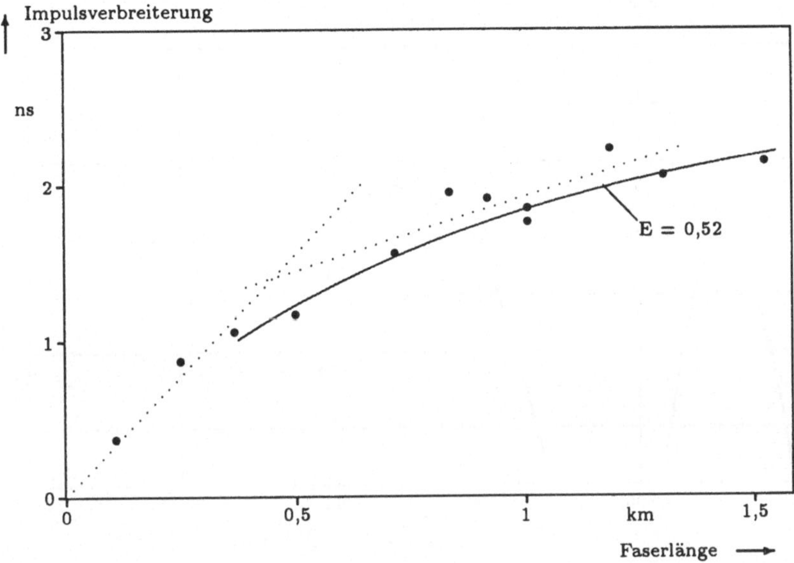

Bild 7.13 Abhängigkeit der Impulsverbreiterung einer Multimodefaser von der Faserlänge

m, $B_0 = 175$ MHz und $E \approx 0,51 \ldots 0,53$.

Die Messung des Längenexponenten ist nicht Aufgabe des Anwenders. Sie sollte in jedem Fall vom Hersteller durchgeführt und sorgfältig dokumentiert werden.

7.3.3 Grenzwellenlänge und Felddurchmesser bei EM-LWL

Entsprechend der Bedingung für Einmodigkeit nach Abschnitt 1.2.4, $V < 2{,}405$ und mit $V = \frac{2\pi a_k}{\lambda_0} \cdot \sin\vartheta_c$ ist unterhalb einer Grenzwellenlänge λ_c kein einmodiger Betrieb mehr möglich. Außer der LP_{01}-Grundmode treten bei Vergrößerung von V die Moden LP_{11}, LP_{21}, $LP_{02} \ldots$ in angegebener Reihenfolge auf.

Die *Grenzwellenlänge* liegt nach obiger Beziehung für den Einmoden-LWL nach DIN/VDE 0888 ($a_k \approx 8,9\ \mu\text{m}, \sin\vartheta_c \approx 0,113$) bei ≤ 1300 nm. Ihre Messung beruht auf der Abstrahlung der höheren Moden an Störungen der LWL-Struktur, z.B. an Krümmungen.

Das *Biegeverfahren* erfaßt den Dämpfungszuwachs, der bei der Umschlingung eines Dorns von 30 mm Durchmesser mit dem Lichtwellenleiter entsteht, in spektraler Abhängigkeit. Über der Wellenlänge aufgetragen, ergibt sich ein Verlauf mit mehreren ausgeprägten Maxima, die mit steilen Flanken zu größeren Wellenlängen hin abfallen. Diese markieren mit dem Wert bei der höchsten Wellenlänge beginnend, die Grenzwellenlängen in gleicher Reihenfolge wie auch die Moden, angefangen mit der Grundmode, auftreten LP_{01}, LP_{11}, LP_{21}, $LP_{02}, \cdots$. Bild 7.14 zeigt die so ermittelte Abhängigkeit des Dämpfungszuwachses über der Wellenlänge. Der hier vermessene

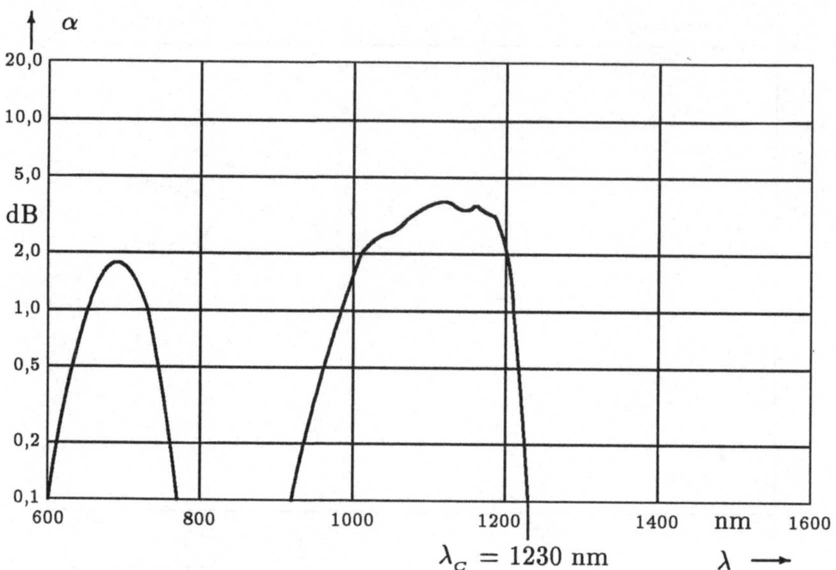

Bild 7.14 Grenzwellenlängenbestimmung mit Biegeverfahren

LWL hat eine Grenzwellenlänge für den Grundmodus von $\lambda_c \approx 1230$ nm. Alle Verfahren zur Bestimmung von λ_c sind nach DIN/VDE 0472, Teil 255 bzw. unter IEC 793-1-C7A genormt.

Der *Felddurchmesser* $2w_0$ kann nach Abschnitt 1.2.4 sowohl aus der radialen Abhängigkeit des Feldverlaufes ($|\vec{E}|$, $|\vec{H}|$) als auch der Leistungsdichte (S) ermittelt werden. Da im optischen Bereich nicht die Feldgrößen, sondern Leistungsgrößen (Intensität, Leistungsdichte) gemessen werden, bezieht man die Definition zweckmäßig auf die Leistungsdichte nach Gl. (1.50). Man spricht dann besser von Fleckdurchmesser. Nach Gl. (1.51) hängt dieser von der Strukturkonstante V und dem Kerndurchmesser des LWL ab.

Die Bestimmung von w_0 nach der *Verschiebe-Methode* (offset-method) läuft auf eine Transmissionsmessung hinaus. Ein ca. 2 m langes Stück eines Monomode-LWL wird in der Mitte gebrochen und beidseitig mit einer einwandfreien Endfläche versehen. Mit Hilfe einer x-y-z-Verschiebevorrichtung mit Mikrotrieb werden die beiden Enden so voreinander justiert, daß die Transmission maximal wird. Wenn D der axiale Abstand zwischen den LWL-Enden und S der radiale Versatz ist, gilt mit

$$\frac{D}{w_0} \ll 2\pi \frac{w_0}{\lambda} (\approx 35 \ldots 50)$$

für den Überkoppelwirkungsgrad

$$\eta \approx e^{-(S/w_0)^2} \; .$$

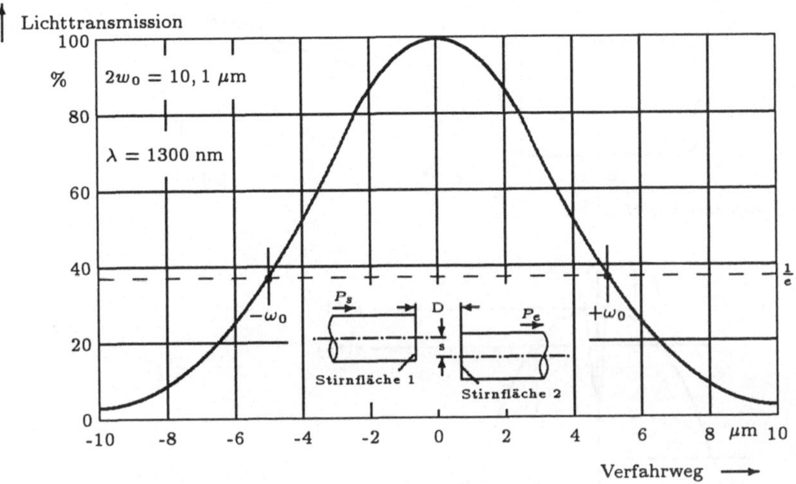

Bild 7.15 Felddurchmesserbestimmung mit Verschiebe-Verfahren

Bleibt der axiale Abstand zwischen den Endflächen < 30 μm, so ist w_0 diejenige Verschiebung aus der Achsposition, bei der die übertragene Leistung auf $\frac{1}{e}$ ihres Maximalwertes abgefallen ist [134]. Dem Meßprotokoll in Bild 7.15 entnimmt man den Felddurchmesser zur $2w_0 = 10\mu$ bei 1300 nm Wellenlänge [135].

Die Normen DIN/VDE 0472, Teil 213 bzw. IEC 793-1-C9A dokumentieren die Verfahren zur Messung des Felddurchmessers.

7.4 Messung des Brechzahlprofils und der numerischen Apertur

Neben der NA des Lichtwellenleiters interessiert den Anwender zusätzlich bei GI-LWL das Brechzahlprofil. Aus der Zahl der möglichen Meßverfahren werden hier nur einige vergestellt.

7.4.1 Nahfeld-Abtastung (Near-Filed-Scanning)

Das Nahfeld ist die Verteilung der Leistungsdichte auf der LWL-Stirnfläche am Ende des Meß-LWL. Nach Gl. (1.67) ist die Leistungsdichte bei uniformer Modenverteilung (UMD)

$$p(r) = p(0) \cdot \frac{n^2(r) - n_2^2}{\sin^2 \vartheta_{c0}}$$

und hat den Verlauf des quadratisch genommenen, normierten Brechzahlprofils.

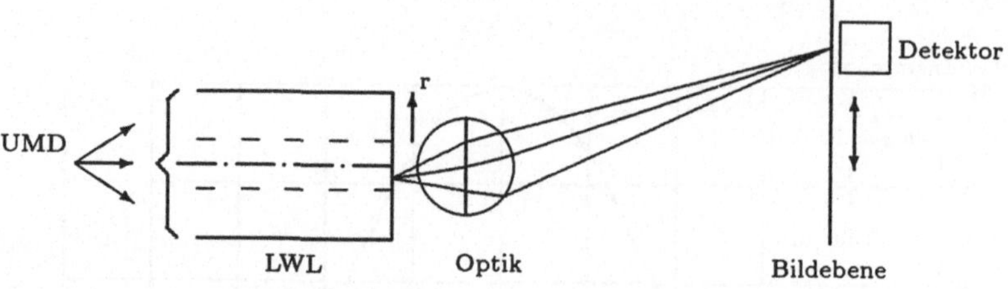

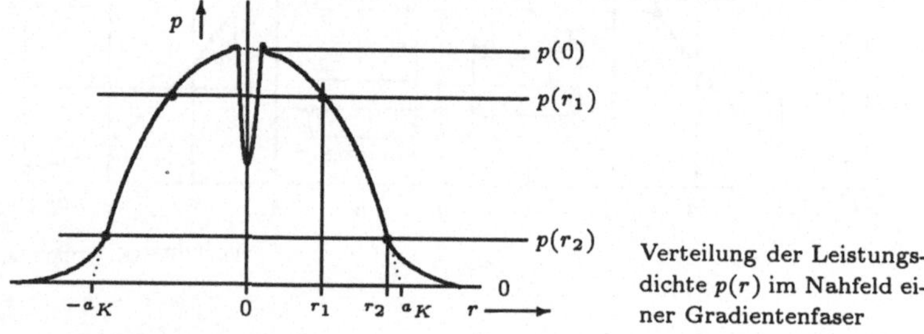

Bild 7.16 Zur Messung von Brechzahlprofil und Kernradius

Zur Messung der Abhängigkeit im Zähler der obigen Gleichung ist ein ca. 2 m langes Stück LWL mit einer LED bei der Meßwellenlänge anzuregen. Von der Lichtverteilung auf der Stirnfläche wird eine reale, vergrößerte Abbildung erzeugt. Für das weitere Procedere bieten sich zwei Möglichkeiten:

(1) Abtasten mit einem Fotoempfänger kleiner Fläche durch Abfahren eines Linienrasters in der Bildebene

(2) Anschluß einer CCD-Kamera und Abrastern der Stirnflächenabbildung.

Die einfache Anordnung nach Bild 7.16 macht von der Möglichkeit (1) Gebrauch [136]. Wird der Fotodetektor entlang einer radialen Linie (kreuzt die LWL-Achse) in der Bildebene bewegt, folgt der Detektorstrom dem Zusammenhang nach Gl. (1.67). Außer der Messung des Brechzahlverlaufs ist auf diese Weise auch die Bestimmung des Kernhalbmessers a_k möglich (Bild 7.16). Für allgemeine Potenzprofile, definiert durch Gl. (1.37), (1.38), gilt

$$\begin{aligned} n^2(r) &= n_1^2\left[1 - 2\Delta\cdot\left(\frac{r}{a_k}\right)^\alpha\right] \qquad \text{und somit} \\ \frac{p(r)}{p(0)} &= \frac{n_1^2 - n_2^2 - 2\Delta n_1^2\cdot\left(\frac{r}{a_k}\right)^\alpha}{\sin^2\vartheta_{c0}} \\ &= 1 - \left(\frac{r}{a_k}\right)^\alpha \end{aligned}$$

α könnte nun aus einem einzigen Produkt $(r_1,\ p(r_1))$ auf der Meßkurve bestimmt werden. Um Ablesefehler und Meßungenauigkeiten zu reduzieren, ist es zweckmäßig zwei Punkte auszuwählen, wie in Bild 7.16 angedeutet. Die Auswertung ergibt für den Profilexponenten α

$$\alpha = \frac{\ln\left\{\frac{p(0)-p(r_1)}{p(0)-p(r_2)}\right\}}{\ln\left(\frac{r_1}{r_2}\right)} \ . \tag{7.12}$$

Statt des natürlichen Logarithmus kann auch der Brigg'sche Logarithmus (zur Basis 10) verwendet werden. Das kann sinnvoll sein, wenn zur Messung der Leistungsdifferenzen im Zähler ein in dB geeichtes Pegelmeßgerät verwendet wird. glggl7.15 vereinfacht sich, wenn das Verhältnis der Meßradien $\frac{r_2}{r_1} = e$ gewählt wird:

$$\alpha = \ln\left\{1 - \frac{p(r_2)}{p(0)}\right\} - \ln\left\{1 - \frac{p(r_1)}{p(0)}\right\} \ .$$

7.4.2 Bestimmung der NA aus dem Fernfeld

Es werden Anregung und Prüfling aus dem Meßaufbau nach Bild 7.16 verwendet. Die Auswerteeinheit ist jedoch zu ändern: Statt optischer Abbildung auf die Bildebene und Abscannen wird der kleine flächige Fotoempfänger in großem Abstand von der Faserstirnfläche in einer Meridianebene konzentrisch um den Fasermittelpunkt bewegt, vgl. Bild 7.17. Es gilt $R \gg 2a_k$ ($\approx 5 \ldots 10$ mm). Wegen der geringen zu erwartenden Empfangsleistung ist die Modulation der LED mit einem niederfrequenten Sinus bei schmalbandiger Filterung im Empfänger zu empfehlen (oder Anwendung des Lock-In-Prinzips).

Mit dieser Meßanordnung wird die Winkelabhängigkeit der Leistung im Fernfeld beobachtet, d.h. die Intensität bzw. Strahlstärke I. Es gilt mit Gl. (1.63), (1.65)

$$I(\delta) = \frac{\delta P}{\delta \Omega} = \int\limits_{A_F} L dA_\perp(\delta) \ ;$$

Für konstantes δ ist die Leuchtdichte über der LWL-Stirnfläche zu integrieren. $I(\delta)$ ist in Richtung der LWL-Achse, für $\delta = 0$, maximal. Zu größeren Winkeln hin fällt sie mit parabolischem Verlauf ab, wie die gemessene Funktion, Bild 7.17 unten, zeigt. Der maximale Winkel δ_A entspricht dem Öffnungswinkel des Akzeptanzkegels bei r = 0. Er ist aus dem Schnittpunkt des extrapolierten Parabelverlaufs mit der Ordinate zu ermitteln. Die NA ist demnach

$$NA(0) = \sin\vartheta_{c_0} = \sin\delta_A \ .$$

Nähert man mit den beiden Meßwerten $\delta_1/I_F(\delta_1)$, $\delta_2/I_F(\delta_2)$ eine Parabel an, so berechnet sich die NA zu [136]

$$NA(0) = \sin\left\{\delta_2 \cdot \left(\frac{\delta_2}{\delta_1}\right)^{\frac{K_2}{K_1-K_2}}\right\} \ , \tag{7.13}$$

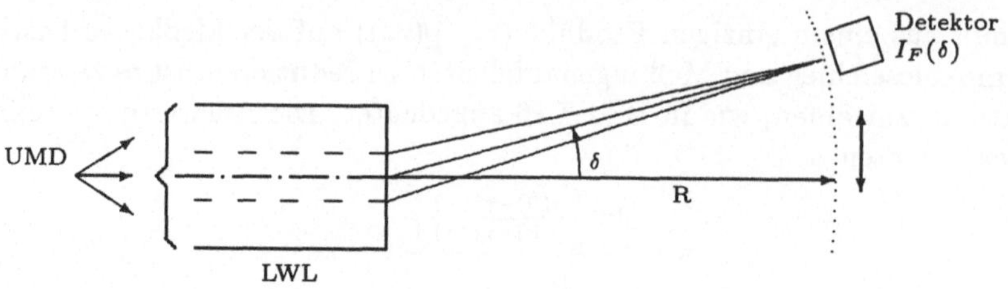

Meßanordnung zur Fernfeldmessung

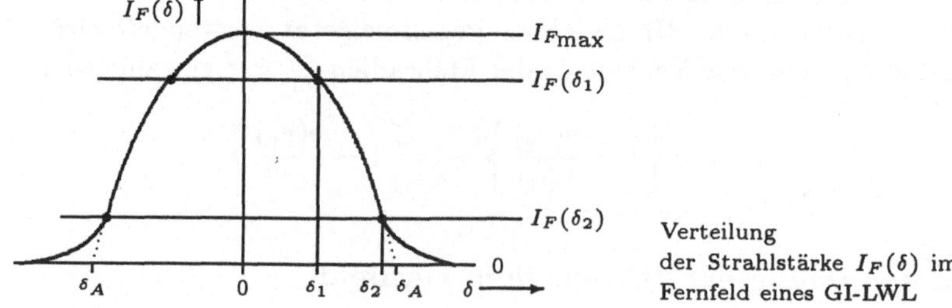

Verteilung der Strahlstärke $I_F(\delta)$ im Fernfeld eines GI-LWL

Bild 7.17 Zur Bestimmung der NA aus der Fernfeldmessung

$$K_{1,2} = \log\left(1 - \frac{I_F(\delta_1, \delta_2)}{I_{F_{max}}}\right) .$$

7.4.3 Die Strahlungsfeldmethode (Refracted Near Field Technique)

Die Bestimmung des Brechzalverlaufs nach 7.4.1 mittels Nahfeld-Abtastung ist aufgrund der Leckwellen, die nach 2 m LWL noch wirksam sind, fehlerhaft. Das wirkt sich besonders im Übergangsbereich an der Kern-Mantel-Grenze aus, so daß auch der Kerndurchmesser $2a_k$ nur fehlerhaft bestimmt werden kann. Andererseits könnte die Meßlänge des LWL kaum vergrößert werden, weil dadurch die uniforme Modenverteilung gestört würde. Das „Refracted Near Field"-Verfahren vermeidet diesen Nachteil. Zur Messung der Abhängigkeit n(r) eines beliebigen LWL wird das Licht der anregenden Quelle (LED, Laser) mit einem Mikroskop-Objektive auf einen Punkt (spot) fokussiert. Der Öffnungswinkel 2Θ des divergenten Strahlenbündels, das den Punkt durchsetzt, muß deutlich größer sein als der Öffnungswinkel $2\vartheta_c(r)$ des Akzeptanzkegels des LWL. Dies führt dazu, daß Strahlen mit $\sin\Theta > \frac{\sin\vartheta_c(r)}{\cos\Theta_r}$ die Faser nach Brechung seitlich unter dem Winkel ϕ wieder verlassen. Aber auch ein Teil der mit angeregten Leckwellen tritt seitlich wieder aus dem LWL aus. Diese lassen sich nun, aufgrund ihres von den restlichen seitlich abgehenden Strahlen unterschiedlichen Winkelbereiches, separieren.

Abhängig von der Lage des „spots"besteht folgender Zusammenhang:

Je dichter der spot am Zentrum der Faser liegt, je größer ist (bei GI-LWL) die Lokale Numerische Apertur (LNA) und umso kleiner ist der Winkelbereich ϕ der nicht akzeptierten, seitlich abgehenden, Strahlen. Je weiter der spot von der Faserachse abliegt, je kleiner ist die LNA und je größer wird der entsprechende Winkelbereich ϕ.

Abgestrahlte Leckwellen verlaufen am dichtesten seitlich neben dem LWL, haben also den kleinsten Winkelbereich ϕ. Sie können daher durch einen Schirm von allen anderen seitlich verlaufenden Strahlen ferngehalten werden. Der Schirm ist so zu dimensionieren und so aufzustellen, daß Leckwellen unter dem maximal möglichen Winkel ϕ_s gerade noch abgehalten werden. Unter der Voraussetzung einer Lambert'schen Strahlungsquelle ist die hinter dem Schirm empfangene Leistung, abhängig von der Lage des spots[136]

$$\frac{P(r)}{P_2} = 1 + \frac{n^2(r) - n_2^2}{\sin^2\Theta - \sin^2\phi_s} \;. \tag{7.14}$$

Bild 7.18a zeigt den schematischen Meßaufbau. Die Leistung hinter dem Schirm wird mit einer Kondensor-Linse auf einen großflächigen Fotodetektor fokussiert. $P(r)$ entspricht der Messung mit dem spot innerhalb der Faser. P_2 wird am Detektor registriert, wenn der spot außerhalb des Fasermantels liegt.

Das Verfahren eignet sich wegen seiner hohen Auflösung zur Messung von Lichtwellenleitern mit kleiner Geometrie. Bild 7.18b gibt das so gemessene Brechzahlprofil eines Monomode-LWL wieder[137].

Diese zuletzt vorgestellte Methode gehört aufgrund ihrer Komplexität üblicherweise nicht zur meßrechnischen Ausstattung des Anwenders. Anders als bei den Verfahren nach 7.4.1, 7.4.2 bleibt sie dem LWL- bzw. LWL-Kabelhersteller vorbehalten.

7.5 Messungen nach dem Rückstreuverfahren

Rückstreumessungen mit all den Aussagen wie sie im optischen Bereich praktiziert werden, haben kein elektrisches Äquivalent. Die Auswertung rückgestreuter Energie von einem LWL, von Störstellen oder Komponenten, bezügliich Intensität, zeitlichem Verhalten u.ä., führt zu einer neuen, speziellen optischen Meßtechnik.

7.5.1 Grundlegendes

Die optische Leistung wird entlang der Faserachse (z-Richtung) im LWL nach dem Gesetz

$$P(z) = P_0 \cdot e^{-\alpha z} \tag{7.15}$$

transportiert. Die Größe α ist dabei als Dämpfungskonstante zu interpretieren und faßt die Dämpfung aufgrund zweier Ursachen zusammen:

$$\alpha = \alpha_a + \alpha_s \;.$$

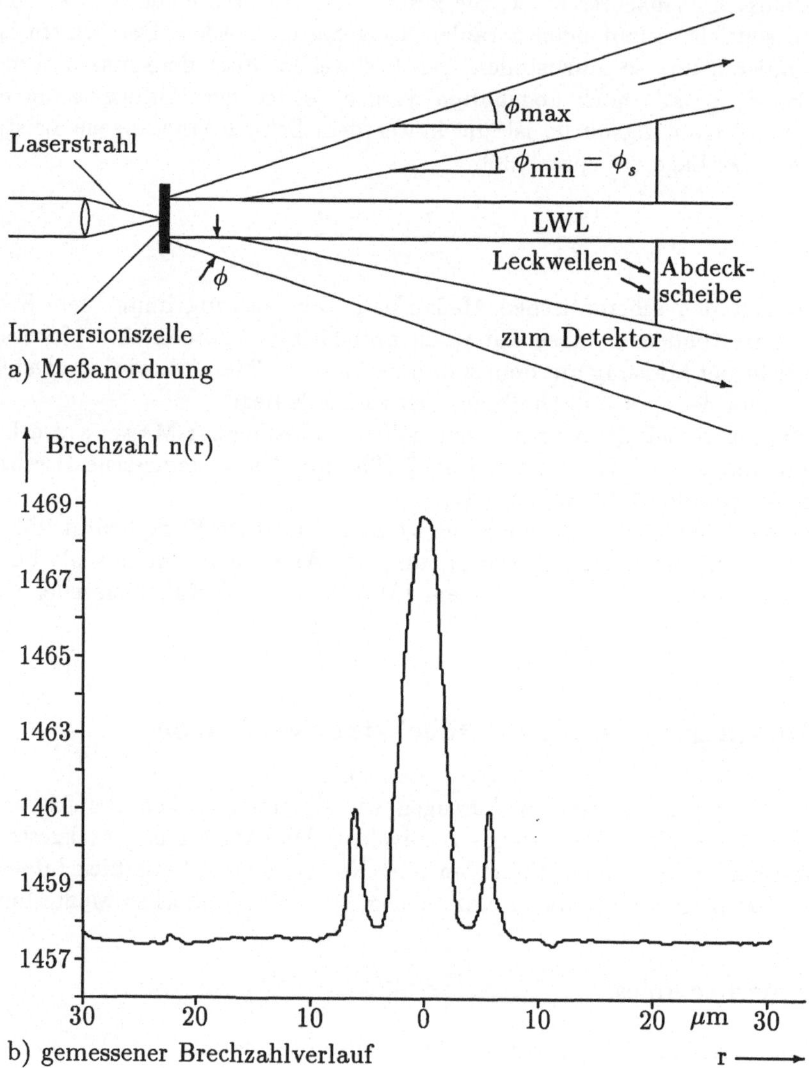

Bild 7.18 Strahlungsfeldmethode und Brechzahlprofilmessung nach der Strahlungsfeldmethode

Mit α_a wird die Dämpfung durch Absorptioin berücksichtigt (z. B. Resonanzabsorption an OH-Ionen), mit α_s die Dämpfung durch Streuung (an Strukturstörungen, an der *ungestörten* Mikrostruktur des Glases → Rayleigh-Streuung). In Abschnitt 1.3.3 werden beide Anteile durch die Bilder 1.29 und 1.30 deutlich:

α_a → Resonanz bei ≈ 1400 nm

α_s → flacher Verlauf GI-LWL, Rayleigh-Streuung.

Bei einem LWL aus hochreinem Quarzglas, perfekt gefertigt, bleibt als Dämpfung die Rayleigh-Streuung. Diese ist wellenlängenabhängig:

$$\alpha_{s_R} \sim \frac{1}{\lambda^4} .$$

Dem Nachteil unvermeidbarer Dämpfung steht der Vorteil gegenüber, daß infolge des (immer verhandenen!) Streuleistungsanteils in LWL meßtechnische Aussagen über LWL-Dämpfung u. a. gemacht werden können. Das ist in Kupferleitungen nicht möglich!

Die Auswertung des rückgestreuten Leistungsanteils P_r ermöglicht zerstörungsfreie Messungen, von einem Ende der LWL-Strecke aus (Rückstreumessungen). Unter der Voraussetzung einer homogenen Gaser und bei Anregung des LWL mit einem schmalen Lichtimpuls gilt für die zeitabhängige rückgestreute Leistung [138]

$$P_\mu(\alpha) = \frac{1}{2} P_0 \cdot \tau \cdot S_r \cdot \alpha_s \cdot v_{gr} \cdot e^{-\alpha v_{gr} t} . \tag{7.16}$$

Die z-Abhängigkeit entsprechend Gl. (7.15) findet in dem Zurückgelegten Weg des Impulsschwerpunktes, $v_{gr}t$, Berücksichtigung. Es bedeuten:

P_0 am Anfang des LWL(z=0) eingekoppelte Spitzenleistung
τ effektive Impulsdauer
v_{gr} Gruppengeschwindigkeit
α $\alpha_a + \alpha_s$
Sr Rückstreukoeffizient.

Der Rückstreukoeffizient gibt den Quotienten der vom Lichtwellenleiter in Rückrichtung akzeptierten Leistung zur gesamten Streuleistung an. Er kann berechnet werden und ist nach [138]

$$S_r = \frac{3}{8} \cdot \left(\frac{NA}{n_1}\right)^2, \text{ für SI-MM-LWL,} \tag{7.17.1}$$

$$S_r = \frac{1}{4} \cdot \left(\frac{NA}{n_1}\right)^2, \text{ für GI-MM-LWL}(\alpha = 2), \tag{7.17.2}$$

$$\text{und (1.38) } S_r = \frac{3}{8} \cdot \frac{1}{\pi^2 n_1^2} \left(\frac{\lambda_0}{w_0}\right)^2 \text{ für EM-LWL.} \tag{7.17.3}$$

Typische Werte sind für einen

- Standard-GI-LWL $S_r = 4,4 \cdot 10^{-3}$,
- Standard-EM-LWL $S_r = 3 \cdot 10^{-4}$ bei 1300 nm.

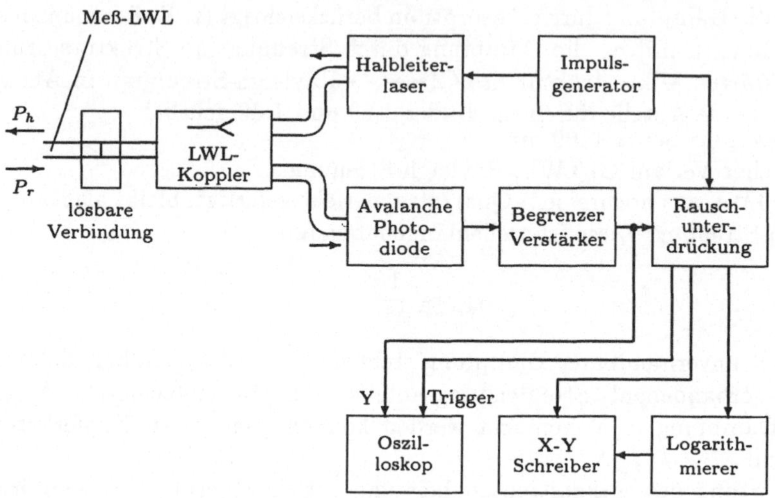

Bild 7.19 Prinzip des Rückstreumeßverfahrens

Die Zahlenwerte zeigen, daß die kleinen rückgestreuten Leistungen hohe Anforderungen an die Empfängerempfindlichkeit stellen.

7.5.2 Rückstreu-Meßgerät

Nach Bild 7.19 wird von einem Impulsgenerator, der auf Impulsbreiten zwischen 100 ns und einigen μs programmiert ist, ein Laser angesteuert. Der Impulsgenerator steuert den gesamten zeitlichen Meßablauf. Der optische Impuls des Lasers wird über einen Richtkoppler und die folgende lösbare Verbindung (z.B. Stecker) in den Meß-LWL eingekoppelt. Der optische Richtkoppler, entsprechend Abschnitt 7.2.4, dient der Trennung von hin- und rücklaufender Leistung (P_h, P_r) und sollte möglichst ideale Eigenschaften besitzen. Tor 3 ist dabei reflexionsarm abgeschlossen. Das Ende des Meß-LWL von meist einigen km Länge (L) reflektiert durch die Fresnel-Reflexion gegen Luft einen Leistungsanteil von bis zu 4 %. Eine gleiche Reflexion erfolgt auch zu Beginn der Meßstrecke an der lösbaren Verbindung (z=0). Diese beiden Reflexionen markieren Beginn und Ende der Rückstreumessung, der über die Gruppenlaufzeit v_{gr} eine Dauer $T_{meß}$ von

$$T_{meß} = \frac{2L}{v_{gr}} \quad \text{zugeordnet ist,}$$

denn das rückgestreute Signal erreicht den Empfänger erst nach doppelter Laufzeit über die Leitung, ab Beginn des Laserimpulses gerechnet. Die Einzelmessungen werden zweckmäßig mit einer Frequenz

$$f_{meß} \leq \frac{1}{T_{meß}} = \frac{v_{gr}}{2L} \quad \text{wiederholt.}$$

Das ermöglicht die Darstellung der Meßkurve (Rückstreukurve) auf einem normalen Oszilloskop sowie die Weiterverarbeitung der Meßwerte i.S. einer Rauschbefreiung.

Dynamikumfang

Wie erwähnt, sind an den Meßempfänger besondere Anforderungen zu stellen. So liegt nach dem Pegeldiagramm im Bild 7.20 die in einem GI-LWL bei 850 nm rückgestreute Leistung bei 100 ns Impulsdauer um 48 dB unter der hinlaufenden Leistung. Am Empfänger ist diese Differenz noch um die zweifache Streckendämpfung $2\alpha \cdot L$ vergrößert. Diese Angaben beziehen sich auf die optische Dämpfung! Auf der elektrischen Seite wirkt sich dieser Unterschied mit

$$\Delta a = 96dB + 4\alpha \cdot L \quad \text{aus.}$$

Da der Dynamikbereich eines elektronischen Meßgerätes mit der Darstellung dieser großen Differenz weit überschritten wäre, läßt man eine Begrenzung zu, um wenigstens den Anteil $4\alpha L$ in obiger Beziehung auswerten zu können. Das bedeutet aber, daß starke Reflexionen, wie der Anfangs- und Endreflex, nicht linear zu erfassen sind.

Die untere Meßgrenze des Empfängers ist durch die rauschäquivalente Signalleistung gegeben. Setzen wir eine APD nach Abschnitt 3.4.4 mit einer NEP = 0,75 $\cdot 10^{-14} \frac{W}{\sqrt{Hz}}$ voraus und bestimmen die Bandbreite des Empfängers mit $B_R \approx \frac{1}{\tau}$ zu 10 MHz, so erhalten wir $P_{ON} = 23,7\ pW$ ohne Berücksichtigung des Folgeverstärkers. Das entspricht einem Leistungspegel von -76,25 dBm. Unter realen Verhältnissen liegt dieser Wert um rund 8 dB höher, setzt man für den Verstärker die Bestwerte aus Tabelle 3.5 ein. Für das Leistungsbudget der Strecke bleiben demnach

$$\begin{aligned} \alpha \cdot L &= \frac{1}{2}(P_s/dBm - P_{ON} - 48dB) && (7.18) \\ &\leq \frac{1}{2}(20,25dB + P_s/dBm - 0dBm) \end{aligned}$$

Soll eine große Meßlänge ermöglicht werden, so ist bei konstanter optischer Impulsdauer (hier $\tau = 100$ ns) die Sendeleistung zu erhöhen. Die zusätzliche Vergrößerung der Impulsdauer bringt einen Gewinn von

$$5 \log \left(\frac{\tau}{100\ ns} \right) .$$

Unter den Verhältnissen nach Bild 7.20 wäre zur Vermessung eines 6 km langen Teilstückes die Sendeleistung P_s von 10 dBm (= 10 mW) am LWL-Anfang nötig. Für Dauerstrich-Laserdioden im Impulsbetrieb ist dieser Wert als maximale Spitzenleistung etwa realistisch. Die weitere Verbesserung der Leistungsfähigkeit von Rückstreumeßgeräten ist nur über rauschunterdrückende Maßnahmen möglich. Diese sind im einzelnen

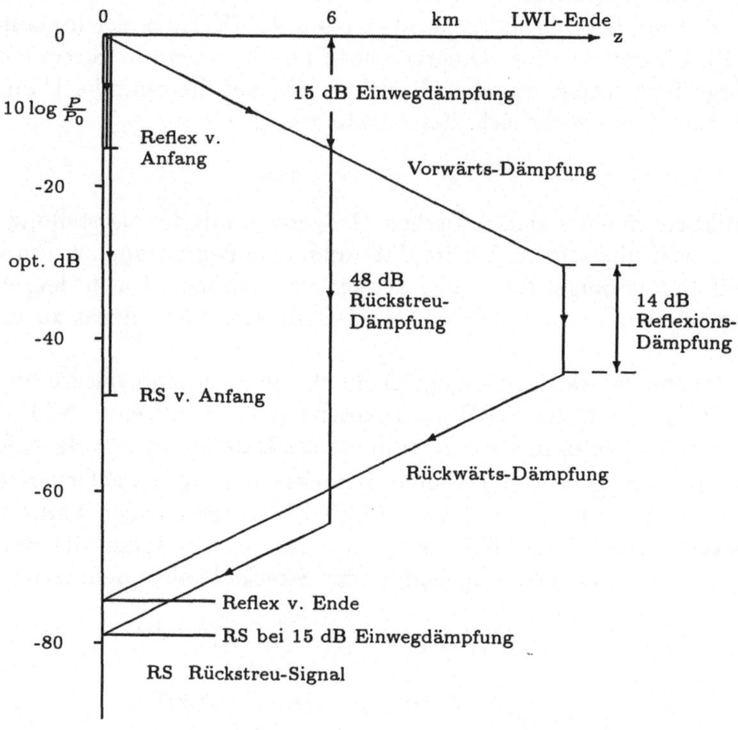

Bild 7.20 Pegeldiagramm für Multimodefasern bei λ = 850 nm, α = 2,5 dB/km, α_S = 1,5 dB/km, S = 0,0044, τ = 100 ns

(1) Verwendung eines (codierten) Impulstelegramms anstatt eines Einzelimpulses, um einen Codierungsgewinn zu erzielen

(2) Verwendung von Korrelationstechniken

(3) Mittelwertbildung nach dem Boxcar-Verfahren oder durch Digital-Prosessing.

Die letzte Meßnahme wird in jedem Fall durchgeführt, allein oder zusätzlich zu einer der beiden anderen. Zu (1) bzw. (2) werden ausführliche Darstellungen in [140], [141] gegeben. Mit Hilfe der Mittelwertbildung kann unter der Voraussetzung, daß sich die Meßbedingungen während der *gesamten Meßzeit* nicht ändern, ein weiterer Gewinn erzielt werden. Beim *Boxcar-Verfahren* wird ein Torimpuls erzeugt, der den Empfänger für eine Zeit von ca. 50 ns öffnet. Mit jeder Wiederholung des Meßvorganges wird der Torimpuls um eine kleine Zeit Δt verzögert. Die Darstellung der gesamten Meßkurve beansprucht dann die Zeit $T_A = \frac{n}{f_{meß}}$, wenn n die Anzahl der einzelnen Meßvorgänge pro gesamte Meßkurve ist (ähnlich wie beim Abtast-Oszilloskop). Der Zeitmaßstab wird somit gedehnt, das Signalspektrum wird gestaucht, so daß die Bandbreite um den Faktor n geringer wir. Das zeitlich gedehnte Signal durchläuft nun zwecks Rauschminderung einen Tiefpaß der Bandbreite $B_T = \frac{B_S}{n}$. die Rauschunterdrückung ergibt sich dabei zu

$$\sqrt{\frac{B_s}{B_T}} = \sqrt{n}\ \text{, bezogen auf die Spannung.}$$

Der gleiche Effekt wird durch *Mittelwertbildung über n gleichartige Meßvorgänge* erzielt. Dabei addieren sich die nichtkorrelierten Rauschanteile entsprechend ihrer Leistung, die Signalanteile aber entsprechend ihrer Spannung. Das Signal/Rauschverhältnis ergibt sich dann zu $\left(\frac{S}{N}\right)_M = \frac{(nU_{s_{eff}})^2}{n \cdot P_R} = n \cdot \left(\frac{S}{N}\right)_0$. Auf die Spannung bezogen, bedeutet dies wieder eine Verbesserung um den Faktor $\sqrt{n}$

Während das Boxcar-Verfahren analog arbeitet, wird die *Mittelwertbildung* durch Addition der Ergebnisse aus n Meßvorgängen mittels *„Digital-Processing"* durchgeführt. Die Zahl n wird zweckmäßig als Potenz zur Basis 2 dargestellt, z.B. $n = 1024 (= 2^{10})$. Jeder Faktor 2 bringt einen Gewinn von 3 dB elektrisch, also 1,5 dB optisch und eine Verbesserung des Leistungsbudgets für die Einweg-Messung von 0,75 dB. Bei 1024 Mittelungen ist somit eine Verbesserung um

$$10 \cdot 0{,}75\ \text{dB} = 7{,}5\ \text{dB zu erwarten.}$$

Bei Binärsignalen läßt sich das Signal/Rauschverhältnis nur bis zum Grenzwert des Quantisierungsrauschens $\left(\frac{S}{N}\right)_Q$ verbessern. Für großen Dynamikbereich ist eine A/D-Wandlung mit großer Wortlänge zu verwenden. 30 dB optische Einwegdynamik erfordern 120 dB auf der elektrischen Seite! Geht man davon aus, daß die Unsicherheit (Rauschen) kleiner 1 LSB sein soll, so ist ein Wandler mit $s \geq 10^{\frac{120}{20}} = 10^6$ Quantisierungsstufen nötig. Das führt zu einer Wortlänge von

$$r = lb(s) \approx 20\ .$$

Ist zusätzlich noch der Verstärkeroffset zu korrigieren, so sind weitere Bit hinzuzufügen. Beträgt der Verstärkeroffset z. B. einige 10 mV, dann sind ca. 12 weitere Stellen nötig, insgesamt also r = 32 Stellen!

Derzeit beste Geräte verfügen über einen derartigen Dynamikumpfang.

Darstellung der Meßergebnisse

Nach Gl. (7.16) ist die zeitabhängige relative rückgestreute Leistung eine exponentiell fallende Funktion. Die Zeitabhängigkeit im Exponenten kann als Ortsabhängigkeit interpretiert werden, wobei Hin- und Rücklauf der Leistung zum Streubereich an der Stelle z und zurück zum Empfänger zu berücksichtigen sind:

$$V_{gr} \cdot t = 2z \ .$$

Nach Logarithmieren und Umrechnen in dB ergibt sich

$$10 \log \left(\frac{P_r(z)}{P_0} \right) = -2\alpha z \cdot 10 \log e + 10 \log(S_r \alpha_s \cdot \frac{v_{gr}}{2} \tau)$$

und mit $\alpha \cdot 10 \log e = \alpha'$ in dB/km:

$$10 \log \left(\frac{P_r(z)}{P_0} \right) = -2\alpha' \cdot z + \text{ Konstante } . \qquad (7.19)$$

Für eine Wellenlänge ist der zweite Term auf der rechten Seite eine Konstante. Gl. (7.19) stellt unter der Voraussetzung einer homogenen LWL-Strecke eine Gerade mit der Steigung $-2\alpha'$ dar. Dieser Geraden sind noch Anfangs- und Endreflex des LWL übergelagert, die in ihrer Intensität sehr viel höher sind als die rückgestreute Leistung und den Empfänger in die Begrenzung treiben. Nach Verschwinden dieser Reflexionen braucht der Empfänger noch eine gewisse Erholzeit, um wieder linear arbeiten zu können. So kann z.B. — auch bei einer Impulsdauer von nur 100 ns — der Empfänger aufgrund des Anfangsreflexes noch bis zu ca. 1 μs in der Begrenzung sein. Für die Messung gehen damit ca. 100 m verloren. Bild 7.21 zeigt eine typische Rückstreukurve, nach der Logarithmierung dargestellt. Voraussetzung für die unverfälschte logarithmische Darstellung auch kleinster Werte ist, daß dem Zusammenhang nach Gl. (7.16) kein Offset überlagert ist. In [142] wird durch eine getastete Regelung die Offsetspannung am Ausgang des Meßverstärkers auf einige 10 μV reduziert.

7.5.3 Interpretation der Rückstreu-Kurve

Der Verlauf der Rückstreu-Kurve soll anhand Bild 7.21 interpretiert werden.

Die Abszisse ist über den Zusammenhang $z = \frac{v_{gr}}{2} t$ in m geeicht ($V_{gr} \approx 2 \cdot 10^8$ m/s). Anfangs- und Endreflex sind deutlich zu sehen, erster und zweiter LWL-Abschnitt stoßen mit ihren Endflächen aneinander (Stoß). Im Verlauf des zweiten LWL-Abschnitts befindet sich ein erster Spleiß. Über einen zweiten Spleiß ist ein kurzes Stück des dritten LWL angekoppelt, mit dessen Endfläche die Strecke endet. Die Ordinate wird durch eine optische Eichmessung in dB (optisch!) geeicht, wobei die Umrechnung auf Einwegdämpfung entsprechend Gl. (7.19) mit dem Faktor 2

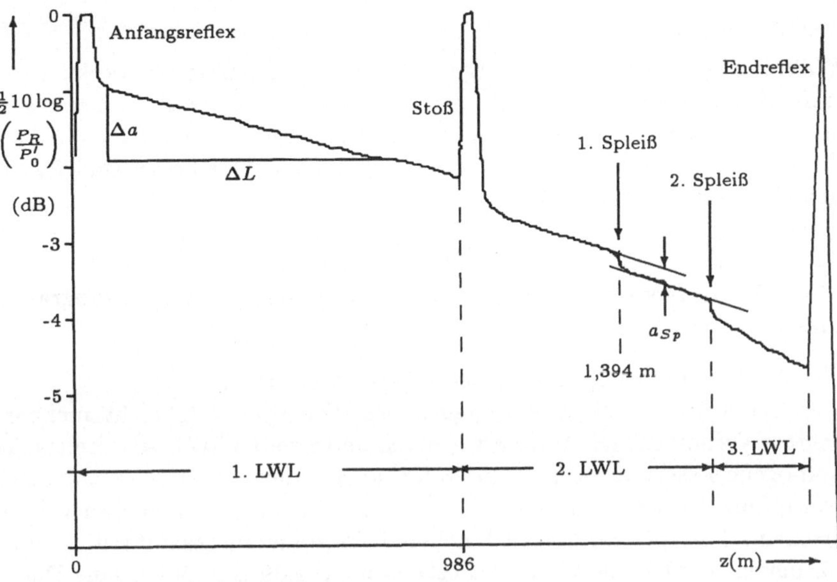

Bild 7.21 Reflektogramm einer Strecke mit 3 LWL

sofort berücksichtigt ist. Mit der Konstanten in (7.19) kann eine vertikale Verschiebung der gesamten Kurve vorgenommen werden. Folgende Messungen sind an der Rückstreu-Kurve möglich:

(1) Längenmessung

Mit Hilfe des geeichten z-Maßstabes kann die Länge zwischen zwei Punkten sofort abgelesen werden. So wird die Länge des ersten LWL-Abschnitts zwischen Beginn des Anfangsreflexes und Beginn des Stoßreflexes zu z. B. 986 m ermittelt. Moderne Meßgeräte verfügen über entsprechende Cursor-Funktionen, lesen die Längendifferenz zwischen zwei Cursoren aus und stellen sie zahlenmäßig auf dem Bildschirm dar.

(2) LWL-Dämpfung

An einem ungestörten Ausschnitt der linear fallenden Geraden wird durch Ermittlung der Steigung die Dämpfung des LWL (ortsabhängig) gemessen:

$$\alpha_{LWL} = \frac{\Delta a}{\Delta L} / dB_{/m}$$

Für den ersten Abschnitt in Bild 7.21 wird so der Wert $\alpha_{LWL} = 1,26$ dB/km erhalten. Für moderne Meßgeräte mit Cursor-Funktionen gilt wieder, daß die gemessenen Werte Δa und ΔL ausgelesen, wieterverarbeitet und direkt als LWL-Dämpfung in dB/km auf dem Bildschirm angezeigt werden.

(3) Spleißdämpfung

Während sich Reflexionen als Spitze in positive Richtung bemerkbar machen (z.B. Stoß), werden Absorptions- und Strahlungsverluste immer als Pegelsprung in negative Richtung registriert. Die Sprungdifferenz entspricht dabei direkt dem Verlust in dB. Die Verluste des ersten Spleißes in Bild 7.21 betragen demnach

$$\alpha_{Sp} = 0,21dB \ .$$

Moderne Meßgeräte führen zur Spleißdämpfung eine eigens programmierte Messung durch.

(4) Allgemeine Beurteilung des lokalen Dämpfungsverlaufs

Die ersten 70 ... 80 m sind wegen des Anfangsrefexes nicht meßbar. Der weitere Verlauf der Dämpfung des ersten und zweiten LWL-Abschnitts läßt auf homogene Fasern schließen, die aufgrund gleicher Steigungen zudem gleiche Dämpfung aufweisen. Der dritte LWL-Abschnitt, der in sich auch homogen erscheint, hat aber eine deutlich höhere Dämpfung. Insgesamt tritt — mit allen Verlusten — über die Gesamtstrecke von ca. 1,89 ... 1,9 km eine Dämpfung von ca. 4 dB auf.

(5) Beurteilung von Transmission und Reflexion an Verbindungen

Eine Stoßverbindung zeigt immer sehr hohe Reflexion, im ungünstigsten Fall die Fresnel-Reflexion Glas-Luft mit ca. 4 % der an dieser Stelle transportierten Leistung (Reflexionsdämpfung 14 dB). Nach dem Pegeldiagramm in Bild 7.20 entspräche das einer Leistung, die um (48-14) dB, also 34 dB, über der rückgestreuten Leistung an dieser Stelle liegt. Mit zusätzlicher optischer Dämpfung im Meßweg kann die Reflexionsspitze bis in den linearen Bereich der Meßanordnung abgedämpft werden.

Umgekehrt ist bei bekannter Reflexionsdämüfung (z. B. 14 dB an einem Stecker) die Ermittlung der Rückstreukonstante (hier 48 dB) auf diese Weise möglich. In Übung 23 soll dieses Verfahren praktiziert werden.

Spleißverbindungen sind selten reflektiv, weisen aber Absorptions- und Strahlungsverluste auf, wie sie zusätzlich an der Stoßverbindung auch noch auftreten. Ihre Messung ist unter (3) besprochen.

7.5.4 Vermessung von Steckern, Spleißen und Verzweigungskomponenten

Steckverbindungen und Spleiße können in ihrem Verhalten als Zweitore beschrieben werden. Dazu sind die Elemente der $||p||$-Matrix, ähnlich Gl. (7.5), geeignet. Ihre Bedeutung ist nicht gleichzusetzen mit den Elementen der Streumatrix $||s||$, auch nicht mit dem Betragsquadrat dieser Elemente. So ist damit zu rechnen, daß Reflexions- und Dämpfungsmessungen an Steckern, Spleißen, Komponenten und auch LWL(!) richtungsabhängig sind! Für Spleiße, Stoßverbindungen und Stecker gilt somit:

$$||\vec{p}|| = \begin{Vmatrix} p_{11} & p_{12} \\ p_{21} & p_{22} \end{Vmatrix} .$$

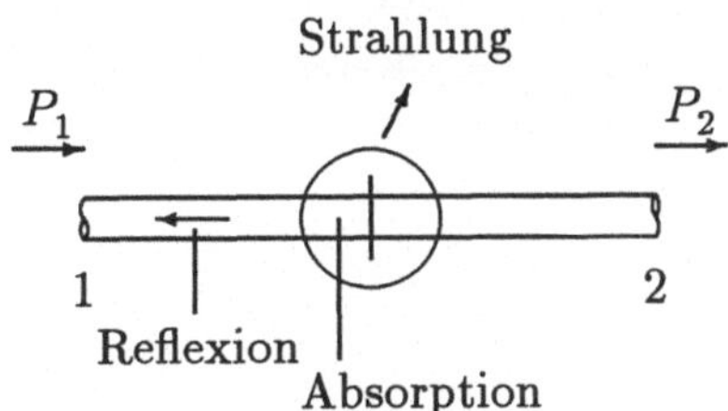

Bild 7.22 Verluste an einer Stoßstelle

Der reflektierte Anteil entspricht p_{11}, der transmittierte p_{21}, wenn von links nach rechts (1→2) gemessen wird. In umgekehrter Richtung kommt den Elementen p_{22} bzw. p_{12} die entsprechende Bedeutung zu. Da die genannten Verbindungselemente nicht verlustfrei (abstrahlungs- und absorptionsfrei) sind, ist die Summe jeder der beiden Spalten der p-Matrix kleiner 1!

Die Verlustdämpfung α_v kann aus der Differenz zu 1 ermittelt werden:

$$p_{11} + p_{21} + 10^{-\frac{\alpha_v}{10}} = 1$$

$$\alpha_v = -10 \log(1 - p_{11} - p_{21}) \quad [dB] \,. \tag{7.20}$$

Die Verlustdämpfung der Stoßverbindung in Bild 7.21 wird so zu $\approx$ 14 dB ermittelt. Das bedeutet, daß absorbierte plus abgestrahlte Leistung etwa 14 dB unter der in die Stoßstelle eintretende Leistung P_1 ist, vgl. Bild 7.22. Was also als Spleiß-Stoß- oder Steckerdämpfung gemessen wird, entspricht dem Parameter p_{21} (Transmissionsdämpfung $\alpha_s = 10 \log \left(\frac{1}{p_{21}}\right)$). Die Verfahren zur Vermessung der Reflexionsdämpfung bzw. Transmissionsdämpfung sind so anzuwenden, wie sie unter Abschnitt 7.5.3, (3) bzw. (5) beschrieben wurden.

Die Wirkung von Kopplern läßt sich gut im Rückstreudiagramm meßtechnisch erfassen. In [144] wurde eine Modellstrecke, bestehend aus EM-LWL-Abschnitten mit Kopplern verschiedener Koppelverhältnisse, im Betriebszustand eingemessen. Bild 7.23 oben zeigt die Streckentopologie mit dem zugehörigen Rückstreu-Diagramm, vom Streckenbeginn, Punkt 1, aus gemessen.

Die Strecke beginnt mit 380 m EM-LWL, an dessen Ende der erste 3-Tor-Koppler, Koppelverhältnis 77:23, angespleißt ist. Sein weiterführendes Tor ist auf den nächsten, 400 m langen, EM-LWL gespleißt, das abgehende Tor ist mit einer reflektierenden Steckverbindung 5 terminiert (4 % Reflexion). Am Ende des zweiten LWL-Abschnitts folgt mit einem Spleiß der zweite Koppler, Koppelverhältnis 68:32. Der weiterführende Pfad ist mit dem nachfolgenden, 1 km langen, LWL verspleißt; der abgehende Pfad mit Stecker 4 terminiert (Reflexion wie Stecker 5). Der 1 km LWL-Abschnitt endet mit einem Spleiß vor dem Koppler 3, Koppelverhältnis 50:50. Die davon abgehende Steckverbindung 3 endet reflexionsarm in Immensionsöl, der weiterführernde Zweig ist über 70 m LWL und eine abschließende Steckverbindung 2

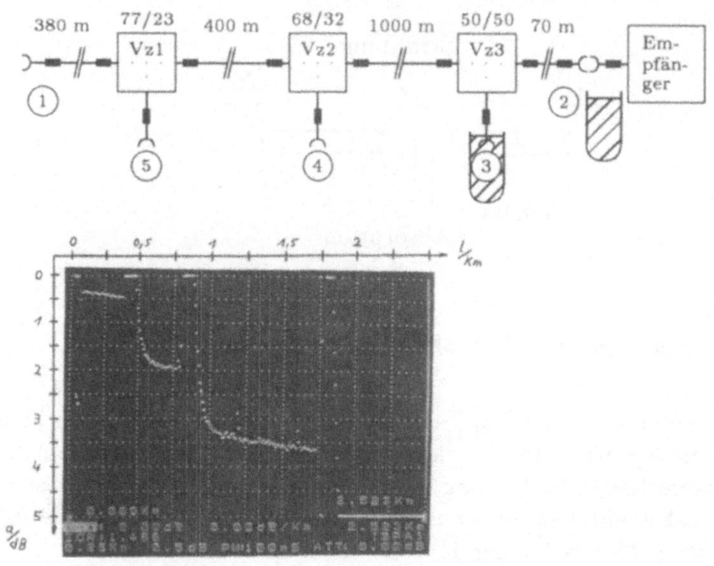

Bild 7.23 Verteilstruktur mit 3 Kopplern (oben) und zugehöriges Rückstreudiagramm (unten)

an den Empfänger angekoppelt. Die Strecke stellt somit eine Verteilstruktur dar, wobei die an den Steckverbindungen 2 bis 5 gedachten Empfänger annähernd gleiche Leistung aus der Quelle 1 erhalten.

Bild 7.23 unten weist die Gesamtlänge der Strecke mit 1,85 km zwischen Anfangs- und Endreflex aus. Auf den Anfangsreflex folgt die Fresnel-Reflexion des Steckers 5, durch Koppler 1 hindurch. Sie ist hier nicht ablesbar, da der Empfänger ab oberem Bildrand begrenzt (0 dB), obwohl ihr Pegel um die zweifache Auskoppeldämpfung abgeschwächt ist. Die Auskoppeldämpfung (p_{31}) wäre nur aufgrund der Reflexion des Steckers 5 zu bestimmen. Die Durchgangsdämpfung hingegen kann mit ca. 1,3 dB abgelesen werden (Dämpfungssprung auf das zweite Niveau). Das entspricht einem Transmissionsfaktor $p_{21} = 0{,}74$ (angegebener Wert: 0,77).

Die nächstfolgende starke Reflexion kommt von Stecker 4 und erscheint in gleicher Weise wie die von Stecker 5. Aus dem Niveauunterschied vor und nach dieser Reflexion wird die Durchgangsdämpfung des Kopplers 2 zu $\approx 1{,}5$ dB ermittlet, d.h. $p_{21} \approx 0{,}7$ (gegen 0,68 als angegebenen Wert). Wir verfolgen nun den Pegelabfall infolge Leitungsdämpfung auf dem 1 km langen Teilstück und sehen an dessen Ende den — wesentlich schmaleren — Reflexionsimpuls des reflexionsarm abgeschlossenen Steckers 3. Sein Pegel reicht über den oberen Bildrand hinaus und liegt damit immer noch um mindestens 3,7 dB über dem Rückstreu-Pegel an dieser Stelle. Die schmale Zone bis zum Endreflex kann aber so noch aufgelöst werden. Sie entspricht dem 70 m langen, letzten LWL-Abschnitt. Das Transmissions-Niveau des 3. Kopplers müßte nun mit ca. 3 dB Abstand (50 %) unter dessen Eingangs-Niveau liegen, verschwindet aber wegen der hohen Auflösung mit 0,5 dB/cm unter dem unteren

Bildrand.

Auffällig sind die beiden kleinen Spitzen, die auf dem 1 km Teilstück dargestellt werden. Es handelt sich um die dritte Reflexion die zunächst an Stecker 4 entsteht, an Stecker 1 wieder in die Strecke reflektiert wird und dann nach Reflexion an Stecker 5 (1160 m) und Stecker 4 (1560 m) am Rückstreu-Empfänger registriert wird. Taucht man Stecker 4 in Immersionsöl, so verschwinden beide Peaks. Ihre Differenz mit 0,2 dB deutet aber auf den Unterschied in den Auskoppeldämpfungen von Koppler 1 und 2 hin.

Zur Messung der Einfügungs-Verluste von stark reflektierenden Komponenten (Stecker) verfügen moderne Meßgeräte über eine sog. MaskingFunktion. Damit wird der störende reflektierte Impuls ausgeblendet. Bild 7.24 zeigt die Messung einer Steckverbindung ohne und mit „Masking“-Funktion.

7.5.5 Fehlerortsbestimmung (Fault Location)

Die Ansprüche bei Fehlerortsbestimmung an das Meßgerät sind anders als im Falle von Rückstreumessungen mit großem Dynamikbereich hinsichtlich des Rückstreu-Empfängers. Kommt es darauf an, einen Faserbruch möglichst genau zu lokalisieren, so geht es in erster Linie um lokale (zeitliche) Auflösung, gute Konstanz und genaue, aber variable, Skalierung der Zeitbasis (= Längenmaßstab). Die Anforderungen lassen sich zusammenfassen:

- Sendeimpuls von einigen ns bis herab zu 100 ps
- variable Impulsleistung
- stabile Meßwellenlänge
- Eichmessung zur Bestimmung der Brechzahl bei Meßwellenlänge
- geringe Toleranzen der Zeitbasis
- Skalierbarkeit des Längenmaßstabs entsprechend der gemessenen Brechzahl
- Bedienungskomfort durch Lupenfuntktion, Cursorfunktion u. ä.

Gefragt sind vor allem auch Meßgeräte in „Hand-Held“-Ausführung für die Einmessung kurzer LWL-Verbindungen in lokalen Netzen. Die Auflösung sollte im Bereich einiger cm liegen. Das bedeutet, daß die optische Impulsbreite 100 ps betragen müßte (= 2 cm Längenauflösung). Hand-Held-Geräte dieser Art sind z. B. von Laser precision corp. auf dem Markt, zum Einsatz in lokalen Netzen (FF-1300, LP 5670) sowie in der Fernebene (FL 550). Die Ortsauflösung wird mit bis zu 0,5 m als Minimalwert angegeben. Das Power-Budget beträgt bis zu 20 dB optisch (FF-1300). Dieselbe Firma bietet als Zusatzmodul für das Rückstreumeßgerät TD-2000 eine Familie von „High-Resolution“optical modules an, die bei $\geq$ 21,5 dB Power-Budget eine Distanzauflösung von bis zu 0,5 m besitzen (TD-265X).

a)

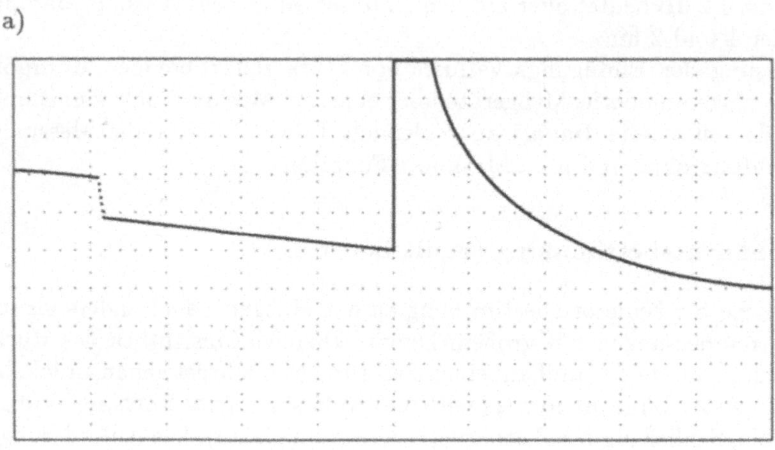

b)

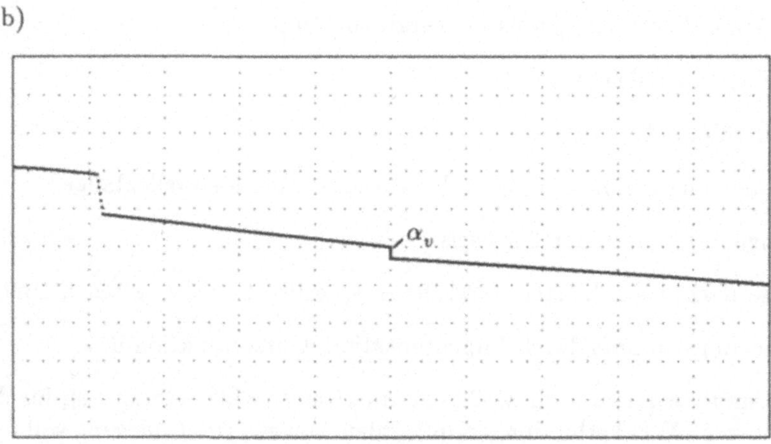

Bild 7.24 Messung einer Steckverbindung a) ohne Masking-Funktion b) mit Masking

Das „Millimeter-OTDR“ von Optoelectronics arbeitet mit einem Photonenzähler-Detektor (PPC 20 für 1300 und 1550 nm). Es ermöglicht eine Ortsauflösung von 1mm für Einzelstörungen (Anstiegsflanke der Reflexion) bzw. 30 cm für aufeinanderfolgende Störungen ungünstigster Art, z. B. Reflexionen (ORIEL, LOT Darmstadt).

7.6 Übungen

21. Übung

Dem Datenblatt für Viertor-Richtkoppler von SEL/Alcatel entnehmen wir folgende Daten:

Typ	Transmissions-dämpf. (1→2)	Auskoppel-dämpf. (1→3)	Neben-sprechen
K 1,6	5 dB	7 dB	> 50 dB
K 3,6	3 dB	8,5 dB	> 50 dB
K 6,3	2 dB	10 dB	> 50 dB
K 70	1,5 dB	20 dB	> 50 dB

$\lambda_0 = 850$ nm

- Berechnen Sie Wirkungsgrad η_k, Verlustdämpfung a_v und Koppelverhältnis q der Koppler.
- Stellen Sie η_k über q grafisch dar.
- Welche Aussage läßt sich daraus ableiten?

22. Übung

Unter der Voraussetzung, daß die Übertragungsfunktion $A(w)$ einer LWL-Strecke durch ein Gauß-Profil in der Form

$$A(w) = e^{-\pi(f/f_{g0})^2}$$

beschrieben werden kann, ist die Bandbreite B des LWL zu bestimmen. Dazu ist zunächst die Antwort des obigen Gauß'schen Tiefpasses auf einen Eingangsimpuls $f_1(t)$ zu ermitteln, der ebenfalls Gauß-Profil hat

$$f_1(t) = \hat{u}_1 \cdot e^{-\pi(t/T_{1_{eff}})^2} \,.$$

Sodann ist die Impulsverbreiterung Δt aus den Halbwertsbreiten des Ausgangs- (t_{g_2}) und Eingangsimpulses (t_{g_1}) zu bestimmen

$$\Delta t = \sqrt{t_{g_2}^2 - t_{g_1}^2}$$

und in Relation zur Bandbreite B der LWL-Strecke zu bringen.

Hinweis:

Der Zusammenhang zwischen Halbwertsbreite t_g und effektiver Impulsdauer Teff eines Gauß-Impulses folgt aus dem Gauß-Profil, ebensozwischen Bandbreite B und f_{g0}:

$$A(B) = e^{-\pi(B/f_{g0})^2} = \frac{1}{2} \,.$$

23. Übung

Zur Messung der Rückstreukonstanten am Ende eines LWL-Abschnittes wird der abgebildete Meßaufbau eingesetzt. Die Stirnfläche am Ende ist ideal präpariert und verursacht einen Reflex mit nur 14 dB Refexionsdämpfung.

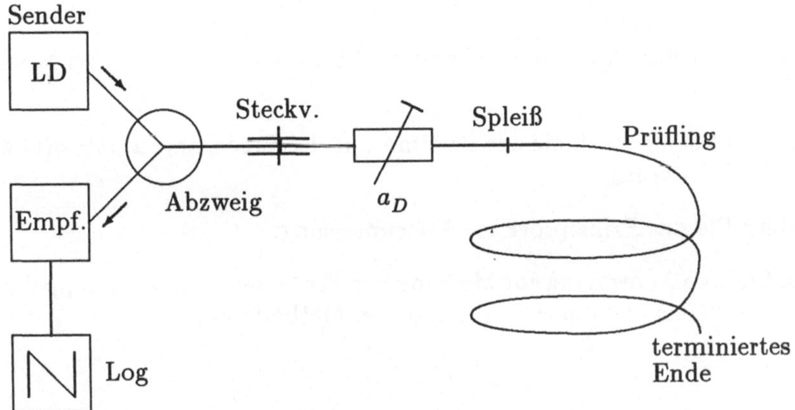

Folgendes Rückstreudiagramm wird erhalten:

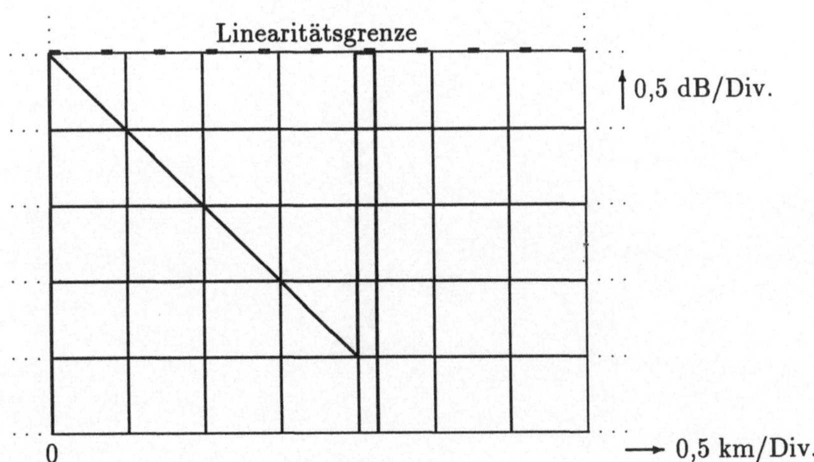

1. Interpretieren Sie das Diagramm.
2. Bestimmen Sie Länge und Dämpfungsbelag des LWL ($a_D = 0$).
3. Mittels des variablen optischen Dämpfungsgliedes (a_D) kann die Rückstreukonstante R gemessen werden. Erläutern Sie den Meßablauf!

4. Bei einer Dämpfung von $a_D = 15$ dB liegt die Spitze des Endreflexes um 0,5 dB unter der Linearitätsgrenze.
   Welchen Wert hat die Rückstreukonstante R?

Fragen

1. Geben Sie ein Verfahren zur Messung des Felddurchmessers $2\omega_0$ bei Monomode-LWL an.
2. Begründen Sie die Methode zur Bestimmung des Brechzahlverlaufs n(ř) durch Nahfeld-Abrasterung.
3. Erläutern Sie das Prinzip der Rückstreumessung.
4. Geben Sie eine Anordnung zur Messung von Einfügungs- und Auskoppeldämpfung eines Y-Kopplers nach der Rückstreu-Methode an.

A Lösungen

1. Übung

1. Laut Aufgabenstellung ist

$$\vec{H}_i = -\vec{e}_y H_{y_i},$$
$$\vec{E}_i = -\vec{e}_x E_{x_i} + \vec{e}_z E_{z_i}.$$

Index i incident (einfallend)!
Stetzigkeitsforderung in der Grenzebene bedeutet

$$\begin{array}{lll} (1) & H_{y_i} + H_{y_r} = H_{y_t} & , H_z = 0\,! \\ (2) & E_{z_i} + E_{z_r} = E_{z_t} & , E_y = 0 \quad k_y = 0\,! \\ (3) & k_{z_1} = k'_{z_1} = k_{z_2} & , \text{r reflected, t transmitted.} \end{array}$$

Die Verhältnisse in Bild ?? sind entsprechend der geänderten Lage von $\vec{e}_i$, $\vec{H}_i$ zu modifizieren (siehe Bild).
Bestimmung der Feldstärkekomponenten:

$$H_{y_i} = H_0 \cdot e^{-jk_{1_x}\cdot x} \cdot e^{-jk_{1_z}\cdot z}$$
$$H_{y_r} = \underline{r} \cdot H_0 \cdot e^{jk'_{1_x}\cdot x} \cdot e^{-jk'_{1_z}\cdot z}$$
$$H_{y_t} = \underline{t} \cdot H_0 \cdot e^{-jk_{2_z}\cdot z} \cdot e^{-jk_{2_x}\cdot x}$$

Ausbreitung in positive x- und z-Richtung.
$\underline{r}$ komplexer Reflexionsfaktor
$\underline{t}$ komplexer Transmissionsfaktor
Da $\vec{H}_i$ und $\vec{E}_i \perp$ zueinander, also $\frac{|\vec{E}_i|}{|\vec{H}_i|} = z_0$, gilt für die Amplitude der elektr. Feldstärke, $|\vec{E}_i|$

$$|\vec{E}_i| = H_0 \cdot \frac{z_0}{n_1}.$$
$$E_{z_i} = H_0 \cdot \frac{z_0}{n_1} \cdot \sin\Theta_1 \cdot e^{-jk_{1_x}\cdot x} \cdot e^{-jk_{1_z}\cdot z} \quad , |E_{z_i}| = |\vec{E}_i| \cdot \sin\Theta_1$$
$$E_{z_r} = -\underline{r} \cdot H_0 \cdot \frac{z_0}{n_1} \cdot \sin\Theta'_1 \cdot e^{jk'_{1_x}\cdot x} \cdot e^{-jk'_{1_z}\cdot z}$$
$$E_{z_t} = \underline{t} \cdot H_0 \cdot \frac{z_0}{n_2} \cdot \sin\Theta_2 \cdot e^{-jk_{2_x}\cdot x} \cdot e^{-jk_{2_z}\cdot z}$$

Die Forderungen (1), (2), (3) führen in der Grenzebene, $x = 0$, mit $e^{-jk_{1_x}\cdot x} = e^{jk'_{1_x}\cdot x} = e^{-jk_{2_x}\cdot x} = 1$ zu:

$$(I)\; H_0 \cdot e^{-jk_{1_z}\cdot z} + \underline{r}H_0 \cdot e^{-jk'_{1_z}\cdot z} = \underline{t}H_0 \cdot e^{-jk_{2_z}\cdot z}$$

$$(II)\; H_0\cdot\frac{z_0}{n_1}\cdot\sin\Theta_1\cdot e^{-jk_{1_z}\cdot z} - \underline{r}H_0\cdot\frac{z_0}{n_1}\cdot\sin\Theta'_1\cdot e^{-jk'_{1_z}\cdot z} = \underline{t}H_0\cdot\frac{z_0}{n_2}\cdot\sin\Theta_2\cdot e^{-jk_{2_z}\cdot z}.$$

Zwischen *homogenen* Medien 1, 2 ist die Lage des Auftreffpunktes des strahls unabhängig von von z und folglich

$$k_{1_z} = k'_{1_z} = k_{2_z} \qquad (3),$$

d.h. Stetigkeit auch der Tangentialkomponenten des $\vec{k}$-Vektors (Bedingung (3)).
Aus (I) und (II) erhält man

$$\begin{aligned} 1 + \underline{r} &= \underline{t} \\ \frac{\sin\Theta_1}{n_1}(1 - \underline{r}) &= \underline{t}\cdot\frac{\sin\Theta_2}{n_2} \qquad (II), \end{aligned}$$

und schließlich

$$\underline{r} = \frac{n_2\cdot\sin\Theta_1 - n_1\sin\Theta_2}{n_2\cdot\sin\Theta_1 + n_1\sin\Theta_2}$$

als komplexen Reflexionsfaktor.
Führen wir die Wellenzahl in den Medien 1, 2 ein

$$k_{1_x} = k_1\cdot\sin\Theta_1 = k_0 n_1\sin\Theta_1, \quad k_{2_x} = k_2\cdot\sin\Theta_2 = k_0 n_2\sin\Theta_2,$$

so wird

$$\begin{aligned} \underline{r} &= \frac{k_{1_x} - \left(\frac{n_1}{n_2}\right)^2 k_{2_x}}{k_{1_x} + \left(\frac{n_1}{n_2}\right)^2 k_{2_x}}, \\ \underline{t} &= \frac{2k_{1_x}}{k_{1_x} + \left(\frac{n_1}{n_2}\right)^2 k_{2_x}} \end{aligned}$$

2. Totalreflexion
Mit Forderung (3) $k_{1_z} = k'_{1_z} = k_{2_z}$ gilt auch $k_{z_1} = k_{z_2} \quad\rightarrow\quad k_0\cdot n_1\cdot\cos\Theta_1 = k_0\cdot n_2\cdot\cos\Theta_2$,

$$\text{Brechungsgesetz: } \frac{\cos\Theta_1}{\cos\Theta_2} = \frac{n_1}{n_2}.$$

Wird Θ_1 so klein gewählt, daß $\Theta_2 = 0$ gilt, so ist der Grenzfall für Totalreflexion erreicht. Der Grenzwinkel Θ_{1_c} ist durch seinen cos gegeben ($\cos\Theta_2 = 1$):

$$\cos\Theta_{1_c} = \frac{n_2}{n_1} .$$

Für Totalreflexion gilt $k_{2_x} = -\jmath|k_{2_x}|$, so daß

$$\underline{r} = \underline{r}_T \quad = \quad \frac{k_{1_x} + \jmath\left(\frac{n_1}{n_2}\right)^2 |k_{2_x}|}{k_{1_x} - \jmath\left(\frac{n_1}{n_2}\right)^2 |k_{2_x}|} = |\underline{r}_T| \cdot e^{\jmath\varphi_r} ,$$

mit $|\underline{r}_T| = 1$ und $\varphi_r = 2\arctan\left\{\left(\frac{n_1}{n_2}\right)^2 \frac{|k_{2_x}|}{k_{1_x}}\right\}$.

3. $\underline{r} = 0$, für $\Theta_1 \neq 0$
   Mit dem Brechungsgesetz und der Bedingung $\underline{r} = 0 \rightarrow n_2 \sin\Theta_1 = n_1 \sin\Theta_2$ erhält man nach einigen Umformungen

$$\sin^2\Theta_1 = \frac{1}{1+\left(\frac{n_2}{n_1}\right)^2}, \quad \text{also } \sin\Theta_1 = \frac{1}{\sqrt{1+\left(\frac{n_1}{n_2}\right)^2}} .$$

   Für Θ_2 folgt:

$$\begin{aligned} \cos^2\Theta_2 &= \sin^2\Theta_1 \\ \rightsquigarrow \sin^2\Theta_1 + \sin^2\Theta_2 &= 1 \\ &\Downarrow \\ \sin\Theta_2 &= \cos\left(\frac{\pi}{2} - \Theta_2\right) = \cos\Theta_1 \end{aligned}$$

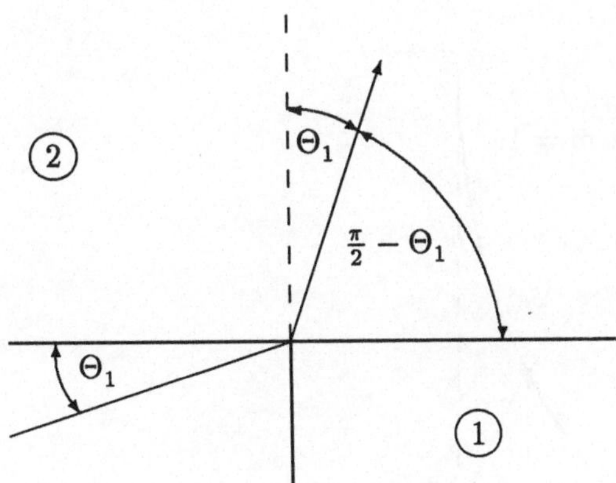

$$\rightsquigarrow \quad \Theta_2 = -\Theta_1 + \frac{pi}{2}$$

Das ist die sogenannte „Brewster“-Bedingung.

2. Übung

1. Niedrigste ungerade Mode, m = 1
   Polarisation wie in Kap. 1 und Übung 1
   → TM-Moden (Transversal Magnetisch)
   → TM_1-Mode.
   Allgemein gilt $m\frac{\pi}{2} \leq U_m \leq (m+1)\frac{\pi}{2}$, hier $\frac{\pi}{2} \leq U_1 \leq \pi$, wobei $U = k_{1_x} \cdot \frac{d}{2} = K_0 n_1 \cdot \frac{d}{2} \sin\Theta_1 = k_0 \frac{d}{2} \sin\vartheta_1$ (in Luft).
   Mit einer zusätzlichen Bedingung, gegeben durch die Phasenbilanz des Filmwellenleiters und den Phasenwinkel φ_r des Reflexionsfaktors aus Übung 1, läßt sich U genau bestimmen:

$$U - \frac{\varphi_r}{2} = m\frac{\pi}{2} \quad \text{, Phasenbilanz}$$

$$\frac{\varphi_r}{2} = \arctan\left\{\left(\frac{n_1}{n_2}\right)^2 \frac{W}{U}\right\} \quad , \; W = |k_{2_x}|\frac{d}{2} \; .$$

   charakteristische Gleichung

$$\left(\frac{n_2}{n_1}\right)^2 U \cdot \tan\left(U - m\frac{\pi}{2}\right) = W \; ,$$

$$m \text{ ungerade} \quad \rightarrow \quad -\left(\frac{n_2}{n_1}\right)^2 U \cdot \cot U = W$$

   Da $W > 0$ führen mit $-\cot U$ nur negativen Äste der cot.-Funktion zu Lösungen!

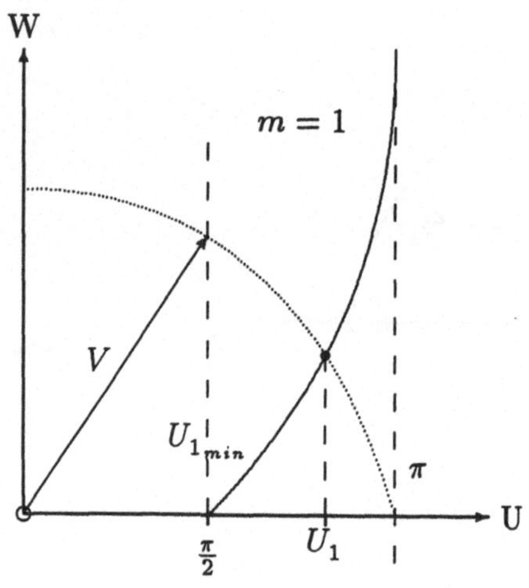

Ferner gilt immer $U^2 + W^2 = V^2 \rightarrow$ mit radius V!

minimaler Winkel $\Theta_{1_{min}}$:

$$\begin{aligned} U_{1_{min}} &= \frac{\pi}{2} \\ \rightsquigarrow \frac{\pi}{2} &= \frac{2\pi}{\lambda_0} \cdot n_1 \frac{d}{2} \cdot \sin\Theta_1 \\ \sin\Theta_{1_{min}} &= \frac{1}{2\frac{d}{\lambda_0} \cdot n_1} = \frac{1}{152} = 6,58 \cdot 10^{-3} \\ \Theta_{1_{min}} &\triangleq 0,38\circ . \end{aligned}$$

maximaler Winkel $\Theta_{1_{max}}$:

$$\begin{aligned} U_{1_{max}} &= \pi \\ \sin\Theta_{1_{max}} &= 2 \cdot \sin\Theta_{1_{min}} \\ \Theta_{1_{max}} &\triangleq 0,75\circ . \end{aligned}$$

2. $\Delta\Theta_1 = \Theta_{1_{max}} - \Theta_{1_{min}} = 0,37^\circ$.

3. Aus obiger Darstellung folgt, da mit jedem $\Delta U = \frac{\pi}{2}$ eine neue Mode auftritt

$$\begin{aligned} M &= 1 + \frac{U_{m_{min}}}{\pi/2}, \quad U_{m_{min}} \leq V = \frac{\pi d}{\lambda_0}\sqrt{n_1^2 - n_2^2} = 66,42 \\ M &\leq \left(1 + \frac{V}{\pi/2}\right)_{ganzz.} \leq 43,28 \Rightarrow 43 . \end{aligned}$$

3. Übung

1. Die azimutale Ordnungszahl v kann mit Hilfe des Halbmessers r_1 der Dunkelzone ermittelt werden. Für $k_{tr}(r_1)$ gilt:

$$\begin{aligned} k_{tr} &= k_1 \cdot \sin\Theta_1 = \sqrt{k_r^2 + k_\varphi^2} \quad , \; k_r(r_1) = 0! \\ k_{tr}(r_1) &= k_\varphi(r_1) = k_1 \cdot \sin\Theta_1 \quad , \; k_\varphi(r_1) = \frac{v}{r_1} \\ \rightsquigarrow V &= r_1 \cdot k_1 \cdot \sin\Theta_1 = r_1 k_0 n_1 \cdot \sin\Theta_1 \\ v &= 2\pi\frac{r_1}{\lambda_0} \cdot \sin\varphi_1 \end{aligned}$$

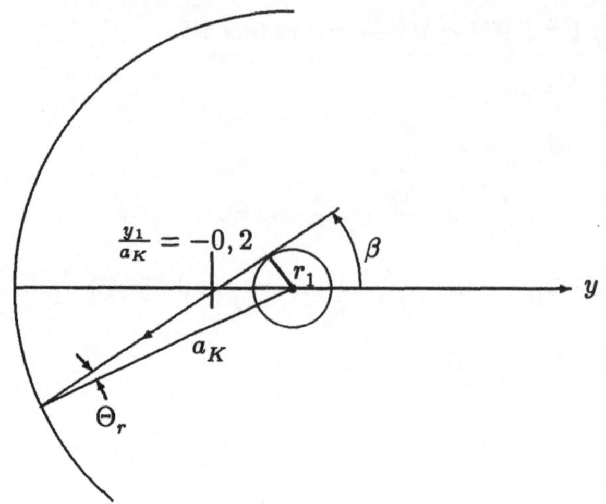

r_1 aus der Strahlgeometrie

$$r_1 = a_K \cdot \sin\Theta_r$$

und $\dfrac{r_1}{|y_1|} = \sin\beta$

$$\rightsquigarrow \sin\Theta_r = \frac{|y_1|}{a_K} \cdot \sin\beta \quad \rightarrow \quad \frac{r_1}{a_K} = \sin\Theta_r = \frac{|y_1|}{a_K} \cdot \sin\beta\,.$$

Somit ist

$$\begin{aligned} v &= 2\pi\frac{r_1}{a_K} \cdot \frac{a_K}{\lambda_0} \cdot \sin\vartheta_1 \\ v &= 2\pi\frac{a_K}{\lambda_0} \cdot \frac{|y_1|}{a_K} \cdot \sin\beta \cdot \sin\vartheta_1 \\ v &= 50\pi \cdot 0,2 \cdot \sin 33,23° \cdot \sin 10° = 3,0\,. \end{aligned}$$

2. $r_{1_{/a_k}} = \frac{|y_1|}{a_K} \cdot \sin\beta = 0,11$. (kann nur in normierter Form angegeben werden)
3. $\sin\Theta_r = \frac{r_1}{a_K} = 0,11 \quad \rightarrow \quad \Theta_r = 6,3$.
4. μ aus Dispersionsrelation für SI-LWL

$$m \approx \frac{1}{2} + \frac{1}{\pi}\left[\sqrt{U^2 - v^2} c \arccos\frac{v}{U}\right] ,$$

$$U = k_{tr} \cdot a_K = \pi \cdot \frac{1a_K}{\lambda_0} \cdot \sin\vartheta_1 = 50\pi \cdot \sin 10° = 27,28$$

$$\rightsquigarrow \mu \approx 7,73\,. \qquad \rightarrow \qquad 7 > \mu > 8\,!$$

μ ist auf eine ganze Zahl zukorrigieren. Zur Ableitung der obigen Gleichung war der Winkel des Reflexionsfaktors an der Kern-Mantel-Grenze mit dem Minimalwert von $\frac{\pi}{2}$ angenommen worden. Für die angegebenen Verhältnisse gilt jedoch ein größerer Wert, so daß das Ergebnis aufzurunden ist: $\mu = 8$.

5. Feldverlauf, transversal

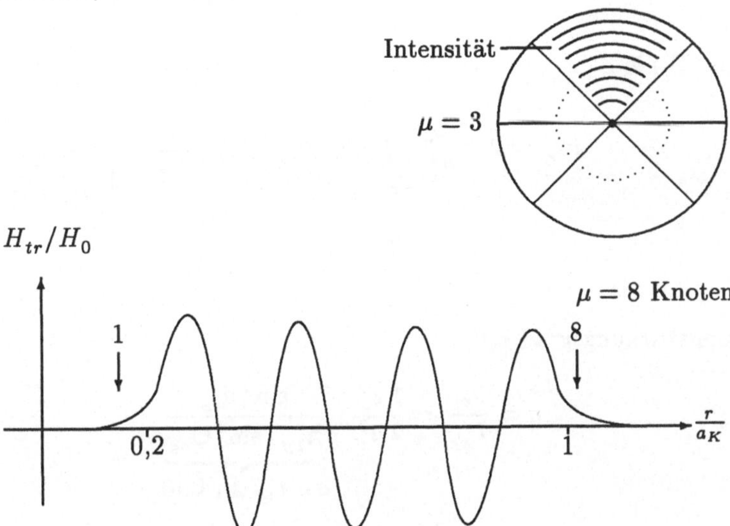

4. Übung

1. Leistungsdichte p_e in einem Flächenelement dA_e

$$p_e = 2\pi \int\limits_{\delta=0}^{\Theta_{cS}} L \sin\delta \cos\delta \, d\delta$$

a) SI-LWL, $L_S = L_0 =$ konst. (vollausgeleuchtet)

$$p_{eS} = \pi \cdot L_0 \cdot \sin^2 \Theta_{cS} \quad \Rightarrow \quad P_{eS} = p_{eS} A_{eS} = \pi^2 L_0 a_S^2 \cdot \sin^2 \Theta_{cS}\,.$$

b) GI-LWL, $L_G = ?$
Es gilt mit dem Satz von der Erhaltung der Leuchtdichte $\frac{L}{n^2} =$ konst.

$$\rightsquigarrow \frac{L_S}{n_{1S}^2} = \frac{L_G}{n^2(r)} \quad ; \; n^2(r) = n_{0_e}^2 \left[1 - 2\Delta \left(\frac{r}{a_K}\right)^2\right]\,.$$

$$\rightsquigarrow L_G = L_S \cdot \frac{n^2(r)}{n_{1S}^2}$$

$$\text{somit } p_{e_G} = 2\pi L_S \int_{\delta=0}^{\Theta_{cG}} \sin\delta\cos\delta\, d\delta = \pi \underbrace{L_S}_{L_0!} \cdot \frac{\sin^2\Theta_{c_G}\cdot n^2(r)}{n_{1s}^2} .$$

$$\sin^2\Theta_{c_G}\cdot n^2(r) = \sin^2\vartheta_{c_G}(r) \text{ , in Luft.}$$

$$\rightsquigarrow \sin^2\vartheta_{c_G}(r) = \sin^2\vartheta_{c_0}\cdot\left[1-\left(\frac{r}{a_K}\right)^2\right] .$$

für GI-LWL

$$P_{e_G} = 2\pi^2\frac{L_0}{n_{1s}^2}\int_{r=0}^{a_e}\sin^2\vartheta_{c_0}\left[1-\left(\frac{r}{a_K}\right)^2\right] r\,dr$$

$$P_{e_G} = \frac{1}{2}\pi^2\frac{L_0}{n_{1s}^2}a_e^2\cdot\sin^2\vartheta_{c_0} .$$

Anregungswirkungsgrad η

$$\eta = \frac{p_{e_g}}{P_{e_S}} = \frac{1}{2}\frac{a_e^2}{a_S^2}\cdot\frac{\sin^2\vartheta_{c_0}}{\underbrace{n_{1s}\cdot\sin^2\Theta_{cs}}_{\sin^2\vartheta_{cs}\text{, in Luft}}}$$

$$\rightsquigarrow \eta = \frac{1}{2}\left(\frac{a_e}{a_S}\right)^2\cdot\left(\frac{\sin\vartheta_{c_0}}{\sin\vartheta_{cs}}\right)^2$$

Zahlenwerte:

$$\eta = \frac{1}{2}\cdot 0,9^2\frac{n_{0_e}^2-n_{2_e}^2}{n_{1s}^2-n_{2s}^2} = \frac{0,81}{2}\cdot\frac{1,55^2-1,54^2}{1,56^2-1,54^2} = 0,202 .$$

Verluste:

$$\alpha_K = 10\log\frac{1}{\eta}[\text{dB}] = 6,95 \text{ dB}$$

Hiervon entfallen:

3 dB SI-LWL → GI-LWL (Ideal),
≈3 dB auf Brechzahlunterschiede (intrinsisch)
≈0,95 dB auf Durchmessersprung (extrinsisch)

5. Übung

1. Gemäß $\eta = \frac{\alpha}{2+\alpha} \cdot \sin^2 \vartheta_c \cdot \left(\frac{a_F}{a_D}\right)^2$
steigt η mit a_F^2 an und zwar so lange, bis $\frac{a_F}{a_D}$ den Wert 1 erreicht hat:

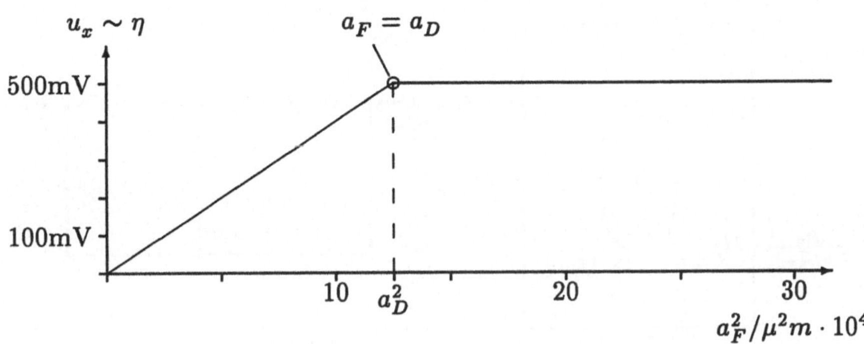

$$\rightsquigarrow a_D^2 = 13 \cdot 10^4 \; \mu m^2 \Rightarrow a_D = 350 \; \mu m \; .$$

$$\left(a_D = 3000 \; \mu m \cdot \sqrt{\frac{484}{355,6}} = 350 \; \mu m\right)$$

2. SI-LWL, $\alpha \to \infty$ (Profilexponent)

$$\eta = \sin^2 \vartheta_c \cdot \left(\frac{a_F}{a_D}\right)^2 ,$$

$$\text{für } a_F = a_D \;\rightarrow\; \begin{array}{l} U_x = 484 \; mV \\ U_{ref} = 10 \; V \end{array}$$

$\eta = \frac{0,484}{10} = \sin^2 \vartheta_c \;\rightarrow\; \sin \vartheta_c = NA = 0,22$.

3./4.

$\eta[\%]_{ohne}$	2,86 ‰	3,95 ‰	1,58	3,56	4,84	4,84
$\eta[\%]_{mit}$	"	"	"	"	6,32	14,22

6. Übung

1. v_g mit Hilfe des Flußdiagramms

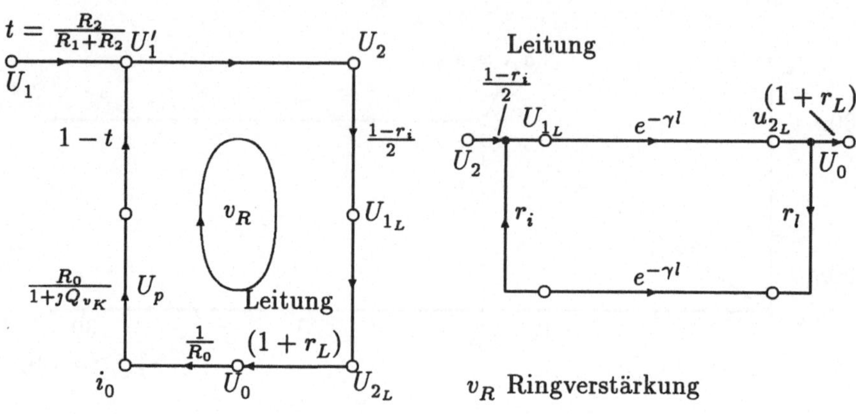

Leitung:

$$u_0 = u_2 \cdot \frac{1-r_i}{2} \cdot \frac{e^{-\gamma l}(1+r_L)}{1-r_i r_L \cdot e^{-2\gamma l}}$$

$$r_i = \frac{R_i - Z_L}{R_i + Z_L}, \; r_L = \frac{R_L - Z_L}{R_L + Z_L}$$

$$\gamma = \alpha + \jmath\beta = \alpha + \jmath\frac{2\pi}{\lambda}$$

$$u_2 = vu_1'; \; u_1' = tu_1 + u_1' \cdot v_R \;\rightarrow\; u_1' = \frac{tu_1}{1-v_R} .$$

$$\leadsto \; v_g = \frac{u_2}{u_1} = \frac{vt}{1-v_R} ;$$

$$\underline{v}_R = \frac{1-r_i}{2}(1+r_L)\frac{e^{-\gamma l} \cdot \frac{1}{R_0}(1-t)}{1-r_i r_L \cdot e^{-2\gamma l}} \cdot \frac{R_0}{1+\jmath Q v_k} .$$

2. Schwingungseinsatz für $\underline{v}_R = 1$:

$$a)\; 1 \;=\; Re\Big\{\frac{v}{2}(1-r_i)(1+r_L)\frac{1-t}{1+\jmath Q v_K} \cdot \frac{e^{-\alpha l} \cdot e^{-\jmath\beta l}}{1-r_i r_L \cdot e^{-2\alpha l} \cdot e^{-\jmath 2\beta l}}\Big\}$$

$$b)\; 0 \;=\; Im\Big\{\ldots\ldots\ldots\ldots\ldots\ldots\ldots\ldots\ldots\ldots\Big\} .$$

aus a) $\rightarrow$ Wert für Schwellverstärkung v_S
v_k $\rightarrow$ Verstimmung des Parallelkreises, $v_k = 0$.
$v_S = v_{min} = \frac{2}{(1-r_i)(1+r_L)} \cdot \frac{1}{1-t} \cdot Re_{min} \cdot \left\{ \frac{1-r_i r_L \cdot e^{-2\alpha l - j2\beta l}}{e^{-\alpha l} \cdot e^{-j\beta l}} \right\}$
Der Realteil wird minimal, wenn der *Zähler* $1 - r_i r_L \cdot e^{-2\alpha l} \cdot e^{-j2\beta l}$ minimal wird, d.h. $r_i r_L \cdot e^{-2\alpha l} \cdot e^{-j2\beta l} \rightarrow$ positiv reell!

$$\rightsquigarrow e^{-j2\beta l} = 1 \rightarrow 2\beta l = p2\pi \quad , \quad p = 0, 1, 2, \ldots$$
$$\frac{2\pi l}{\lambda} = p\pi \quad \rightarrow \quad l = p\frac{\lambda}{2} \, .$$

gleichzeitig wird im *Nenner* $e^{-j\beta l} = e^{-jp\pi} = (-1)^p$.
Setzen wir positive Verstärkung voraus, d.h. $p \rightarrow 2p$:

$$e^{-j\beta l} = +1 \qquad \text{und} \qquad l = p\lambda \, .$$

Somit

$$v_{min} = \frac{2\left(1 - r_i r_L e^{-2\alpha l}\right)}{(1 - r_i)(1 + r_L)(1 - t) \cdot e^{-\alpha l}}$$

$U_1 = 0$:
Frequenzkomponenten, die im Rauschen enthalten sind, führen zur Anfachung der Schwingung.
Beim Laseroszillator: Spontane Emission.

3. Bandbreite des Filters B
$B = \frac{f_0}{Q}$; $f_0 = \frac{c_0}{\lambda_0} \rightarrow B = \frac{c_0}{Q \cdot \lambda_0} = \frac{3 \cdot 10^8 \, m/s}{25 \cdot 1 \, m} \rightarrow B = 1,2 \cdot 10^7 \, \frac{1}{s}$.
Resonatorlinien in der Bandbreite:
$k = \frac{B}{\Delta f}$, wenn Δf = Abstand zwischen zwei Linien.
Berechnung von Δf:
Linien nach 2.) nur, wenn $\beta \cdot l = 2\pi$

$$\text{für } f = f_1 \qquad \rightarrow \beta_1 \cdot l = p \cdot 2\pi$$
$$\text{für } f = f_1 + \Delta f \rightarrow \beta_2 \cdot l = (p+1) \cdot 2\pi \, ,$$

und $\beta_1 = \frac{2\pi}{\lambda_1} = \frac{2\pi}{c_0} f_1$, $\beta_2 = \frac{2\pi}{\lambda_2} = \frac{2\pi}{c_0} \cdot (f_1 + \Delta f)$

$$\left.\begin{array}{l} \rightsquigarrow \beta_2 - \beta_1 = \frac{2\pi}{c_0}\Delta f \, , \\ \text{von oben } (\beta_2 - \beta_1) l = 2\pi \end{array}\right\} \frac{2\pi}{l} = \frac{2\pi}{c_0} \cdot \Delta f$$

$\rightsquigarrow \Delta f = \frac{c_0}{l}$. Somit $k = \frac{c_0 \cdot l}{Q \cdot \lambda_0 \cdot c_0} = \frac{l}{Q \cdot \lambda_0} = \frac{100 \, m}{25 \cdot 1 \, m} = 4$.

Skizze:

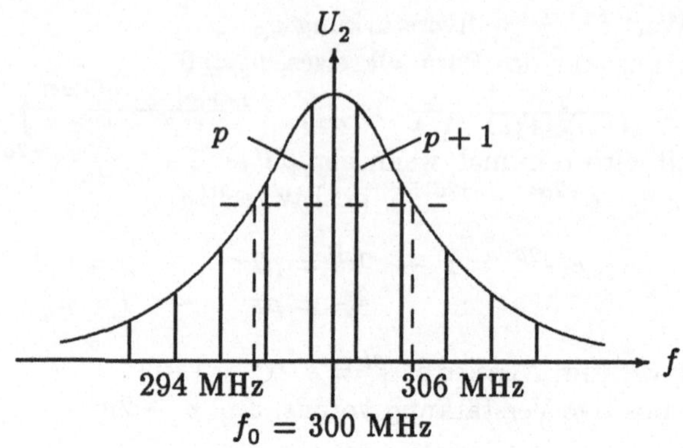

7. Übung

1. **Ankopplung mit gekreuzten Zylinderlinsen**

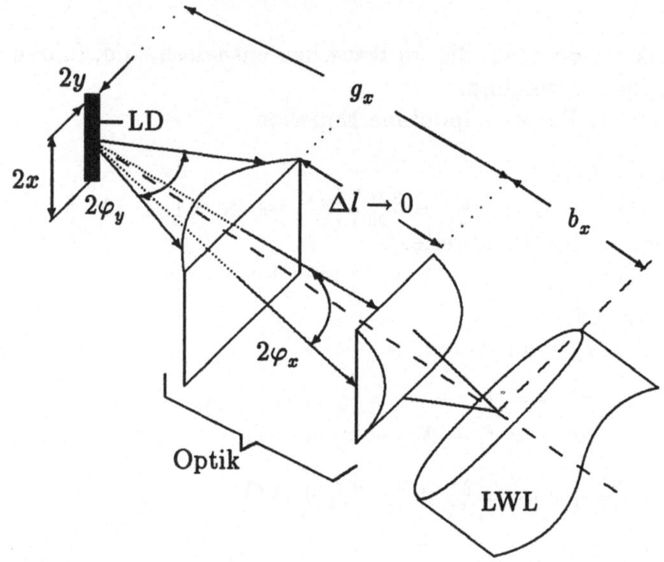

2. Allgemein gilt:
   Linsengesetz $\frac{1}{f} = \frac{1}{b} + \frac{1}{g}$
   $\frac{b}{g} = v$ Vergrößerung
   $\rightsquigarrow \; g = f\left(1 + \frac{1}{v}\right)$, $b = f(1+v)$
   Baulänge $l = b + g = f\left(2 + v + \frac{1}{v}\right)$.
   hier: $l = b_x + g_x = f_x\left(2 + v_x + \frac{1}{v_x}\right) = 10\ mm.$
   spezielle Parameter:

$$\begin{array}{ll} 2a_k = 50\ \mu m, & 2y = 0,2\ \mu m,\ 2x = 12,5\ \mu m \\ n_1 = 1,5 & (LCW10) \\ \Delta = 1\ \% & 2\varphi_y = 60°,\ 2\varphi_x \quad = 10° \\ SI - LWL & \end{array}$$

a) y-Richtung, erste Linse

$$\begin{aligned} v_y &= \tfrac{50\ \mu}{0,2\ \mu} &&= 250 \\ \rightsquigarrow f_y &= \tfrac{l}{2+v_y+1/v_y} &&= \tfrac{l}{2+v_y} = \tfrac{10\ mm}{252} = 0,04\ mm. \\ g_y &= f_y\left(1+\tfrac{1}{v_y}\right) &&= \tfrac{f_y}{v_y}(1+v_y) = \tfrac{l}{v_y} = 0,04\ mm. \\ b_y &= f_y(1+v) &&= 9{,}96\ \text{mm} \end{aligned}$$

b) x-Richtung, zweite Linse

$$\begin{aligned} v_x &= \tfrac{50\ \mu}{12,5\ \mu} &&= 4 \\ f_x &= \tfrac{l}{2+v_x+1/v_x} &&= \tfrac{10\ mm}{2+4+\frac{1}{4}} = 1,6\ mm. \\ g_x &= f_x\left(1+\tfrac{1}{v_x}\right) &&= 1,6\ mm\cdot\tfrac{5}{4} = 2,0\ mm. \\ \rightsquigarrow b_y &= l - g_x &&= 8\ \text{mm}. \end{aligned}$$

3. Abschätzung des Einkoppelwirkungsgrades
Bei vorausgesetzter Flächendeckung decken sich die numerischen Aperturen LD $\rightarrow$ LWL nicht. Es gilt mit dem Abbe'schen Sinussatz

$$\begin{array}{ccc} y\cdot\sin\varphi_y & = & y'\cdot\sin\varphi_y' \quad \text{und} \\ x\cdot\sin\varphi_x & = & x'\cdot\sin\varphi_x' \\ \text{Gegenstandsseite} & | & \text{Bildseite} \quad |\ \text{mit } x' = y' = a_K \end{array}$$

$$\begin{aligned} \rightsquigarrow \sin\varphi_y' &= \tfrac{y}{a_K}\cdot\sin\varphi_y = \tfrac{\sin\varphi_y}{v_y} = \tfrac{0,5}{250} = 2\cdot 10^{-3}\ . \\ \sin\varphi_x' &= \tfrac{x}{a_K}\cdot\sin\varphi_x = \tfrac{\sin\varphi_x}{v_x} = \tfrac{0,0872}{4} = 0,0218\ . \end{aligned}$$

D.h., die Winkelbereiche bleiben in beiden Richtungen verschieden $\rightarrow$ *keine* Kreissymmetrie. Im Abstand l von der Quelle ist die Draufsicht auf den Strahlenkegel eine Ellipse:

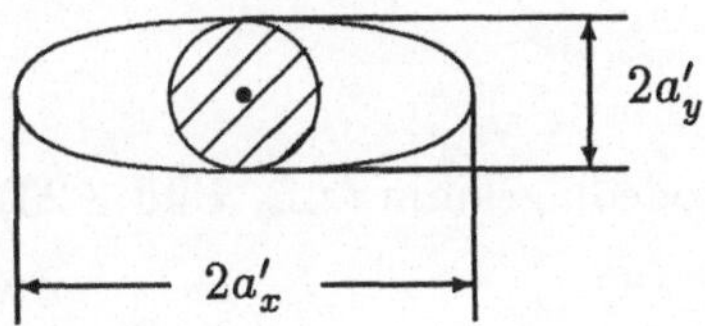

Aufgrund seiner Radialsymmetrie akzeptiert der LWL jedoch nur eine radialsymmetrische Winkelverteilung, so daß von dem angegebenen Winkelspektrum nur der schraffierte Bereich genutzt wird. Für den Einkoppelwirkungsgrad gilt somit

$$\eta = \frac{\pi a_y'^2}{\pi a_x' \cdot a_y'} = \frac{a_y'}{a_x'} = \frac{\sin\varphi_y'}{\sin\varphi_x'} .$$

$$= \frac{y}{x} \cdot \frac{\sin\varphi_y}{\sin\varphi_x} \doteq 0,092 .$$

Es wäre ein Einkoppelwirkungsgrad in der Größe von 10 % zu erwarten.

8. Übung

Stromimpulse der Folge $\Delta i(t) = A_i \sum\limits_k \delta(t - kT)$, für den Einzelimpuls aus dieser Folge:

$\Delta i(t)_{k=0} = A_i \cdot \delta(t)$, $A_i = 1\ pC$.

relative Leistung $\frac{\Delta P}{P_0} = p'$

$p'(\omega) = \frac{\Delta I(\omega)}{I_0 - I_S} \cdot \frac{\omega_0^2}{\omega_0^2 - \omega^2 + \jmath\omega\gamma}$,

mit $\jmath\omega = p$: $p'(p) = \frac{\Delta I}{I_0 - I_S} \cdot \frac{\omega_0^2}{p^2 + 8p + \omega_0^2}$.

Einführung der normierten Dämpfung δ:

$$\gamma = 2\delta\omega_0 \rightarrow \delta = \frac{1}{2}\frac{\gamma}{\omega_0} = \frac{I_0}{I_S}\frac{1}{2\omega_0\tau_e} .$$

1. Zeitlicher Verlauf von p'
   Mit Hilfe der Laplace-Transformation ($\mathcal{L}$):

$$p'(t) = \mathcal{L}^{-1}\left\{\frac{\Delta I(p)}{I_0 - I_S} \cdot \frac{\omega_0^2}{p^2 + 2\delta\omega_0 p + \omega_0^2}\right\}$$

$$\Delta I(p) = \mathcal{L}\{\Delta i(t)_{k=0}\} = A_i \cdot \mathcal{L}\{\delta(t)\} = A_i .$$

$$\rightsquigarrow p'(t) = \omega_0^2 \cdot \frac{A_i}{I_0 - I_S} \cdot f^{-1}\left\{\frac{1}{(p + \delta\omega_0)^2 + \underbrace{\omega_0^2 - \delta^2\omega_0^2}_{\omega_R^2}}\right\}$$

$$p'(t) = \frac{A_i\omega_0}{I_0 - I_S} \cdot \frac{\omega_0}{\omega_R} \cdot e^{-\delta\omega_0 t} \cdot \sin\omega_R t$$

2. $t_r = \frac{2,2}{\omega_g} = \frac{2,2}{\omega_0} \cdot \left(\frac{\omega_0}{\omega_\delta}\right)_\delta$.
   $\left(\frac{\omega_0}{\omega_\delta}\right)_\delta$ ist für entsprechendes δ dem Bodediagramm (z.B. Bild 3.23) zu entnehmen.
   hier: $\delta = \frac{1}{2} \cdot \frac{200}{150} \cdot \frac{1}{\pi \cdot 10^9\ 1/s \cdot 0,3 \cdot 10^{-9}\ s} = 0,707$
   $\rightsquigarrow \left(\frac{\omega_0}{\omega_\delta}\right)_{0,707} = 1$. $\Rightarrow$ $t_r = \frac{2,2}{\pi \cdot 10^9} s = 0,7\ ns$.
   $t_v = 0$, da $I_0 > I_S$!

3. Normierte Dämpfung in 2.) $\delta = \frac{1}{\sqrt{2}}$.

4. Basisbreite t_B
t_B, zeitlicher Abstand von $t=0$ bis zur ersten Nullstelle von $p'(t)$:

$$t_B = \frac{T}{2} = \frac{\pi}{\omega_R} = \frac{\pi}{\omega\sqrt{1-\delta^2}} = \frac{\pi\cdot\sqrt{2}}{\pi\cdot 10^9\ 1/s} = 1{,}414\ ns\ .$$

9. Übung

1. Weite w der I-Zone

Mit Gl. (3.11) gilt für w_{opt}

$$\begin{aligned} t_r &= 2{,}2\sqrt{\frac{(R_L+r_s)F\varepsilon_0\varepsilon_r}{0{,}89v_D\pi}}\cdot\sqrt{\frac{K}{w^2}+\frac{w^2}{K}}\ , \\ K &= (R_L+r_s)F\varepsilon_0\varepsilon_r\cdot 0{,}89v_D\pi\ . \end{aligned}$$

$t_{r_{min}}$ für $\frac{K}{w_{opt}^2}=1 \rightarrow w_{opt}=\sqrt{K}$

$$\begin{aligned} w_{opt} &= \sqrt{(R_L+r_s)F\varepsilon_0\varepsilon_r\cdot 0{,}89v_D\pi} \\ &= \sqrt{100\ \Omega\cdot 10^{-6}\ m^2\cdot\frac{10^{-12}\ s/\Omega}{3{,}6\pi\cdot 10^{-2}\ m}\cdot 10^5\ \frac{m}{s}\cdot 2{,}25\cdot 0{,}89\cdot\pi} \\ &= 23{,}6\ \mu m \end{aligned}$$

2.

$$\eta_Q = 1-e^{-\frac{w_{opt}}{s}}\ ,$$

$s \rightarrow$ Eindringtiefe bei 850 nm extrapoliert aus Tab.:

$s = 13\ \mu m;\quad \frac{w_{opt}}{s} = 1{,}815$

$$\rightsquigarrow \eta_Q = 1-e^{-1{,}815} = 0{,}837\ .$$

3.

$$S = \frac{\eta_Q\cdot e\cdot\lambda_0}{h\cdot c_0} = \eta_Q\cdot 0{,}81\ \frac{A}{w}\cdot\frac{\lambda_0}{1\ \mu m} = 0{,}576\ \frac{A}{w}\ .$$

4.

$$I_D = V_I\cdot 50\ \frac{nA}{mm^3}\ ;\quad V_I \rightarrow \text{Volumen der I-Zone } V_I = F\cdot w_{opt}$$

$$I_D = 10^{-6}\ m^2\cdot 23{,}6\cdot 10^{-6}\ m\cdot 50\frac{nA}{10^{-9}\ m} = 1{,}18\ nA\ .$$

10. Übung

1. Rauschäquivalenter Strom

   Nach Gl. (3.31) ist $i'_{N_{APD}} = 2 \cdot \sqrt{eU_T G_i \left(1 + \frac{2}{x}\right)}$.

   Das Rauschen des Belastungswiderstandes durch die Folgestufe kommt hinzu, somit

$$i'_{N_{APD}} = 2 \cdot \sqrt{eU_T \left(G_i + \frac{1}{R_L}\right)\left(1 + \frac{2}{x}\right)}$$

$$i'_{N_{APD}} = 2 \cdot \sqrt{1,6 \cdot 10^{-19} As \cdot 0,026 V \cdot (11 \mu s) \cdot 7} = 1,13 \cdot 10^{-12} \frac{A}{\sqrt{Hz}}$$

2. Nach Gl. (3.24) gilt

$$(M_{opt})^{2+x} = \frac{4U_t\left(G_i + \frac{1}{R_L}\right)}{x(I_D + SP_e)} = \frac{4902,86}{1 + \underbrace{\frac{S}{I_D}}_{0,857\ 1/nW} \cdot P_e/nW}$$

$\frac{1}{2+x} = 0,4285714$

Tabelle:

P_e/dBm	%	−60	−50	−40	−30	−20
P_e/nW	$\to 0$	1	10	100	1000	10^4
M_{opt}	38,16	29,27	14,5	5,63	2,11	0,787

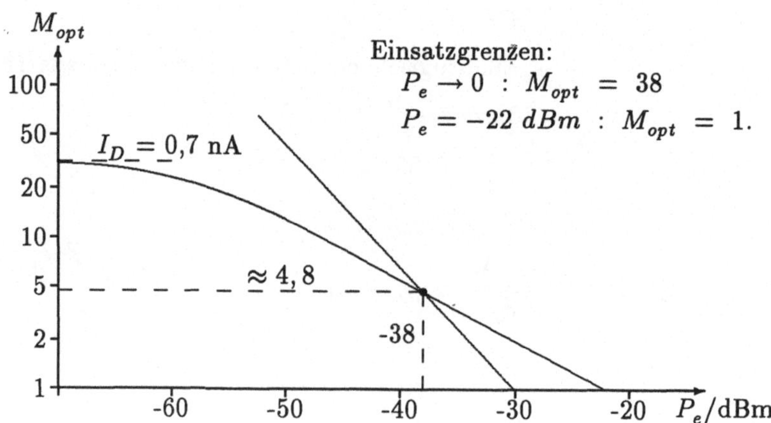

11. Übung

1. Leistungsbudget:
$P_{e_{min}}/dBm = P_s/dBm - 2\alpha_{St} - n\alpha_{Sp} - L \cdot \alpha_{LWL} - \alpha_{Res} - \alpha_K$.
erster Ansatz für n: $n - 1 = \frac{L}{\Delta l}$, $\Delta l = 1,5\ km$
$\rightsquigarrow P_{e_{min}}/dBm = P_s/dBm - 2\alpha_{St} - \alpha_{Sp} - L\left(\frac{\alpha_{Sp}}{\Delta l} + \alpha_{LWL}\right) - \alpha_{Res} - \alpha_K$.
$\rightsquigarrow L$, zuvor aber Ermittlung von $P_{e_{min}}$ aus Gl. (3.32) und (3.24), 10. Übung!
Gemäß Gl. (3.32):
$P_{e_{min}} \frac{i'_{NAPD}}{S \cdot M_{opt}} \sqrt{\left(\frac{S}{N}\right)_2 \cdot F_2 \cdot B_R}$, der Faktor $\left(\frac{1}{R_L G_i + 1}\right)$ ist bereits in Übung 10 berücksichtigt!
Rauschbandbreite $B_R = \frac{1}{2\tau}$,
gegeben ist $B_s = \frac{1}{2\pi\tau} \rightarrow B_R = \pi B_s$.
Somit:

$$\begin{aligned} \rightsquigarrow M_{opt} &= \frac{1}{P_{e_{min}}} \cdot \sqrt{\left(\frac{S}{N}\right)_2 \cdot F_2 \cdot \pi B_s} \\ &= \frac{744,86}{P_{e_{min}}/nW} \rightarrow \text{Kurve in Abb. Übung 10!} \end{aligned}$$

Tabelle:

$P_{e_{min}}/dBm$	-50	-40	-30	Schnittpkt. mit Kurve
M_{opt}	$74,5$	$7,45$	$\approx 0,75$	

Übg.10: $M_{opt} = 4,8$; $P_{e_{min}} = -38\ dBm$ ($\hat{=}$ 60 nW)

2.

$$\begin{aligned} \rightsquigarrow L &= \frac{P_s/dBm - P_{e_{min}}/dBm - 2\alpha_{St} - \alpha_{Sp} - \alpha_{Res} - \alpha_K}{\alpha_{LWL} + \frac{\alpha_{Sp}}{\Delta l}} \\ &= \frac{(-1,5 + 38 - 2,2 - 3 - 1)\ dB}{\left(3 + \frac{0,2}{1,5}\right)\ \frac{dB}{km}} = 9,67\ km\ . \end{aligned}$$

3. Anzahl n der Spleiße
$\frac{L}{\Delta l} = \frac{9,67}{1,5} = 6,45 \rightarrow 6\ \underbrace{\text{volle Teillängen}}_{5 Spleiße} + 1\ \underbrace{angef.T.l.}_{1 Spl.}$

$\rightsquigarrow$ 6 Spleiße.
Längenkorrektur: $L_K = \frac{\cdots - 6\alpha_{Sp} - \cdots}{\alpha_{LWL}} = 9,77\ km$
es bleibt bei der errechneten Spleißzahl.

12. Übung

1. $\left(\frac{S}{N}\right)_E$ für BER = 10^{-10}
   $BER = \frac{1}{2} erfc\left(\sqrt{\frac{1}{8}\left(\frac{S}{N}\right)_E}\right)$, nach Gl. (4.8)
   $\rightsquigarrow \left(\frac{S}{N}\right)_E = 8 \cdot [erfc^{-1}\{2BER\}]^2 \Rightarrow 10\log\left(\frac{S}{N}\right)_E = 22\ dB$, (Bild 4.13)

2. Am Eingang des Vorverstärkers $\left(\frac{S}{N}\right)_1$

$$\left(\frac{S}{N}\right)_1 = F_2 \cdot \left(\frac{S}{N}\right)_E \to 10\log\left(\frac{S}{N}\right)_1 = 10\log F_2 + 10\log\left(\frac{S}{N}\right)_E$$
$$= 6\ dB + 22\ dB = 28\ dB\ .$$

   $P_{e_{min}}$ aus NEP_v des Vorverstärkers, Kap.3!

$$P_{e_{min}} = NEP_v \cdot \sqrt{\left(\frac{S}{N}\right)_1 \cdot B_R}\ .$$

   Verstärker: Transimpedanz-Vertärker mit AD 844, $R_f = 2\ k\Omega$, $R_p = 0$.

$$B_s = \frac{1}{2\pi C_t(R_f + R_{in})} \doteq 17\ MHz \quad \text{(halbe Bitrate)}$$
$$B_R \doteq \pi \cdot B_s\ .$$
$$I_{äqu} = \sqrt{\bar{i}^2_{N_-} + \bar{i}^2_{P_R} + \frac{4eU_T}{R_f} + \frac{\overline{e^2}_N}{R_f^2}(1 + \omega^2 R_f^2 C_D^2)}\ ,$$
$$= 10,5\ \frac{pA}{\sqrt{Hz}} \quad \text{nach Gl. (3.56)}$$

   $\rightsquigarrow NEP_v$:

$$NEP_v = \frac{10,5 \frac{pA}{\sqrt{Hz}}}{0,69 \frac{pA}{pW}} = 15\ \frac{pW}{\sqrt{Hz}}$$
$$\rightsquigarrow P_{e_{min}} = 15\ \frac{pW}{\sqrt{Hz}} \cdot \sqrt{630,96 \cdot 17 \cdot 10^6\ \frac{1}{s}\pi} = 2,75\ \mu W$$
$$P_{e_{min}} \mathrel{\hat{=}} -25,6\ dBm\ .$$

3. P_s bei $\bar{\alpha}_{LWL} = 1,5\ \frac{dB}{km}$ (Mittelwert mit Spleißen)

$$L = 10\ km \to 15\ dB$$
$$\alpha_R = 3\ dB, \quad \text{üblicher Wert}$$
$$2\alpha_{St} = 1,6\ dB$$

$$P_s/dBm = P_{e_{min}} + L \cdot \bar{\alpha}_{LWL} + \alpha_R + 2\alpha_{St}$$
$$= -6\ dBm \to P_s \doteq 250\ \mu W\ .$$

Gi-LWL mit $B_0 L_0 = 500$ MHz · km, E = 0,8 ?

$$B = B_0 \left(\frac{L_0}{L}\right)^{0,8} = 79,2\ MHz > 17\ MHz$$

$\rightsquigarrow$ ist anwendbar !

13. Übung

1.

$$P_{e_{min}} = NEP \cdot \sqrt{\underbrace{0,251 \cdot 10^6}_{(\frac{S}{N})_0 \hat{=} 54\ dB} \cdot \underbrace{22 \cdot 10^6}_{B_s = B_r}} = 4,445\ \mu W \hat{=} -23,5\ dBm$$

$$\left(\frac{S}{N}\right)_0 = \left(\frac{S}{N}\right)_1 \cdot F!$$

$$P_{e_{min}} = P_s - \alpha_{Res} - 2\alpha_{St} - n\alpha_{Sp} - L \cdot \alpha_{LWL}; \quad n = \frac{L}{\Delta l_0} + 1^{1)}$$

$$= P_s - \alpha_{Res} - 2\alpha_{St} - \alpha_{Sp} - \left(\alpha_{LWL} + \frac{\alpha_{Sp}}{\Delta l_0}\right) \cdot L$$

$$L = \frac{P_s - P_{e_{min}} - (\alpha_{Res} - 2\alpha_{St} - \alpha_{Sp})}{\alpha_{LWL} + \frac{\alpha_{Sp}}{\Delta l_0}}$$

$$= \frac{-13\ dBm + 23,5dBm\ - 4,2\ dB}{1,1\ \frac{dB}{km}} = 5,73\ km$$

1. Sp. 2. Sp.
2 km 2 km 1,9 km $\rightsquigarrow$ 2 Spleiße, von oben: $\frac{L}{\Delta l_0} + 1 = 3,87$

Längenkorrektur: $L = \frac{5,9\ dB}{1 \frac{dB}{km}} = 5,9\ km$.

2. $G_{FM} = 10 \log\left(\frac{3}{2}\frac{B_u}{B_s}\right) = 7,78\ dB$

Anzahl k der Verstärker:

$$k \leq \frac{(\frac{S}{N})_0 - (\frac{S}{N})_1 + G_{FM}}{F} = \frac{54\ dB - 30\ dB + 7,78\ dB}{6\ dB}$$
$$\leq 4,13 \to k = 4$$

$L_{ges} = k \cdot L = 4 \cdot 5,9\ km = 23,6\ km$.

1) vgl. Übung 11

14. Übung

1. Arbeitsdiagramm $\Delta l = f(B)$,wird nach Ermittlung des Leistungsbudgets gezeichnet!

2. Leistungsbudget
Nach Gl. (4.11) gilt im Grenzfall

$$\Delta l = \frac{1}{\alpha_{LWL}}\{P_{s_0}/dBm - P_{e_{min}}/dBm - (2\alpha_{St} + k\alpha_{Sp} + \alpha_K + \alpha_R)\},$$

wobei für eine Teilstrecke $k = 0$! hier auch $\alpha_K = 0$! $P_{e_{min}}$ ist nach Gl.(3.33) einzusetzen. Somit folgt für Δl

$$\Delta l = \frac{1}{\alpha_{LWL}}\Big\{P_{s_0}/dBm - \overbrace{10\log\left(\frac{NEP}{P_0}\sqrt{\left(\frac{S}{N}\right)_2 B_R F_2'}\right)}^{P_{e_{min}/dBm}} - (2\alpha_{St}+\alpha_K+\alpha_R)\Big\}.$$

Gegeben sind:
$P_{s_0} = +3\ dBm,\ \alpha_{LWL} = 0,8\ dB/km,\ 2\alpha_{St} + \alpha_K + \alpha_R = 4\ dB,$
$NEP = 5\cdot 10^{-13}\ W/\sqrt{Hz} \triangleq -93\ dBm$ bei $1\ Hz$.
$F_2 \triangleq 6\ dB = 4,\ F_2' = F_2\cdot\left(1+\frac{1}{R_L G_i}\right) = 40,36 \triangleq 16,06\ dB.$
$t_{r_e} = t_{r_s} = 0,5\ ns.$
$\left(\frac{S}{N}\right)_2 \triangleq 40\ dB.$
$B_0\cdot L_0 = 2\ GHz\cdot km,\ L_0 = 1\ km.$

Rauschbandbreite B_R wird über die Anstiegszeiten von Laserdiode und Fotodiode bestimmt:

$$B_R = \pi\cdot B_s = \frac{\pi\cdot 0,35}{\sqrt{t_{r_e}^2 + t_{r_s}^2}} = 1,55\cdot 10^9\ \frac{1}{s}$$

$$\leadsto\ P_{e_{min}} = \underbrace{-93\ dBm + \frac{1}{2}(40\ dB + 16,06\ dB)}_{-65\ dBm} + 5\log(B_R) = -19,05\ dBm$$

Zur Darstellung der dämpfungsbegrenzenden Gerade im Arbeitsdiagramm erhält man

$$\begin{aligned}
\Delta l &= \frac{1}{0,8\ \frac{dB}{km}}\left\{3\ dBm - 4\ dB + 65\ dBm - 5\log\left(\frac{B_R}{1\ Hz}\right)\right\}\\
&= \left(80\ km - \underbrace{2,5\cdot 1,25}_{\frac{5\log\pi}{0,8}} - 6,25\log\left(\frac{B_s}{1\ Hz}\right)\right)\ km\\
&= \left[76,9 - 6,25\log\left(\frac{B_s}{1\ Hz}\right)\right]\ km
\end{aligned}$$

Arbeitsdiagramm: $f_g = \frac{0{,}35}{\sqrt{t_{r_e}^2 + t_{r_s}^2}} = 495\ MHz$

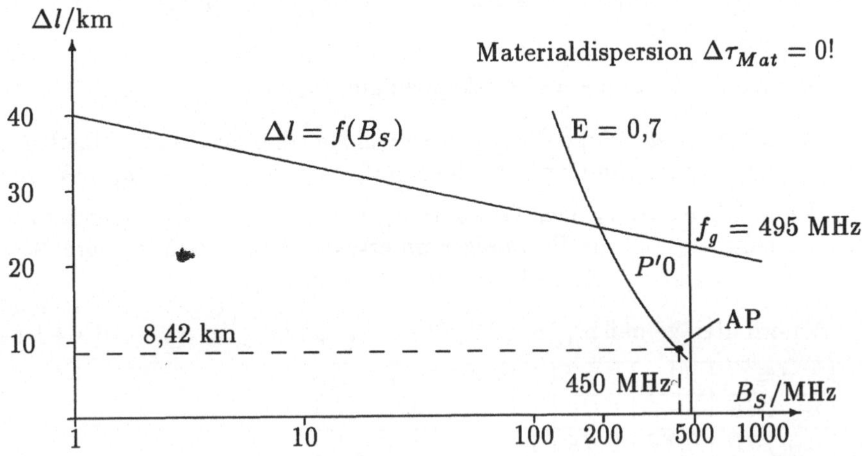

LWL-Modendispersion: $B = B_0 \cdot \left(\frac{L_0}{L}\right)^{0,7}$ $\rightarrow$ dispersionsbegrenzte Arbeitsweise!

3. Siehe AP im Diagramm.
Kommentar: Der Einsatz eines GI-LWL mit $E = 0,7$ und 2 GHz·km ist eine Fehldimensionierung. Zur Ausnutzung der Bauelemente-Eigenschaften und Ausschöpfung des Leistungs-Budgets wäre ein EM-LWL nötig. $\rightarrow$ Reichweite $\Delta l \geq 25$ km (P').

15. Übung

1. Gesamtausdehnung des Bus-Systems.

   Die Verteilstruktur nach Bild 5.16 enthält bis zum n-ten Teilnehmer (2n-1) Spleiße; hinzu kommt eine Steckverbindung. Unter Berücksichtigung der Leitungsdämpfung gilt mit verlustfreien Kopplern

$$P_{e_{min}}/dBm = P_{n+1}/dBm = P_0'/dBm - 10\log(n+1) - (2n-1)\alpha_{Sp} \cdots$$

$$\cdots - \alpha_{St} - \alpha_{LWL} \sum_{v=1}^{n} \Delta l_v - \alpha_R \,.$$

$$l_{ges} = \sum_{v=1}^{n} \Delta l_v = \frac{1}{\alpha_{LWL}} \{P_0'/dBm - P_{e_{min}}/dBm - 10\log(1+n) \cdots$$

$$\cdots - \alpha_R - (2n-1)\alpha_{Sp} - \alpha_{St} \} .$$

$$P_0' = -3\ dBm \quad , \quad \alpha_R = 3\ dB\ , \quad \alpha_{St} = 0,5\ dB,\ \alpha_{Sp} = 0,1\ dB$$
$$P_{e_{min}} = -40\ dBm\ ,\ 1+n = 7 \quad ,\ \alpha_{LWL} = 3\ dB/km$$
$$\rightsquigarrow\ l_{ges} = 7,47\ km.\ ,$$

2. Durchgangsdämpfung a_D, Auskoppeldämpfung a_A

   (a) Möglichkeit: Koppelfaktoren so wählen, daß auch bei verlustbehafteten Leitungsabschnitten Δl_v alle Empfänger gleiche Leistung bekommen.

   (b) Möglichkeit: a_A nach Gl. (5.3), a_D nach Gl. (5.4) berechnen und in Kauf nehmen, daß die Empfänger unterschiedliche Leistungen erhalten. Dies entspricht der Realität und wird hier durchgeführt.

Wir erhalten gemäß $\alpha_{A_v} = 10\log(2+n-v)$ und $\alpha_{D_v} = \alpha_{A_v} - 10\log(1+n-v)$.

$v =$	1	2	3	4	5	6
α_{A_v}/dB	8,45	7,78	7	6	4,77	3
α_{D_v}/dB	0,67	0,78	1	1,23	1,77	3

3. $P_{e_{max}}$ tritt am Empfänger 1 auf:

$$P_{e_{max}} = P_0' - \alpha_{Sp} - \alpha_{A_1} - \alpha_{St} - \alpha_{LWL} \cdot \frac{7,47\ km}{6}$$
$$= -3\ dBm - 0,6\ dB - 8,45\ dB - 3,74\ dB \doteq -15,8\ dBm\ .$$

4. Pegeldiagramm

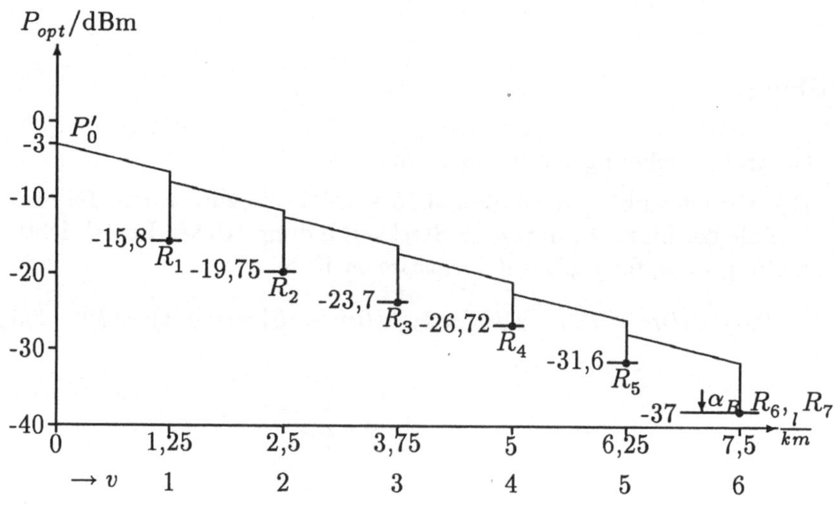

16. Übung

1. Verwendung sysmmetrischer 1:1 y-Koppler → q = 1, im verlustfreien Fall.
   Unter Berücksichtigung der Verluste:

   Struktur

   1 $\vec{q}$ 2 3

   p-Matrix

$$\|P\| = \left| \begin{array}{ccc} 0 & 10^{-\frac{a_V}{10}} & 10^{-\frac{a_V}{10}} \\ \frac{q}{q+1} \cdot 10^{-\frac{a_V}{10}} & 0 & 0 \\ \frac{10^{-\frac{a_V}{10}}}{q+1} & 0 & 0 \end{array} \right|$$

   → q behält den Wert 1, Verluste werden symmetrisch verteilt.

2. Einfügungs- und Auskoppeldämpfung, vgl. auch Kapitel 7!

$$\begin{aligned} a_D &= 10\log\left(\tfrac{1}{p_{21}}\right) &= 10\log\left(\tfrac{q+1}{q}\right) + a_V \\ & &= 3,6\ dB. \\ a_A &= 10\log\left(\tfrac{1}{p_{31}}\right) &= 10\log(q+1) + a_V \\ & &= 3,6\ dB. \end{aligned}$$

3. 1 → Koppelstruktur

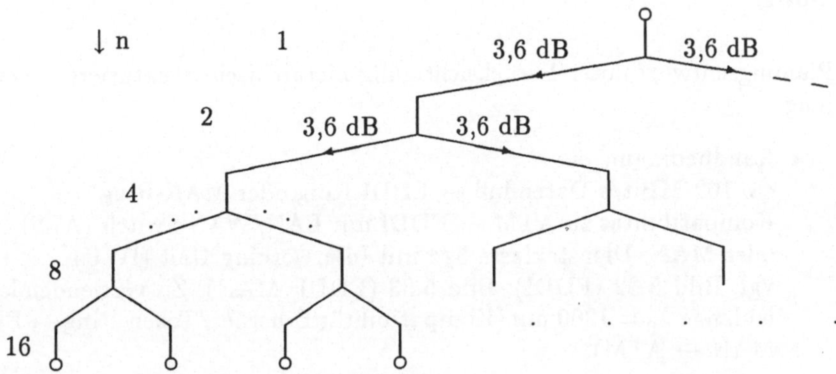

Verlustdämpfung a_V

n	2	4	8	16
a'_V/dB	0,6	1,2	1,8	2,4
a_A/dB	3,6	7,2	10,8	14,4
a_{A_0}/dB	3,0	6,0	9,0	12,0

a_{A_0}, Auskoppeldämpfung ohne Verluste

Darstellung a_V über n

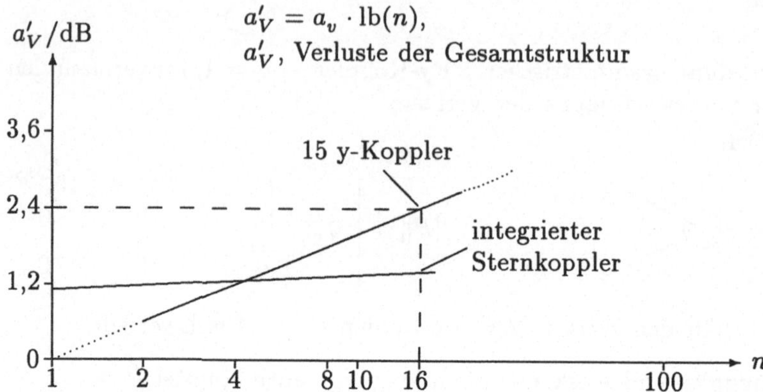

lb: Logarithmus zur Basis 2

4. Bis zu einem Verhältnis von 1:4 können y-Koppler verwendet werden. Darüber hinaus sind integrierte Einfach-Sternkoppler aufgrund der geringeren Verluste und des geringeren Preises günstiger.

17. Übung

1. Planungsentwurf unter Berücksichtigung hierarchisch-strukturierter Verkabelung

   - Randbedingungen:
     ca. 100 MBit/s Datenfluß → FDDI-Ring oder MAN-Ring
     Kompatibilität zu ATM → FDDI mit LAN/WAN-Switch (ALS)
     oder MAN, Diensteklasse 3/4 mit Interworking Unit (IWU),
     vgl. Bild 5.22 (FDDI), Bild 5.33 (FDDI, MAN). Zu verwendende Wellenlänge $\lambda_0 = 1300$ nm (Kompatibilität Ethernet/Token-Ring → FDDI/-MAN → ATM).
   - Im LAN-Nahbereich:
     Verwendung des Ethernet-Standards 802.3 oder Token-Ring-Standards 802.5. Entsprechende Produkte sind auf Europakarte mit E/O-Umsetzern erhältlich (Novell-Light, Fibernet ...). Sinnvoll sind heute beide Standards nebeneinander. Konfiguration dann z.B. wie in Bild 5.22:

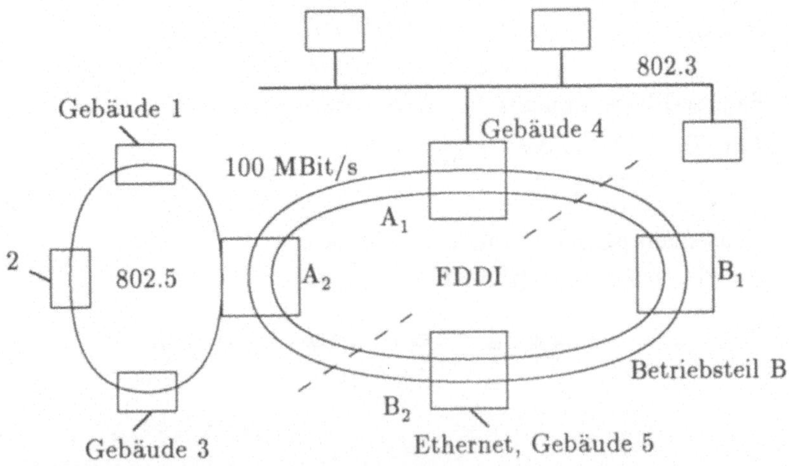

- Innerhalb eines Gebäudes kann z.B. entsprechend Bild 5.17 verfahren werden:

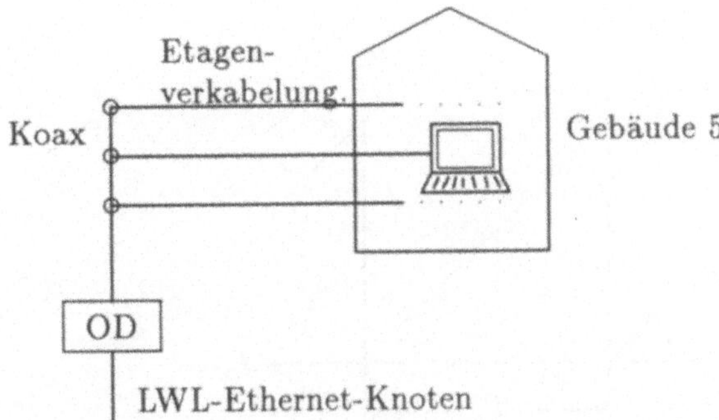

2. Anbindung an das ATM-Netz z.B. nach Bild 5.33.

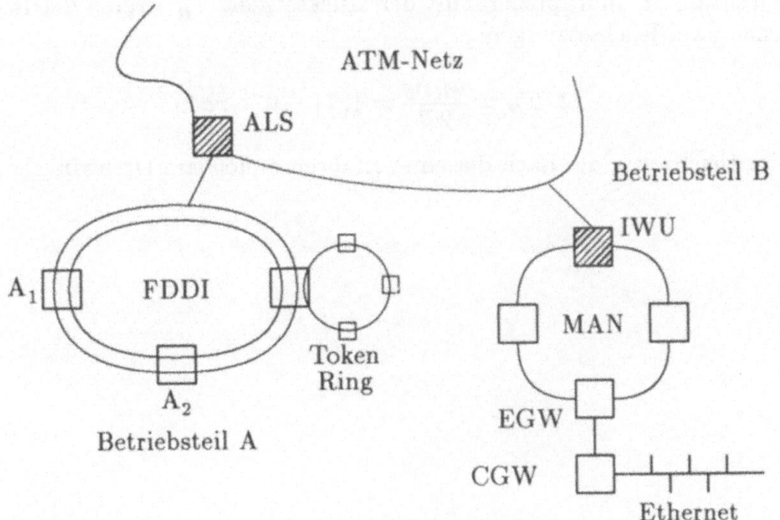

18. Übung

1. Sagnac-Phasendrehung für $1°/h$ Rotationsgeschwindigkeit.
   Mit Gl. (6.8) gilt $\Delta\phi_s = \frac{4\pi LR}{\lambda_0 c_0} \cdot \Omega$.
   Für 2R = 70 mm, L = 100 m, λ_0 = 820 nm: $\rightarrow \Delta\phi_s \doteq 0,9$ µrad.

2. Phasenkompensation durch Regelkreis,
   wobei $\Delta\phi_c = \tau \cdot \frac{d\phi_R}{dt}$ und $\Delta\phi_c + \Delta\phi_s = 0$

$$\rightarrow \quad \frac{d\phi_R}{dt} = \frac{\Delta\phi_c}{\tau} = -\frac{\Delta\phi_s}{\tau}\,; \quad \tau = \frac{L \cdot n_K}{c_0}$$

$$\rightarrow \quad \frac{d\phi_R}{dt}\Big/_{1°/h} = -\frac{\Delta\phi_s/_{1°/h}}{L \cdot n_K} \cdot c_0 = -\frac{0{,}9 \cdot 10^{-6}\ rad}{100\ m \cdot 1{,}46} \cdot 3 \cdot 10^8\ \frac{m}{s} = -1{,}85\ \frac{rad}{s}\,.$$

3. Die Rücksetzzeit T_R beträgt bei beliebiger Drehrate Ω:

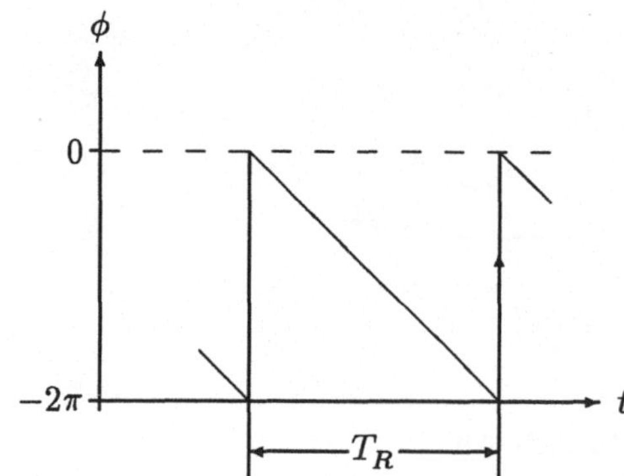

$$T_R = -\frac{2\pi}{\frac{d\phi_R}{dt}} = \frac{n_K \lambda_0}{2R\Omega}\,.$$

Die Drehzahl Ω, multipliziert mit der Rücksetzzeit T_R, ergibt die Rotation zwischen zwei Rücksetzungen:

$$\Omega \cdot T_R = \frac{n_K \lambda_0}{2R} = 1,71 \cdot 10^{-5}\ rad.$$

Das ist gleichzeitig der nach diesem Verfahren auflösbare Drehwinkel.

19. Übung

1. Meßprinzip:
Der EM-LWL mit 0,5 m Länge wird in einen interferometrischen Aufbau nach Bild6.16a integriert. Wie im Laser-Resonator finden für p$\frac{\lambda_n}{2}$ = L konstruktive Interferenzen statt. Bei Längenänderung um $\frac{\lambda_n}{2}$ durchläuft der Meßstrom, ausgehend von einem Maximum, zunächst einen Minimalwert (destruktive Interferenz), um dann ins nächste Maximum zu gelangen:

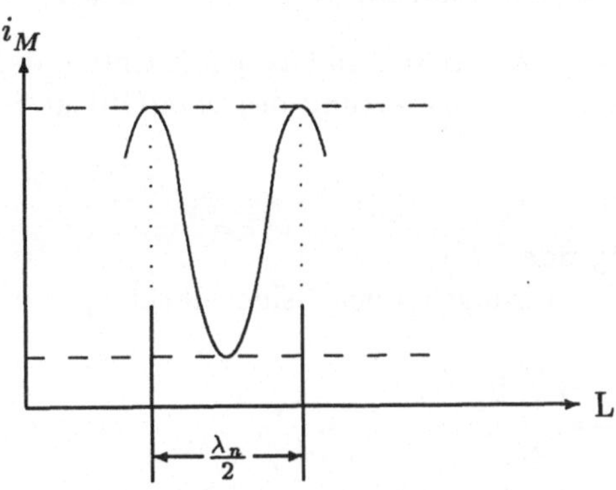

2. Mit dem obigen Verlauf des Meßstromes i_M werden die „Streifen"im Interferogramm abgebildet (Hell → dunkel → hell). Der Abstand zwischen zwei Streifen beträgt somit $\Delta L = \frac{\lambda_n}{2}$.

3. Zugkraft F_2, die die Längenänderung $\frac{\lambda_n}{2}$ bewirkt

$$\Delta L = \frac{\lambda_n}{2} = \frac{1,55\ \mu m}{2 \cdot 1,46} \text{ und } \varepsilon = \frac{\Delta L}{L} = \frac{1,55\ \mu m}{1\ m \cdot 1,46}$$
$$\varepsilon = 1,062 \cdot 10^{-6}$$

Die Längenänderung liegt somit im proportionalen Bereich → Gültigkeit des Hook'schen Gesetzes:

$$\sigma = \varepsilon \cdot E \quad , \quad \sigma \text{ Zugspannung}$$
$$E \text{ Elastizitätsmodul.}$$

Für die Zugkraft F_Z gilt

$$F_Z = \sigma \cdot A \quad , \quad A \text{ Querschnittsfläche d. Faser}$$

$$\rightarrow \quad F_Z = \frac{\Delta l}{L} \cdot E \cdot A = 1,062 \cdot 10^{-6} \cdot 72500\ \frac{N}{mm^2} \cdot \frac{\pi}{4}(0,125\ mm)^2$$
$$F_Z = 0,945\ mN.$$

Zu einer Längenänderung um $\frac{\lambda_n}{2}$ ist eine Zugkraft von ≈ 1 mN nötig. Dies entspricht der Meßauflösung zwischen zwei Interferenzstreifen.

20. Übung

1. Bei wechselnder Reflektivität der Meßobjekte und größeren Entfernungen (10 cm) kommt die Laufzeitmessung, d.h. Messung der Phasendifferenz einer aufmodulierten Schwingung, infrage, Gl. (6.1).

2. Verwendung eines Standard-GI-LWL:

$$2a_K = 50\ \mu m,\ 2a_M = 125\ \mu m,\ NA = 0,22,\ \alpha = 2\ .$$

Ein Sensorkopf mit y-Abzweig nach Bild 6.46 hat den Nachteil, daß aufgrund der Stirnflächenreflexion (4%) die Auswertung des vom Objekt reflektierten Signals schwierig wird.
Es sind also zu verwenden

- Zwei nebeneinanderliegende LWL, wobei der Mantel im Berührungsbereich beider abgetragen wird:

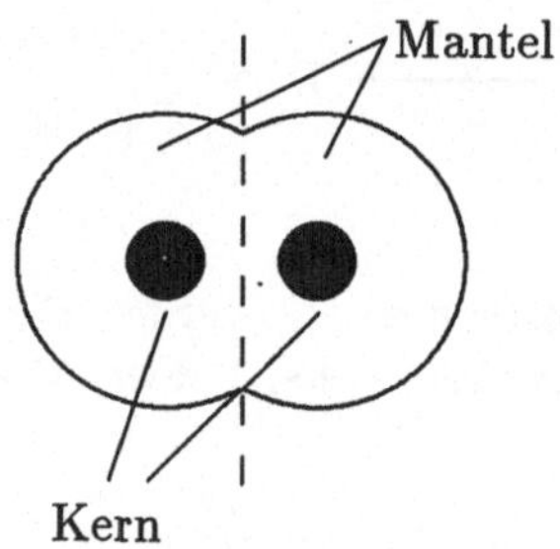

- oder ein y-Abzweig, wobei der LWL des gemeinsamen Pfades eine Stirnflächenneigung von ca. 6° erhält (Schrägschliff). Nach Tabelle 7.1 ergibt sich damit für einen GI-LWL eine Rückflußdämpfung > 60 dB. Der Sensorkopf ist dann entsprechend schräg unter 6° zum Meßobjekt zu orientieren:

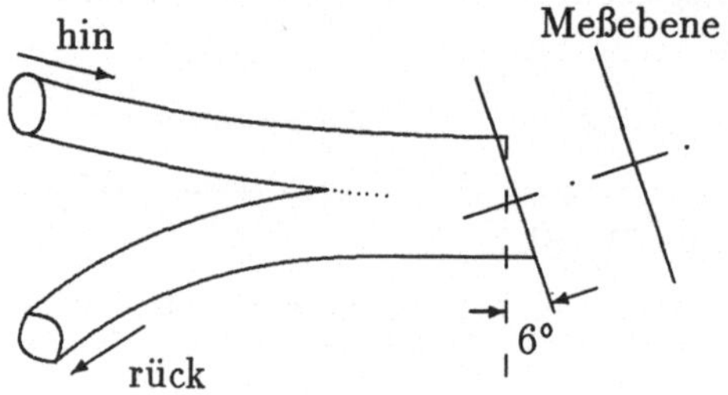

3. Die Längenauflösung Δl_{min} sollte nur einen Bruchteil der unteren Meßgrenze l_{min} betragen. Sie ist bestimmt durch die Winkelauflösung des Phasendetektors (1°) und die verwendete Meßfrequenz f_M. Diese ist als Systemparameter festzulegen. Es gilt mit Gl. (6.1)

$$f_M = \frac{\Delta\phi_{min}}{\Delta l_{min}} \cdot \frac{c_0}{4\pi} = \frac{\pi}{180} \cdot \frac{3 \cdot 10^{11} \frac{mm}{s}}{4 \cdot \pi \cdot 0,3\ mm}$$

Annahme:

$$\Delta l_{min} = \frac{1}{10} \cdot l_{min} = 0,3\ mm. \quad | \quad f_M = 1,39\ GHz.$$

bei Verwendung von $f_M = 1$ GHz kann die entsprechende Längenauflösung mit 0,41$\bar{6}$ mm noch toleriert werden.
Maximal- und Minimalwert des Meßstromes folgen aus 4.

4. Unter der Voraussetzung gerichteter Reflexion am Meßobjekt (1%) kann zur Berechnung des empfangenen Signals eine Lücke der doppelten Meßlänge 2l angesetzt werden:

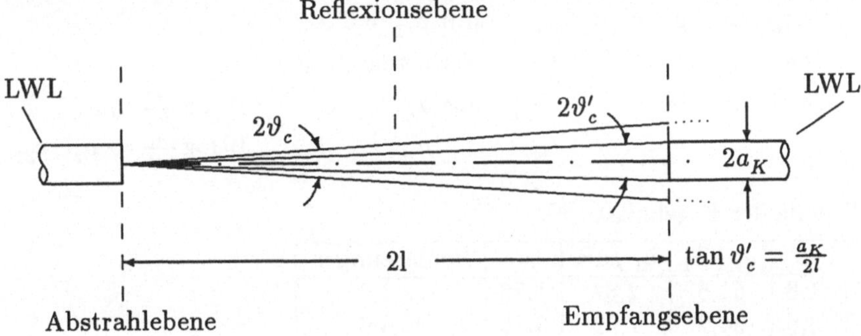

Für den Einkoppelwirkungsgrad η_K gilt etwa $\eta_K = \underbrace{\frac{1}{2}}_{\text{GI-LWL}} \cdot \left(\frac{a_K}{2l\ NA(0)}\right)^2$.

Für $L_{max} = 10$ mm $\rightarrow a_K = 41,9$ dB.
Die maximale Lichtdämpfung an der Meßgrenze beträgt ca. 42 dB. Hinzu kommen 20 dB aufgrund der schwachen Reflexion vom Meßobjekt (1%): $a'_K = 62$ dB.

$\rightsquigarrow$ Leistungsbudget: $P_{s_0}/dBm = P_{e_{min}}/dBm + a'_K + \alpha_R$

$$P_{e_{min}} = NEP_V \sqrt{\underbrace{\left(\frac{S}{N}\right)}_{1} \cdot B}$$
$$= 2,5 \cdot 10^{-12}\ \frac{W}{\sqrt{Hz}} \cdot \sqrt{10^7\ Hz}$$
$$= 7,9\ nW \triangleq -51\ dBm$$

Bei 1 GHz Mittenfrequenz kann B = 10 MHz realisiert werden.

$\alpha_R = 3\ dB$ (Reserve)

$\rightsquigarrow$

$$P_{s_0}/dBm = 42\ dB + 20\ dB + 3\ dB - 51\ dBm = +14\ dBm$$

$$P_{s_0} = 25,12 \approx 25\ mW.$$

$\rightsquigarrow$ Es ist eine entsprechende CW-Laserdiode zu verwenden ($\lambda_0 = 850$ nm).

Verbesserung des Leistungsbudgets:

- Linse zur Fokussierung auf das Meßobjekt verwenden $\rightarrow$ 10 dB Gewinn,
- Frequenzumsetzung im Empfänger, um die Bandbreite verkleinern zu können $\rightarrow$ bis zu 10 dB Gewinn
  $\rightarrow P_{s_0} \geq 0,25$ mW $\Rightarrow$ einfache Laserdiode!

21. Übung

1. Mit Kapitel 7 gilt, ähnlich wie in Übung 16

$$\begin{aligned} \eta_K &\doteq p_{21} + p_{31} \quad , \quad \text{mit } p_{11} \approx 0\,. \\ a_V &= 10 \log\left(\frac{1}{\eta_K}\right) \quad , \quad \text{Verlustdämpfung} \\ q &= \frac{p_{21}}{p_{31}} \quad ; \quad \text{aus } a_D = 10 \log \frac{1}{p_{21}} \text{ und} \\ & \qquad a_A = 10 \log \frac{1}{p_{31}} \Rightarrow p_{21}, p_{31}! \end{aligned}$$

Tabelle der Ergebnisse:

Typ	η_K[%]	a_V/dB	q	Bemerkungen
K 1,6	51,6	2,87	1,58	≈ 1,6
K 3,6	64,2	1,92	3,55	≈ 3,6
K 6,3	73	1,36	6,3	
K 70	71,8	1,44	70,8	≈ 70

Die Bezeichnung entspricht dem Koppelverhältnis.

2.

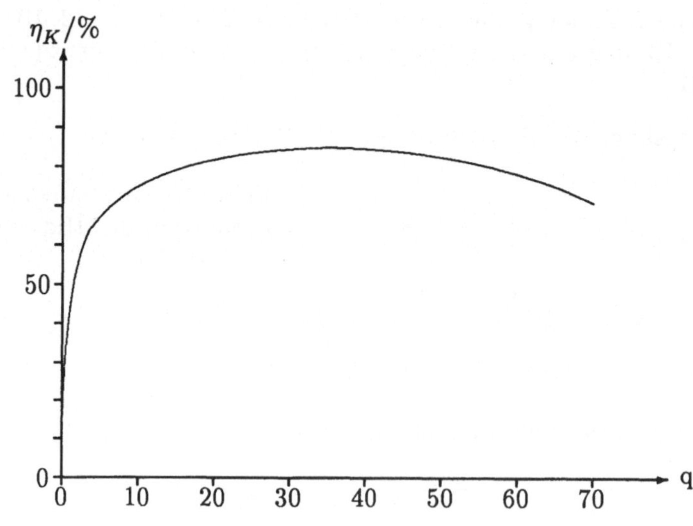

3. $\rightsquigarrow$ Der Wirkungsgrad nimmt für größere Koppelverhältnisse zu. Der Maximalwert bleibt — technologiebedingt — kleiner 1!

22. Übung

Ableitung des Zusammenhanges Gl. (7.11)

$f_1(t) = \hat{u}_1 \cdot e^{-\pi\left(\frac{t}{T_{1_{eff}}}\right)^2}$, Eingangsimpuls am Anfang des LWL.
Zwischen $T_{1_{eff}}$ und der Halbwertsbreite $\frac{t_g}{2}$ bei 50 % der Impulsamplitude gilt

$$T_{1_{eff}} = \int_{-\infty}^{\infty} e^{-\left(\frac{t}{t_g/2}\right)^2 \cdot \ln 2} = \frac{t_g}{2} \cdot \sqrt{\frac{\pi}{\ln 2}} .$$

Die Ausgangszeitfunktion wird aus der inversen Fouriertransformation $\mathcal{F}^{-1}$ des Produktes $F_1(\omega) \cdot A(\omega)$ erhalten. $A(\omega)$ ist für die LWL-Strecke durch die Übertragungsfunktion eines Gaußschen-Tiefpasses gegeben:

$$A(\omega) = e^{-\pi\left(\frac{f}{f_{g0}}\right)^2},$$

mit f_{g0} als effektiver Bandbreite, ähnlich der effektiven Impulsdauer $T_{1_{eff}}$.
$F_1(\omega)$ ist die Fourier-Transformierte der Zeitfunktion
$f_1(t): \; F_1(\omega) = \mathcal{F}\left\{\hat{u}_1 \cdot e^{-\pi t'^2}\right\} = \hat{u}_1 \cdot e^{-\pi f'^2}$. t' und f' sind normierte Größen.
Mit dem Ähnlichkeitssatz der $\mathcal{F}$-Transformation erhält man

$$\mathcal{F}\left\{f_1\left(\frac{t}{T_{1_{eff}}}\right)\right\} = T_{1_{eff}} \cdot F(f \cdot T_{1_{eff}}) \text{ und somit}$$

$$\mathcal{F}\{f_1(t)\} = F_1(\omega) = \hat{u}_1 \cdot T_{1_{eff}} \cdot e^{-\pi(f \cdot T_{1_{eff}})^2}$$

Für das Produkt $F_1(\omega) \cdot A(\omega)$:

$$\begin{aligned} F_1(\omega) \cdot A(\omega) &= \hat{u}_1 \cdot T_{1_{eff}} \cdot e^{-\pi\left[(f \cdot T_{1_{eff}})^2 + \left(\frac{f}{f_{g0}}\right)^2\right]} . \\ &= \hat{u}_1 \cdot T_{1_{eff}} \cdot e^{-\pi f^2\left(\frac{1}{f_{g0}^2} + T_{1_{eff}}^2\right)} \end{aligned}$$

somit $f_2(t) = \mathcal{F}^{-1}\{F_1(\omega) \cdot A(\omega)\}$.
Das Produkt stellt ein Gauß-Profil im Frequenzbereich dar. Es gilt für die Rücktransformation $e^{-\pi f'^2} \overset{\mathcal{F}^{-1}}{\longrightarrow} e^{-\pi t'^2}$, und wieder mit dem Ähnlichkeitssatz

$$F(f \cdot c) \overset{\mathcal{F}^{-1}}{\Rightarrow} \frac{1}{c} \cdot f\left(\frac{t}{c}\right), \; c = \sqrt{\frac{1}{f_{g0}^2} + T_{1_{eff}}^2}$$

$$\rightsquigarrow \; f_2(t) = \hat{u}_1 \cdot \frac{T_{1_{eff}}}{\sqrt{T_{1_{eff}}^2 + \frac{1}{f_{g0}^2}}} \cdot e^{-\pi \frac{t^2}{T_{1_{eff}}^2 + \frac{1}{f_{g0}^2}}} \; .$$

Umrechnung in Halbwertsbreite des Ausgangsimpulses, t_{g_2} aus $f_2(t) \;\rightarrow\; T_{2_{eff}} = \sqrt{\frac{1}{f_{g0}^2} + T_{1_{eff}}^2}$, effektive Impulsdauer am Ausgang. Für die Halbwertsbreite $t_{g_2}^2 = \frac{4\ln 2}{\pi} \cdot T_{2_{eff}}^2$, wie zuvor. Aus der quadratischen Differenz der effektiven Impulsdauern wird die effektive Bandbreite der LWL-Strecke, f_{g0}, erhalten:

$$T_{2_{eff}}^2 - T_{1_{eff}}^2 = \frac{\pi}{4\ln 2}\left(t_{g_2}^2 - t_{g_1}^2\right) = \frac{1}{f_{g0}}^2 \; ,$$

von oben.

In der Klammer steht die quadratische Differenz der Halbwertsbreite:

$$\Delta t^2 = t_g^2 - t_{g_1}^2 .$$

Somit ist

$$f_{g0} = \frac{2}{\sqrt{\pi}} \cdot \frac{\sqrt{\ln 2}}{\Delta t} \; .$$

Zwischen effektiver Bandbreite und 3 dB-Bandbreite gilt die Beziehung $f_g = \frac{f_{g0} \cdot \sqrt{\ln 2}}{\sqrt{\pi}}$, so daß

$$B = f_g = \frac{2}{\pi} \cdot \frac{\ln 2}{\Delta t} = \frac{0,441}{\Delta t}$$

folgt.

23. Übung

1. Rückstreu-Diagramm, Interpretation
   Zu Beginn Reflex von der Steckverbindung hinter dem Abzweig, dessen Anstiegsflanke den Punkt l = 0 markiert.
   Nach Ende des Reflexes linearer Abfall im log. Maßstab infolge der LWL-Dämpfung. Abschließend der Reflex vom Ende des LWL nach der Länge L.

2. Wir erhalten: L = 2 km

$$\alpha_{LWL} = \frac{2\ dB}{2\ km} = 1\ \frac{dB}{km}\ .$$

3. Die wirksame Dämpfung des optischen Dämpfungsgliedes (a_D) beeinflußt die dargestellte Höhe des Endreflexes. Durch Einfügen von Dämpfung kann der Endreflex in den linearen Bereich des Meßgerätes geholt werden. Da der ursprüngliche Wert ($a_D = 0$) der rückstreuten Leistung am Ende der Leitung auf dem Schirmbild markiert wurde, kann nun aus dem Abstand von dieser Markierung zur eingestellten Höhe des Endreflexes die Rückstreukonstante bestimmt werden.

4. Bestimmung der Rückstreukonstanten R/dB
   Aus dem Pegeldiagramm folgt:

$$P_R(0) = P_h'(0) - 2\alpha_{LWL} \cdot l - 14\ dB - 2a_D - 1,5\ dB \qquad (I)$$

$$\text{bzw. } P_R(0) = P_h'(0) - 2\alpha_{LWL} \cdot l - R/dB \qquad (II)$$

$$(I) - (II):\ 0 = R/dB - 14\ dB - 2a_D - 1,5\ dB \ \rightarrow\ R = 45,5\ dB.$$

Pegeldiagramm:

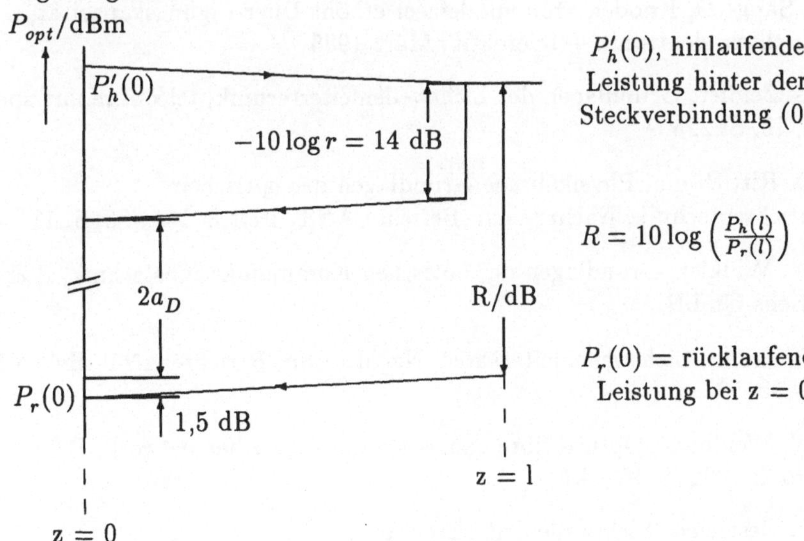

Literaturverzeichnis

[1] Born/Wolf, Principles of Optics, Pergamon Press London, 1964

[2] D. Gloge, E.A.J. Marcatili, Multimode Theory of Graded-Core Fibers, Bell Syst. Tech. J., 1973, 52, pp. 1563–1578

[3] A.W. Snyder, D.J.Mitchell, Leaky rays on optical fibers. JOSA 1974, pages S. 599–607, 1974

[4] G. Grau, Optische Nachrichtentechnik, Springer-Verlag Berlin Heidelberg New York, 1981

[5] S. Geckeler, Lichtwellenleiter für die optische Nachrichtenübertragung, Springer-Verlag, 1986

[6] O. Krumpholz, Für höchste Übertragungsraten,Halbleiterlaser für Monomodefasersysteme, elektrotechnik, 1985, 18, S. 14–24

[7] D. Opielka, Streumatix und Strahlungscharakteristik sprunghafter Durchmesseränderungen in einwelligen dielektrichen und optischen Glasfaserleitungen, Dissertation, Ruhr-Universität Bochum, 1977

[8] E.G. Neumann, Single-Mode Fibers, Springer-Verlag Berlin Heidelberg New York, 1988

[9] B. Sange D. Knodel, Monomodefaser erhöht Übertragungskapazität, nachrichten elektronik + telematik, März 1985

[10] G. Zeidler, Grundlagen der Lichtwellenleitertechnik, telcom report special, 1987, 10, S. 225

[11] D. Rittich u.a, Physikalische Grundlagen der optischen Nachrichtentechnik, Nachr.techn. Berichte ANT, Heft 3, Dez. 86, S. 18

[12] W. Winkler, Grundlagen der optischen Kommunikationstechnik, R & S Vertriebs-GmbH

[13] F. Krahn, Lichtwellenleiterkabel, Nachr.techn. Berichte ANT, Heft 3 Dez. 86, S. 35–50

[14] W. Weidhaas, Optical fibre cables for the subscriber network, PTR, Vol. 40, No. 2 1982, S. 97–101

[15] U. Oestreich, Lichtwellenleiterkabel für Nachrichten-Weitverkehrsverbindungen, telcom report, Vol. 6, April 1983

[16] B. Sange, 60-LWL-Kabel für den Regeleinsatz im Weitverkehrsnetz, PKI Techn. Mitteilungen, 1, 1985

[17] Leo Levi, Applied Optics, John Wiley & Sons, 1968, S. 401–415, S. 466

[18] Schülerduden CHEMIE, Bibliographisches Institut & F.A. Brockhaus A.G., Mannheim 1988

[19] P.Herbrechtsmeier, Neue Wege der Informationsüberlagerung mit Polymer-Lichtwellenleitern, LASER und Optoelektronik 20(5)/1988, S. 60–63

[20] P. Herbrechtsmeier, Polymere Lichtwellenleiter, Höchst-Publikation zur Hannover-Messe, 1988.

[21] "Rosige Zeiten für polymere LWL", VDI-Nachr. Nr. 15, 10.04.92

[22] Markt und Technik, Nr. 10, 6.03.92, S. 50

[23] A. Tanaka, New polycarbonate core plastic optical fiber for high-temperatur use, Proc. OFC 86, paper TUG4

[24] Toshikuni Kaino, Absorption losses of low loss Plastic Optical Fibers, J. of appl. Physics, Vol. 24, 12 , pp. 1661-1665.

[25] Siemens Bauelemente, Technische Erläuterungen und Kenndaten für Studierende, 4. Auflage, Nov. 84, S. 398 - 407

[26] O.Kumpholz, Für höchste Übertragungsraten, Halbleiterlaser für Monomodefasersysteme, Elektrotechnik 18, Sept. 85, S. 14 - 24

[27] H.L. Althaus, G. Kuhn, Lasersender in Modulbauweise, Siemens telcom report 6, Beiheft April 83

[28] G. Weick, Sende- u. Empfangselemente für die Optische Nachrichtentechnik, LWL-Seminar März 92, Uni-GH. Paderborn/Abt. Meschede

[29] C. Clemen, J. Heinen , M. Plihal, Lumineszensdioden hoher Strahldichte für optische Sender, Siemens telcom report 6, Beiheft April 83

[30] Siemens Bauelemente, Technische Erläuterungen und Kenndaten für Studierende, 4. Auflage, Nov. 84, S. 421

[31] Siemens Data Sheet 10/90, 1300 nm Fiber Optic Semiconductor-Devices, Siemens AG, Bereich Halbleiter, München 80

[32] J. Heinen , M. Plihal, Optoelekronische Sender und Empfänger, Siemens telcom report 10, (1987) Special "Multiplex- und Leitungseinrichtungen"

[33] Philips Bauelemente VALVO, Halbleiterbauelemente für die Laser-Technik, Datenbuch, 1989

[34] Laserdioden und -module, elektronik-industrie 7, 1989, S. 84

[35] Dan Botez, Laserdiodes are power-packed, IEEE-Spectrum, June 1985, S. 43 - 53

[36] Claus Reuber, ANT forciert III/V-Halbleiterfertigung, Elektronik Journal 18/91, S.8

[37] Pieter W. Hooijmans u.a., Kohärente optische Übertragungstechnik, PTR Vol. 50, 1/März 92, S.42 - 44

[38] H.G. Unger, optische Nachrichtentechnik, Elitera-Verlag, Berlin 1976

[39] Sharp, Laser Diode User's Manual, Ref. No. HT 509D, 9/88

[40] Raynet, Technische Systembeschreibung des RAYNET-VIDEO-Systems, interne Publikation

[41] Yasushi Sahakibara u.a., Mitsubishi, DFB-Laserdioden für Kabelfernseh-Netze, Opto elektronik magazin, August 1991, S. 196 - 198

[42] C. Timmermann, Lichtwellenleiter-Komponenten und -Systeme, S. 80 ff., Vieweg-Verlag, 1984

[43] Siemens Halbleiter, Technische Erläuterungen und Kenndaten für Studierende, Berlin u. München, 1990

[44] J.Heinen, M.Plihal, Optoelektronische Sender u. Empfänger, telcom report 10 (1987) Special „Multiplex- und Leitungseinrichtungen“

[45] AEG Datenbuch, Halbleiterübersicht; Geschäftsbereich Halbleiter, Heilbronn

[46] Mitsubishi Electric Europe GmbH, Optical Devices M187066

[47] J.Heinen, M.Plihal, Optoelektronische Sender u. Empfänger, telcom report 10 (1987) Special „Multiplex- und Leitungseinrichtungen“, S. 156

[48] LASER 2000 „News“,Ausgabe 2, S.16 - 18

[49] ANT, Nachrichtentechnische Berichte, Heft 3/86, „Lichtwellenleiter-Technik“, S.27

[50] M.Plihal, W.Späth, R.Trommer, Photodioden las optische Empfänger für Lichtwellenleiter-Übertragungssysteme, telcom report 6, Beiheft April 1983

[51] C.Ch. Timmermann, Lichwellenleiterkomonenten und -systeme, Vieweg & Sohn, Braunschweig, 1984

[52] P. Faßhauer, Optische Nachrichtensysteme, Hüthig Verlag Heidelberg 1984

[53] Dirk Jansen, Optoelektronik, Vieweg-Verlag, 1993

[54] J. Beck, S. Gross, R. Giffard, Optical Component Design for a Correlation-Based TDR, HP-Journal, Dec. 1988, S. 27

[55] AD, Linear Products databook 91, S. 2-26

[56] AD, PRODUCTLOG 91/1, S. 4

[57] AD, Linear Products databook 92, S. 2-369

[58] Hölzler/Holzwarth, Pulstechnik I, II

[59] G. Fink, W. Schubert, E. Wolf, Derzeitiger und zukünftiger Markt der Nachrichtenübertragungstechnik, telecom report 10, 1987, Spezial „Multiplex- und Leitungseinrichtungen", S.13

[60] Siemens AG, Digitale Nachrichtenübertragung II, Berlin und München 1990

[61] Siemens AG, Digitale Nachrichtenübertragung III, Berlin und München 1991

[62] Gerd Appelhans, LWL-Systeme für Kommunikationszwecke, Seminar „Informationsübertragung über LWL", Meschede 1990

[63] Siemens AG, Digitale Nachrichtenübertragung I, Berlin und München 1987

[64] H.D. Lüke, Signalübertragung

[65] Digitale Modulationsverfahren — der Einfluß von Störungen und Signalregenerierung, M & T, 45/ 12. Nov. 82, S. 46

[66] Michael J. Klein, Synchrone Digitale Hierarchie- Prinzipien und Anwendungen, Innovation Spezial SDH, 2/1991

[67] Mahlke/Gössing, Lichtwellenleiterkabel, Siemens AG, 1986

[68] LA 140GF EM/MM, LA565GF, Produktbeschreibungen 0457449180253/54, Feb. 1988, PKI-AG, Nürnberg

[69] R. Drullmann, W. Kammerer, Leitungscodierung und betriebliche Überwachung bei regenerativen Lichtleitkabel-Übertragungssystemen, Frequenz 34, 1980—.2, S. 45-52

[70] E. Braun, E. Steiner, Überwachung und zusätzliche Dienste der Digitalübertragungssysteme für Lichtwellenleiter, telcom report 10 (1987) Spezial „Multiplex und Leitungseinrichtungen", S. 109-114

[71] J. Anderegg, W. Frey, F. Häusler, Transparente Videoübertragung in Zubringernetzen, Elektrisches Nachrichtenwesen, 3/93, S. 227 ff.

[72] Raynet, Handbuch für das Raynet-Videosystem, März 93, Raynet-Corporation

[73] W. Schmidt, U. Steigenberger, FITL CATV: ein Übertragungssystem mit optischen Verstäkern für analoge TV-Signale, Elektrisches Nachrichtenwesen, 3/93, S. 249-259

[74] A. Kugler, TV25EMI-Breitbandige optische VIDEO- und Signalübertragung mit erweiterten Möglichkeiten, PKI Technische Mitteilungen 2/1990, S. 87-90

[75] E. Pichlmayer, Übertragungssysteme für VIDEO- ,Ton- und Trägerfrequenzsignale auf Lichtwellenleitern, telcom report 10 (1987) Spezial „Multiplex- und Leitungseinrichtungen", S. 115-119

[76] F. Auracher, M. Plihal, Photonik fürbreitbandige Übertragungs- und Vermittlungstechnik, Siemens-Zeitschrift, FuE Special, Frühjahr 92

[77] Kazuro Kikuchi, Future Optical Communication Systems I, Anritsu News, Vol 14/73, May 1994

[78] J. Angé, u.a., Fortschritte im Bereich der optischen Verstärkung, Elektrisches Nachrichtenwesen, 4/92, S. 37 ff.

[79] H. Albrecht, Integrierte optoelektronische Komponenten, Siemens-Zeitschrift, FuE Special, Frühjahr 92

[80] H. Baur, Technologische Perspektiven der Kommunikationstechnik in den neunziger Jahren, telecomreport 14 (1991), Special Telecom 91, S. 2

[81] H. Berg, Mit Sternkopplern Netzkonzept veredelt, DATACOM 11/93

[82] G. Knoblauch, Koppel- und Verteilelemente, OPTO electronic magazin, Nr. 3 Vol. 2 (1986)

[83] D. Barth, G. Blume, Passive Komponenten, ANT Nachrichtentechnische Berichte, Heft 3 Dez. 1986

[84] W. Eickhoff, Fibre Optic Transmission System for Automotive Data Busses, AEG Kabel, 20th ISATA, 1989

[85] G. Strauß, Industrielle Kommunikationsnetze-Schlüssel zur integrierten Automatisierung, Siemens-Zeitschrift Special F. u. E., Frühjahr 92

[86] L. Arnoldi, SOPHO-LAN-E - Ein lokales Netzwerk für Bürokommunikation, PKI Techn. Mitt. 2/1988, S. 15 - 23

[87] W. Kammerer, Technologie und Anwendungen des Glasfaser-LAN von Philips, PKI Techn. Mitt. 1/1989, S. 31 - 36

[88] Bicc Data Networks, FDDI, Business Communications for the 1990's, BICC 11/89

[89] Siemens Metropolitan-Area-Networks, Siemens-AG Bereich Öffentliche Vermittlungssysteme, Best.-Nr. A 19100-N2-M158

[90] A. Morgenroth, B. Neef, Metropolitan-Area-Networks - Meilenstein der Breitbandtechnik, Funkschau, Okt. 1990

[91] E. Eichler, Fast Packet Switching, Teil 3, DATACOM 7/93, S. 94 ff

[92] E. Binder, B. Schaffer, VISION O.N.E. - Optimierte-Netz-Evolution, telecom report 14 (1991) Special Telecom 91", S. 13

[93] Philips, ADM 155 Synchroner Abzweigmultiplexer, TRT-France, 2/91

[94] G. Belsemeyer, P. Grotèmeyer, Flexible übertragungstechnische Netze - Entwicklungen, Systeme und Anwendungen, PKI Techn. Mitt. 2/1989, S. 36/37

[95] P. Bruckböck, Übertragungsnetze von morgen auf SDH-Basis, telecom report 14 (1991) Heft 4, S. 206 - 209

[96] Siegmund G., ATM - Die Technik des Breitband-ISDN, R. v. Deckers-Verlag 1993

[97] H. Baur, Technologische Perspektiven der Kommunikationstechnik in den neunziger Jahren, telecom report 14 (1991), Special Telecom 91, S. 3

[98] E. Binder, B. Schaffer, VISION O.N.E. - Optimierte-Netz-Evolution, telecom report 14 (1991) Special Telecom 91", S. 14

[99] J. Gier, H. J. Grallert, Synchrone Optische Übertragungssysteme für 622 MBit/s und 2,5 GBit/s, Siemens-Zeitschrift Special Telekommunikation 1992

[100] J. Dupraz u. a., Zukunft der optischen Vermittlung, Elektrisches Nachrichtenwesen, 4. Quartal 1992, S 72 ff

[101] S. Geckeler, Lichtwellenleiter für die optische Nachrichtenübertragung, Springer Verlag 1986

[102] A. Kasper, F. Klüner, Diplomarbeit Uni-GH-Paderborn Abt. Meschede 1986

[103] Martin Schulte, Diplomarbeit Uni-GH-Paderborn Abt. Meschede, 1985

[104] B. Culshaw, J. Dakin, Optical Fiber Sensors, Vol. 2, Artech House 1989, S. 676/677

[105] M & T, Nr. 33, 16.08.85, S.29

[106] B. Culshaw, J. Dakin, Optical Fiber Sensors, Vol. 2, Artech House 1989, S. 669-672

[107] B. Barczewski, Bericht des Seminars „Faser- und Integriert- Optische Sensoren“, Nov. 88, S. 268-281

[108] A.L. Harmer, Measurement and Control, Vol. 15, April 82, S. 144

[109] VDI Nachrichten Nr. 39, 25. September 1981, S. 11

[110] M & T, Nr. 46, 19. Nov. 1982, S. 46-48

[111] VDI Nachrichten Nr. 35, 28. Aug. 1981, S. 17

[112] VDI Nachrichten Nr. 24, 12. Juni 1981, S. 21

[113] D. Opielka, D.Rittich, Applied Optics 22 (1983), S.991-994

[114] L. Jensson, B. Hok, 2nd Int. Conf. Optical Fiber Sensors, OFS 1984 Stuttgart, S. 191-194

[115] VDI Nachrichten Nr. 39, 25. September 1981, S. 11

[116] H. Haupt, VDE-Fachberichte 34 (1982), S. 29-37

[117] M. Born, E. Wolf, „Principles of Optics“, 5. Auflage, Pergamon Press Oxford, New York

[118] W. Auch, E. Schlemper, Elektrisches Nachrichtenwesen, 58 (1984), S. 64-67

[119] M & T, Nr. 39, 16. Sept. 86, S. 64-67

[120] A.L. Harmer, Mesurement and Control, Vol 15, April 82, S. 145

[121] R.E. Collin, Mikrowellentechnik, VEB Verlag Technik, Berlin 1973

[122] H. Winterhoff, Bericht aus dem Forschungsinstitut AEG-Telefunken

[123] H.Schwarz, M. Hudasch, Optische Stromwandler — erster Feldversuch im 380 kV-Netz erfolgreich, ABB Technik 3/1994

[124] B. Culshaw, J. Dakin, Optical Fiber Sensors, Vol. 1, 11, Artech House Norwood 1989

[125] C. Wulf-Mathies, der elektroniker 3/89, S. 23-31

[126] Christoph Wrobel (Hrsg.), Optische Übertragungstechnik in industrieller Praxis, Hüthig-Verlag, Heidelberg 1994

[127] G. Mahlke, P. Gössing, Lichtwellenleiterkabel, Siemens-AG, Berlin und München 1986

[128] D. Rittich u. a. , Physikalische Grundlagen der optischen Nachrichtentechnik, ANT Nachr. techn. Berichte, Heft 3 Dez. 1986

[129] Sharp, LAser Diode Users Manual, Sept. 88. S. 29/30

[130] W. E. Freyhardt u. a., Prinzipien und Anwendungsbeispiele der optischen Meßtechnik, ANT Nachr. techn. Berichte, Heft 3 Dez. 1986

[131] G. Boscher, M. Loch, Neues Meßverfahren vereinfacht LWL-Installation, telcom report 15 (1992), Heft 3 - 4

[132] G. Mahlke, P. Gössing, Lichtwellenleiterkabel, Siemens-AG, Berlin und München 1986, S. 68/69

[133] W. Bludau, H. M. Gründner, M. Kaiser, Systemgrundlagen und Meßtechnik, Teubner Studienbücher, Stuttgart 1985, S. 96/97

[134] J. Streckert, New Method for measuring the spot size of single-mode fibres, Opt. Lett. 5 (1980), p. 505 - 506

[135] G. Mahlke, P. Gössing, Lichtwellenleiterkabel, Siemens-AG, Berlin und München 1986, S. 73

[136] W. A. Gambling, Refractive Index Profiling in Optical Fibres, Technology Note, York Technology

[137] S. Geckeler, Lichtwellenleiter für die optische Nachrichtenübertragung, Springer-Verlag Berlin, Heidelberg 1986

[138] E. G. Neumann, Analysis of the backscatter method for testing optical fibre cables, AEO, Vol. 34 (1980), 157 - 160

[139] E. Brunkmeier, 1980

[140] Sischka F., Nexton S. A., Nazarathy M., Complementary Optical Time-Domain-Reflectometry, HP-Journal 39 (1988) 6, S. 14 - 21

[141] W. E. Freyhardt u. a., Prinzipien und Anwendungsbeispiele der optischen Meßtechnik, ANT Nachr. techn. Berichte, Heft 3 Dez. 1986, S 68/69

[142] D. Opielka, Intervall-Offset-Regelungen für ein optisches Rückstreu-Meßgerät, tm 57 (1990) 6, S. 250 ff.

[143] Laser precision corp., Optical Time Domain Reflectometer TD-2000 mit Extendet Module TD 299, Datenblatt 1991

[144] U. Kolkmann, R. Ostendorf, Leitungsmodelle zur Reflexionsmessung für das LWL-Pilotprojekt Lippetal (OPAL3), Diplomarbeit Abt. Meschede der Uni-GH Paderborn, März 1992

Sachwortverzeichnis